LIMNOLOGICA

Ecology of Inland Waters

Vol. 19, No. 2
1988

Akademie-Verlag Berlin

LIMNOLOGICA

Ecology of Inland Waters

Akademie der Wissenschaften der DDR
Forschungsbereich Biowissenschaften und Medizin
Zentralinstitut für Mikrobiologie und Experimentelle Therapie Jena
Redaktion LIMNOLOGICA
Beutenbergstraße 11
Jena
DDR-6900

GENERAL INFORMATION

Scope. LIMNOLOGICA were founded by THEODOR SCHRÄDER in 1962. They will publish papers which fall in the scope of limnology, i.e. papers dealing with any aspects of ecology and hydrobiology of inland waters and adjacent biotopes, as well as reviews, discussions, and essays that develop limnological-ecological theory (including all qualitative and quantitative aspects of planktonic, periphytic, benthonic, neustonic, and nektonic organisms, nutrient and energy flow, bioindication, biomonitoring, water intern control mechanisms, ecological modelling and simulation, biological-ecotechnological water quality management). Proceedings of specialized symposia may also be accepted for publication, if the scientific standard set by the journal is met. Not acceptable is purely hydrological, hydrophysical, biochemical, physiological, genetical, or marine biological work, that, while using inland water test organisms, is unrelated to the scope of LIMNOLOGICA.

Submission of articles. Manuscripts should be submitted to the editor-in-chief, the members of the editorial board, and the secretary.

Publication schedule. LIMNOLOGICA is published in one volume of nearly 480 pages per year. Each volume comprises two issues.

Subscriptions. All issues are available upon your usual supplier all over the world. If you can not get LIMNOLOGICA on this way, please directly send subscription orders to:
Akademie-Verlag Berlin
Leipziger Straße 3—4
DDR-1086 Berlin.

Readers in the FRG and Berlin(West), respectively, please send orders to:
Kunst und Wissen
Erich Bieber OHG
Wilhelmstraße 4—6
D-7000 Stuttgart 1.

Readers in the other Western-European countries please send orders to:
Kunst und Wissen
Erich Bieber GmbH
General Wille-Straße 4
CH-8002 Zürich

Readers in other non-socialist countries please send orders to:
Buchexport
Volkseigener Außenhandelbetrieb der DDR
Leninstraße 16
Leipzig
DDR-7010

Cover Photo:

Lake Stechlin, view over the small East basin with water like clear glass. In the background on the east shore the Fenchelberg (84.5 m a.s.l.). (Photo: W. SCHEFFER).

S. JOST CASPER zum 60. Geburtstag

Am 12. 1. 1989 vollendet der Leiter der Abteilung Limnologie des Zentralinstitutes für Mikrobiologie und experimentelle Therapie Jena und Herausgeber der LIMNOLOGICA sein 60. Lebensjahr.

Mitarbeiter und Freunde widmen ihm im vorliegenden Heft ihre Beiträge und wünschen ihm weiterhin Gesundheit und persönliches Wohlergehen.

LIMNOLOGICA

Band/Volume 19 · 1988

LIMNOLOGICA

Ecology of Inland Waters

BAND / VOLUME 19

AKADEMIE-VERLAG BERLIN
1988

Band/Volume 19

Mit 143 Abbildungen, 24 Tafeln und 67 Tabellen/With 143 Figures, 24 plates and 67 tables

Heft/Number 1, Juli/July 1988, Seite/Page 1—116
Heft/Number 2, Dezember/December 1988, Seite/Page 1—199

Akademie der Wissenschaften der DDR
Forschungsbereich Biowissenschaften und Medizin
Zentralinstitut für Mikrobiologie und Experimentelle Therapie Jena
Redaktion LIMNOLOGICA
Beutenbergstraße 11
Jena
DDR-6900

ISBN 3-05-500430-2
ISSN 0075-9511

Erschienen im Akademie-Verlag Berlin, Leipziger Straße 3—4, Berlin, DDR-1086

Lizenznummer: 202 · 100/524/89
Printed in the German Democratic Republic
Gesamtherstellung: VEB Druckerei „Thomas Müntzer", Bad Langensalza 5820

Inhalt/Contents

Heft 1

Originalarbeiten

Rezensionen

Heft 2

Originalarbeiten

Rezensionen

LIMNOLOGICA

Band/Volume 19 · 1988

LIMNOLOGICA
Ecology of Inland Waters

BAND / VOLUME 19

AKADEMIE-VERLAG BERLIN
1988

Band/Volume 19

Mit 143 Abbildungen, 24 Tafeln und 67 Tabellen/With 143 Figures, 24 plates and 67 tables

Heft/Number 1, Juli/July 1988, Seite/Page 1—116
Heft/Number 2, Dezember/December 1988, Seite/Page 1—199

Akademie der Wissenschaften der DDR
Forschungsbereich Biowissenschaften und Medizin
Zentralinstitut für Mikrobiologie und Experimentelle Therapie Jena
Redaktion LIMNOLOGICA
Beutenbergstraße 11
Jena
DDR-6900

ISBN 3-05-500430-2
ISSN 0075-9511

Erschienen im Akademie-Verlag Berlin, Leipziger Straße 3—4, Berlin, DDR-1086

Lizenznummer: 202 · 100/524/89
Printed in the German Democratic Republic
Gesamtherstellung: VEB Druckerei „Thomas Müntzer“, Bad Langensalza 5820

Inhalt/Contents

Heft 1

Originalarbeiten

Rezensionen

Heft 2

Originalarbeiten

Rezensionen

Limnologica (Berlin) **19** (2), 1—2, Dezember 1988

AdW der DDR, Zentralinstitut für Mikrobiologie und Experimentelle Therapie, Abteilung Limnologie, Jena

RICHARD KOLKWITZ **(1873—1956) und das Saprobiensystem**
RICHARD KOLKWITZ (1873—1956) and the Saprobical System

Von DIETRICH FLÖSSNER

Mit einer Abbildung

Vor 80 Jahren erschien im 26. Band der „Berichte der Deutschen Botanischen Gesellschaft" die Arbeit von KOLKWITZ & MARSSON „Ökologie der pflanzlichen Saprobien". Ein Jahr darauf folgte die „Ökologie der tierischen Saprobien" (KOLKWITZ & MARSSON 1909). Damit war erstmals dem Wasserwirtschaftler und Abwasserbiologen eine erfolgversprechende Methode zur biologischen Gütebeurteilung verunreinigter Gewässer in die Hand gegeben. Von den zahlreichen abwasserbiologischen Publikationen RICHARD KOLKWITZ' übten die beiden Saprobien-Arbeiten den nachhaltigsten und fruchtbarsten Einfluß auf die Entwicklung der angewandten Limnologie aus.

RICHARD KOLKWITZ wurde am 23. März 1873 in Berlin geboren. Seit 1891 studierte er an der Berliner Universität neben Zoologie und Organischer Chemie vornehmlich Botanik. Zu seinen Lehrern zählten in diesem Fach neben PAUL FRIEDRICH AUGUST ASCHERSON und PAUL WILHELM MAGNUS die bekannten Botaniker SIMON SCHWENDENER, HEINRICH GUSTAV ADOLF ENGLER und LEOPOLD KNY. Nach der 1895 erfolgten Promotion im Fach Botanik zum Thema „Untersuchungen über Plasmolyse, Elastizität, Dehnung und Wachstum an lebendem Markgewebe" übernahm er noch im selben Jahr eine Assistentenstelle bei KNY am Institut für Pflanzenphysiologie an der Berliner Universität. Hier entstand auch seine ebenfalls ein pflanzenphysiologisches Thema behandelnde Habilitationsschrift („Über den Einfluß des Lichtes auf die Atmung der niederen Pilze"), mit der er 1898 die akademische Laufbahn an der Berliner Universität antrat (LEPS & BURMEISTER 1987).

Entscheidend für den weiteren wissenschaftlichen Werdegang von R. KOLKWITZ sollte die 1901 erfolgte Gründung der „Königlichen Versuchs- und Prüfungsanstalt für Wasserversorgung und Abwässerbeseitigung" werden, an deren biologische Abteilung er als Leiter berufen wurde. Hier wurde er sofort mit den Aufgaben und Problemen der sich um die Jahrhundertwende rasch entwickelnden Limnologie konfrontiert, die sich von Beginn an durch eine starke Berücksichtigung angewandter Fragen, insbesondere der Gewässerverschmutzung auszeichnete. In Berlin war noch auf Betreiben des einflußreichen Mediziners RUDOLF VIRCHOW zur Lösung der durch den starken Bevölkerungszuwachs und die zunehmende Industrialisierung unhaltbar gewordenen hygienischen Probleme die Einführung der Kanalisation und des Rieselfeldsystems durchgesetzt worden. Um die Funktionstüchtigkeit der Abwasserreinigung zu gewährleisten, war eine wissenschaftliche Überwachung der Anlagen und Vorfluter nötig. Ihr widmeten sich KOLKWITZ und seine Mitarbeiter mit großem Einsatz, um „ein Jahr lang eine Reihe verschmutzter Wasserläufe in der Nähe von Berlin nach einem bestimmten Plan" zu analysieren (zit. nach LEPS & BURMEISTER 1987). Als Ergebnis ihrer Bemühungen erschien bereits 1902 eine Arbeit über die an den Gewässern getroffenen Beobachtungen und Erfahrungen zur Selbstreinigung der Vorfluter, die im Kern bereits alle Ideen und Begriffe des 1908/09 endgültig begründeten Saprobiensystems enthielt.

Obwohl bereits COHN (1853, 1875), MEZ (1898) u. a. mit ihrer „mikroskopischen Wasseranalyse" aus dem

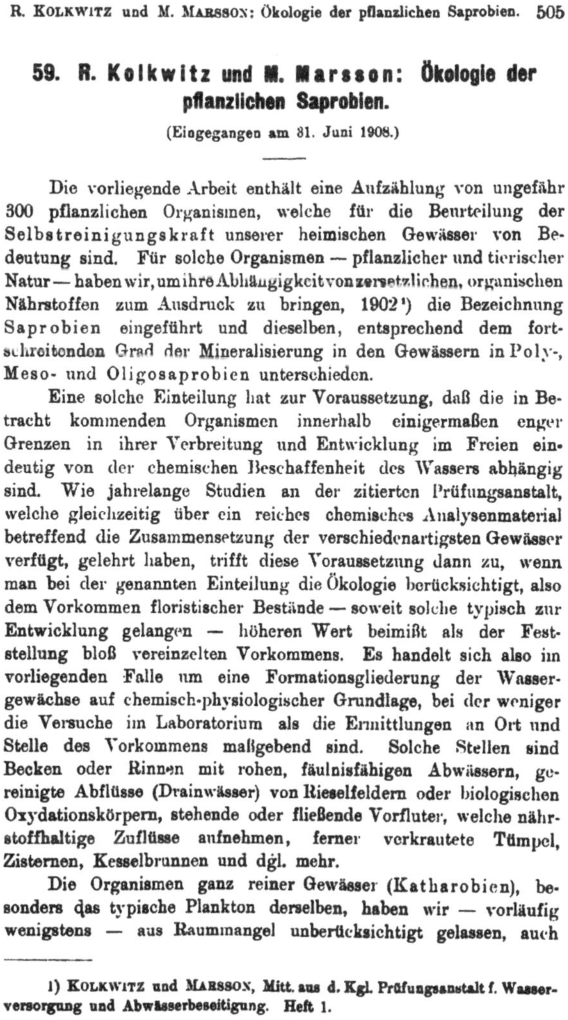

R. KOLKWITZ und M. MARSSON: Ökologie der pflanzlichen Saprobien. 505

59. R. Kolkwitz und M. Marsson: Ökologie der pflanzlichen Saprobien.

(Eingegangen am 31. Juni 1908.)

Die vorliegende Arbeit enthält eine Aufzählung von ungefähr 300 pflanzlichen Organismen, welche für die Beurteilung der Selbstreinigungskraft unserer heimischen Gewässer von Bedeutung sind. Für solche Organismen — pflanzlicher und tierischer Natur — haben wir, um ihre Abhängigkeit von zersetzlichen, organischen Nährstoffen zum Ausdruck zu bringen, 1902[1]) die Bezeichnung Saprobien eingeführt und dieselben, entsprechend dem fortschreitenden Grad der Mineralisierung in den Gewässern in Poly-, Meso- und Oligosaprobien unterschieden.

Eine solche Einteilung hat zur Voraussetzung, daß die in Betracht kommenden Organismen innerhalb einigermaßen enger Grenzen in ihrer Verbreitung und Entwicklung im Freien eindeutig von der chemischen Beschaffenheit des Wassers abhängig sind. Wie jahrelange Studien an der zitierten Prüfungsanstalt, welche gleichzeitig über ein reiches chemisches Analysenmaterial betreffend die Zusammensetzung der verschiedenartigsten Gewässer verfügt, gelehrt haben, trifft diese Voraussetzung dann zu, wenn man bei der genannten Einteilung die Ökologie berücksichtigt, also dem Vorkommen floristischer Bestände — soweit solche typisch zur Entwicklung gelangen — höheren Wert beimißt als der Feststellung bloß vereinzelten Vorkommens. Es handelt sich also im vorliegenden Falle um eine Formationsgliederung der Wassergewächse auf chemisch-physiologischer Grundlage, bei der weniger die Versuche im Laboratorium als die Ermittlungen an Ort und Stelle des Vorkommens maßgebend sind. Solche Stellen sind Becken oder Rinnen mit rohen, fäulnisfähigen Abwässern, gereinigte Abflüsse (Drainwässer) von Rieselfeldern oder biologischen Oxydationskörpern, stehende oder fließende Vorfluter, welche nährstoffhaltige Zuflüsse aufnehmen, ferner verkrautete Tümpel, Zisternen, Kesselbrunnen und dgl. mehr.

Die Organismen ganz reiner Gewässer (Katharobien), besonders das typische Plankton derselben, haben wir — vorläufig wenigstens — aus Raummangel unberücksichtigt gelassen, auch

1) KOLKWITZ und MARSSON, Mitt. aus d. Kgl. Prüfungsanstalt f. Wasserversorgung und Abwässerbeseitigung. Heft 1.

Abb. 1. Titelseite der Arbeit von KOLKWITZ & MARSSON (1908) „Ökologie der pflanzlichen Saprobien"

Vorkommen von Mikroorganismen „... bestimmte Schlüsse bezüglich des Reinheits- bzw. Verunreinigungsgrades des Wassers zogen" (Kolkwitz & Marsson 1902), müssen Kolkwitz und sein Mitarbeiter Marsson durch die Berücksichtigung sämtlicher Organismengruppen als die eigentlichen Begründer der biologischen Wasseranalyse gelten. Dieses Verfahren zur Beurteilung der Wassergüte mit Hilfe von pflanzlichen und tierischen Indikatororganismen hat Kolkwitz selbst in lebenslanger Forschungsarbeit weiter ausgebaut und vervollkommnet (Kolkwitz 1935, 1950). Eine ausführliche Würdigung der gemeinsamen Leistung von Richard Kolkwitz und Maximilian Marsson ist anläßlich des 85jährigen Bestehens des Instituts für Wasser-, Boden- und Lufthygiene erschienen (Leschber 1986).

Das Saprobiensystem von Kolkwitz hat unmittelbar nach seiner Aufstellung ungewöhnlich anregend auf die Entwicklung der angewandten Limnologie gewirkt, aber auch, wie bei der Vielschichtigkeit der angesprochenen Probleme nicht anders zu erwarten, zu Kritik und Revision herausgefordert, die in den Arbeiten von Liebmann (1947, 1951) und Sladeček (1973) gipfeln. Die Forschungen über das Saprobiensystem befinden sich auch gegenwärtig noch voll im Fluß, wovon u. a. die zusammenfassenden Werke von Mauch (1976) und Wegl (1983) sowie die Saprobiologie-Symposien in Pallanza 1963 („Evaluation of the saprobic systems") und Prag 1966 („Questions of saprobity") und 1973 („Symposium on Saprobiology") künden. Auch in *Limnologica* sind eine Reihe von Arbeiten, die sich speziell saprobiologischen Problemen widmen, erschienen (Ziemann 1970; Marvan et al. 1980; Möller & Pankow 1981; Arendt 1981; Köck 1981; Stjerna-Pooth 1981; Uzunov 1982; Losos 1984; Guhl 1986).

Das Saprobiensystem beruht nach den Aussagen seiner Schöpfer (Kolkwitz & Marsson 1908, 1909) auf der ökologischen Beurteilung des Vorkommens oder Fehlens von Gewässerbiozönosen, die in jahrelanger Erfahrung empirisch durch Freilanduntersuchungen gewonnen wird. Damit sind zugleich seine drei Grundpfeiler genannt, auf denen trotz berechtigter und unberechtigter Kritik Wesen und Wert des Saprobiensystems beruhen. Es hat sich nach 8 Jahrzehnten Anwendung in der Praxis als die klassische Grundlage der biologischen Gewässergütebeurteilung bewährt. Zusammen mit dem Trophiekonzept bildet der Begriff der Saprobie nach Kolkwitz und Marsson das tragfähige Fundament der Limnologie, auf dem auch noch spätere Generationen aufbauen können.

Literatur

Arendt, K. (1981): Pflanzengesellschaften von Fließgewässern als Indikatoren der Gewässerverschmutzung, dargestellt am Beispiel des Uecker- und Havelsystems. *Limnologica* (Berlin) **13** (2) 485—500.

Cohn, F. (1853): Über lebende Organismen im Trinkwasser. Grünbergs Z. f. klin. Medizin **4.**

— (1875): Über den Brunnenfaden *Crenothrix polyspora* mit Bemerkungen über die mikroskopische Analyse des Brunnenwassers. Beitr. Biol. Pflanzen **1**, 108—132.

Guhl, W. (1986): Bemerkungen über den Saprobitätsgrad. *Limnologica* (Berlin) **17** (1), 119—126.

Köck, U.-V. (1981): Fließgewässer-Makrophyten als Bioindikatoren der Wasserqualität des Flieth-Baches (Dübener Heide). *Limnologica* (Berlin) **13** (2), 501—510.

Kolkwitz, R. (1935): Pflanzenphysiologie. 3. Aufl. Jena.

— (1950): Ökologie der Saprobien. Über die Beziehungen der Wasserorganismen zur Umwelt. Schr. Ver. Wasser-, Boden- u. Lufthygiene **4**, 1—644.

— & Marsson, M. (1902): Grundsätze für die biologische Beurteilung des Wassers nach seiner Flora und Fauna. Mitt. kgl. Prüfungsamt Wasserver. Abwässerbeseit. Heft 1.

— — (1908): Ökologie der pflanzlichen Saprobien, Ber. dt. bot. Ges. **26a**, 505—519.

— — (1909): Ökologie der tierischen Saprobien. Int. Rev. ges. Hydrobiol. **2**, 126—152.

Leschber, R. (1986): Das Saprobiensystem — Frucht der Zusammenarbeit zweier Naturforscher. Eine Würdigung der gemeinsamen Arbeiten von Richard Kolkwitz und Maximilian Marsson. WaBoLu — Hefte 1.

Leps, G., & Burmeister, K.-J. (1987): Richard Kolkwitz (1873 bis 1956) zum Gedenken. Biol. Rundsch. **25**, 145—153.

Liebmann, H. (1947): Die Notwendigkeit einer Revision des Saprobiensystems und deren Bedeutung für die Wasserbeurteilung. Gesundheitsingenieur **68**.

— (1951): Handbuch der Frischwasser- und Abwasserbiologie. München.

Losos, B. (1984): The influence of pollution on the density and production of Chironomidae (Diptera) in running waters. *Limnologica* (Berlin) **15** (1), 7—19.

Marvan, P., Rothschein, J., & Zelinka, M. (1980): Der diagnostische Wert saprobiologischer Methoden. *Limnologica* (Berlin) **12** (2), 299—312.

Mauch, E. (1976): Leitformen der Saprobität für die biologische Gewässeranalyse. Cour. Forsch.-Inst. Senckenberg **21** (Band 1—5).

Mez, C. (1898): Mikroskopische Wasseranalyse. Berlin.

Möller, B., & Pankow, H. (1981): Algensoziologische und saprobiologische Untersuchungen an Vorflutern der Elbe. *Limnologica* (Berlin) **13** (2), 291—350.

Sladeček, R. (1973): System of Water Quality from the Biological Point of View. Arch. Hydrobiol. Beih. Ergebn. Limnol. **7**, 1—218.

Stjerna-Pooth, I. (1981): Die Rolle der Benthosorganismen bei der Klassifizierung von Fließgewässern. *Limnologica* (Berlin) **13** (2), 351—362.

Uzunov, J. (1982): Statistical assessment of the significance of both bottom strata and saprobity for the distribution of aquatic Oligochaeta in rivers. *Limnologica* (Berlin) **14** (2), 353—361.

Ziemann, H. (1970): Zur Gültigkeit des Saprobiensystems in versalzten Binnengewässern. *Limnologica* (Berlin) **7** (2), 279—293.

Eingegangen am 15. 9. 87.

Anschrift des Verfassers:

Dr. Dietrich Flössner
Akademie der Wissenschaften der DDR
Zentralinstitut für Mikrobiologie
und Experimentelle Therapie Jena
Abteilung Limnologie
Beutenbergstr. 11
Jena
DDR-6900

Limnologica (Berlin) **19** (2), 3—12, Dezember 1988

AdW der DDR, Zentralinstitut für Elektronenphysik, Berlin; Zentralinstitut für Mikrobiologie und Experimentelle Therapie, Abteilung Limnologie, Jena

Morphology of Calcite Crystals in Hardwater Lakes*

By HELMUT RAIDT & RAINER KOSCHEL[1])

With 7 Figures and one Table

Key words: Calcite precipitation; Morphology of calcite crystals; Hardwater lakes

Abstract

The morphology of pelagic calcite crystals from a broad spectrum of different types of hardwater lakes was investigated by using scanning electron microscopy. An atlas of typical crystal habits is given. An attempt is made to explain the observed crystal habits through a discussion of the general crystallization process in aqueous solutions and the conditions in oligotrophic to eutrophic hardwater lakes.

Introduction

The process of calcite precipitation is thought to be an important „self-purification-mechanism" in hardwater systems. Especially the co-precipitation of phosphate with calcite (OTSUKI & WETZEL 1972) and the reduction in particulate nutrients and loss of biomass caused by aggregation and increased settling rates (KOSCHEL et al. 1983, 1985a, 1987a) were discussed as natural control mechanisms of the eutrophication of hardwater lakes.

Although the phenomenon of autochthonous calcite precipitation and the kinetics of crystallization of calcite has been reported in a number of recent publications (e.g. HOUSE 1981; BOROWITZKA 1982; SCHRÖDER et al. 1983; GALAT & JACOBSEN 1985; GUNTHORPE & SIKES 1986; STABEL 1986) it must be said that many details of calcite precipitation in natural hardwaters are not clearly understood. That refers to the crystallization of calcite as well as to long-term and short-term periodicity and ecological role of calcite precipitates.

In this paper our objective is to describe the morphology of pelagic calcite crystals and to derive some conclusions of uniformity or non-uniformity of crystal forms and crystal growth in different hardwater lakes.

The investigations were made in lakes of south Mecklenburg Lake District (Lake Stechlin area, Feldberg Lake area and Lake Tollense). Some of its limnology is presented in Table 1, detailed descriptions were discussed elsewhere (e.g. CASPER 1985; KOSCHEL et al. 1985b, 1987a).

Material and Methods

Water samples were collected at different times (in some cases at least weekly or monthly, see KOSCHEL et al. 1987a) from various depths (epi-, meta- and hypolimnion) with 2-liter Ruttner- or 5-liter Hydrobios-samplers. 1—3 h later the water samples were filtered through membrane or nuclepore filters (0.45 to 1.5 µm pore size). Precipitates on nuclepore filters or on cover glasses were dried and kept in an exsiccator. Subsequently these samples were covered with a thin Au-film by sputtering and investigated with a scanning electron microscope (typ: JSM-U-3). Calcium was detected with an EDAX-system (X-ray crystal analysis), if the identification of calcite was uncertain. X-ray analysis shows, that no other $CaCO_3$-modifications (Aragonit or Vaterit) were present.

Crystallization process

Because the morphology of the precipitated calcite crystals strongly depends on the chemical and physical conditions of crystallization, we will first have a look on the general crystallization process in solutions.

The solubility of an ionic crystal in water can be changed by variation of temperature, pressure and the concentration of various inorganic and organic substances. In the $CaCO_3$—H_2O—CO_2-system the solubility of $CaCO_3$ is meanly determined by the concentration of CO_2 (KELTS & HSÜ 1978; EFFLER 1984). Fig. 1 shows a schematic drawing of this behaviour (curve A). Starting from a subsaturated solution and lowering the concentration of CO_2, e.g. by photosynthesis, the solubility limit of $CaCO_3$ is reached in point 1 (Fig. 1). If calcite nuclei are not present, the crystallization begins only at critical supersaturation ΔC (curve B, Fig. 1). This is because the formation of the interface of the new phase calcite needs a formation energy. This critical supersaturation can reach very high values of some hundred percent in the $CaCO_3$—H_2O—CO_2-system of hardwaters (e.g. SCHRÖDER 1982; KOSCHEL et al. 1983, 1987a; STABEL 1986) contrary to most aqueous systems, where the critical supersaturation is only 1 to 2%. After nucleation only a lower supersaturation $\Delta C'$ is necessary for the further growth of the nuclei (Fig. 1). Starting at the

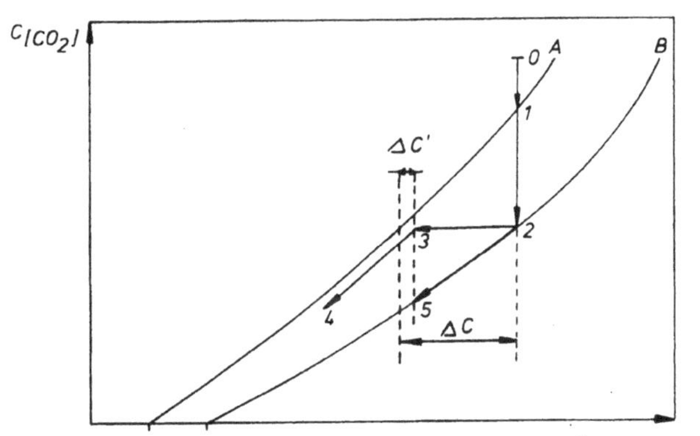

Fig. 1. Schematic diagram of relationship between solubility and nucleation of $CaCO_3$.
A — solubility curve; B — nucleation curve; ΔC — critical supersaturation necessary for nucleation; $\Delta C'$ — supersaturation necessary for growth.

* The authors dedicate the paper to Dr. habil. S. J. CASPER on the occasion of his 60th birthday.

[1]) To whom reprint requests should be addressed.

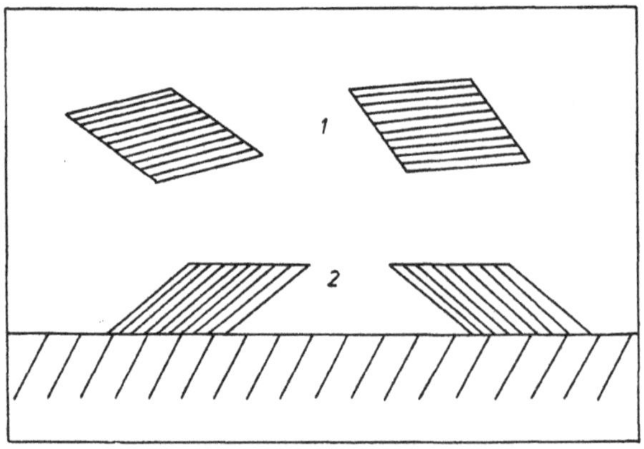

Fig. 2. Homogenous (1) and heterogenous (2) nucleation

nucleation point 2 different crystallization paths are possible (Fig. 1): depending on whether the crystals grow fast enough to lower the supersaturation or not, the system goes to point 3 and 4 or respectively to point 5. In the first case the primary formed nuclei grow without further nucleation. In the latter case permanently new calcite nuclei are formed. Both processes of nucleation and growth are strongly influenced by dissolved and particulate substances which are always present in natural waters (SUESS 1970; KELTS & HSÜ 1978, HOUSE 1981). E.g. critical supersaturation can be lowered at foreign interfaces [Fig. 2 — homogenous nucleation (1) in contrast to heterogenous nucleation (2)]. Therefore nucleation at interfaces (e.g. surfaces of macrophytes or detritus particels) is more probable than in the „open" solution. However we could not find examples of heterogenous calcite nucleation among the surface of planktonic microorganisms in the natural lake systems under investigation with these exceptions: the calcite growth on the surface of *Phacotus*-shells (KOSCHEL et al. 1987b; KOSCHEL & RAIDT 1988) or of other calcifying unicellular flagellate green algae (e.g. MÜLLER & OTI 1981) — which is rather a normal growth than a heterogenous nucleation — and the growth on probably noncalcerous shells of some other organisms, e.g. *Difflugia limnetica* (CASPER & SCHÖNBORN 1985) or *Tintinopsis* spec.

Adsorption of impurities on the calcite surface can supress (or unlikely promote) the nucleation and growth (HOUSE et al. 1986a, b; WETZEL & WHITE 1985; WHITE & WETZEL 1985). Since adsorption in most cases is surface-specific the forms of the crystals can be changed in this way. The adsorbed substances can be incorporated during growth. Two ways are possible: similar ions or ion-complexes can be incorporated directly in the crystals (e.g. PO_4^{3-} instead CO_3^{2-}) and structurally different substances (e.g. organic molecules) in the form of layers by the so-called anomalous mixed crystal growth. Both processes may be part of the self-purification-mechanism of carbonate rich lakes, but direct evidence for this is not available so far.

The calcite precipitates can undergo an ageing process after termination of the primary $CaCO_3$-crystallization: small and structurally imperfect crystals shrink; and bigger and more perfect crystals grow. This already takes place without any supersaturation and is enhanced by periodic fluctuations between sub- and supersaturation, as it can be produced by periodic photosynthesis.

In the same way the dissolution of calcite crystals in regions of higher CO_2-content (or higher acidity) begins firstly with the smaller and the more imperfect crystals.

Morphology of pelagic calcite crystals

Free grown crystals are normally bounded by flate faces, whereby faces with the lowest velocity of advance are the largest.

Symmetrical equivalent faces are summarized to one-crystal form. Different forms of mineral calcite are distinguished by MILLEN index {h k (i) l}. Characteristic crystal forms are the hexagonal prism {1 0 $\bar{1}$ 0}, the base {0 0 0 1}, the rhomboeder {h 0 $\bar{h}$ l} and the skalenoeder {h k i l}. Normally the crystal grows layer by layer, which are deposited on the flat faces. Adsorption of impurities and high growth velocities often lead to rough-surfaced crystals. With high supersaturations the layers are no longer spread over the whole face and a preferencial growth of edges and corners appears. Dissolution forms on the other hand show rounded edges and corners.

Taking into account the strong dependence of crystal morphology on growth parameters as temperature, rate of supersaturation, concentration of impurities etc. on the one side and the variation of these parameters in natural aquatic ecosystems on the other side one expects to find a great diversity of crystal forms. As every mineralogist knows, calcite is the mineral with a high number of different crystal forms (more than 100 forms and more than 1000 combinations of these forms).

Table 1. Limnological characteristics of some study lakes in July

		Lake Stechlin (19. 7. 82)[2]	Lake Breiter Luzin (16. 7. 84)[2]	Lake Dagow (6. 7. 82)[2]	Lake Tollense (3. 7. 85)[2]	Lake Haussee (10. 7. 85)[2]	Lake Dollgower See (10. 7. 86)[2]
Area	(km^2)	4.3	2.7	0.3	17.4	1.3	0.2
Volume	(10^6 m^3)	100.5	65.7	1.2	301.0	8.2	
Max. depth	(m)	68.5	58.5	9.0	33.2	12.5	2.8
Secchi depth[1]	(m)	6.5	1.1	1.7	2.6	1.2	0.5
pH[1]		8.3	8.5	8.1	8.6	9.5	8.2
$CaCO_3$[1]	($g \cdot m^{-3}$)	0.2	1.9	0.2	0.4	0.1	5.1
PO_4—P[1]	($mg \cdot m^{-3}$)	2.6	9.6	3.1	7.0	460.0	2.0
Chl a (phytoplankton)[1]	($mg \cdot m^{-3}$)	1.4	15.0	14.2	5.3	6.9	39.7
Trophic state		oligotrophic (dimictic)	meso- to eutrophic (dimictic)	eutrophic (dimictic)	eutrophic (dimictic)	eutrophic (dimictic)	eutrophic (polymictic)

[1] Epilimnetic (surface) value

[2] Data of sampling

But the samples taken from various types of hardwater lakes at different depths and seasons show only a relatively poor diversity of crystal forms. The growth conditions of crystals vary locally on macroscopic and on microscopic scale (e.g. by turbulence or diffusion). The waterbody of a lake is not homogenous. Therefore different crystal forms can be found side by side in one sample. Nevertheless typical average (dominant) forms can be defined for each sample.

In the following we want to present an atlas of typical calcite crystals which we have found in our samples (Figs. 3—6). In Fig. 7 we present the schemes of these forms for the better understanding of structure and growth of calcite crystals.

Fig. 3a shows the most elementary form, which is present in nearly all samples (see also Figs. 3b, 3f, 5a, 5b) but is nevertheless of only very low frequency. It is the rhombohedron $\{1\ 0\ \bar{1}\ 1\}$ (see Fig. 7a, b). In this form the perfect fissility runs along the faces. It seems to be also the equilibrium polyhedron[2]) at the precipitation conditions in lakes.

Fig. 3b—f (also Fig. 4e) shows combinations of rhombohedron $\{1\ 0\ \bar{1}\ 1\}$ and an other crystal form with rough surfaces — probably a steep rhombohedron $\{o\ k\ \bar{k}\ l\}$ as shown in Fig. 7c.

The roughening of the crystal surface can be enhanced further — most clearly at the edges (Fig. 3b—f). At the end of this development the crystals show only a rough surface structure and no signs of flat crystal faces (Fig. 3d, 4f). The combination of rhombohedron and other crystal forms with rough surface is the most frequently modification of calcite in our lakes. Maximum frequencies of these forms seem to be in eutrophic lakes. In Lake Dollgower See, a small polymictic lake (see Table 1) the $CaCO_3$-concentration was dominated by these crystal forms (Figs. 3f, 4e) during whole summer with values of about 5 g $CaCO_3 \cdot m^{-3}$.

Crystals, which show only or mainly rough surfaces and no signs of flate crystal faces, were frequently found in deep layers of hypolimnion in oligotrophic as well as in eutrophic lakes (Fig. 3b). During long periods of calcite formation we observed frequently these forms in near-surface layers of epilimnion too, especially in eutrophic lakes (Fig. 3c, 4f).

On the other hand the obstruction of the layer-by-layer growth of the crystal faces at the edges and the corners can produce „negative" edges (Figs. 4a, b, d; Fig. 7d). A combination with other „rough surface"-forms (prism $\{1\ 0\ \bar{1}\ 0\}$) submits a habit like that in Fig. 4b and Fig. 7e. All of these forms show clearly an enhanced columnar growth of crystal-faces. The enhanced columnar growth at the centres of the rhombohedron faces can produce forms in the further development which are shown in Fig. 7f (examples in Fig. 4a, b, e, f).

Calcite crystals with „negative" edges (Fig. 7d, e) or with „finished" enhanced columnar growth (Fig. 7f) seem to be frequent in deep hypolimnic layers of weakly eutrophic or mesotrophic lakes (e.g. Lake Tollense, Lake Breiter Luzin, Fig. 4a—d). In addition we observed dendritic growth of calcite crystals. The dendritic branches are parallel to the edges $\langle 1\ 2\ .\ \bar{1}\rangle$ of the $\{1\ 0\ \bar{1}\ 1\}$ rhombohedron (Fig. 5a—f; Fig. 7g—i).

Marked dendritic calcite formations were found during summer in epilimnion in mesotrophic to weakly eutrophic lakes (e.g. Lake Weutschsee, Lake Breiter Luzin, Fig. 3a—d, f). The dendritic calcite concentration was partly greater than 1 g $CaCO_3 \cdot m^{-3}$ in these lakes. In one case, however, we found a dendritic crystal, which seems to show a preferential growth in the direction of the space diagonal of the $\{0\ 1\ \bar{1}\ 1\}$ rhombohedron (Fig. 6a, see also Fig. 7h). This form was relatively rare and was observed in eutrophic Lake Dagow.

Dendritic forms can proceed in other forms while at lower supersaturation the cavities between dendritic branches were filled up (Fig. 7i), for example also in forms which are shown in Fig. 4.

Calcite crystals and growth of them were observed frequently on the surface of *Phacotus*-shells (Fig. 6c, d). We found rhombohedrons $\{1\ 0\ \bar{1}\ 1\}$ and combinations of rhombohedron and other crystal forms with rough surfaces (Fig. 6c) as well as dendritic crystals (Fig. 6d). In some cases calcite crystals were used as building material of shells of higher organisms (Fig. 6b). Partially dissolved crystals show rounded edges and corners, and were especially observed in deep hypolimnic layers of eutrophic lakes in small quantities and as a rule non-dominated crystal forms (Fig. 6e, f).

[2]) polyhedron at nearly zero-supersaturation

Lake Scharteisen (11. 7. 86)[2])	Lake Weutschsee (10. 7. 86)[2])	Lake Dolgener See (10. 7. 86)
0.1	0.2	0.7
1.5		
31.0	10.5	24.0
2.9	1.5	2.0
8.45	8.0	8.8
0.3	1.1	0.85
65.0	1.0	6.0
26.0	1.8	15.0
eutrophic (dimictic)	meso- to eutrophic (dimictic)	eutrophic (dimictic)

Discussion

Comparing the characteristics of the observed crystal forms (surface roughening and dendritic growth) with the crystal growth conditions discussed before, one can conclude, that rough-surface-growth is probably the result of an adsorption of impurities on the surface of the growing crystals. In that way the spreading of the (atomic) calcite layers over the whole crystal face is prevented. Many single growth steps of atomar high run into one another and even higher steps are formed. By strong adsorption a 3-dimensional nucleation on the top of the adsorption layer is necessary for further growth of crystals. Both phenomena lead to a roughening of the surface. Forms as shown in Fig. 3b—f or in Fig. 4a, b, d (porous layer) looking like an etched surface, but grown in supersaturated solution may be explained in this way. On the other hand the dendritic growth is always found in very high supersaturations. In most cases the nucleation and therefore the growth at edges and corners is promoted, so that it may be expected dendrites of $\langle 2\ 1\ .\ \bar{2}\rangle$-type like that in Fig. 7h). Contrary to this we mostly observed dendrites of $\langle 1\ 2\ .\ \bar{1}\rangle$-type with increased nucleation and growth at the centres of $\{1\ 0\ \bar{1}\ 1\}$ faces (Fig. 7g, see also Fig. 5). High supersaturation seems to be necessary but not

Fig. 3. Calcite crystal forms in hardwater lakes — rhombohedron forms and combination of rhombohedron with other crystal forms with rough surfaces.

a — Lake Dollgener See (0 m, 10. 7. 86); b — Lake Stechlin (65 m, 12. 11. 86); c — Lake Tollense (0 m, 3. 9. 86); d — Lake Tollense (0 m, 3. 9. 86); e — Lake Tollense (0 m, 3. 9. 86); f — Lake Dollgower See (0 m, 10. 9. 86).

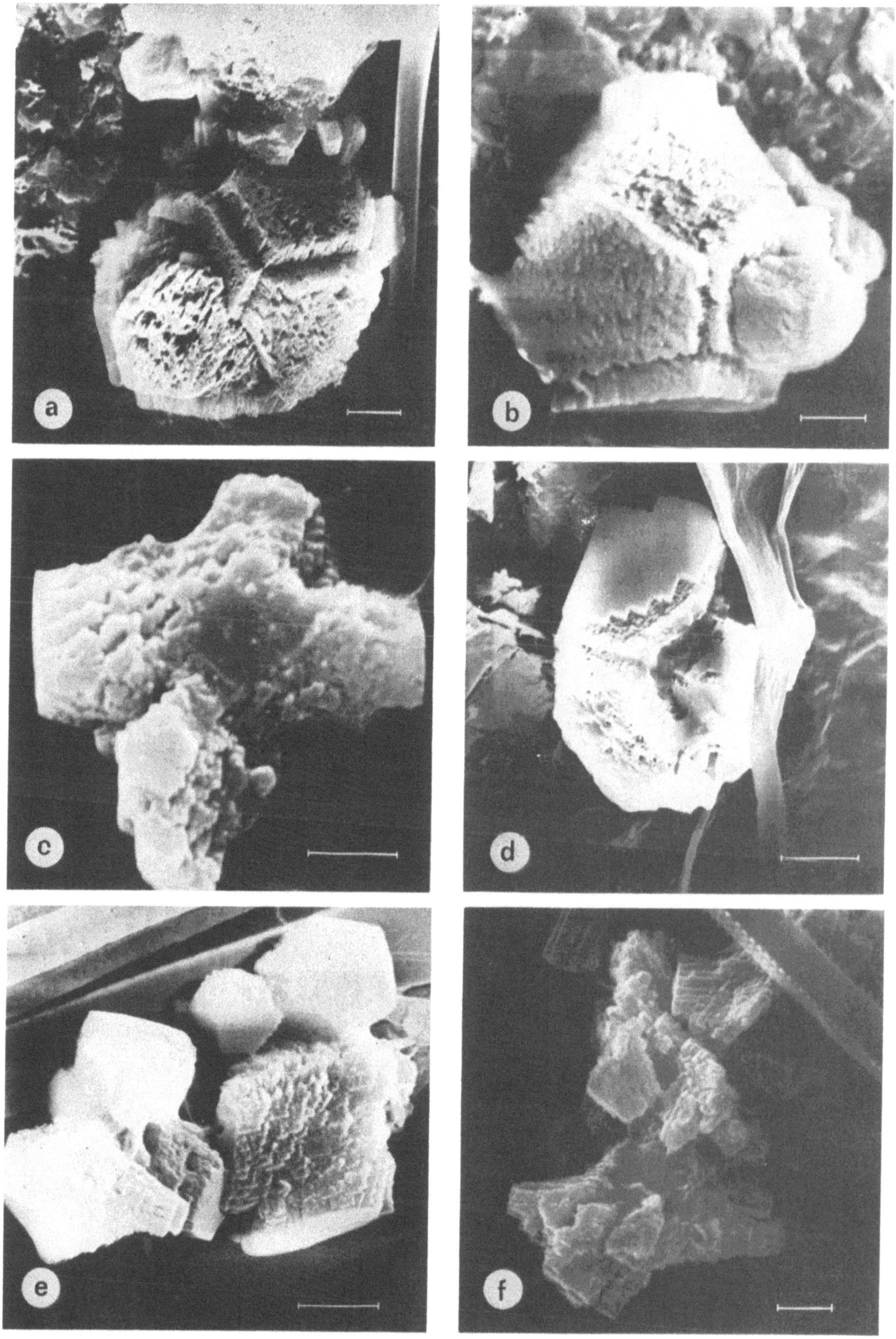

Fig. 4. Calcite crystal forms in hardwater lakes — crystal forms with marked enhanced columnar growth of the rhombohedron faces.
a — Lake Breiter Luzin (50 m, 2. 7. 84); b — Lake Breiter Luzin (50 m, 2. 7. 84); c — Lake Tollense (0 m, 3. 9. 86); d — Lake Breiter Luzin (40 m, 2. 7. 84); e — Lake Dollgower See (4. 7. 86, 0 m); f — Lake Ziestsee (0 m, 9. 7. 86).

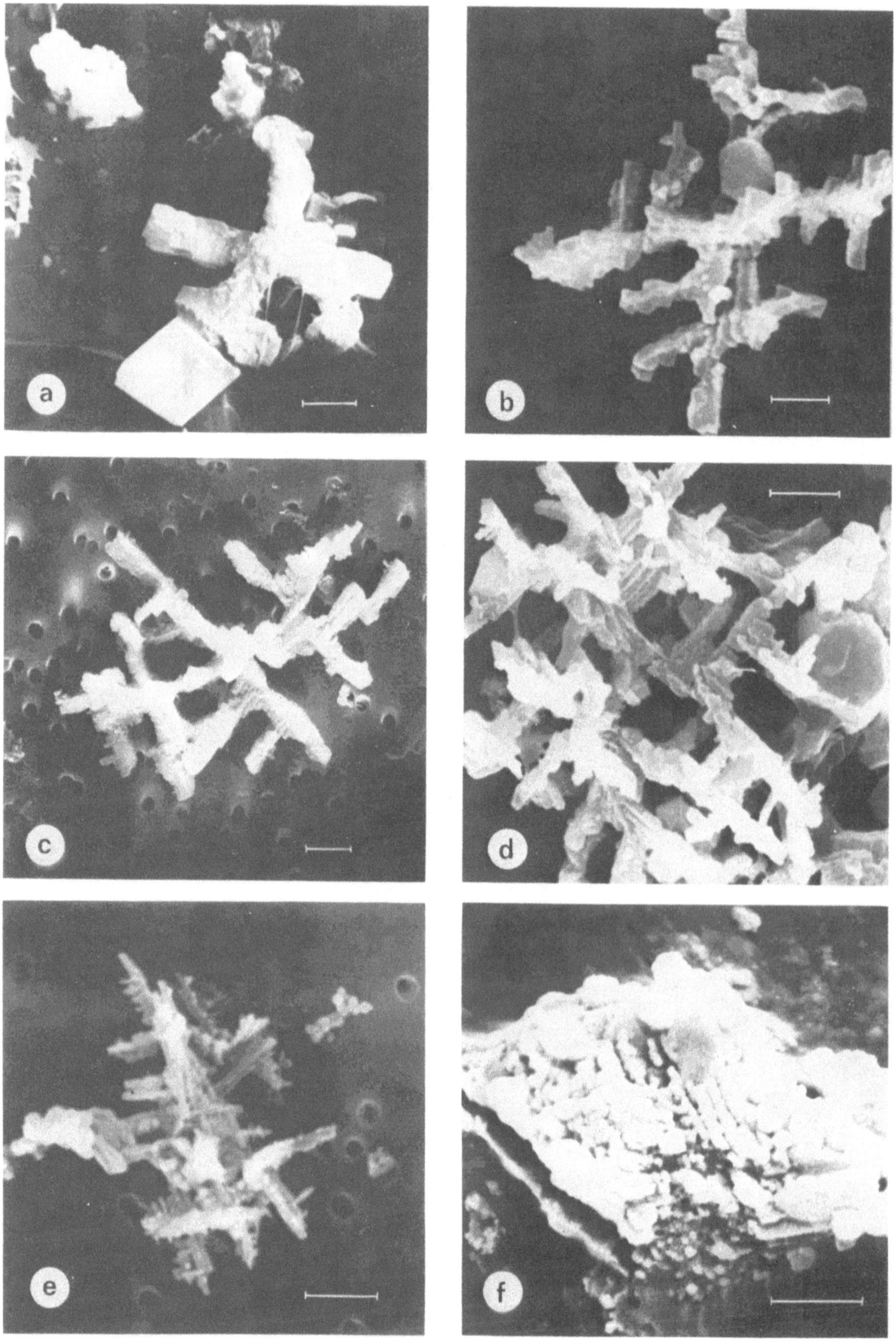

Fig. 5. Calcite crystal forms in hardwater lakes — crystal forms with dendritic growth.

a – Lake Weutschsee (0 m, 9. 7. 86); b — Lake Weutschsee (0 m, 9. 7. 86); c — Lake Weutschsee (0 m, 9. 7. 86); d — Lake Weutschsee (0 m, 9. 7. 86); e — Lake Scharteisen (0 m, 10. 7. 84); f — Lake Breiter Luzin (0 m, 2. 7. 84).

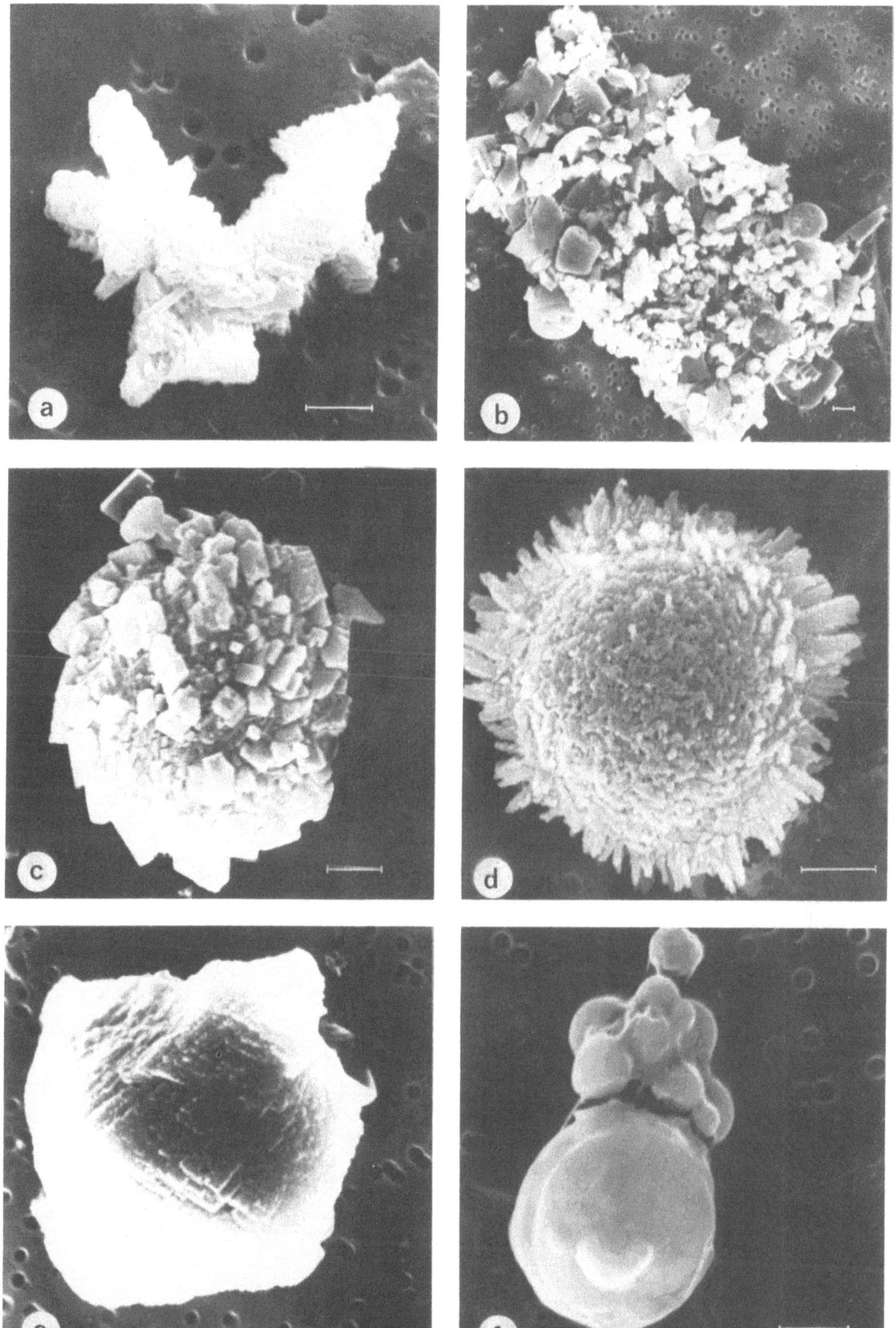

Fig. 6. Calcite crystal forms in hardwater lakes — dendritic form (a), as material of tests of Protozoa (b), forms on surface of *Phacotus*-shells (c, d) and partially dissolved forms (e, f).

a – Lake Haussee (0 m, 1. 7. 86); b – Lake Tollense (0 m, 26. 6. 86); c – Lake Dagow (0 m, 23. 6. 86); d – Lake Scharteisen (0 m, 10. 7. 86); e – Lake Tollense (25 m, 4. 11. 86); f – Lake Nehmitz, southern part (17.5 m, 12. 11. 86).

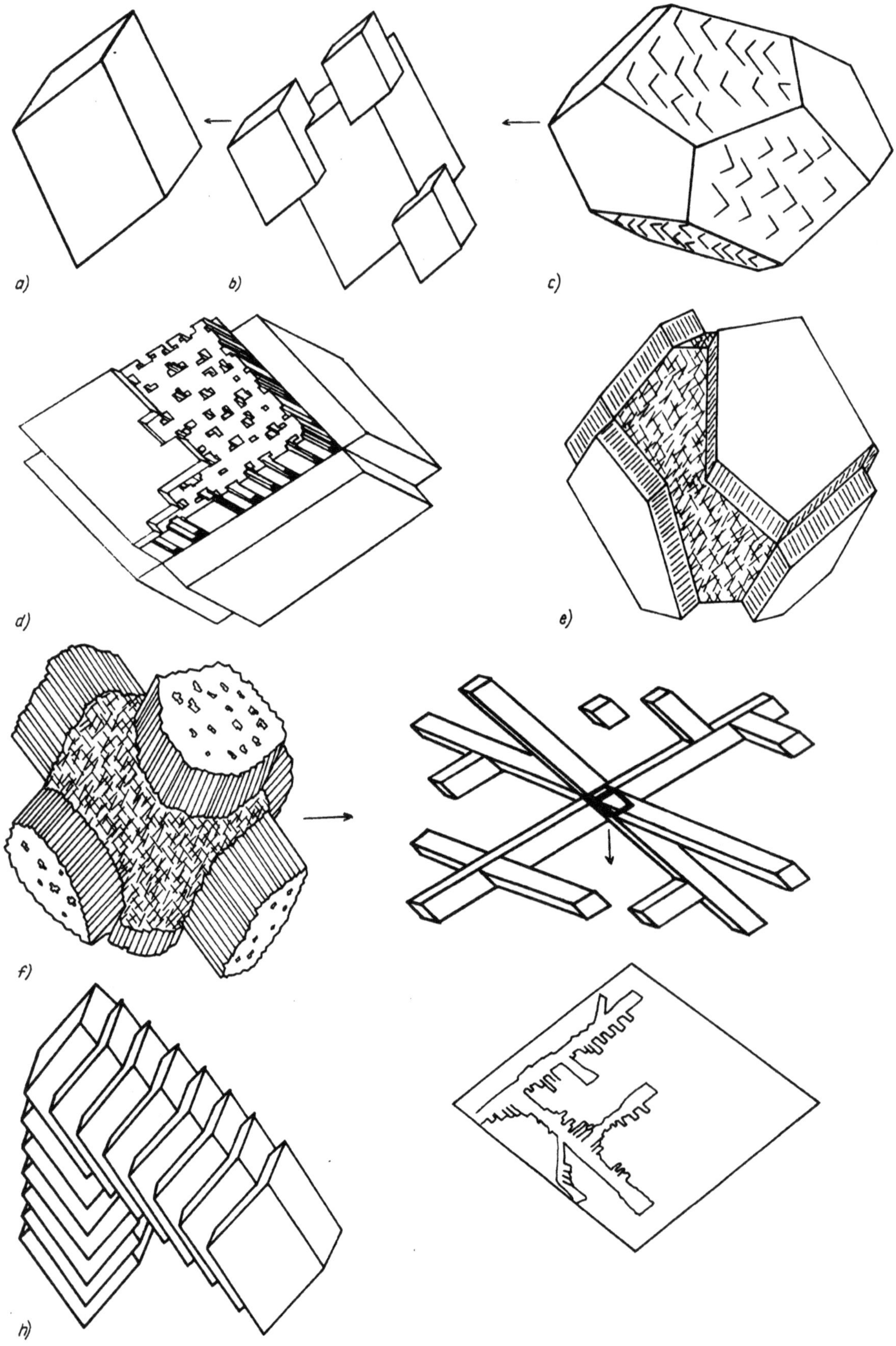

Fig. 7. Schematic diagrams of observed calcite crystal forms in hardwater lakes (compare Figs. 3—6).

a — basic rhombohedron $\{1\ 0\ \bar{1}\ 1\}$; b — combinations of rhombohedrons; c — basic plus steep rhombohedron $\{0\ k\ \bar{k}\ l\}$; d — form with „negative" edges and enhanced columnar growth; e — combinations of forms with enhanced columnar growth (and prism $\{1\ 0\ \bar{1}\ 0\}$; f — combination of forms with „finished" enhanced columnar growth; g — dendritic crystal (dendritic branches are parallel to the edges $\langle 1\ 2\ .\ \bar{1}\rangle$ of the $\{1\ 0\ \bar{1}\ 1\}$ rhombohedron); h — dendritic crystal (preferential growth in the direction of the space diagonals of the $\{0\ 1\ \bar{1}\ 1\}$ rhombohedron); i — orientation of dendritic branches with respect with respect to a rhombohedron face; arrow = c-axis of the crystals.

sufficient for dendritic growth of calcite. At experimental precipitation by rapid mixing of $CaCl_2$- and Na_2CO_3/$NaHCO_3$-solutions we found only rhombohedrons. It was not possible to induce the growth of dendrites despite high supersaturations. It seems, that in natural hardwater lakes the 3-dimensional nucleation is supressed (probably also by adsorption), so that very high supersaturations can build up.

Starting with the $\{1\ 0\ \bar{1}\ 1\}$ equilibrium-polyhedron we assumed two lines of development of crystal forms: At relatively low supersaturations and high adsorption rates at the edges and corners of crystal $\{1\ 0\ \bar{1}\ 0\}$, $\{0\ k\ \bar{k}\ l\}$ forms with rough surfaces appear. The rough areas are spread over the whole surface and calcite crystals are formed without smooth faces (Fig. 3b—f, 4a—f). This line was especially observed in eutrophic lakes (epi- and hypolimnion) and in deeper layers (hypolimnion) of oligo- to mesotrophic lakes. The other line is dendritic growth. We obtain dendritic growth of calcite during high (increasing) supersaturations in oligo- to weakly eutrophic lakes especially in epilimnic layers during the late spring and summer period. With increased supersaturation more complicated dendrites with branches of 2. and 3. order are formed (see Fig. 7g, 5a—f). When the supersaturation is lowered the space between the branches is filled up and more compact forms arise. Dendritic forms can proceed in forms, which are discussed as „developed" forms of the first way (Fig. 4a—f). HOUSE & DONALDSON (1986) show that the forms with „negative" edges (see Fig. 7d) also occur in „clean" synthetic solutions. Dendritic calcite growth was not discussed. The more complicated forms arise always from simple forms by polycrystalline growth, produced by changes of growth conditions during crystal growth (e.g. changes of CO_2-concentration, temperature or turbulences, see KOSCHEL et al. 1983, 1987a), by accreditive crystallization, dissolution processes or by formation of detritus flocks. The transformation of complicated calcite crystal forms proceeds both in mixed (epilimnic) and nonmixed (hypolimnic) layers of oligo to eutrophic lakes. An accumulation of these forms took place especially in nonmixed layers in the deep parts of hypolimnion.

Zusammenfassung

In Hartwasserseen des Stechlinsee- und Tollenseseegebiets und der Feldberger Seen wurde die Morphologie von pelagischen autochthon gebildeten Kalzitkristallen mit Hilfe der Rasterelektronenmikroskopie untersucht. Die verschiedenen Kristallformen werden dargestellt und diskutiert.

Ausgehend von einem Gleichgewichts-Polyeder $\{1\ 0\ \bar{1}\ 1\}$ lassen sich zwei Entwicklungslinien vermuten: (a) Kombination des Polyeders mit anderen Kristallformen, die im wesentlichen durch rauhe Kristalloberflächen gekennzeichnet sind. Rauhe Kristalloberflächen weisen auf ein gehemmtes Flächenwachstum durch Adsorption von Fremdstoffen hin. (b) Bildung von dendritischen Kristallen, die mit abnehmender Übersättigung in kompakte Kristallformen übergehen können.

Dendritische Kristalle wurden besonders im Epilimnion oligo- bis leicht eutropher Seen nach hoher (schnell ansteigender) $CaCO_3$-Übersättigung gefunden.

Kristallformen mit rauher Oberfläche (gehemmtes Flächenwachstum durch Adsorption) wurden vorwiegend im Epilimnion eutropher Seen bzw. in polymiktischen eutrophen Seen und im Hypolimnion oligo- bis eutropher Seen bei z. T. relativ niedrigen Übersättigungen beobachtet.

References

BOROWITZKA, M. A. (1982): Mechanism in algal calcification. Progress in Phycological Research **1**, 137—177.

CASPER, S. J. (ed.) (1985): Lake Stechlin — A temperate oligotrophic Lake (Monogr. Biol. Vol. **58**). Dordrecht, Boston, Lancaster.

— & SCHÖNBORN, W. (1985): *Difflugia limnetica* (LEVANDER) as indicator organism of calcite precipitation in Lake Stechlin, GDR. Arch. Protistenkd. **130**, 305—311.

EFFLER, S. W. (1984): Carbonate equilibria and the distribution of inorganic carbon in Saginaw Bay. J. Great Lakes Res. **10**, 3—14.

GALAT, D. L., & JACOBSEN, R. L. (1985): Recurrent aragonite precipitation in saline-alkaline Pyramid Lake, Nevada. Arch. Hydrobiol. **105**, 137—159.

GUNTHORPE, M. E., & SIKES, S. (1986): Potent Natural Inhibitors of $CaCO_3$ Crystallization from Chalk Deposits. Ohio J. Sci. **86**, 106—109.

HOUSE, W. A. (1981): Kinetics of Crystallization of Calcite from Calcium Bicarbonate Solutions. J. Chem. Soc. Faraday Trans. 1, **77**, 341—359.

— & DONALDSON, L. (1986): Adsorption and Coprecipitation of Phosphate on Calcite. J. Coll. Interf. Sci. **112**, 309—324.

— CASEY, H., DONALDSON, L., & SMITH, S. (1986a): Factors affecting the coprecipitation of inorganic phosphate with calcite in hardwaters — I. Laboratory studies. Wat. Res. **20**, 917—922.

— — — — (1986b): Factors affecting the coprecipitation of inorganic phosphate with calcite in hardwaters — II. Recirculating experimental stream system. Wat. Res. **20**, 923—927.

KELTS, K., & HSÜ, J. J. (1978): Freshwater Carbonate Sedimentation. In: LERMAN, A. (ed.), Lakes Chemistry, Geology, Physics, pp. 295—323. New York, Heidelberg, Berlin.

KOSCHEL, R., & RAIDT, H. (1988): *Phacotus*-shells in Hardwater Lakes. *Limnologica* (Berlin) **19** (2), 13—25.

— MOTHES, G., & CASPER, S. J. (1985a): The ecosystem Lake Stechlin: The life of the lake. In: CASPER, S. J. (ed.), Lake Stechlin — A temperate oligotrophic Lake, pp. 411—431. Dordrecht, Boston, Lancaster.

— KRAUSCH, H.-D., BRINKMANN, P.-F., & PÄCHNATZ, M. (wiss. Redaktion) (1985b): Das Feldberger Seengebiet. Natur und Umwelt Bez. Neubrandenburg **3**, 1—96.

— PROFT, G., & RAIDT, H. (1987a): Autochthone Kalkfällung in Hartwasserseen der Mecklenburger Seenplatte. *Limnologica* (Berlin) **18** (2), 317—338.

— — — (1987b): *Phacotus*-Massenentwicklungen — eine Quelle des autochthonen Kalkeintrages in Seen. *Limnologica* (Berlin) **18** (2), 457—459.

— BENNDORF, J., PROFT, G., & RECKNAGEL, F. (1983): Calcite precipitation as a natural control mechanism of eutrophication. Arch. Hydrobiol. **98**, 380—408.

MÜLLER, G., & OTI, M. (1981): The occurrence of calcified planktonic green algae in freshwater carbonates. Sedimentology **28**, 897—902.

OTSUKI, A., & WETZEL, R. G. (1972): Co-precipitation of phosphate with carbonates in a marl lake. Limnol. Oceanogr. **17**, 763—767.

STABEL, H.-H. (1986): Calcite precipitation in Lake Constance: Chemical equilibrium, sedimentation, and nucleation by algae. Limnol. Oceanogr. **31**, 1081—1093.

SUESS, E. (1970): Interactions of organic compounds with calcium carbonate. 1. Association phenomena and geochemical implications. Geochim. Cosmochim. Acta **34**, 157—168.

SCHRÖDER, H. G. (1982): Biogene benthische Entkalkung als Beitrag zur Genese limnischer Sedimente. Beispiel: Attersee (Salzkammergut; Oberösterreich). Diss., Univ. Göttingen, 1—178.

— WINDOLPH, H., & SCHNEIDER, J. (1983): Bilanzierung der biogenen Karbonatproduktion eines oligotrophen Sees (Attersee, Salzkammergut — Österreich). Arch. Hydrobiol. **97**, 356—372.

WETZEL, R. G., & WHITE, W. S. (1985): Alteration of iron-$CaCO_3$ precipitation by yellow organic acids of aquatic angiosperm origin. Arch. Hydrobiol. **104**, 247—251.
WHITE, W. S., & WETZEL, R. G. (1985): Association of vitamin B_{12} with calcium carbonate in hardwater lakes. Arch. Hydrobiol. **104**, 305—309.

Received July 14, 1987.

Addresses of the authors:

Dr. HELMUT RAIDT
Akademie der Wissenschaften der DDR
Zentralinstitut für Elektronenphysik
Hausvogteiplatz 5—7
Berlin
DDR-1086

Dr. sc. RAINER KOSCHEL
Akademie der Wissenschaften der DDR
Zentralinstitut für Mikrobiologie und
Experimentelle Therapie
Abteilung Limnologie
Beutenbergstr. 11
Jena
DDR-6900

Limnologica (Berlin) **19** (2), 13—25, Dezember 1988

AdW der DDR, Zentralinstitut für Mikrobiologie und Experimentelle Therapie, Abteilung Limnologie, Jena; Zentralinstitut für Elektronenphysik, Berlin

Morphologische Merkmale der *Phacotus*-Hüllen in Hartwasserseen der Mecklenburger Seenplatte*

Morphological Characteristics of *Phacotus*-shells in Hardwater Lakes of the Mecklenburg Lake District

Von RAINER KOSCHEL & HELMUT RAIDT

Mit 8 Tafeln, 2 Abbildungen und einer Tabelle

Key words: *Phacotus*; Calcite; SEM; Hardwater lakes

Abstract

The morphology of calcite *Phacotus*-shells from a broad spectrum of different types of hardwater lakes was investigated by using scanning electron microscopy. An atlas of typical *Phacotus*-shells is given. An attempt is made to explain the observed calcite morphology of the surface of *Phacotus*-shells in connection with the autochthonous calcite precipitation.

Einleitung

Die zu den Chlamydomonadineae (Familie Phacotaceae) gehörende Grünalge *Phacotus* ist durch eine aus zwei uhrglasförmigen Hälften bestehende Hülle um die Flagellatenzelle gekennzeichnet. Die Hülle besteht vorwiegend aus Kalziumkarbonat in Form von Kalzit und wird auf Grund unterschiedlicher morphologischer Merkmale zur Artbestimmung herangezogen (vgl. PASCHER 1927; HUBER-PESTALOZZI 1961; ETTL 1983). Die Gattung ist weit verbreitet und häufig. Sie kommt vorwiegend in den Sommermonaten in Seen und Teichen zur Entfaltung. Bei Massenentwicklungen kann es durch den Kalzit der Hüllen zu beachtlichen Kalkanreicherungen in den Gewässern kommen (MÜLLER & OTI 1981; KOSCHEL et al. 1987a).

Zum Aufbau der Kalkhülle liegen Beobachtungen im polarisierten Licht (KAMPTNER 1951) und rasterelektronenmikroskopische Untersuchungen vor (MÜLLER & OTI 1981; STEINBERG & KLEE 1983; KOSCHEL et al. (1987a). Uns sind im Zusammenhang mit ökologischen Untersuchungen zur Kalzitfällung in Hartwasserseen (vgl. KOSCHEL et al. 1983, 1985a, 1987b; RAIDT & KOSCHEL 1988) bemerkenswerte Unterschiede der Kalzitmorphologie auf der Oberfläche der *Phacotus*-Hüllen aufgefallen, die über die bisher bekannten Befunde hinausgehen und die sowohl für die Phänomenologie autochthoner Kalkfällungen in Seen als auch für die taxonomische Kennzeichnung des Genus *Phacotus* von Bedeutung sind.

In der vorliegenden Arbeit möchten wir diese Beobachtungen dokumentieren und besonders im Zusammenhang mit der Kalzitfällung im Freiwasser der Seen diskutieren.

Untersuchungsgebiet und Methodik

Die Untersuchungen wurden in Seen des südlichen Teils der Mecklenburger Seenplatte (im Stechlinsee- und Tollenseseegebiet sowie im Gebiet der Feldberger Seen) durchgeführt. Es handelt sich durchweg um Hartwasserseen vom oligo- bis hocheutrophen Typus (vgl. CASPER 1985; KOSCHEL et al. 1985b, 1987b; RAIDT & KOSCHEL 1988; KASPRZAK & KOSCHEL, in Vorb.). Die Wasserproben wurden in den Vormittagsstunden zu unterschiedlichen Jahreszeiten (vorwiegend in den Sommermonaten) aus verschiedenen Tiefen mit 2 l-Ruttner- oder 5 l-Hydrobios-Wasserschöpfern entnommen. Die Wasserproben wurden 1 h bis 5 h nach der Probenentnahme im Labor aufbereitet. Ein Teil des Wassers wurde durch Nuklepore- und (oder) Membranfilter (mittlerer Porendurchmesser 0,45 bis 1,5 µm) filtriert. Die Rückstände auf dem Filter (u. a. *Phacotus*-Hüllen) wurden direkt auf den Nukleporefiltern und (oder) auf Deckgläschen (aufgeschwemmte Nuklepore- bzw. Membranfilterrückstände) schnell getrocknet und anschließend im Exsikkator aufbewahrt. Die Bestimmung der Morphologie von *Phacotus*-Hüllen und Kalzitkristallen erfolgte im Rasterelektronenmikroskop (Typ JSM-U-3, Au-Beschichtung). Der Kalziumnachweis wurde an charakteristischen Proben mit der Mikroröntgenanalyse (EDAX-System) erbracht. In verschiedenen mit Lugolscher Lösung fixierten Proben wurden die *Phacotus*-Hüllen mit der UTERMÖHL-Methode (UTERMÖHL 1958) im polarisierten Licht ausgezählt. Die Kalziumkarbonatanalyse[1]) der Filterrückstände erfolgte konduktometisch (PROFT 1983, 1984). Die Kalziumkarbonatkonzentration der Hüllen wurde kalkuliert (0,3 ng $CaCO_3$ pro Hülle, vgl. KOSCHEL et al. 1987a). Die Bestimmung weiterer ökologischen Parameter erfolgte nach KOSCHEL et al. 1987b.

Ergebnisse

Allgemeine ökologische Kennzeichnung des Untersuchungsmaterials

Die Proben entstammen aus 11 Hartwasserseen unterschiedlicher Trophie (vgl. Tab. 1; RAIDT & KOSCHEL 1988). Zum Zeitpunkt der Probenentnahme ergaben sich PAC-Konzentrationen (partikulärer anorganischer Kohlenstoff) zwischen <0,1 mg bis 5,2 mg $CaCO_3 \cdot l^{-1}$ (Tab. 1). Der Anteil des $CaCO_3$ der *Phacotus*-Hüllen am Gesamt-PAC differierte zwischen <1% bis nahe 100% (vgl. Tab. 1). Die Abundanzen der *Phacotus*-Hüllen betrugen 2000 bis 3910000 l^{-1} (Tab. 1).

Morphologische Kennzeichnung der *Phacotus*-Hüllen

Alle untersuchten Hüllen waren im Grundriß kreisrund bis gering elliptisch (vgl. Fototafeln 1 bis 8). Der Durchmesser der Hüllen betrug 6—17 µm, die Stärke der Hüllen (Randpartie) 1—2,5 µm. Die Schwankungsbreite der Diameter der Hüllen war in allen Gewässern relativ groß. Besonders kleine Hüllen wurden im Scharteisen (∅ 6 µm, 11. 7. 87) und besonders große im Dagowsee (∅ 14,7 µm, 25. 6. 86), Haussee (∅ 15,1 µm, 1. 7. 86) und Tollensesee (∅ 14,2 µm, 3. 7. 85) gefunden. Alle mit der Mikroröntgenanalyse untersuchten *Phacotus*-Hüllen weisen Kalzium als Hauptkomponente auf.

* Diese Arbeit widmen wir Herrn Dr. habil. S. J. CASPER zu seinem 60. Geburtstag.

[1]) Dr. G. PROFT möchten wir für die $CaCO_3$-Analysen danken.

Tab. 1. Ökologische Kennzeichnung der REM-Proben

Untersuchungsgewässer, Datum, Tiefe	Temperatur (°C)	Sichttiefe (m)	Chl. a ($mg \cdot m^{-3}$)	PO_4—P ($mg \cdot m^{-3}$)	NH_4—N ($g \cdot m^{-3}$)	pH-Wert	Alkalität (mval)	$CaCO_3$ ($g \cdot m^{-3}$)	*Phacotus* ($Ind. \cdot l^{-1}$)	Anteil $CaCO_3$-*Phacotus*/$CaCO_3$-Gesamt
Breiter Luzin										
13. 06. 84 0 m	14,8	2,0	8,2	4,8	0,28	8,75	2,3	0,05	—	—
02. 07. 84 0—5 m	14,2	1,3	13,2	5,7	0,35	8,55	2,3	0,14	—	—
12. 03. 87 Oberflächensediment (57—58 m)										
Schmaler Luzin										
01. 07. 86 0 m	22,4	4,5	4,1	8,0	0,29	8,6	2,0	—	57000	—
Dagowsee										
25. 06. 86 0 m	21,2	2,0[1])	6,1[1])	7,2[1])	1,86[1])	8,2[1])	2,5[1])	—	280000	—
Dollgower See										
04. 07. 86 0 m	20,0	0,5	49,3[2])	4,3[2])	1,06[2])	8,3[2])	—	5,2[2])	68000[2])	<0,01
10. 09. 86 0 m	14,8	0,5	—	—	—	—	—	—	—	—
Parmensee										
09. 07. 86 0 m	22,6	0,9	36,5	4,8	0,16	8,3	—	1,6	1284000	0,28
Scharteisen										
10. 07. 86	21,2	2,9	2,6	65,2	1,18	8,5	—	0,3	29000	0,05
Stechlinsee										
12. 11. 86 65 m	4,5	9,5	—	5,4	0,15	7,6	2,2	—	—	—
Tollensesee										
26. 06. 86 0 m	20,5	3,5	5,0	13,0	0,82	8,5	2,6	—	10000	—
03. 09. 86 0 m	15,5	5,5	9,2	9,3	0,38	8,3	2,9	0,05	2000	—
Weutschsee										
09. 07. 86 0 m	21,8	1,5	1,8	1,1	1,78	8,1	—	1,1	46000	0,02
Ziestsee										
09. 07. 86 0 m	21,4	0,8	53,9	10,0	0,92	8,1	—	1,3	3910000	1,00
Haussee										
01. 07. 86 0 m	23,7	1,1	11,0	326,0	0,13	9,5	2,75	—	114000	—

[1]) Daten vom 9. 7. 86 [2]) Daten vom 11. 7. 86

Die beiden gleich beschaffenen uhrglasförmigen Hälften der Hülle heben sich durch eine mehr (Fototafeln 1d, 2d, 4a, c, 5b, e, 7f, 8b) oder weniger (Fototafeln 2e, 3b, 6d, 7e, 8e) deutlich ausgeprägte Nahtstelle voneinander ab. Ein Teil der Hüllen zeigt außen und innen sichtbare Poren (Fototafeln 3e, 4b, d, e, 5d, e, 6b, c, e, 7c, 8c, d). Viele *Phacotus*-Hüllen lassen außen keine Poren erkennen (u. a. Fototafeln 1b, d, 2b, c, 3b, c, d, 6d). Das Raster der äußeren Hüllenstruktur reicht von relativ glatten bis schuppigen, mit und ohne Poren versehenen (u. a. Fototafeln 2c, e, 5c, d, e, 6c, 7c) bis hin zu verkrusteten und mit Kalzitkristallen (Rhomboeder $\{1\ 0\ \bar{1}\ 1\}$ überzogenen (u. a. Fototafeln 1b, d, 3d) Oberflächen. Rhomboeder lassen sich meist auch am Rande der beiden Hüllenhälften erkennen (u. a. Fototafeln 4c, f, 8b). An einzelnen Hüllen konnten an den Randpartien auch dendritisch gewachsene lange Kalzitkristalle (bis 2,5 µm lang) gefunden werden (Fototafeln 4e, 6f). Auf verschiedenen Hüllen läßt sich etwas oberhalb der Randpartie ein Porus (Außendurchmesser maximal 1 µm, Innendurchmesser maximal 0,2 µm) nachweisen, der wahrscheinlich der Austrittsort einer Geißel ist (Fototafeln 2b, 4c, 6b, d, 8b, d).

Innerer Aufbau der Kalkhülle

Anhaltspunkte zum inneren Aufbau der Kalkhülle ergeben sich aus der Struktur der beiden Berührungsflächen der Hüllenhälften. Diese Flächen zeigen in allen Präparaten gleiche symmetrische Grundzüge (vgl. Foto-

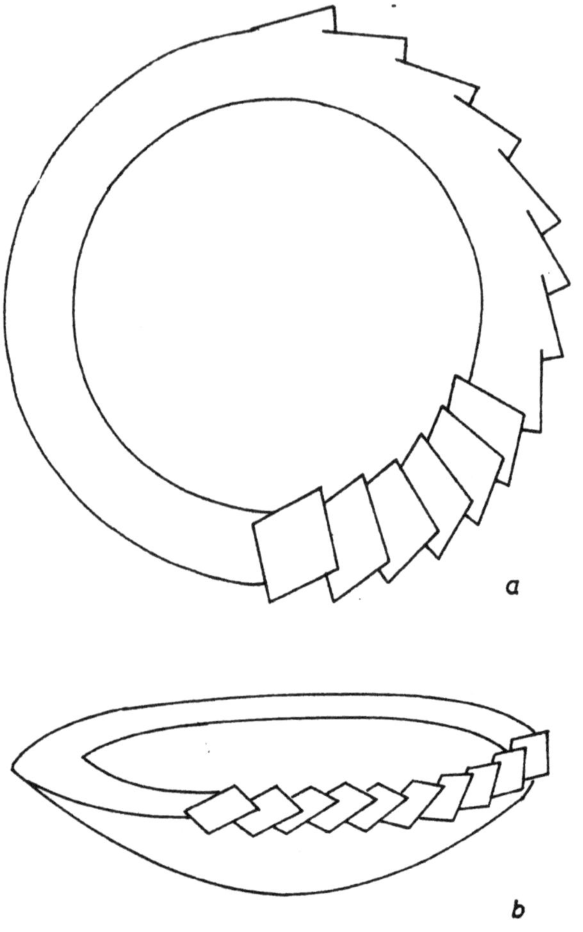

Abb. 1. Schema der Kalzitkristallanordnung am Rande der *Phacotus*-Hülle. ▶
a — Aufsicht von der Innenseite; b — Seitenansicht

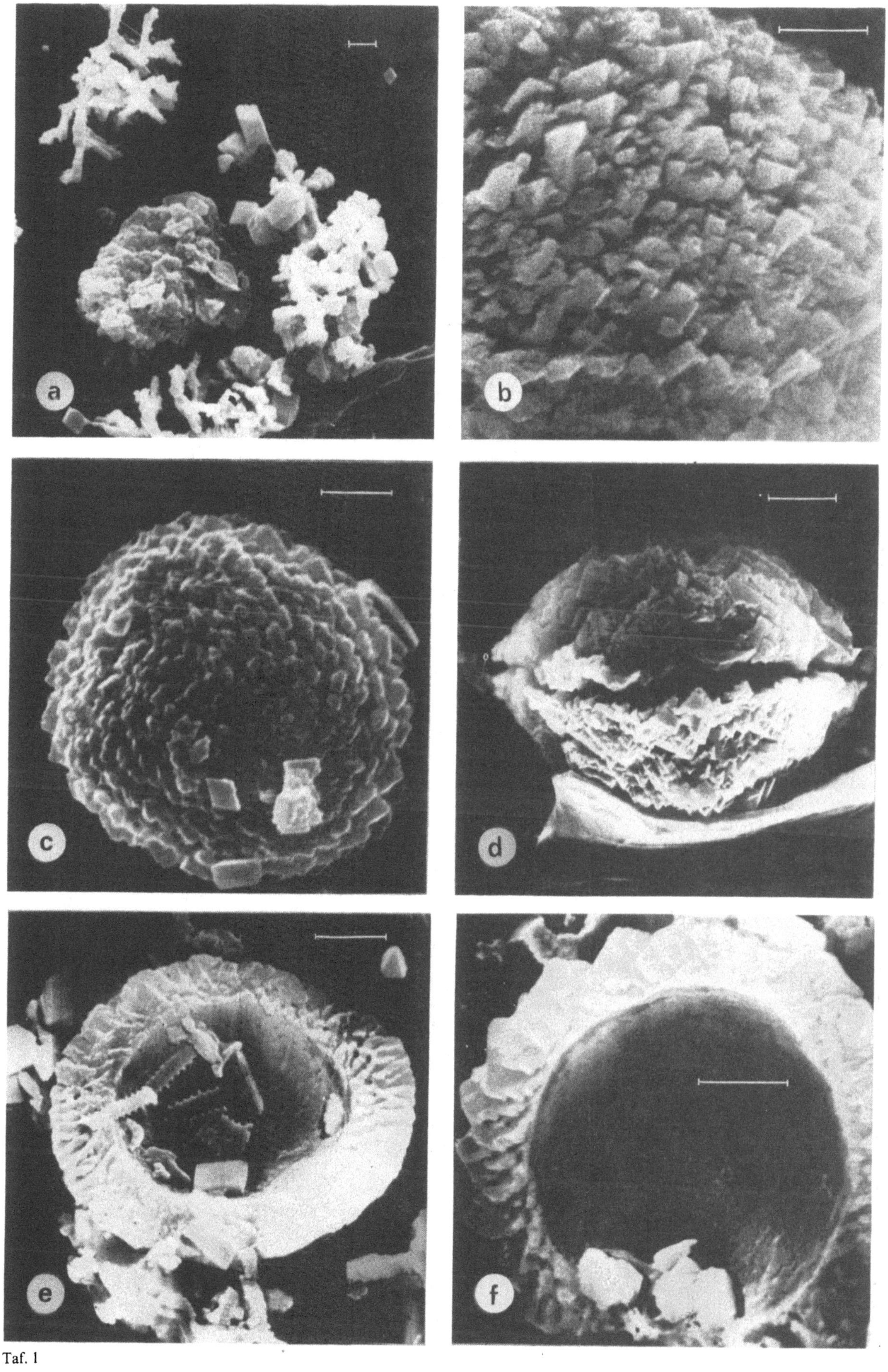

Taf. 1

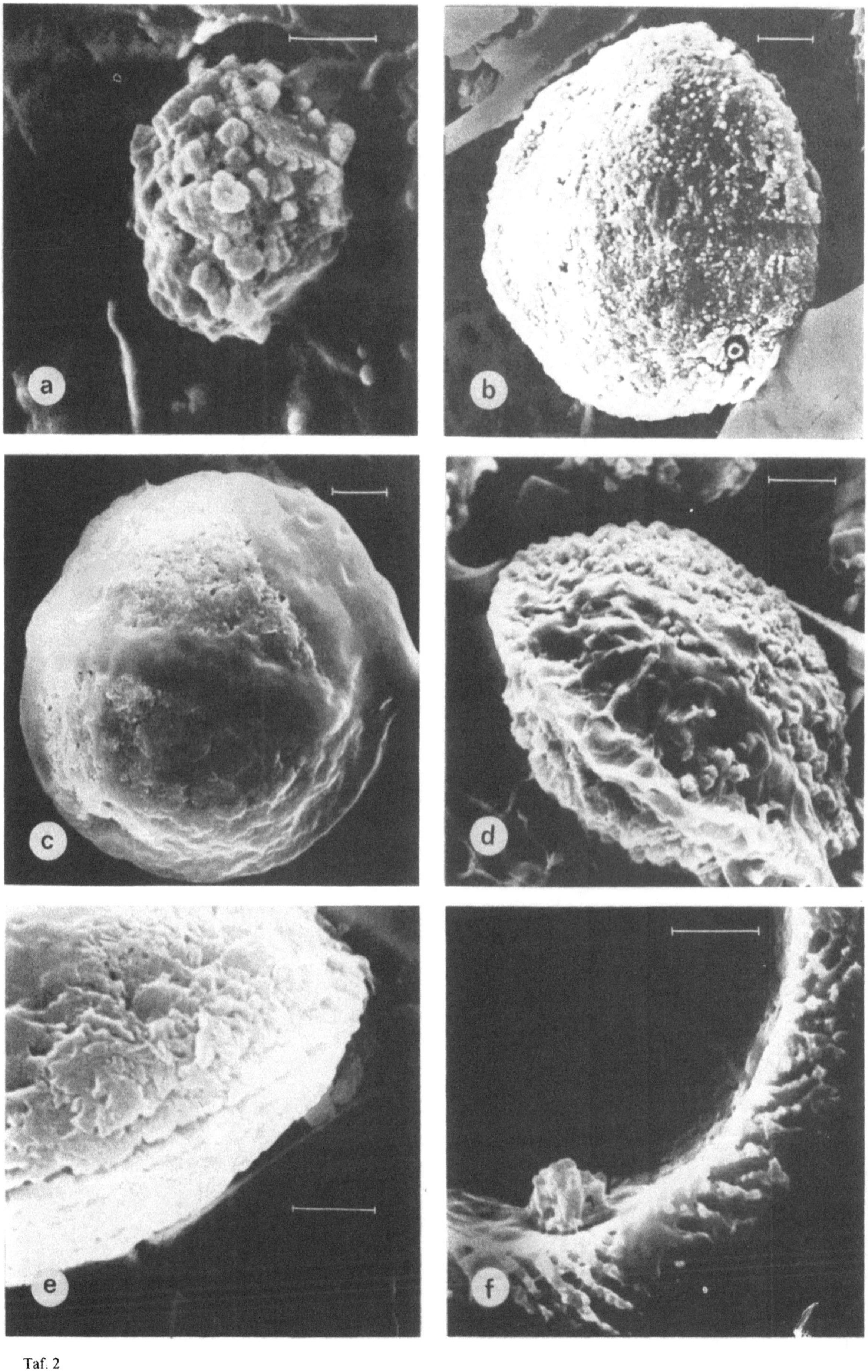

Taf. 2

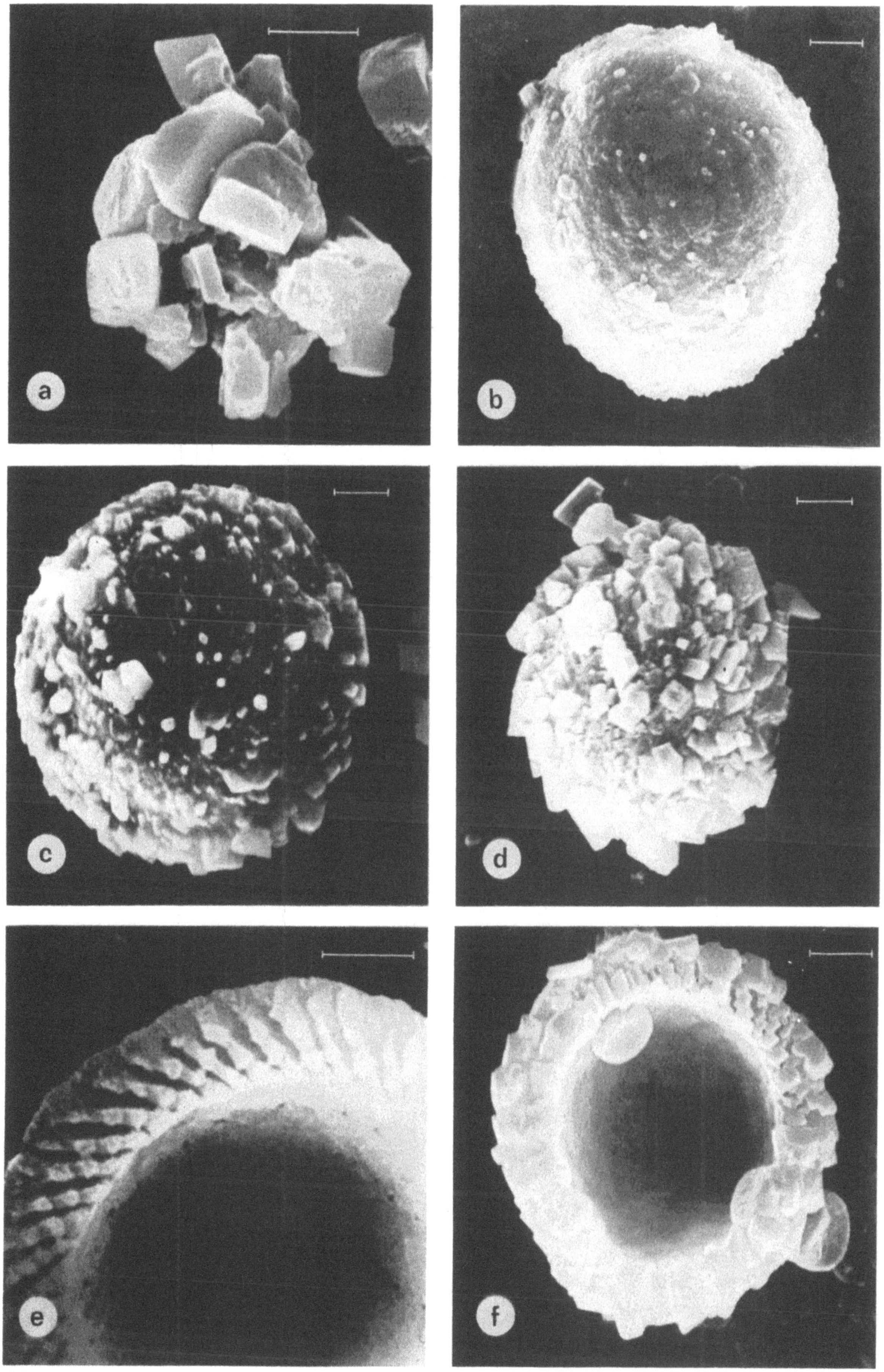

Taf. 3

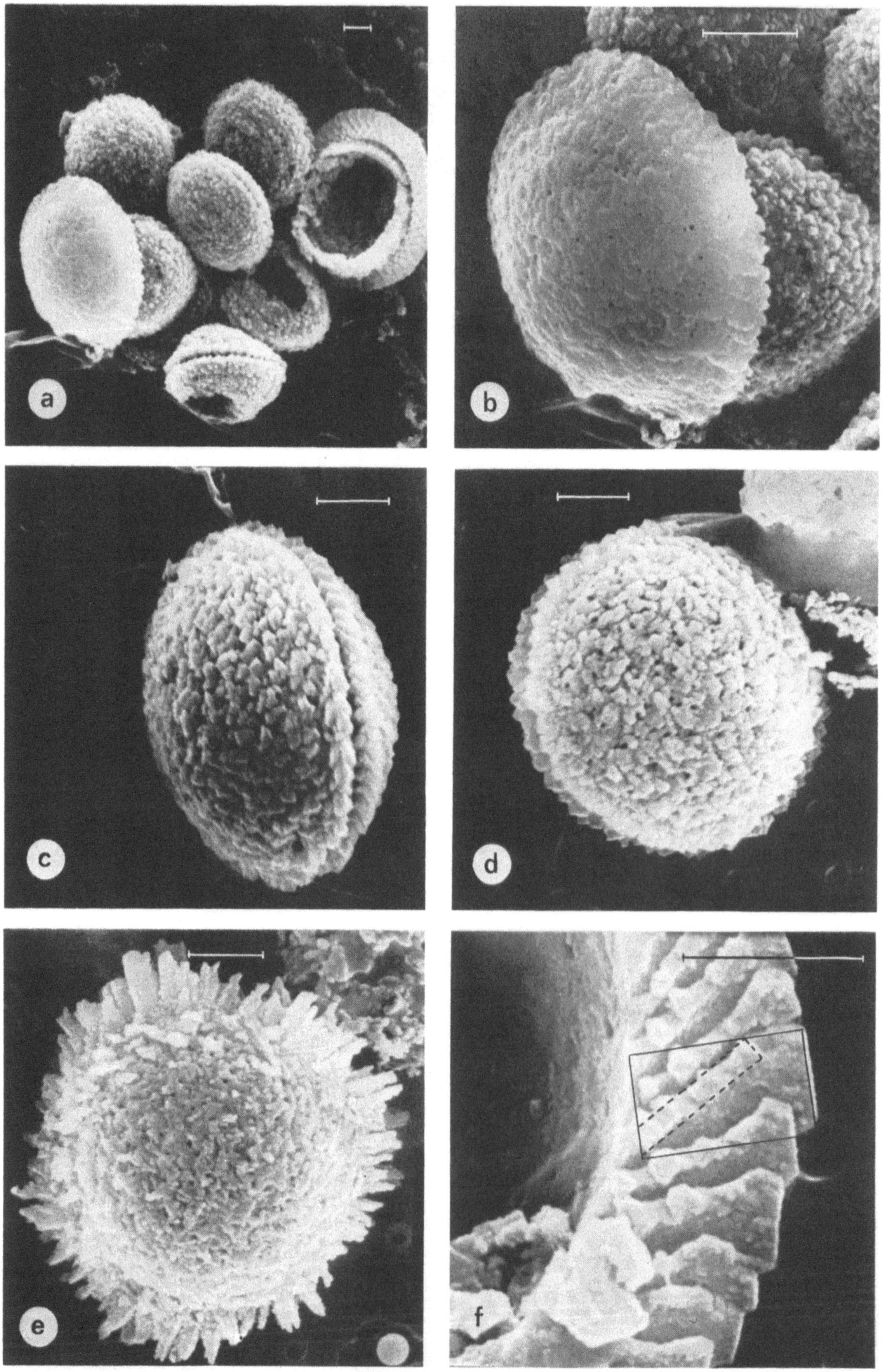

Taf. 4

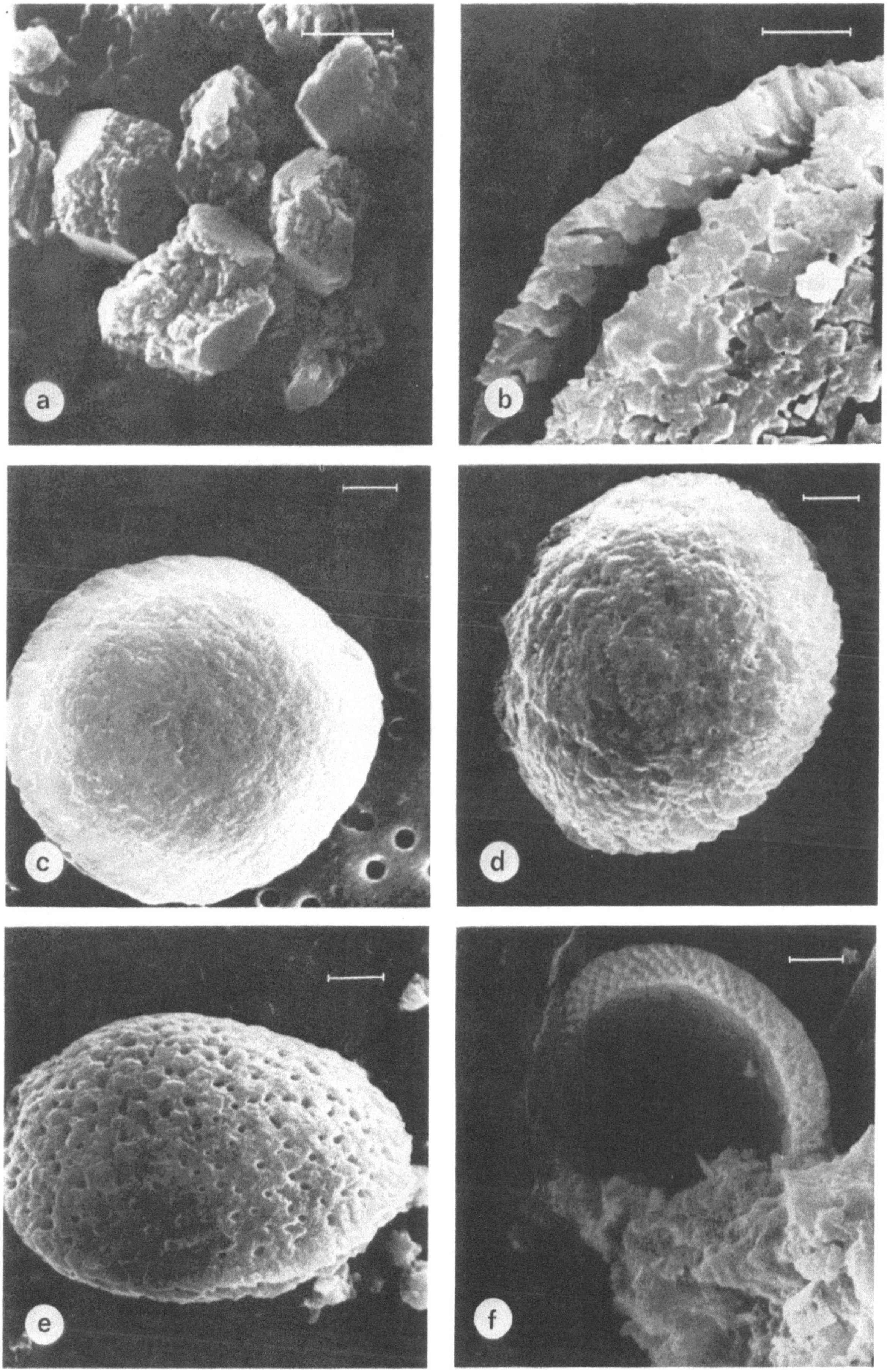

Taf. 5

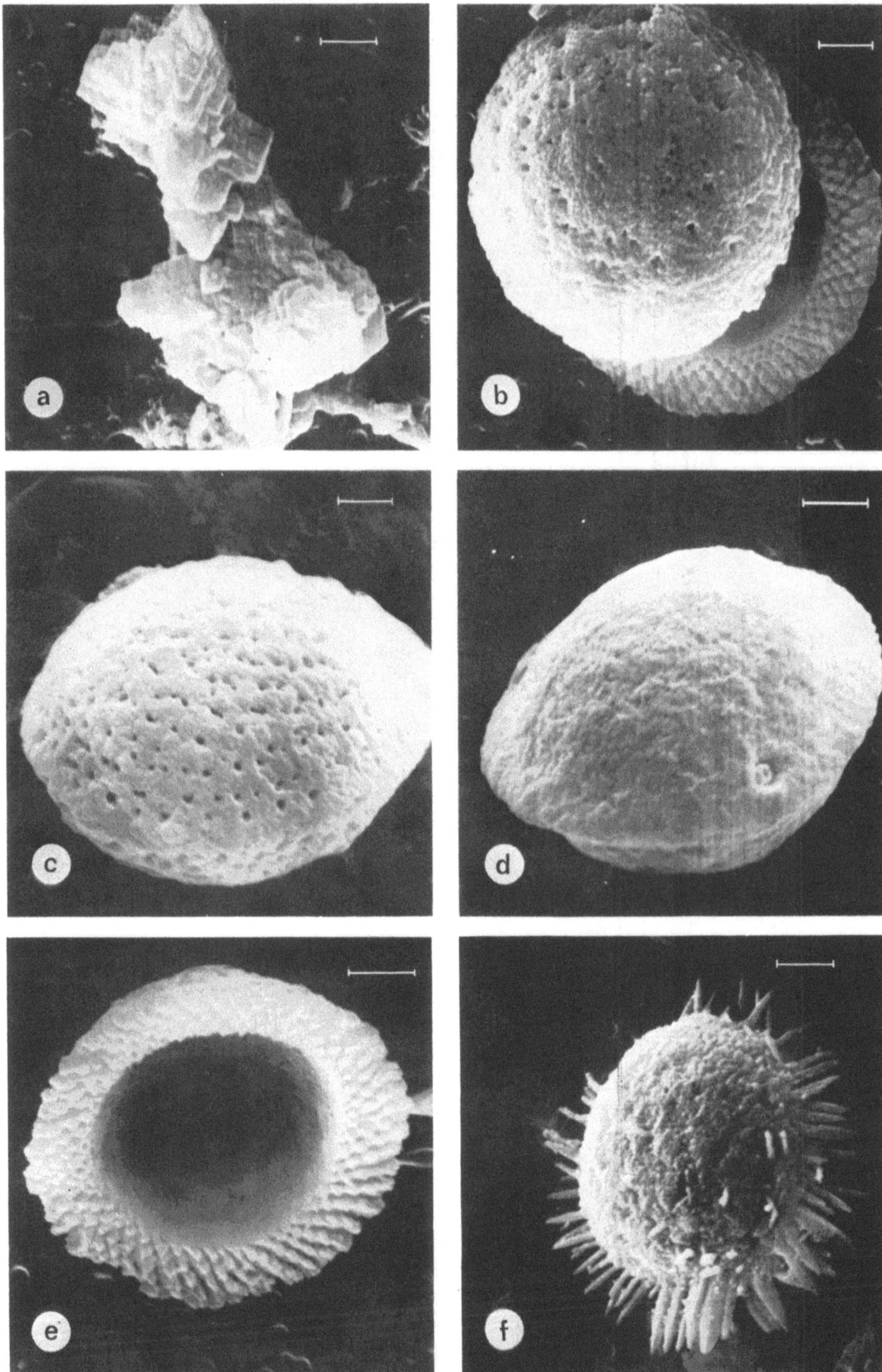

Taf. 6

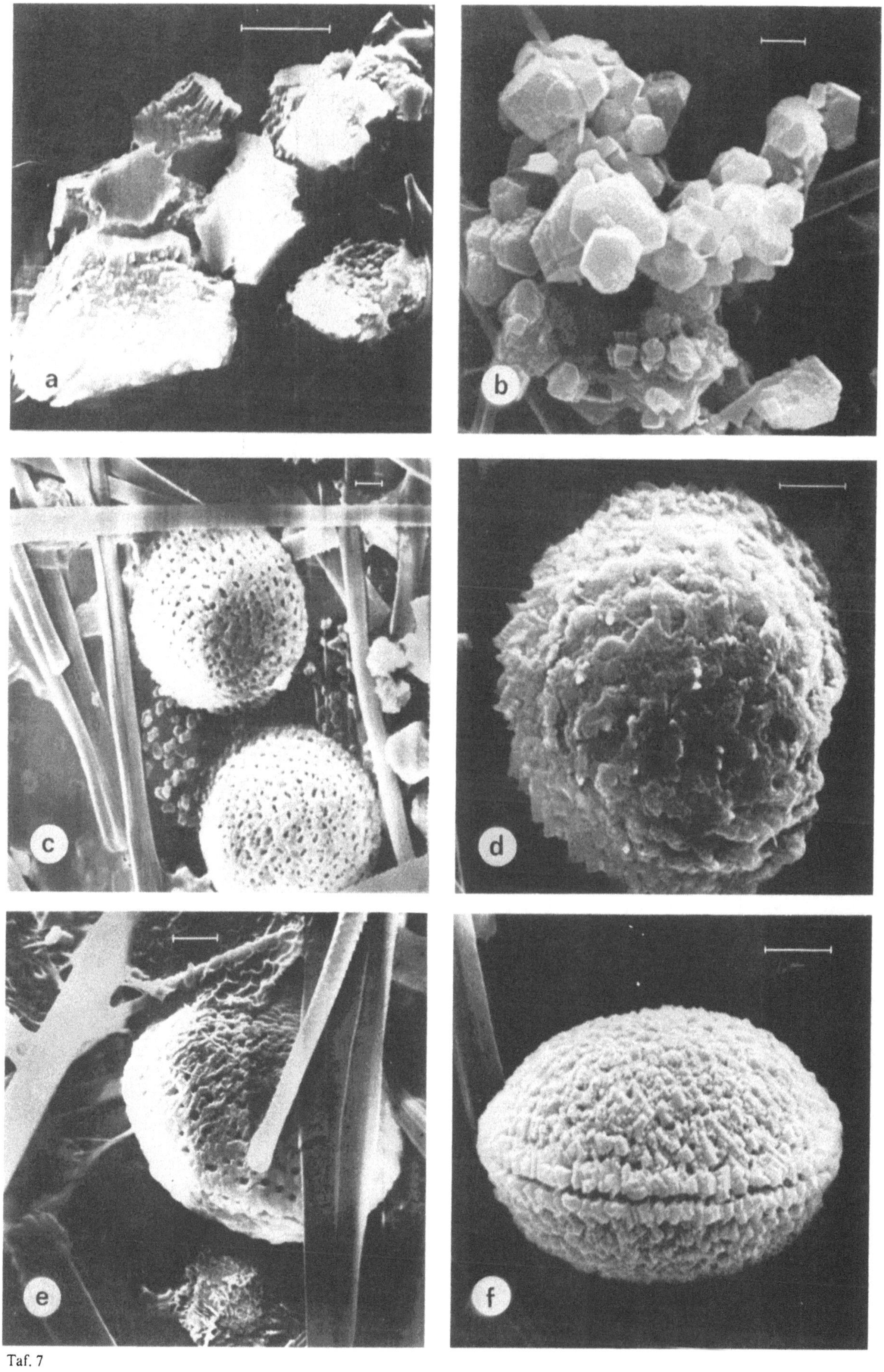

Taf. 7

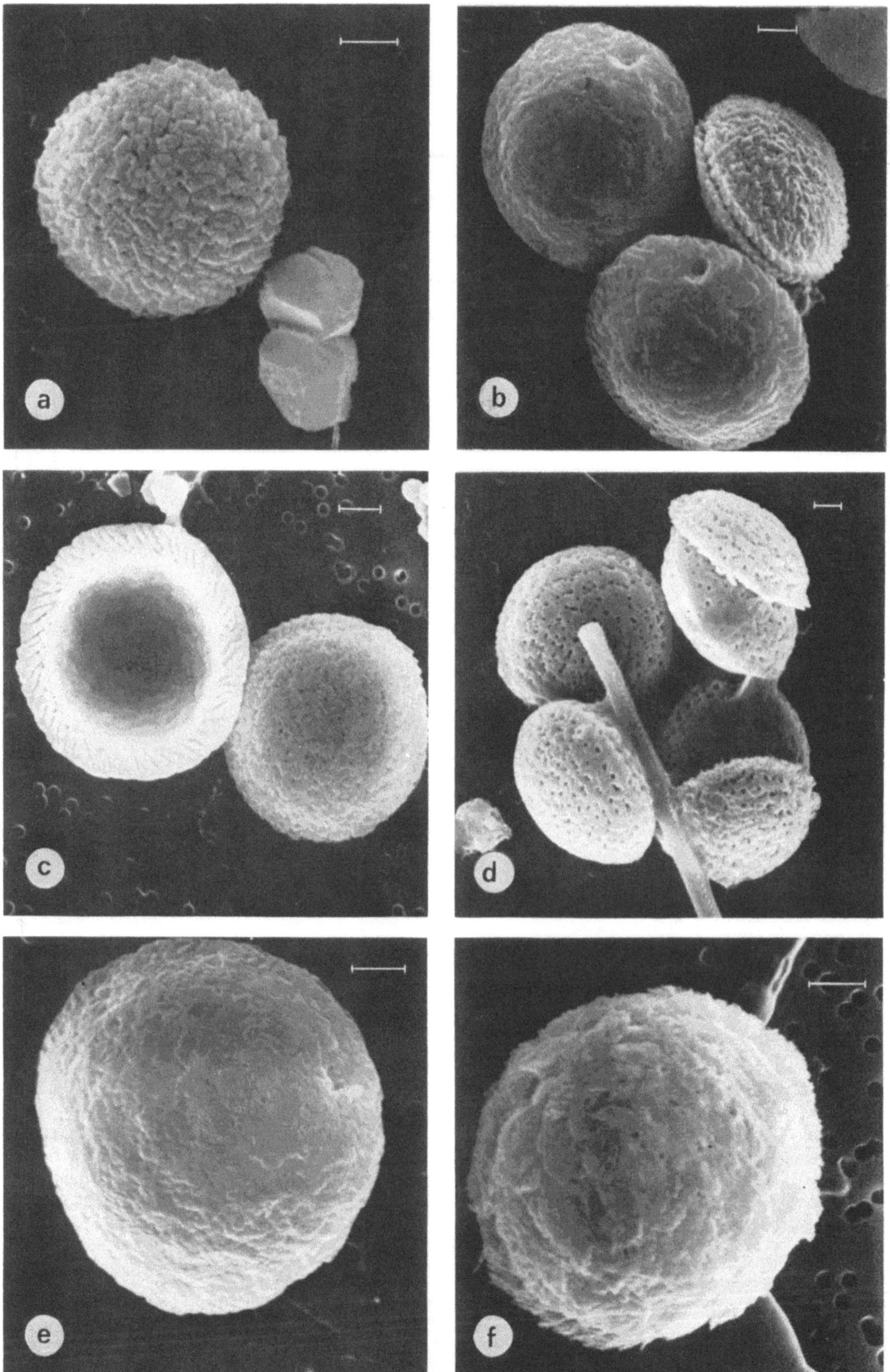

Taf. 8

Morphologische Merkmale der *Phacotus*-Hüllen

Tafel 1. Kalzitkristalle und *Phacotus*-Hüllen im Weutschsee.
a — Kalzitkristalle im Freiwasser, 9. 7. 86, 0 m;
b — *Phacotus*-Hülle (Oberfläche), 9. 7. 86, 0 m;
c — *Phacotus*-Hülle (Oberfläche), 9. 7. 86, 0 m;
d — *Phacotus*-Hülle (seitliche Ansicht), 9. 7. 86, 0 m;
d — *Phacotus*-Hülle (Bruchstück), 9. 7. 86, 0 m;
f — *Phacotus*-Hülle (Hüllenhälfte, Berührungsfläche), 9. 7. 86, 0 m; Strichlänge = 2 μm

Tafel 2. Kalzitkristalle und *Phacotus*-Hüllen im Breiten Luzin.
a — Kalzitkristalle im Freiwasser, 2. 7. 84, 0—5 m;
b — *Phacotus*-Hülle (Oberfläche mit Geißelporus), 2. 7. 84, 0—5 m;
c — *Phacotus*-Hülle (Oberfläche), 13. 6. 84, 0 m;
d — *Phacotus*-Hülle (seitliche Ansicht), 2. 7. 84, 0—5 m;
e — *Phacotus*-Hülle (Oberfläche, Nahtstelle der Hüllenhälften), 12. 3. 87 (Lockersediment 57—58 m);
f — *Phacotus*-Hülle (Hüllenhälfte, Berührungsfläche), 2. 7. 84, 10 m; Strichlänge = 2 μm

Tafel 3. Kalzitkristalle und *Phacotus*-Hüllen im Dagowsee.
a — Kalzitkristalle im Freiwasser, 25. 6. 86, 0 m;
b — *Phacotus*-Hülle (Oberfläche), 25. 6. 86, 0 m;
c — *Phacotus*-Hülle (Oberfläche), 25. 6. 86, 0 m;
d — *Phacotus*-Hülle (Oberfläche), 25. 6. 86, 0 m;
d — *Phacotus*-Hülle (Hüllenhälfte, Berührungsfläche), 25. 6. 86, 0 m;
f — *Phacotus*-Hülle (Hüllenhälfte, Berührungsfläche), 25. 6. 86, 10 m; Strichlänge = 2 μm

Tafel 4. *Phacotus*-Hüllen im Scharteisen.
a — *Phacotus*-Hüllen, 10. 7. 86, 0 m;
b — *Phacotus*-Hüllen (Ausschnitt von 4a), 10. 7. 86, 0 m;
c — *Phacotus*-Hülle (seitliche Ansicht), 10. 7. 86, 0 m;
d — *Phacotus*-Hülle (Oberfläche), 10. 7. 86, 0 m;
e — *Phacotus*-Hülle (Oberfläche), 10. 7. 86, 0 m;
f — *Phacotus*-Hülle (Hüllenhälfte, Berührungsfläche), 10. 7. 86, 0 m; Strichlänge = 2 μm

Tafel 5. Kalzitkristalle und *Phacotus*-Hüllen im Tollensesee.
a — Kalzitkristalle, 3. 9. 86, 0 m;
b — *Phacotus*-Hülle (seitliche Ansicht), 26. 6. 86, 0 m;
c — *Phacotus*-Hülle (Oberfläche), 26. 6. 86, 0 m;
d — *Phacotus*-Hülle (Oberfläche), 3. 9. 86, 0 m;
e — *Phacotus*-Hülle (Oberfläche, seitliche Ansicht), 26. 6. 86, 0 m;
f — *Phacotus*-Hülle (Hüllenhälfte, Berührungsfläche), 26. 6. 86, 0 m; Strichlänge = 2 μm

Tafel 6. Kalzitkristalle und *Phacotus*-Hüllen im Parmensee.
a — Kalzitkristalle, 9. 7. 86, 0 m;
b — *Phacotus*-Hülle (Oberfläche, Hüllenhälfte, Berührungsfläche), 9. 7. 86, 0 m;
c — *Phacotus*-Hülle (Oberfläche, seitliche Ansicht), 9. 7. 86, 0 m;
d — *Phacotus*-Hülle (Oberfläche, seitliche Ansicht, Geißelporus), 9. 7. 86, 0 m;
e — *Phacotus*-Hülle (Hüllenhälfte, Berührungsfläche), 9. 7. 86, 0 m;
f — *Phacotus*-Hülle (Oberfläche), 9. 7. 86, 0 m; Strichlänge = 2 μm

Tafel 7. Kalzitkristalle und *Phacotus*-Hüllen im Dollgower See.
a — Kalzitkristalle, 4. 7. 86, 0 m;
b — Kalzitkristalle, 10. 9. 86, 0 m;
c — *Phacotus*-Hüllen (Oberfläche), 4. 7. 86, 0 m;
d — *Phacotus*-Hülle (Oberfläche), 10. 9. 86, 0 m;
e — *Phacotus*-Hülle (Oberfläche, seitliche Ansicht), 4. 7. 86, 0 m;
f — *Phacotus*-Hülle (Oberfläche, seitliche Ansicht), 10. 9. 86, 0 m; Strichlänge = 2 μm

Tafel 8. *Phacotus*-Hüllen im Schmalen Luzin, Stechlin-, Ziest- und Haussee.
a — *Phacotus*-Hülle (Oberfläche) und Kalzitkristalle im Schmalen Luzin, 1. 7. 86, 0 m;
b — *Phacotus*-Hüllen (Oberfläche mit Geißelporus, Seitenansicht) im Schmalen Luzin, 1. 7. 86, 0 m;
c — *Phacotus*-Hülle (Oberfläche, Hüllenhälfte, Berührungsfläche) im Stechlinsee, 12. 11. 86, 65 m;
d — *Phacotus*-Hüllen (Oberfläche, Seitenansicht) im Ziestsee, 9. 7. 86, 0 m;
e — *Phacotus*-Hülle (Oberfläche) im Haussee, 1. 7. 86, 0 m;
f — *Phacotus*-Hülle (Oberfläche) im Haussee, 1. 7. 86, 0 m; Strichlänge = 2 μm

tafeln 1e, f, 2f, 3e, f, 4f, 5f, 6b, e). Sehr häufig tritt die Kalzitstruktur an den Berührungsflächen in mehr oder weniger gezähnten und fächerförmig angeordneten Leisten zutage (u. a. Fototafel 3e, 5f, 6b, e). Einzelne Hüllen zeigen an den Berührungsflächen auch deutlich erkennbare Rhomboeder $\{1\ 0\ \bar{1}\ 1\}$, die fächerförmig ineinander geschoben sind (Fototafeln 1f, 3f). Für den Randbereich ergibt sich eine rotationssymmetrische Anordnung der Kalzitkristalle (gleicher Windungssinn für beide Hälften, Abb. 1; vgl. Fototafeln 4c, f, 1f, 3f, 8f).

Äußere Struktur der *Phacotus*-Hülle und Kalzitfällung im Freiwasser

In Perioden, in denen die autochthon gebildeten Kalzitkristalle im Freiwasser vorwiegend durch das Rhomboeder $\{1\ 0\ \bar{1}\ 1\}$ und (oder) dendritisches Wachstum der Kristalle gekennzeichnet werden (vgl. Fototafeln 1a, 2a; RAIDT & KOSCHEL 1988, lassen die Hüllen auf der Oberfläche ebenfalls sehr häufig Rhomboeder (vgl. Fototafel 1b, c, d) oder zum Teil dendritische bzw. krustenartige Kalzitüberzüge (vgl. Fototafel 2b, d) erkennen. Werden die autochthon gebildeten Kalzitkristalle durch ein gehemmtes Flächenwachstum gekennzeichnet (vgl. Fototafeln 3a, 5a, 6a, 7b; RAIDT & KOSCHEL 1988), verschwinden die deutlich sichtbaren Kristallstrukturen zunehmend von der Oberfläche der *Phacotus*-Hülle. Es ergeben sich relativ glatte bis schuppige Hüllen und zum Teil solche, die keine Rhomboeder auf der Oberfläche aufweisen (vgl. Fototafeln 2c, e, 3b, 5c, d, 6b, c, d, 7d, 8b, c, d, e, f). Treten Kalzitkristalle auf der Oberfläche auf, läßt sich das gehemmte Flächenwachstum dieser Kristalle erkennen (Fototafel 2d). Mit weiter zunehmendem stark gehemmten Flächenwachstum der Kalzitkristalle im Freiwasser zeigt die Oberfläche der Hüllen zum Teil große Poren (vgl. Fototafeln 5d, e, 6b, c, 7c, e, 8d). Rhomboeder zeichnen sich, wenn überhaupt noch vorhanden, nur noch andeutungsweise an den Nahtstellen der beiden Hüllenhälften ab (vgl. Fototafeln 5b, e, 8b).

Die Oberflächenstruktur der Hülle scheint auch vom Alter der *Phacotus*-Zellen abhängig zu sein. Im Schartеisen weisen zum Beispiel die kleineren Hüllen (möglicherweise Tochterzellen) eine deutlichere Ausbildung der Kalzitkristalle als die größeren Hüllen (möglicherweise Mutterzellen) auf (vgl. Fototafel 4a, b).

Diskussion

Die rasterelektronenmikroskopische Untersuchung der *Phacotus*-Hüllen und die ökologischen Untersuchungen zur autochthonen Kalzitfällung in verschiedenen Hartwasserseen deuten darauf hin, daß die Oberflächenstruktur der Kalzithülle von *Phacotus* in starkem Maße vom Kalk-Kohlensäure-Gleichgewicht, d. h. von den Kalzitfällungsbedingungen im Freiwasser (vgl. KELTS & HSÜ 1978; EFFLER 1984; KOSCHEL et al. 1983, 1987b) beeinflußt wird. Während der autochthonen Kalzitfällung wird im Gewässer eine kritische $CaCO_3$-Übersättigung durch Kristallkeimbildung und vor allem durch wachsende Kalzitkristalle abgebaut (vgl. KOSCHEL et al. 1987b; RAIDT & KOSCHEL 1988). Derartige Prozesse finden offensichtlich auch an der Oberfläche der *Phacotus*-Hüllen statt.

In Perioden hoher $CaCO_3$-Übersättigung mit sich anschließenden Kalzitfällungen, in denen die Kalzitkristalle vorwiegend als Rhomboeder $\{1\ 0\ \bar{1}\ 1\}$ und (oder) dendritische Kombinationen geprägt werden (vgl. Fototafel 1a, 2a; RAIDT & KOSCHEL 1988), lassen sich auf den *Phacotus*-Hüllen ebenfalls mikrokristalline Strukturen nachweisen, die teils durch Rhomboeder $\{1\ 0\ \bar{1}\ 1\}$ und teils durch dendritische Kristallite gekennzeichnet sind (vgl. Fototafeln 1b, c, d, 2a, b). Es kann dann auf der Hülle zur Sammelkristallisation kommen; kleinere Kristalle werden zugunsten größerer aufgelöst (vgl. Fototafel 3c, d). Ein stark gehemmtes Flächenwachstum der Kalzitkristalle im Freiwasser wird zum Teil auch an den Kalzitkristallen der *Phacotus*-Hülle sichtbar (vgl. Fototafel 2d).

Im weiteren führen die Bedingungen eines stark gehemmten Flächenwachstums der Kalzitkristalle auf der *Phacotus*-Hülle nicht zu den im Freiwasser auftretenden im wesentlichen durch rauhe Flächen und Kanten gekennzeichneten Kristallkombinationen (vgl. RAIDT & KOSCHEL 1988), sondern zu einer glatten bis schuppigen Oberfläche, die teilweise auch sehr große Poren aufweist und deren am Hüllenrand angeordnete Kalzitkristalle zunehmend schlechter auszumachen sind (vgl. Fototafeln 4, 5, 6, 7, 8).

Die Kalzitkristalle am Hüllenrand sind rotationssymmetrisch angeordnet (Abb. 1; vgl. Fototafeln 1f, 3d, f, 5b, c, 5d, e, 7f, 8b, f). Diese Befunde decken sich mit den von KAMPTNER (1951) an *Phacotus lendneri* und von MÜLLER & OTI (1981) an *Phacotus*-Hüllen pleistozäner *Phacotus*-Kalk-Sedimente gemachten Beobachtungen. Die von KAMPTNER (1951) im polarisierten Licht nachgewiesenen Auslöschungslinien der Kalkhülle sprechen für eine Rotationssymmetrie der am Rande angeordneten Kalzitkristalle und für eine Spiegelsymmetrie im Zentrum der Hülle. Entsprechende Auslöschungslinien konnten auch von uns an *Phacotus*-Hüllen mit glatter Oberfläche gefunden werden. Die Anordnung der Kristalle im Zentrum der Kalzithülle würde demzufolge einem „Skiodromen"-Modell entsprechen (Abb. 2).

Insgesamt beurteilen wir die Ergebnisse für die taxonomische Charakterisierung des Genus *Phacotus* (vgl. PASCHER 1925; HUBER-PESTALOZZI 1961; ETTL 1983) und die ökologische Valenz des *Phacotus*-Kalkes im Stoffhaushalt von Hartwasserseen (vgl. KOSCHEL et al. 1987a; RAIDT & KOSCHEL 1988) als richtungsweisend.

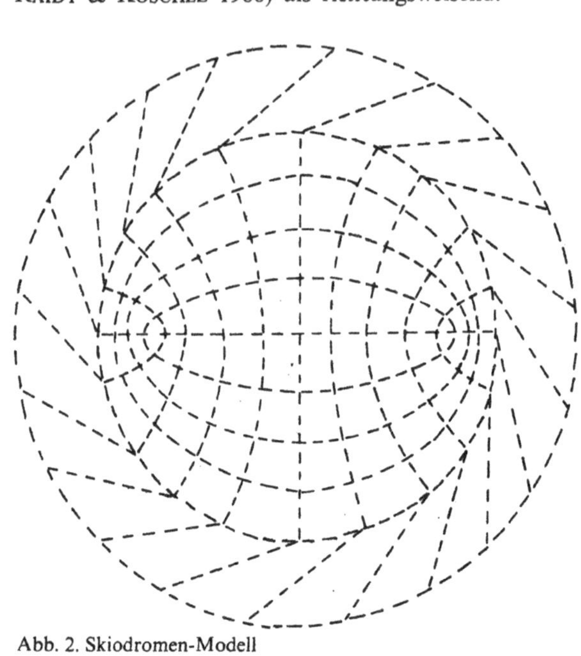

Abb. 2. Skiodromen-Modell

Zusammenfassung

Es werden REM-Untersuchungen von Kalzit-*Phacotus*-Hüllen in Hartwasserseen der Mecklenburger Seenplatte (Stechlinsee- und Tollenseseegebiet, Gebiet der Feldberger Seen) vorgestellt und im Zusammenhang mit der autochthonen Kalkfällung diskutiert.

Die Außenseiten der beiden Hüllenhälften werden von dicht gestaffelten Rhomboedern bis hin zu krustenartigen, schuppigen und zum Teil porösen glatten Kalzitoberflächen gekennzeichnet.

Die Oberflächenstruktur scheint in starkem Maße von den Kalkfällungsbedingungen im Gewässer geprägt zu werden. Mehr oder weniger glatte und zum Teil stark poröse Oberflächen treten in Perioden mit einem stark gehemmten Flächenwachstum der Kalzitkristalle im Freiwasser auf. Von Kristalliten geprägte Oberflächen ergeben sich in Perioden hoher $CaCO_3$-Übersättigung und Kalzitfällungen, die im wesentlichen von Rhomboedern und Dendriten im Freiwasser begleitet werden.

Die Ergebnisse setzen neue Akzente zur taxonomischen Beurteilung und ökologischen Valenz der Kalzithülle des Genus *Phacotus*.

Literatur

CASPER, S. J. (ed.) (1985): Lake Stechlin — A temperate oligotrophic lake (Monogr. Biol. Vol. **58**). Dordrecht, Boston, Lancaster.

EFFLER, S. W. (1984): Carbonate equilibria and the distribution of inorganic carbon in Saginaw Bay. J. Great Lakes Res. **10**, 3—14.

ETTL, H. (1983): Chlorophyta. I. Phytomonadina. In: ETTL, H., GERLOFF, J., HEYNIG, H., & MOLLENHAUER, D. (Hrsg.), Süßwasserflora von Mitteleuropa, Band 9. Jena.

HUBER-PESTALOZZI, G. (1961): Das Phytoplankton des Süßwassers. Systematik und Biologie. 5. Teil, Chlorophyceen (Grünalgen). Ordnung: Volvocales. In: THIENEMANN, A. (Hrsg.), Die Binnengewässer, Band 16. Stuttgart.

KAMPTNER, E. (1951): Über den Aufbau des Kalkgehäuses von *Phacotus lendneri* CHOD. Österr. Bot. Z. **97**, 391—402.

KASPRZAK, P., & KOSCHEL, R. (in Vorb.): Limnologie der Seen des Feldberg—Boitzenburger Gebietes. In: KRAUSCH, H.-D. (Hrsg.), Das Feldberg—Boitzenburger Seengebiet. Werte unserer Heimat. Berlin.

KELTS, K., & HSÜ, J. J. (1978): Freshwater carbonate sedimentation. In: LERMAN, A. (ed.), Lakes Chemistry, Geology, Physics, S. 295—323. New York, Heidelberg, Berlin.

KOSCHEL, R., CASPER, S. J., & MOTHES, G. (1985a): The ecosystem Lake Stechlin. The life of the lake. In: CASPER, S. J. (ed.), Lake Stechlin — A temperate oligotrophic lake. Dordrecht, Boston, Lancaster.

— KRAUSCH, H.-D., BRINKMANN, P.-F., & PÄCHNATZ, M. (Wiss. Redaktion) (1985b): Das Feldberger Seengebiet. Natur und Umwelt Bez. Neubrandenburg **3**, 1—96.

— PROFT, G., & RAIDT, H. (1987a): *Phacotus*-Massenentwicklungen — eine Quelle des autochthonen Kalkeintrages in Seen. *Limnologica* (Berlin) **18** (2), 457—459.

— (1987b): Autochthone Kalkfällung in Hartwasserseen der Mecklenburger Seenplatte. *Limnologica* (Berlin) **18** (2), 317 bis 338.

— BENNDORF, J., PROFT, G., & RECKNAGEL, F. (1983): Calcite precipitation as a natural control mechanism of eutrophication. Arch. Hydrobiol. **98**, 380—408.

MÜLLER, G., & OTI, M. (1981): The occurrence of calcified planktonic green algae in freshwater carbonates. Sedimentology **28**, 897—902.

PASCHER, A. (1927): Volvocales = Phytomonadinae. Flagellatae IV = Chlorophyceae I. In: PASCHER, A. (Hrsg.), Die Süßwasserflora Deutschlands, Österreichs und der Schweiz. Jena.

PROFT, G. (1983): Automatische Bestimmung von Kohlendioxid und Carbonat nach dem flow-stream-Prinzip. Acta hydrochim. et hydrobiol. **11**, 321—326.

— (1984): Die pelagische Calcitfällung und der Carbonatgehalt von Sedimenten pleistozäner Seen. Acta hydrochim. et hydrobiol. **12**, 321—326.

RAIDT, H., & KOSCHEL, R. (1988): Morphology of calcite crystals in hardwater lakes. *Limnologica* (Berlin) **19** (2), 3—12.

STEINBERG, CH., & KLEE, R. (1983): Röntgenmikroanalyse der Schale einer einzelligen Grünalge — Chemismus einer *Phacotus lendneri*-Schale. Mikrokosmos **72**, 170—173.

UTERMÖHL, H. (1958): Zur Vervollkommnung der quantitativen Phytoplanktonmethodik. Mitt. int. Verein. Limnol. **9**, 1—38.

Eingegangen am 16. 10. 87.

Anschrift der Autoren:

Dr. sc. RAINER KOSCHEL
Akademie der Wissenschaften der DDR
Zentralinstitut für Mikrobiologie
und Experimentelle Therapie Jena
Abteilung Limnologie
Beutenbergstr. 11
Jena
DDR-6900

Dr. HELMUT RAIDT
Akademie der Wissenschaften der DDR
Zentralinstitut für Elektronenphysik
Hausvogteiplatz 5—7
Berlin
DDR-1086

Limnologica (Berlin) **19** (2), 27—34, Dezember 1988

AdW der DDR, Zentralinstitut für Mikrobiologie und Experimentelle Therapie, Abteilung Limnologie, Jena

Some Observations on the *Stephanodiscus hantzschii*-group (Bacillariophyta) in Waters of the GDR. III. *Stephanodiscus delicatus* and *S. rugosus* in Lake Dagow?

By S. JOST CASPER, WOLFRAM SCHEFFLER, KURT AUGSTEN & THEODOR PESCHKE

With 3 Plates

Key words: *Stephanodiscus*; Bacillariophyceae, Sceletonemaceae; Taxonomy; *S. minutulus*; *S. delicatus*; *S. rugosus*; *S. parvus*; LM and SEM studies.

Summary

In Lake Dagow, a small lake of the Baltic Land Ridge (GDR), small diatom frustules with elevated or depressed valve faces of the „*minutulus*" type were studied with LM and SEM techniques. As a result the existence of at least two different species is established. The spring „form" is similar to *S. rugosus* SIEMIŃSKA et CHUDYBOWA which may be identical with *S. minutulus* (KÜTZING) CLEVE et MÖLLER. The summer „form" is similar to *S. delicatus* GENKAL.

Introduction

The serious confusion in identification among small discoid members of the so-called *Stephanodiscus hantzschii*-group (REYNOLDS 1980; CASPER 1985; CASPER & SCHEFFLER 1986) will not come to an end. Due to their world-wide distribution in different habitats and strong polymorphy (ROUND 1981) misinterpretations especially by ecologists have occurred and occur again and again. The description of the classical *Stephanodiscus* species based on SEM studies by ROUND (1981) and the investigation of type material of *Stephanodiscus hantzschii* GRUNOW by HÅKANSSON & STOERMER (1984) and STOERMER & HÅKANSSON (1984), which corrected the former interpretation of *St. hantzschii* by HÅKANSSON (1976), completed by the taxonomic reappraisal of *Stephanodiscus minutulus* (KÜTZING) CLEVE et MÖLLER by HÅKANSSON (1986), seem to clarify most of the problems.

But some questions remain. Which of the numerous features used to separate the minute members from each another can be really considered to be significant? Is the feature flat valve opposed to undulate valve suited for the distinction of the „*hantzschii, tenuis, invisitatus*" forms from the tiny „*minutulus — parvus*" ones? KOBAYASHI et al. (1985: 296) showed that flat and undulate valve types both co-occur in all their material examined and for *Stephanodiscus minutulus* (incl. *S. parvus* STOERMER et HÅKANSSON pr. pte.) they postulated „a continuous series of gradation in degree of undulation of the valve face".

In the following sections we submit some results of observations made on populations of the nanoplanktonic „*minutulus-parvus*" type collected during late winter, spring and early summer in Lake Dagow of the Baltic Lake District, GDR. We found two different species similar to *S. rugosus* SIEMIŃSKA et CHUDYBOWA and *S. delicatus* GENKAL, respectively.

Material and Methods

The material used in our investigation is from the Baltic Lake District in the northern part of the GDR. Collections (net and RUTTNER samples) were made in the eutrophic Lake Dagow (for geographic and limnological situation cf. CASPER 1985) during spring (no. 1) and early summer (nos. 2, 3) 1979, 1983, 1984 and 1986.

Unprepared collections were enriched by filtration, for brightfield microscopy (LM) cleaned by glowing and mounted in Naphrax (^nD = 1.70—1.72). All photomicrographs used as illustrations were taken with the ZEISS JENA miflex system using a 100, 1.35 planapochromat objective and oblique light. For electron microscopy (SEM) portions of the material were treated according to methods described by SCHRADER (1971). Droplets were placed on cover glass, air-dried at room temperature, mounted on the surface of aluminium stubs followed by vacuum sputtering with platinum. SEM observations and micrographs were made using a JSM-35 (JEOL, Japan) at 25 kV and tilting angle about 30°.

Slides made from the collected material are deposited in the SCHEFFLER Collection (SC) at ZIMET, Department of Limnology, Jena, GDR [Lake Dagow: No. 386 (19. 06. 1984); Nos. 631—32 (04. 04. 1986)].

Results

Light microscopy

Observations made of specimens collected in Lake Dagow on June, 19, 1984 (SC No. 386) showed distinctly elevated or depressed valve centres. The valves are 5—8 (11) µm in diam. (n = 108) and the frustules 2.3—4 µm deep. Their faces are finely and densely striated in the marginal region but more or less hyaline in the centre; distinct ribs are visible only in the marginal region (Pl. 1, Figs. 1—12), that is, the fascicles (18—25 per 10 µm) seem to be only half the length of the diameter (Pl. 1, Figs. 1—4, 9—10) or less (Pl. 1, Fig. 11). The areoles forming the striae are unresolvable both in central and marginal regions of the valve face. The spines are very short, scarcely visible in mantle view (often only as „denticulation"); at most a few of them are distinct. A well developed central fultoportule lies in the central region of the face (Pl. 1, Figs. 2, 4, 7, 9—11). By focussing, it is possible to see the mantle fultoportules occurring sometimes as dots every 3rd to 6th interfascicle. These specimens are very similar to the valves figured by GERMAIN (1981: Pl. 9, Figs. 20—21; the so-called „25 S. species" of p. 38) and by KOBAYASHI & KOBAYASHI (1987: Pl. 1, Figs. 1—4; designated as *S. delicatus* GENKAL).

The specimens collected in Lake Dagow on April 4, 1986 (SC No. 631, 632) show a quite different gross appearance when observed by light microscopy (Pl. 1, Figs. 13—24). The valves are (4.5) 5—6 (7) µm in diam. (n = 102) and the frustules 2—3 µm deep. In most cases the centre of the valve face is distinctly elevated or depressed (Pl. 1, Figs. 15, 17—20, 22), except those in which the curvature of the face is not clearly evident

(Pl. 1, Figs. 14, 16). The face ornamentation is coarse; that is, strong but indistinct ribs radiate from the coarsely punctated central region to the margin (Pl. 1, Figs. 15—17, 19, 21). 14—20 fascicles can be counted per 10 µm. One fultoportule is indistinctly visible at the periphery of the centre (Pl. 1, Figs. 14, 16, 18, 21). The spines at the marginal end of the ribs are well developed and relatively stout (Pl. 1, Figs. 16, 18, 21, 23). These specimens are very similar to the valves figured by SIEMIŃSKA & CHUDYBOWA (1979: Figs. 1—4; designated as *S. rugosa*).

Scanning electron microscopy

The first groups of SEM micrographs (Pl. 2, Figs. 1—12; Pl. 3, Figs. 1—5) of frustules and outer and inner valve faces made from material collected in Lake Dagow on June 10, 1986 corresponds to the *delicatus* type observed using LM techniques. The centre of the outer valve face is conspicuously elevated (Pl. 2, Figs. 5, 8—10) or depressed (Pl. 2, Figs. 1—2, 11—12; Pl. 3, Fig. 1), sometimes to such a degree that not only the central area but also nearly the whole of the valve face seems to be involved in the elevation or depression (Pl. 2, Figs. 1, 8, 10, 12). In some cases, neither elevation nor depression seems very evident; this may be due to the chosen angle of scanning (Pl. 2, Fig. 6; Pl. 3, Figs. 1—3) or it may be the expression of the natural variation of the degree of curvature (Pl. 2, Figs. 3, 7). The areoles of the centre are more or less distinctly arranged concentrically (Pl. 2, Figs. 11—12; Pl. 3, Fig. 4). The central fultoportule lies within the „undulate" area, where the ribs and striae extend into the circular areole pattern area. Especially conspicuous are the strong ribs radiating from the valve margin to the centre, distinctly raised over the depressed fascicles (Pl. 2, Figs. 4—5, 8—10, 12). At the marginal end of each rib a short, blunt spine (Pl. 2, Figs. 1, 4, 8—12; Pl. 3, Figs. 1—3) occurs; when there is a mantle fultoportule just beneath the spine the subtending rib runs down the mantle, forming the „base" of the fultoportule (Pl. 2, Figs. 5—6, 10; Pl. 3, Fig. 1). The fascicles are bi- to (rarely) triseriate at the valve margin and uniseriate at the centre, where they extend into the elevated or depressed area. On the opposite end they pass over the valve margin and run without interruption down to the mantle edge. The valve mantle is very shallow. Each row of pores on the mantle is composed of three pores and only one or two pores just beneath the mantle fultoportules (Pl. 2, Figs. 1—7). The pores surrounding each mantle fultoportule seem to be arranged radially, forming an asterisk or a stellate pattern (Pl. 2, Figs. 1, 7), but the feature cannot be seen well in our micrographs. The mantle flange (copula) is well developed (Pl. 2, Figs. 2—7); characteristically it is marked by vertical slits. The whole drum-like frustule is relatively shallow (Pl. 2, Figs. 2—5, 7): frustule diameter to height ≅ 2:1.

The inner face of the valves (Pl. 3, Figs. 4—5) is distinguished by the single fultoportule with two arc-like struts near the centre. A single mantle rimoportule occurs on an interfascicle more or less opposite the central fultoportule, at nearly the same level with the mantle ring of fultoportules; its external opening is not demonstrated by our micrographs (perhaps the small opening just right besides the big and distinct mantle fultoportule on Fig. 10 of Pl. 2 may be an external opening?). The longitudinal slit of the rimoportule lies oblique to the radial axis (Pl. 3, Fig. 5). The strong ribs of the outer valve face seem to be pressed through the inner lamina and are distinctly seen as thin often slightly elevated ribs radiating to the centre within the marginal region of the valve; the internal openings of the areoles of the fascicles and the central region are occluded by domed cribra.

The frustules and valves of our micrographs (Pl. 2, Figs. 1—12; Pl. 3, Figs. 1—5) seem to be weakly silicified: the external opening of each pore is more or less broad (Pl. 2, Figs. 1—6, 8—12; Pl. 3, Figs. 1—3), and the ribs can be seen on the inner face as thin interfascicles elevated above the level of the lamina (Pl. 3, Figs. 4—5). As a whole, the observations made with SEM techniques conform to those made with LM techniques. Surprisingly, when using LM techniques the well developed and strongly structured central area of the valve face appears only as a hyaline zone. This may also be the expression of weak silicification.

The second group of SEM micrographs (Pl. 3, Figs. 6—12) was made from material collected in Lake Dagow during early spring (Lake Dagow, 04.04.1986). All frustules and valves figured and heavily silicified: the external openings of the areoles are reduced in size, often slit-like, and tend to be partially or fully occluded (Pl. 3, Figs. 6, 8, 11); the curvature of the valve face is not conspicuous: the valve face is often nearly flat (Pl. 3, Figs. 6, 8—10); elevation or depression is often scarcely (Pl. 3, Figs. 8, 10) or only indistinctly visible (Pl. 3, Figs. 7, 11—12). In most specimens, the ribs are not easily seen; exception is the specimen in micrograph Fig. 7 (Pl. 3). In all specimens the single fultoportule near the centre is open. That is also true of the mantle fultoportules (Pl. 3, Figs. 8—12), which in each case are situated just beneath a spine (Pl. 3, Figs. 7, 11—12). The valve mantle is very shallow (Pl. 3, Figs. 8, 11—12); its structure (pattern of pores) is not discernible. At each marginal end of the ribs a well-developed stout spine occurs. Of special interest are the inner valve faces (P. 3, Figs. 6, 9—10). They are distinguished by the single central fultoportule with two arc-like struts, the regular pattern of areoles occluded by domed cribra, and the single mantle rimoportule at nearly the same level as the mantle fultoportules. The central fultoportule is nearly opposite the mantle rimoportule as observed in the *delicatus* type. There are no ribs on the inner lamina as in the *delicatus* type.

Discussion

From the studies of ROUND (1981), STOERMER & HÅKANSSON (1984), KOBAYASHI et al. (1985) and our own studies it is obvious that

(1) the proximity of the mantle fultoportules to the spine and to the mantle edge, (2) the periodicity of the fultoportules and rimoportules, (3) the absence or presence of valve fultoportules (and in the latter case their distribution on the valve face), (4) the number of files of areoles near the valve margin, (5) the degree of undulation of the valve, and (6) the number of the arc-like struts surrounding the fultoportules

all must be considered to be significant diagnostic features within the genus *Stephanodiscus*. In any case, the significant features observed should be cautiously weighed against each other.

Studying members of the „*minutulus-medius-oregonica*"-group, small *Stephanodiscus* species with more or less undulate valve faces, HÅKANSSON (1986) pointed out that their gross appearance within

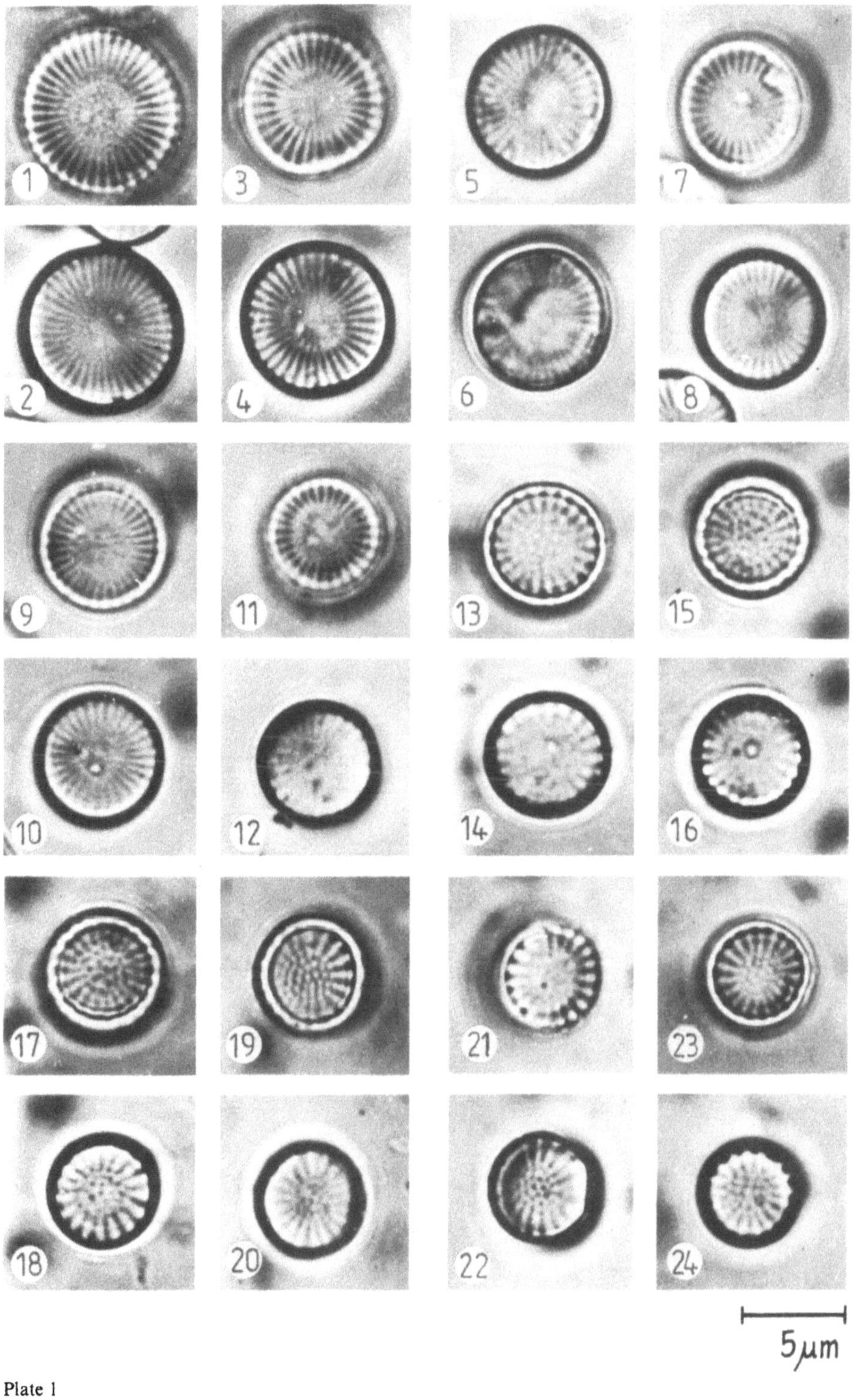

Plate 1

Figs. 1—12: *Stephanodiscus rugosus*; Lake Dagow, 19. 06. 1984; SC No. 386; LM photos: W. SCHEFFLER. — Upper row of valve pairs epivalve, lower row hypovalve of a single frustule; valves concentrically undulate; marginal part densely striated, (18) 20—24 (25) striae per 10 µm; one slightly eccentric fultoportule within the non-striated central part of the valve; spines not distinctly visible. Figs. 13—24: *Stephanodiscus delicatus*; Lake Dagow, 04. 04. 1986; SC No. 631; LM photos: W. SCHEFFLER. — Valve pairs as in Figs. 1—12; valves concentrically undulate; marginal part widely striated, 14—20 striae per 10 µm; one eccentric fultoportule within the coarsely punctate central part of the valve; spines visible at the marginal end of the stout ribs. — All figures × 3000.

Plate 2

Figs. 1—12: *Stephanodiscus delicatus*; Lake Dagow, 10. 06. 1986; SEM photos: K. AUGSTEN. — Figs. 1—4. Frustules with more or less distinctly depressed valve face centre, distinct ribs with spines at their marginal ends, biseriate fascicles between the spines, external opening of mantle fultoportules just beneath every 4—5 spine, shallow valve mantle, copulae with slits. Figs. 5—10. Frustules with distinctly elevated valve face centre, distinct ribs with spines at their marginal ends, uni- to biseriate fascicles, external opening of the single valve face fultoportule. Figs. 11—12. Valve faces with central part sunken in deeply. — All the micrographs demonstrate the densely and conspicuously striated valve face. — Fig. 1 × 7,520; Figs. 2, 8 × 9,050; Figs. 3, 5—7, 10—11 × 10,650; Fig. 4 × 12,250; Figs. 9, 12 × 9,850.

Plate 3

the light microscope is similar. Distinguishing *S. minutulus* from *S. medius* HÅKANSSON, she postulated that „the valve face in *S. minutulus* ... has ..." the „... elevation ... strictly only in the centre. The other part of the valve face is flat and bent onto the mantle on the edge ... The same pattern can be seen on the depressed valve ..." (HÅKANSSON 1986: 36). Unfortunately, the figures are not exactly cited and referred to *Stephanodiscus* spec. instead of *S. medius*! But the reference „ROUND (1981)" permits the conclusion that the characters cited above are significant (cf. ROUND 1981, p. 467, Figs. 19—22; ROUND 1982, Pl. 8, Figs 45—46; HÅKANSSON 1986, pp. 34, Figs. 25a, 27, 28a). But KOBAYASHI et al. (1985, p. 298, Fig. 28) were able to show that the most extreme elevated form observed is strongly undulate, that is, the ribbed marginal zone of the valve face can be involved in the elevation or depression of the face. Therefore, it was difficult up to now to distinguish small „undulate" *Stephanodiscus*-taxa with a single central fultoportule from each other.

Therefore, we cannot explain the obviously different size and morphology of the *S. minutulus*- and *S. parvus*-forms figured by HAWORTH (1981, Figs. 9—10) especially when studying the LM micrographs. Using the diagnostic features cited above we should suggest that the two types are within the range of *S. minutulus* sensu ROUND (1981). It should be noticed that in this case the LM micrographs seemingly give a better impression of the differences between the forms than the SEM micrographs.

That is so in our own material. Comparing the gross appearance of the *delicatus* and *rugosus* forms demonstrated with the help of the light microscope (Pl. 1) to the detailed information given by SEM analyses (Pl. 2—3) we are tempted to say that the traditional methods are to a certain degree superior to the modern ones. But this is an illusion.

In *S. minutulus*, there is a series of gradations in degree of valve face curvature from nearly flat valves through slightly, moderately and strongly elevated or depressed ones to nearly undulate ones. KOBAYASHI et al. (1985, p. 298, Figs. 23—28) have correlated such a series of gradations in degree of central elevations in a single population (but see below!) with a parallel variation in silicification from moderately (Fig. 23) to heavily (Fig. 28) silicified valves. „The structure of valve varies markedly depending on the degree of silicification" (KOBAYASHI et al. 1985: 294).

Our own material demonstrates a great many kinds of valve variation connected with time and locality of collection. Discrete populations (numbers in brackets) are represented by our figures Pl. 1, Figs. 1—12 (1), Pl. 1, Figs. 13—24 (2), Pl. 2, Figs. 1—12, Pl. 3, Figs. 1—5 (3) and Pl. 3, Figs. 6—12 (1). The three series show that within a single population valve variation is within a relatively small range, especially as to the degree of silicification. [The series of gradations published by KOBAYASHI et al. (1985) and cited above represents by no means strictly a single population: The material is from bottom mud in Lake Hime-numa!]. The range of morphological variation as a whole is broad: The material collected during late winter and spring is heavily silicified (Pl. 1, Figs. 13—24; Pl. 3, Figs. 6—12), sometimes to such a degree that the valve face structure seems to be blurred out. These specimens do not reach valve diameters more than 7 µm long. The members of the summer populations are weakly silicified (Pl. 1, Figs. 1—12; Pl. 2, Figs. 1—12; Pl. 3, Figs. 1—5), demonstrate the same gradations in degree of curvature as the moderately silicified ones and distinctly show the characters of the valve structure. They reach valve diameters up to 8 (11) µm long. Contrary to KOBAYASHI et al. (1985) we could arrange the specimens from the heavily silicified ones with indistinct undulation to weakly silicified ones with distinct undulation. In our opinion, the variations in silicification seem to depend on the status of the lake, that is, on the generally trophic state and the actual nutrient supply situation, and modify heavily the appearance of the valve face.

From analysis of the silicon budget in Lake Dagow (MOTHES & KOSCHEL in CASPER 1985) it is known that the silicon concentration is relatively high in late winter. Due to the winter mineralization, the nutrient supply combined with adequate global radiation and high turbulence gives rise to the well-known diatom spring maximum. Then the development of the heavily silicified population (1) seems to be possible. After the spring maximum silicon concentration decreases, slower or faster depending on the generally trophic status of the water body. In the adjacent obligotrophic Lake Stechlin silicon depletion is slower than in the meso-eutrophic Lakes Nehmitz-North and Dagow. During summer, when the silicon concentration has again increased diatoms again start a moderate growth. Our population (1) and (3) are good examples for the situation described.

But what about the taxonomical state of the two „forms" observed in Lake Dagow? At first sight, the specimens seem to be similar to *S. minutulus* and *S. parvus*, respectively, when studied with the help of LM techniques.

The type material of *Cyclotella minutula* KÜTZING from the Lüneburger Heide was first examined by ROUND (1981) with the help of scanning electron microscopy. Following GRUNOW in VAN HEURCK (1882) and ROSS & SIMS (1978), ROUND transferred the small taxon observed to the genus *Stephanodiscus* but did not align it as *S. astraea* var. *minutula* or *S. rotula* var. *minutula*. He proposed it to keep as a separate species *S. minutula* (KÜTZING) ROUND characterized by (1) the small valves, (2) the conspicuous central elevations or depressions, (3) the 2—3 files of areoles near the valve margin, (4) the very shallow mantle (2—3 areoles at most), (5) the widely separated marginal ring of fultoportules (4—5 files of areoles between each) very close to the mantle edge (often only a single areole intervening). And he added: „A single fultoportule is sometimes [spaced by

Legends:

Plate 3

Figs. 1—5: *Stephanodiscus delicatus*; Lake Dagow, 10. 06. 1986; Figs. 6—12: *Stephanodiscus rugosus*; Lake Dagow, 04. 04. 1986; all SEM photos: K. AUGSTEN. — Figs. 1—3. Outer view of valves with weakly depressed or elevated central part; note the densely striated valve face in Figs. 2—3! Figs. 4—5. Inner view of valve face with distinctly depressed or elevated coarsely punctate central part with one single two-strutted fultoportule, with 7 (Fig. 4) or 9 (Fig. 5) mantle fultoportules and one rimoportule; the ribs are seen as slightly elevated ridges, that is, the inner valve face is densely striated. Fig. 6. Inner and outer view of valve faces of heavily silicified frustules. Figs. 7—8, 11. Outer view of valve faces; spines and ribs more or less distinct; areoles slit like, partially closed by flaps (Fig. 11), external openings of the single central fultoportule and the mantle fultoportules visible; mantle shallow. Figs. 9—10. Inner view of valve faces with 5—6 three-strutted mantle fultoportules and one single two-strutted central fultoportule, one mantle rimoportule, and widely arranged striae with areoles closed by vela. Fig. 12. Two adjoined frustules with well developed spines and mantle fultoportules just beneath the spines; copulae with slits. — Figs. 1—3 × 10,650; Figs. 4, 9—10, 12 × 8,250; Fig. 5 × 6,900; Fig. 6 × 590; Fig. 7 × 9,050; Figs. 8, 11 × 9,850.

the authors] seen towards the centre of the valve and a single rimoportule sometimes occurs in the marginal position . . ." (ROUND 1981, pp. 463—464; Figs. 19—24). ROUND suggested that these features are significant and laid great stress on his statement that the taxa examined — *S.* „*niagarae*", *S.* „*rotula*" and *S.* „*minutula*" — could be distinguished by the different number of areoles between valve mantle edge and the mantle fultoportules, i.e. by the valve mantle depth.

HÅKANSSON (1986), re-examining the type material from the KÜTZING Collection, came to similar results. She established the identity of her Figs. 25a, 27, 28a with ROUNDS (1981) Figs. 19—24 but she denied that ROUND had made the taxon in question a species of his own, pointing out that this had already been done by CLEVE & MÖLLER (1882). Above all, HÅKANSSON (1986) showed that in the original material two different taxa were found: *S. minutulus* and one unidentified *Stephanodiscus* spec., distinguished from one another by the presence and absence, respectively, of a well-developed central strutted process and by the diameter of the circular, undulate valve. We think that the term „sometimes" applied to the feature central strutted process by ROUND 1981 (cf. above) was prompted by the insufficient material available to him.

In the lakes of the Baltic Lake District in the northern part of the GDR *S. minutulus* (KÜTZING) CLEVE et MÖLLER is said to be a wide spread species colonising bodies of water of different trophic status. In its typical shape and form (represented by the Figs. 19—24 in ROUND, 1981, and by the Figs. 25a, 27, 28a in HÅKANSSON, 1986) we only found it in meso- to oligotrophic waters, such as Lakes Stechlin or Nehmitz North (cf. CASPER 1985). But the spring mass form of the nutrient-rich waters, for instance of Lakes Dagow, Tollense, Haussee, Breiter Luzin, did not correspond well with the *minutulus* type of ROUND and HÅKANSSON. Its frustules were heavily silicified and showed no distinct valve face pattern (Pl. 3, Figs. 6—12). Frustules of that type are very similar to those described by SIEMIŃSKA & CHUDYBOWA (1979) as *S. rugosus* from lakes of the Baltic Lake District in northern Poland. There, *S. rugosus* occurs in eutrophic waters during spring. There is no doubt. The figures of *S. rugosus* published by SIEMIŃSKA & CHUDYBOWA (1979: Figs. 1—10; Fig. 11 without the „auxospore") correspond totally with our own figures of the „*minutulus*" type of Lake Dagow (Pl. 1, Figs. 1—12; Pl. 3, Figs. 6—12).

But what about *S. parvus*?

STOERMER & HÅKANSSON (1984) based their taxon *Stephanodiscus parvus* on the slide 903 b GRUNOW of the GRUNOW Collection (Vienna). The material studied is from „Kieselguhr von Ceyssal, Puy-de-Dôme" (France). Isotype material is represented by the slides Nos. 265 and 266 of the CLEVE & MÖLLER (1879) exsiccates. The holotype comes from a fossil collection which was first examined by HAWORTH (1981) and named *S. hantzschii*.

HÅKANSSON & STOERMER (1984) figured the taxon in question in Pl. 1, Fig. 7 (LM micrograph; RABENHORST (!) 1104) and Pl. 3, Figs. 15 and 16 (SEM micrographs; STOERMER 1417) and named it „*S. hantzschii* fo. *parva* (nom. nud.)". Later on, STOERMER & HÅKANSSON (1984) determined that it differs significantly from *S. hantzschii* and created the „polymorphic" species *S. parvus*, demonstrating its features by their Figs. 1—3 (Pl. 1; LM micrographs: CLEVE & MÖLLER 265) and Figs. 4—11 (Pl. 1 and 2; SEM micrographs; STOERMER 1522).

Comparing the SEM figures cited, two groups of valves may be distinguished: One group with finely structured valves (HÅKANSSON & STOERMER 1984, Pl. 3, Fig. 15; STOERMER & HÅKANSSON 1984, Pl. 1, Fig. 4; Pl. 2, Fig. 11) and another group with coarsely structured valves (HÅKANSSON & STOERMER 1984, Pl. 3, Fig. 16; STOERMER & HÅKANSSON 1984, Pl. 1, Fig. 5; Pl. 2, Figs. 6 and 7). Common to both groups is the development of one eccentric fultoportule in the central region of the valve face. Beneath their different valve structure they differ in the presence (first group; STOERMER & HÅKANSSON 1984, Pl. 1, Fig. 4) or absence (second group; STOERMER & HÅKANSSON 1984, Pl. 1, Fig. 5) of a rosette-like configuration of the puncta around the centre.

Studying the excellent SEM micrographs another remarkable feature not mentioned by the authors cited can be seen. In the finely structured form the mantle is distinctly deep. Between the mantle fultoportules and the mantle edge three to four areoles arranged in vertical rows are inserted. In the coarsely structured form the mantle is shallow. Between the mantle fultoportules and the mantle edge only one areole is inserted. As a whole, the valve of the finely structured form is much deeper than that of the coarsely structured one.

In our opinion, the feature valve mantle depth is significant and well suited to distinguish taxa within the genus *Stephanodiscus* in combination with other relevant features. Thus, the material presented by STOERMER & HÅKANSSON (1984) is „polymorphic" indeed. It includes more than the one „species" *S. parvus*.

We agree generally with KOBAYASHI et al. (1985) in their remarks on the SEM micrographs of STOERMER & HÅKANSSON (1984, Pl. 1, Fig. 4; Pl. 2, Figs. 9, 10 and 11): Fig. 9 (and obviously Fig. 6—8, too) may represent *S. minutulus*, a taxon distinguished by its shallow valve mantle and by the presence of a single central fultoportule, whereas Figs. 4 and 11 may belong to another taxon, distinguished by its deep valve mantle and by the presence of a single central fultoportule. The specimens may be identical with *S. invisitatus* HOHN et HELLERMANN.

As a result, *S. parvus* STOERMER et HÅKANSSON can synonymous with *S. minutulus* as to the specimens represented by the Figs. 1, 3 and 5 (Pl. 1) and 6—9 presented by the Figs, 1, 3 and 5 (Pl. 1) and 6—9 (Pl. 2) and perhaps synonymous with *S. invisitatus* as to the specimens represented by the Figs. 2 and 4 (Pl. 1) and 11 (Pl. 2) in STOERMER & HÅKANSSON (1984). Therefore, the nomen *S. parvus* sensu STOERMER et HÅKANSSON should be used no longer.

From the discussion above it is evident that the specimens collected as spring mass forms in Lake Dagow correspond well with the *rugosa* type from the lakes in northern Poland. The fact, that we could find weakly silicified *S. hantzschii* frustules together with heavily silicified „*rugosa*" forms in one and the same sample during the spring full circulation in Lake Dagow does not support the hypothesis that the *rugosa* type is nothing else than a heavily silicified *S. minutulus*. Further studies are necessary to find out the possible identity of *S. minutulus* and *S. rugosus*. So far, the heavily silicified minute frustules without a distinct stephanodiscoidal valve face pattern should be named *S. rugosus*, a taxon described and figured well by SIEMIŃSKA & CHUDYBOWA (1979).

The summer „form" of Lake Dagow (Pl. 1, Figs. 13—24; Pl. 2, Figs. 1—12; Pl. 3, Figs. 1—5) shows the typical stephanodiscoidal valve face pattern with strongly elevated ribs and strong undulation. The existence of a single fultoportule near the valve centre resembles *S. minutulus*. But the interior view of the valve (Pl. 3, Figs. 4—5) with the interior (!) marginal interfascicles or ribs as well as the densely striated domed cribra will by no means fit the *minutulus* pattern. The whole frustule looks like *Cyclostephanos*. Further studies should prove this idea.

So far, the minute summer „form" of Lake Dagow should be referred to *S. delicatus* GENKAL. GENKAL (1985) described the species from the Rybinsk water reservoir near Borok (USSR). Description and figures (GENKAL 1985; Figs. 1—5) resemble our summer „form" to a certain degree except the rosula in the central part of the valve. The interior part of the valve is not described nor figured for which reason some doubts remain. KOBAYASHI & KOBAYASHI (1987) are fully convinced of the identity of their material from three Japanese localities with *S. delicatus*. Their frustules from chains (GENKALS type material is said to be solitary!) and the interior view of the valves (their figures Pl. 2, Figs. 13—14) show marginal interfascicles which are similar to the interior ribs of our summer „form".

Conclusions

In Lake Dagow during early spring and early summer two populations of small centric diatoms with frustules similar in size and shape and distinguished by more or less undulate valve faces and the existence of a single fultoportule near the valve centre follow one another in time. After ice-break, in March or April, a mass development of a smaller „form" distinguished by valves heavily silicified (valve and mantle areole occluded except valve and mantle fultoportules) occurs. The frustules resemble *S. minutulus* (KÜTZING) CLEVE et MÖLLER. As it's impossible up to this day to distinguish fact from fiction regarding the possible influence of the silicon concentration in the water and mantle pattern and undulation we refer our spring „form" to *S. rugosus* SIEMIŃSKA et CHUDYBOWA. At the beginning of summer, during June, a moderate growth of a population of somewhat different starts. The frustules are somewhat greater than the spring ones. They show the typical stephanodiscoidal valve face pattern which seems to be blurred out in the spring „forms" by strong silicification. The strong undulation of the valves resembles *Cyclostephanos*. The summer „form" is referred to *S. delicatus* GENKAL. Further studies will bring out the true taxonomical status of the two ecologically important minute diatoms.

Acknowledgement

We would like to thank Mrs. BRIGITTE SCHRÖER for the micrographs, Mrs. BRIGITTE HOFFMANN, Mrs. BRIGITTE KOSCHEL, and Mr. MANFRED RÜCKERT for the plate design, Mrs. BÄRBEL SCHRAMM for typing work, and Dr. F. C. PAGE, Cambridge, for correcting the English text.

Literature

CASPER, S. J. (ed.) (1985): Lake Stechlin. A temperate oligotrophic lake (Monogr. Biol. Vol. 58). Dordrecht—Boston—Lancaster.

— & SCHEFFLER, W. (1986): *Pleurocyclos* nov. gen. — a new genus within the Sceletonemaceae (Bacillariophyceae). Arch. Protistenkd. **132**, 287—298.

CLEVE, P. T., & MÖLLER, L. D. (1877—1882): Diatoms (Exsiccata). Part I—VI, slides 1—324. Uppsala.

GENKAL, S. I. (1985): Novyj vid is roda *Stephanodiscus* EHR. (Bacillariophyta) [Species nova e genere *Stephanodiscus* EHR. (Bacillariophyta)]. Nov. Syst. Nis. Rast. **22**, 30—32.

GERMAIN, H. (1981): Flore des Diatomées. Diatomophycies eaux douces et saumatres du Massif Armoricain et des contrées voisines d'Europe occidentale. Paris.

HÅKANSSON, H. (1976): Die Struktur und Taxonomie einiger *Stephanodiscus*-Arten aus eutrophen Seen Südschwedens. Bot. Notiser **129**, 25—34.

— (1986): A taxonomic reappraisal of some *Stephanodiscus* species (Bacillariophyta). Brit. phycol. J. **21**, 25—37.

— & STOERMER, E. F. (1984): Observations on the type material of *Stephanodiscus hantzschii* GRUNOW in CLEVE & GRUNOW. Nova Hedwigia **39**, 477—495.

HAWORTH, E. Y. (1981): A note concerning GRUNOW's *Stephanodiscus hantzschii*. In: KÖNIGSSON, L. K., & PAABO, K. (ed.), Florilegium Florinis Dedicatum. Striae **14**, 119—121.

KOBAYASHI, H., KOBAYASHI, H., & IDEI, M. (1985): Fine structure and taxonomy of the small and tiny *Stephanodiscus* (Bacillariophyceae) species in Japan. 3. Co-occurrence of *Stephanodiscus minutulus* (KÜTZ.) ROUND and *S. parvus* STOERM. & HÅK. Jap. J. Phycol. **33**, 293—300.

KOBAYASHI, H., & KOBAYASHI, H. (1987): Fine structure and taxonomy of the small and tiny *Stephanodiscus* (Bacillariophyceae) species in Japan 5. *S. delicatus* GENKAL and the characters useful in identifying five small species. Jap. J. Phycol. **35**, 268—276.

KÜTZING, F. T. (1844): Die kieselschaligen Bacillarien oder Diatomeen. Nordhausen.

LOWE, R. L., & CRANG, R. E. (1972): The ultrastructure and morphological variability of the frustule of *Stephanodiscus invisitatus* HOHN et HELLERMAN. J. Phycol. **8** (3), 256—259.

REYNOLDS, C. S. (1980): Phytoplankton assemblages and their periodicity in stratifying lake systems. Holarct. Ecol. **3**, 141 bis 159.

ROSS, R., & SIMS, P. A. (1978): Notes on some diatoms from the Isle of Mull, and other Scottish localities. Bacillaria **1**, 151—168.

ROUND, F. E. (1981): The diatom genus *Stephanodiscus*. An electronmicroscopic view of the classical species. Arch. Protistenkd. **124**, 447—462.

— (1982): Some forms of *Stephanodiscus* species. Arch. Protistenkd. **125**, 357—371.

SCHRADER, H.-J. (1971): Präparation und Typisierung von Diatomeen für rasterelektronenmikroskopische Untersuchungen. Nova Hedwigia **22** (3/4), 887—905.

SIEMIŃSKA, J., & CHUDYBOWA, D. (1979): *Stephanodiscus rugosus* SIEM. et CHUD. sp. n. (Bacillariophyceae) found in waters of the Mazurian Lake District in Poland — *Stephanodiscus rugosus* SIEM. et CHUD. sp. n. (Bacillariophyceae) znaleziony w wodach Pojezierza Mazurskiego w Polsce. Fragm. Flor. Geobot. **25** (3), 459—464.

STOERMER, E. F., & HÅKANSSON, H. (1984): *Stephanodiscus parvus*: Validation of an enigmatic and widely misconstrued taxon. Nova Hedwigia **39**, 497—511.

VAN HEURCK, H. (1880—1882): Synopsis des Diatomées de Belgique. Atlas. Anvers.

Received June 10, 1987.

Author's address:
Dr. habil. S. JOST CASPER
Dr. K. AUGSTEN
Dr. TH. PESCHKE
W. SCHEFFLER
Akademie der Wissenschaften der DDR
Zentralinstitut für Mikrobiologie und Experimentelle Therapie
Abteilung Limnologie
Beutenbergstraße 11
Jena
DDR-6900.

Limnologica (Berlin) **19** (2), 35—59, Dezember 1988

Weitere Beiträge zur Kenntnis der Algenvegetation auf der Sedimentoberfläche im Balaton (Plattensee, Ungarn)*

Further Contributions to the Algal Vegetation of the Surface of Sediments in Lake Balaton (Plattensee, Hungary)

Von GÁBOR UHERKOVICH

Mit 4 Tafeln, einer Abbildung im Text und 2 Tabellen

Inhalt

Summary

Balaton (Hungary) is the largest lake of Central Europe with almost 600 sq. km surface. Its shallow, in average 3 m deep water is a limnological peculiarity. Author continuing one of his earlier works presents the algal vegetation of the sediment surface from the eastern third of lake. The algal cenoses characterized by dominancy of *Lyngbya contorta*, *Amphora ovalis*, *Fragilaria construens*, *Surirella robusta* var. *splendida* and *Planctonema lauterbornii* can be found most frequently. Conspicuous taxonomical difference is between the algal cenoses of southern and northern shore. Some species are limited to a smaller area. The recent paper gives 448 algal taxa in detail and explains some of them ecologically. The density of algal populations is presented by the quantity of a-chlorophyll.

1. Einleitung

Auf die Bedeutung der benthischen Lebensgemeinschaften der Sedimentoberfläche und der Aufwuchsgemeinschaften im Ufergürtel des Balaton für den Stoff- und Energiekreislauf des Sees haben wir bereits früher hingewiesen (UHERKOVICH 1984; UHERKOVICH & LANTOS 1987). Auch die Daten über die Erforschung der Algen der Sedimentoberfläche von der Jahrhundertwende bis zur Gegenwart wurden zusammengefaßt (UHERKOVICH & LANTOS 1987).

Im Sommer 1978 begann eine detaillierte, mit Kartierung verbundene sedimentchemische Bestandsaufnahme des Sees unter Leitung von Prof. F. MÁTÉ (Agrarwissenschaftliche Universität, Keszthely). Meine Untersuchungen schlossen sich diesem Untersuchungsprogramm an. Ich bearbeitete aus repräsentativen Profilen des Sees stammende Proben in algologischer Hinsicht.

Zwischen 1978 und 1981 erfaßte ich die Proben des westlichen Seeteils westlich der Linie Badacsony—Fonyód. Die wichtigsten Ergebnisse dieser Studien sind in zwei kürzeren Mitteilungen erschienen (UHERKOVICH 1979, 1980), eine umfassende Publikation erfolgte bisher noch nicht (UHERKOVICH 1982, mscr.).

Zwischen Sommer 1981 und Frühjahr 1983 habe ich meine Untersuchungen im mittleren Seebecken östlich der Linie Badacsony—Fonyód bis zur Halbinsel Tihany fortgesetzt. Die Ergebnisse dieser Untersuchungsserie sind bereits veröffentlicht (UHERKOVICH & LANTOS 1987).

Zwischen Herbst 1983 und Herbst 1985 wurde schließlich die Algenvegetation der Sedimentoberfläche im östlichen Drittel des Sees von mir bearbeitet. Die Ergebnisse dieser Bearbeitung werden hier vorgelegt.

2. Material und Methoden

2.1. Kurze hydrographisch-hydrologische und wasserchemische Charakterisierung des östlichen Seeteils

Der Wasserspiegel des Balaton bedeckt — von kleineren, durch den jeweiligen Wasserstand verursachten Schwankungen abgesehen — eine Fläche von 596 km². Die durchschnittliche Wassertiefe macht nur 3,24 m aus. Der Balaton ist seiner Wasserfläche nach der größte See Mitteleuropas, seiner geringen durchschnittlichen Tiefe nach aber — limnologisch betrachtet — eher ein riesengroßer Teich, das größte seichte Stillgewässer Europas.

Der Wasserhaushalt des Balaton weist eigenartige Züge auf. Der jährliche Niederschlag am Seespiegel selbst macht 630 mm $\cdot$ m^{-2} aus, dagegen die jährliche Verdunstung etwa 860 mm $\cdot$ m^{-2}. Der jährliche Wassernachschub durch die Zuflüsse beträgt durchschnittlich 870 mm $\cdot$ m^{-2}. Die Ableitung des überflüssigen Wassers geschieht in geregelter Form durch den Sió-Kanal und beträgt im Jahre durchschnittlich 640 mm $\cdot$ m^{-2}.

Der östliche Teil des Seebeckens wird durch die Halbinsel Tihany und den Vorsprung bei Szántód (Abb. 1) morphologisch eindeutig vom übrigen See abgegrenzt und repräsentiert eine Wasserfläche von annähernd 200 km². Dieser Seeteil wird nur von einigen unbedeutenden Bachläufen gespeist, die fast alle am Nordufer münden (Aszófői-Séd, Malomvölgyi-Séd, Siske-Kéki-vízfolyás, Paloznaki-vízfolyás, Vörösberényi-Séd; vgl. Karte Abb. 1). Der Wassernachschub des östlichen Seebeckens stammt größtenteils aus dem westlichen Teil des Sees und strömt durch die etwa 1,4 km breite Enge von Szántód zum östlichen Seebecken. In dieser Enge — wahrscheinlich durch die ausspülende Wirkung der Strömung — sind die größten Tiefen (10—11,5 m) des Seebeckens entstanden.

Die ersten umfassenden Untersuchungen der letzten Jahrzehnte über die wasserchemischen Verhältnisse und die Wasserqualität des ganzen Sees wurden zwischen 1957 und 1960 ausgeführt (PÁSZTÓ 1963). Dabei wurden auch die größeren Zuflüsse und deren Einfluß auf die Wasserqualität des Sees in Betracht gezogen sowie die ungünstige Auswirkung der einzelnen Abwasserzuleitungen analysiert. Sowohl diese als auch nachfolgende ähnliche Untersuchungen (vgl. z. B. FAZEKAS 1973) haben dazu beigetragen, daß die kritischen Stellen des Sees in Bezug auf die Wasserqualität erkannt und Vorkehrungen gegen eine weitere Verschlech-

* Diese Arbeit widme ich meinem verehrten Kollegen Dr. habil. S. J. CASPER zu seinem 60. Geburtstag.

terung vorgenommen wurden. Diese Bestrebungen bestehen auch in der Gegenwart.

Das Balaton-Wasser ist mit pH-Werten von 8,2—8,4 mäßig alkalisch, Calcium-Magnesium-Hydrocarbonat-Typ; seine Gesamthärte beträgt 14,5—15,5 dH°.

Der östliche Seeteil unterscheidet sich von dem westlichen signifikant in den Ges.-P-Werten (35,4 bzw. 84,0 mg · m^{-3}) und in den mineralischen N-Werten (97,2 bzw. 226,8 mg · m^{-3}). Auch ist mit durchschnittlich niedrigeren Saprobitäts- und Trophiewerten im östlichen Teil des Sees zu rechnen (vgl. FAZEKAS 1973). Diese Unterschiede im Trophieniveau zeigen sich auch in den Chlorophyll a-Werten des Wassers: im östlichen Teil ist mit Werten von 1—15 mg · m^{-3}, im westlichen Teil mit 10—100 mg · m^{-3} zu rechnen (FELFÖLDY 1981, Fig. 58).

2.2. Probeentnahmestellen im östlichen Seeteil

Im östlichen Teil des Balaton haben wir unsere Proben entlang folgender Profillinien (Abb. 1) genommen: 1. Längsprofil in der Seemitte (KHP, mit 5 Probeentnahmestellen), 2. Halbinsel Tihany — Gödrös — Balatonfüred — Schiffswerft (G, 3), 3. Balatonfüred — Tihany, Kai (FÜT, 3), 4. Balatonfüred — Paloznak, Vorsprung (P, 2), 5. Querprofil von Alsóörs zur Seemitte (AÖ, 2), 6. Káptalanfüred — Balatonkenese (KA, 4), 7. Balatonalmádi — Sándorhegy bei Balatonkenese (AL, 3), 8. Querprofil von Balatonaliga zur Seemitte, zur Stelle KHP 4 (A, 3), 9. Querprofil von Balatonszabadi zur Seemitte, zur Stelle KHP 4 (SZA, 3), 10. Querprofil von Siófok zur Seemitte, zur Stelle KHP 3 (SI, 2), 11. Querprofil von Balatonszéplak zur Seemitte, zur Stelle KHP 2 (SZL, 2), 12. Zamárdi — Halbinsel Tihany, zur Stelle KHP 1 (Z, 2).

Die Proben wurden zu folgenden Zeitpunkten genommen: 24. 9. 1983, 1. 5. 1984, 5. 8. 1984, 1. 6. 1985, 8. 9. 1985.

Die Profile erfassen neben den seichtesten Stellen des Südufers auch die allmählich tieferen Stellen zur Seemitte hin, ferner die tiefsten Stellen der Seemitte und schließlich die größeren Buchten des Nordufers mit reichlicheren Makrophytenbeständen.

2.3. Methoden

Die Methoden haben wir in einer früheren Arbeit (UHERKOVICH & LANTOS 1987) ausführlich erörtert; hier soll nur auf wichtige Einzelheiten hingewiesen werden.

Unsere Proben stammten durchweg aus der obersten 1—1,5-cm-Schicht des Sediments. Sie wurden an Ort und Stelle in mit Na-Acetat versetzter Lugol-Lösung (UTERMÖHL 1958) fixiert und nachträglich noch mit Formalin konserviert.

Zur Chlorophyll a-Bestimmung wurden die Proben mit Originalwassergehalt entnommen, sofort verarbeitet, und das Homogenisat in verschlossenen Epruvetten 24 Stunden lang bei +6 °C im Kühlschrank aufbewahrt. Die Extinktion der durch Zentrifugieren gereinigten Chlorophyll a-Lösung wurde dann auf den Wellenlängen 665 und 750 nm vor und nach Zusatz von HCl ausgemessen. Die nach üblicher Formel berechnete Konzentration haben wir auf Konzentrationseinheiten von mg · dm^{-3} Sedimentmaterial umgerechnet (vgl. darüber Kap. 4). Um weitere Schlüsse aus dem Chlorophyll a- und dem Phaeopigment-Gehalt der Proben ziehen zu können, haben wir auch den Phaeopigment-Gehalt — mit Ausnahme der ersten Entnahme — immer bestimmt.

Um über die aktuellen Lichtklimaverhältnisse wenigstens einen orientierenden Überblick gewinnen zu können, haben wir — mit Ausnahme der ersten Probeentnahme — die Secchi-Durchsichtigkeit des Wassers bestimmt und in einem Falle (1. 5. 1984) Lichtmessungen mit dem Elektrophotometer ausgeführt.

3. Algen des östlichen Seeteils

3.1. Auflistung der vorgefundenen Algen

Die in unseren Proben festgestellten Algen sind, innerhalb der größeren systematischen Gruppen alphabetisch geordnet, in Tab. 1 (S. 38—48) zusammengefaßt. Hinter den Namen stehen (Ziffern in Klammern) die Hinweise

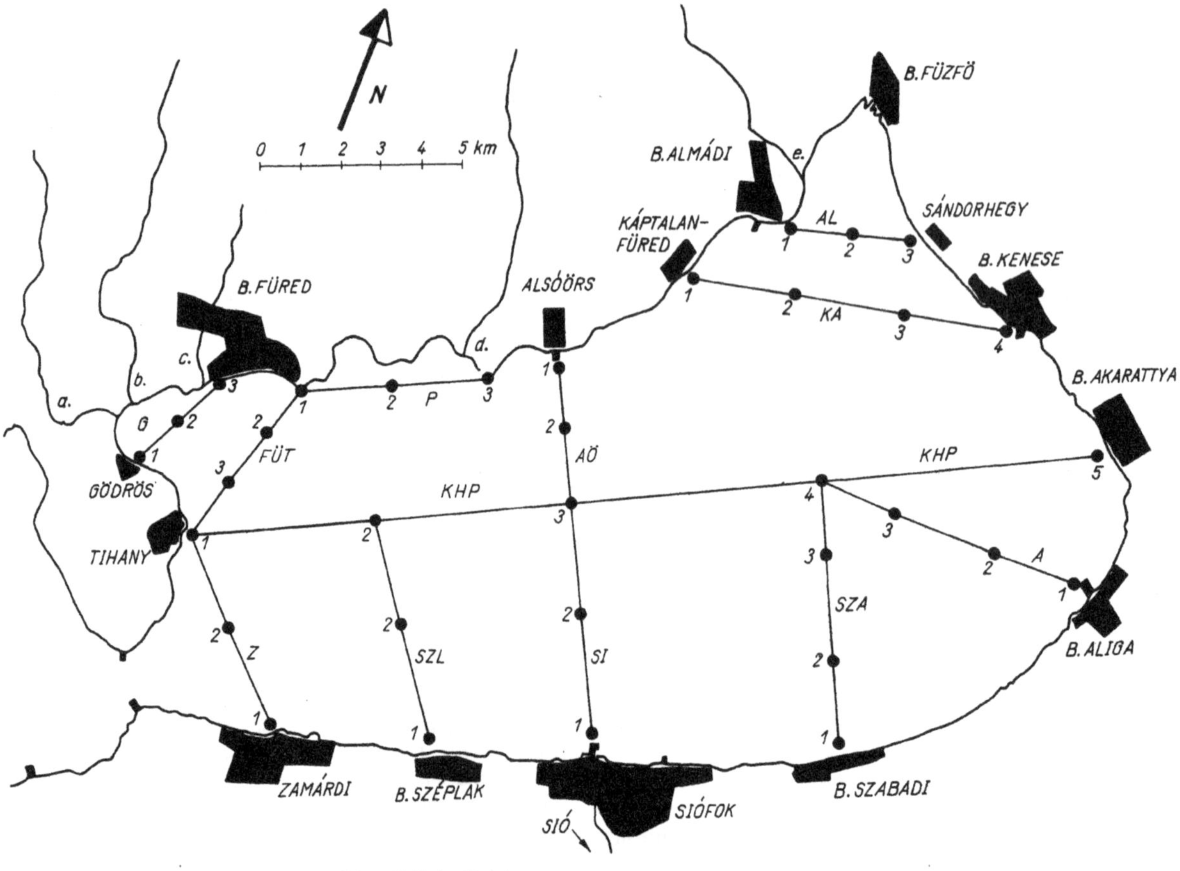

Abb. 1. Probenentnahmestellen im östlichen Teil des Balaton.
Bachzuläufe: a — Aszófői-Séd; b — Malomvölgyi-Séd; c — Siske-Kéki-vízfolyás; d — Paloznaki-vízfolyás; e — Vörösberényi-Séd

auf unsere eigenen Abbildungen. Der Vermerk (!) bedeutet, daß die Alge im Kapitel 3.2. ausführlich behandelt wird.

Bei manchen Algen — wo die Bestimmung nur in orientierender Form gelang — handelt es sich zum Teil wahrscheinlich um neue Taxa, doch haben wir — mangels ausreichenden Beobachtungsmaterials — in der Mehrzahl dieser Fälle keine formale taxonomische Abgrenzung bzw. Beschreibung vorgenommen.

Die Fundorte in der Tab. 1 sind mit den auf der Abb. 1 eingetragenen und auf S. 36 erläuterten Abkürzungen vermerkt.

Die Präsenzwerte für die Algentaxa an den einzelnen Fundorten sind sogenannte addierte Vorkommensangaben, die aus den Präsenzwerten von sämtlichen, an verschiedenen Zeitpunkten entnommenen Proben zusammengezählt wurden, und zwar so, daß ein Vorkommen mit geringer Individuenzahl mit einer Einheit, solche mit größerer Individuenzahl mit zwei Einheiten, subdominierende Anwesenheit des betreffenden Taxons jeweils mit 3 Einheiten und schließlich eine dominierende Anwesenheit in der zuständigen Algengemeinschaft mit 4 Einheiten gewertet wurden. Somit stellen die addierten Präsenzwerte der Tab. 1 das durchschnittliche „zönologische Gewicht" des betreffenden Taxons am konkreten Fundort dar.

Die überwiegende Mehrzahl der in unseren Proben festgestellten Algentaxa wurde nur in einigen bzw. wenigen Fällen angetroffen; sie sind also spärlich verbreitet. Verhältnismäßig gering ist die Anzahl jener Taxa, die in allen oder fast allen Proben nachweisbar waren, also im ganzen östlichen Seeteil allgemein verbreitet sind. Es sind folgende: *Coelosphaerium naegelianum, Lyngbya contorta, L. limnetica, Oscillatoria chalybea, O. tenuis*; *Amphora ovalis, A. ovalis* var. *pediculus, Campylodiscus noricus* var. *hibernica, Cyclotella bodanica, C. comta, C. kuetzingiana, C. ocellata, Cymatopleura angulata, C. elliptica, C. elliptica* var. *hibernica, Diploneis ovalis, D. puella, Epithemia turgida, Fragilaria construens, F. construens* var. *venter, Gyrosigma kuetzingii, Melosira granulata, Nitzschia lorenziana* var. *subtilis, N. sigmoidea, N. vermicularis, Pinnularia viridis, Surirella biseriata, S. robusta* var. *splendida, Synedra nana*; *Pediastrum boryanum, Planctonema lauterbornii.* Das sind 5 Blaualgen-, 24 Kieselalgen- und 2 Grünalgentaxa; also nicht einmal ein Zehntel sämtlicher vorgefundenen Algensippen war von allgemeinem und häufigem Vorkommen.

3.2. Bemerkungen über einige Algentaxa

Aphanizomenon flos-aque (L.) RALFS
Diese β-mesosaprobe bzw. α-β-mesosaprobe Blaualge ist im Plattensee auf der Sedimentoberfläche seltener durch Fäden, häufiger durch ihre 38—50 × 4,5—6 µm großen solitären Dauerzellen vertreten. Offenbar überdauert sie hier in dieser Form bis zur nächsten vegetativen Generation. Dies scheint für den ganzen Plattensee charakteristisch zu sein.

Beggiatoa spp.
Die Vertreter dieser Gattung können nur unter Vorbehalt bei den Blaualgen untergebracht werden. Ihre taxonomische Stellung ist seit jeher umstritten. Vieles — vor allem in der biochemischen Beschaffenheit, aber auch in der Zellmorphologie — spricht dafür, daß diese Organismen aus den Blaualgen entstandene, teils reduzierte, teils in einer speziellen Richtung weiterentwickelte Lebewesen sind. Sie stehen ihren Wesenszügen nach zwischen Blaualgen (Oscillatoriales) und Bakterien (Flexibacteriales-Pelonematales).

Dactylococcopsis spp.
Es gibt bestimmt Blaualgen, die von „*Dactylococcopsis*"-Beschaffenheit sind; allerdings sind diese gegenüber gut definierten Blaualgengenera nicht immer leicht abzugrenzen. Auch ist mit großer Wahrscheinlichkeit anzunehmen, daß manche unter dem Namen „*Dactylococcopsis*" geführten Organismen eigentlich verblaßte Grünalgen sind. Diese Feststellung reicht aber nicht aus, um die Blaualgengattung *Dactylococcopsis* als solche aus dem System zu streichen (vgl. darüber auch STARMACH 1966: S. 61; BOURRELLY 1970: S. 315).

Gloeotrichia natans (HEDW.) RABENH.
Die in stehenden Gewässern anfangs an Wasserpflanzen festsitzende, später auch freischwimmend lebende Blaualge scheint im Plattensee nur spärlich vorzukommen. Die von uns an der Sedimentoberfläche gefundenen Exemplare hatten ohne Scheide 11,5—12,5 × 130—160 µm große Dauerzellen und 8,5—9,5 µm breite Fäden.

Holopedia dietelii (P. RICHT.) MIG. (= *Microcrocis dietelii* P. RICHT.; *Microcrocis geminata* (LAGERH.) GEITL. em. STARMACH; *Holopedium geminatum* LAGERH.)
Die 12—14 × 6—7 µm großen, an den Enden abgerundeten Zellen fügen sich dicht gedrängt zu kleineren, aus ca. 20—60 Zellen bestehenden, tafelförmigen, mehr oder weniger kreisrunden Kolonien zusammen. Früher wurden die gedrängter oder locker gebauten Kolonien als zwei selbständige Arten (*dietelii* und *geminata*) geführt; die Morphotypen gehören jedoch zu einer Art. Im ganzen Plattensee ist diese Alge an die südlichen ufernahen Lebensstätten gebunden (vgl. UHERKOVICH & LANTOS 1987), wo die Oberfläche des Sediments meist von grobkörnigem Sand gebildet wird.

Euglena sima WERFEL forma
Die von mir vorgefundenen Exemplare waren 90—97 × 4,8—5,2 µm groß, also kleiner als der Typ (170 × 10 µm), doch haben wir aus Ungarn über ähnlich kleine Exemplare weitere Angaben (KISS 1970a, b, 60—130 × 6—9 µm). Es ist möglich, daß es sich in diesen Fällen um eine auch taxonomisch abgrenzbare Form handelt, doch bedarf diese Auffassung noch der Stützung durch weitere Belege.

Petalomonas applanata SKUJA forma 1, forma 2
Neben typischen Vertretern der Art (vgl. z. B. Taf. 2, Fig. 5) wurden in unserem Material auch Formen mit charakteristischen Abweichungen angetroffen. Bei letzteren handelt es sich um teils sich ausstülpende (forma 1, Zellgröße 44—47,5 × 37—40 µm), teils gekerbte (forma 2, Zellgröße um 32,5 × 27,5 µm) Seitenränder („Flügel"), die aber auch bei diesen Formen der Länge nach ausgehöhlt, also beiderseitig mit Randfurchen versehen sind. Die Gestaltung der Seitenränder scheint nach neueren Beobachtungen bei der Art variabler zu sein als früher angenommen wurde (vgl. ASAUL 1975), doch ist bisher nicht geklärt, inwieweit die abweichenden morphologischen Merkmale taxonomisch zu werten sind. Es ist anzunehmen, daß erst zusätzliches Beobachtungsmaterial bzw. Kulturergebnisse Klarheit bringen werden.

Phacus sp. (novum?)
Die etwa 125 × 15 µm großen Zellen mit mehreren Paramylonkörnern (Taf. 2, Fig. 10a, b) repräsentieren einen extrem schlanken *Phacus*-Typ, der noch gedehntere

Tab. 1. Auflistung der Algentaxa und des durchschnittlichen Chlorophyll a-Gehaltes von der Sedimentoberfläche im östlichen Teil des Balaton (Plattensees), 1983—1985
Die Abkürzungen für die Probeentnahmestellen, bzw. die Deutung der Präsenzwerte sind im Text (S. 36 und S. 37) erläutert. Über die mit (!) vermerkten Taxa s. Bemerkungen im Text (Kap. 3.2.), dort sind auch die Synonyme aufgeführt.

Probeentnahmestellen	KHP 1	KHP 2	KHP 3	KHP 4	KHP 5	G 1	G 2	G 3	FÜT 1	FÜT 2	FÜT 3	P 2	P 3	AÖ 1	AÖ 2	KA 1	KA 2	KA 3	KA 4	AL 1	AL 2	AL 3	A 1	A 2	A 3	SZA 1	SZA 2	SZA 3	SI 1	SI 2	SZL 1	SZL 2	Z 1	Z 2
Taxa	1	2	3	4	5	6	7	8	9	10	11	12	13	14	15	16	17	18	19	20	21	22	23	24	25	26	27	28	29	30	31	32	33	34
CYANOPHYTA																																		
Anabaena affinis Lemm.	1																																	
A. hieronymusii Lemm.																													1					
Aphanizomenon flos-aquae (L.) Ralfs, Faden												1	1										2		1	3			2		2		2	3
A. flos-aquae (L.) Ralfs, Dauerzelle (!)	4	2	3	2	1	1	1	1		1	1	2	1		2		1	2	1	2	1		1	1		1	1		1	2	1		2	2
Aphanocapsa elachista W. et. G. S. West																								1										
Beggiatoa alba (Vauch.) Trev. (!)		1	2	3	2	1	1			1			1			1	1	1			2	1		1	1		2	1		1			2	1
B. minima (Winogr. (!)		1									1				1						1													
Chroococcus minutus (Kütz.) Näg.																1																		
Coelosphaerium kuetzingianum Näg.																													1					
C. naegelianum Unger	3	2	1	2	2	4	2	4	2	1	6	1	2	3	4	3	5	4	3		4	5	6	4	4	6	4	2	8	1	4	1	4	6
Dactylococcopsis acicularis Lemm. (!)		1																																
D. rhaphidioides Hansg. (!)		1	1	1				1				1	1			1	1			1			1			1	1		1		1	1	1	1
Gloeocapsa sp. (*G. varia* [A. Br.] Hollerb.?)																																	1	
Gloeotrichia natans (Hedw.) Rabenh. (I.8.) (!)													1																					
Gomphosphaeria lacustris Chod.						1													1							1	1		3		1		2	2
Holopedia dietelii (Richt.) Mig. (!)																							3			4			2		5		4	
Lyngbya contorta Lemm.	8	9	8	9	6	8	10	5	7	7	8	8	7	5	8	5	8	4	7	5	7	6	8	10	11	5	10	9	8	10	4	5	5	11
L. digueti Gom.																																		1
L. limnetica Lemm.	2	6	4	5	2	2	1	1	1	1	2	1	2	1	4	1	2	3	1	1		1	4	5	2	6	1	3	4	1	2	2		2
Lungbya sp. (*L. versicolor* [Wart.] Gom.?)																										1								
Marssoniella elegans Lemm.																																	1	
Merismopedia elegans A. Br.																							2			2			1		3		3	
M. elegans var. *elegans* f. *insignis* (Schkor.) Geitl.																							1											
M. glauca (Ehrenb.) Näg.																							1			1			1		2		2	
M. tenuissima Lemm.																											1				1			
Microcystis aëruginosa Kütz.	1	1		1	2										1	1	1				1	1			3		2		1					1
M. holsatica Lemm.						1																							1					1
M. incerta (Lemm.) Starm.				1											1																			
M. minutissima W. West														1																	1			
M. viridis (A. Br.) Lemm.																													1					
Oscillatoria amphibia Agh.						1					1	1	1										1											
O. amphibia var. *amphibia* f. *tenuis* (Anis.) Elen.																								1										
O. animalis Agh. var. *animalis* f. *tenuior* Stockm.																		1																
O. chalybea (Mert.) Gom.	1	2	4	6	3	4	4	4	2	5	2	2	2	4	6	4	4	1	1	3	5	2	3	4	4		7	6	4	2	1	3		5
O. formosa Bory																		1					1											
O. jasorvensis Vouk							1	3					2		1			1	2	2		7		1		1			1	1		1		
O. laetevirens (Croun) Gom. var. *laetevirens* f. *minor* Novitschkova																																		
O. lauterbornii Schmidle																			1								1							1

O. lemmermannii Wolosz.																											1						
O. planetonica Wolosz.																					1								1				
O. pseudogeminata G. Schmid										1																							
O. tenuis Agh.	2	3	4	9	2	1	2	5	4	3	2	1	1	2	1	3	4	5	3	3	3	5	2	3	1	2	3	3	3	2		3		4
O. tenuis var. *tenuis* f. *tergestina* (Kütz.) Elen.										1					1																			
O. terebriformis Agh. var. *terebriformis* f. *tenuis* (Woron.) V. Polj.										1																								
Oscillatoria sp. (*O. jasorvensis* Vouk forma?)		2	1			2	2					1		1	2	4									1		1							
Oscillatoria sp. (*O. regelii* Skuja?) (IV.9.)										1																								
Oscillatoria sp.			1	1		1	1				1	1		1	2	1	1	1			1			1			1	1		1	2			
Pelonema pseudovacuolatum Lauterb.																								1										
Phormidium foveolarum (Mont.) Gom.																			1															
Ph. luridum (Kütz.) Gom.																															1		2	
Ph. molle **(Kütz.) Gom.**																					1	2				1			1			1	2	
Ph. tenue **(Menegh.) Gom.**																																	1	
Pseudanabaena constricta **(Szafer) Lauterb.**																						1												
P. minuta **Skuja**																																	1	
Siphononema polonicum **(Rac.) Geitler**														1																				
Synechococcus aëruginosus **Näg.**																									1		1							
EUGLENOPHYTA																																		
Euglena acus Ehrenb.	3			1	1	2			1		1	1	1		3	1	1	2			1	2	2			1		1		2		1		5
E. adhaerens Matv. (II.1.)				1																														
E. allorgei Defl. (II.4.)										1																								
E. decens P. Christ. forma (II.9.)																											1							
E. gaumei All. et Lefév. (II.6, 13.)						1																											1	
E. klebsii (Lemm.) Mainx																1																		
E. limnophila Lemm.																										1								
E. oxyuris Schmarda	2			1																														
E. sima Wermel forma (!)																1																		
E. subehrenbergii Skuja																																	1	
E. tripteris (Duj.) Klebs	1		1	1									1		1	1				1		1				2			2					
Euglena sp. (*E. fusca* [Klebs.] Lemm. forma?) (II.8.)									1																									
Euglena sp. (*E. proxima* Dang.?)																							1											
Euglena sp.												1											1											
Lepocinclis salina Fritsch (II.11.)																								1										
Petalomonas applanata Skuja (II.5.)																																	2	
P. applanata Skuja forma 1. (II.3.) (!)																															1			
P. applanata Skuja forma 2. (II.2.) (!)																										1					1			
P. carinata Francé																							1											
P. praegnans Skuja (II.12.)																																	1	
P. steinii Klebs (II.7.)																															1			
Phacus acuminatus Stokes						1																											1	
Ph. acuminatus var. *triquetrus* (Pochm.) Skv.																									1									
Ph. curvicauda Swir.																										1					1			
Ph. dangeardi Lemm.																															1			
Ph. plataleus Drez.																									1		1							
Ph. sooi Hortob.	1																																	

Tabelle 1. (Fortsetzung)

	1	2	3	4	5	6	7	8	9	10	11	12	13	14	15	16	17	18	19	20	21	22	23	24	25	26	27	28	29	30	31	32	33	34
Phocus sp. (*Ph. trimarginatus* ALL. et JAHN?) (I. 1.)																																		1
Phacus sp. (novum?) (II.10.) (!)																											1							
Trachelomonas scabra PLAYF.												1																						
PYRRHOPHYTA																																		
Ceratium hirundinella (O. F. MÜLL.) BERGH, Zyste (I.2—7, 12—14) (!)	1		1	3												1		1					1	1		2	1	1						1
Gymnodinium obesum SCHILLER																																	1	
Gymnodinium sp. (*G. saginatum* HARRIS?) (I.9.)																															1			
CHRYSOPHYTA (Chrysophyceae-Xanthophyceae)																																		
Centritractus belonophorus LEMM.																			1										1				1	
Characiopsis varians PASCHER forma (IV.15.)																													1					
Dinobryon sertularia EHRENB.	1																																1	
Ophiocytium capitatum WOLLE						1										1																		
CHRYSOPHYTA (Bacillariophyceae)																																		
Achnanthes affinis GRUN.																																	1	
A. clevei GRUN.	2																												1					
A. dispar CLEVE																																	1	
A. exigua GRUN.																												1						
Achnanthes sp. (*A. delicatula* KÜTZ.?)																										1								
Achnanthes sp. (*A. kolbei* HUST.?)																															1			
Achnanthes sp.						1																				1							1	
Amphora normanii RABENH.	3	1	1	1	2	2	3	2			3	1	4			2			1	1		2	4	2		7	1		4		5		7	10
A. ovalis KÜTZ.	16	9	8	8	11	18	18	20	13	13	13	12	14	13	10	14	10	7	11	16	15	15	12	6	4	7	6	7	12	6	9	9	11	15
A. ovalis var. *pediculus* KÜTZ.	11	7	6	4	6	7	5	7	6	6	9	4	7	5	5	5	5	6	7	6	6	8	6	3	3	7	5	4	3	3	4	4	4	10
A. perpusilla GRUN.	1																						1			2							1	
A. veneta (KÜTZ.) HUST.	1													1									1			1				1		1		
Amphora sp. (*A. perpusilla* GRUN. forma?) (!)																																1		
Anomoeoneis sphaerophora (KÜTZ.) PFITZ.				1	2	4	3	7	3		2	1	1	3		7	2		4	3	3	5	1								1			
A. sphaerophora var. *sculpta* (EHRENB.) MÜLL.					1																													
Caloneis alpestris (GRUN.) CLEVE							1											1	2	2	2													1
C. amphisbaena (BORY) CLEVE	1				1			1						1		3			3	1	1	2	2			1								
C. amphisbaena var. *fenzlii* (GRUN.) GRUN.														1																				
C. bacillum (GRUN.) MERESCHK.		1							1																									
C. bacillum var. *lancettula* (SCHULZ) HUST.																									1									
C. clevei (LAGST.) CLEVE																										1								
C. formosa (GREG.) CLEVE (!)																													1					
C. latiuscula (KÜTZ.) CLEVE																										1								
C. latiuscula var. *subholstei* HUST.											1											1	1			1								
C. permagna (BAILEY) CLEVE (!)						2	1	2					1			2			1	2	1	1												
C. schumanniana (GRUN.) CLEVE					1				1	1	1				1	1			1	1	2	1				1		1		1			1	1
C. schumanniana var. *biconstricta* GRUN.						1								4	1	2				1			1	1		1		1	2	1	1		1	
C. silicula (EHRENB.) CLEVE			1	1	3	3	2	1	2	1	1	2	3	2	2	1	3	2	3	4	4	4	2	1	1		2			2		1		
C. silicula var. *gibberula* (KÜTZ.) GRUN.	1		1		1	1	2	1				1	1	1	2	1	1			1	1	1		1	1	1					1	1		1
C. silicula var. *gibberula* (KÜTZ.) GRUN. forma (!)																									1									

C. silicula var. *peisonis* HUST.								1							1																			
C. silicula var. *truncatula* GRUN.													1	1		3				1		1		1	2		1		1					
C. silicula var. *tumida* HUST.							1																											
C. zachariasii REICHELT (!)	1																				1							1						
Campylodiscus noricus EHRENB. var. *hibernica* (EHRENB.) GRUN.	10	6	3	1	4	14	13	9	13	16	17	20	16	16	10	10	9	9	10	10	19	10	3		1	2	1	1	4	3	2	2	2	13
C. noricus var. *hibernica* f. *tenera* (MAYER) HUST.					1																													
Cocconeis diminuta PANT. (!)	1																									1								
C. disculus SCHUM.																										1								
C. pediculus EHRENB.					1																													
C. placentula (EHRENB.) HUST.	3		1		3	2	1	4	2	2	1	1	5	4		4			4	4		2	2			2			2		2			
C. placentula var. *euglypta* (EHRENB.) CLEVE			1				1						1			2			1	1		1	1											1
C. placentula var. *lineata* (EHRENB.) CLEVE																					1					1			1					
Cyclotella bodanica EULENST.	3	6	4	5	2	5	6	2	2	4	4	4	3	5	6	3	2	2	2	1	6	4	3	6	5	3	6	6	4	3	2	3	1	4
C. comta (EHRENB.) KÜTZ.	6	5	6	8	2	7	6	7	4	6	6	5	7	4	9	5	3	4	2	5	7	4	7	7	4	4	6	4	5	4	4	5	4	5
C. kuetzingiana THWAITES	4	4	2	1	1	4	2	3	5	3	4	5	7	1	3	2	2	1	1	1	3	4	5	3	4	1	2		1	3	2	3	3	6
C. kuetzingiana var. *planetophora* FRICKE	1	2	1	1	1	1		1		3	2		1	1	1		3	1		1	1		2	3	3	3	1	3	2	4		1		
C. meneghiniana KÜTZ.								1									1	1									1							
C. ocellata PANT.	8	5	4	6	6	9	8	8	6	6	9	7	7	7	7	6	4	4	2	6	8	5	5	6	8	5	9	3	7	8	3	5	5	8
C. operculata (AGH.) KÜTZ.		1																																
C. quadriiuncta (SCHRÖD.) HUST.	1		1																															
Cymatopleura angulata GREV.	9	10	14	13	13	11	10	8	5	11	7	8	10	10	10	10	14	10	13	9	13	15	7	11	13	4	15	10	5	11	13	10	2	7
C. elliptica (BRÉB.) W. SMITH	6	3	7	5	3	9	6	11	6	7	5	7	10	8	8	6	5	4	7	6	11	6	4	3	4	3	8	3	3	5	2	2	1	8
C. elliptica var. *hibernica* (W. SMITH) HUST.	7	2	10	10	7	3	7	9	2	6	6	7	3	4	6	8	9	8	4	4	7	6	5	6	5	2	6	7	3	5	4	8	2	5
C. elliptica var. *nobilis* (HANTZSCH) HUST. (!)									1		1										1						1				1			
C. solea (BRÉB.) W. SMITH	3	1		2	6	7	4	7	2	2	4	3	3	5	1	7	3	1	4	8	5	5	1	1		1	2		3	2	1	3		1
C. solea (BRÉB.) W. SMITH forma												1					1						1											
C. solea var. *alba-regensis* (PANT.) A. CLEVE						1		1																										
C. solea var. *apiculata* (W. SMITH) RALFS																						1												
C. solea var. *regula* (EHRENB.) GRUN.					1	1																				1								
C. solea var. *subconstricta* O. F. MÜLL. f. *minor* A. CLEVE (IV.7.)																																		1
Cymbella affinis KÜTZ.					1	2						1	1						2	1		1				1			2		1	1	1	
C. cuspidata KÜTZ.							1				1		1								1					1	1		1	1	1			
C. cymbiformis (KÜTZ.) V. HEURCK																1																		
C. ehrenbergii KÜTZ. (!)				2	5	7	7	10	6	2	5	6	6	8	2	12	6	2	6	9	7	7	1	2		1	1	1			1	1		2
C. helvetica KÜTZ.			1			1	1	2	1	1			1	1		2			1			2												
C. hybrida GRUN. forma																										1			1		1		1	
C. lanceolata (EHRENB.) V. HEURCK					1			1	1	1	1	1	3	3					1			3												
C. lata GRUN.																										3			1		3		2	
C. naviculiformis AUERSWALD																							1										1	
C. parva (W. SMITH) CLEVE					1				2				1																1					
C. prostrata (BERKELEY) CLEVE					1															1		1										1		
C. turgida (GREG.) CLEVE																1																		
C. ventricosa KÜTZ.																						1												
Diatoma vulgare BORY								3	1		4										1	2	1						2		1			
D. vulgare var. *brevis* GRUN.								2	1														1						1					
D. vulgare var. *lineare* GRUN	2				3	3	2	4	1	2		1	1		1				3	4		1	2			3			1	1				
D. vulgare var. *lineare* GRUN. forma (!)																			1															
D. vulgare var. *producta* GRUN.										1																								

Tabelle 1. (Fortsetzung)

	1	2	3	4	5	6	7	8	9	10	11	12	13	14	15	16	17	18	19	20	21	22	23	24	25	26	27	28	29	30	31	32	33	34
Diploneis elliptica (KÜTZ.) CLEVE var. *ladogensis* CLEVE										1																								
D. ovalis (HILSE) CLEVE	3	4	2	2	4	3	3	2	3	2	3	2	2	3	2	3	2	1	2	4	2	3	2	1	1	9	2	1	8	2	8	3	9	4
D. ovalis var. *oblongella* (NÄG.) CLEVE	2		1		1	1	2			1		2			1		1		1		1		3	2	1	2		2	2		4		6	4
D. puella (SCHUM.) CLEVE	5	4	2	3	4	4	5	1	2	3	3	2	2	4	3	3	6	2	3	4	3	4	4	1	2	5	5	2	5	4	5	4	5	5
Epithemia argus KÜTZ.						1															1													
E. hyndmanii W. SMITH													1										1											
E. intermedia FRICKE	2		1	1	1						1		1	1						2							1				1			1
E. muelleri FRICKE	1			1	3		1	2	1	1			1	3		1	1				2	1							2				1	
E. sorex KÜTZ.					1				2				1	1					1			1										1		
E. turgida (EHRENB.) KÜTZ.	3	1	2	3	5	4	2	4	3	1	3	5	2	5	3	5	3	3	7	4	4	5	1	2	3		3	3	2	4		5		1
E. turgida var. *granulata* (EHRENB.) GRUN.														1										1						1				1
E. zebra (EHRENB.) KÜTZ.		2	2		1				1	2	2	1	1	2	2	2			1		1	2		2	1	2	1	2		2		2	2	1
E. zebra var. *porcellus* (KÜTZ.) GRUN.									1					1	1	1	1		2	1	1	1												
E. zebra var. *saxonica* (KÜTZ.) GRUN.				1																														
Eunotia lunaris (EHRENB.) GRUN. var. *subarcuata* (NÄG.) GRUN.																										1		1						
E. pectinalis (KÜTZ.) RABENH. var. *minor* (KÜTZ.) RABENH.	1					1																1												1
Fragilaria brevistriata GRUN. var. *inflata* (PANT.) GRUN.																				1														
F. construens (EHRENB.) GRUN.	9	17	13	11	14	11	8	9	7	14	9	11	9	8	11	7	9	3	9	7	6	7	10	8	7	17	8	6	15	14	18	19	19	11
F. construens var. *binodis* (EHRENB.) GRUN.																								1										
F. construens var. *exigua* (W. SMITH) SCHULZ																				1														
F. construens var. *subsalina* HUST.		2	2	1	1		4	1	1	2	1		1			1				1			1			2	5	2	3	4	1	1	3	
F. construens var. *venter* (EHRENB.) GRUN.	8	13	13	7	11	9	7	7	4	6	6	8	7	5	10	9	6	6	9	9	6	4	6	9	11	9	3	8	13	4	8	15	11	9
F. harrissonii W. SMITH																		1																
F. harrisonii var. *dubia* GRUN. (IV. 10.)			1													1			1											1				
F. pinnata EHRENB. (IV. 14.)	4		3	1	1					1	2	1	1						2			2	2	1	2	5	5		4	2	4	3	4	1
F. pinnata var. *lancettula* (SCHUM.) HUST.										1																1								
Gomphonema abbreviatum KÜTZ.													1								1													
G. acuminatum EHRENB.										1					1																			
G. acuminatum var. *brebissonii* (KÜTZ.) CLEVE													1	1																				
G. angustatum (KÜTZ) RABENH.						1																												
G. constrictum EHRENB.												1																						
G. constrictum var. *capitata* (EHRENB.) CLEVE																						1												
G. intricatum KÜTZ.					1		1						1																					
G. intricatum var. *vibrio* (EHRENB.) CLEVE f. *maximum* UHERKOV. (!)						1							2									1												
G. lanceolatum EHRENB.	2			1	2			1			1	1		1		1			2	1		4										1		
G. lanceolatum EHRENB. forma (!)																																		
G. longiceps EHRENB. var. *subclavata* GRUN.										1												1									1			
G. olivaceum (LYNGB.) KÜTZ.	1					1		1	1		1	1	2	2	1					1	1	4							2					
G. olivaceum var. *calcarea* CLEVE	2				1	1		1						1		1		3		2						1					1			
G. parvulum (KÜTZ.) GRUN.																	1																	
G. ventricosum GREG.	2					4	1	3	2	1		2	3	3	4	1			2	1		1	2											

G. ventricosum Greg. forma (!)														1																				
Gyrosigma acuminatum (Kütz.) Rabenh.									1																								1	
G. attenuatum (Kütz.) Rabenh.	2				2	3	2	2	2	2	1	4	3	5		5			4	4	1	3	2				1		1	1		1		2
G. distortum (W. Smith) Cleve											1											1												
G. distortum var. *parkeri* Harrisson	1	2	3	1	1		1	1	1	2			3	2	2	1	2	1	1	2	2	3	2	1	2	1	2							1
G. kuetzingii (Grun.) Cleve	3	11	8	7	2	5	6	5	6	7	6	6	6	8	8	9	9	6	3	4	7	5	7	4	8		7	5	2	8	1	6		3
G. prolongatum (W. Smith) Cleve (!)						4	6	5	4	2	3	3	8	6	2	10	1	1	2	5	4	3	1	1										
G. scalproides (Rabenh.) Cleve											1																							
G. spenceri (W. Smith) Cleve	2					1																												
Hantzschia amphioxys (Ehrenb.) Grun. var. *maior* Grun.												1																						
Mastogloia smithii Thwaites var. *lacustris*																																	1	
Melosira arenaria Moore	1				1	4		1	1		2	1	1	1		5			3		1	3							1			1		
M. granulata (Ehrenb.) Ralfs	7	11	13	13	10	10	12	8	8	15	10	12	7	11	17	5	15	12	6	12	15	7	4	15	15	2	12	10	2	11	2	9	2	7
M. granulata var. *angustissima* O. F. Müll.	4	2	1		1	4	3		4	1	4	2	2	2	2		2	1	1	1						1	1		2	1	2	2	1	3
M. islandica O. F. Müll. ssp. *helvetica* O. F. Müll.																																	1	
M. varians C. A. Agh.						1		3	1		1	2	1	3		4			2	1		3												
Navicula amphibola Cleve														1																				
N. anglica Ralfs	4			1	2	1							2	1								1	4			3			5			3	5	
N. cari Ehrenb.									1													1						1						
N. cincta (Ehrenb.) Kütz.																										1					1			
N. cryptocephala Kütz.	3					1		1	1				1				1						4		1	7	1	1	2	1	8		8	2
N. cryptocephala var. *intermedia* Grun.																																	1	
N. cryptocephala var. *veneta* (Kütz,) Grun.														1												1						1		
N. cuspidata Kütz.						1	1	1			2	1	2	3		1				1	1	1				1								
N. cuspidata var. *ambigua* (Ehrenb.) Cleve																1			1															
N. cuspidata Kütz. forma (!)								1																										
N. dicephala (Ehrenb.) W. Smith																				1										1				
N. exigua (Greg.) O. F. Müll.	1										1					1													1				1	
N. gastrum Ehrenb.					1								1			1		1	1		2	2	3			6			4		6	2	8	3
N. gastrum Ehrenb. forma																																	1	
N. gothlandica Grun.																																	1	
N. gracilis Ehrenb.	3	1							2				1		3	1			1	1		2				1	1		1					1
N. graciloides A. Mayer																																	1	
N. grimmei Krasske (!)																			1															
N. hungarica Grun. var. *capitata* (Ehrenb.) Cleve	1								1					1						1	1	2				1			4		4		1	
N. lacustris Greg.																										1								
N. menisculus Schumann	2	1	1	1	1										1		1	1	1	2		1	2		2	2		3	3		3		5	1
N. minuscula Grun. (!)																												1						
N. mutica Kütz. var. *nivalis* (Ehrenb.) Hust.																			1															
N. placentula (Ehrenb.) Grun.											1		1	1			1			2	1			1							1		1	
N. placentula var. *placentula* f. *jenisseyensis* (Grun.) Meister																1														1	1			
N. placentula var. *placentula* f. *lanceolata* Grun.																								1										
N. placentula var. *placentula* f. *latiuscula* (Grun.) Meister	2	1		1	2	2			1	1	1			2							1		3	2	2	2			6		2		4	3
N. placentula var. *placentula* f. *rostrata* A. Mayer	1			1	3		2	3				1	2	1		1	1		3			1	1				2						1	
N. platystoma Ehrenb.																															1			

Tabelle 1. (Fortsetzung)

	1	2	3	4	5	6	7	8	9	10	11	12	13	14	15	16	17	18	19	20	21	22	23	24	25	26	27	28	29	30	31	32	33	34
N. pupula Kütz.																										2								
N. pupula var. *rostrata* Hust.																																	1	
N. pusilla W. Smith																																		
N. pusilla W. Smith forma								1																		1								
N. radiosa Kütz.													1	1		1		1	1							1			1					
N. reinhardtii Grun.	4				2	3		3	1	1			1	2					2				1			3			2		2			1
N. reinhardtii Grun. forma								1					1																					
N. rhynchocephala Kütz.													1										1			2			3		5		3	2
N. rostellata Kütz.																																		1
N. scutelloides W. Smith (IV. 11.)	4				1				1	1	1		1	1						1			1			5			3		5		3	4
N. similis Krasske																															1			
N. simplex Krasske																																	1	
N. tuscula (Ehrenb.) Grun. (!)	7		1		3	1		1		1			2	1									5			13			8		11		11	3
N. tuscula var. *tuscula* f. *minor* Hust.																										1								1
N. viridula Kütz.	2				1	5	2	4	2	1	1	3	3	1				1	1	4	1	2	6	1		5	1	2	2		6		4	
N. vulpina Kütz.																													1		1		1	
Neidium affine (Ehrenb.) Cleve																1																	1	1
N. affine var. *longiceps* (Greg.) Cleve																													1					
N. bisulcatum (Lagerst.) Cleve	2			2	2						1			1	2		1	2					3			3	2	1	3	1	4		3	1
N. bisulcatum var. *bisulcatum* f. *undulatum* O. F. Müll.						1								1								1								1				
N. dubium (Ehrenb.) Cleve	1	1		1	1								1							1			1			7			4	1	4		4	
N. dubium var. *dubium* f. *constricta* Hust.																										3			1		1		1	
N. dubium (Ehrenb.) Cleve forma																													1					
N. hitchcockii (Ehrenb.) Cleve forma (IV. 12.)																							2											
N. iridis (Ehrenb.) Cleve																							1								1			
Nitzschia acicularis W. Smith	5	2		2	1	1	1		2		3	2		1	1	2	4	3	2		1	2	5	3	3	2	4	3	7	4	1	3	1	4
N. acuta Hantzsch															1					1		1												
N. angustata (W. Smith) Grun.																	1																	
N. angustata var. *acuta* Grun.	1		1								1	1																			2			
N. capitellata Hust.						2						1	2					1				2	1	1		2			1	1	1		2	
N. closterium (Ehrenb.) W. Smith																						1				1								
N. dissipata (Kütz.) Grun.																													1					
N. gracilis Hantzsch													1										1		1								1	
N. hantzschiana Rabenh.																														1				
N. heufleriana Grun.																1																		
N. holsatica Hust.	1								1		1																		1		1		1	
N. hungarica Grun.																							1	1	1				1		1			
N. ignorata Krasske (!)	1		2		1		1	1				1				1		1				1								1				1
N. kuetzingiana Hilse	1		1	1																						2					2			
N. linearis W. Smith	1	1	2	1	3	1	3		1			1		1	1		2		1		1	2	1		3	2	2		3	1	1		1	1
N. lorenziana Grun. var. *subtilis* Grun. (!)	2	4	3	1	2	1	3	2	3	2	1	4	1	6	4	2	3	1	3	4	4	4	2	2	1	2	3	3	1	3		4	1	2
N. palea (Kütz.) W. Smith	7	2	2	4	3		1			2	2	1	1	1	2	2	1	1		2	2	3	1	3	4	4	4	1	7	4	6	1	6	3
N. paleacea Grun.						1													1				1			2			1		1		3	1
N. recta Hantzsch	1	1		3	4				2	1	2	2	3		1	1			2	1		1		4		1	3		1		1		1	
N. romana Grun.														1																				

N. sigmoidea (EHRENB.) W. SMITH	1	6	3	4	8	8	9	11	9	6	7	8	9	9	4	8	5	5	12	6	8	10	3	5	3	1	4		1	3		1	1	2
N. stagnorum RABENH.						1													1													1	1	1
N. sublinearis HUST.	3	2	1	4		1		2		1	2	1	1	1	2	1	3	3	4	1	2		3	1	4	6	2	3	6	2	6	2	6	2
N. thermalis KÜTZ.			1																							2								
N. tryblionella HANTZSCH			1					2				1	3	1		1				1		1												
N. tryblionella var. *debilis* (ARN.) A. MAYER																				2												1		1
N. tryblionella var. *levidensis* (W. SMITH) GRUN.																																1		
N. tryblionella var. *victoriae* GRUN.	3	2	3	3	1	1	3	2			1	1		1	1	2	1	1		1		2	2	1		1			2	2		1	1	1
N. vermicularis (KÜTZ.) GRUN.	3	7	8	7	9	3	6	7	4	2	5	5	6	5	4	7	7	6	6	7	6	11	4	6	7	4	6	6	1	6	1	8	1	2
N. vitrea NORM.			2				1					1								1								1						
Pinnularia dactylus EHRENB. (!)					2	5	6	6	4	2	1	6	6	4	3	6	5	2	4	4	5	3			1									
P. gibba EHRENB.					1		1	1	1				2	1		1							2			6			1		1		2	
P. gibba var. *mesogongyla* (EHRENB.) HUST.																										1					2			
P. maior (KÜTZ.) CLEVE								1	2	1				1																				
P. microstauron (EHRENB.) CLEVE		1	1		1														1							1					1		2	
P. microstauron var. *brebissonii* (KÜTZ.) HUST.												1																		1				
P. microstauron var. *brebissonii* (KÜTZ.) HUST forma (IV.8.)					1									1																				
P. subsolaris (GRUN.) CLEVE																													1	1				
P. viridis (NITZSCH) EHRENB.	1	4	3	4	4	4	4	5	4	4	4	7	3	8	6	4	5	5	6	4	5	6	2	3	5	1	4	3	1	3		6	1	4
P. viridis var. *sudetica* (HILSE) HUST.			1	1	1				1			1															1							
Pinnularia sp. (*P. pulchra* ÖSTRUP forma?)					1									1																				
Rhoicosphenia curvata (KÜTZ.) GRUN.	2		1		2	5	1	6	4	1	5	5	5	5		6			8	4		6	5			1			2			2	1	
Rhopalodia gibba (EHRENB.) O. F. MÜLL.		2		1	3			1	2			2	1			1	2		2	1		2										1		
Rh. gibba var. *ventricosa* (EHRENB.) GRUN.																			1															
Stauroneis acuta W. SMITH											1				1																	1		
S. anceps EHRENB.																										1								
S. anceps var. *anceps* f. *gracilis* (EHRENB.) CLEVE																																	2	
S. anceps var. *hyalina* BRUN. et PERAG.								1																										
S. dilatata EHRENB. forma (IV.5.) (!)											1																							
S. smithii GRUN. var. *incisa* PANT.		1	1																															
Stenopterobia intermedia (LEWIS) FRICKE em. HUST. (!)					2					1					1	1		1	2			1					1							
Surirella angustata KÜTZ.																												1						
S. biseriata BRÉB.	2	2	3		5	5	8	10	4	4	8	5	5	10	4	9	6	5	9	12	7	13	1	1		1	3	1	3	1		1	1	
S. biseriata var. *bifrons* (EHRENB.) HUST.	1	4	1	1	6	5	8	9	2	6	4	5	6	7	3	6	2	1	6	4	6	7	1	2	2	1			4	1	1	2	1	1
S. biseriata var. *bifrons* (EHRENB.) HUST. forma (!)																																	1	
S. capronii BRÉB. (!)	1		2		1	1		3	4		1		1	1	1		4	1	1	2	4	1	2											
S. elegans EHRENB.		1			2	3	6	5	1		3	6	1	5	1	4	1		1	2	5	3										1		
S. gracilis (W. SMITH) GRUN.					7			1				1				1			3		1	3	1		2		1			1		1		
S. ladogensis WEISSE var. *margareta* (PANT.) A. CLEVE																										1	1	1						
S. linearis W. SMITH!													1																					
S linearis var. *festetichii* (PANT.) A. CLEVE (!)											1								1															
S. linearis var. *helvetica* (BRUN.) MEISTER (!)					1					1																								
S. linearis var. *lata* (O. F. MÜLL.) HUST. forma					1																													
S. moelleriana GRUN.					2							1							3		1	2							1					
S. ovata KÜTZ.	1							1	2								1																	
S. ovata var. *salina* (W. SMITH) HUST.	1	1	1					1														1				1	1							
S. robusta EHRENB.	1	1											1								1	1												
S. robusta var. *splendida* (EHRENB.) V. HEURCK	4	10	10	10	9	6	11	8	5	5	8	9	7	12	7	9	10	10	13	6	10	9	3	11	7	3	11	10	2	9	1	9	1	8

Tabelle 1. (Fortsetzung)

	1	2	3	4	5	6	7	8	9	10	11	12	13	14	15	16	17	18	19	20	21	22	23	24	25	26	27	28	29	30	31	32	33	34
S. tenera Greg.		3		1	2	2			1					1	1	1			2	1	1	4	1	1	1				1			1		
S. tenera Greg. forma (!)						1																												
S. tenera var. *nervosa* A. Schmidt		1			4	1	3	2	1	2			1		1	1			3	1	1	6					1							
S. turgida W. Smith (!)	1	2	2	1					1					1						1		1		1	2		1					1		
Surirella sp. (*S. ovalis* Kütz. var. *baltica* [Schum.] A. Cleve?)																			1															
Synedra acus Kütz.	1		1	1	2		1			1		1		1	2	1	1		1	1					1	1			3		1	2	1	2
S. affinis Kütz.		1	1																1					1	1	1								
S. affinis var. *fasciculata* (Kütz.) Grun.					1																													
S. amphicephala Kütz.																	1									1							1	1
S. amphicephala var. *austriaca* Grun.	1																									1								
S. capitata Ehrenb.					1	2		1	2					1		1			1		1	2												
S. nana Meister	2	2	3	6	1	3	3	3	1	4	3	6	5	2	4	2	3	3	2	2	2	2	5	2	4	4	2	4	3	4	3	1	1	3
S. pulchella Kütz.													1																					
S. ulna (Nitzsch) Ehrenb.						1		1	1													2												
S. ulna var. *aequalis* (Kütz.) Hust.												1							1	1														
S. ulna var. *biceps* (Kütz.) Hust.						1		1						1		2						3												
S. ulna var. *danica* (Kütz.) Grun.								1																										
S. ulna var. *oxyrhynchus* (Kütz.) V. Heurck				1	1	2	1	1				1		1		1		1	1	3	2		1			1		1		2				
S. ulna var. *spathulifera* Grun. (!)																				1														
S. ulna var. *spathulifera* Grun. forma (IV.6.)												1																						
Tabellaria fenestrata (Lyngb.) Kütz.																1																		
CHLOROPHYTA (Chlorophyceae)																																		
Actinastrum hantzschii Lagerh.	1		1																															
Ankistrodesmus acicularis Lagerh. (III.9.)	5	2		2	1	2			1		2	1	1	1	3	1	4	1			1		1	1	1	2	2	1	4	2	2	1	2	4
A. acicularis var. *mirabilis* (W. et G. S. West) Korš.																																		
A. angustus Bern.																							1											
A. arcuatus Korš.	3	1	1	3						1	2	2	3		1			1	1	1	1	1	3	1	2	7	1	1	6	1	5	1	5	7
A. fusiformis Corda																						1	1		1									
A. longissimus (Lemm.) Wille																		1								1								
A. longissimus var. *acicularis* (Chod.)																							1			1			1				1	
Brunnth.	1																																	
Ankyra ocellata (Korš.) Fott (III.14.)																													1	1				
Coelastrum cambricum Arch.																													1					
C. microporum Näg.							1						1																			1		
C. reticulatum (Dang.) Senn										1																								1
C. reticulatum var. *polychordum* Korš. (!)	1				1								1								1	1							1		1			2
C. sphadricum Näg.																												1						
Crucigenia quadrata Morren	5			2		2		1	1	1	2	1	2	1	2			2	1		1	1	2	2	2	5	1	1	3		4		2	3
C. tetrapedia (Kirchn.) W. et G. S. West																											1							
Dictyosphaerium pulchellum Wood	3											1														2			3		3		2	3
Didymocystis bicellularis (Chod.) Komárek																										1								
Koliella spiculiformis (Visch.) Hindak					1								1													1								
Oocystis borgei Snow	1																																	
O. lacustris Chod. (IV.16.)	1										1											1				1	1		1				2	

O. marssonii LEMM.													1		1							1					1		1					1
O. naegelii A. BR.																																		1
O. naegelii var. *africana* (G. S. WEST) PRINTZ																															1			
O. novae-semliae WILLE						1																											1	1
Pediastrum boryanum (TURP.) MENEGH. (III.7, 10.)	3	2	1	5	4	3	2	2	2	1	2	3	3	4	1	3	1		2	2	1	1	1	2	3	3	3	1	2	2	1	2	1	4
P. boryanum var. *longicorne* REINSCH	2						1																						1					
P. duplex MEYEN																													1					
P. duplex var. *gracillimum* W. et G. S. WEST																													1					
P. simplex MEYEN		1						1	1	1	1		1							1	1	1		1		1	1					1	1	2
P. simplex var. *clathratum* (SCHRÖD.) CHOD.				1														1																
P. simplex var. *clathratum* f. *duodenarium* (BAILEY) LEMM.	3	3	3	3	2	3	3	5	2	1	3	3	3	2	4	2	3	1	2	2	1	2	1	2	2		3	2				1		1
P. simplex var. *radians* LEMM.	1		1				1														1											1		
P. tetras (EHRENB.) RALFS	1																																	
Planctonema lauterbornii SCHMIDLE	5	3	2	2	1	1	1	2	1	5	4	4	1	4	2	2	3	1	1	2	3	4	3	2	6	2	1	6	2	5	1	1	6	5
Radiococcus nimbatus (WILD.) SCHMIDLE (III.16.)																												1	1					
Scenedesmus acuminatus (LAGERH.) CHOD.																													1				1	
S. acuminatus var. *elongatus* G. M. SMITH																																		1
S. acutus MEYEN	1																												1		2			
S. arcuatus LEMM. (III.8.)				1																														
S. armatus (CHOD.) G. M. SMITH	4		2	1	1			1	2		1		2				1	1					3		2	2	1		3		3		2	2
S. armatus (CHOD.) G. M. SMITH forma (I.11.) (!)	1																																	
S. armatus var. *boglariensis* HORTOB.																										1								
S. balatonicus HORTOB. (III. 1, 3, 5—6.) (!)	2					1	1	1	1						1			1								2		1						
S. carinatus (LEMM.) CHOD.	3	1									1												1		1				2		1			3
S. denticulatus LAGERH. (III.4.)																													1					
S. ellipticus (W. et G. S. WEST) CHOD.																1																		
S. intermedius CHOD. (III.15.)	1	1				1																1				1								
S. microspina CHOD.																													1					
S. opoliensis P. RICHT.	1		1		1	1					1								1	1					1				2		1		1	2
S. quadricauda (TURP.) BRÉB.		3	1			1	1		1		1				2	1					1	1	1			2	1		3		4		3	3
S. quadricauda var. *quadrispina* (CHOD.) G. M. SMITH	1													1									1	1		1	1		2		2		2	
S. sooi HORTOB.																																		1
S. spinosus CHOD. (I.10, III.2.)	4												1										1			1	1		2		1		1	2
S. spinosus var. *bicaudatus* HORTOB.																							1											
Schroederia setigera (SCHRÖD.) LEMM.																					1		1			1			1				1	
Sch. setigera var. *undosa* HORTOB.																													1					
Sphaerocystis schroeteri CHOD.											1																							
Tetraëdron minimum (A. BR.) HANSG.							1																											
Tetrastrum glabrum (ROLL) AHLST. et TIFF.	1					1					1											1							1		1		1	3
T. hastiferum (ARN.) KORŠ. (III.11.)	1																												1					
T. staurogeniaeforme (SCHRÖD.) LEMM.	1																					1											1	
T. staurogeniaeforme (SCHRÖD.) LEMM. forma (III.12.) (!)	1																																	
CHLOROPHYTA (Conjugatophyceae)																																		
Closterium aciculare T. WEST				2							1					1						1		1		1	2		1					
C. acutum BRÉB.											1																							1

Tabelle 1. (Fortsetzung)

	1	2	3	4	5	6	7	8	9	10	11	12	13	14	15	16	17	18	19	20	21	22	23	24	25	26	27	28	29	30	31	32	33	34
C. acutum var. *variabile* (Lemm.) Krieger																										1			1		1			
C. gracile Bréb.					1	1							1													1								
C. juncidum Ralfs var. *elongatum* Roy					1																													
Cosmarium phaseolus Bréb. var. *minor* Boldt (IV.1.)									1				1																					
Spirogyra sp.														1																				
Staurastrum chaetoceras (Schroed.) G. M. Smith																																	1	
S. gracile Ralfs				1							1		1									1	1			1							1	
S. gracile Ralfs forma (IV.2, 4.) (!)																			1			1	1										1	
S. paradoxum Meyen																								1										
S. tetracerum (Kütz.) Ralfs											1	1	1													3	1			3	1			1
Staurastrum sp. (*S. paradoxum* Meyen forma?) (IV.3.) (!)												1														1								
Staurastrum sp.								1					1																					
Zygnema sp.	1											1																1						
Σ Algentaxa	127	75	83	83	115	109	84	101	97	80	101	98	125	109	86	108	74	73	107	100	92	129	120	77	70	150	91	66	141	75	115	77	130	106
X̄-Chlorophyll a-Gehalt (mg · dm^{-3})	7,018	1,136	1,884	4,114	3,662	2,790	3,320	4,382	6,144	2,256	6,568	3,598	5,052	7,308	3,068	10,752	2,944	4,358	2,960	2,982	3,848	5,364	5,192	1,264	3,226	4,986	2,390	2,640	6,096	4,110	7,150	2,668	5,366	13,058

Zellform hat als *Ph. elegans* POCHM. Die generische Zugehörigkeit ist durch die abgeflachte Zellform einwandfrei festzustellen. Meiner Meinung nach handelt es sich hier um eine neue Art der Gattung mit äußerst schlanker Zellform; eine exakte taxonomische Abgrenzung kann aber erst auf einer breiteren Basis von Beobachtungen erfolgen.

Ceratium hirundinella (O. F. MÜLL.) BERGH
In unseren Proben ausschließlich durch Zysten vertreten, die in Größe und Form recht mannigfaltig gestaltet sind (Taf. 1, Fig. 2—7, 12—14). Meistens kamen Zysten mit drei kürzeren Fortsätzen vor, aber auch solche mit vier Fortsätzen bzw. mit längerem und erweitertem Achsenfortsatz oder von sehr kleinem Ausmaß waren nicht selten. Die Frage, inwieweit die Morphologie des „Typs" („furcoides", „silesiacum", „robustum" usw.) in der Zyste zu erkennen oder verwirklicht ist, läßt sich freilich allein durch eine größere Anzahl von Freilandbeobachtungen nicht lösen.

Amphora sp. (*A. perpusilla* GRUN. forma ?)
Steht morphologisch *A. perpusilla* am nächsten, doch sind die Ausmaße unserer Alge (12—14 × 5—9 µm) signifikant größer als die der erwähnten Art (10 × 5 µm).

Caloneis formosa (GREG.) CLEVE (= *C. westii* (W. SMITH) HENDEY)
Diese Alge war in unseren Proben durch 70—85 × 16—19 µm große Exemplare vertreten. Sie wird in der Literatur im allgemeinen als halophil (Meeres- und Brackwasserform) angegeben. Morphologisch und ökologisch mit der Art *C. latiuscula* (KÜTZ.) CLEVE „verwandt". Letztere Art kommt nach den meisten Autoren in oligosaproben Gewässern mit mittlerem Elektrolytgehalt vor, während *C. formosa* im Binnenland bei hohen Elektrolytgehalten auftritt. Meiner Meinung nach ist es nicht ausgeschlossen, daß es sich bei beiden „Arten" nur um zwei, nach dem Salzgehalt verschieden gestalteten Ökotypen desselben Taxons handelt.

Caloneis permagna (BAILEY) CLEVE
In unseren Proben zu verschiedenen Zeiten mehrfach beobachtet. Zellgröße 96—115 × 33—38 µm. Diese Alge ist vorwiegend halophil, im Brackwasser häufig auftretend, doch auch in reinem Süßwasser mehrfach nachgewiesen. Manche *Caloneis*-Arten scheinen sehr breite Grenzen von Salzkonzentrationen vertragen zu können (vgl. die Bemerkungen über *C. formosa*).

Caloneis silicula (EHRENB.) CLEVE var. *gibberula* (KÜTZ.) GRUN. forma
Die Mitte der wellig gestalteten Zelle ist viel breiter als die beiden Polpartien; z. B. bei einer 110 µm langen Zelle 17,5, bzw. 13,5 µm. Die Alge ist — innerhalb der Art *C. silicula* — eine morphologische Parallele zu *C. bacillum* (GRUN.) MERESCH. var. *inconstantissimum* (GRUN.) A. CLEVE.

Caloneis zachariasii REICHELT
Von vielen Verfassern wird eine unsichere Stellung dieser Alge betont und diese sogar einer neu aufgestellten Gattung *Oestrupia* zugeordnet. CLEVE-EULER (1955, S. 91—92, Fig. 1128a—k) versuchte mit der ausführlichen Besprechung der beiden, zu dieser Art gerechneten Varietäten und einer größeren Anzahl von Abbildungen gewisse Klarheit in das Problem zu bringen. Wahrscheinlich handelt es sich auch hier um eine euryhaline Art mit einem breiten ökologischen und davon abhängigen morphologischen Spektrum. Im Plattensee sind 28,5—37,5 × 9,2—10,0 µm große Exemplare gesichtet worden, die der var. *baltica* (A. CLEVE) SCHULTZ am nächsten stehen.

Cocconeis diminuta PANT.
Neben 10—15 × 7—9 µm großen Exemplaren auch solche von 16—17 × 9,2—9,8 µm Zellgröße; letztere sind größer als in der Literatur angegeben. Diese Größenangaben ergänzen unsere Kenntnisse über diese Alge.

Cymatopleura elliptica (BRÉB.) W. SMITH var. *nobilis* (HANTZSCH) HUST.
In unseren Proben mit 125—158 × 62—75 µm großen Exemplaren vertreten.

Cymbella ehrenbergii KÜTZ.
Meist durch 80—112 × 35—38,5 µm große Zellen vertreten, seltener kommen auch um 65—68 × 23—28 µm große Zellen vor.

Diatoma vulgare BORY var. *lineare* GRUN. forma
In der Zellmitte ein wenig schlanker, bildet gewissermaßen einen Übergang zur var. *constricta* GRUN.

Gomphonema intricatum KÜTZ. var. *vibrio* (EHRENB.) CLEVE f. *maximum* UHERKOV.
Neben Exemplaren von der Größe der Originalbeschreibung (UHERKOVICH 1984, 135—165 × 20—26,5 µm) auch solche von 117—127 × 20—21 µm Zellgröße. Zellen von solchen Ausmaßen verbinden die Form mit der Varietät als Typ und ergänzen unsere Kenntnisse über die Alge.

Gomphonema lanceolatum EHRENB. forma
Gegenüber der Art als Typ kommen in unseren Proben auch sehr große Vertreter der Art von 107—150 × 20—28 µm Zellgröße vor. Man wird wahrscheinlich diese morphologisch abweichende Form taxonomisch absondern müssen.

Gomphonema ventricosum GREG. forma
Neben Vertretern mit „normaler" Größe (bei HUSTEDT 1930 max. 70 × 14 µm) ist die Art in unseren Proben auch mit einer Form von 110—137 × 25—28 µm Zellgröße anwesend.

Gyrosigma prolongatum (W. SMITH) CLEVE (Syn. *G. macrum* (W. SMITH) CLEVE?, *G. tenuirostrum* (GRUN.) A. CLEVE?)
Die Art *G. prolongatum* ist fast unmöglich von *G. tenuirostrum* zu trennen und findet durch Übergänge auch zu *G. macrum* morphologischen Anschluß. Die Literatur führt diese Algen als Salzwasserorganismen an, doch scheint auch ein Vorkommen im Süßwasser nicht ausgeschlossen, wovon auch das wiederholte Vorkommen im Plattensee zeugt (vgl. z. B. UHERKOVICH 1984, UHERKOVICH & LANTOS 1987). Allerdings ist das Vorkommen im Plattensee an das Nordufer gebunden. Unsere Belege sind in morphologischer und ökologischer Hinsicht am meisten den Angaben von PATRICK & REIMER (1966) ähnlich. Die spärlichen Angaben über diese Alge in der Literatur beweisen, daß wir es hier mit einem taxonomisch noch nicht wirklich erfaßten Organismus zu tun haben.

Navicula cuspidata KÜTZ. forma
Diese Art war in manchen Proben durch eine extrem große Form vertreten, die gegenüber den aus der Literatur bekannten Maximalgrößen der Art von 170 × 37 µm durch solche von 182—186 × 42—43 µm gekennzeichnet war.

Navicula grimmei KRASSKE
Zellen 18,5—19,5 × 6—6,5 µm groß, die radialen Transapikalstreifen (23—24/10 µm) sind fein punktiert. Eine

sehr selten vorkommende Kieselalge des Süßwassers; wird von manchen Verfassern mit *N. kotschyi* GRUN. identifiziert, doch läßt sie sich von dieser Art durch ihre Umrißform und das Fehlen des isolierten Punktes in der Zentralarea meistens gut trennen.

Navicula minuscula GRUN.
Mit um 14 × 5,5 µm Zellgröße etwas größer als die Maximalgrößen der Literatur (12,5 × 5 µm), doch ist die Artzugehörigkeit nach den dichtstehenden Transapikalstreifen (30 Streifen in 10 µm) und der Gestalt nach eindeutig zu entscheiden.

Navicula tuscula (EHRENB.) GRUN.
Diese im Grundschlamm des Süßwassers, besonders der Seen, allgemein verbreitete Alge scheint — nach meinen reichlichen Beobachtungen an Plattensee-Proben — weit formenreicher zu sein, als das bisher nach den Literaturangaben angenommen wurde. Vor allem gibt es auffallende Unterschiede in den Verhältnissen Länge/Breite. Der schlanke Morphotyp war in unseren Proben mit Zellgrößen von 27—55 × 12—15 µm, der breitere mit Zellgrößen von 30—48 × 15—20 µm vertreten. Auch müßte die genaue Beschaffenheit der Transapikalstreifen (Unterbrechungen durch hyaline Querstreifen und die kurzen Streifenabschnitte bestehen höchstwahrscheinlich aus Doppelpunkten) durch elektronenmikroskopische bzw. SEM-Aufnahmen geklärt werden.

Nitzschia ignorata KRASSKE
Neben Exemplaren von aus der Literatur bekannten Zellgrößen (maximale Länge 70 µm) auch solche, die 75—77 µm lang sind. Es wird von mehreren Verfassern vermutet, daß diese „Art" eigentlich eine, im Süßwasser lebende Extremform der euryhalinen Salzwasserart *N. filiformis* (W. SMITH) HUST. ist; letztere erreicht nach der Literatur Längen von über 70 µm.

Nitzschia lorenziana GRUN. var. *subtilis* GRUN.
Diese Alge kam in unseren Proben recht häufig vor und war meistens mit Exemplaren von 110—160 × 4,5—5 µm Zellgröße vertreten, aber ausnahmsweise kamen auch 190—200 × 5,5—6 µm große Exemplare vor. Diese Alge wird eher aus schwach brackigem Wasser gemeldet und nur selten aus dem Süßwasser. Ihre allgemeine Verbreitung im Plattensee ist eine bemerkenswerte Angabe zur Ökologie dieser euryhalinen Art. Bestimmt handelt es sich hier um eine Art mit einem breiten halobischen Spektrum, und die Varietäten der Literatur, var. *genuina* GRUN., var. *subtilis* GRUN. und var. *incurva* GRUN., sind wahrscheinlich eher durch verschiedene Salzkonzentrationen gestaltete Morphotypen als echte Varietäten.

Pinnularia dactylus EHRENB.
Neben *P. viridis* kommt diese *Pinnularia*-Art in unseren Proben am häufigsten vor. Meistens durch 170—230 × 31,5—42 µm große Exemplare vertreten. Sehr selten wurden auch extrem kleine Exemplare von 145—163 × 26—30 µm Zellgröße beobachtet.

Stauroneis dilatata EHRENB. forma
Diese um 38 × 18 µm große, also verhältnismäßig breite Form sondert sich eindeutig von den typischen Vertretern der Art ab. Von einer formalen taxonomischen Abgrenzung und Benennung mußten wir aus Mangel an ausreichendem Beobachtungsmaterial absehen (Taf. 4, Fig. 5).

Stenopterobia intermedia (LEWIS) FRICKE em. HUST.
Diese eigenartige sigmoide Kieselalge war in unseren Proben durch 190—260 × 8,5—10 µm große Zellen vertreten. Kommt meistens in dystrophen oder moorigen, huminreichen Gewässern vor. Die im Plattensee sporadisch auftretenden Exemplare der Art stammen wahrscheinlich aus Zuschwemmungen aus derartigen Hydrobiotopen.

Surirella biseriata BRÉB. var. *bifrons* (EHRENB.) HUST. forma
Die um 28,5 × 15 µm großen Zellen von Rhombusform mit abgerundeten Polen sind gegenüber den typischen Vertretern der Varietät von gröberer Wandskulptur und kleineren Zellausmaßen.

Surirella caproni BRÉB.
Diese vor den Schalenpolen mit je einem starken, auf breiter Basis sitzenden Dorn gekennzeichnete Kieselalge war in unseren Proben mit verhältnismäßig kleinen, um 14—190 × 61—75 µm großen Exemplaren vertreten. Auch im östlichen Seeteil kam diese Alge nur im Küstensaum des Nordufers oder höchstens im mittleren Längsprofil vor (vgl. UHERKOVICH & LANTOS 1987).

Surirella linearis W. SMITH var. *festetichii* (PANT.) A. CLEVE
Diese von PANTOCSEK aus dem Plattensee als selbständige Art beschriebene, nach dem Förderer der Wissenschaften Graf FESTETICH benannte und von CLEVE-EULER der Art *S. linearis* als Varietät zugeordnete Kieselalge (CLEVE-EULER 1959, s. dort auch die übrigen Synonyme) kam in unseren Proben äußerst sporadisch vor, mit um 34 × 11,5 µm großen Exemplaren.

Surirella linearis W. SMITH var. *helvetica* (BRUN.) MEISTER
An der Oberfläche der 85—105 × 15—36 µm großen Zellen verstreut zahlreiche kleine Dörnchen; der Apikalachse nach sind diese zu einer Doppelreihe geordnet. Diese Alge wird von einigen Verfassern (CLEVE-EULER 1952) im Sinne der Originalbeschreibung als selbständige Art aufgefaßt und meistens als typischer Vertreter der Algenflora des Bodenschlammes größerer See vermerkt. Unsere Exemplare sind bedeutend größer als die nordeuropäischen Exemplare.

Surirella tenera GRUN. forma
Mit um 240 × 60 µm Zellgröße weit größer als die maximalen Größen der Literatur (170 × 40 µm) für die Art.

Surirella turgida W. SMITH (= *S. biseriata* BRÉB. var. *turgida* (W. SMITH) A. CLEVE)
Schalenfläche der breit rhombisch-lanzettlichen Zellen mit vielen winzigen Dörnchen verstreut besetzt. In unseren Proben mit 52,5—101 × 25,5—48 µm großen Exemplaren vertreten. (Die minimale Breite bei HUSTEDT 1930 ist offenbar ein Druckfehler; vgl. dazu auch CLEVE-EULER 1959).

Synedra ulna (NITZSCH) EHRENB. var. *spathulifera* GRUN. forma
Innerhalb der Varietät zeigte sich eine interessante Form in unseren Proben: Die um 330 µm lange Zelle besaß neben einem verhältnismäßig breiten (11,5 µm) Kopf einen sehr schlanken (5 µm) Körper (Taf. 4, Fig. 6).

Coelastrum reticulatum (DANG.) SENN var. *polychordum* KORŠ. (= *C. polychordum* (KORŠ.) HINDÁK)
Unter den *Coelastrum*-Taxa kam in unseren Proben eigenartigerweise diese Alge am häufigsten vor. Die 8zelligen Zönobien waren im Durchmesser 12—16 µm, die 16zelligen 20—40 µm groß. Die die einzelnen Zellen verbindenden subapikalen Ausläufer sind immer doppelt oder dreifach ausgebildet und sondern diese Alge morpholo-

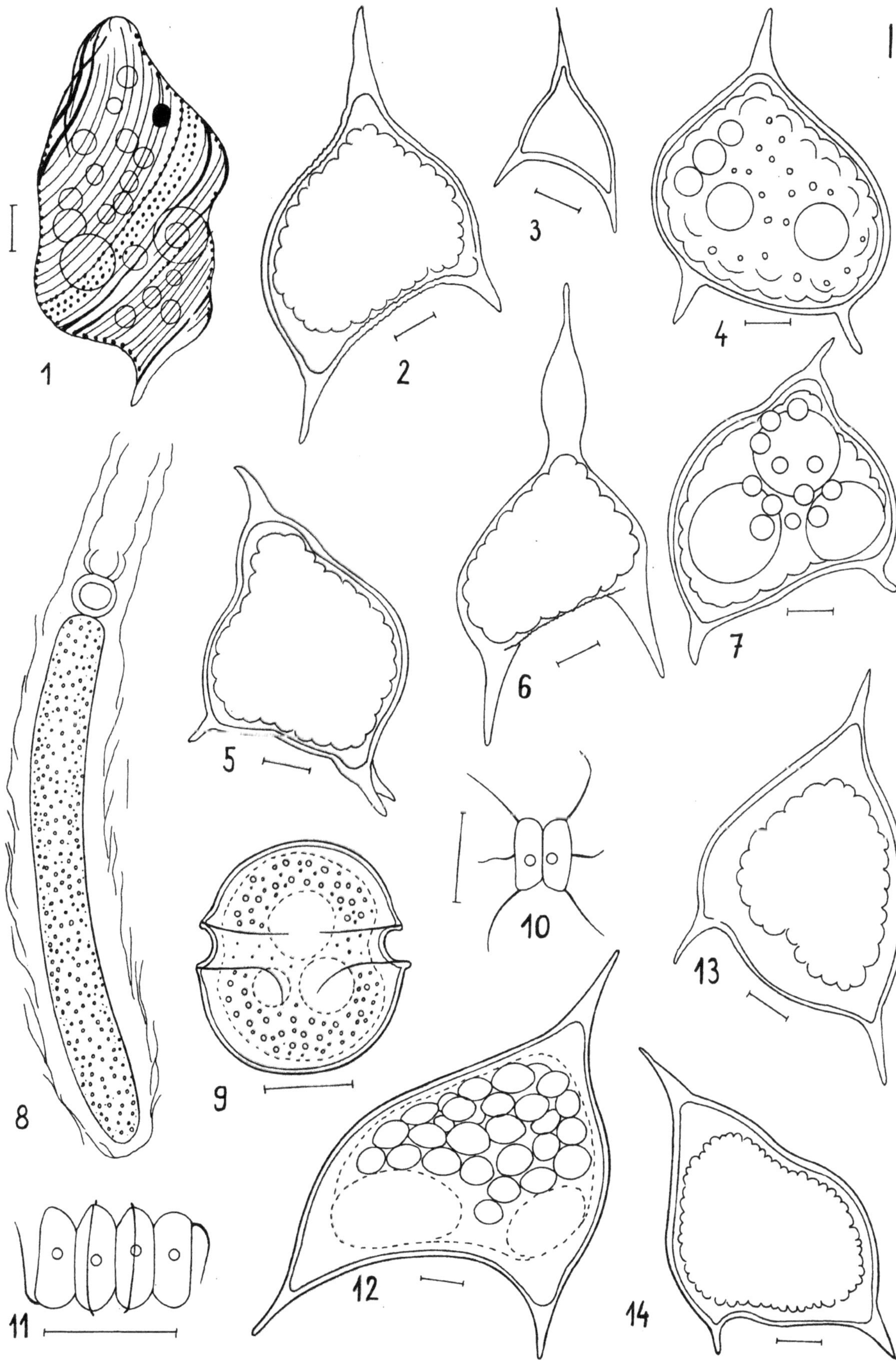

Tafel 1

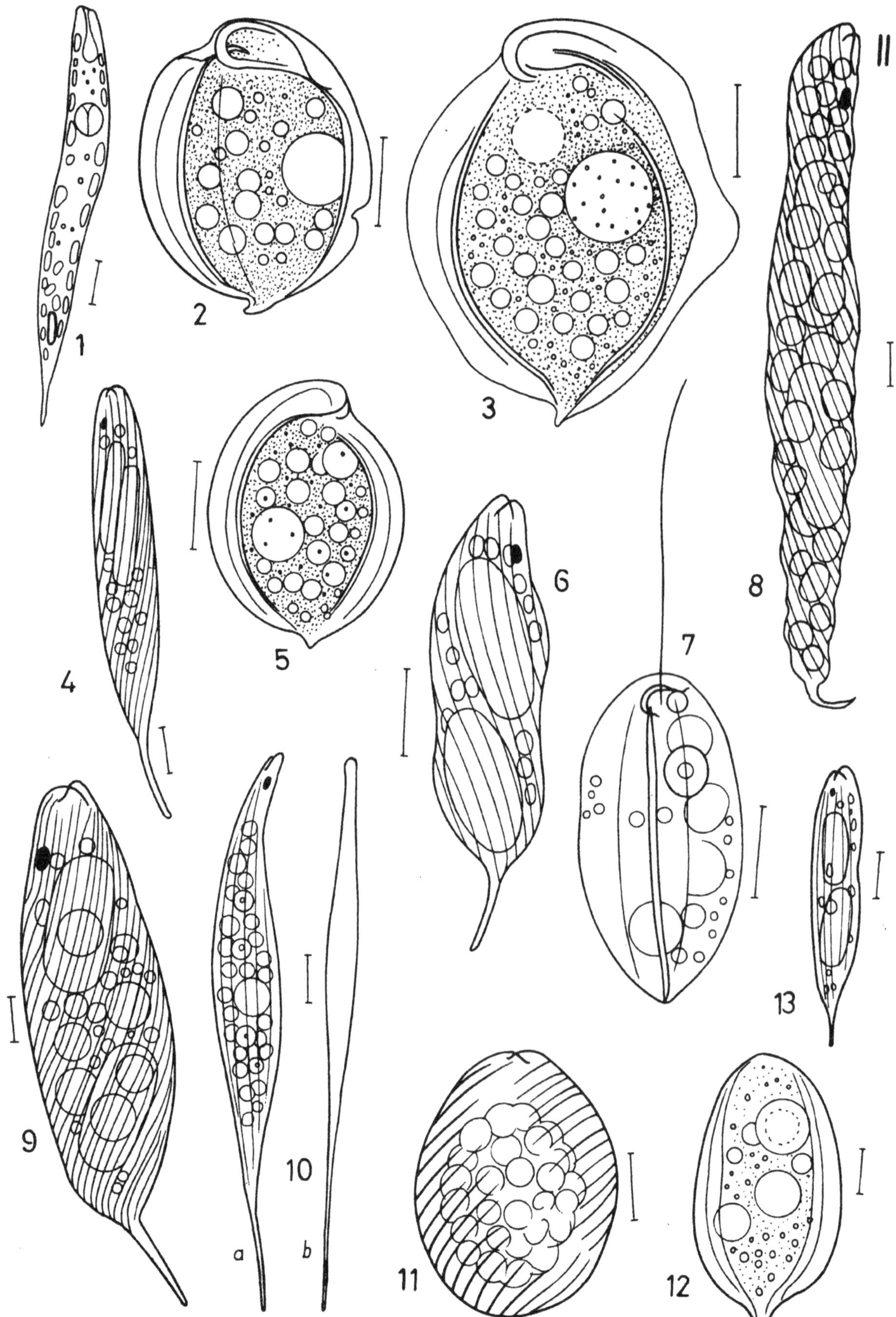

Tafel 2

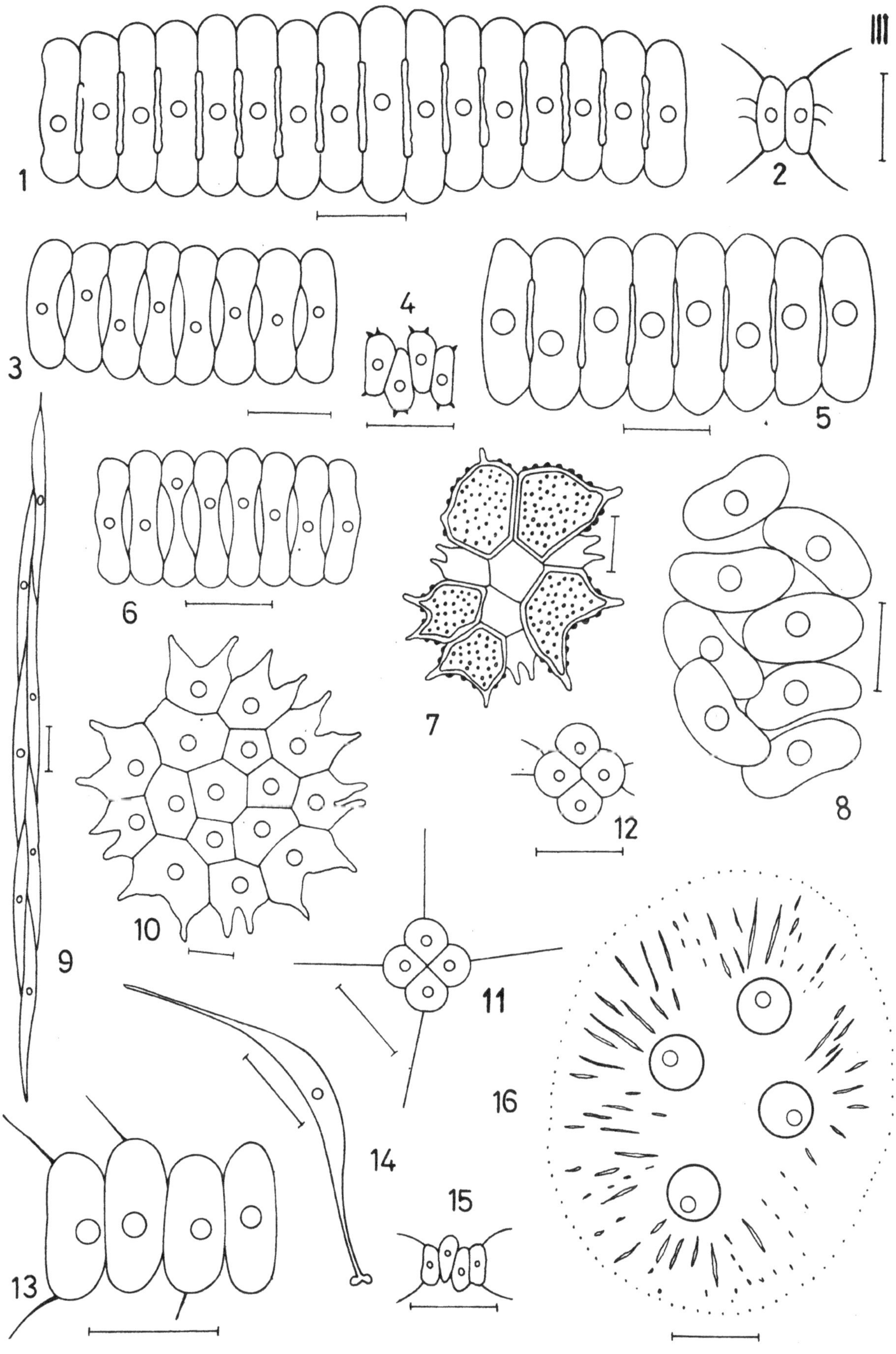

Tafel 3

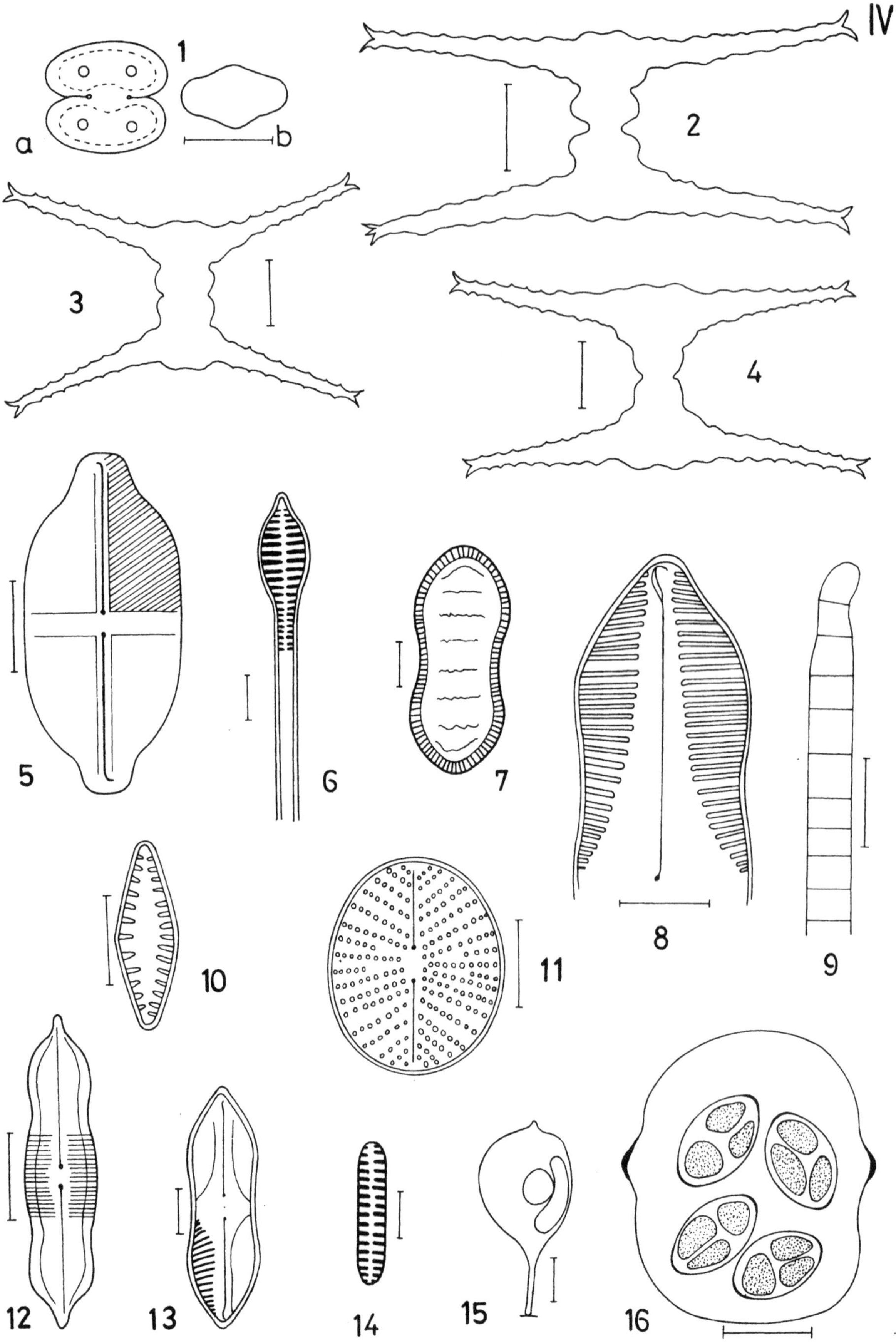

Tafel 4

Legenden zu den Tafeln

Tafel 1

Fig. 1. *Phacus* sp. (*Ph. trimarginatus* ALL. & JAHN?); Figs. 2—7. *Ceratium hirundinella* (O. F. MÜLL.) BERGH (Zysten; 3 auffallend kleine Form, 5 an einer Stelle mit doppelten Fortsätzen, 6 Achsenfortsatz eigenartig erweitert); Fig. 8. *Gloeotrichia natans* (HEDW.) RABENH.; Fig. 9. *Gymnodinium* sp. (*G. saginatum* HARRIS?); Fig. 10. *Scenedesmus spinosus* CHOD.; Fig. 11. *Scenedesmus armatus* CHOD. (forma ?); Figs. 12—14. *Ceratium hirundinella* (O. F. MÜLL.) BERGH (Zysten)

Tafel 2

Fig. 1. *Euglena adhaerens* MATV.; Fig. 2. *Petalomonas applanata* SKUJA (forma 2.); Fig. 3. *Petalomonas applanata* SKUJA (forma 1.); Fig. 4. *Euglena allorgei* DEFL.; Fig. 5. *Petalomonas applanata* SKUJA; Fig. 6. *Euglena gaumei* ALL. LEFV. (morpha): Fig. 7. *Petalomonas steinii* KLEBS.; Fig. 8. *Euglena* sp. (*E. fusca* (KLEBS) LEMM. forma ?); Fig. 9. *Euglena decens* P. CHRIST. forma; Fig. 10. *Phacus* sp. (novum ?, Bemerkungen s. im Text); Fig. 11. *Lepocinclis salina* FRITSCH; Fig. 12. *Petalomonas praegnans* SKUJA; Fig. 13. *Euglena gaumei* ALL. & LEFV.

Tafel 3

Fig. 1. *Scenedesmus balatonicus* HORTOB.; Fig. 2. *Scenedesmus spinosus* CHOD.; Fig. 3. *Scenedesmus balatonicus* HORTOB.; Fig. 4. *Scenedesmus denticulatus* LAGERH.; Figs. 5—6. *Scenedesmus balatonicus* HORTOB.; Fig. 7. *Pediastrum boryanum* (TURP.) MENEGH. (terat. Zönobium); Fig. 8. *Scenedesmus arcuatus* LEMM.; Fig. 9. *Ankistrodesmus acicularis* (A. BR.) KORŠ. (Autosporenbildung); Fig. 10. *Pediastrum boryanum* (TURP.) MENEGH. (terat. Zönobium); Fig. 11. *Terastrum hastiferum* (ARN.) KORŠ.; Fig. 12. *Tetrastrum staurogeniaeforme* (SCHRÖD.) LEMM. forma; Fig. 13. *Scenedesmus* sp. (*S. ellipsoideus* CHOD. morpha ?); Fig. 14. *Ankyra ocellata* (KORŠ.) FOTT; Fig. 15. *Scenedesmus intermedius* CHOD.; Fig. 16. *Radiococcus nimbatus* (WILD.) SCHMIDLE

Tafel 4

Fig. 1. *Cosmarium phaseolus* BRÉB. var. *minor* BOLDT; Fig. 2. *Staurastrum gracile* RAFLS forma ?; Fig. 3. *Staurastrum* sp. (*S. paradoxum* MEYEN forma ?); Fig. 4. *Staurastrum gracile* RALFS forma; Fig. 5. *Stauroneis dilatata* EHRENB. forma; Fig. 6. *Synedra ulna* (NITZSCH) EHRENB. var. *spathulifera* GRUN. forma; Fig. 7. *Cymatopleura solea* (BRÉB.) W. SMITH var. *subconstricta* O. F. MÜLL. f. *minor* A. CLEVE; Fig. 8. *Pinnularia microstauron* (EHRENB.) CLEVE var. *brebissonii* (KÜTZ.) HUST. forma; Fig. 9. *Oscillatoria* sp. (*O. regelii* SKUJA ?), Fig. 10. *Fragilaria harrissonii* W. SMITH var. *dubia* GRUN.; Fig. 11. *Navicula scutelloides* W. SMITH; Fig. 12. *Neidium hitchcockii* (EHRENB.) CLEVE forma; Fig. 13. *Pinnularia* sp. (*P. microstauron* (EHRENB.) CLEVE forma ?); Fig. 14. *Fragilaria pinnata* EHRENB.; Fig. 15. *Characiopsis varians* PASCHER forma; Fig. 16. *Oocystis lacustris* CHOD.

gisch sehr eindeutig von den übrigen *Coelastrum*-Taxa ab.

Scenedesmus armatus (CHOD.) G. M. SMITH forma
Das 4 zellige Zönobium ist 11,5 × 7,5 µm groß. Die beiden Innenzellen sind an den Zellwandflanken beiderseitig mit je einer Oberflächenrippe versehen. Die Außenzellen sind rippenlos. Stark gegen die Konturseite gekrümmte Stacheln von „*bicaudatus*"-Beschaffenheit (Taf. 1, Fig. 11). Ob diese Form auch formal-taxonomisch abzusondern ist, müssen noch weitere Beobachtungen entscheiden.

Scenedesmus balatonicus HORTOB.
In unseren Proben durch 8zellige, 30—35 × 15—24 µm große und 16zellige, 75—90 × 15—20 µm große Zönobien vertreten. Die Ungleichmäßigkeit der Zellausmaße innerhalb eines Zönobiums ist besonders bei den 16-zelligen Zönobien auffällig (Taf. 3, Fig. 1, 5—6). Die von mir betonte Auffassung (UHERKOVICH 1966), daß es sich bei diesem Taxon um eine deutlich abgegrenzte Art und keinesfalls um eine stachellose Varietät handelt, verstärken sowohl meine Beobachtungen an Plattensee-Proben, als auch an tropischen Gewässern mit *S. perforatus*-Vorkommen.

Tetrastrum straurogeniaeforme (SCHRÖD.) LEMM. forma
Zönobien um 10,5 × 10 µm groß. Nur zwei gegenüberliegende Zellen tragen je 2 kürzere Stacheln, die beiden anderen Zellen sind stachellos. Wahrscheinlich eine extreme Morphose der Art; kann auch als ein Grenzfall der var. *obtusum* HORTOB. mit noch weiter reduzierten Stacheln aufgefaßt werden (Taf. 3, Fig. 12).

Staurastrum gracile (RALFS forma (?)
Die biradialen, 50—60 × 20—22 µm großen Zellen haben schlanke, um 20—26 µm lange Fortsätze, die sich zur Längsachse der Zelle fast waagerecht oder von dieser Richtung einen kleinen Winkel bildend erstrecken. An beiden Polscheiteln der Zelle ein sanft gewölbter Doppelhöcker. Isthmus 3,5—7 µm (Taf. 4, Fig. 2, 4). Diese Alge ist identisch mit jenem Taxon, das früher im Plattensee schon gesichtet wurde (UHERKOVICH & LANTOS 1987). Eine formale taxonomische Abgrenzung wird diese Alge wahrscheinlich im breiteren Formenkreis von *S. gracile* einordnen, aber auch eine spezifische Absonderung ist nicht ausgeschlossen.

Staurastrum sp. (*S. paradoxum* MEYEN forma?)
Diese Alge steht ihrer Umrißform nach der von uns unter dem Namen *S. gracile* RALFS forma aufgezählten Alge ziemlich nahe, doch hat sie mehr schräg stehende Fortsätze und nähert sich dadurch eher dem Formenkreis um *S. paradoxum* (Taf. 4, Fig. 3); wurde ebenfalls schon früher im Plattensee gesichtet (UHERKOVICH & LANTOS 1987).

Tab. 2. Gehalt an Chlorophyll a und Phaeopigment in der Sedimentoberfläche im östlichen Teil des Balaton (Plattensee) 1983—1985

Probeentnahmestellen	Chlorophyll a-Gehalt ($mg \cdot dm^{-3}$ Sedimentmaterial)						Phaeopigment-Gehalt ($mg \cdot dm^{-3}$ Sedimentmaterial)					Secchi-Tiefe (cm)
	24. 9. 1983	1. 5. 1984	5. 8. 1984	1. 6. 1985	8. 9. 1985	$\bar{x}$	1. 5. 1984	5. 8. 1984	1. 6. 1985	8. 9. 1985	$\bar{x}$	$\bar{x}$; n = 5
KHP 1	4,84	13,68	7,69	2,40	6,48	7,018	3,96	9,97	0,96	5,78	5,167	53,00
KHP 2	1,60	2,40	0,96	1,92	0,72	1,136	11,05	10,14	5,14	5,33	7,915	48,75
KHP 3	2,46	3,36	1,20	0,24	2,16	1,884	1,91	12,30	3,46	3,22	4,417	46,50
KHP 4	1,60	5,04	3,12	9,85	0,96	4,114	10,93	6,46	17,59	5,42	10,100	48,00
KHP 5	3,42	3,60	5,29	2,88	3,12	3,662	3,97	9,85	17,38	6,46	9,415	46,75
G 1	2,67	7,44	0,24	2,40	1,20	2,790	18,96	18,43	6,34	5,52	12,312	47,25
G 2	1,71	4,80	6,49	2,40	1,20	3,320	13,70	7,81	7,52	8,04	9,267	39,50
G 3	2,46	12,72	4,09	1,20	1,44	4,382	25,45	11,90	10,57	6,96	13,720	44,50
FÜT 1	3,10	18,00	4,09	3,85	1,68	6,144	16,46	12,40	8,94	9,41	11,802	47,75
FÜT 2	1,68	3,36	2,40	2,64	1,20	2,256	8,75	7,35	8,80	7,54	8,110	39,00
FÜT 3	4,27	18,00	6,01	3,12	1,44	6,568	6,03	10,31	9,32	8,98	8,660	47,50
P 2	2,14	7,20	3,36	3,85	1,44	3,598	13,48	13,12	6,92	5,78	9,825	48,00
P 3	6,30	11,52	1,20	3,36	2,88	5,052	4,78	16,80	7,74	5,35	8,667	44,00
AÖ 1	2,77	30,72	1,44	0,41	1,20	7,308	24,42	14,37	11,39	9,05	14,807	47,00
AÖ 2	1,18	10,08	1,20	2,15	0,72	3,068	7,57	8,56	4,23	4,82	6,295	43,75
KA 1	4,06	7,20	7,45	4,09	30,96	10,752	34,00	18,62	11,90	17,52	20,510	45,75
KA 2	1,28	7,20	1,68	1,44	3,12	2,944	6,25	8,24	5,62	2,93	5,760	42,00
KA 3	1,39	14,40	1,68	1,68	2,64	4,358	0,24	8,24	5,89	4,42	4,697	43,25
KA 4	2,24	3,84	—	2,88	2,88	2,960	16,34	—	9,23	6,86	10,810	42,25
AL 1	2,67	7,68	1,68	1,20	1,68	2,982	13,34	2,19	7,04	5,54	7,027	45,00
AL 2	1,71	9,12	2,64	3,12	2,64	3,848	11,90	9,47	4,28	5,26	7,727	42,25
AL 3	3,52	11,52	4,81	4,57	2,40	5,364	19,59	14,37	10,07	9,53	13,390	39,50
A 1	8,54	6,96	6,01	4,09	0,36	5,192	17,25	17,04	9,88	4,63	12,200	48,50
A 2	1,28	1,20	0,48	1,44	1,92	1,264	14,78	17,18	4,28	3,29	9,882	48,25
A 3	0,53	12,00	1,20	0,96	1,44	3,226	6,49	8,05	4,76	4,27	5,892	46,25
SZA 1	6,19	6,00	4,81	3,85	4,08	4,986	1,56	0,75	1,54	0,12	0,992	52,00
SZA 2	1,39	6,00	1,20	1,68	1,68	2,390	8,29	7,88	4,54	3,53	6,060	41,00
SZA 3	0,96	4,80	2,88	1,92	—	2.640	6,97	4,35	4,30	—	5,06	46,65
SI 1	5,98	3,84	8,41	9,13	3,12	6,096	0,24	2,19	0,61	0,24	0,820	49,75
SI 2	1,82	12,00	3,85	1,44	1,44	4,110	4,81	5,07	5,46	4,10	4,860	49,75
SZL 1	9,08	4,32	12,74	5,05	4,56	7,150	0,24	40,49	1,01	1,32	10,760	49,00
SZL 2	1,82	3,60	1,20	2,88	3,84	2,668	5,65	7,21	4,69	1,54	4,772	53,00
Z 1	3,52	12,48	2,88	5,07	2,88	5,366	0,24	6,54	0,67	0,30	1,937	54,50
Z 2	5,02	30,00	14,42	10,81	5,04	13,058	9,49	9,94	5,50	0,17	6,275	55,00

4. Chlorophyll a-Gehalt der Proben

Der Gehalt der Sedimentoberfläche an Chlorophyll a wurde bei jeder Probeentnahme ermittelt. Die Ergebnisse sind in der Tab. 2 (S. 56) zusammengefaßt, wo auch die Durchschnittswerte für die einzelnen Probeentnahmestellen angegeben sind. Auch hier wurde immer nur die oberste 1—1,5 cm dicke Schicht in Betracht gezogen und aus dieser wurden die Werte auf 1 dm^3 umgerechnet.

Die Chlorophyll a-Werte der einzelnen Proben schwankten in breiten Grenzen, nämlich zwischen 0,24 und 30,00 mg · dm^{-3} Sedimentmaterial. Die Durchschnittswerte schwankten dagegen in engeren Grenzen, d. h. zwischen 1,136 und 13,058 mg · dm^{-3} Sedimentmaterial.

Die höheren Durchschnittswerte ergeben sich in überwiegender Mehrzahl an den küstennahen Probeentnahmestellen. Eine auffallende Ausnahme bilden die Probeentnahmestellen KHP 1 und Z 2 mit ihren hohen Werten von 7,018 und 13,058 mg · dm^{-3}. Sie liegen unmittelbar östlich der See-Enge von Tihany, wo die Strömung für einen ständigen Nachschub von Schwebestoffen und etwas eutropheren Seewassers aus dem mittleren Seebecken sorgt.

Die höheren Chlorophyll a-Werte der küstennahen Probeentnahmestellen sprechen — im Einklang mit der jeweiligen mikroskopischen Einschätzung — für eine höhere durchschnittliche Populationsdichte der Algengemeinschaften an der Sedimentoberfläche. Aus der Durchsichtigkeit des Wassers (s. Tab. 2), die zwischen 39,5 und 55,0 cm (Secchi) schwankt und keine signifikant zu wertenden Unterschiede aufweist, läßt sich keine Erklärung für diese höheren Chlorophyll a-Werte ableiten. Sie treten in den seichten küstennahen Stellen auf, was bedeutet, daß das örtliche Lichtklima durch die geringere Wassertiefe begünstigt wird.

Der Phaeopigment-Gehalt der einzelnen Proben zeigt eine noch größere Schwankung als der Chlorophyll-Gehalt; er liegt zwischen 0,24 und 40,40 mg · dm^{-3} Sedimentmaterial. Selbst die Durchschnittswerte sind recht großen Streuungen unterworfen; es ergeben sich Werte zwischen 0,82 und 20,51 mg · dm^{-3} Sedimentmaterial. In manchen Fällen sind die höheren Chlorophyll a-Werte eindeutig mit höheren Phaeopigment-Werten gekoppelt, so bei den Proben KA 1 (10,752 bzw. 20,51 mg · dm^{-3}), AÖ 1 (7,308 bzw. 14,807 mg ·dm^{-3}), SZL 1 (7,15 bzw. 10,76 mg · dm^{-3}). In diesen Fällen gesellen sich zu populationsreichen örtlichen Algengemeinschaften reichlich organische Stoffe von abgestorbenen Organismen. An manchen Stellen dagegen überwiegt der Phaeopigment-Gehalt, z. B. an der Probeentnahmestelle G 1, wo mit dem Chlorophyll a-Gehalt von 2,790 mg · dm^{-3} ein Phaeopigment-Gehalt von 12,312 mg · dm^{-3} verbunden ist, oder bei G 3 (4,382 gegenüber 13,720 mg · dm^{-3}). In solchen Fällen wird der verhältnismäßig hohe Phaeopigment-Gehalt wahrscheinlich teilweise durch Verwesungsprodukte des Makrophytengürtels bestimmt. Auch kommt es vor, daß in größeren Wassertiefen einfach die Anhäufung der Phaeopigmente die größeren Werte verursacht, z. B. an den meisten Probeentnahmestellen des Seemitte-Längsprofils.

Der grobkörnige Sand ist an den küstennahen Stellen des Südufers offenbar nicht geeignet für eine Anhäufung der Phaeopigmente. So sind z. B. an zwei solchen typischen Stellen folgende Chlorophyll a- bzw. Phaeopigment-Werte zu verzeichnen: SZA 1 4,986 mg · dm^{-3} bzw. 0,992 mg · dm^{-3}, SI 1 6,096 mg · dm^{-3} bzw. 0,820 mg · dm^{-3}.

Die Relation des Chlorophyll a-Gehalts zum jeweiligen Phaeopigment-Gehalt läßt sich in manchen Fällen leichter, in manchen Fällen aber nur schwer oder sogar unzureichend erklären.

5. Diskussion

Die ziemlich spärlichen Kenntnisse aus den vergangenen Jahrzehnten über die Algenvegetation der Sedimentoberfläche des Balaton sind — da sie sowohl in taxonomischer als auch in ökologischer Hinsicht nicht genügend abgestuft waren — nur unter Vorbehalt mit unseren Forschungsergebnissen zu vergleichen. Eines steht allerdings fest: Die Algenvegetation der Sedimentoberfläche ist weit reicher an Taxa, als das bisher aus der Literatur bekannt bzw. anzunehmen war. Vielleicht ist das teilweise auf eine gewisse Zunahme des Trophieniveaus des Sees zurückzuführen. Viel eher ist jedoch zu vermuten, daß die hohe Taxonzahl darauf zurückzuführen ist, daß unsere eigenen Beobachtungen eine längere Periode in Betracht gezogen haben und daß sie in taxonomischer Hinsicht von Anfang an bewußt abgestuft ausgeführt wurden.

Die überwiegende Mehrzahl der von uns im östlichen Teil festgestellten Algentaxa war nur in einigen wenigen Proben nachweisbar. Manche von ihnen kamen in deutlich abgrenzbaren Seeteilen vor. (Auf diese Frage kommen wir noch zurück, vgl. S. 58).

Wenn man die zeitliche und räumliche Verteilung der vorgefundenen Algentaxa analysiert, so ergibt sich, daß im östliche Drittel des Sees das limnophänologische Durchschnittsbild der Algenvegetation der Sedimentoberfläche überwiegend von einer *Lyngbya contorta-Amphora ovalis-Fragilaria construens-Surirella robusta* var. *splendida-Planctonema lauterbornii*-Gemeinschaft beherrscht wird. Das erinnert in seinen wichtigsten Zügen an die Situation im mittleren Seeteil (vgl. UHERKOVICH & LANTOS 1987).

Die häufigsten und bedeutendsten Begleitelemente dieser Gemeinschaft sind folgende Algen: *Coelosphaerium naegelianum*, *Lyngbya limnetica*, *Oscillatoria chalybea*, *O. tenuis*; *Amphora ovalis* var. *pediculus*, *Campylodiscus noricus* var. *hibernica*, *Cyclotella bodanica*, *C. comta*, *C. kuetzingiana*, *C. ocellata*, *Cymatopleura angulata*, *C. elliptica*, *C. elliptica* var. *hibernica*, *C. solea*, *Diploneis ovalis*, *D. puella*, *Epithemia turgida*, *Fragilaria construens* var. *venter*, *Gyrosigma kuetzingii*, *Melosira granulata*, *Nitzschia acicularis*, *N. lorenziana* var. *subtilis*, *N. sigmoidea*, *N. sublinearis*, *N. vermicularis*, *Pinnularia viridis*, *Surirella biserita*, *S. biseriata* var. *bifrons*, *Synedra acus*; *Pediastrum boryanum*.

Diese und die oben aufgezählten 5 Algentaxa bilden die Gruppe jener insgesamt 35 Algen, die im östlichen Teil des Sees an der Sedimentoberfläche mit größter Wahrscheinlichkeit anzutreffen sind.

Ebenso wie im mittleren Teil des Sees (UHERKOVICH & LANTOS 1987) kommen auch im östlichen Teil Algen von interessanter örtlicher Verbreitung vor, die als eigenartige Begleitelemente in gewisser räumlicher Verteilung den dort anwesenden Algengemeinschaften ein besonderes Gepräge verleihen. So kamen z. B. unter den Blaualgen — zwar mit geringeren Individuenzahlen — *Merismopedia glauca*, *M. elegans*, *Phormidium molle* nur im Küstensaum des Südufers vor. Dagegen ist *Holopedia dietelii* mit größerer Häufigkeit für die südliche Uferzone kennzeichnend; diese Alge ist übrigens — von der Zala-Mündung angefangen — für den ganzen südlichen Ufersaum des Sees ein konstantes Charakteristikum.

Unter den Euglenophyten ist das Vorkommen von *Petalomonas*- und *Phacus*-Taxa ebenfalls eher an die küstennahen Stellen des Südufers gebunden, doch fallen diese Vorkommen durch ihre niedrigen Individuenzahlen nie besonders auf. Aus dieser Gruppe ist im ganzen See noch am meisten *Euglena acus* verbreitet, doch ebenfalls meist nur durch spärliche Individuenzahlen an der Zusammensetzung der jeweiligen Gemeinschaft beteiligt.

Auch unter den Kieselalgen sind einige Taxa durch eigenartige lokale Verbreitung gekennzeichnet. So ist z. B. das Vorkommen der Arten *Anomoeoneis sphaerophora, Caloneis permagna, Cymbella helvetica, Gomphonema lanceolatum* eher für den nördlichen Ufersaum charakteristisch. Ganz eindeutig läßt sich das für die Vorkommen von *Gyrosigma prolongatum* und teils auch für *Surirella capronii* und *S. elegans* feststellen. *Cymbella ehrenbergii* kommt im südlichen Ufersaum äußerst sporadisch vor, ihre individuenreicheren Vorkommnisse sind ausnahmslos an den nördlichen Ufersaum gebunden. Bei *Navicula tuscula* verhält sich das umgekehrt: neben einem häufigeren und individuenreicheren Vorkommen im südlichen Ufersaum ist nur ein spärliches Vorkommen an anderen Stellen des Sees zu verzeichnen.

Höhere Individuenzahlen und Häufigkeitsquoten scheinen auch bei einigen Chlorococcalen (*Ankistrodesmus angustus, Dictyosphaerium pulchellum, Scenedesmus* spp.) an den südlichen Ufersaum gebunden zu sein.

Bei Kieselalgen, die in ihrer „primären Lebensform" durch Gallertstiele an Makrophyten fixiert sind, ist eine auffallendere lokale Verbreitung durch das Vorhandensein eines benachbarten Makrophytengürtels leicht erklärlich. Auch der Umstand, ob sich an der Sedimentoberfläche vorwiegend grobkörniger, durchsichtiger Sand oder aber eher eine schlickartige Schicht befindet, trägt zu diesen Abweichungen in der Zusammensetzung der Algengemeinschaften bei. Aber es sind wahrscheinlich auch die feineren, bisher nicht genügend untersuchten wasserchemischen Unterschiede zwischen dem nördlichen und südlichen Ufersaum von einer gewissen Bedeutung für die erläuterten Unterschiede.

Aus der Tab. 1 ist ersichtlich, daß die einzelnen Probeentnahmestellen auch in der Zahl der dort angetroffenen Algentaxa recht unterschiedlich sind. Die ufernahen Probeentnahmestellen sind im allgemeinen am sippenreichsten. Diese Relation ist an den Profilen, die vom Südufer zur Seemitte verlaufen, am auffallendsten (Z, SZL, SI, SZA, A), aber auch an den Profilen, die vor den Ausbuchtungen des Nordufers quer verlaufen (G, FÜT, P, KA, AL), ist die Tendenz, daß an ufernahen Stellen eine Gemeinschaft von größerem Sippenreichtum anzutreffen ist, gut zu erkennen. Je länger eine solche Profillinie ist, umso deutlicher sind diese Unterschiede zwischen den ufernahen und -fernen Probeentnahmestellen (vgl. FÜT, KA mit den übrigen Profillinien).

Der größere Sippenreichtum, d. h. die mannigfaltigere taxonomische Zusammensetzung der Algengemeinschaften an den seichteren ufernahen Stellen, wird wahrscheinlich vor allem durch das günstigere durchschnittliche Lichtklima verursacht. Das Licht dringt durch das trübe Balaton-Wasser nur in eine recht begrenzte Tiefe vor (vgl. Tab. 2). Auf diesen Umstand sind die geringen Chlorophyll a-Werte der tieferen Stellen (z. B. KHP 2, KHP 3, FÜT 2, KA 2) zurückzuführen. In diesen extremen Fällen knüpfen an die geringen Chlorophyll a-Werte stets auch niedrige Taxonzahlen an. Es handelt sich also an den lichtklimatisch ungünstigen Stellen um individuen- und artenarme Gemeinschaften am Seeboden. Die küstennahen seichteren Stellen sind dagegen sowohl durch höhere Taxonzahlen als auch höhere Chlorophyll a-Werte gekennzeichnet.

An manchen Probeentnahmestellen sind diese Zusammenhänge nicht oder nur schwer zu erkennen. Manchmal kann man eine spezielle Erklärung vermuten, wie z. B. bei Z 2 (vgl. S. 57), doch es scheint noch manches unklar zu sein.

Die Frage, von welchen Faktoren der Arten- und Individuenreichtum der Gemeinschaft auf der Sedimentoberfläche abhängt, läßt sich auch mit dem jeweiligen Stickstoff- und Phosphorgehalt der obersten Sedimentschicht kaum erklären. Nach den erwähnten sedimentchemischen Untersuchungen von Prof. F. MÁTÉ wurden jene Stellen der Sedimentoberfläche ermittelt, die u. a. reicher an verwertbaren Stickstoff- und Phosphorverbindungen sind. Unsere eigenen Untersuchungen im östlichen Drittel des Sees zeigten, daß kein unmittelbarer Zusammenhang zwischen dem höheren Nährstoffgehalt und der üppigeren Entfaltung der Algengemeinschaft der Sedimentoberfläche besteht. Die Algen der Sedimentoberfläche werden also in ihrer Ernährung nicht vom Sediment selbst, sondern vom Wasser und vom Lichtklima gesteuert. Es ist allerdings möglich oder sogar wahrscheinlich, daß die im Sediment akkumulierten Verbindungen zeitweise mobilisiert werden und dadurch die wasserchemische Situation vorübergehend beeinflussen. Ein unmittelbarer Einfluß der höheren N- und P-Werte des Sediments auf das Gedeihen der Algen auf der Sedimentoberfläche ist aber in diesem Seeteil nicht nachweisbar.

6. Zusammenfassung

Im östlichen Drittel des Balaton (Plattensee, Ungarn) wurden von uns zwischen Herbst 1983 und Herbst 1985 entlang von 12 Profilen an 34 Probeentnahmestellen an fünf verschiedenen Zeitpunkten von der obersten 1—1,5 cm dicken Schicht des Seesediments Proben genommen und daraus die vorgefundenen 448 Algentaxa bestimmt. Diese sind mit den summierten Präsenzwerten in Tab. 1 aufgezählt und mit detaillierten Angaben ihres Vorkommens aufgelistet. Die größeren systematischen Gruppen waren durch folgende Sippenzahlen vertreten: Cyanophyta 55, Euglenophyta 30, Pyrrhophyta 3, Chrysophyceae-Xanthophyceae 4, Bacillariophyceae 278, Chlorophyceae 63, Conjugatophyceae 15.

Bezogen auf den ganzen Seeteil waren nur 35 Taxa von allgemeiner Verbreitung. Die überwiegende Mehrzahl der festgestellten Algentaxa war dagegen spärlich bzw. sporadisch verbreitet. Das limnophänologische Durchschnittsbild der Algenvegetation auf der Sedimentoberfläche im östlichen Teil des Balaton wird von einer *Lyngbya contorta* — *Amphora ovalis* — *Fragilaria construens* — *Surirella robusta* var. *splendida* — *Planctonema lauterbornii* — Gemeinschaft beherrscht. Diese Gemeinschaft wird örtlich — für kleinere oder größere Seepartien ziemlich deutlich abgrenzbar — von weiteren charakteristischen Algen begleitet. Unter den Algentaxa, die örtlich die jeweilige Gemeinschaft begleiten, waren einige nur für ganz bestimmte Regionen charakteristisch (z. B. gilt das für *Gyrosigma prolongatum, Surirella capronii, Holopedia dietelii*).

Gegenüber dem mittleren Teil des Balaton ist im östlichen Drittel des Sees die Gesamtzahl der vorgefundenen Algentaxa etwas geringer (448 gegenüber 548), was besonders die Zahl der Chlorophyceae- und Conjugatophyceae-Taxa betrifft. Somit wird im östlichen Drittel die Vorherrschaft der Kieselalgen im taxonomischen Spektrum noch ausgeprägter.

Über die jeweiligen Populationsdichten geben die aus den Proben bestimmten Chlorophyll a-Werte einen orientierenden Überblick.

Die durchschnittlichen Werte für die einzelnen Probeentnahmestellen schwanken zwischen 1,136 und 13,058 mg · dm^{-3} Sedimentmaterial, meistens ergeben sich für die einzelnen Proben Werte um 2,4—4,2 mg · dm^{-3} Sedimentmaterial.

Die Chlorophyll a-Werte sind im östlichen Drittel ein wenig ausgeglichener als im mittleren Teil des Sees; so große Populationsdichten, wie sie besonders an einigen ufernahen Stellen des mittleren Seeteils auftraten (Chlorophyll a-Werte über 20 mg · dm^{-3} Sedimentmaterial), ließen sich im östlichen Drittel kaum feststellen.

Eine zusammenfassende Bearbeitung sämtlicher Angaben neuerer Herkunft über die Algenvegetation der Sedimentoberfläche des Sees dürfte für die Limnologie des Balaton und darüber hinaus für die limnologischen Kenntnisse größerer seichter Stillgewässer von Bedeutung sein. Sie sollte recht bald erfolgen.

Danksagung

Ich danke Herrn Prof. Dr. F. Máté für die Schaffung der Möglichkeit, am „Balaton-Sedimentprogramm" mitwirken zu können. Bei meinen Kollegen T. Lantos and I. Lázár bedanke ich mich für die Mitarbeit bei der Entnahme der Proben. T. Lantos war mir auch bei der Bestimmung der Chlorophyll a-Werte eine wertvolle Hilfe.

Literatur

Asaul, Z. J. (1975): Visnatschnik Evglenovich vodorostei Ukrainskoi RSR. Vid. Naukova Dumka, Kiev, 407 pp.

Bourrelly, P. (1970): Les algues d'eau douce. III. Paris, 512 pp.

Cleve-Euler, A. (1951—1955): Die Diatomeen von Schweden und Finnland. I—V. Stockholm, I: 163 pp., II: 158 pp., III: 255 pp., IV: 231 pp., V: 153 pp.

Fazekas, I. (red.) (1973): Alapadatok a vízminőséggazdálkodáshoz. 4. (Grunddaten zur Wassergütewirtschaft. 4.) Orsz. Vízügyi Hiv., Budapest, 380 pp.

Felföldy, L. (1981): A vizek környezettana. Általános hidrobiológia. (Ökologie der Gewässer. Allgemeine Hydrobiologie.) Budapest, 290 pp.

Hustedt, F. (1930): Bacillariophyta (Diatomaceae). In: Pascher, A. (Hrsg.): Die Süßwasser-Flora Mitteleuropas. **10**. Jena, 466 pp.

Kiss, I. (1970a): Újabb adatok a Kardoskút-pusztaközponti Fehér-tó algavegetációjához. (Neuere Angaben zur Algenvegetation des Teiches Fehértó bei Kardoskút-Pusztaközpont.) Szegedi Tanárképző Főisk. Tud. Közl. **1970**, 9—43.

— (1970b): A Kakasszéki szikes tó mikrovegetációja. (Mikrovegetation des Szik-Teiches Kakasszék.) Szegedi Tanárképző Főisk. Tud. Közl. **1970**: 55—94.

Pásztó, P. (1963): A Balaton vízminőségének vizsgálata. (Untersuchung der Wasserqualität des Balaton.) Vízgazd. Tud. Kut. Int., Budapest, 125 pp.

Patrick, R., & Reimer, Ch. W. (1966): The diatoms of the United States. I. Monogr. Acad. Nat. Sci., Philadelphia, **13**, 1—669.

Starmach, K. (1966): Cyanophyta — Glaucophyta. Panst. Wyd. Nauk., Warszawa, 907 pp.

Uherkovich, G. (1966): Die *Scenedesmus*-Arten Ungarns. Budapest, 173 pp.

— (1979): Előzetes balatoni fitobentosz-adatok. (Vorläufige Phytobenthos-Angaben aus dem Balaton.) Magy. Hidrol. Társ. Orsz. Vándrogy., Keszthely, III. A. **4**, 1—6.

— (1980): Mikrofitobentosz-adatok a Keszthelyi-öbölből. (Mikrophytobenthos-Angaben aus der Bucht von Keszthely.) MTA Veszprémi Akad. Biz. Monogr. **6** (1), 85—86.

— (1982): Adatok a Balaton üledékfelszíni algavegetációja ismeretéhez. I. (Angaben zur Kenntnis der Algenvegetation auf der Sedimentoberfläche des Balaton. I.) Mscr.

— (1984): Beiträge zur Kenntnis des Periphytons des Plattensees (Balaton, Ungarn). Arch. Hydrobiol. Suppl. **67**, 159—203.

— & Lantos, T. (1987): Angaben zur Kenntnis der Algenvegetation auf der Sedimentoberfläche im Balaton (Plattensee, Ungarn). Limnologica **18** (1) 29—67.

Utermöhl, H. (1958): Zur Vervollkommnung der quantitativen Phytoplanktonmethodik. Internat. Ver. theor. angew. Limnol. Mitt. **9**, 1—39.

Eingegangen am *15*. Juni *1987*.

Anschrift des Verfassers:

Dr. Gábor Uherkovich
H-7623 Pécs
Rét u. 39. III. 7.
Ungarn

Limnologica (Berlin) **19** (2), 61—81, Dezember 1988

AdW der DDR, Zentralinstitut für Mikrobiologie und Experimentelle Therapie, Abteilung Limnologie, Jena

Algologische Beobachtungen in Gewässern des Biosphärenreservates „Steckby-Lödderitzer Forst" (DDR)*

Algological Observations in Waters of Biosphere Reservation „Steckby-Lödderitzer Forst" (G.D.R.)

Von LOTHAR KRIENITZ

Mit 13 Abbildungen, 8 Tafeln und 3 Tabellen

Key words: Floristic, Morphology, Taxonomy; Cyanophyceae, Chlorophyceae, Conjugatophyceae, Euglenophyceae.

Abstract

Light microscopical observations on algal flora of shallow waters and dead branches of the river Elbe in the biosphere reservation „Steckby-Lödderitzer Forst" (G.D.R.) are presented. The diacritical features of the mentioned algae are described and discussed in this paper. Some ecological remarks for the characterization of the examined waters are enclosed.

Inhalt

1. Einleitung

Die einzigartige Auelandschaft der mittleren Elbe beherbergt das zweitgrößte Naturschutzgebiet der DDR, den Steckby-Lödderitzer Forst. Das Gebiet ist 1980 von der UNESCO als Biosphärenreservat anerkannt und in das internationale Forschungsprogramm „Man and the Biosphere" integriert worden. Zahlreiche bestandsgefährdete Tiere und Pflanzen fanden hier ihr Refugium, genannt seien nur der Elbebiber (*Castor fiber albicus*) und der Schwimmfarn (*Salvinia natans*). Ausführliche Informationen über das Reservat findet man im Handbuch der Naturschutzgebiete der DDR (BAUER et al. 1973).

In den vielgestaltigen Auebiotopen nehmen die Gewässer eine exponierte Stellung ein. Sie sind durch zunehmende Eutrophierungserscheinungen Gefahren ausgesetzt. Darauf verweisen bereits Untersuchungsergebnisse über die makrophytischen Wasser- und Uferpflanzengesellschaften (REICHHOFF & SCHNELLE 1977; REICHHOFF 1978; SCHNELLE 1979) sowie Befunde zur Wasserbeschaffenheit (LINDNER et al. 1975). Auch algologische Erhebungen (KRIENITZ 1984b) dokumentieren diese Situation. So liegen für den Phykologen bei der Untersuchung der Algenbesiedlung dieser Gewässer Freud und Leid eng beieinander. Die Freude über schöne und interessante Algenformen wird mitunter durch ihr massenhaftes Auftreten getrübt, das eine bedrohliche Situation für das ökologische Bedingungsgefüge des Gewässers darstellt.

Im Sommer 1986 war mehrfach Gelegenheit, Gewässer im Biosphärenreservat algologisch zu untersuchen. Durch diese Nachforschungen bestand die Möglichkeit, Befunde über den Zustand und die Besiedlung der Gewässer aus den Jahren 1980—1982, welche sich vordergründig mit den coccalen Grünalgen beschäftigten, aber auch Artenlisten weiterer dominierender Algengruppen einschlossen (KRIENITZ 1984b), zu ergänzen und zu aktualisieren.

In der vorliegenden Arbeit werden Beobachtungen an Vertretern der Cyanophyceae, Chlorophyceae, Conjugatophyceae und Euglenophyceae, die aspektbestimmende Bedeutung erlangten, bzw. von besonderem algologischen Interesse waren, mitgeteilt. Außerdem wird eine neue ulotrichale Alge — *Geminella verrucosa* — beschrieben.

2. Material und Methoden

Die Beobachtungsergebnisse basieren auf sporadischen Probenahmen im Verlaufe des Sommers 1986 in sieben linkselbischen Gewässern des Biosphärenreservates Steckby-Lödderitzer Forst (Kreis Schönebeck, Bezirk Magdeburg, DDR). Für Vergleichszwecke dienten die Proben der regelmäßigen monatlichen Untersuchungen aus den Jahren 1980—1982.

Zur lichtmikroskopischen Auswertung kamen frische oder mit Formalin fixierte Schöpfproben von Oberflächenwasser; außerdem wurde Material aus freischwimmenden zygnemalen Algenwatten untersucht.

Zur Bestimmung der dominierenden Phytoplanktongruppen wurde das Material mit Lugol'scher Lösung fixiert und im umgekehrten Zeiss-Mikroskop nach der Diametralzählungsmethode von UTERMÖHL (1958) ausgezählt. Die spezifischen Phytoplanktonvolumina wurden unter Verwendung von Angaben nach NAUWERCK (1963) und WILLEN (1976) sowie eigener Messungen errechnet, und daraus wurde gemäß der Kalkulation 10^9 µm^3 = 1 mg (SCHWOERBEL 1966) auf die Phytoplanktonbiomasse geschlußfolgert.

3. Die Untersuchungsgewässer und ihre Algenbesiedlung

Im Vergleich zum Zeitraum 1980/82 ist der Wasserspiegel in allen Untersuchungsgewässern drastisch gesunken (ca. 0,5—1 m) und die Wasserfläche um 30—40% (bei der Alten Elbe noch mehr) geschrumpft; das Verlandungsgeschehen hat krassere Formen angenommen. Das Ausbleiben stärkerer Hochwasser der Elbe verhinderte Ausspülungseffekte in den Gewässern des Flutrinnenbereiches, so daß auch hier die Verlandungsprozesse ungehindert voranschreiten konnten. Zur Illustration dieser Veränderungen mögen die Abb. 1—4 dienen.

Leider konnten keine physikalisch-chemischen Wasserwerte bestimmt werden. Deshalb müssen die Angaben

* Herrn Dr. habil. S. J. CASPER zum 60. Geburtstag gewidmet.

von KRIENITZ (1984b) als grobe Richtwerte herangezogen werden. Einerseits ist durch die Verringerung des Wasserkörpers zwar mit einer Konzentrierung der Wasserinhaltsstoffe und damit einer Zunahme der Eutrophierung zu rechnen, andererseits wird durch die Expansion der makrophytischen Wasserpflanzen- und Röhrichtgesellschaften ein hoher Anteil der Nährstoffe abgeschöpft.

Goldberger See

Dieser innerdeichs gelegene, hocheutrophe, flache Altarm der Elbe bezieht über das Grundwasser bedeutende Nährstofffrachten aus landwirtschaftlichen Nutzflächen außerhalb des Reservates. Während im Untersuchungszeitraum Anfang der 80er Jahre eindeutig die coccalen Grünalgen das Sommerplankton beherrschten — lediglich 1982 gab es eine subdominante Entwicklung von *Anabaena spiroides* — war das Gewässer 1986 von einer Cyanophyceen-Wasserblüte mit *Anabaenopsis elenkinii* als Hauptvertreter geprägt. In Tab. 1 sind die Biomasseanteile der häufigsten Algengruppen zusammengestellt.

Die veränderten Dominanzverhältnisse zugunsten stickstoffixierender Blaualgen lassen auf ein durch anhaltende Algenmassenentwicklungen im Frühjahr verursachtes Defizit an N-Verbindungen in den Sommermonaten schließen. Darüberhinaus können ökophysiologische Besonderheiten der Blaualgen (REYNOLDS 1984) Konkurrenzvorteile gegenüber anderen Phytoplanktongruppen bedingen.

Tab. 1. Frischmasse (in mg · l^{-1}) aspektbestimmender Blaualgen und Algen des Goldberger Sees im Sommerplankton (August) in verschiedenen Untersuchungsjahren

	1980	1982	1986
Oscillatoria aghardii	—	0,5	1,3
Oscillatoria redeckei	—	—	12,8
Anabaenopsis elenkinii	—	—	66,5
Anabaena spiroides	—	5,4	0,5
Chroococcales	—	0,3	4,2
Chlorellales	50,1	55,2	9,3
Ulotrichales	0,6	1,7	1,2
Sonstige	3.9	8,1	0,2
Gesamtbiomasse	54,6	71,2	96,0

Schmiedesee

Die Besiedlung dieses nährstoffreichen Altarmes am Rande des Reservates zeigte 1986 einige Unterschiede zu den Vorjahren. In stärkerem Umfange entwickelten sich coccale Chlorophyceen. Am häufigsten waren crucigenoide Arten sowie Vertreter der Gattung *Scenedesmus*. Die bisher im Sommerplankton dominierende Desmidiacee *Closterium acutum* var. *variabile* konnte wiederum in reichlicher Entfaltung nachgewiesen werden. Dagegen traten chroococcale Cyanophyceen des Verwandtschaftskreises um *Synechococcus* in den Hintergrund.

Abb. 1. Der Caplansee mit starker Verlandungszone im Vordergrund

Kreuzsee

Das Sommerplankton gleicht in vieler Hinsicht den bisherigen Untersuchungsjahren. Makroskopisch ist bereits der typisch bräunliche Farbton des Wassers wahrnehmbar, der in Proben anderer Gewässer geringer ausgeprägt ist. Diese Färbung wird z. T. durch einen hohen Anteil schwer abbaubarer huminartiger Stoffe verursacht (KLAPPER 1963), zum anderen sind im Kreuzsee Algen und andere Organismen mit bräunlichen Inkrustationen so dominant, wie in keinem anderen der beprobten Habitate. Hervorzuheben sind in diesem Zusammenhang folgende Arten: *Scenedesmus grahneisii* (Maximum: 2,8 mg · l^{-1} Frischmasse), *Siderocelis*-Arten, *Catena viridis*, *Marvania geminata*, die Chroococcale *Cyanogranis ferruginea*, *Trachelomonas hispida* sowie das Wasserbakterium *Planctomyces bekefii* (vgl. Tab. 2).

Tab. 2. Algenfrischmasse (in mg · l^{-1}) des Sommerplanktons im August 1986 in drei innerdeichs gelegenen Gewässern des Steckby-Lödderitzer Forstes

	Schmiedesee	Kreuzsee	Caplansee
Chroococcales	1,0	1,9	–
Bacillariophyceae	0,8	0,3	0,1
Chlamydophyceae	0,4	0,6	0,3
Chlorellales	4,5	3,5	0,4
Ulotrichales	0,2	0,8	0,1
Conjugatophyceae	2,0	–	0,5
Euglenophyceae	0,3	0,7	0,2
Sonstige	0,2	1,2	0,1
Gesamtbiomasse	9,4	9,0	1,7

Caplansee

Der Caplansee ist inzwischen in seinen flachen Regionen völlig verlandet (Abb. 1). Größere Teile der Wasserfläche sind von Makrophyten des Hydrocharition sowie von Algenwatten (*Cladophora glomerata* und Zygnemales) bedeckt. Das Phytoplankton ist gering entfaltet, was nicht nur auf den vergleichsweise geringen Eutrophierungsgrad, sondern auch auf Beschattung durch Ufer- und Wasservegetation zurückzuführen ist. Außerdem hat der verbleibende Wasserkörper mit ca. 3 m immer noch eine größere Tiefe als die anderen Untersuchungsgewässer.

Die Zusammensetzung des Phytoplanktons entspricht im wesentlichen den Angaben von KRIENITZ (1984b), vgl. Tab. 2. Ergänzend sei das Auftreten der Zieralge *Cosmarium pygmaeum* hervorgehoben. Die Zygnemalenwatten setzen sich aus mehreren Arten der Gattungen *Mougeotia*, *Spirogyra* und *Zygnema* zusammen, deren häufigste Vertreter bestimmt werden konnten und die im folgenden Text näher zu besprechen sind.

Alte Elbe

Die Alte Elbe als größtes Altwasser im außerdeichs gelegenen Flutrinnenbereich des Stromes hat die stärkste Veränderung im Verlaufe der letzten Jahre erfahren. Verlandungsprozesse und Austrocknung haben die ehemals 7 ha große Wasserfläche inzwischen in mehrere getrennte Restlöcher verwandelt. Mit ca. 0,5 ha ist im östlichen Abschnitt ein bis zu 1 m tiefer Bereich erhalten geblieben (Abb. 3). Der westliche Abschnitt ist noch ca. 0,3 ha groß (Abb. 2). Weiterhin bestehen noch 6 Restlöcher mit einer Wasserfläche unter 100 m^2.

Die Algenbesiedlung der beiden Hauptabschnitte ist vergleichsweise mit den Werten von 1980 und 1982 in Tab. 3 zusammengefaßt. Besonders der Anteil an coccalen Grünalgen im Phytoplankton ist gestiegen. Dies trifft nicht nur in quantitativer Hinsicht, sondern auch im Bezug auf das Artenspektrum zu. Zahlreiche chlorellale Arten, die früher nur in innerdeichs gelegenen Gewässern vorkamen, konnten nun ebenfalls in der Alten Elbe gefunden werden. Auch einige Erstnachweise für das Gebiet der DDR waren zu verzeichnen, welche in einer gesonderten Arbeit einer näheren Betrachtung unterzogen wurden (HEYNIG & KRIENITZ 1987). Chlamydomonade Arten und Euglenophyceen bildeten eine interessante Subdominante.

Von den kleinen Restlöchern waren im Sommer 1986 vier mit Makrophyten der Assoziation Spirodelo-Salvinetum bedeckt. Zwei ca. 50 m^2 große, mit starken Faulschlammschichten ausgestattete Löcher zeigten Vegetationsfärbungen von *Chlamydomonas petasus* bzw. *Lepocinclis teres*.

Tab. 3. Algenfrischmasse (in mg · l^{-1}) des Sommerplanktons (August) in den Hauptabschnitten der Alten Elbe in verschiedenen Untersuchungsjahren.*)

	1980	1982	1986 westlicher Abschnitt	1986 östlicher Abschnitt
Anabaena spiroides	–	3,4	–	–
Bacillariophyceae	1,3	0,6	0,6	0,8
Chlamydophyceae	1,8	0,4	1,2	1,7
Chlorellales	2,0	3,8	6,2	4,9
Ulotrichales	0,2	1,0	1,7	0,3
Euglenophyceae	1,0	0,4	1,1	1,2
Sonstige	0,6	–	1,6	1,9
Gesamtbiomasse	6,9	9,6	12,4	10,8

*) 1980/82 bestand die Alte Elbe noch als einheitliches Gewässer, daher wurde in der Tabelle für diese Untersuchungsjahre keine Unterteilung in einen westlichen und östlichen Abschnitt vorgenommen.

Teufelsloch

Durch das Absinken des Wasserpiegels um ca. 70 cm ist der im Gegensatz zu den anderen Gewässern im Flutrinnenbereich steiler abfallende Ufersaum freigeworden. Die lehmigen Hänge sind makrophytenfrei. Regenfälle können zu stärkeren Erosionen führen. Da die Wasserpflanzenentwicklung (*Ceratophyllum demersum*, *Salvinia natans*) in Grenzen bleibt, steht der Algenbesiedlung ein relativ hoher Nährstoffundus zur Verfügung. Dies äußerte sich im Beobachtungszeitraum in Massenentwicklungen von *Ceratium hirundinella* (O. F. MÜLLER) SCHRANK (max. 17,3 mg · l^{-1}). Der Charakter des Teufelsloches als relativ nährstoffarmes Spülloch hat sich also inzwischen in Richtung stärkerer Eutrophierung gewandelt.

Steinsee

Weite Teile des flachen Ufersaumes dieses Altarmes sind trockengefallen und werden vom Wasserschwaden (*Glyceria maxima*) besiedelt (Abb. 4). Der Wasserpiegel selbst hat an vielen Stellen nur eine Tiefe von wenigen Zentimetern (tiefster Punkt knapp 80 cm). Von der Schlamm-

Abb. 2. Die Alte Elbe (westlicher Teil)

Abb. 3. Die Alte Elbe (östlicher Teil)

Abb. 4. Der Steinsee mit Resten der Neustonhaut von *Euglena hemichromata* (Pfeilmarkierung)

schicht ausgehende Fäulnisprozesse lassen hohe Anteile organischer Verbindungen in den Wasserkörper übertreten, welche als Grundlage für eine Algenmassenentwicklung von *Euglena hemichromata* dienten. Dieser Flagellat verursachte im Steinsee eine mittlere Vegetationsfärbung sowie in ufernahen Bereichen eine grüne Neustonhaut (Abb. 4 — Pfeilmarkierung). Die Bedingungen in diesem Gewässer ermöglichten anderen Algenarten kein Aufkommen.

4. Algologische Anmerkungen

4.1. Cyanophyceae

Anabaenopsis elenkinii MILLER 1923
(Taf. Ia)
Massenentwicklungen von *Anabaenopsis* gelten in unseren geographischen Breiten als Besonderheit. Die Gattung ist hauptsächlich in den Tropen, Subtropen oder auch in Südeuropa anzutreffen (KOMÁREK 1958; JEEJI-BAI et al. 1977). SCHOLZ (1960) fand *A. arnoldii* APTEKARJ in einem Berliner Gewässer. Von *A. elenkinii* ist nach meiner Kenntnis auf dem Gebiet der DDR ebenfalls nur ein regelmäßiges Massenaufkommen aus dem Arendsee (Bezirk Magdeburg) gemeldet (RÖNICKE, mündl. Mitt.). Somit war Anlaß gegeben, der durch *A. elenkinii* und weitere hormogonale sowie chroococcale Cyanophyceen verursachten Wasserblüte im Goldberger See nähere Aufmerksamkeit zu schenken. Diese Entwicklung im Gewässer deutete sich bereits im Sommer 1985 an. Eine Wasserprobe vom August 1985 enthielt bereits zahlreiche Trichome von *A. elenkinii*.

Die Blaualge zeigte im Goldberger See eine unterschiedliche Verteilung. Im freien Wasserkörper wurden 2350 bis 4200 Trichome · ml^{-1} gezählt. An der Wasseroberfläche, in den Buchten und ufernahen Bereichen waren dichte Aufrahmungen konzentriert. Die in Tab. 1 zusammengestellten Zahlen können demnach nur als Richtwerte für das Pelagial gelten.

Die vorliegende Population setzte sich aus relativ gedrungenen Trichomen zusammen und unterschied sich dadurch von ungarischen Funden (HEGEWALD et al. 1975). Die Fäden enthielten in der Regel nur 3—7 tonnenförmige, schwach gekrümmte Zellen, eine kugelige Heterocyste und eine breit ellipsoidische Dauerzelle und waren höchstens einfach gewunden bzw. bestanden meistens nur aus 1/2 bis 3/4 Windungen. Zelldimensionen: Zelle 5,5—10 × 4—6,5 µm; Heterocysten 4,5—6 µm im Durchmesser; Dauerzellen 9,5—11 × 7,5—9 µm.

Zu dieser dominanten Art gesellten sich im Goldberger See noch mehrere weitere Cyanophyceen, die nachfolgend einer Betrachtung unterzogen werden, sowie Vertreter verschiedener anderer Algengruppen (vgl. Tab. 1).

Anabaena solitaria KLEBAHN 1895 f. *planctonica* KOMÁREK 1958
(Taf. If)
Diese Cyanophycee verursachte im Sommer 1981 im Teufelsloch eine Wasserblüte. Nunmehr wurde sie auch vereinzelt im Goldberger See gefunden. Auf Grund der breit ovalen Arthrosporen war die Einordnung der forma möglich — man vergleiche dazu die Differenzmerkmale

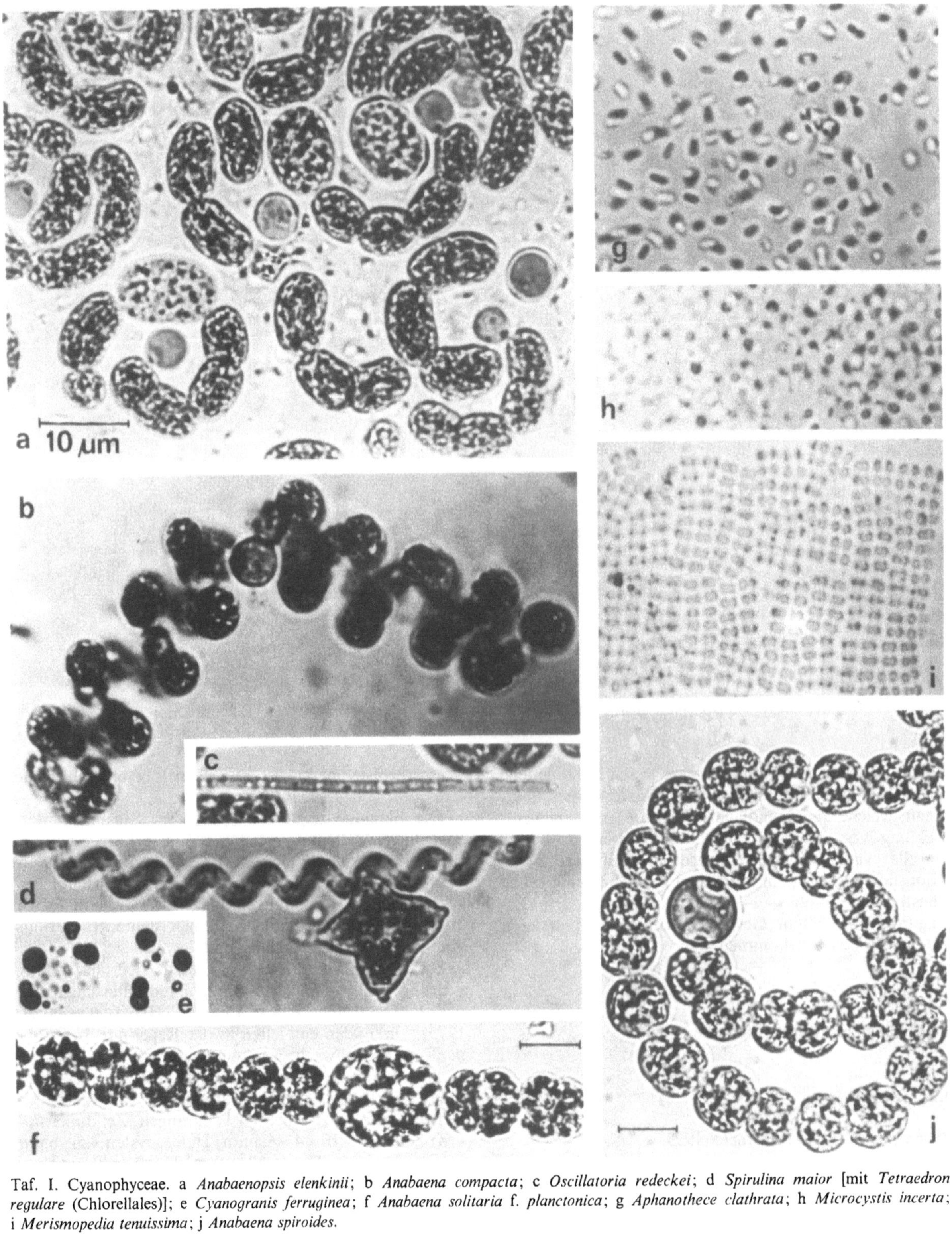

Taf. I. Cyanophyceae. a *Anabaenopsis elenkinii*; b *Anabaena compacta*; c *Oscillatoria redeckei*; d *Spirulina maior* [mit *Tetraedron regulare* (Chlorellales)]; e *Cyanogranis ferruginea*; f *Anabaena solitaria* f. *planctonica*; g *Aphanothece clathrata*; h *Microcystis incerta*; i *Merismopedia tenuissima*; j *Anabaena spiroides*.

der verschiedenen Formen bei Komárek (1958) und Nygaard (1976). Zelldimensionen: Zellen 9—10,5 × 10 bis 12 µm; Heterocysten 11—14 µm; Arthrosporen 19—24 × 16—18 µm.

Anabaena spiroides Klebahn 1895
(Taf. I j)
Zellen 9—12 × 10—13 µm; Heterocysten 11—14 µm; Arthrosporen 20—25 × 12—14 µm.

Anabaena compacta (Nygaard 1949) Hickel 1985
(Taf. I b)
Ursprünglich wurde diese Blaualge als *Anabaena spiroides* var. *minima* f. *compacta* Nyg. geführt. Sie wurde von Nygaard in hocheutrophen dänischen Seen und von Hickel (1982) in einem hypertrophen holsteinischen See gefunden und in Kultur genommen. Nach ausführlichen Studien kommt Hickel (1985) zu der Schlußfolgerung, daß es sich um eine selbständige Art handelt.

A. compacta, die ebenfalls aus dem Arendsee gemeldet wurde (RÖNICKE, mündl. Mitt.), kam vereinzelt im Goldberger See vor. Die Trichome bildeten bis zu 15 Windungen. Die Zelldimensionen betrugen 5 × 4,5 µm. Heterocysten hatten einen Durchmesser von 5,5 µm. Andere Zellformen konnten nicht beobachtet werden.

Oscillatoria aghardii GOMONT 1892
Trichomstärke 6—7 µm. Phycoerythrinfrei.

Oscillatoria redeckei VAN GOOR 1918
(Taf. Ic)
Trichome etwa 1,5 µm dick.

Spirulina maior KÜTZING ex GOMONT 1892
(Taf. Id)

Das Vorkommen von *Spirulina*-Arten im Plankton ist selten (KOMÁREK 1958). Möglicherweise wurden die „planktischen“ Funde im Goldberger See durch Turbulenzen im Flachwasser vom Bodenschlamm aufgetrieben. Die Trichome waren 2—2,5 µm dick und regelmäßig spiralig gewunden. Die 5 µm breiten Windungen waren etwa 6 µm voneinander entfernt. Damit liegen die Zelldimensionen etwas höher als die von GEITLER (1925) für die Art angegebenen Maße.

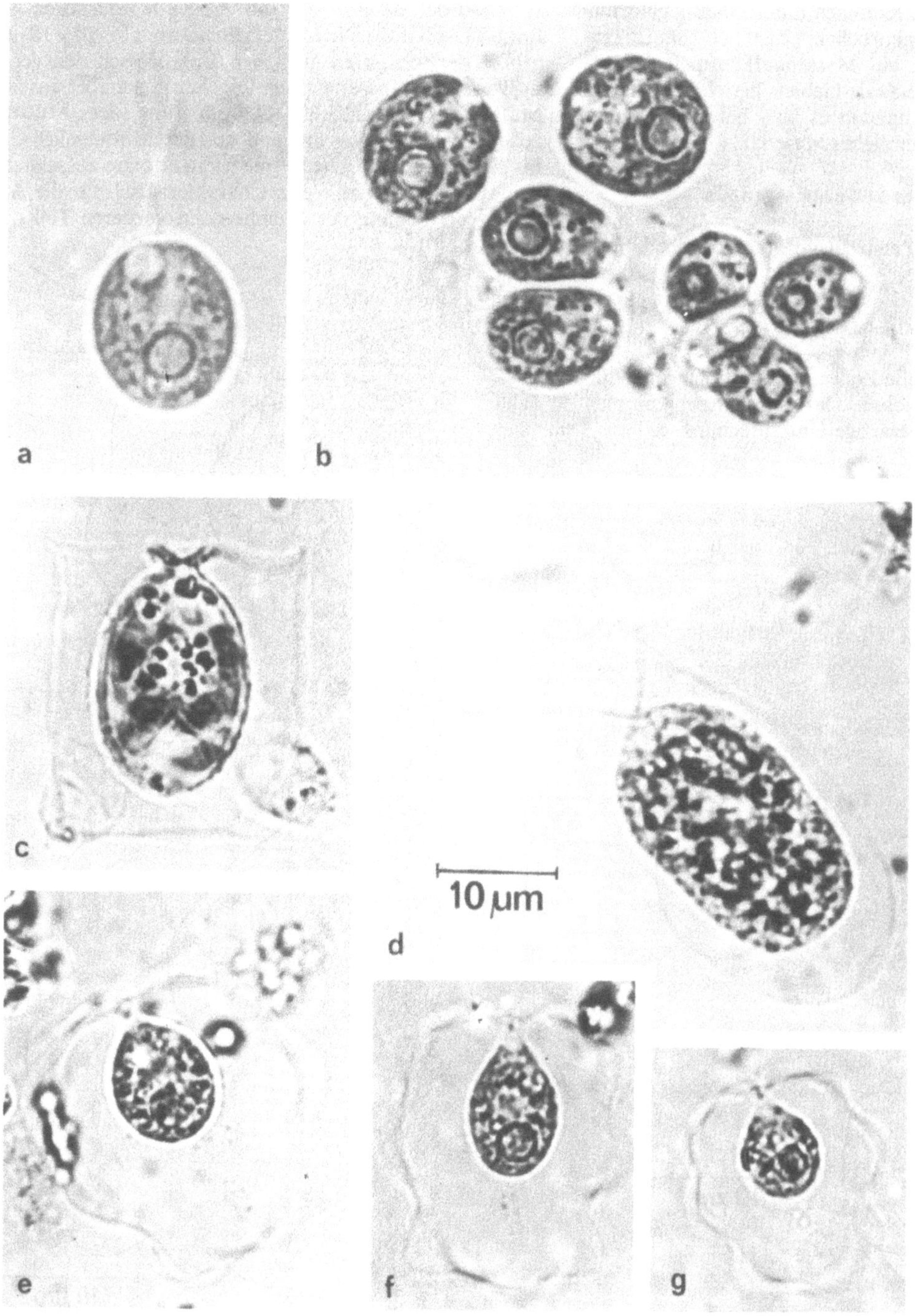

Taf. II. Chlamydophyceae. a, b *Chlamydomonas petasus*; c *Pteromonas aculeata*; d *Sphaerellopsis cylindrica*; e—g *Lobomonas ampla* var. *mammilata*.

Cyanogranis ferruginea (WAWRIK 1963) HINDÁK 1982 (Taf. Ie)
Der Erstnachweis dieser Blaualge für das Gebiet der DDR (noch unter dem Namen *Microcystis ferruginea* WAWRIK) geht auf HEYNIG (1970) zurück. HINDÁK (1982a) gibt eine ausführliche Beschreibung und Diskussion der Merkmale dieser Art und begründet die neue Gattung *Cyanogranis* auf Grund der Bildung brauner Körper aus Eisenverbindungen in den Kolonien.

Die Proben aus dem Kreuzsee und dem Goldberger See enthielten zahlreiche kleine Kolonien aus 10 bis 20 Zellen (0,7—1,8 µm groß) und mehreren kräftigen rundlichen Einschlüssen aus Eisenverbindungen.

Aphanothece clathrata W. et G. S. WEST 1906 (Taf. Ig)
Zellen 1,5—2,5 × 1 µm. Kolonien unregelmäßig geformt, nicht netzförmig durchbrochen. Ziemlich häufig im Goldberger See. Über ein Massenaufkommen von *A. clathrata* (?) im Elbe-Saale-Gebiet berichtet HEYNIG (1979). Offensichtlich handelt es sich bei vorliegenden Funden um ein recht ähnliches Material.

Merismopedia tenuissima LEMMERMANN 1898 (Taf. Ii)
Zellgröße 1,5—2 µm. Zerstreut im Plankton der Untersuchungsgewässer.

Microcystis incerta LEMMERMANN 1907 (Taf. Ih)
Kugelige, 1—3 µm große Zellen, dicht zu mehreren 100 in Gallerten zu formlosen oder rundlichen Kolonien gelagert, diese ohne netzartige Unterbrechungen.

4.2. Chlorophyta

Chlamydomonas petasus ETTL 1965 (Abb. 5a, b; Taf. IIa, b)
C. petasus ist bisher nur aus dem locus classicus bekannt — ETTL (1965) isolierte die Alge aus dem Wasser und Schlamm eines kleinen, leicht eutrophen Weihers in Nordmähren (ČSSR).

Die Massenentwicklung in einem Restloch des Flutrinnenbereiches der Alten Elbe konnte von Anfang August bis Mitte September 1986 beobachtet werden. Dabei wurden bis zu 94200 Individuen · ml^{-1} gezählt, was einer Biomasse von 84,8 mg · l^{-1} entsprach. Die ellipsoidischen Zellen erreichten im vegetativen Stadium Dimensionen von 10—14 × 7—12,5 µm. Neben den von ETTL erwähnten Mutterzellen mit 4 Zoosporen (Taf. IIb), wurden auch solche mit 2 oder 8 Zoosporen gefunden (Abb. 5b). Die Mutterzellen waren bis 20 × 18 µm groß. Die Zoosporen glichen morphologisch den vegetativen Zellen und erreichten folgende Ausmaße: aus 2er Mutterzellen 9—12 × 8,5—9,5 µm, aus 4er Mutterzellen 9—11,5 × 8—9 µm und aus 8er Mutterzellen 7,5 bis 10 × 6,5—8 µm. Die Vermehrung erfolgte ausschließlich auf vegetativem Wege. Charakteristisch für die Art ist die Verdickung der Membran im vorderen Teil der

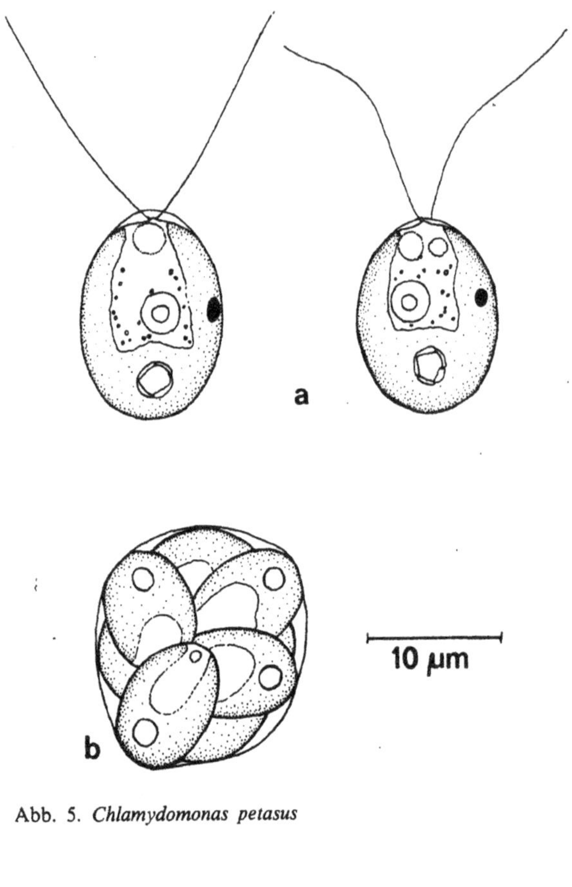

Abb. 5. *Chlamydomonas petasus*

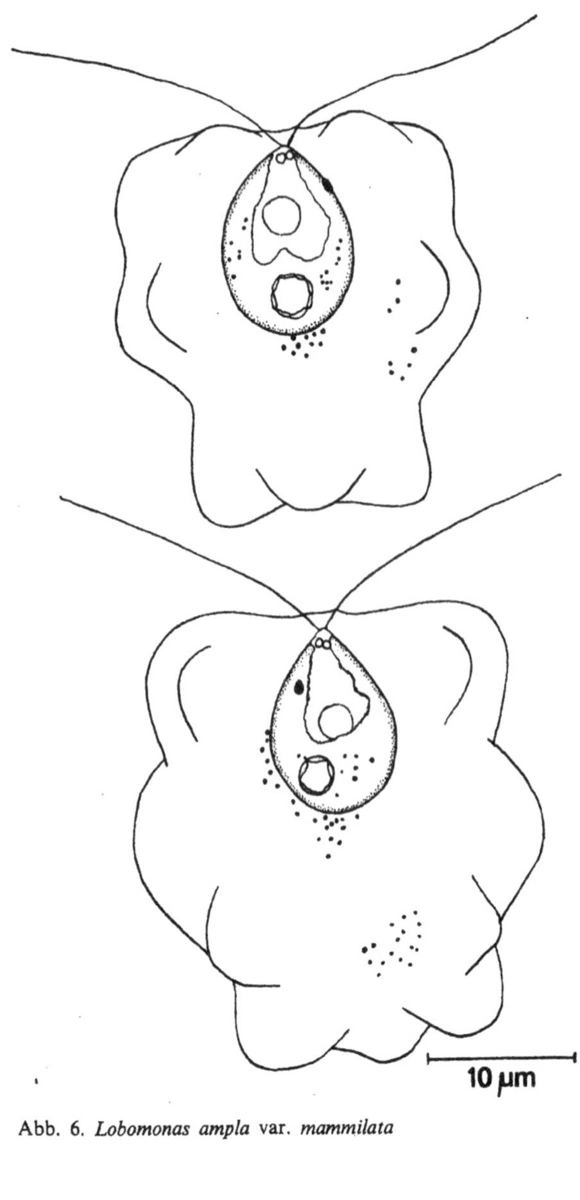

Abb. 6. *Lobomonas ampla* var. *mammilata*

Zelle. In diese Erweiterung ragt eine kleine Plasmapapille hinein. Die zellanatomischen Merkmale zeigten weitgehende Übereinstimmung mit den Angaben von ETTL: massiver topfförmiger Chloroplast mit stark ausgeprägtem Basalstück, relativ großes, basal liegendes Pyrenoid, zwei pulsierende Vakuolen, Stigma in halber Zellhöhe.

Lobomonas ampla PASCHER 1927 var. *mammilata* (SWIRENKO) KORŠIKOV 1938
(Abb. 6; Taf. IIe—g)

L. ampla ist recht selten (Österreich, ČSSR, Ungarn). Die var. *mammilata* wurde bisher in der UdSSR (Ukraine) und im ungarischen Teil der Donau (FELFÖLDY 1985) nachgewiesen.

Dieses Taxon war auch wie die folgenden beiden Arten Bestandteil einer subdominanten Phytomonadenentwicklung in der Alten Elbe.

Lobomonas-Arten fallen durch ihre stark erweiterte und bizarr geformte Zellwand sofort ins Auge. Bei *L. ampla* ist der eiförmige Protoplast von einer Zellwand mit stumpf-welligen, sanften Ausstülpungen versehen. Speziell bei der Varietät *mammilata* ist die Zellwand am Vorderende flach abgestutzt, außerdem sollen die Zelldimensionen größer sein als bei der typischen Varietät (nach SWIRENKO bis 45 μm). Das Material aus der Alten Elbe besaß zwar die charakteristische Gestalt der var. *mammilata*, allerdings handelte es sich um kleinere Exemplare. Der Protoplast war 10—16 × 7—10 μm groß, die gesamte Zelle inklusive Zellwand erreichte Ausmaße von 20—33 × 17—26 μm. Die Zellwand trug deutliche mamillenartige Ausstülpungen. Einige Exemplare waren im vorderen Zellwandbereich kaum abgeflacht (Taf. IIf, g) und leiteten mit ihrer Gestalt zur var. *typica* über. Der basale Teil der Zellwand war schmaler als in Höhe des Protoplasten. Unterhalb des Protoplasten und zum Teil auch an anderen Stellen waren zahlreiche rundliche ölige Einlagerungen in der Wandung zu sehen. Der becherförmige Chloroplast enthielt in seinem kräftigen Basalteil ein großes beschaltes Pyrenoid.

Pteromonas aculeata LEMMERMANN 1900
(Taf. IIc)

Nach ETTL (1983) ist *P. aculeata* ein häufiger und typischer Plankter von Teichen und Seen und in Mitteleuropa sehr verbreitet. LEMMERMANN (1900) gibt eine etwas idealisierte Abbildung. ETTL (1964) beschreibt und diskutiert die Merkmale der Art sehr ausführlich.

Die Funde von *P. aculeata* aus der Alten Elbe gehören in den von ETTL geschilderten Variabilitätsbereich. Der Protoplast war meistens breit ellipsoidisch, selten etwas eckig, 19—24 × 12—16 μm. Chloroplast mit 1—4 Pyrenoiden. Gehäuse in der Aufsicht rechteckig mit unregelmäßigen Zipfeln an jeder Ecke. Sehr zart gefeldert. 26—30 × 21—28 μm. Manchmal war das Gehäuse mit farblosen epiphytischen Organismen besetzt (Taf. IIc).

Sphaerellopsis cylindrica SKUJA 1948
(Abb. 7; Taf. IId)

S. cylindrica wurde bisher aus schwedischen Seen (SKUJA 1948) und aus Tümpeln in Österreich (ETTL 1983) gemeldet.

Zellen zylindrisch oder ellipsoidisch, seltener eiförmig. Mit Dimensionen von 31—38 × 15—19 μm lagen die Funde aus der Alten Elbe an der oberen Grenze der Angaben von SKUJA (1948). Der nach vorn kurz schnabelförmig ausgezogene Protoplast war von einer 3—6 μm mächtigen Zellwand eingeschlossen. Die Geißeln waren 22—28 μm lang. Chloroplast lang napfförmig, in einigen Zellen längs gelappt, sehr stark durch Assimilationseinschlüsse gekörnt erscheinend, so daß Pyrenoid und Stigma schwer nachzuweisen waren. Das elliptische Stigma war in der vorderen Hälfte, das Pyrenoid seitlich in einem „Lappen“ des Chromatophoren zu finden.

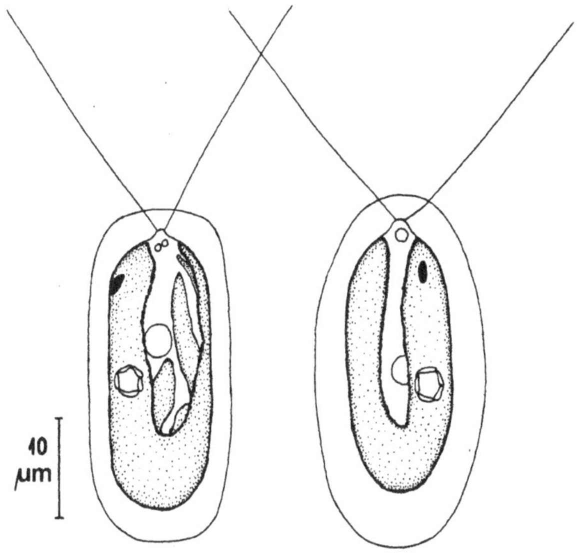

Abb. 7. *Sphaerellopsis cylindrica*

Eine wesentlich häufigere und recht ähnliche Art ist *S. fluviatilis* (STEIN) PASCHER. Sie besitzt allerdings einen längeren Protoplastenschnabel, und der Chloroplast ist nicht gelappt.

Scenedesmus grahneisii (HEYNIG 1962) FOTT 1973
(Abb. 8a—d; Taf. IIIk—m)

Obwohl über *S. grahneisii* mehrfach detaillierte Befunde publiziert wurden (HEYNIG 1962; FOTT 1973; HINDÁK & KLASOVÁ 1974; SCHMIDT & UHERKOVICH 1976; HINDÁK & HOLOD 1983; COMAS 1984; HEYNIG 1984; ZARENKO 1984), sind noch nicht alle Geheimnisse dieser Art gelüftet — so wurde z. B. noch niemals ein Vermehrungsstadium beobachtet. In diesem Zusammenhang erschien die Untersuchung einer Massenentwicklung von *S. grahneisii* im Kreuzsee von Interesse. Ende Juni 1986 wurden in diesem Gewässer 11600 Coenobien · ml^{-1} gefunden. Über derartige Massenentwicklungen wurde bisher noch nicht berichtet — SCHMIDT & UHERKOVICH (1976) fanden bis zu 450 Coenobien · ml^{-1}. Im Kreuzsee waren fast ausschließlich zweizellige Verbände zu beobachten, nur ganz ver-

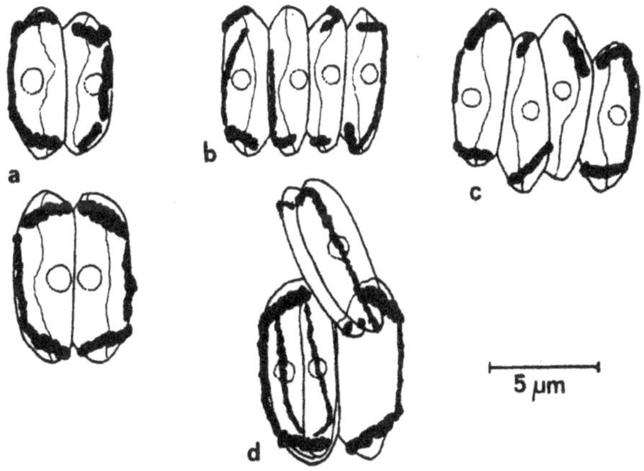

Abb. 8. *Scenedesmus grahneisii*

einzelt gab es Vierercoenobien. Letztere waren in der Regel linear aufgebaut, doch tauchten auch einige leicht alternierende Coenobien auf (Taf. III m), wie sie HINDÁK & KLASOVÁ (1974) sowie HINDÁK & HOLOD (1983) schon fanden.

Die Zellinkrustation war unterschiedlich ausgeprägt, fiel aber bei den meisten Zellen bemerkenswert kräftig aus. In etwa 80% der Fälle wurden stark entwickelte C-förmige Leisten beobachtet. Warzige Granula wurden dagegen weniger gebildet. Die Zelldimensionen betrugen 6—9 × 2,5—4 µm. Ein Pyrenoid war fast immer distinkt. Eine von HINDÁK & KLASOVÁ erwähnte Gallerthülle konnte in Übereinstimmung mit HEYNIG (1984) nicht nachgewiesen werden.

An drei Exemplaren konnte die Fortpflanzung untersucht werden (zwei davon sind in Abb. 8d und Taf. III l dargestellt). Die freiwerdenden Sporen besaßen bereits kräftige Inkrustationsleisten und waren mit 2,5 bis 3,5 × 6—7 µm nur geringfügig kleiner als die Mutterzellen (ca. 7—9 × 4 µm). Es handelte sich jeweils um zweizellige Coenobien. Jede Mutterzelle bildete wiederum ein zweizelliges Tochtercoenobium, welches durch eine Öffnung am Mutterzellpol freiwurde. Dieser Modus wirft einige Probleme der Wichtung diakritischer Merkmale auf. Einerseits ist die Einordnung der Art in die Gattung *Didymocystis* KORŠ., wie sie ursprünglich HEYNIG (1962) vornahm, auf Grund des Vorkommens von vierzelligen Coenobien nicht möglich. Andererseits ist aber für die Gattung *Scenedesmus* das Freiwerden der Tochterindividuen durch einen lateralen Riß charakteristisch, was COMAS & KOMÁREK (1985) im Zusammenhang mit der Abgrenzung der Gattung *Steinedesmus*, die sich ebenfalls durch polare Mutterzellwandöffnungen auszeichnet, unterstreichen. Die polnahen Mutterzellöffnungen stimmen auch mit Befunden an *Dicellula inermis* FOTT 1941 [= *Didymocystis inermis* (FOTT) FOTT 1973] überein. Interessanterweise veröffentlicht jedoch FOTT (1973) unter *Didymocystis inermis* die Abbildung eines Muttercoenobienrestes mit völlig aufgerissenen Flanken (loc. cit. p. 4, fig. 3a). Gibt es bei dieser Art sowohl polare als auch laterale Öffnungen, oder handelt es sich um zwei verschiedene Species? Polare Mutterzellwandöffnungen wurden ebenfalls bei *Didymocystis inconspicua* KORŠ. beobachtet (KRIENITZ 1984a). Es ist also von Interesse, weitere Beobachtungen zur Fortpflanzung von *S. grahneisii* und verschiedener *Didymocystis*-Arten zu sammeln. Sollte der Fall eintreten, daß innerhalb einer Art beide Fortpflanzungstypen auftreten, dann fiele dieses Merkmal als gattungsdifferenzierendes Kriterium innerhalb der Scenedesmaceae aus. Derartige Untersuchungen wären günstigerweise an Kulturmaterial durchzuführen.

Catena viridis CHODAT 1900
(Abb. 9; Taf. III a—c)
C. viridis ist eine relativ seltene ulotrichale Alge, die aus Standgewässern und Flüssen der gemäßigten Zone Europas und Amerikas gemeldet wurde. HINDÁK (1977) stellt die bisherigen Funde zusammen und diskutiert sie. Dabei unterstreicht er, daß keine der Beobachtungen der verschiedenen Autoren vollständig mit der Originaldiagnose übereinstimmt und daß sie auch untereinander in einigen Merkmalen differieren. Der Erstnachweis für das Gebiet der DDR geht auf HEYNIG (1970) zurück. Das vorliegende Material aus dem Kreuzsee, dem Goldberger See und der Alten Elbe stimmte auch habituell mit den Befunden dieses Autors überein. Ergänzend konnte an einigen Zellen und Filamenten Schleim nachgewiesen werden. In den beiden innerdeichs gelegenen Gewässern trat die Alge im Frühsommer 1986 zahlreich auf, erreichte aber nicht die maximalen Werte des Monats August 1982 (13500 Zellen · ml^{-1} im Goldberger See).

Die kurzzylindrischen Zellen waren 2—4 µm lang und 2—2,8 µm breit. Sie trugen 2,5—3,2 µm breite und ca. 1 µm dicke, dunkelbraune Inkrustationswülste an den Polen, die kurz nach der Zellteilung an einem oder an beiden Polen auch etwas kleiner und zarter ausgeprägt sein konnten, mitunter auch fehlten. Die Zellen traten überwiegend solitär auf, vereinzelt wurden Fäden aus 2—4 Zellen gefunden.

Geminella verrucosa nov. spec.
(Abb. 10; Taf. III i)
Vereinzelt trat im Goldberger See eine ulotrichale Alge auf, die besonders durch die Form der Trichome und die zerstreut granulierten Zellen auffiel. Meines Erachtens handelt es sich um eine neue Art der Gattung *Geminella* TURPIN.

Die Zellen sind zylindrisch mit deutlich abgerundeten

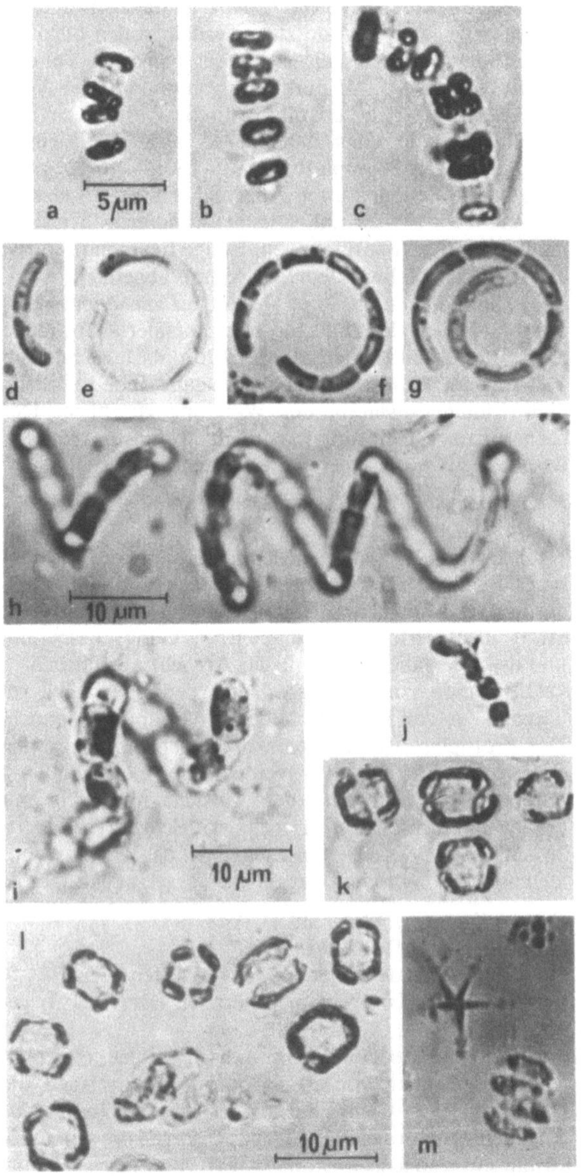

Taf. III. Ulotrichales. a—c *Catena viridis*; d—h *Gloeotila contorta*; i *Geminella verrucosa*; j *Marvania geminata*. Chlorellales. k—m *Scenedesmus grahneisii* (m mit *Planctomyces bekefii*).

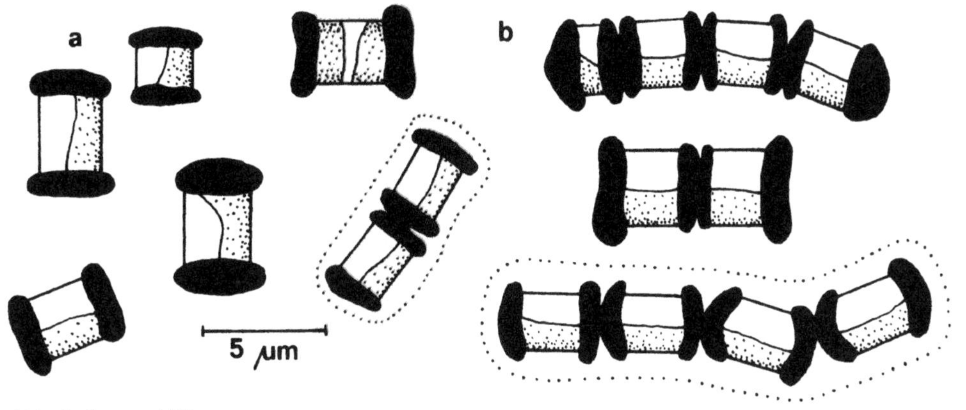

Abb. 9. *Catena viridis*

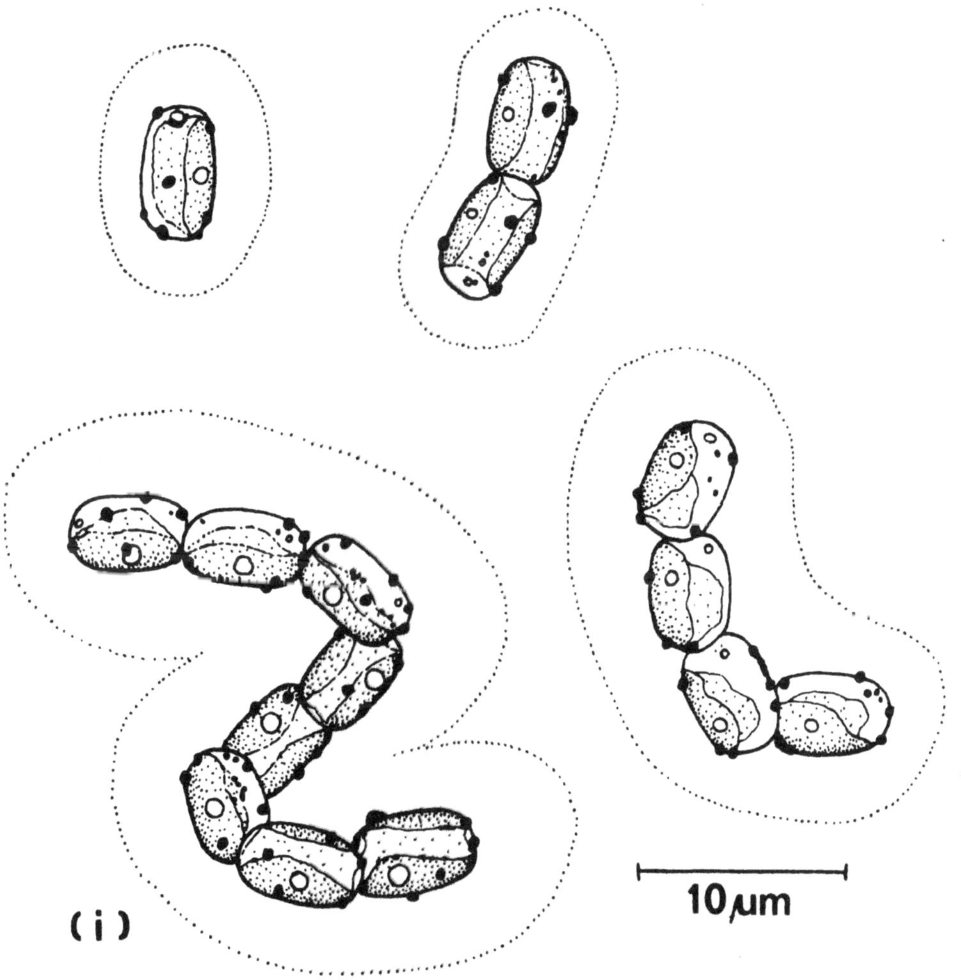

Abb. 10. *Geminella verrucosa*

Enden, 5—7 × 3,5—4,5 µm. In jeder Zelle befindet sich ein breit bandförmiger Chloroplast, der etwa die Hälfte der Wandung auskleidet und die Zellenden freiläßt. Der Chromatophor ist mit einem Pyrenoid ausgestattet. Auf der Zellwand sind rundliche, dunkelbraune Granula in unregelmäßiger Anordnung gelagert.

Die Zellen sind meistens in kurzen Trichomen aus 2—8 Zellen angeordnet, aber auch einzelne Zellen treten auf. Längere Trichome sind spiralig gewunden (höchstens 1,5 Windungen) und von einer Schleimhülle umgeben, die zuweilen von Bakterien besiedelt ist. Innerhalb der Fäden berühren sich die benachbarten Zellen leicht mit ihren abgerundeten Enden; nach HINDÁK (1982b) lagern bei der Gattung *Geminella* die Zellen locker innerhalb der Gallertscheide, lediglich im Stadium der intensiven Zellteilung soll es zur Berührung der Zellen kommen. Nach HEERING (1914) gibt es in der Gattung *Geminella* Vertreter mit voneinander getrennten Zellen, aber auch solche mit zusammenhaftenden Zellen — dabei ist jedoch die Berührungsfläche gering.

G. verrucosa hat eine gewisse Ähnlichkeit mit *Hortobagyiella verrucosa* (HEYNIG) HINDÁK, unterscheidet sich aber durch größere Zelldimensionen, spiralige Filamente, den Besitz von Schleim und ein Pyrenoid.

Diagnose: Cellulae in filamentis natantes, inter se conjunctae. Filamenta sigmoidea, 2—8 cellularibus, cum tegumento gelatinoso circa cellulas 3—6 µm lato. Cellulae cylindriformes polis rotundatis, 5—7 × 3,5—4,5 µm. Chloroplastum unum, parietale, taeniiforme, cum pyrenoide. Membrana cellularis per totam superficiam irregulariter granulata. Granulae globosae. Propagatio vegetativo per divisionem cellularum.

Habitatio: In plancto lacus „Goldberger See", Steckby-Lödderitzer Forst, DDR.

Iconotypus: Figura nostra 10 (i).

Gloeotila contorta CHODAT 1900
(Taf. III d—h)
G. contorta wird in der Literatur wenig erwähnt. CHODAT (1900) synonymisiert die Art mit der Blaualge *Lyngbya contorta* LEMMERMANN. Eingehender wurde *G. contorta* von SKUJA (1956) untersucht.

Im Goldberger See stellte die Alge mit 7500 Zellen · ml^{-1} den Hauptanteil der subdominanten Ulotrichalen-Population. In der Alten Elbe (westlicher Teil) trat sie vereinzelt auf.

Die spiralig gewundenen Fäden bestanden meistens nur aus 1—2 Windungen, seltener wurden 5 Windungen gezählt (Taf. III e). Vereinzelt zerfielen die Trichome auch in wenigzellige Einheiten (Taf. III a). Die zylindrischen, an den Enden leicht abgerundeten Zellen waren 1,5—2 µm dick und 3—9 µm lang. Innerhalb der Fäden konnte es Differenzen in der Länge der einzelnen Zellen geben (Taf. III b). Die Windungen waren 12—18 µm breit und 8—17 µm voneinander entfernt. Wesentliche Parameter stimmten demzufolge mit Angaben von SKUJA überein, jedoch lag die Zelldicke oberhalb der Angaben dieses Autors (SKUJA erwähnt 1,2—1,5 µm dicke Zellen).

Innerhalb der Zelle war ein pyrenoidloser, plattenförmiger Chloroplast einseitig wandständig gelegen. Ein oder zwei auffällig dunkel gefärbte Öltropfen waren in der Nähe der Pole lokalisiert.

Marvania geminata HINDÁK 1976
(Abb. 11 a—d; Taf. III j)
Diese interessante Alge mit dem besonderen knospungsartigen Vermehrungsmodus wurde bisher nur aus der ČSSR, Kuba (HINDÁK 1976; HINDÁK & HOLOD 1983)

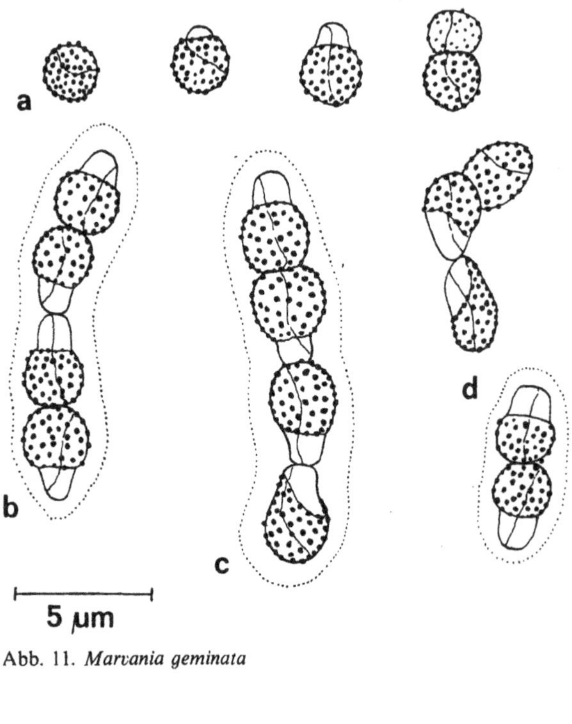

Abb. 11. *Marvania geminata*

und aus der DDR (HEYNIG 1980; KRIENITZ 1984a) gemeldet.

In den Gewässern des Steckby-Lödderitzer Forstes fand ich sie 1986 zum ersten Mal und zwar vereinzelt in der Alten Elbe (westlicher Teil) und mehrfach im Kreuzsee. Hierbei verdient es hervorgehoben zu werden, daß neben zahlreichen Einzelzellen mit den typischen „Knospen" (Abb. 11 a) auch 4-zellige Pseudofilamente, wie sie HINDÁK (1976) nur unter Kulturbedingungen beobachten konnte, auftraten (Abb. 11 b). Dabei kam es allerdings zu Unregelmäßigkeiten im Teilungsgeschehen (Abb. 11 c, Taf. III j), so daß nicht immer die typischen Zellreihungen in den Ketten vorlagen (vgl. Entwicklungsschema bei HINDÁK 1976, Pl. 4, p. 266).

Die Zellwände waren stark inkrustiert. Der Durchmesser der Einzelzellen (ohne Knospe) betrug 2—3 µm. Im Unterschied zur Originalbeschreibung erschienen an einigen Exemplaren aus dem Kreuzsee die Knospen etwas abgestutzt.

4.3. Conjugatophyceae

Closterium acutum BRÉBISSON in RALFS 1848 var. *variabile* (LEMMERMANN 1896) W. KRIEGER 1935
(Taf. VII a, b)
RŮŽIČKA (1977) ordnet *C. acutum* var. *variabile* als ausgesprochenen Euplankter ein, der in neutralen bis mäßig alkalischen Gewässern mit eutrophem Charakter Vegetationsfärbungen hervorrufen kann und in Mitteleuropa häufig vorkommt.

Die var. *variabile* ist durch oftmals sichelförmig oder unregelmäßig gekrümmte Zellen gekennzeichnet. Vorliegendes Material aus dem Schmiedesee besaß regelmäßig sanft gebogene Zellen. Meistens waren mehrere Zellen zusammengeklebt. Zelldimensionen: 70—115 × 3—5,5 µm.

Cosmarium pygmaeum ARCHER 1864 var. *apertum* SKUJA 1956
(Taf. VII c—f)

C. pygmaeum ist eine häufige, weltweit verbreitete Alge in dystrophen und mesotrophen Sumpf-, Wiesen- und Gebirgstümpeln und erreicht dort oftmals Massenentwicklungen. Weniger häufig ist sie in größeren Gewässern zu finden (zusammenfassend bei FÖRSTER 1983). Sie ist sehr polymorph, die kleinen Anschwellungen auf der Zellwand können manchmal reduziert sein. Daher kann es zu Verwechslungen und Unsicherheiten über die infraspezifische Zuordnung kommen.

Ein weniger zahlreiches Auftreten im Caplansee, das aber auf Grund seiner Regelmäßigkeit während der gesamten Sommermonate im ohnehin gering besiedelten Gewässer auffiel, bereitete bei der Determination Schwierigkeiten. Die größte Übereinstimmung war mit *C. pygmaeum* var. *apertum* SKUJA zu erzielen. Diese Varietät ist bis jetzt nur aus Schweden bekannt und wird auch nicht in der Monographie von FÖRSTER geführt. Erwähnung findet dieses Taxon allerdings bei KRIEGER & GERLOFF (1965).

Nach SKUJA (1956) unterscheidet sich die var. *apertum* vom Typus durch die geringere Größe, den weiter geöffneten Sinus, die trapezförmigen Halbzellen und durch das Fehlen von frontalmedianen Membranprotuberanzen.

Das Material aus dem Caplansee besaß folgende Merkmale: Zellen 7—8 × 5—6,5 µm. Halbzellen oftmals ungleich groß und auch etwas voneinander verschieden oval bis trapezartig geformt. Sinus weit U- oder V-förmig, niemals so eng wie beim Typus. Als Zellwandornamente traten fakultativ zwei kleine Zähnchen an den Außenecken jeder Halbzelle auf. Die Zellen lagerten in einer zarten, strukturlosen, bis zu 15 µm weiten Gallerthülle.

Die Population vermehrte sich überwiegend durch Zellteilung (Taf. VIIe). Sporadisch wurden Zygoten beobachtet (Taf. VIIf).

Offensichtlich ist diese Varietät in der DDR weiter verbreitet. So berichtet CARMIENKE (in litt.) von einem ganzjährigen Massenaufkommen in der Kiesgrube Ammelshain (Bezirk Leipzig). Eine freundlicherweise von Frau CARMIENKE zur Verfügung gestellte Probe enthielt massenhaft Zellen von *C. pygmaeum* var. *apertum*.

Mougeotia cf. *talyschensis* (WORONICHIN 1926) CZURDA 1932
(Taf. IVa—c)

M. talyschensis ist bisher nur aus dem Kaukasus und der Mandschurei bekannt.

In den Zygnemalen-Watten des Caplansees lagen vegetative Zellen reichlich vor, Zygoten hingegen wurden nur im August in einigen Exemplaren gefunden. Färbung und Entwicklung des Mesospors ließen darauf schließen, daß es sich um reife Entwicklungsstadien handelte.

Die vegetativen Zellen waren 14—16 µm breit und recht verschieden lang (bis 125 µm). Es waren in jeder Zelle 7—9 Pyrenoide in Reihe auszumachen. Mitunter waren die Enden der vegetativen Zellen stark angeschwollen (Taf. IVb); es handelt sich hierbei wohl um Abnormitäten.

Art und Weise der Konjugation ließen eine Zuordnung in die Sektion *Mesocarpus* (HASSALL) WITTROCK zu. Sie verlief leiterförmig. Die Zygoten lagerten im Konjugationskanal und ragten so weit in die Gametangien hinein, daß sie auch noch die Längswände berührten. Die Gametangien waren leicht nach innen in Richtung des Kopulationskanals durchgebogen.

Die kugelförmigen Zygoten besaßen eine 3-schichtige Wandung. Das Mesospor war gelbbraun bis braun gefärbt und mit unregelmäßig verteilten kreisförmigen Vertiefungen ausgestattet, welche einen Durchmesser von 2—3 µm hatten. Zygotendurchmesser: 36—40 µm.

Die von mir ermittelten Zelldimensionen lagen unter den Angaben von WORONICHIN (1926), der die Alge (noch als *Debarya talyschensis* bezeichnet) in einem Wassergraben einer Therme im Kaukasus fand. Dieser Autor ermittelte bei den vegetativen Zellen eine Dicke von 19,8 µm, die Zygoten besaßen einen Durchmesser von 42,9—46 µm. Leider gibt WORONICHIN keine Abbildung zu seiner Beschreibung; auch CZURDA (1932) veröffentlicht kein Bildmaterial. Die Zeichnung von SVORTZOV (zitiert nach KADŁUBOWSKA 1984) ist hinsichtlich der Struktur des Mesospors wenig aussagekräftig.

Dennoch zeigte vorliegendes Material im Vergleich zu den bisher bekannten Arten, trotz der Abweichungen in den Zelldimensionen, die meisten Übereinstimmungen mit *M. talyschensis*. *M. calcarea* (CLEVE) WITTROCK hat ein glattes Mesospor, *M. pseudocalospora* CZURDA hat wesentlich kleinere Zygoten (20 µm im Durchmesser) und *M. sphaerocarpa* WOLLE hat vegetative Zellen, die weit über 20 µm dick sind.

Spirogyra weberi KÜTZING 1843
(Taf. Va—f)

S. weberi ist eine weltweit verbreitete Art. So wurde sie aus Europa (CZURDA 1932), Nordamerika (TRANSEAU 1951), Asien (RANDHAWA 1959) und Afrika (GAUTHIER-LIÈVRE 1965) gemeldet.

In den dichten Algenwatten auf dem Caplansee waren zahlreiche Fäden von *S. weberi* enthalten, die in den Monaten Juli und August leiterförmig kopulierten. Die zylindrischen Kopulationskanäle waren ziemlich kurz und nach vorn meistens etwas verschmälert (Taf. Vf). Beide Zellen waren gleichermaßen an der Bildung der Kanäle beteiligt. Die aufnehmenden Gametangien waren leicht angeschwollen, die Zygoten ellipsoidisch geformt, mitunter an den Flanken etwas eingezogen (Taf. Vf). Das dünne, farb- und strukturlose Exospor umhüllte ein dickes, glattes, gelbbraunes Mesospor. Zygotenmaße: 66—95 × 26—35 µm.

Die 26—31 µm breiten vegetativen Zellen besaßen meistens zwei Chromatophoren, nur selten einen. Nach Angaben der Literatur sind eigentlich Zellen mit einzelnen Chromatophoren häufiger anzutreffen (KADŁUBOWSKA 1984). Auf Grund der gefalteten Querwände gehört *S. weberi* zur Sektion *Salmacis* (BORY) HANSGIRG; dieses Merkmal ist auf der Taf. Vb und e besonders deutlich zu erkennen.

Zygnema carinthiacum BECK 1929
(Taf. VIa—j)

Z. carinthiacum ist eine der häufigsten *Zygnema*-Arten und wurde in zahlreichen Ländern der Erde gefunden (zusammenfassend bei KADŁUBOWSKA 1984). Genannte Autorin ordnet zu dieser Art auch noch *Z. commune* CZURDA 1932 und *Z. exocommune* TRANSEAU 1934 als Synonyme. Meine Beobachtungen stützen diese Fusion. Am Material aus dem Caplansee kam es zur Überlappung der Merkmale dieser Arten.

Die vegetativen Fäden waren 30—37 µm breit. Zur leiterförmigen, anisogamen, monogametangialen Konjugation kam es in den Monaten Juni bis August. Der Konjugationskanal war entweder gerade oder trichterförmig in Richtung aufnehmender Zelle erweitert. Die weiblichen Gametangien schwollen nicht oder nur in Ausnahmefällen ein wenig an.

Z. carinthiacum ist offenbar in Bezug auf die Zygotengestalt eine äußerst variable Art. Selbst innerhalb eines Fadens kann dieses Merkmal stark schwanken (Taf. VIj). Die Zygoten waren kugelig, ellipsoidisch oder nahezu linsenförmig. Das Exospor war kaum sichtbar, glatt und farblos. Als reich strukturiert erwies sich das 3—4—(6)-schichtige, blau oder schmutzig graubraune (notreife?) Mesospor, das eine Mächtigkeit bis zu 7 µm erreichen konnte. Wesentlichstes Skulpturelement waren grubige, kreisförmige Vertiefungen mit einem Durchmesser von 4—6 µm. In einigen Fällen, an flachgedrückten Exemplaren, war ein zarter Kiel oder eine Rißlinie, die in einer Vertiefung der äußeren Schichten des Mesospors mündete (Taf. VIf, i — Pfeilmarkierung), zu erkennen. Die Maße der Zygoten betrugen 30—40 × 30—54 µm, abgeflachte Zygoten waren 18 bis 25 µm dick.

Im Bestimmungsschlüssel von KADŁUBOWSKA (1984) zur Sektion *Leiospermum* (CZURDA) KRIEGER, der auch *Z. carinthiacum* angehört, wird als wichtigstes diakritisches Merkmal zwischen genannter Art und *Z. mairei* GAUTHIER-LIÈVRE (bisher nur aus der Sahara bekannt) die Zahl der Schichten der Zygotenhülle genannt. *Z. carinthiacum* soll höchstens 3-schichtig sein und *Z. mairei* mehr als 3 Schichten besitzen. GAUTHIER-LIÈVRE (1965) studierte beide Arten in Afrika. Seine Abbildungen bestätigen diesen Befund (Pl. XVI, A, D). Nach meinen Beobachtungen können aber auch reife Zygotenhüllen

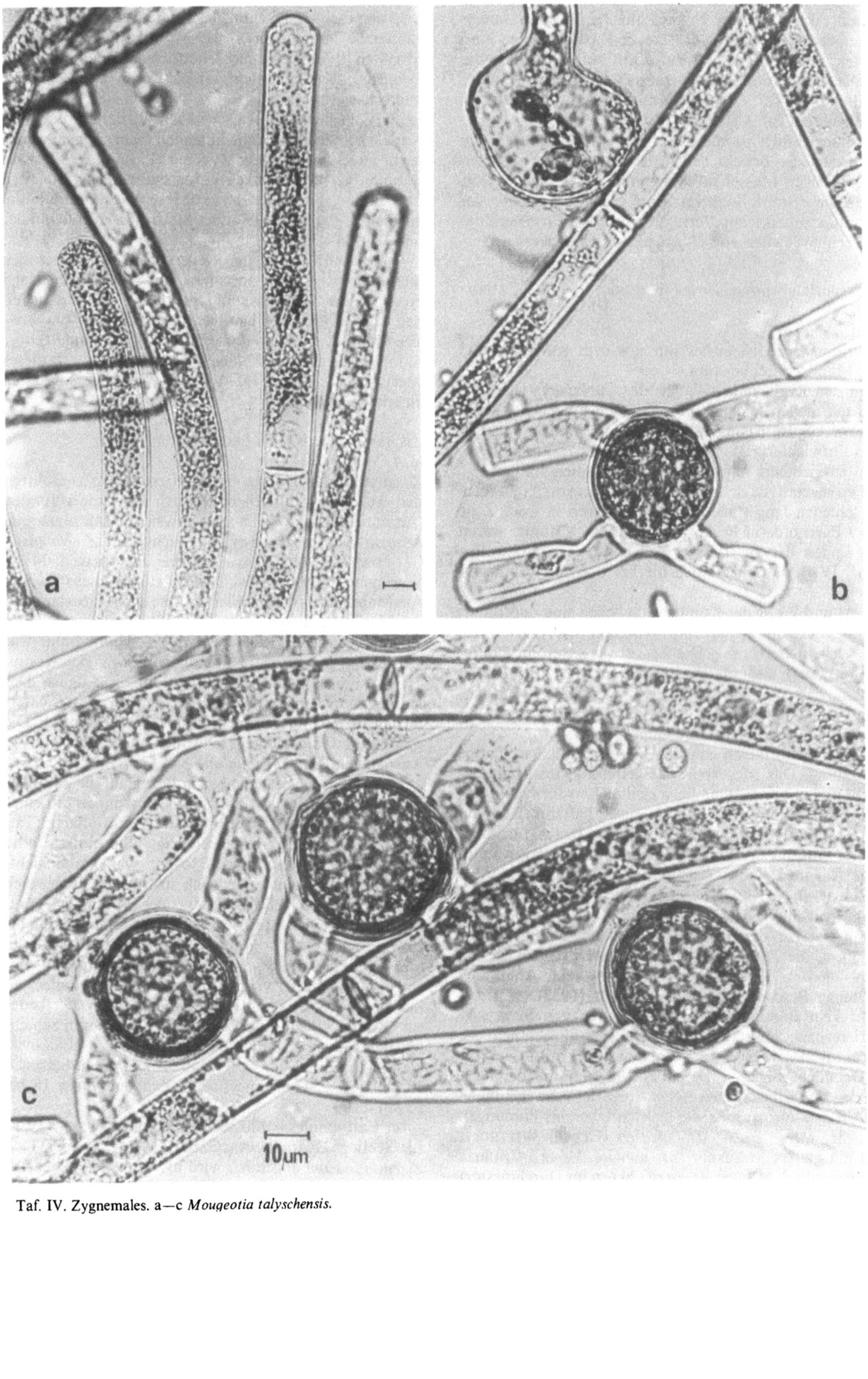

Taf. IV. Zygnemales. a—c *Mougeotia talyschensis.*

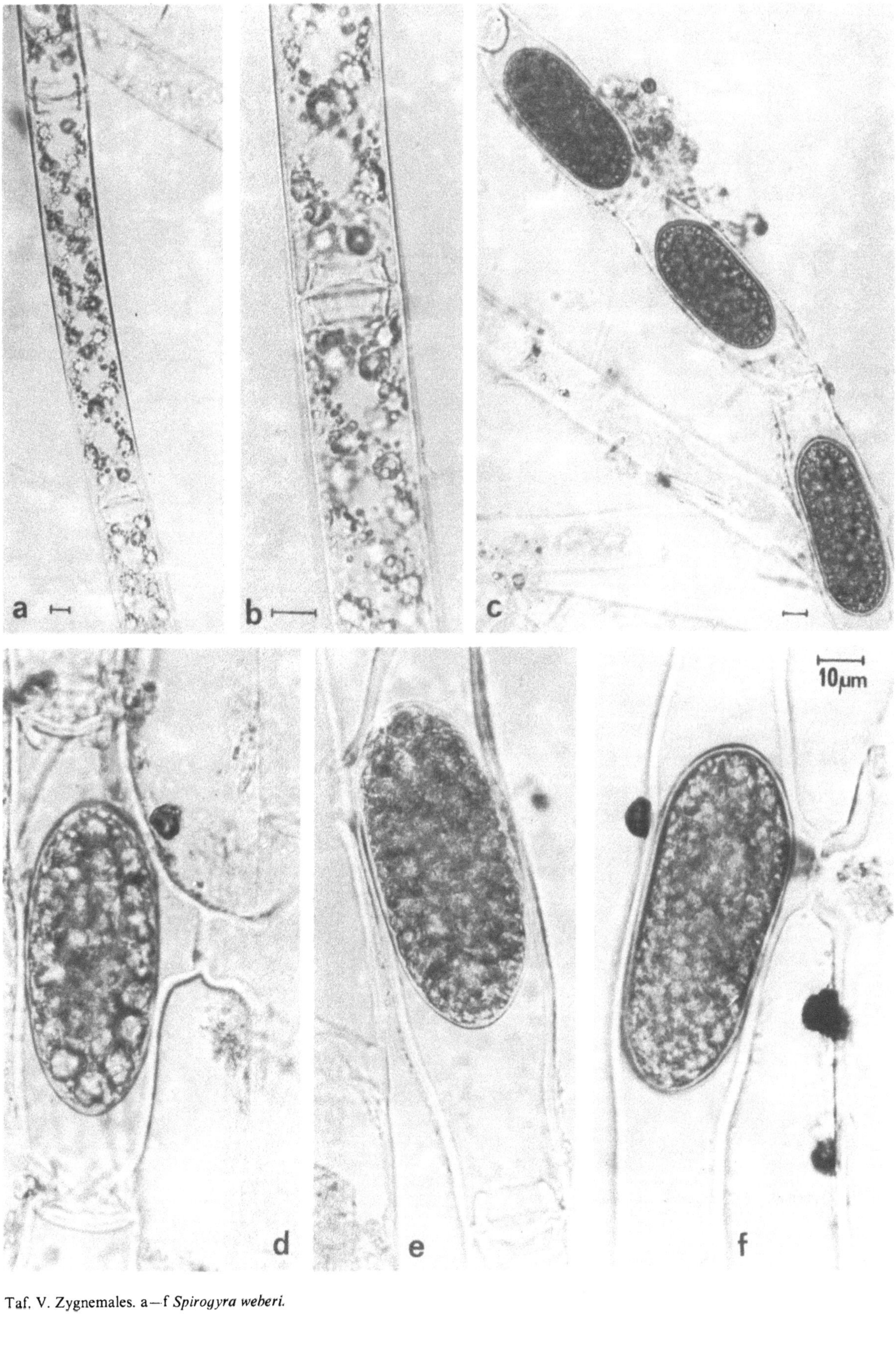

Taf. V. Zygnemales. a—f *Spirogyra weberi.*

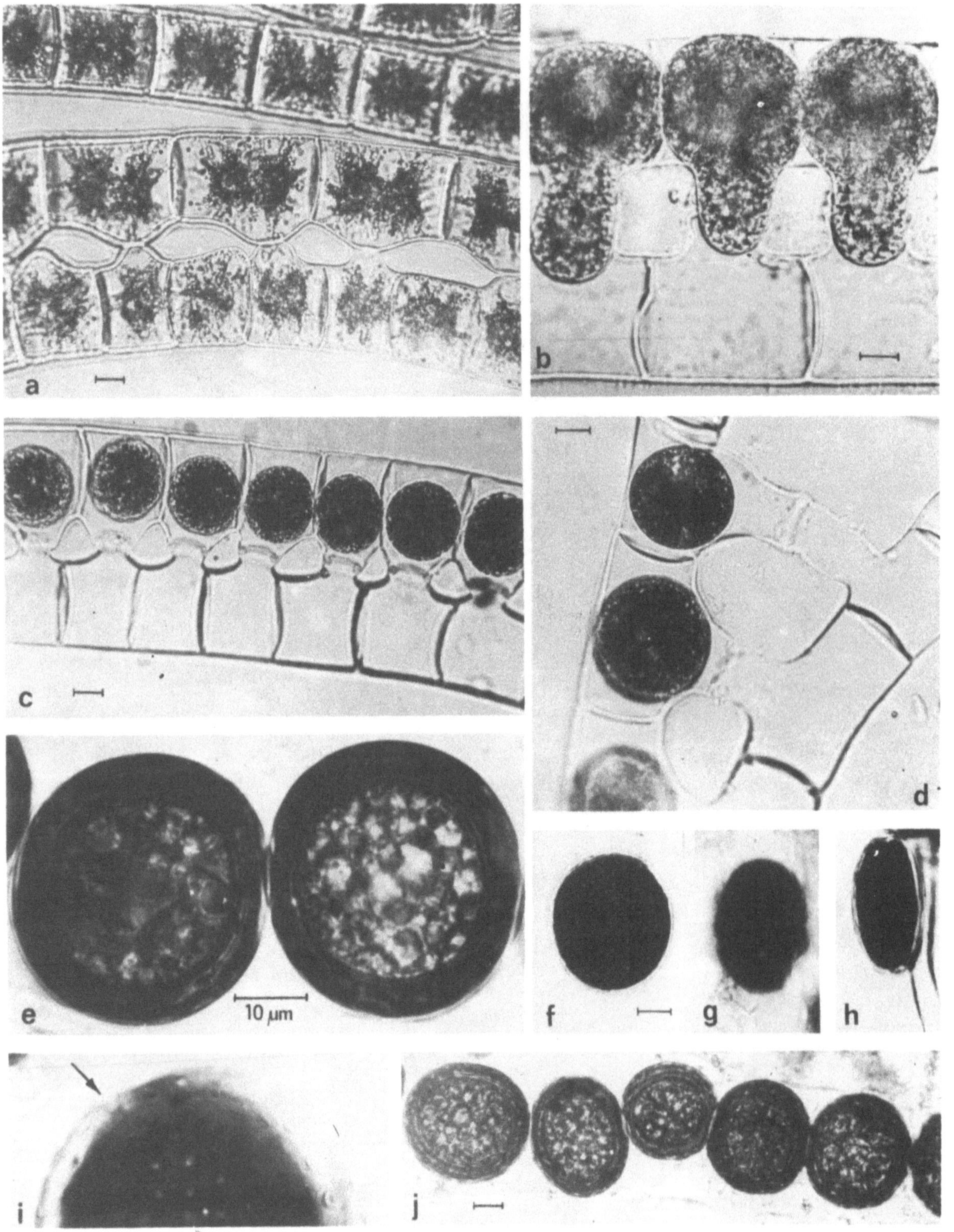

Taf. VI. Zygnemales. a–j *Zygnema carinthiacum.*

von *Z. carinthiacum* mehr als 3-schichtig sein (Taf. VIe, j). Da sich beide Arten hinsichtlich der Mesosporfärbung, der Zelldimensionen und der Fortpflanzung sehr gleichen, verbleibt als wesentliches Kriterium der kleinere Durchmesser der Mesosporvertiefungen, der bei *Z. mairei* nur bis zu 2 µm betragen soll.

4.4. Euglenophyceae

Euglena hemichromata SKUJA 1948
(Abb. 12; Taf. VIIIa—f)
FOTT & ETTL (1959) bezeichnen die Art als eine der häufigsten planktischen Euglenen. Nach POPOVA (1966) ist *E. hemichromata* kosmopolitisch und in Europa und Asien gemein vorkommend. ETTL (1980) führt die Art als epipelische Alge an.

Im Sommer 1986 wurde ein Massenaufkommen — sowohl als Vegetationsfärbung, als auch als Neustonhaut — im Steinsee beobachtet. Im freien Wasser erreichte die Zelldichte Anfang September ihr Maximum von 2300 Individuen · ml^{-1}, was einer Biomasse von 60 mg · l^{-1} entsprach.

Die metabolischen Zellen waren in Normalstellung lang-zylindrisch bis schlank-spindelig mit schief abgerundetem Vorder- und verschmälertem, abgesetzt zugespitztem Hinterende. Die Zelldimensionen lagen mit 93—138 × 18—28 µm an der Obergrenze der Angaben von SKUJA (1948) bzw. überschritten diese um 10 µm in der Länge und 6 µm in der Breite. Die Geißel war 1/2 bis 3/4 körperlang. Der Periplast der Zelle war mit einer dichten linksdrehenden Streifung versehen (Abb. 12).

Das Zellplasma zeigte die Ausbildung der Organellen in Übereinstimmung mit der Beschreibung von SKUJA. Als besonders markant sei hier nochmals hervorgehoben: die Vielzahl pyrenoidloser, scheibenförmiger, parietaler Chromatophoren, die überwiegend in der hinteren Zellhälfte lagern und die ungewöhnlich zahlreichen Paramylonkörper von unterschiedlicher Gestalt, vornehmlich im Vorderteil der Zellen. Es überwogen die scheibenartigen, leicht länger als breiten Gebilde mit einer zentralen Öffnung. Vereinzelt trat auch kleineres, zylindrisches oder körnchenförmiges Paramylum auf. Bandförmige Chloroplasten wurden nicht beobachtet, lediglich einzelne Chromatophorenscheiben waren etwas in die Länge gezogen. Durch die unterschiedliche Konzentration von Paramylonkörpern und Chromatophoren erscheint der hintere Teil der Zellen intensiver grün und der vordere blasser — was SKUJA zur Namensgebung „*hemichromata*" veranlaßte.

Im eintrocknenden Präparat ließen geplätzte Zellen erst richtig die außerordentliche Zahl der Paramylonkörner erkennen (Taf. VIIId).

Wasserproben, die länger als zwei Wochen im Labor am Nordfenster deponiert wurden, enthielten Zysten, die bisher bei dieser Art nicht zu beobachten waren. Diese kugeligen, 17—21 µm großen Stadien waren von einer zweifach geschichteten Hülle umgeben. Jede Zyste enthielt eine kugelige oder zwei halbkugelige Zellen. Oftmals waren mehrere Zysten paketartig zusammengelagert. Bei der Enzystierung platzte die Zystenwandung auf und rollte sich am Rand der Öffnung leicht ein (Taf. VIIIc).

Im Spätsommer bildete sich auf dem Steinsee in Ufer-

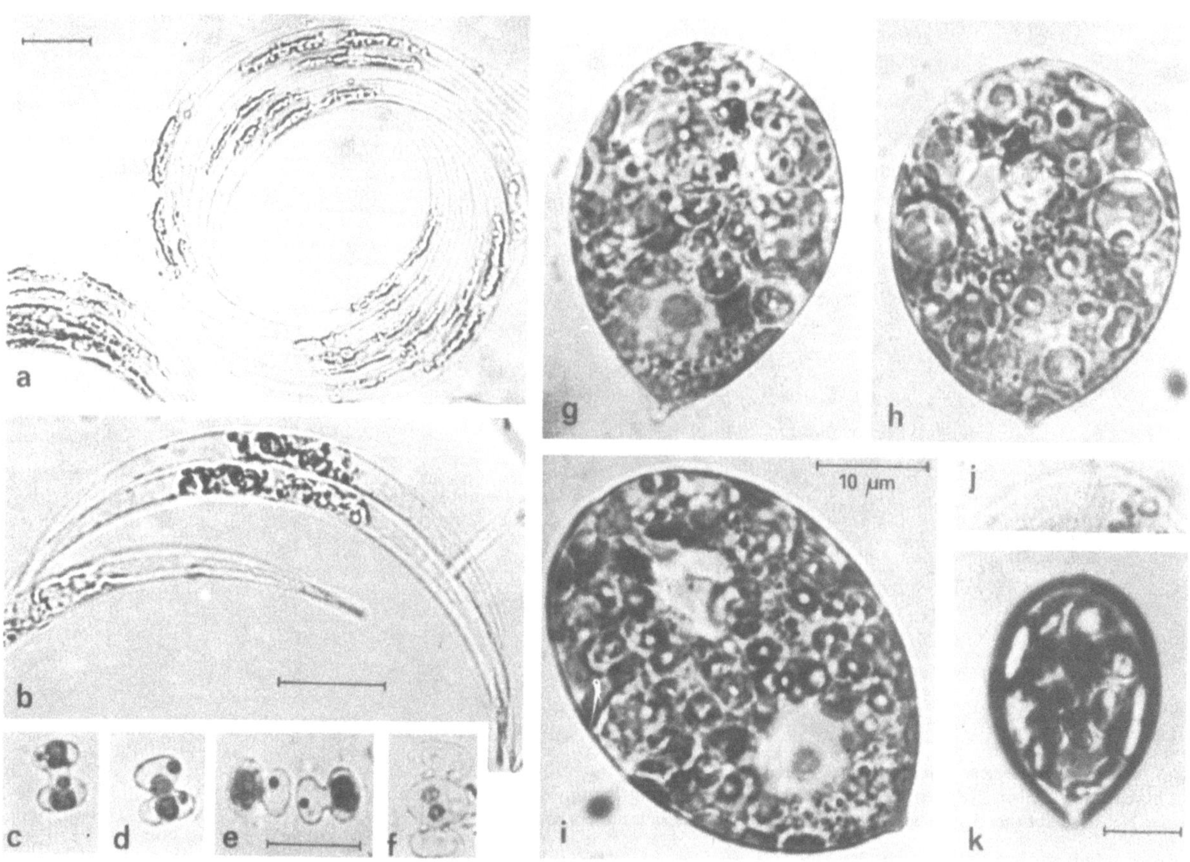

Taf. VII. Desmidiales. a, b *Closterium acutum* var. *variabile*; c—f *Cosmarium pygmaeum* var. *apertum*. Euglenophyceae. *Lepocinclis teres*, g—i Zellen im eintrocknenden Präparat; j Streifung der Zellmembran; k Zelle im frischen Präparat.

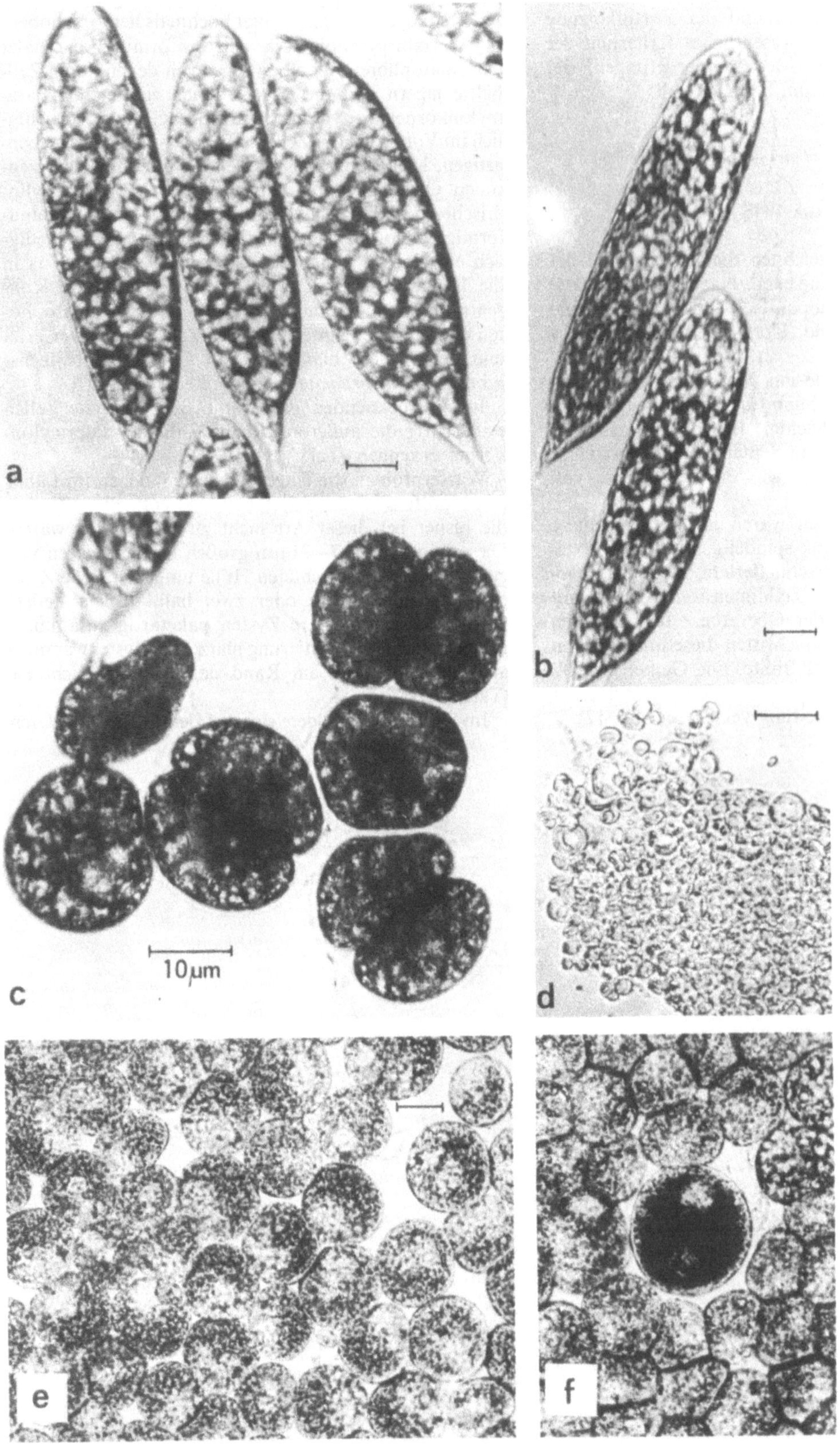

Taf. VIII. Euglenophyceae. *Euglena hemichromata*.
a, b vegetative Zellen; c Zysten; d geplatzte vegetative Zelle mit Paramylonkörnern; e, f abgerundete Zellen einer Neustonhaut (bei der großen Zelle im Bild f handelt es sich um ein rotgefärbtes Exemplar).

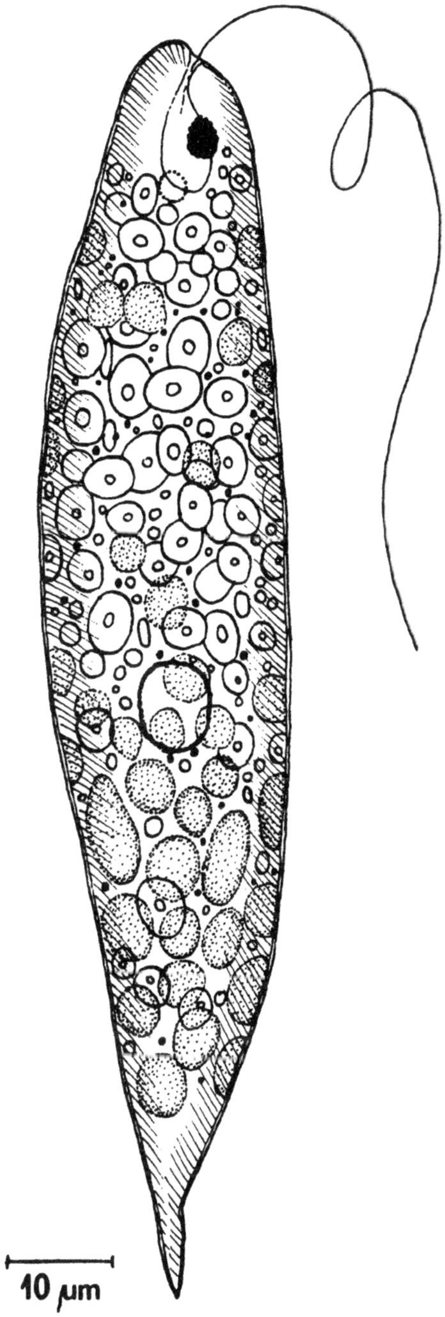

Abb. 12. *Euglena hemichromata*

nähe eine grüne Neustonhaut aus dicht zusammengelagerten, abgerundeten, geißellosen Zellen von *E. hemichromata* (Zelldurchmesser etwa 25 µm) — Taf. VIIIe, f. Die Zellen behielten dabei die Streifung des Periplasten bei. Auch die weiter oben beschriebenen Strukturen und Organellen des Zellplasmas blieben erhalten, das trifft auch auf das Stigma zu. Ganz vereinzelt waren in der Neustonhaut zwischen den grünen Zellen einige rot gefärbte Exemplare eingelagert. Diese Zellen besaßen deutlich höhere Dimensionen (Durchmesser knapp über 30 µm) — Taf. VIIIf. Die Antwort auf die Frage, ob es sich hierbei ebenfalls um Zellen von *E. hemichromata* handelte, muß offenbleiben, es ist allerdings wahrscheinlich, da auch die beweglichen Zellen des freien Wassers ausschließlich einer „Monokultur" dieser Art angehörten.

An einem klaren, sonnigen Augusttag versuchte ich, analog der von HEIDT (1934) an *E. sanguinea* EHRENBERG praktizierten Methode, durch Abdeckung mit lichtundurchlässigem Material (ich benutzte schwarze Plastfolie) in der Neustonhaut von *E. hemichromata* Farbumschläge zu induzieren — jedoch ohne Erfolg. Bei *E. sanguinea* führt krasser Licht-Dunkel-Wechsel bereits nach wenigen Minuten zum Farbumschlag (grelles Licht → rot, Dunkelheit → grün). Mit ins Labor genommene Wasserproben setzte ich verschiedener künstlicher Beleuchtung aus, es war aber auch auf diese Weise kein Farbumschlag zu bemerken, das Material blieb stets grün. Es ist also weiteren Beobachtungen vorbehalten, zu klären, ob *E. hemichromata* in die Reihe der Euglenen einzuordnen ist, die in der Lage sind, unter bestimmten Bedingungen durch Hämatochromeinlagerungen völlig rot gefärbte Zellen zu bilden (vgl. HUBER-PESTALOZZI 1955, S. 15; FOTT 1971, S. 426).

Das Auftreten der bereits erwähnten vereinzelten roten Zellen in der Neustonhaut verunsicherte mich dennoch bei der Determination, weil zweifelsohne habituelle Gemeinsamkeiten mit der hämatochrombildenden Art *E. sanguinea* bestehen. Zellgestalt und -dimensionen, Streifung des Periplasten sowie Form des Paramylons sind bei *E. hemichromata* und *E. sanguinea* sehr ähnlich. Es wurden auch rein grüne Populationen von *E. sanguinea* beobachtet (HUBER-PESTALOZZI 1955). Diese können jedoch durch die länglichen, radiär gelagerten Chromatophoren mit beschalten Pyrenoiden, die überkörperlange Geißel und die nach Angaben der Bestimmungsliteratur allerdings schwer sichtbaren Höckerreihen auf dem Periplasten differenziert werden.

Lepocinclis teres (SCHMITZ 1884) FRANCÉ 1897
(Abb. 13; Taf. VIIIg—k)

L. teres wurde bisher aus Europa und Südamerika gemeldet und gilt als wenig verbreitete und nur vereinzelt auftretende Art. Um so interessanter war es, eine Massenentwicklung dieser Euglenophycee zu untersuchen.

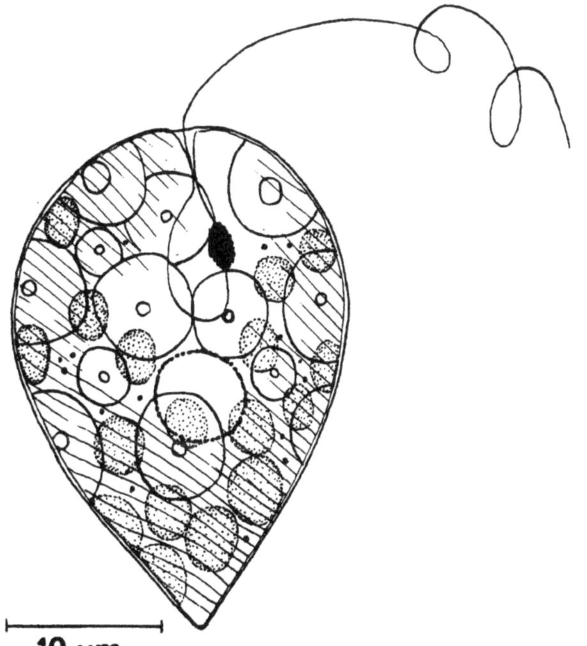

Abb. 13. *Lepocinclis teres*

Die Alge induzierte in einem kleinen Restloch im Bereich der Alten Elbe eine intensive, tiefgrüne Vegetationsfärbung. Ihr Maximum erreichte sie im August mit einer Dichte von 15200 Individuen · ml^{-1} und einer Biomasse von 69 mg · l^{-1}. Anfang September war das Wasser wieder klar. Reste der *Lepocinclis*-Population lagerten an submersen Sproßteilen der Ufervegetation als bräunlichgrüne Beläge.

Die Zellen von *L. teres* waren lebhaft beweglich; die Geißel war etwa 2-fach körperlang. Mit Zelldimensionen von 30—38 × 18—25 µm ist vorliegendes Material zwischen der forma *typica* [mittlere Maße nach Huber-Pestalozzi (1955) 41 × 17 µm] und forma *parvula* Conrad (28—30 × 16—19 µm) einzuordnen. Überhaupt sprechen manche Merkmale für einen fließenden Übergang zwischen den beiden Formen und auch zu *L. ovum* (Ehrenberg) Lemmermann. Eine Abgrenzung zu *L. ovum* ist am ehesten auf Grund der Form des Paramylons möglich, weil diese Art meistens ringförmige Gebilde entwickelt. *L. teres* dagegen besitzt zahlreiche scheibenförmige Paramylonkörper mit einer kleinen zentralen Öffnung (Conrad 1934). Ebensolche Paramylonscheiben sind allerdings auch bei *L. ovum* f. *discifera* Conrad zu finden, jedoch in weit geringerer Zahl (meist 6), außerdem ist diese Alge kleiner (21—23 × 16—17,5 µm). Die vorliegenden untersuchten Zellen von *L. teres* beinhalten mitunter über 30 Paramylonscheiben.

Die Zellen waren in der Regel eiförmig mit deutlich verschmälertem Ende (Abb. 13, Taf. VIIg); zuweilen war das Ende leicht mamillenartig abgesetzt, allerdings niemals zu einem stachelförmigen Fortsatz ausgezogen. Auch bei den vereinzelt auftretenden ellipsoidischen Zellen war eine Mamille erkennbar (Taf. VIIh, i), was eine sichere Differenzierung zu *L. ovum* erschwerte, zumal bei dieser Art Größe und Form des Endfortsatzes stark variieren, manchmal soll er sogar fehlen (Huber-Pestalozzi 1955; Asaul 1975). Als „Hilfsmerkmal" mag dienen, daß morphologisch zu *L. teres* tendierende Formen von *L. ovum* mit reduziertem Endstachel am stärksten im unteren Zellbereich verbreitert sind. *L. teres* dagegen ist unterhalb des Äquators mehr oder weniger deutlich verschmälert oder zumindest nicht breiter als im oberen Zellbereich. Im eintrocknenden Präparat nehmen die Zellen unter dem Druck des Deckgläschens eine verbreiterte Form an (Taf. VIIg—i).

Die Zellmembran wies eine linkswindende Streifung auf (Abb. 13; Taf. VIIj). Der große Zellkern (Durchmesser 6—9 µm) befand sich im hinteren Teil der Zelle. Das Stigma war im vorderen Zellbereich seitlich neben dem Reservoir lokalisiert. Zahlreiche plattenförmige Chloroplasten lagerten wandständig.

5. Zusammenfassung

Ergebnisse algologischer Untersuchungen in verschiedenen Flachgewässern und Altwassern der Elbe im Biosphärenreservat „Steckby-Lödderitzer Forst" werden vorgestellt.

Die beobachteten Algen zählen zu den Cyanophyceae, Chlorophyceae, Conjugatophyceae und Euglenophyceae. Als bemerkenswerte Beobachtungen werden Massenentwicklungen von *Anabaenopsis elenkinii* Mill., *Chlamydomonas petasus* Ettl, *Scenedesmus grahneisii* (Heynig) Fott, *Euglena hemichromata* Skuja und *Lepocinclis teres* (Schmitz) Francé geschildert.

Die folgenden Taxa gelten als Erstnachweise für das Gebiet der DDR: *Anabaena compacta* (Nyg.) Hickel, *Lobomonas ampla* Pasch. var. *mammilata* (Swir.) Korš., *Sphaerellopsis cylindrica* Skuja, *Gloeotila contorta* Chodat, *Cosmarium pygmaeum* Arch. var. *apertum* Skuja, *Mougeotia* cf. *talyschensis* (Woron.) Czurda.

Die neue ulotrichale Art *Geminella verrucosa* wird beschrieben. Einige ökologische Anmerkungen zur Charakterisierung der Untersuchungsgewässer werden beigefügt.

Summary

Results of algological investigations in several shallow waters and dead branches of the river Elbe in the biosphere reservation „Steckby-Lödderitzer Forst", G.D.R., were presented. The observed algae belong to the Cyanophyceae, Chlorophyceae, Conjugatophyceae and Euglenophyceae. Noteworthy observations were the mass developments of *Anabaenopsis elenkinii* Mill., *Chlamydomonas petasus* Ettl, *Scenedesmus grahneisii* (Heynig) Fott, *Euglena hemichromata* Skuja and *Lepocinclis teres* (Schmitz) Francé.

The following taxa are new for the territory of the G.D.R.: *Anabaena compacta* (Nyg.) Hickel, *Lobomonas ampla* Pasch. var. *mammilata* (Swir.) Korš., *Sphaerellopsis cylindrica* Skuja, *Gloeotila contorta* Chodat, *Cosmarium pygmaeum* Arch. var. *apertum* Skuja and *Mougeotia* cf. *talyschensis* (Woron.) Czurda.

The new ulotrichacean species *Geminella verrucosa* was described.

Literatur

Asaul, Z. I. (1975): Viznačnik evglenovich vodoroslej ukrainskoj RSR. Kiev, 1—407.

Bauer, L., et al. (1973): Handbuch der Naturschutzgebiete der Deutschen Demokratischen Republik, 3. Leipzig, Jena, Berlin, 1—277.

Chodat, R. (1900): Sur trois genres nouveaux de Protococcoidées et sur la florule planktonique d'un etang du Danemark. Mem. Herb. Boiss. **1**, 1—10.

Comas, A. (1984): Chlorococcales (Chlorophyceae) de algunos acuatorios de Pinar del Rio, Cuba. Acta Bot. Cubana No. **17**, 1—60.

— & Komárek, J. (1985): The genus *Steinedesmus* Kofoid (Scenedesmaceae, Chlorellales). Preslia **57**, 97—110.

Conrad, W. (1934): Materiaux pour une monographie du genre *Lepocinclis* Perty. Arch. Protistenkd. **82**, 203—249.

Czurda, V. (1932): Zygnemales. In: Pascher, A. (Hrsg.), Die Süßwasserflora Mitteleuropas, Heft 9. Jena, 1—232.

Ettl, H. (1964): Die Morphologie einiger *Pteromonas*-Arten. Nova Hedwigia **8**, 323—331.

— (1965): Beitrag zur Kenntnis der Morphologie der Gattung *Chlamydomonas* Ehrenberg. Arch. Protistenkd. **108**, 271—430.

— (1980): Grundriß der allgemeinen Algologie. Jena, 1—549.

— (1983): Chlorophyta I. (Phytomonadina). In: Ettl, H., Gerloff, J., Heynig, H., & Mollenhauer, D., Süßwasserflora von Mitteleuropa, Bd. 9. Jena, 1—807.

Felföldy, L. (1985): A zöldalgak Phytomonadina csoportjának kishatározója. Víz. Dok., Budapest, 1—161.

Förster, K. (1983): Conjugatophyceae, Zygnematales und Desmidiales (excl. Zygnemataceae). In: Huber-Pestalozzi, G. (Hrsg.), Das Phytoplankton des Süßwassers, Bd. XVI, Teil 8, 1. Hälfte. Stuttgart, 1—544.

Fott, B. (1971): Algenkunde. Jena, 1—581.

— (1973): Die Gattungen *Dicellula* Swir., *Didymocystis* Korsch. und ihre Beziehungen zur Gattung *Scenedesmus* Meyen. Preslia **45**, 1—10.

— & Ettl, H. (1959): Fytoplankton údolni nádrže na Želivce. Preslia **31**, 213—246.

Gauthier-Lièvre, L. (1965): Zygnemacees Africaines. Beih. Nova Hedwigia **20**, 1—210.

Geitler, L. (1925): Cyanophyceae. In: Pascher, A. (Hrsg.), Die Süßwasserflora Deutschlands, Österreichs und der Schweiz, Heft 12. Jena, 1—450.

Heering, W. (1914): Chlorophyceae III. Ulotrichales, Microsporales, Oedogoniales. In: Pascher, A. (Hrsg.): Die Süßwasserflora Deutschlands, Österreichs und der Schweiz. Jena, 1—250.

Hegewald, E., Jeeji-Bai, N., & Hesse, M. (1975): Taxonomische und floristische Studien an Planktonalgen aus ungarischen Gewässern. Arch. Hydrobiol., Suppl. **46**, Algol. Stud. **13**, 392—432.

HEIDT, K. (1934): Die Hämatochromwanderung bei *Euglena sanguinea* EHR. Ber. Deutsch. Bot. Ges. **52**, 607—612.
HEYNIG, H. (1962): Zur Kenntnis des Planktons mitteldeutscher Gewässer II. Nova Hedwigia **4**, 375—388.
— (1970): Zur Kenntnis des Planktons mitteldeutscher Gewässer VI. Arch. Protistenkd. **112**, 85—98.
— (1979): Interessante Phytoplankter aus Gewässern des Bezirkes Halle (DDR). II. Arch. Protistenkd. **122**, 282—289.
— (1980): Interessante Phytoplankter aus Gewässern des Bezirkes Halle (DDR). III. Arch. Protistenkd. **123**, 349—357.
— (1984): Interessante Phytoplankter aus Gewässern des Bezirkes Halle (DDR). IV. Arch. Protistenkd. **128**, 341—349.
— & KRIENITZ, L. (1987): Interessante coccale Grünalgen (Chlorellales) aus einem Altwasser der Elbe (DDR). Arch. Protistenkd. **134**, 49—58.
HICKEL, B. (1982): A helical, bloom-forming *Anabaena*-like blue-green alga (Cyanophyta) from hypertrophic lakes. Arch. Hydrobiol. **95**, 115—124.
— (1985): Observations on *Anabaena compacta* (NYGAARD) nov. comb. (Cyanophyta) with helical, planktonic filaments and macroscopic aggregates. Arch. Hydrobiol., Suppl. **71**, Algol. Stud. **38/39**, 269—270.
HINDÁK, F. (1976): *Marvania geminata* gen. nov. et sp. nov., a new green alga. Arch. Hydrobiol., Suppl. **49**, Algol. Stud. **16**, 261—270.
— (1977): The genus *Catena* CHODAT 1900 (Ulotrichales, Chlorophyceae). Arch. Hydrobiol., Suppl. **51**, Algol. Stud. **19**, 156 bis 163.
— (1982a): On some planktonic blue-green algae characteristic by Fe-precipitates. Arch. Hydrobiol., Suppl. **63**, Algol. Stud. **32**, 241—258.
— (1982b): Systematic position of some genera of green algae characterized by the formation of mucilaginous or pseudofilamentous colonies. Preslia **54**, 1—18.
— & HOLOD, A. (1983): Some planktonic coccoid green algae (Chlorococcales, Chlorophyceae) from the gravel pit lakes near Kosiče. Biologia **38**, 427—444.
— & KLASOVÁ, A. (1974): Surface ultrastructure of the cell wall of *Scenedesmus grahneisii* (HEYNIG) FOTT. Arch. Hydrobiol., Suppl. **46**, Algol. Stud. **11**, 163—170.
HUBER-PESTALOZZI, G. (1955): Euglenophyceen. In: Das Phytoplankton des Süßwassers 4. Teil. Stuttgart, 1—606.
JEEJI-BAI, N., HEGEWALD, E., & SOEDER, C. J. (1977): Revision and taxonomic analysis of the genus *Anabaenopsis*. Arch. Hydrobiol., Suppl. **51**, Algol. Stud. **18**, 3—24.
KADŁUBOWSKA, J. Z. (1984): Conjugatophyceae I. Zygnemales. In: ETTL, H., J. GERLOFF, H. HEYNIG, & D. MOLLENHAUER (Hrsg.). Süßwasserflora von Mitteleuropa, Bd. 16. Jena, 1—532.
KLAPPER, H. (1963): Zu einigen Problemen der biologischen Wasseranalyse nach Untersuchungen im Einzugsgebiet Mittlere Elbe — Sude — Elde. Int. Rev. ges. Hydrobiol. **48**, 9—34.
KOMÁREK, J. (1958): Die taxonomische Revision der planktischen Blaualgen der Tschechoslowakei. In: Algologische Studien. Prag, 10—206.
KRIEGER, W., & GERLOFF, J. (1965): Die Gattung *Cosmarium*. Lief. 2. Weinheim, 113—240.
KRIENITZ, L. (1984a): Zur Flora coccaler Grünalgen im Phytoplankton einiger Flachgewässer des Micheln-Trebbichauer Teichgebietes (Kreis Köthen, Bezirk Halle). Hercynia N. F. **21**, 109—143.
— (1984b): Zur Flora coccaler Grünalgen im Phytoplankton einiger Gewässer des Biosphärenreservates Steckby-Lödderitzer Forst (Kreis Schönebeck, Bezirk Magdeburg). Hercynia N. F. **21**, 264—293.
LEMMERMANN, E. (1900): Beiträge zur Kenntnis der Planktonalgen. Die Arten der Gattung *Pteromonas*. Ber. Deutsch. Bot. Ges. **18**, 90—98.
LINDNER, E., et al. (1975): Zum Stoffhaushalt flacher stehender Gewässer. Mskr. Schönebeck, 1—37.
NAUWERCK, A. (1963): Die Beziehungen zwischen Zooplankton und Phytoplankton im See Erken. Symb. Bot. Upsal. **17**, 1—63.
NYGAARD, G. (1976): Tavlerne fra Dansk Planteplankton. Copenhagen, 1—26.
POPOVA, T. G. (1966): Evglenovye vodorosli. Euglenophyta. Fasc. 1. Gen. *Trachelomonas, Strombomonas, Eutreptia, Euglena*. Moskau, Leningrad, 1—411.
RANDHAWA, M. S. (1959): Zygnemaceae. New Delhi, 1—478.
REICHHOFF, L. (1978): Die Wasser- und Röhrichtpflanzengesellschaften des Mittelelbegebietes zwischen Wittenberg und Aken. *Limnologica* (Berlin) **11** (2), 409—455.
— & SCHNELLE, E. (1977): Die Pflanzengesellschaften des Naturschutzgebietes „Steckby-Lödderitzer Forst". I. Mitt. Die Wasserpflanzengesellschaften — Lemnetea, Potamogetonetae. Hercynia N. F. **14**, 422—436.
REYNOLDS, C. S. (1984): Phytoplankton periodicity: the interactions of form, function and environmental variability. Freshwater Biol. **14**, 111—142.
RŮŽIČKA, J. (1977): Die Desmidiaceen Mitteleuropas. Bd. 1, 1. Lieferung. Stuttgart, 1—291.
SCHMIDT, A., & UHERKOVICH, G. (1976): A *Scenedesmus grahneisii* (HEYN.) magyarországi elöfordulasáról. Bot. Közl. **63**, 3—5.
SCHNELLE, E. (1979): Die Pflanzengesellschaften des Naturschutzgebietes „Steckby-Lödderitzer Forst". II. Mitt. Die Röhricht- und Großseggengesellschaften (Phragmitetea). Hercynia N. F. **16**, 141—150.
SCHWOERBEL, J. (1966): Methoden der Hydrobiologie. Stuttgart, 1—207.
SKUJA, H. (1948): Taxonomie des Phytoplanktons einiger Seen in Uppland, Schweden. Symb. bot. Upsal. **9**, 1—399.
— (1956): Taxonomische und biologische Studien über das Phytoplankton schwedischer Binnengewässer. Nova Acta Reg. Soc. Sci. Upsal. Ser. IV. **19**/3, 1—104.
TRANSEAU, E. N. (1951): The Zygnemataceae. Ohio, 1—327.
UTERMÖHL, H. (1958): Zur Vervollkommnung der quantitativen Phytoplankton-Methodik. Mitt. int. Verein. Limnol. **9**, 1—38.
WILLÉN, E. (1976): A simplified method of phytoplankton counting. Br. phycol. J. **11**, 265—278.
WORONICHIN, N. N. (1926): Materialy dlja flory presnovodnych vodoroslej Kavkaza. VIII. Rab. Severo-Kavkaz. Gidrobiol. Stancii **5**, 54—58.
ZARENKO, P. M. (1984): Rid *Scenedesmus* MEYEN y flori Livobereshnogo Polissja. Ukrain. Bot. Z. **50**, 41—46.

Eingegangen am 28. April 1987.

Anschrift des Verfassers:

Dr. sc. LOTHAR KRIENITZ
Akademie der Wissenschaften der DDR
Zentralinstitut für Mikrobiologie
und Experimentelle Therapie Jena
Abteilung Limnologie
Beutenbergstr. 11
Jena
DDR-6900

Limnologica (Berlin) **19** (2), 83—88, Dezember 1988

Wilhelm-Pieck-Universität Rostock, Sektion Biologie, Rostock

Beitrag zur Benthosflora der Recknitz im Norden der Mecklenburger Seenplatte (DDR)
Contribution to the Benthonic Flora of River Recknitz in the Northern Part of the Mecklenburgian Lake District (G.D.R.)

Von GABRIELE BERG

Mit 5 Abbildungen

Summary

Between August 1985 and June 1986 the bottom micro- and macroflora of the highly polluted lowland river Recknitz (northern part of the German Democratic Republic) was investigated.

242 taxa of the micro- and 30 species of macroflora were determined. A list of species and varieties with remarks upon their distribution in the river is presented. Some records are interesting for floristical research, e.g. 16 taxa of microflora were found in the northern part of the German Democratic Republic for the first time.

1. Einleitung

Die Arbeit wurde im Rahmen einer Diplomarbeit an der Sektion Biologie der Wilhelm-Pieck-Universität Rostock angefertigt. Anliegen der Diplomarbeit war es, Aussagen über den Belastungszustand der Recknitz auf der Basis ökologischer Untersuchungen zu treffen. In der folgenden Arbeit werden zunächst die dabei gewonnenen floristischen Ergebnisse dargelegt.

2. Das Untersuchungsgewässer

Das Quellgebiet der Recknitz liegt im nördlichen Bereich der Mecklenburger Seenplatte. Der Quellfluß ist der Korleputer Mühlbach, der etwa 1 km südlich von Warnkenhagen (Kreis Teterow) aus einem Teich abfließt (ZIELINSKI 1976). Die Recknitz mündet bei Ribnitz-Damgarten in den Ribnitzer See (Darß-Zingster Boddengewässer) ein (siehe Abb. 1).

Im Jahr 1965 begannen intensive Meliorationsarbeiten, die die ökologische Situation im ursprünglich stark mäandrierenden Flachlandfluß veränderten. Das Flußbett wurde weitläufig begradigt, dabei der Lauf um 40 km gekürzt. Zu den natürlichen Rückstaueinflüssen aus dem Bodden traten künstliche, durch Wehre geschaffene, hinzu. Das Talgefälle beträgt 13,5 m. Das geringe Gefälle und künstliche Staustufen bewirken eine extrem geringe Fließgeschwindigkeit. Die Recknitz ist ein Flachlandfluß, der durch seinen natürlichen Charakter eutroph ist. Der Einfluß der intensiven Landnutzung, die Belastung mit industriellen Abprodukten, der Zufluß kommunalen Abwassers sowie der Herbizideinsatz bewirkten, daß die Recknitz zu einem stark verschmutzten Gewässer wurde. Der Flußlauf kann, dem Verschmutzungsgrad entsprechend, in 3 Abschnitte gegliedert werden (GERSTÄDT 1986):

1. schwach belasteter Oberlauf (Warnkenhagen—Liessow)
2. stark belasteter Ober- und Mittellauf (Laage—Tessin)
3. mäßig belasteter Mittel- und Unterlauf (Bad Sülze—Ribnitz-Damgarten).

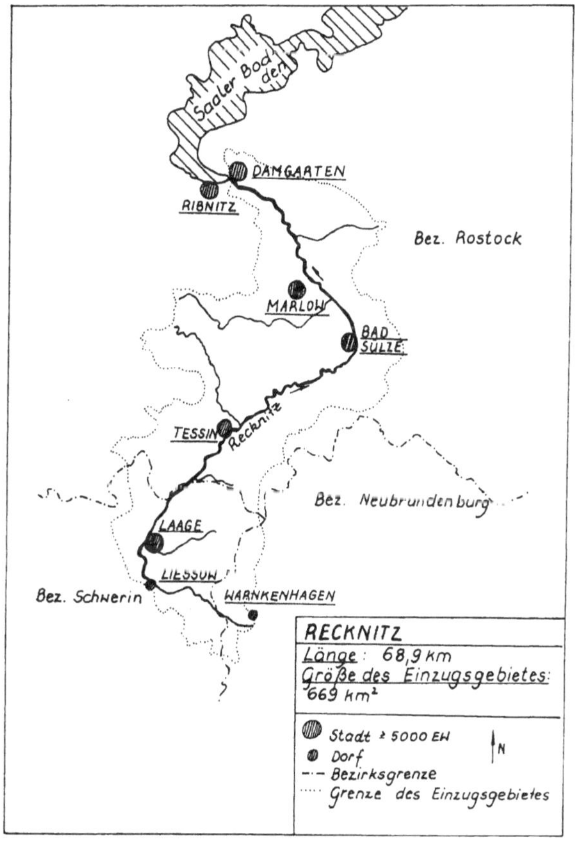

Abb. 1. Das Untersuchungsgewässer

3. Das Mikrophytobenthos

Von der Recknitz gibt es bisher nur wenige Angaben über das Mikrophytobenthos oder über das Vorkommen autotropher planktischer Organismen. PANKOW (1970) veröffentlichte eine Artenliste der Kieselalgen von Bad Sülze, die 39 Sippen enthält. BOMBOR & PANKOW (1966) geben 42 Sippen für Damgarten und 37 für Bad Sülze an. Die Mehrzahl der aufgeführten Organismen konnte bestätigt werden. Elf Arten bzw. Varietäten wurden nicht wiedergefunden, es handelt sich hierbei vorwiegend um salztolerante Formen. Der Salzgehalt der Recknitz ist starken Schwankungen unterworfen. DUTY (1986, unveröffentl.) untersuchte im Zeitraum 1973—1986 verschiedene Wasserproben aus der Recknitz. Dabei konnte er 81 häufig auftretende Arten nachweisen.

Bei unseren Untersuchungen wurde die Aufmerksamkeit besonders auf die Diatomeen und Vertreter der Euglenophyceen gerichtet. Andere bestimmte und beobachtete Organismen gehören zu den Chrysophyceae, Xanthophyceae, Cryptophyceae und Chlorophyceae. Auffällige Arten der Cyanobacterien wurden bestimmt und einige Schizomyceten registriert. Im Ergebnis unserer Untersuchungen, die im Zeitraum vom August 1985 bis zum Juli 1986 durchgeführt wurden, konnten 232 Taxa des Mikrophytobenthos nachgewiesen werden.

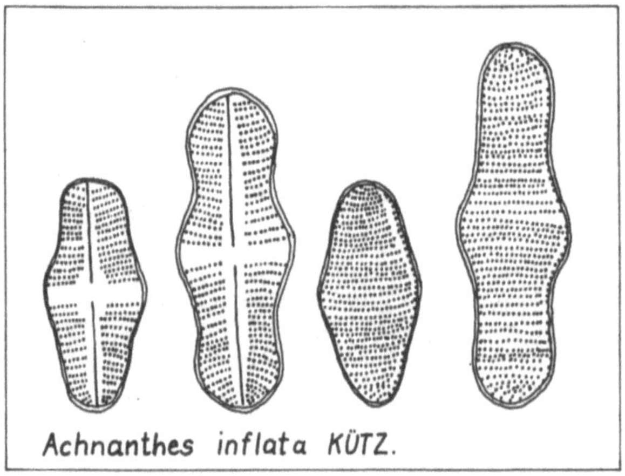

Abb. 2. *Achnanthes inflata*

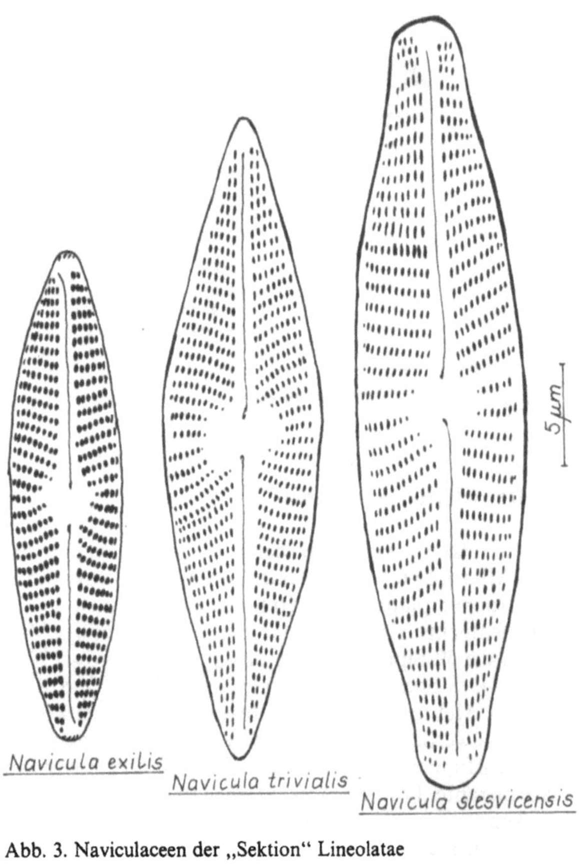

Abb. 3. Naviculaceen der „Sektion" Lineolatae

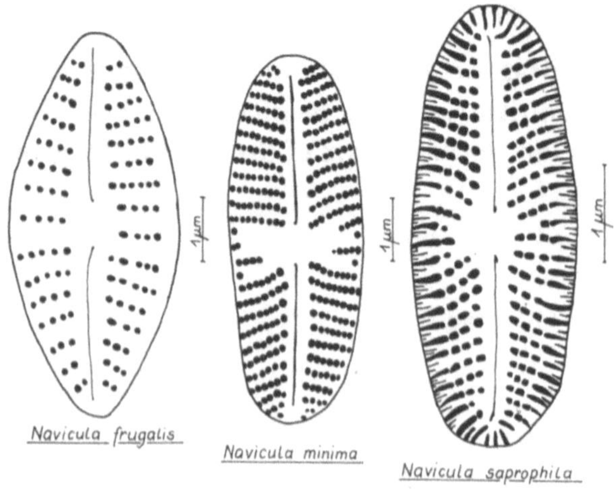

Abb. 4. Naviculaceen der „Sektion" Minusculae, die in stark verschmutzten Gewässerabschnitten vorkommen

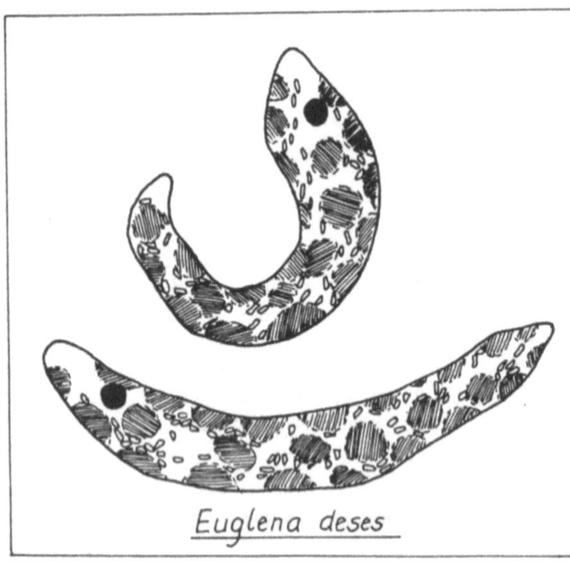

Abb. 5. Ein häufiger Bewohner der Sediment-Wasser-Kontaktzone: *Euglena deses*

Artenkatalog des Mikrophytobenthos

Der Artenkatalog enthält Angaben zur Verbreitung der Arten in der Recknitz. Floristisch interessante Funde für Mecklenburg sind besonders gekennzeichnet.

Folgende Abkürzungen wurden verwendet:
Verbreitung der Arten in der Recknitz
g — gemein, an allen Stationen präsent;
h — häufig, fehlt an wenigen Stationen;
z — zerstreut, fehlt auf größeren Strecken;
s — selten, nur an einer Station präsent.

Für einige Arten können keine Angaben zur Verbreitung gemacht werden. Das betrifft vorwiegend sehr kleine Arten bzw. Organismen, die auch planktisch leben.

Die Untersuchungsstellen wurden wie folgt abgekürzt:
Wa (Warnkenhagen), Li (Liessow), La (Laage), Te (Tessin), BS (Bad Sülze), Ma (Marlow), Da (Damgarten).

Bemerkungen zur Verbreitung der Arten in Mecklenburg:
EN — Erstnachweis für Mecklenburg
! — Art, die bisher selten in der mecklenburgischen algologischen Literatur erwähnt wurde

Die Bestimmung der *Mallomonas*-Arten erfolgte freundlicherweise durch Prof. Dr. Kristiansen (Kopenhagen).

Die *Chara*-Arten bestimmte freundlicherweise Dr. K. Arendt (Gerswalde).

Schizomycetes

1. *Beggiatoa alba* (VAUCHER) TREVISAN, g
2. *Beggiatoa leptomitiformis* (MENEGH.) TREVISAN, g
3. *Chromatium okenii* (EHRENB.) PERTY, z
4. *Sarcina paludosa* SCHROETER, s
5. *Sphaerotilus natans* KÜTZ., h
6. *Spirillum* spec., h
7. *Thiopedia rosea* VINOGRADSKIJ, z
8. *Thiothrix nivea* (RABENH.) VINOGRADSKIJ, g

Cyanobacteria

1. *Anabaena constricta* (SZAFER) GEITLER, s (Da)
2. *Chamaesiphon incrustans* GRUN., s (Li)
3. *Microcystis aeruginosa* (KÜTZ.) KÜTZ., z
4. *Nodularia spumigena* MERTENS, s (Te)
5. *Oscillatoria chalybea* MERTENS, g
6. *Oscillatoria chlorina* KÜTZ., s
7. *Oscillatoria formosa* BORY, s (Te)
8. *Oscillatoria limosa* C. A. AG. ex GOM., z
9. *Oscillatoria tenuis* C. A. AG. ex GOM., z
10. *Phormidium retzii* (AG.) GOM.
11. *Phormidium* spec.
12. *Schizothrix* spec.

Chrysophyceae

1. *Anthophysa vegetans* (O. F. M.) STEIN, g
EN 2. *Mallomonas cratis* HARRIS & BRADLEY
EN 3. *Mallomonas multiunca* ASMUND
EN 4. *Mallomonas striata* ASMUND
5. *Synura* spec.

Xanthophyceae

! 1. *Botrydium granulatum* GREV., z
2. *Vaucheria* spec.

Bacillariophyceae

Centrales

1. *Cyclotella comta* (EHRENB.) KÜTZ., z
2. *Cyclotella kützingiana* THWAITHES, s (Da)
3. *Cyclotella meneghiniana* KÜTZ., h
4. *Cyclotella striata* (KÜTZ.) GRUN., s (Da)
5. *Melosira arenaria* MOORE, z
6. *Melosira granulata* (EHRENB.) RALFS, z
! 7. *Melosira granulata* f. *curvata* GRUN., s (Da)
8. *Melosira islandica* var. *helvetica* O. MÜLLER, z
9. *Melosira varians* C. A. AG., g
10. *Stephanodiscus dubius* (FRICKE) HUST.
11. *Stephanodiscus hantzschii* GRUN.
12. *Stephanodiscus tenuis* HUST.

Pennales

1. *Achnanthes brevipes* C. A. AG., s (Da)
2. *Achnanthes brevipes* var. *intermedia* (KÜTZ.) CLEVE, s (Da)
3. *Achnanthes exigua* GRUN., s (BS)
4. *Achnanthes hungarica* GRUN. in CLEVE et GRUN., g
! 5. *Achnanthes inflata* KÜTZ., s (Ma), siehe Abb. 2
6. *Achnanthes lanceolata* (BREB. in KÜTZ.) GRUN., h
7. *Achnanthes lanceolata* var. *elliptica* CLEVE, h
8. *Achnanthes lanceolata* var. *rostrata* HUST., z
9. *Achnanthes minutissima* KÜTZ., h
! 10. *Achnanthes plönensis* HUST., z
11. *Amphiprora paludosa* W. SMITH, s (Da)
12. *Amphora ovalis* (KÜTZ.) KÜTZ., h
13. *Amphora pediculus* (KÜTZ.) GRUN., g
14. *Amphora veneta* KÜTZ., z
15. *Amphora libyca* EHRENB., z
16. *Anomoeoneis sphaerophora* (EHRENB.) PFITZER, z
17. *Bacillaria paradoxa* GMELIN, z
18. *Caloneis amphisbaena* (BORY) CLEVE, g
19. *Caloneis silicula* (EHRENB.) CLEVE, h
20. *Cocconeis diminuta* PANT., s
21. *Cocconeis pediculus* EHRENB., g
22. *Cocconeis placentula* var. *euglypta* (EHRENB.) CLEVE
23. *Cocconeis placentula* var. *lineata* (EHRENB.) CLEVE
! 24. *Cocconeis placentula* var. *klinoraphis* GEITLER
25. *Cocconeis placentula* EHRENB., g
26. *Cymatopleura solea* (BRÉB.) W. SMITH, g
! 27. *Cymatopleura solea* var. *apiculata* (W. SMITH) RALFS, s (Ma)
28. *Cymbella amphicephala* NAEGELI, s
29. *Cymbella aspera* (EHRENB.) CLEVE, z
30. *Cymbella cistula* (EHRENB.) KIRCHNER, h
31. *Cymbella ehrenbergii* KÜTZ., s (Da)
32. *Cymbella lanceolata* (EHRENB.) KIRCHNER, z
33. *Cymbella naviculiformis* AUERSWALD, z
34. *Cymbella prostrata* (BERKLEY) CLEVE, z
35. *Cymbella tumida* (BRÉB.) VAN HEURCK, z
36. *Cymbella ventricosa* KÜTZ., g
37. *Diatoma elongatum* (LYNG.) C. A. AG., z
38. *Diatoma vulgare* BORY, g
39. *Diatoma vulgare* var. *grandis* (W. SMITH) GRUN., z
40. *Diatoma vulgare* var. *producta* GRUN., g
41. *Diploneis elliptica* (KÜTZ.) CLEVE, s (La)
42. *Diploneis interrupta* (KÜTZ.) CLEVE, s (Da)
43. *Diploneis puella* (SCHUMANN) CLEVE, z
44. *Epithemia turgida* (EHRENB.) KÜTZ., z
45. *Epithemia turgida* var. *granulata* (EHRENB.) GRUN., s
46. *Epithemia zebra* (EHRENB.) KÜTZ., z
47. *Epithemia zebra* var. *saxonica* (KÜTZ.) GRUN., s
48. *Eunotia lunaris* (EHRENB.) GRUN., s (Wa)
49. *Eunotia pectinalis* (KÜTZ.) RABENH., s
50. *Eunotia pectinalis* var. *minor* (KÜTZ.) RABENH., z
51. *Fragilaria brevistriata* GRUN., s (Te)
52. *Fragilaria capitata* (EHRENB.) LANGE-BERTALOT, z
53. *Fragilaria capucina* DESMAZIERES, s
54. *Fragilaria capucina* var. *vaucheriae* (KÜTZ.) LANGE-BERTALOT
55. *Fragilaria construens* (EHRENB.) GRUN., z
56. *Fragilaria construens* var. *binodis* (EHRENB.) GRUN.
57. *Fragilaria construens* var. *subsalina* HUST.
58. *Fragilaria construens* var. *venter* (EHRENB.) GRUN.
59. *Fragilaria crotonensis* KITTON, s
60. *Fragilaria fasciculata* (C. A. AG.) LANGE-BERTALOT
61. *Fragilaria intermedia* GRUN., z
62. *Fragilaria pinnata* EHRENB., h
63. *Fragilaria pinnata* var. *lancettula* (SCHUMANN) HUST.
64. *Fragilaria pulchella* (RALFS ex KÜTZ.) LANGE-BERTALOT, s (Da)
65. *Fragilaria ulna* (NITZSCH) LANGE-BERTALOT, g
66. *Fragilaria ulna* var. *acus* (KÜTZ.) LANGE-BERTALOT, z
67. *Gomphonema acuminatum* EHRENB., h
68. *Gomphonema angustatum* (KÜTZ.) GRUN., z
69. *Gomphonema angustatum* var. *producta* GRUN., z
70. *Gomphonema augur* EHRENB., s (Da)
71. *Gomphonema clavatum* EHRENB., s (Wa)
72. *Gomphonema constrictum* EHRENB., g
73. *Gomphonema constrictum* var. *capitatum* (EHRENB.) CLEVE, g
74. *Gomphonema lanceolatum* EHRENB., z
75. *Gomphonema intricatum* KÜTZ.
76. *Gomphonema olivaceum* (HORNEMANN (BRÉB., g
77. *Gomphonema minutum* (C. A. AG.) C. A. AG., s (Wa)
78. *Gomphonema parvulum* (KÜTZ.) KÜTZ., g
79. *Gomphonema staurophorum* (PANT.) CLEVE-EULER
80. *Gyrosigma acuminatum* (KÜTZ.) RABENH., h
81. *Gyrosigma attenuatum* (KÜTZ.) RABENH., z
82. *Hantzschia amphioxys* (EHRENB.) GRUN., h
83. *Meridion circulare* AGARDH, g
84. *Navicula anglica* RALFS, s
85. *Navicula bacilliformis* GRUN., s
EN 86. *Navicula cloacina* LANGE-BERTALOT & BONIK
87. *Navicula cryptocephala* KÜTZ., h
88. *Navicula capitata* var. *capitata* EHRENB., g
89. *Navicula capitata* var. *hungarica* (GRUN.) ROSS., h
90. *Navicula capitata* var. *lueneburgensis* (GRUN.) PATRICK in PATRICK et REIMER, s (Da)
91. *Navicula cuspidata* (KÜTZ.) KÜTZ., h
92. *Navicula elginensis* (GREGORY) RALFS in PRITCHARD 1861, s (Da)

93. *Navicula exilis* KÜTZ., h, siehe Abb. 3
EN 94. *Navicula frugalis* HUST., siehe Abb. 4
95. *Navicula gastrum* (EHRENB.) KÜTZ., z
96. *Navicula gracilis* EHRENB., g
97. *Navicula gregaria* DONKIN, h
98. *Navicula lanceolata* (AGARDH) EHRENB., h
99. *Navicula menisculus* SCHUMANN, z
100. *Navicula minima* GRUN., siehe Abb. 4
101. *Navicula mutica* KÜTZ., s (Da)
102. *Navicula oblonga* KÜTZ., z
103. *Navicula peregrina* (EHRENB.) KÜTZ., z
EN 104. *Navicula permitis* HUST.
EN 105. *Navicula pseudolanceolata* LANGE-BERTALOT
106. *Navicula radiosa* KÜTZ., h
107. *Navicula recens* (LANGE-BERTALOT) LANGE-BERTALOT, s (Ma)
108. *Navicula reinhardtii* GRUN., s (Da)
109. *Navicula rhynchocephala* KÜTZ., z
110. *Navicula salinarum* GRUN., z
111. *Navicula salinarum* var. *intermedia* (GRUN.) CLEVE, h
112. *Navicula saprophila* LANGE-BERTALOT & BONIK, siehe Abb. 4
113. *Navicula slesvicensis* GRUN., h, siehe Abb. 3
EN 114. *Navicula trivialis* LANGE-BERTALOT, s (Da), siehe Abb. 3
115. *Navicula veneta* KÜTZ., s (Da)
116. *Navicula viridula* (KÜTZ.) EHRENB., z
117. *Neidum affine* (EHRENB.) PFITZER, z
118. *Nitzschia acicularis* W. SMITH, h
119. *Nitzschia acuta* HANTZSCH, s (Da)
120. *Nitzschia amphibia* GRUN., g
121. *Nitzschia commutata* GRUN., s
122. *Nitzschia dissipata* (KÜTZ.) GRUN., g
123. *Nitzschia dubia* W. SMITH, s (Da)
124. *Nitzschia fonticola* GRUN., z
125. *Nitzschia gracilis* HANTZSCH, s
126. *Nitzschia heufleriana* GRUN., s (Li)
127. *Nitzschia intermedia* HANTZSCH ex CLEVE & GRUN.
128. *Nitzschia palea* (KÜTZ.) W. SMITH, h
129. *Nitzschia paleacea* GRUN., h
130. *Nitzschia parvula* LEWIS, s
131. *Nitzschia punctata* (W. SMITH) GRUN., s (Da)
132. *Nitzschia sigmoidea* (EHRENB.) W. SMITH, g
133. *Nitzschia romana* GRUN., z
134. *Nitzschia stagnorum* RABENH., z
135. *Nitzschia thermalis* KÜTZ., z
136. *Nitzschia thermalis* var. *minor* HILSE, h
137. *Pinnularia appendiculata* (AGARDH) CLEVE
138. *Pinnularia gibba* EHRENB., z
139. *Pinnularia interrupta* W. SMITH, z
140. *Pinnularia major* (KÜTZ.) RABENH., z
141. *Pinnularia microstauron* (EHRENB.) CLEVE, z
142. *Pinnularia viridis* (NITZSCH) EHRENB., z
143. *Rhoicosphenia abbreviata* (AGARDH) LANGE-BERTALOT, g
144. *Rhopalodia gibba* (EHRENB.) O. MÜLLER, z
145. *Surirella ovalis* BRÉB., h
146. *Stauroneis anceps* EHRENB., z
147. *Stauroneis phoenicenteron* (NITZSCH) EHRENB., h
148. *Stauroneis smithii* GRUN., z

Cryptophyceae

1. *Cryptomonas* spec. div.

Chlorophyceae

Volvocales
1. *Chlamydomonas ehrenbergii* GOTOSCHANKIN, g

Chlorococcales
1. *Ankistrodesmus falcatus* (CORDA) RALFS
2. *Crucigenia quadrata* MORREN, z
3. *Kirchneriella* spec.
EN 4. *Monoraphidium arcuatum* (KORS.) HIND., s (BS)
EN 5. *Monoraphidium griffithii* (BERK.) KOM.-LEGN., z
EN 6. *Monoraphidium komarkovae* NYG., s (Te)
7. *Pediastrum boryanum* (TURPIN) MEYEN, z
8. *Scenedesmus acuminatus* (LAGERH.) CHODAT
9. *Scenedesmus acutus* MEYEN
10. *Scenedesmus obliquus* (TURPIN) KÜTZ.
EN 11. *Scenedesmus ovalternus* CHODAT
12. *Scenedesmus quadricauda* (TURPIN) BRÉB. et GODAY, g
! 13. *Scenedesmus spinosus* CHODAT, z

Ulothrichales
1. *Ulothrix* spec.

Ulvales
1. *Enteromorpha intestinalis* (L.) LINK, s (BS)

Chaetophorales
1. *Chaetophora elegans* (ROTH) AGARDH, s (Wa)
2. *Microspora* spec.
3. *Stigeoclonium tenue* (C. A. AG.) KÜTZ., z

Conjugatophyceae

1. *Closterium leibleinii* KÜTZ. ex RALFS, h
2. *Spirogyra crassa* (KÜTZ.) CZURDA emend., [illegible]
3. *Spirogyra* spec.

Charaphyceae

1. *Chara fragilis* DESVAUX in LOIS. DESL., s (Wa)
2. *Chara vulgaris* L. emend. WOOD, s (Wa)

Euglenophyceae

1. *Euglena acus* EHRENB., s (Li)
2. *Euglena deses* EHRENB., h, siehe Abb. 5
3. *Euglena gracilis* KLEBS, z
4. *Euglena oxyuris* SCHMARDA, z
! 5. *Euglena pisciformis* KLEBS., h
6. *Euglena proxima* DANG., z
7. *Euglena terricola* (DANG.) LEMM., z
EN 8. *Euglena variabilis* KLEBS, z
9. *Euglena viridis* (O. F. MÜLLER) EHRENB., g
10. *Euglena spirogyra* EHRENB., z
11. *Phacus acuminatus* STOKES, s
12. *Phacus caudatus* HÜBNER, z
13. *Phacus pleuronectes* (O. F. MÜLLER) DUJARDIN, z
EN 14. *Phacus pusillus* LEMM., z
15. *Phacus pyrum* STEIN, z
16. *Phacus rudicula* (PLAYF.) POCHM.
! 17. *Phacus tortus* (LEMM.) SKR.
! 18. *Phacus triqueter* (E.) DUJARDIN, z
19. *Peranema trichophorum* STEIN, z

4. Das Makrophytobenthos

Einzelne Untersuchungen zur Vegetation der Recknitz wurden bereits publiziert (PANKOW 1967, LINDNER 1978). Auf der Basis der vorliegenden Arbeiten sind Florenveränderungen interessant, die in diesem Zeitraum auftraten. Eine Gegenüberstellung der in der „Flora von Rostock" (PANKOW 1967) enthaltenen Funde an Wasserpflanzen aus der Recknitz und der heutigen Besiedlung erbrachte wichtige Ergebnisse. *Nymphaea alba* und *Nuphar lutea*, die früher im gesamten Recknitzlauf vorkamen, sind heute nur im Raum Dudendorf—Damgarten verbreitet. *Utricularia vulgaris* hatte ein Vorkommen unterhalb Tessin. Während der Untersuchungen wurde *Utricularia* nur im Unterlauf gefunden. *Ranunculus circinatus* und *Veronica beccabunga*, die von PANKOW (1967) für Tessin und Bad Sülze angegeben sind, zogen sich in den quellnahen Bereich zurück. Die Krebsschere (*Stratiotes aloides*) wird bei PANKOW (1967) für Tessin und Bad Sülze, bei DUTY (in ZIELINSKI 1976) für den Raum Marlow bis Damgarten angeführt. Diese Fundorte konnten nicht mehr bestätigt werden.

Die Veränderungen sind wahrscheinlich durch die Verschlechterung der Wasserqualität bedingt. Der Abschnitt Laage—Tessin weist polysaprobe Verhältnisse auf. Der Quellbereich ist als β-mesosaprob einzuschätzen, der Unterlauf zeigt α-mesosaprobe Bedingungen.

Es wurde festgestellt, daß es Arten gibt, deren Verbreitung sich nach zunehmender Belastung auf saubere Bereiche (Quelle und Mündung) beschränkt. Bei anderen Arten erlischt das Vorkommen. Es besteht dadurch die Möglichkeit, daß sich Arten mit einer weiten ökologischen Amplitude ansiedeln bzw. eine Massenentwicklung erfahren (z. B. *Potamogeton pectinatus*). Von *Lemna gibba* war 1967 kein Fund bekannt, heute dagegen ist sie überall zu finden.

Ein Neufund für die Recknitz ist *Potamogeton alpinus*. Es bildet in Liessow einen kleinen Bestand.

Im Sommer 1985 konnten insgesamt 30 Taxa in der Recknitz nachgewiesen werden.

Artenkatalog des Makrophytobenthos

1. *Berula erecta* (HUDS.) COVILLE, z
2. *Butomus umbellatus* L., z
3. *Callitriche palustris* L., z
4. *Ceratophyllum demersum* L., h
5. *Drepanoclachus aduncus* (HEDW.) WARNST., s (Wa)
6. *Elodea canadensis* MICHX., h
7. *Hydrocharis morsus-ranae* L., s (Da)
8. *Lemna gibba* L., g
9. *Lemna minor* L., g
10. *Lemna trisulca* L., z
11. *Leptodictyum riparium* (HEDW.) WARNST., z
12. *Mentha aquatica* L., h
13. *Myriophyllum spicatum* L., s (Da)
14. *Nuphar lutea* (L.) SM., h
15. *Nymphaea alba* L., z
16. *Polygonum amphibium* L., h
17. *Potamogeton alpinus* BALBIS, s (La)
18. *Potamogeton crispus* L., g
19. *Potamogeton friesii* RUPR., s (Da)
20. *Potamogeton natans* L., s (Wa)
21. *Potamogeton pectinatus* L., g
22. *Potamogeton perfoliatus* L., z
23. *Ranunculus circinatus* SIBTH., z
24. *Ranunculus sceleratus* L., z
25. *Sagittaria sagittifolia* L., h
26. *Sparganium emersum* REHMANN, h
27. *Spirodela polyrrhiza* (L.) SCHLEIDEN, h
28. *Utricularis vulgaris* L., s (Da)
29. *Veronica anagallis-aquatica* L., h
30. *Veronica beccabunga* L., s (Li)

5. Zusammenfassung

Im Zeitraum vom August 1985 bis Juli 1986 wurde das Mikro- und Makrophytobenthos der Recknitz, eines stark verschmutzten Flachlandflusses, untersucht. 232 Arten und Varietäten der Mikrophytobenthos und 30 Arten des Makrophytobenthos konnten bestimmt werden. Die Arbeit enthält einen Artenkatalog, der Bemerkungen zur Verbreitung in der Recknitz beinhaltet. Einige Funde sind von floristischem Interesse, zum Beispiel liegen 14 Erstnachweise für Mecklenburg vor.

6. Danksagung

Herrn Prof. Dr. habil. H. PANKOW möchte ich für die Betreuung der Arbeit meinen besonderen Dank aussprechen. Den Dipl.-Biol. Dr. TH. HÜBENER und CH. BERG möchte ich für die Unterstützung ebenfalls danken.

Literatur

5.1. Zitierte Literatur

BOMBOR, G., & PANKOW, H. (1966): Notiz zur Kieselalgenflora des Kreises Ribnitz-Dammgarten. Arch. F. Nat. Meckl. **12**, 47—50.

GERSTÄDT, G. (1986): Botanische Untersuchungen zur Gewässergütebeurteilung der Recknitz. Dipl.-Arb., Rostock.

LINDNER, A. (1978): Soziologisch-ökologische Untersuchungen an der submersen Vegetation in der Boddenkette südlich des Darß und des Zingst (südliche Ostsee). *Limnologica* (Berlin) **12** (2), 299—312.

PANKOW, H. (1967): Flora von Rostock und Umgebung. Rostock.

— (1970): Die Kieselalgenflora mecklenburgischer Salzstellen. Int. Rev. ges. Hydrobiol. **55**, 815—843.

ZIELINSKI, J. (1976): Abwasserbelastung der Recknitz — erforderliche Sanierungsmaßnahmen und wasserrechtliche Entscheidungen. Ingenieurarb., Magdeburg.

5.2. Bestimmungsliteratur

ETTL, H. (1983): Chlorophyta, Protomonadina. In: PASCHER, A., Die Süßwasserflora von Mitteleuropa, Bd. 9. Jena.

GEITLER, L., & PASCHER, A. (1925): Cyanophyceae. In: PASCHER, A., Die Süßwasserflora Deutschlands, Österreichs und der Schweiz, H. 12. Jena.

HÄUSLER, J. (1982): Schizomycetes. In: PASCHER, A., Die Süßwasserflora von Mitteleuropa, Bd. 20. Jena.

HEERING, W. (1914): Chlorophyceae III, Ulothrichales, Microsporales, Oedogoniales. In: PASCHER, A., Die Süßwasserflora Deutschlands, Österreichs und der Schweiz, H. 6. Jena.

— (1921): Chlorophyceae IV, Siphonocladiales, Siphonales. In: PASCHER, A., Die Süßwasserflora Deutschlands, Österreichs und der Schweiz, H. 7. Jena.

HUBER-PESTALOZZI, G. (1955): Das Phytoplankton des Süßwassers. Systematik und Biologie. 4. Teil, Euglenophyceae. In: THIENEMANN, A., Die Binnengewässer, Bd. 16. Stuttgart.

HUSTEDT, F. (1930): Bacillariophyta (Diatomeae). In: PASCHER, A., Die Süßwasserflora von Mitteleuropa, Bd. 10. Jena.

KADLUBOWSKA, I. Z. (1984): Conjugatophyceae I, Chlorophyta VIII, Zygnemales. In: PASCHER, A., Die Süßwasserflora von Mitteleuropa, Bd. 16. Jena.

KOMAREK, J., & FOTT, B. (1983): Das Phytoplankton des Süßwassers. 7. Teil, 1. Hälfte, Chlorophyceae, Chlorococcales. In: THIENEMANN, A., Die Binnengewässer. Stuttgart.

KRAMMER, K., & LANGE-BERTALOT, H. (1986): Bacillariophyceae, 1. Teil Naviculaceae. In: PASCHER, A., Die Süßwasserflora von Mitteleuropa, Bd. 2/1. Jena.

LANGE-BERTALOT, H. (1976): Eine Revision zur Taxonomie der Nitzschiae lanceolatae GRUN. Die „klassischen" bis 1930 beschriebenen Süßwasserarten Europas. Nova Hedwigia **28**, 253 bis 307.

— (1980a): Ein Beitrag zur Revision der Gattung *Rhoicosphenia* GRUN., *Gomphonema* C. AG., *Gomphoneis* CL. Bot. Notiser **133**, 585—594.

— (1980b): Zur Taxonomie einiger wichtiger Naviculae linolatae CLEVE. Die Formenkreise um *Navicula lanceolata*, *Navicula viridula* und *Navicula cari*. Cryptogamie, Algologie I, 29—50.

— (1980c): Zur systematischen Bewertung der bandförmigen Kolonien bei *Navicula* und *Fragilaria*, Kriterien zur Vereinigung von *Synedra* (subgen. *Synedra*) EHRENBERG und *Fragilaria* LYNGBYE. Nova Hedwigia **33**, 723—786.

— & BONIK, K. (1976): Massenentwicklungen bisher seltener und unbekannter Diatomeen als Indikator starker Abwasserbelastung in Flüssen. Arch. Hydrobiol. **49**, 303—332.

— & RUPPEL, M. (1980): Zur Revision taxonomisch problematischer, ökologisch jedoch wichtiger Sippen der Gattung *Achnanthes* BORY. Arch. Hydrobiol. Suppl. **60**, 1—31.

PANKOW, H. (1976): Die Algenflora der Ostsee II. Das Plankton (einschließlich benthischer Kieselalgen). Jena.

PRINGSHEIM, E. G. (1956): Contributions towards a monograph of the genus *Euglena*. Nova Acta Leopoldina N.F. **18**, 1—168.

SCHUBERT, R., WERNER, K., & MEUSEL, H. (1984): Exkursionsflora für die Gebiete der DDR und der BRD, Bd. 2. Berlin.

Starmach, K. (1985): Chrysophyceae und Haptophyceae. In: Pascher, A., Die Süßwasserflora von Mitteleuropa. Bd. 1, Jena.

Streble, H., & Krauter, D. (1982): Das Leben im Wassertropfen. Stuttgart.

Uherkovich, G. (1966): Die *Scenedesmus*-Arten Ungarns. Budapest.

Eingegangen am 2. 9. 1987

Anschrift des Verfassers:
Dipl.-Biol. Gabriele Berg
Wilhelm-Pieck-Universität Rostock
Sektion Biologie
WB Spezielle Botanik
Doberaner Str. 143
Rostock
DDR-2500

Limnologica (Berlin) **19** (2), 89—107, Dezember 1988

Tauchuntersuchungen der submersen Vegetation in skandinavischen Seen unter Berücksichtigung der Isoetiden-Vegetation

Investigations of the Submerged Vegetation in Scandinavian Lakes with Special Consideration of the Vegetation of Isoetids

Von MARGRIT VÖGE

Mit 10 Abbildungen und 11 Tabellen

Inhalt

Summary

In 40 scandinavian lakes submerged vegetation was investigated, species inventory and relevés are given. Lakes were characterized by pH, alcalinity, total hardness and conductivity; afterwards they were attached to pH-fields a—d. Relevés from southern Norway were related to Isoeto-Lobelietum (W. KOCH 1926) Tx. 1937 emend. (synthetical table) mostly. All single relevés were evaluated in the way of MÄKIRINTA (1978b): Vegetation of isoetids is divided into 2 types: LitLoT and ILoT; there are 3 variants of the last type: typical, *Isoetes lacustris*- and *Lobelia*-variants. In middle and northern Norway vegetation of elodeids was found as well: *Myriophyllum alterniflorum* makes 4 vegetation types. It was tried to define a typical formation of ILoT:typV and to characterize it. Effects of acid rain on vegetation of isoetids (change of flora, intensive development of algae) in southern Norway and those of eutrophication are described. Botanical eutrophy-index was calculated for all types and variants in respective pH-fields. Endangering of vegetation of isoetids is discussed.

1. Einleitung und Zielstellung

Die vorzugsweise in ungestörten Seen mit kalkarmem, oligotrophem, schwach saurem Wasser siedelnden Isoetiden gehören zu den am stärksten von der Zivilisation bedrohten Pflanzenarten. Seen in dicht besiedelten und durch intensive Landwirtschaft geprägten Gebieten werden eutrophiert; Gewässer in weitgehend naturbelassener Landschaft versauern, falls Luftschadstoffe aus Industriegebieten auf sie einwirken.

Für die Beurteilung der in eutrophierten Seen am geographischen Außenposten siedelnden Makrophytenbestände ist die Kenntnis der Isoetiden-Vegetation in Seen mit nur geringen exogenen Einwirkungen in ihrem Hauptverbreitungsgebiet sehr hilfreich.

MÄKIRINTA (1978b) betont, daß zwar über die allgemeine Verbreitung der Isoetiden und der Isoetiden-Vegetation in Skandinavien Klarheit besteht, das Bild von der Vergesellschaftung der Arten bzw. von den Strukturen und Typen, in die sich die Vegetation gliedert, unvollständig ist. Als ein Grund wird vermutet, daß detaillierte Untersuchungen der z. T. tief im Wasser gelegenen Isoetiden-Wiesen umständlich sind und daher weitgehend vermieden wurden. Hinzu kommt, daß zahlreiche Aufnahmen, die in den Gliederungen von DIERSSEN (1975) und PIETSCH (1977) enthalten sind, vor 50 bis 70 Jahren gewonnen wurden. Da der Süden Norwegens seit Jahrzehnten unter der Einwirkung saurer Niederschläge steht, ist die Gewinnung aktueller Aufnahmen sinnvoll.

Das Ziel der vorliegenden Arbeit ist somit die Beschreibung der submersen Vegetation von Seen in verschiedenen Regionen Norwegens.

2. Das Untersuchungsgebiet

Von den 40 skandinavischen Gewässern, an denen Untersuchungen vorgenommen wurden, liegen 38 in Norwegen, eins in Dänemark. Hinzu kommt der Muonioälv, ein Grenzfluß zwischen Schwedisch-Lappland und Finnland. Abb. 1 zeigt die Gewässer im Untersuchungsgebiet. In Tab. 1 ist die Verteilung auf die verschiedenen Regionen dargestellt. Die Gewässer liegen bis 118 m ü. NN; Ausnahmen sind die beiden Seen in der Hedmark (725 m ü. NN) und der Stortjörna in Nordtröndelag (425 m ü. NN).

Norwegen ist zum größten Teil vom kaledonischen Gebirge erfüllt. In Südnorwegen herrschen präkambrische Gebirgsformationen vor, insbesondere Gneis und Granit, in Mittel- und Nordnorwegen sind dagegen kambrosilurische sedimentäre Formationen verbreitet; hier sind kalkreichere Gewässer zu erwarten als in Südnorwegen.

Aus seiner großen Ausdehnung (58—71° nB, 4—32° öL) ergibt sich eine erhebliche Klimavariation sowohl von Norden nach Süden als auch von Osten nach Westen; zusätzlich bildet das ausgeprägte Relief deutliche Klimascheiden über kurze Entfernungen hinweg: es ist teils plateauartig (Finnmark), teils herrschen alpine Formen vor (Lofoten), teils besteht Mittelgebirgscharakter (Tröndelag, Hedmark).

Das maritime Klima der seezugewandten Seite ist in Rogaland stark ausgeprägt; die Vegetationsperiode beträgt hier 200 Tage (mit Temperaturen über 10 °C).

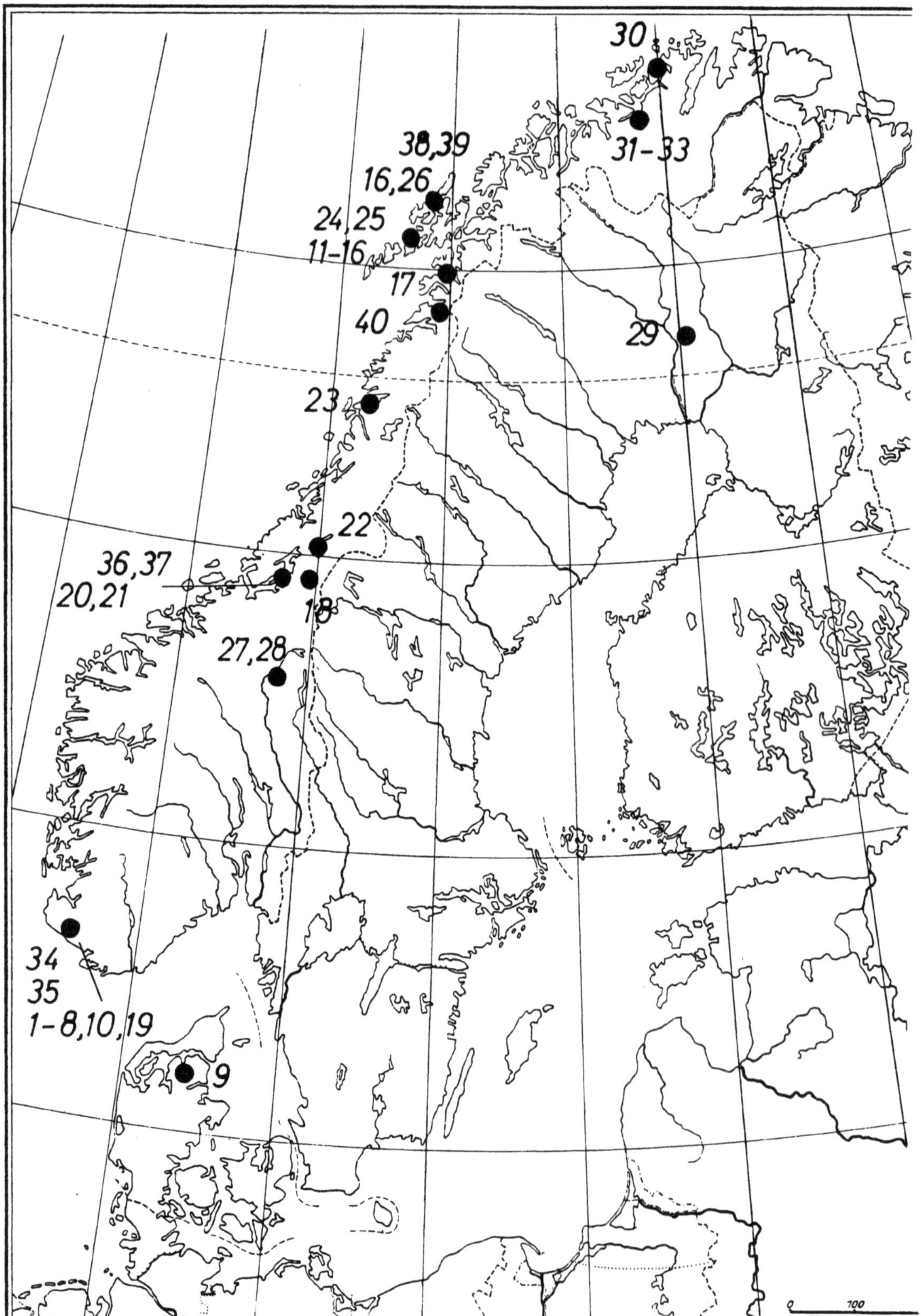

Abb. 1. Seen im Untersuchungsgebiet (Erläuterungen in Tab. 1)

Mit zunehmender Entfernung von der Küste steigt der kontinentale Einfluß. Im Vergleich zu den nördlich und südlich angrenzenden Landschaften reicht der maritime Klimaeinfluß in Tröndelag weiter landeinwärts und mildert extreme Witterungen (Dauer der Vegetationsperiode 160—179 Tage). Durch klimatische Bevorzugung und gute Bodenfruchtbarkeit gehört Tröndelag zu den landwirtschaftlich produktivsten Regionen Norwegens. Im kühl-ozeanischen bis submaritimen Teil Nordnorwegens ist die Vegetationsperiode kürzer: auf den Lofoten 140—159 Tage, auf den Vesteralen und in der Umgebung von Alta nur 120—139 Tage.

Tab. 1. Lage der untersuchten Gewässer

Nr.	Gewässer	Region	Land
1:	Langevatn	Rogaland	Norwegen
2:	Mjåvatni		
3:	Svåvatnet		
4:	Kydlandsvatnet		
5:	Stölsvatnet		
6:	Stokkatjörni		
7:	Hovnnesvatnet		
8:	Örsdalsvatnet		
10:	Fotlandsvatnet		
19:	Revurdtjörni		
34:	Igletjörni		
35:	Nodlandtjörni		
27:	Stubbsjöe	Hedmark	
28:	Tjörnane		
18:	Stortjärna	Nordtröndelag	
20:	Byavatnet*		
21:	Sottjun*		
22:	Snåsavatnet		
23:	Ömmervatn		
36:	Atlo Skardstjun*		
39:	Liavatnet		
11:	Kongsvatnet	Nordland	
12:	Storvatnet		
13:	auf Austvågöya		
14:	auf Flakstadöya*		
15:	Reinevand		
24:	Hopsvatnet		
25:	auf Vestvågöya		
16:	auf Langöya		
26:	auf Hadselöya		
38:	auf Langöya		
39:	auf Hadselöya		
17:	Killvatnet		
40:	Kvitblikvatnet		
30:	Jansvatnet	Finnmark	
31:	Sierravatnet		
32:	Skogstuevatnet		
33:	Mathisvatnet		
29:	Muonio älv	Lappland	Schweden
9:	Madumsö	Jütland	Dänemark

* Seen mit >30 Hazen.

Der Madumsö im atlantisch betonten N-Jütland ist ein Toteissee. Als Dänemarks größter acidotropher See liegt er in einem Waldgebiet südlich von Aalborg. Iversen (1929) bezeichnet ihn als den typischsten *Lobelia*-See des Landes.

3. Durchführung der Untersuchungen

Die Untersuchungen erfolgten zwischen 1982 und 1986. Für eine Kurzcharakteristik der Gewässer wurden folgende Parameter erfaßt: Elektrolytische Leitfähigkeit (LF 90, WTW), pH (digi 88, WTW) sowie Alkalität und Gesamthärte (jeweils titrimetrisch). Die Wasserproben wurden dazu einige Armlängen von der Wasseroberfläche entfernt genommen. Einige Seen zeigten eine deutliche Eigenfarbe; diese wurde nach einer Feldmethode (Merck) geschätzt. Die Sichttiefe wurde ermittelt, indem eine quadratische Secchischeibe an einer Meßleine abgesenkt wurde, bis die Ecken gerade noch erkennbar waren. Die Messungen erfolgten während der Hauptvegetationsperiode.

Die maximale Tiefe der bearbeiteten Gewässer betrug in der Regel mindestens 10 m. Der Einsatz der Preßlufttauchausrüstung ermöglichte eine genauere Arbeitsweise als die Verwendung üblicher hydrobotanischer Ausrüstung wie Dredge, Krautangel usw. Es wurden auch Characeen und Moose aufgenommen. Röhrichtbestände des Flachwassers wurden nicht berücksichtigt, da sie unmittelbar vom Ufer aus bearbeitet werden können und i. a. auch besser untersucht sind als tiefer gelegene uferferne Pflanzenbestände.

Ein Ziel war die möglichst vollständige Erfassung des Arteninventars der Gewässer, verbunden mit einer Mengenschätzung der Arten. Diese von Tüxen & Preising (1942) vorgeschlagene Schätzmethode wird auch von Melzer (z. B. 1976) bei der Tauchkartierung angewendet. In einigen Seen trat in den (lockeren) Pflanzenbeständen keine Art stärker hervor; in den übrigen Seen wurde auch pflanzensoziologisch gearbeitet.

Das Vorgehen zur Erfassung des Arteninventars war unterschiedlich und hing von der Seegröße ab. In kleineren Seen (<30 ha) wurde meist der ufernahe Bereich abgeschwommen. Ein steiler Uferabfall mit einem schmalen Vegetationsgürtel konnte bei guten Sichtverhältnissen zuverlässig nach beiden Seiten überblickt werden, wenn eine Uferparallele in mittlerer Tiefe abgeschwommen wurde. Über einem breiteren Hydrophytengürtel wurde ein Zickzackkurs gewählt; in einigen Seen waren sogar zwei Parallelen zum Ufer in verschiedenen Tiefenbereichen zu bearbeiten. In größeren Seen wurden in der Regel mehrere Uferabschnitte aufgesucht. Bei der Erkundung von Seen mit sehr langer Uferlinie erwies sich der Aquazepp 714/TS als sehr hilfreich. Dieses batteriebetriebene Elektrofahrzeug erlaubt sowohl Fahrten an der Wasseroberfläche als auch unter Wasser. Auf dem Gerät liegend kann, bei entsprechenden Sichtverhältnissen, die Vegetation während der Fahrt betrachtet werden. Die Geschwindigkeit (wahlweise zwischen 2 und 6 km/h) kann jederzeit an die Erfordernisse angepaßt werden; augenblicklich kann das Fahrzeug auch angehalten werden. Je nach gewählter Geschwindigkeitsstufe können 6 bis 12 km mit einer Batterieladung zurückgelegt werden.

Nur stichprobenmäßig wurden einige Gebirgsseen betaucht, die nicht in Tab. 1 aufgeführt sind; dabei interessierte besonders das Vorkommen von Isoetiden.

Zur Gewinnung pflanzensoziologischer Aufnahmen wurden sowohl ausgewählte Probeflächen als auch Vegetationsprofile bearbeitet. Die Profile wurden mit Hilfe einer Meßvorrichtung (Vöge 1987) aufgenommen.

In einigen Seen wurde die relative Beleuchtungsstärke (Silizium-Element, Meßgerät mit digitaler Anzeige) ermittelt. Dabei wurden Lichtprofile gewonnen und die Lichtverhältnisse an der Tiefengrenze der Isoetiden-Vegetation notiert.

Mit einer Unterwasserkamera (Nikonos V, Elektronenblitz) wurde — soweit Wasser-Farbe und -Transparenz dies zuließen — die Isoetiden-Vegetation dokumentiert.

4. Gewässerbeschaffenheit und Arteninventar

4.1. Chemische Faktoren

Die in den Gewässern ermittelten Werte für Alkalität und Leitfähigkeit sind im Korrelationsdiagramm (Abb. 2) dargestellt. Die meisten Wertepaare liegen innerhalb eines relativ engen Bereiches: Leitfähigkeitswerte unter 100 µS/cm und Werte für die Alkalität unter 0,4 mVal/l charakterisieren die untersuchten Isoetidenstandorte; die Gesamthärte ist dabei kleiner als 10 ppm CaO. Die pH-Werte waren sehr unterschiedlich. Es zeigte sich eine Änderung der Artenzusammensetzung von stärker sauren bis zu alkalischen Verhältnissen. Daher wurden — entsprechend der Artenkombination — vier pH-Bereiche (a, b, c, d) gebildet; jedes untersuchte Gewässer wurde einem der 4 Bereiche zugeordnet. Im Korrelationsdiagramm sind die Wertepaare nach ihrer Zugehörigkeit zu a, b, c oder d verschieden dargestellt. In Tab. 2 sind die pH-Bereiche mit Maximalwerten für Alkalität, Gesamthärte und Leitfähigkeit sowie mittleren Artenzahlen aufgeführt.

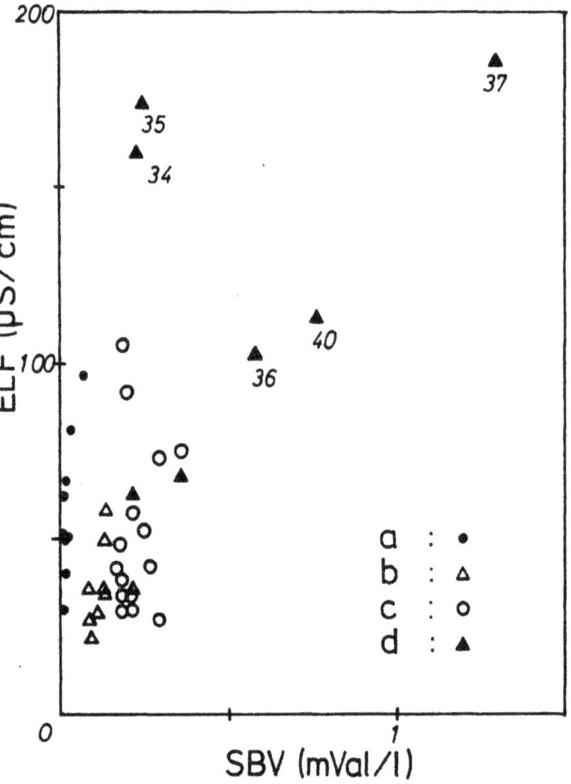

Abb. 2. Korrelationsdiagramm: Säurebindungsvermögen und Leitfähigkeit (Erläuterung der Abkürzungen in Tab. 2)

Tab. 3a zeigt das Arteninventar der Gewässer. *Utricularia*, *Callitriche* und teilweise *Sparganium* konnten nur nach vegetativen Merkmalen bestimmt werden.

Das Arteninventar der stark sauren Seen ist nahezu gleich, wobei Isoetiden, *Juncus bulbosus* und Moose das Vegetationsbild bestimmen. Mit zunehmendem pH-Wert kommen *Myriophyllum alterniflorum* und vereinzelt Laichkräuter hinzu. Bei pH-Werten über 6,4 treten die Moose zurück, während nun häufig Characeen beobachtet werden. Im alkalischen Bereich sind vorzugsweise die meso- bzw. eutraphenten Arten vertreten. Obwohl die Artenzahl in den einzelnen (schwach sauren bis alkalischen) Gewässern deutlich differiert, zeigt sich jedoch kein Zusammenhang zwischen pH-Wert und (mittlerer) Artenzahl.

Halvorsen (1977) und Yan et al. (1985) nennen untere bzw. obere pH-Grenzen für einige Arten, die auch in den norwegischen Seen gefunden wurden. Beobachtungen dieser Autoren und von Pietsch (1977) sowie eigene Ergebnisse (4) sind in Tabelle A zusammengestellt.

Tab. A

	1	2	3	4
Juncus bulbosus, obere Grenze:	5,6		8,5	7,5
Potamogeton natans, untere Grenze:	5,5			6,3
Potamogeton pusillus, untere Grenze:		5,6		6,3
Myriophyllum alterniflorum untere Grenze:	4,7	6,6	4,1– 4,5	5,5

1: nach Yan et al.; 2: nach Halvorsen; 3: nach Pietsch.

4.2. Lichtverhältnisse

Einige der untersuchten Gewässer zeigten aufgrund erhöhten Humingehaltes mit Werten zwischen 30 und 50 Hazen eine deutliche Eigenfarbe; diese Gewässer sind in Tab. 1 (mit *) gekennzeichnet. Eine Korrelation zwischen Wasserfarbe und Artenzahl konnte nicht gefunden werden. Zum gleichen Ergebnis gelangten Yan et al. (1985).

In huminreichem Wasser wird jedoch die Tiefengrenze der Vegetation früher erreicht. Im klaren Svåvatnet mit 10 m Sichttiefe siedelt *Isoetes lacustris* noch in 4,50 m, im Sottjun mit 40 Hazen und 5,20 m Sichttiefe dagegen nur bis 2,70 m.

Die Wasserfarbe wirkt auf zweierlei Weise. Einerseits nimmt die relative Beleuchtungsstärke rascher mit der Tiefe ab; der Vergleich der Lichtprofile von Mjåvatni und Sottjun in Abb. 3 zeigt das Lichtdefizit unterhalb 2 m Tiefe im huminreichen Wasser und erklärt, daß die Pflanzen dort weniger tief gehen. Andrerseits bewirkt die Färbung des Wassers eine Filterung des Tageslichts, die spektrale Zusammensetzung wird verändert. So hat z. B. der blaue Lichtanteil das schwächste Durchdringungsvermögen; Mäkirinta (1978c) fand eine deutliche negative Korrelation mit der Platin-Farbe.

In einigen Seen unterschiedlichen Humingehaltes wurden die maximale Tiefe, in der die *Isoetes*-Arten und *Lobelia* noch gedeihen, und die dort bestehende relative Beleuchtungsstärke gemessen; die Ergebnisse sind in Tab. 4 zusammengestellt. Die in den Seen Rogalands erhaltenen Werte entsprechen den von Mäkirinta mitgeteilten Werten recht gut. Die im bräunlichen Wasser des Sottjun gewonnenen Werte sind deutlich niedriger: Mit 2—8% sind die Lichtansprüche von *Isoetes lacustris* und *Lobelia dortmanna* hier denen der Elodeiden — als Mindestwert für die Elodeidenvegetation nennt Mäkirinta 2—6% — ähnlich.

Tab. 2. Gruppierung der Seen

pH-Bereich	Alkalität (mVal/l)	Leitfähigkeit (µS/cm)	Gesamthärte (ppm CaO)	Mittlere Artenzahl		See-Nr.
				A	B	
a: ≦5,3	≦0,08	≦ 97,0	≦ 5	6,8	5,3	1— 9
b: >5,3	0,04—0,21	≦ 58,3	≦ 5	6,0	5,0	10—18
c: >6,4	0,18—0,36	≦105,3	≦10	7,3	6,3	19—33
d: ≧7,3	0,24—1,30	≦186,1	≦50	4,8	4,6	34—40

A: Gesamt-Artenzahl; B: Anzahl der Gefäßpflanzen.

Seen-Nr.		1	2	3	4	5	6	7	8	9	10	11	12	13	14	15	16	17	18	19	20	21	22	23	24	25	26	27	28	29	30	31	32	33	34	35	36	37	38	39	40
He, El	*Hippuris vulgaris*																1														1	1	1	1							
Ny	*Nuphar lutea*																		1	1															2	1					
	Nymphaea alba																			1																					
	Nymphaea candida						1															1															1	2			
	Potamogeton natans															3	2			1		1							1						2	2	2				2
El	*Myriophyllum alterniflorum*										1	2	1	1		2	3	2	1	1	1	2	2	3	2	1	3	1		2	2	3	3	3					2	3	2
	Ranunculus peltatus																																	2							
	Potamogeton gramineus																		1			1								1	1	1	1	1							2
	Potamogeton praelongus																2									1					2	1							1	1	
	Potamogeton alpinus																					1		2	1	1			1	1											
	Potamogeton zizii																				1																1	1			
	Potamogeton pusillus																2		1	1	1	1		2	1	2	2								2	3			1	1	
	Potamogeton obtusifolius																																					1			
	Potamogeton perfoliatus																																					2			1
	Potamogeton lucens																																					2			
	Sparganium angustifolium	1									1	1	1			1	1	1	1	1	1	1						1	1	1	1										
	Sparganium minimum																															1		1	1		1				
	Callitriche cophocarpa																											1	1												
	Callitriche hermaphroditica																							1										1							
	Callitriche hamulata																													1											
Cer, El	*Utricularia vulgaris*																											1	1												
	Utricularia ochroleuca	1	1	1	1	1	1	1			1						1		1			1																			
	Utricularia intermedia			1			1																										2								
El, Is	*Juncus bulbosus*	1	1	1	1	1	1		1	1	3				1	1		2	1			2						1	1								1				
Is	*Lobelia dortmanna*	2	2	2	2	2		2	2	2	1									2		1																			
	Isoetes lacustris	2	3	3	3	3	1	3	3	3	3	3	3	3	3	2	2	3	1	2	3	1	3	1	3	3	2	3	1	1	2								3		3
	Isoetes echinospora	2	1	2	1	1	1	1	1		1									2								3	1	1											
	Littorella uniflora	1	1	1		1	2	1		1	1									1		1					1	1													
	Ranunculus reptans																				1													1					1		
	Subularia aquatica											1	1											1			1					2		1							1
	Eleocharis acicularis																																								1
Ch	*Chara delicatula*																					2											2								
	Nitella flexilis																			2		2		1	1	2	2			2	2	2		2					3	1	
Br	*Sphagnum* sp.	1	1	1	1	1	1	1	1	1	1	1	1		1	1		1	1																						
	Drepanocladus sp.	1		1						1														1					1					1							
	Fontinalis sp.									1	1			1																1											

Es bedeuten: 1 = wenig; 2 = verbreitet; 3 = überwiegend.

Tab. 3 b. Arteninventar

See	Vålåsyöen	Nedre Sjödalsvatn	Vinstervatn
Seehöhe (m ü. NN)	960	940	1030
ELF (µS/cm)	24,5	13,3	7,8
Isoetes lacustris	+	+	
Littorella uniflora	+		
Ranunculus reptans	+		
Subularia aquatica		+	+
Juncus bulbosus	+		
Myriophyllum alterniflorum	+		
Chara delicatula	+		
Nitella flexilis		+	+

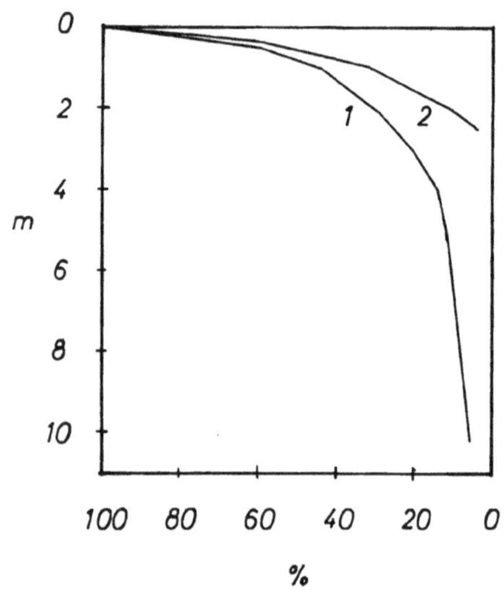

Abb. 3. Abnahme der relativen Beleuchtungsstärke (% Licht) mit der Tiefe (m). 1: Mjåvatni, 2: Sottjun

Tab. 4. Minimalwerte der relativen Beleuchtungsstärke an einigen Isoetidenstandorten

	Tiefe (dm)	Licht (%)	See
Lobelia dortmanna	27	23	Mjåvatni
	30	22	Svåvatnet
	22	8	Sottjun
Isoetes echinospora	37	17	Mjåvatni
	45	12	Svåvatnet
Isoetes lacustris	37	17	Mjåvatni
	45	12	Svåvatnet
	45*	7	Storvatnet
	22	8	Sottjun
	27*	2	Sottjun

*: Nur Einzelpflanzen.

4.3. Zur Verbreitung der Isoetiden

Im Hauptverbreitungsgebiet der Isoetiden galt die besondere Aufmerksamkeit dieser Lebensformengruppe. Nach Dierssen (1975) liegt der Verbreitungsschwerpunkt der Littorelletea-Arten im ozeanisch-subozeanischen, humiden bis borealen Bereich West- und Nordeuropas und — teilweise — Nordamerikas. Zur Verbreitung dieser Arten machen Casper & Krausch (1981) folgende Angaben:

Lobelia dortmanna	: nordisch subozeanisch-atlantisch
Littorella uniflora	: (nordisch) subatlantisch
Isoetes lacustris, *Isoetes echinospora*	: nordisch subozeanisch
Eleocharis acicularis	: (nordisch) eurasiatisch
Ranunculus reptans	: (nordisch) präalpin
Subularis aquatica	: (arktisch) nordisch (subozeanisch)

Für die Isoetiden, die im Untersuchungsgebiet ausgedehnte Wiesen bilden, die *Isoetes*-Arten und *Lobelia* sowie teilweise auch *Littorella uniflora*, werden als Siedlungsgewässer oligotrophe Seen genannt. Die Autoren geben weiterhin an, daß *Isoetes echinospora* vielfach in nährstoffärmeren Seen gefunden wird als *Isoetes lacustris*. Das Seebrachsenkraut siedelt auch in oligotroph-dystrophem Milieu. Die ebenfalls im Untersuchungsgebiet beobachteten Isoetiden *Ranunculus reptans*, *Subularia aquatica* und *Eleocharis acicularis* bevorzugen oligotrophe-mesotrophe, *Subularia* auch dystrophe Verhältnisse.

Das Arteninventar zeigt die Verteilung der Isoetiden auf die Seen unterschiedlicher Regionen Norwegens. *Lobelia*, in Rogaland allgemein, tritt in Nordtröndelag zurück. In den beiden Seen der Hedmark wurde sie nicht gefunden, im Örsdalsvatnet scheint das Steilufer des tiefen Fjordsees ungünstig für die Ansiedlung der Art zu sein. *Isoetes lacustris* fehlt nur in den drei Seen der Finnmark. Dagegen tritt die Art bestandsbildend weiter nördlich (Jansvatnet auf Hammerfest) bzw. östlich (bei Kirkenes) auf. *Isoetes echinospora* und *Littorella uniflora* wurden in der Finnmark nicht beobachtet.

Für *Ranunculus reptans* und *Subularia aquatica* war in Nordtröndelag das südlichste Vorkommen.

Das Arteninventar der bereits erwähnten Gebirgsseen südlich von Trondheim ist in Tab. 3b dargestellt. Die extrem elektrolytarmen Gewässer sind fast neutral. Der kurzen Vegetationsperiode entsprechend treten nordisch (arktisch) präalpine Arten hervor.

5. Pflanzensoziologische Gliederung der Vegetation

5.1. Zur Beschreibung der Vegetation

Grundlage pflanzensoziologischer Gliederungen sind Vegetationsaufnahmen, die üblicherweise nach der Methode von Braun-Blanquet (z. B. 1951) gewonnen werden. Die Auswertung führt bekanntlich zuerst zu ranglosen Vegetationseinheiten, deren pflanzensoziologischer Wert im Rahmen der Ganzheit geschätzt werden muß.

Mäkirinta (1978b) lehnt dagegen das hierarchische System ab; die Methode stößt bei der Wasservegetation auf deutliche Schwierigkeiten: z. B. ist die Vegetation — insbesondere an Isoetiden-Standorten — artenarm, zudem zeigen die Arten nur geringe Affinität zueinander. Hilfreich sollte hier die eingehende Berücksichtigung der Struktur der Vegetation sein. Daher dienen Strukturmerkmale, vor allem Lebensformen und Synusien, zur Schilderung der Vegetationseinheiten des finnischen Sees Kukkia. Dabei wird das auf ökomorphologischen Gesichtspunkten basierende Lebensformsystem der Wasserpflanzen (Mäkirinta 1978a) verwendet.

Zur Analyse der Aufnahmen werden die Arten — nach Feststellung der Lebensform — zunächst in Synusien eingeordnet. In zahlreichen Aufnahmen des Kukkia dominiert die Isoetiden-Synusie (IsVeg); die Aufnahmen werden nach Synusienkombinationen (z. B. El-Is, Ny-El-Is) gruppiert. Innerhalb jeder Kombination werden aufgrund diagnostischer Arten und Artengruppen Vegetationstypen gebildet (z. B. ILoT = *Isoetes-Lobelia*-Typ), die etwa den Assoziationen im Sinne Braun-Blanquets entsprechen sollten. Nach geringen floristischen Unterschieden erfolgt die Gliederung in Varianten (z. B. IlacV = *Isoetes lacustris*-Variante, ihr fehlt *Lobelia*). — Neben der Isoetiden-Vegetation wurde auch die Elodeiden-Vegetation aufgenommen.

In der vorliegenden Arbeit werden beide Verfahren, teilweise auch parallel, angewendet. Bereits in Tab. 3 (Arteninventar) sind die Arten nach Lebensformen gruppiert. In einigen Fällen ist die Angabe der Lebensform problematisch und erst nach den Beobachtungen im Untersuchungsgebiet zu entscheiden. So waren *Sparganium* und *Juncus bulbosus* hier ausschließlich submers und wurden daher den Elodeiden zugeordnet. Die *Utricularia*-Sprosse lagen locker auf dem Grund, teilweise waren sie fest im Grund verankert bzw. an anderen Pflanzen lose angehakt; damit repräsentieren sie die Lebensform der Ceratophylliden. Da bei *Ranunculus peltatus* die Wasserblätter vorherrschen, wird die Art zu den Elodeiden gezählt. — Zur Angabe der Deckung wurde die Dezimalskala nach Londo (1976) benutzt. Danach gilt für Tab. 6—10:

.1: 1%	2: 15—25%	6: 55—65%
.2: 1— 3%	3: 25—35%	7: 65—75%
.4: 3— 5%	4: 35—45%	8: 75—85%
1: 5—15%	5: 45—55%	9: 85—95%

5.2. Isoetiden-Vegetation

In den sauren *Lobelia*-Seen Rogalands (pH-Bereich a) wurden 99 Aufnahmen gewonnen. *Lobelia dortmanna*, Kennart der Assoziation, und die *Isoetes*-Arten, Trennarten der Subassoziationen, liegen in hoher Stetigkeit vor. Die Aufnahmen werden dem Isoeto-Lobelietum dortmannae (W. Koch 1926) Tx. 1937 emend. zugeordnet; davon entsprechen 25 Aufnahmen der typischen Subassoziation, die restlichen 74 Aufnahmen der Subassoziation von *Isoetes lacustris* (synthetische Tabelle, Tab. 5).

Tab. 5. Synthetische Assoziationstabelle, 1982.

	S 1	S 2
Lobelia dortmanna	V r—4	V +—4
Isoetes lacustris		V +—4
Isoetes echinospora		IV +—3
Littorella uniflora	III 1—3	II r—2
Juncus bulbosus	IV r—3	II r—2
Utricularia ochroleuca	III 1—2	I r—1
Sparganium angustifolium	I r	
Sphagnum sp.	III r—2	II r—3

Isoeto-Lobelietum dortmannae (W. Koch 1926) Tx. 1937 emend.
S 1: Typische Subassoziation
S 2: Subassoziation von *Isoetes lacustris*.

Ein Teil dieser Aufnahmen und weitere vom Madumsö sind in Tab. 6a nach dem Verfahren von Mäkirinta dargestellt (Nr. 1—22). Alle Aufnahmen gehören der Synusienkombination 1 an, der Elodeiden-Isoetiden-Kombination (El-Is). Die Aufnahmen 1—3 belegen den hier selteneren *Littorella-Lobelia*-Typ (LitLoT), 4—22 den *Isoetes-Lobelia*-Typ (ILoT), typische Variante (typV). Mit dem LitLoT ist identisch: Isoeto-Lobelietum, typische Subassoziation Dierssen (1975); die Subassoziation von *Isoetes lacustris* besteht aus IloT:typV. Die Aufnahmen der Tab. 6b geben LitLoT:typV in der Synusienkombination 2 (Ny-El-Is) wieder (Nr. 1—4).

Die für die norwegischen *Lobelia*-Seen typische Vegetationszonierung und die Homogenität innerhalb der Zonen konnte im Madumsö nicht beobachtet werden. Da seine Gewässerbeschaffenheit und Vegetation seit über 60 Jahren untersucht werden, sollen frühere Ergebnisse mit aktuellen verglichen werden.

Iversen (1929) zählt den Madumsö mit pH-Werten zwischen 4,5 und 4,8 zu den sauren Klarwasserseen und dabei zur stark sauren Fazies. Nygaard (1949) nennt Werte zwischen 4,0 und 4,9. An den stark sauren Verhältnissen hat sich bis heute kaum etwas geändert; aktuelle Ergebnisse liegen zwischen pH 4,2 und 5,0 (April/Juli 1980, Miljö Projecter 2, Aalborg), eine eigene Messung ergab den Wert 5,1 (Oktober 1983).

Der See wird von Iversen hinsichtlich der Vegetation als das schönste ihm bekannte Beispiel eines *Lobelia-Isoetes*-Sees bezeichnet; neben Isoetiden kamen in geringer Menge die für saure Klarwasserseen typischen Moose vor: *Sphagnum cuspidatum*, *Drepanocladus exannulatus* und *Fontinalis* spp. Vier Vegetationszonen bedeckten einen großen Teil des Seebodens; sie bestanden aus:

- *Juncus supinus, Littorella uniflora, Lobelia dortmanna* (1),
- *Littorella uniflora, Lobelia dortmanna* (2),
- *Littorella uniflora, Lobelia dortmanna, Isoetes lacustris* (3),
- *Isoetes lacustris* (4).

Tab. 6a. Synusienkombination 1: El-Is.

Aufnahme-Nr.		1	2	3	4	5	6	7	8	9	10	11	12	13	14	15	16	17	18	19	20	21	22	23	24	25	26
Seen-Nr.		6	6	6	1	1	1	1	1	1	2	2	2	2	2	9	9	9	9	9	9	9	9	20	20	20	20
Wassertiefe (dm)		3	9	11	5	5	9	14	15	29	15	18	22	22	25	10	12	12	14	15	15	16	20	35	25	18	10
El	*Myriophyllum alterniflorum*																									2	2
	Sparganium angustifolium																									.4	
	Potamogeton pusillus																									1	1
	Potamogeton gramineus																										
	Potamogeton praelongus																										
	Potamogeton alpinus																										
	Potamogeton zizii																									.2	
	Callitriche cophocarpa																										
Cer, El	*Utricularia ochroleuca*	.4	.2																								
	Utricularia vulgaris																										
El, Is	*Juncus bulbosus*	1	.4	.4	.4	.2	.2				.2					.2			.4								
Is	*Lobelia dortmanna*	3	.2	.2	.4	2	1	.2	.2		2	2	.4	.2	.2	.4	2	.4	1	1		3					
	Isoetes lacustris				2	.4	.4	.2	.4	.4	4	3	4	1	2	.4	.2	2		5	4		7	6	8	2	4
	Isoetes echinospora	.2			.4	1	3	.4	2	1		.2	.4	.2	.4												
	Littorella uniflora	2	3	1	.2		.2									7	5	2	4		.4						
	Subularia aquatica																										
	Ranunculus reptans																										2
	Eleocharis acicularis																										
Ch	*Nitella flexilis*																										
Br	*Sphagnum* sp.	.2	.2			.2				.4			.4														

Nr. 1— 3: LitLoT: typ V
Nr. 4—22: ILoT: typ V
Nr. 23—66: ILoT: Ilac V

Tab. 6b. Synusienkombination 2: Ny-El-Is.

		LitLoT: typV				ILoT: IlacV							
Aufnahme-Nr.		1	2	3	4	5	6	7	8	9	10	11	12
Seen-Nr.		6	6	6	6	21	21	21	40	40	15	15	16
Wassertiefe (dm)		5	8	5	3	25	26	24	15	19	9	18	14
Ny	*Nymhaea candida*	.2	1	.4	.4	.1	.1	.1					
	Potamogeton natans								2	2	7	6	1
El	*Myriophyllum alterniflorum*								.4	2	2	1	6
	Potamogeton alpinus						1						
	Potamogeton pusillus					.1	.1	.1					
	Potamogeton perfoliatus								1				

	27	28	29	30	31	32	33	34	35	36	37	38	39	40	41	42	43	44	45	46	47	48	49	50	51	52	53	54	55	56	57	58	59	60	61	62	63	64	65	66
	11	11	12	12	12	13	13	26	26	26	26	38	38	38	40	40	27	27	27	27	27	27	22	22	22	24	24	24	24	14	14	25	25	17	17	30	30	30	23	23
	12	17	40	26	5	10	16	15	10	3	2	12	17	17	7	4	15	25	17	23	10	10	20	22	24	15	17	22	26	28	12	12	18	23	24	28	25	18	12	18
	1	1		1		.1		5	.4	.4		1	2	1	1		.1	.1	.2		.1		1	.4		1	2							1	.4	3	1	5	7	6
				.2													.1		.1																					
								.4	.4			.4	.2															1	1			1					1	2		
																2																								
												1																				1	1			1		1		
																												1	2			2								
																				.1	.1																			
																		.1	.1	.1																				
																														.2				.4	.2					
	7	6	7	8	3	8	7	2	5	3	.4	5	6	6	4	4	7	6	5	4	3	1	6	7	5	7	6	3	4	6	7	3	4	5	5	3	6	.4	.4	1
																	1	1	2	.1	1																			
									.4	6	1										3	6																		
	2	1			2						5	.2		.2	2	2																							.4	
												.2	.4																											
																1																								
								.4				.4	.4	1														.4	1										1	1
																																			.2					

Tab. 6b. (Fortsetzung)

		LitLoT:typV				ILoT:IlacV							
Aufnahme-Nr.		1	2	3	4	5	6	7	8	9	10	11	12
Seen-Nr.		6	6	6	6	21	21	21	40	40	15	15	16
Wassertiefe (dm)		5	8	5	3	25	26	24	15	19	9	18	14
Cer, El	*Utricularia intermedia*	.4											
	Utricularia ochroleuca			.2	.4		.1	.1					
El, Is	*Juncus bulbosus*	2	3	2	.2	.1					1	.4	
Is	*Lobelia dortmanna*	4	3	2	4								
	Isoetes lacustris					.4	1	.4	5	4	1	2	.4
	Littorella uniflora	.4	1	2	.1								
Br	*Sphagnum* sp.	.2		.2	.2								

Tab. 6c. Elodeidenvegetation. Synusienkombination 4: El-Ch

		RpeltMaltT NitV			UintMaltT			PalpMaltT				PpraelMaltT				PperfPlucT		
Aufnahme- Nr.		1	2	3	4	5	6	7	8	9	10	11	12	13	14	15	16	17
See-Nr.		33	33	33	32	32	32	23	23	21	21	16	16	39	31	37	37	37
Wassertiefe (dm)		20	19	20	11	17	15	25	36	17	14	20	18	11	9	11	20	15
Ny	*Nymphaea candida*									.1	.1					2		
	Potamogeton natans									.1								
El	*Myriophyllum alterniflorum*	3	3	2	4	4	3	2	.2	1	1	5	6	7	1			
	Potamogeton alpinus							2	3	3	4							
	Potamogeton praelongus											1	1	1	1			
	Potamogeton zizii															2		1
	Potamogeton obtusifolius																3	
	Potamogeton lucens															3	1	2
	Potamogeton perfoliatus															2	2	2
	Potamogeton pusillus							3	3	.1	.1	1	1	2				
	Ranunculus peltatus	2	3	2														
Cer, El	*Utricularia intermedia*				3	4	2											
El, Is	*Juncus bulbosus*									.1	1							
Is	*Subularia aquatica*														3			
Ch	*Nitella flexilis*	2	2	3						4	2			1				
	Chara delicatula				2	1	3											

Die ausgedehnten Brachsenkrautbestände begannen erst in einer Tiefe von fast 2 m.

Während der Untersuchungen 1983/85 zeigte das Wasser nicht mehr die gerühmte Klarheit. Der Anteil der Moose hat erheblich zugenommen; am stärksten sind *Fontinalis*-Arten vertreten, weniger *Sphagnum* und *Drepanocladus*, sie treten vom Flachwasser bis etwa 5 m Tiefe in Erscheinung. Dagegen erstrecken sich die *Isoetes*-Bestände (am W-Ufer) nur zwischen 1,5 und 2 m Tiefe. *Lobelia* siedelt hier verbreitet im Röhricht und in einer schmalen Zone hinter dem Röhrichtgürtel mit *Littorella* unter Bildung kleiner, teilweise dichter Rasen. Die soziologischen Aufnahmen wurden am N-Ufer gewonnen. Ab etwa 1 m Tiefe bildet dort das Isoeto-Lobelietum dortmannae ausgedehnte Bestände; die Zusammensetzung der Assoziation ist wenig homogen, auch bei (fast) gleicher Wassertiefe: es überwiegt mal die eine, mal die andere Art.

In den letzten Jahren (bis 1986) ist die Vegetation zunehmend von Moosen durchsetzt oder sogar von einer Moosschicht verdeckt. Auffällig sind auch einzelne *Isoetes*-Exemplare mit wenigen kurzen Wurzeln, die zwischen den Moospflanzen liegen.

Ein Profil aus dem Mjåvatni (Tab. 7) gibt die in stark sauren *Lobelia-Isoetes*-Seen Rogalands typische Artenverteilung wieder. Die Aufnahmen entsprechen

Tab. 7. Vegetationsprofil Njåvatni, 1982.

		SK 1, ILoT: typV								
Tiefe (dm)		27	21	18	17	12	11	10	9	5
m Transekt		0	3	4	8	18	20	21	24	26
El, Is	*Juncus bulbosus*	—	—	—	—	.2	.4	.4	1	
Is	*Lobelia dortmanna*	.2	.4	2	5	2	5	7	8	
	Isoetes ssp.	9	5	7	3	1	1	1	.4	
	Littorella uniflora	—	—	—	—	.2	.4	1	—	

ILoT: typV; dabei sind *Lobelia* und beide *Isoetes*-Arten zwischen 0,5 und 2,7 m Tiefe vertreten. Jenseits der Tiefengrenze der Makrophytenvegetation siedeln häufig Moose.

Ein Profil aus dem Revurdtjörni charakterisiert dagegen die Verhältnisse in einem See mit nahezu neutraler Wasserreaktion; zwischen 3 m und 4,20 m bildet ILot: IlacV einen Gürtel. Uferwärts schließt sich eine Zone mit ILoT: typV (Synusienkombination 3: Ny-Is) an, seewärts ein ausgedehnter Bestand von *Nitella flexilis* (Tab. 8).

Tab. 8. Vegetationsprofil Revurdtjörni, 1986.

		SK 1,ILot: IlacV												SK 3, ILoT: typV							
Tiefe (dm)		70	65	47	62	40	37	36	35	34	32	31	30	30	28	27	25	22	20	17	16
m Transekt		0	4	16	20	22	23	24	25	26	27	28	29	30	31	32	34	36	38	40	42
Ny	*Nymphaea alba*	—	—	—	—	—	—	—	—	—	—	—	—	—	—	1	1	—	—	—	
	Nuphar lutea	—	—	—	—	—	—	—	—	—	—	—	—	—	—	2	1	—	—	—	
	Potamogeton natans	—	—	—	—	—	—	—	—	—	—	—	.4	1	1	2	2	3	3	4	
El	*Potamogeton pusillus*	.4	.4	.2	—	—	—	—	—	—	—	—	—	—	—	—	—	—	—	—	
Is	*Lobelia dortmanna*	—	—	—	—	—	—	—	—	—	—	—	—	1	1	2	1	2	2	1	
	Isoetes lacustris	—	—	—	—	1	2	2	2	3	2	3	4	3	3	2	2	2	1	1	
	Isoetes echinospora	—	—	—	1	2	2	2	3	3	4	4	4	4	3	3	2	2	2	1	
	Littorella uniflora	—	—	—	—	—	—	—	—	—	—	—	—	—	—	—	—	—	.4	1	
Ch	*Nitella flexilis*	8	.4	.4	—	—	—	—	—	—	—	—	—	—	—	—	—	—	—	—	

Die Vegetation in einem huminreichen See mit *Lobelia* und *Isoetes lacustris* nahe der Arealgrenze der *Lobelia* zeigt ein Profil aus dem Sottjun (Tab. 9a). Hier wurde *Isoetes* nur an der Tiefengrenze der Vegetation gefunden, während *Lobelia* an einigen Uferabschnitten den Tiefenbereich zwischen 0,3 m und 2,2 m besiedelt, an anderen dagegen nur im Flachwasser vorkommt.

Die meisten der Seen, in denen die Aufnahmen 23—66 der Tab. 6a (pH-Bereich b—d) gewonnen wurden, liegen außerhalb des Verbreitungsgebietes der *Lobelia dortmanna*. Die Aufnahmen belegen ILoT: IlacV, sie entsprechen dem Isoetetum echinosporae W. Koch 1926 emend. *Isoetes lacustris* ist mit hohen Deckungsgraden vertreten, daneben auch häufiger *Myriophyllum alterniflorum*. Einige Aufnahmen enthalten weitere Isoetiden (*Subularia aquatica*, *Ranunculus reptans*), andere dagegen verschiedene Laichkräuter und deuten so die Nähe der Elodeidenvegetation an.

Die gleiche Variante erscheint auch in der Synusienkombination 2 (Ny-El-Is): Tab. 6b, Nr. 5—12.

Das in einem See der Vesteralen aufgenommene Profil (Tab. 10) gibt IloT: IlacV zwischen 0,3 und 1,8 m wieder; im tieferen Wasser folgt ein Gürtel aus *Nitella flexilis*, der mit *Potamogeton pusillus* durchsetzt ist.

Mäkirinta fand im Kukkia vier Synusienkombinationen: El-Is, He-El-Is, He-Ny-El-Is und Ny-El-Is; davon waren die ersten beiden Kombinationen besonders häufig. In der vorliegenden Untersuchung entsprachen die meisten Aufnahmen der Kombination El-Is, nur ein kleinerer Teil den Kombinationen Ny-El-Is und Ny-Is. Da die Vegetation des Flachwassers nicht bearbeitet wurde, fehlen hier die Kombinationen mit der Helophyten-Synusie.

Tab. 9a. Vegetationsprofil Sottjun.

		SK 1, ILot: LoV										
Tiefe (dm)		27	22	15	11	8	7	6	4	4	3	3
m Transekt		0	1	2	3	4	5	6	7	8	9	10
Ny	*Nymphaea candida*	.1	—	—	1	—	—	—	—	—	—	
El	*Potamogeton pusillus*	.1	.1	.1	—	.1	—	.1	—	—	—	
	Potamogeton gramineus	—	—	—	—	—	—	—	—1	1		
	Sparganium angustifolium	—	—	—	—	—	—	—	—	—	1	
	Myriophyllum alterniflorum	—	—	.1	—	.2	—	1	—	—	—	
El, IS	*Juncus bulbosus*	.1	.2	1	3	3	2	2	2	2	1	
Is	*Lobelia dortmanna*	—	2	7	3	2	1	1	2	2	1	
	Isoetes lacustris	1	—		—	—	—	—	—	—	—	
	Littorella uniflora	—	—	—	—	—	—	—	—	—	4	

Tab. 9b. Vegetationsprofil Sottjun.

		SK 4, PalpMaltT:NitV															
Tiefe (dm)		27	26	23	22	18	17	15	14	13	12	10	9	7	7	6	6
m Transekt		0	1	2	3	4	5	6	7	8	9	10	11	12	13	14	15
Ny	*Nymphaea candida*	.1	.1	—	.1	—	.1	.1	.1	.1	—	—	.1	—	—	—	
El	*Potamogeton pusillus*	.1	.1	.1	—	.1	.1	.1	.1	.1	.1	—	.1	—	—	—	
	Potamogeton alpinus	.1	—	.4	2	2	3	4	4	2	2	2	3	—	—	—	
	Myriophyllum alterniflorum	—	—	—	.1	.4	1	—	1	1	.1	1	1	.4	1	.4	
Cer, El	*Utricularia ochroleuca*	.1	.1	.1	—	.1	—	.1	—	—	.1	—	—	—	—	—	
El, Is	*Juncus bulbosus*	—	—	—	—	—	.1	—	1	1	2	3	1	1	.4	.4	
Is	*Isoetes lacustris*	1	.4	—	—	—	—	—	—	—	—	—	—	—	—	—	
Ch	*Nitella flexilis*	—	.1	.4	2	3	4	2	2	1	.1	—	—	—	—	—	

Tab. 9c. Vegetationsprofil Sottjun.

		SK 4, PalpMaltT:ChV															
Tiefe (dm)		26	25	24	22	20	18	17	15	14	12	11	10	9	7	5	5
m Transekt		0	1	2	3	4	5	6	8	9	11	13	14	15	16	17	20
Ny	*Nymphaea candida*	—	—	—	—	—	—	—	—	—	.1	—	—	—	.2	1	
	Potamogeton natans	—	—	—	—	—	—	—	—	—	—	.2	—	—	—	—	
El	*Potamogeton pusillus*	—	.2	.2	—	.2	.2	.2	.2	.2	.2	.1	.1	.1	—	—	
	Potamogeton gramineus	—	—	—	—	—	—	—	.2	—	—	.1	—	—	—	—	
	Potamogeton alpinus	.1	.2	—	—	—	—	.2	.2	.2	.2	.2	.2	.1	—	—	
	Myriophyllum alterniflorum	—	—	—	.2	.2	.2	.2	.2	.2	.2	.4	.2	.2	1	1	
Cer, El	*Utricularia ochroleuca*	.1	—	—	—	.2	—	—	—	—	—	—	.1	—	—	—	
El, Is	*Juncus bulbosus*	—	.2	—	—	—	—	.2	.2	.2	.4	.2	.4	.2	.1	2	
Is	*Lobelia dortmanna*	—	—	—	—	—	—	—	—	—	—	—	—	—	.1	1	
Ch	*Chara delicatula*	1	1	1	.2	.2	2	3	3	4	5	5	5	5	2	—	
	Nitella flexilis	—	.2	—	—	.2	1	.2	.2	.2	.2	.2	.4	.2	—	.2	

Tab. 10. Vegetationsprofil See auf Hadselöya (Nr. 26).

		SK 1, ILoT:IlacV						
Tiefe (dm)		40	30	18	10	8	3	2
El	*Potamogeton pusillus*	1	2	.4	.2		—	—
	Myriophyllum alterniflorum	—	4	5	.4	.4	—	
Is	*Isoetes lacustris*	—	—	2	5	3	—	
	Littorella uniflora	—	—	—	.2	6	—	
	Subularia aquatica	—	—	—	—	.4	5	
Ch	*Nitella flexilis*	8	2	.4	—	—	—	

In der folgenden Übersicht sind die Synusien-Kombinationen, Typen und Varianten, die in skandinavischen Seen gefunden wurden, zusammengestellt:

Synusien-kombination	1 El-Is	2 Ny-El-Is	3 Ny-Is
	typV ILoT:IlacV LoV LitLoT:typV	ILoT:IlacV LitLoT:typV	ILoT:typV

Die Typen LitLoT und ILoT:typV siedelten vorzugsweise auf kiesig-sandigen, humusarmen Substraten, die *Isoetes lacustris*- und die *Lobelia*-Variante häufiger auf sandig-schlammigen Böden, teilweise auch auf Dyschlamm.

5.3. Elodeiden-Vegetation

In den letzten Aufnahmen der Tab. 6a tritt *Isoetes* zurück und *Myriophyllum alterniflorum* bestimmt das Vegetationsbild. Diese Ausbildung der *Isoetes lacustris*-Variante geben eben so wie Reinbestände des Tausendblatts den Übergang zur Elodeiden-Vegetation wieder, in der die Isoetiden nur wenig vertreten sind.

Tab. 6c und 9b, c (Profile des Sottjun) belegen die aus Elodeiden und Chariden bestehende Synusienkombination 4 (El-Ch). Meist tritt *Myriophyllum alterniflorum* als bestandsbildende Art auf und in Kombination mit jeweils einer weiteren Art, so daß 4 Vegetationstypen unterschieden werden:

RpeltMaltT
UintMaltT
PalpMaltT
PpraelMaltT.

Der *Ranunculus peltatus-Myriophyllum alterniflorum*-Typ wurde nur im Mathisvatnet beobachtet und hier zwischen 1 und 2 m Tiefe. Auch der *Utricularia intermedia-Myriophyllum alterniflorum*-Typ mit *Chara delicatula* wurde ausschließlich im Skogstuevatnet aufgenommen. Trotz deutlicher Eigenfärbung (ca. 40 Hazen) ist das Wasser hier transparenter als etwa im Sottjun mit vergleichbarer Wasserfarbe. UintMaltT siedelt zwischen 0,8 und 2 m Tiefe, bis etwa 3 m Tiefe schließt sich ein Reinbestand von *Chara delicatula* an. Die beiden an Characeen reichen Typen charakterisieren oligotrophe-mesotrophe Standorte.

In verschiedenen Seen haben auch Großlaichkräuter einen deutlichen Anteil an der Vegetation: *Potamogeton alpinus* und *P. praelongus*. PalpMaltT wurde bis 4 m Tiefe notiert, PpraelMaltT reichte nur bis knapp 3 m. In den Aufnahmen der Tab. 6c ist fast immer *Potamogeton pusillus* enthalten; die Siedlungsgewässer sind eher mesotroph. Die Aufnahmen von Tab. 9b, c beschreiben PalpMaltT in einer Characeen-reichen Form; diese bildet so ein Bindeglied zwischen RpeltMaltT bzw. UintMaltT und PpraelMaltT.

Ein weiterer Vegetationstyp besteht ausschließlich aus *Potamogeton perfoliatus* und *P. lucens*. Der einzige Standort, der Liavatnet, ist mit trübem Wasser deutlich eutroph. Intensive Landwirtschaft kennzeichnet die Umgebung.

Nur ein Typ, RpeltMaltT, wurde auch von Mäkirinta im Kukkia aufgenommen (NitV). In dieser Gesellschaft, die dort auch größere Tiefen besiedelt, tritt jedoch zusätzlich *Potamogeton perfoliatus* als konstante Art auf. Lohammar (1938) bezeichnet diese drei Elodeiden für Mittel- und Nordschweden als ziemlich allgemein.

Pietsch (1984) stellt zahlreiche *Myriophyllum alterniflorum*-reiche Gewässer in der DDR und in Polen vor: die Mehrzahl der Siedlungsgewässer ist durch pH-Werte zwischen 6,3 und 7,9 gekennzeichnet sowie durch Gesamthärte-Werte zwischen 1,1 und 11,1 °dH, das Wasser ist meist huminarm. Das Tausendblatt besitzt von allen Vertretern der Littorelletea die Fähigkeit, höhere Elektrolytkonzentrationen zu ertragen; damit kann es nährstoffärmere Gewässer besiedeln, die für die meisten Potametea-Vertreter noch zu nährstoffarm sind.

Pietsch unterscheidet 5 Ausbildungsformen; sie sind jeweils reich an *Isoetes* und *Lobelia*, an *Littorella uniflora*, an *Nitella* und *Chara*, an *Utricularia* bzw. *Potamogeton*.

Ein Vergleich mit den Ergebnissen der vorliegenden Untersuchung zeigt Gemeinsamkeiten auf. So ist die *Isoetes-Lobelia*-reiche Ausbildung im ILoT:typV enthalten. *Littorella uniflora*-reiche Ausbildungen konnten nicht aufgenommen werden. Der *Nitella*- und *Chara*-reichen Form ohne Littorelletea, jedoch vereinzelt mit Laichkräutern können RpeltMaltT und UintMaltT (Tab. 6c) sowie PalpMaltT: ChV (Tab. 9c) zugeordnet werden. In 7 von 15 Seen des pH-Bereiches c schließt sich an die Tiefengrenze der Makrophyten ein *Nitella*-Gürtel an, in 3 Seen sind die Characeen auch im Flachwasser vertreten, damit kommt *Nitella* ein deutlicher Anteil an der Vegetation zu. Andrerseits kann UintMaltT auch zu den *Utricularia*-reichen Ausbildungen (an calciumarmen Standorten mit höheren PV-Werten) gezählt werden. Der Standort, der huminhaltige Skogstuevatnet, ist von Hochmoorkomplexen umgeben. Die von Pietsch genannten *Potamogeton*-reichen Formen sind offenbar nährstoffreicher als PalpMaltT und PpraelMaltT, denen eutraphente Arten wie *Ranunculus circinatus*, *Ceratophyllum demersum* und *Potamogeton pectinatus* fehlen.

Pietsch gibt *Potamogeton lucens*- und *Potamogeton perfoliatus*-reiche Ausbildungen an, die zum Potamogetonetum lucentis Hueck 31 überleiten; PperfPlucT entspricht der nährstoffarmen Form dieser Assoziation.

Nach Pietsch können die *Myriophyllum alterniflorum*-reichen Gewässer als die am weitesten in den schwach alkalischen Bereich sich erstreckenden Ausbildungen der Isoetiden-reichen Seen angesehen werden; zahlreiche Seen, insbesondere in Nordnorwegen, entsprechen diesem Bild. Andrerseits können diese Gewässer als die am weitesten in den kalkarmen schwach sauren Bereich sich entwickelnden alkalischen *Chara*-Seen betrachtet werden; daraus wird die Übergangsstellung der *Myriophyllum alterniflorum*-Gewässer zwischen sauren und alkalischen nährstoffarmen, weichen Klarwasserseen abgeleitet. Die untersuchten norwegischen Seen sind besonders calciumarm, unter den untersuchten Seen war kein typischer *Chara*-See. Daher können hier die *Myriophyllum alterniflorum*-reichen Gewässer auch als die am weitesten in den schwach-sauren Bereich sich entwickelnden alkalischen *Potamogeton*-Seen angesehen werden; sie nehmen damit eine Mittelstellung zwischen sauren, nährstoffarmen und alkalischen, nährstoffreicheren Weichwasserstandorten ein.

5.4. Charakterisierung der Vegetationstypen

Das Auftreten eutraphenter Arten und schließlich ihre Zunahme kennzeichnen den Übergang der Isoetiden- zur Elodeiden-Vegetation. Die Anzahl eutraphenter Arten in einem Gewässer ist damit ein Maß für die Gefährdung der Isoetiden-Vegetation an diesem Standort. Roerslett & Skulberg (1968) definierten sinngemäß den Botanischen Eutrophie-Index Be als den Quotienten aus der Anzahl der Indikatorarten und der Gesamtartenzahl; somit gilt $0 \leqq Be \leqq 1$. Als Eutrophie-Indikatoren werden u. a. folgende Arten genannt:

Potamogeton pusillus,
Potamogeton obtusifolius,
Potamogeton praelongus,
Potamogeton zizii,
Potamogeton lucens.

In der vorliegenden Untersuchung wird der Botanische Eutrophie-Index etwas anders gebildet: Helophyten werden nicht berücksichtigt, dagegen werden Moose und Characeen in die Gesamtartenzahl mit aufgenommen. Weiterhin werden auch *Potamogeton perfoliatus*, *Nymphaea* und *Nuphar* als Eutrophie-Indikatoren gewertet.

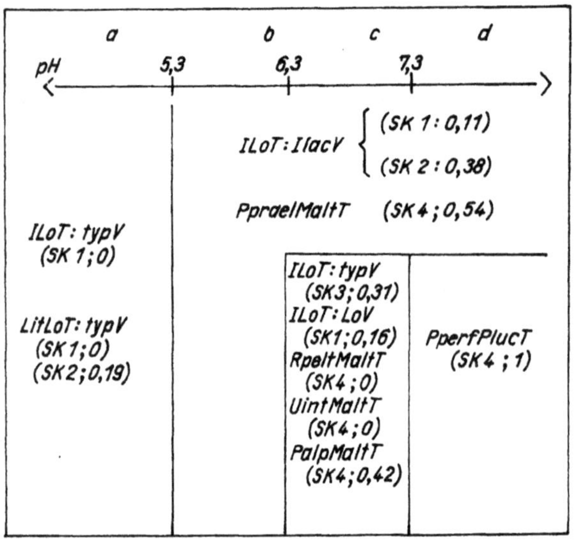

Abb. 4. Verteilung der Vegetationstypen auf die pH-Bereiche (SK = Synnosienkombination; $0 \leqq Be \leqq 1$)

Für jede Aufnahme wurde der Index errechnet, mit den Ergebnissen wurden Mittelwerte für die verschiedenen Typen und Varianten gebildet. Sie sind in Abb. 4 aufgeführt; gleichzeitig sind die Vegetationseinheiten den pH-Bereichen a bis d — entsprechend den Standorten — zugeordnet.

6. Beobachtungen zu anthropogenen Einwirkungen

6.1. Versauerungserscheinungen

Bei der Vegetationsaufnahme 1982 war ein Algenaufwuchs an den Blättern der Isoetiden und den Blütenstielen der Lobelie auffällig. Als die Seen 1986 erneut betaucht wurden, waren — insbesondere in 5 Seen — folgende Veränderungen erkennbar:

(1) Im Hovnnesvatnet enthielt die Isoetidenvegetation jetzt einen deutlich größeren Anteil an Moosen, vor allem an *Sphagnum*; teilweise bildeten Moose sogar eine dichte Schicht über den Isoetiden, (Abb. 5).

(2) In Langevatn und Fotlandsvatnet wurde — neben der Zunahme von Moosen- ein üppiges Wachstum von *Juncus bulbosus* beobachtet.

(3) In Mjåvatni und Svåvatnet fielen neben dichten Überzügen an Blättern und Blütenstielen besonders im Littoral lose zusammenhängende Wolken von fädigen Algen auf, die auf dem Sediment liegen, zwischen den Makrophyten hängen oder frei flottierende Matten bilden (Abb. 6 und 7).

Die pH-Werte lagen jetzt zwischen 4,7 und 5,3; sie waren am niedrigsten in Svåvatnet und Mjåvatni.

Weitere Ergebnisse sollen die aktuelle Situation im Gewässer belegen; im Hovnnesvatnet wurde die Artenverteilung bis 9 m Tiefe ermittelt (Tab. 11); nur der *Lobelia*-Bestand im Flachwasser ist weitgehend frei von Moosen, während über der übrigen Vegetation Moospflanzen in lockerer Verteilung liegen. Es ist auffällig, daß die Isoetiden hier nur in verhältnismäßig geringer Wassertiefe siedeln. — Im Fotlandsvatnet lag bereits 1982 eine dünne Schicht aus *Sphagnum* und *Fontinalis* über den Isoetiden, deren Höhe innerhalb von 4 Jahren auf etwa 40 cm angewachsen war.

Zahlreiche Pflanzen unter der Moosschicht weisen Besonderheiten auf: die Blätter von *Isoetes* sind sehr

Tab. 11. Tiefenverteilung der Arten im Hovnnesvatnet, 1986.

Tiefe (m)		0	1	2	3	4	5	6	7	8	9
Br	*Sphagnum* sp. / *Fontinalis* sp.		═	═	═	═	═	═	═	═	═
Is	*Lobelia dortmanna*	═	═								
	Littorella uniflora		—	—							
	Isoetes lacustris		—	—	—						
	Isoetes echinospora		—	—	—	---					
Cer, Utr	*Utricularia ochroleuca*		—	---	---	---					

Deckung: ═ $\leqq$ 50%; — $\leqq$ 20%; --- $\leqq$ 5%

lang und, bis auf das obere Drittel, nahezu ohne Chlorophyll; das Wurzelsystem ist oft nur schwach entwickelt. Auch die Blätter von *Lobelia* sind besonders lang, sehr schmal und meist ohne Chlorophyll (Abb. 8 und 9).

Abb. 8. *Isoetes lacustris* aus:
a: Revurdtjörni
b: Fotlandsvatnet
c: Nedre Sjödalsvatn
d: Vålåsjöen

Abb. 9. *Lobelia dortmanna* aus:
a: Revurdtjörni
b: Fotlandsvatnet

Abb. 5. Ausbreitung von Sphagnen

Abb. 6. Algenmatten im Flachwasser

Abb. 7. Algenüberzug an *Isoetes*

In Mjåvatni und Svåvatnet sind die Algenwolken bereits vom Ufer aus erkennbar. Auch hier zeigen Pflanzen deutliche Schädigungen: *Isoetes* hat gelb- bis braungefärbte Blätter, die Blätter der Lobelie erscheinen teilweise vergilbt.

6.2. Eutrophierungserscheinungen

In 2 kleinen Seen mit nur geringem Wasseraustausch änderte sich innerhalb weniger Jahre das Arteninventar drastisch; beide Gewässer befinden sich in Rogaland in unmittelbarer Nähe der sauren Seen. Im Igletjörni verschwanden *Isoetes* und *Myriophyllum alterniflorum*, an ihre Stelle traten *Potamogeton pusillus*, *Potamogeton natans* und *Nuphar lutea*. Der See ist von Wiesen umgeben, die zur Viehwirtschaft genutzt werden; das Wasser ist stark getrübt. — Im Nodlandstjörni stieg innerhalb von 4 Jahren der pH-Wert von 6,9 auf 9,0. Gleichzeitig wurde das Wasser so trübe, daß die Pflanzen beim Tauchen nicht zu erkennen waren. Noch Ende der siebziger Jahre siedelten hier vorwiegend *Nitella flexilis* und *Potamogeton natans*, ferner *Isoetes lacustris*, *Sparganium angustifolium*, *Potamogeton pusillus* und *Nuphar lutea*. 1983 fehlten *Nitella* und *Isoetes*; *Potamogeton pusillus* bildete als einzige submerse Art viele kleinere, aber sehr dichte Bestände. Mehrere Häuser stehen an dem See (< 2 ha).

7. Diskussion

7.1. Zum Erscheinungsbild des *Isoetes-Lobelia*-Typs

In zahlreichen Gewässern, insbesondere in solchen außerhalb ihres Hauptverbreitungsgebietes, werden anthropogen beeinflußte Littorelletea-Gesellschaften aufgenommen; die Deutung solcher Pflanzenbestände ist oft problematisch. Andrerseits wird die Möglichkeit, unbeeinflußte Isoetidenbestände zu studieren, zunehmend geringer. Im folgenden soll daher versucht werden, innerhalb der verschiedenen beobachteten Ausbildungen von ILoT:typV und ILoT:IlacV eine typische Form abzugrenzen und näher zu beschreiben, so, wie sie sich im Untersuchungsgebiet darstellt.

Die typische Variante des *Isoetes-Lobelia*-Typs (Isoeto-Lobelietum dortmannae, Subassoziation von *Isoetes lacustris*) läßt sich folgendermaßen gliedern:

(1): Die typische Form der schwach sauren Standorte; sie besteht praktisch nur aus der Isoetiden-Synusie mit *Isoetes*, *Lobelia* und *Littorella uniflora*; *Myriophyllum alterniflorum*, *Utricularia* und Moose haben geringen Anteil an der Vegetation.

(2): Die arme Ausbildung in stark saurem Wasser; sie enthält deutlich mehr *Utricularia* und *Juncus bulbosus* sowie reichlich Moose, die als eine Schicht die Isoetiden überlagern können. *Littorella uniflora* ist selten und mit kurzen Blättern unauffällig.

(3): Die reichere Form in Siedlungsgewässern um den Neutralpunkt. Die Vegetation besteht hier aus Isoetiden-, Elodeiden- und Nymphaeiden-Synusien.

Für die *Isoetes lacustris*-Variante des *Isoetes-Lobelia*-Typs (Isoetetum echinosporae) können 2 Ausbildungen unterschieden werden:

(1): Die typische Ausbildung an schwach sauren Standorten; sie besteht überwiegend aus der Isoetiden-Synusie; *Myriophyllum alterniflorum* und *Sparganium angustifolium* bilden daneben die Elodeiden-Synusie.

(2): Die reichere Form in schwach sauren bis schwach alkalischen Seen; Die Elodeiden-Synusie enthält verschiedene Laichkräuter, teilweise auch Characeen; seltener ist die Nymphaeiden-Synusie.

Für die Isoetidensprosse der typischen Ausbildungen beider Varianten sind hohe Blattanzahlen sowie kräftig entwickelte Blätter und Wurzelsysteme charakteristisch:

	Blattanzahl	Blattlänge (in cm)	Wurzellänge (in cm)
Lobelia dortmanna	17 (22)	bis 8 (11)	bis 16 (19)
Isoetes lacustris	44 (65)	bis 27 (36)	bis 19 (22)
Isoetes echinospora	20 (34)	bis 13 (16)	bis 12 (14)

Abb. 8 und 9 zeigen Isoetiden von verschiedenen Standorten. Neben den besonders vitalen Exemplaren aus dem Revurdtjörni weisen die Belege aus den versauerten Seen deutliche Schädigungen auf. Die robusten, aber kurzen Sprosse (Nedre Sjödalsvatn) sind vermutlich auf die ungünstigen klimatischen Bedingungen zurückzuführen. Die Kümmerform aus dem Vålåsjö kann zwei Ursachen haben: die kurze Vegetationsperiode und der hier sehr feste Boden.

Die Zonierung der Isoetidenvegetation scheint ein weiteres Charakteristikum der typischen Ausbildung von ILoT:typV zu sein. Nach Pietsch (1977) bilden *Lobelia*, *Isoetes* und *Littorella* Mischbestände oder aber mehr oder weniger homogene Einartbestände, die häufig gürtelartig um einander in bestimmten Tiefenbereichen angeordnet sind. Mäkirinta (1978b) vermutet, daß *Isoetes* und *Lobelia* in den meisten *Lobelia*-Seen auch (oder nur) Mischbestände bilden. — Das Profil aus dem Mjåvatni (Tab. 7) gibt die in *Lobelia*-Seen Rogalands verbreitete Anordnung wieder: im mittleren Tiefenbereich (12—17 dm) siedeln beide Arten mit ähnlichen Deckungswerten; uferwärts nimmt der Anteil der *Lobelia* ständig zu, seewärts gilt dies für *Isoetes*, so daß in unmittelbarer Ufernähe und nahe der Tiefengrenze der Makrophytenvegetation Reinbestände vorliegen. In einem nördlich von Rogaland gelegenen See erstreckte sich die *Isoetes*-Zone sogar bis 9 m Tiefe. Beobachtungen im Madumsö und in Seen der BRD (letztere sind Gegenstand einer späteren Arbeit) deuten darauf hin, daß das Überwiegen von Reinbeständen, die auch durch vegetationsfreie Flächen von einander getrennt sind, bereits Zerfallsstadien des Isoeto-Lobelietums darstellen. Anzahl und Länge von Blättern und Wurzeln sind in solchen Beständen auch deutlich geringer.

An den sauren Klarwasserstandorten blüht *Lobelia* noch in 26 dm Tiefe. Die dichten, dunkelgrünen *Isoetes lacustris*-Wiesen enthalten kleinere Flächen mit *Isoetes echinospora*, erkennbar an der helleren Färbung der Sprosse und den stärker gebogenen Blättern.

In den sauren Seen überwiegt *Isoetes lacustris*. Im Revurdtjörni (Tab. 8) dagegen hat *Isoetes echinospora* in allen Tiefen von beiden Arten den größeren Deckungsgrad.

Almquist (1929) und Thunmark (1931) stellten fest, daß *Isoetes echinospora* in flachen, ufernahen Gebieten siedelt, während *Isoetes lacustris* tiefere Bereiche vorzieht. Eine eindeutige Bevorzugung bestimmter Tiefenbereiche konnte nicht beobachtet werden. Stellenweise bildet *Isoetes echinospora* in Ufernähe Reinbestände, andrerseits besteht häufiger der tiefstgelegene spärliche Pflanzensaum aus *Isoetes echinospora*. — Pietsch (1977) fand *Isoetes lacustris* noch im pH-Bereich 4,1—4,5, *Isoetes echinospora* dagegen erst bei pH-Werten über 4,5;

danach erscheint diese Art säuresensitiver. Ihr stärkeres Hervortreten im Revurdtjörni könnte damit eine Deutung finden.

Von den die reichere Ausbildung der *Isoetes lacustris*-Variante begleitenden Laichkräutern ist *Potamogeton pusillus* auffallend häufig; die Art zeigt eine bemerkenswerte ökologische Amplitude. Bereits IVERSEN (1929) nennt das Laichkraut zusammen mit *Potamogeton perfoliatus* als Bestandteil der von Isoetiden beherrschten Vegetation in schwach sauren Klarwasserseen Dänemarks. Es ist gleichermaßen in schwach sauren, elektrolytarmen Seen vertreten wie auch in alkalischen, elektrolyt- und nährstoffreichen Gewässern mit vorwiegend eutraphenter Vegetation (z. B. *Ranunculus circinatus, Potamogeton pectinatus, Zannichellia palustris*) in Norddeutschland.

7.2. Zur Gefährdung der Isoetiden-Vegetation

Die Bedrängung der Isoetiden durch Eutrophierung bzw. Versauerung wird vielfach beschrieben; die zugrunde liegenden Mechanismen sind als komplexe Wirkungsgefüge nicht völlig geklärt.

Die Ausbreitung meso- und eutraphenter Arten in elektrolytarmen Seen als Folge von Eutrophierung ist Gegenstand zahlreicher skandinavischer Arbeiten (z. B. SUOMINEN 1968, SKULBERG 1968, ÖKLAND 1978). LÜBBEN (1973) sieht in Lichtmangel, der Bedrängnis der *Lobelia*-Siedlungen durch die im Verlauf der Sukzession eingewanderten Arten, in der erhöhten Stoffproduktion, die ihrerseits zur Anreicherung mit abgestorbener Pflanzensubstanz und Faulschlamm führt und in der damit verbundenen ungenügenden Durchlüftung im Boden die Faktoren, die bei Eutrophierung zum Zerfall der *Lobelia*-Bestände führen. Lichtmangel wird auch verursacht durch epiphytische Algen, die in eutrophierten Gewässern an Isoetidenblättern beobachtet werden. Auch der veränderte Gewässerchemismus, u. a. ein deutlicher pH-Anstieg, dürfte ein wesentlicher Faktor sein.

Während die Eutrophierung auf einzelne Seen einer Landschaft beschränkt sein kann, wirkt die Versauerung großflächig. So sind mit Ausnahme von Möre und Romsdal alle Regierungsbezirke südlich von Nordland mehr oder weniger stark durch sauren Regen geschädigt. Der größte Teil der Norwegen erreichenden Niederschläge fällt über dem Gebiet zwischen Oslofjord und Süd-Rogaland. Der mittlere pH-Wert des über S-Rogaland gefallenen Niederschlags wurde zu 4,5 bestimmt (Miljövern-departementet 1986, Oslo). In Telemark sanken die pH-Werte in 12 kleinen Seen zwischen 1945 und 1970 von 6,2 auf 4,8 bzw. von 5,2 auf 4,6 (Miljöstatistikk 1983, Statistisk Sentralbyrå, Oslo).

Arbeiten aus verschiedenen Teilen Europas und aus Amerika nennen vor allem Florenverschiebungen und ausgeprägtes Wachstum fädiger Algen als Auswirkungen der Gewässerversauerung (LENHART & STEINBERG 1984). Bereits 1974 zeigten GRAHN et al. die Bedrängung des Isoeto-Lobelietums durch *Sphagnum*-Arten in westschwedischen Seen. ROBERTS et al. (1985) fanden in elektrolytarmen Seen des Adirondack-Gebirges (USA) eine Abnahme der Artenzahl bei verminderten pH-Werten.

ROELOFS (1983) stellte bei Untersuchungen an niederländischen nährstoffarmen Weichwasserseen — meist Moortümpel und Dünenseen — ein starkes Zurückgehen der Isoetiden fest. NILSSEN (1980) beschreibt die Ausbildung dichter Überzüge an Makrophyten durch die Jochalge *Mougeotia* sp. in sauren Seen Südnorwegens; die Art ist auch eine wichtige Komponente des Benthos. In den versauerten Arberseen im Bayerischen Wald kommen bei pH-Werten zwischen 4,4 und 5,1 *Juncus bulbosus* und *Sphagnum* massenhaft vor (MELZER & ROTHMEYER 1983). Im Rachelsee hüllen Algen, überwiegend der Gattung *Mougeotia*, die Pflanzen ein oder liegen locker dem Sediment auf (MELZER, HELD & HARLACHER 1985). Unter dicken Moosschichten fand GRAHN (1977) zahlreiche tote Pflanzen. STOKES (1981) weist darauf hin, daß nicht alle versauerten Seen das Phänomen verstärkten Wachstums benthischer Algen in gleichem Ausmaß zeigen. Auch in Seen mit ähnlichen geochemischen Eigenschaften können die Algen dichte Matten bilden oder sehr selten sein.

Während die Versauerungssymptome offenbar klar beschrieben werden können — die eigenen Beobachtungen entsprechen weitgehend den Ergebnissen der zuvor genannten Autoren — sind Wirkungsweise und Zusammenspiel der verschiedenen Faktoren dagegen noch vielfach unklar.

ROELOFS (1983) vermutet in den gravierenden Veränderungen im anorganischen Kohlenstoffgehalt einen wichtigen Faktor und folgert, daß bei Versauerung eines Wasserkörpers über einem ungepufferten, karbonatfreien Sediment die submersen Makrophyten aus Kohlendioxid-Mangel verschwinden.

Es scheint, daß Versauerungssymptome nicht unmittelbar nach einem pH-Abfall offenkundig werden. So fanden YAN et al. (1985) an kanadischen Weichwasserstandorten mit pH-Werten zwischen 4 und 7 zwar eine positive Korrelation zwischen Characeenzahl und pH-Wert, jedoch keine deutliche Korrelation zwischen Gefäßpflanzenzahl und pH-Wert; nur die höchste Aluminium-Konzentration (360 mg/m^3) ergab eine reduzierte Artenzahl. Vergleichbare Konzentrationen wurden in Seen Rogalands gemessen (Statistik Sentralbyrå, Oslo, 1986). Die fehlende Korrelation zwischen Artenzahl und pH-Wert, die im Gegensatz zu Beobachtungen anderer Forscher steht, wird von den Autoren im Folgenden begründet: Die Wasserpflanzen der Weichwasserstandorte nehmen vorzugsweise mit den Wurzeln Nährstoffe und Ionen auf; unterhalb der wenigen oberen Zentimeter des Sediments ist der pH-Wert des Interstitialwassers saurer Seen gewöhnlich viel höher als der der darüberliegenden Wasserschicht. Damit erfolgt der Stoffaustausch in den Makrophyten wahrscheinlich überwiegend durch Membranen, die nicht so stark saurem Wasser ausgesetzt sind. Indem die Versauerung des Interstitialwassers hinter der des Seewassers zurückbleibt und die Versauerung als ein neueres Phänomen in Ontario angesehen wird, ist die Vegetation dieser Seen (noch ?) nicht beeinflußt. Auch in den Seen Rogalands traten die ausgeprägten Versauerungssymptome erst in den letzten Jahren auf, obwohl das Wasser seit längerer Zeit stärker sauer ist.

Massenhafte Entwicklung von Algen und Sphagnen erschwert weiteren Organismen die Existenz an diesen Extremstandorten zusätzlich. Da Algenmatten sehr effektiv Detritus-Partikel binden, entsteht über dem Sediment eine Schicht, die den Stoffaustausch mit dem darüber befindlichen Wasser stark behindert (LAZAREK 1980). Die Abriegelung des Sediments beeinträchtigt die Stoffkreisläufe im See. GRAHN et al. (1974) nennen die zweifache schädigende Auswirkung der Invasion von *Sphagnum*: Durch die hohe Austauschkapazität der Sphagnen werden wichtige Ionen (Kalzium-, Magnesium-Ionen) aktiv aufgenommen und der Umgebung entzogen; die dafür abgegebenen Wasserstoff-Ionen bewirken weitere

Versauerung. Die in Seen Rogalands beobachtete Vergilbung von Isoetiden-Blättern stellt möglicherweise ein Magnesium-Mangelsymptom dar; eine ungenügende Magnesiumversorgung verhindert ausreichende Chlorophyllbildung. Dieses Symptom ist auch ein wichtiger Ansatz in der Waldschadensdiskussion.

Bezüglich der Nährstoffsituation in versauerten Seen wird der Versauerungsprozeß von verschiedenen Autoren unterschiedlich beurteilt. Grahn et al. (1974) stellten die Hypothese auf, daß er eine „sich selbst beschleunigende Oligotrophierung" darstellt. Hauptargumente sind die Verminderung der Artenzahl von Plankton- und Benthosorganismen sowie die durch verminderte Mineralisation reduzierten Nährstoffkreisläufe. Dagegen fanden Almer et al. (1978) in stärker sauren Seen höhere Phytoplanktonmassen, was mit der unter diesen Verhältnissen erhöhten Löslichkeit von Phosphaten im Einklang steht. Sie interpretieren den Versauerungsprozeß daher als „Acidotrophierung". Die in den versauerten Seen Rogalands festgestellte Abnahme der Wassertransparenz und die Ausbildung von Algenmatten sprechen für die Interpretation als „Aciditrophierung" [sprachlich korrektere Bezeichnung von Van Dam et al. (1981)].

Unklar ist die starke Ausbreitung der Moose im Madumsö während der letzten Jahre. Der pH-Wert des Wassers hat sich innerhalb von mindestens 60 Jahren offenbar nicht verringert. Es scheint, daß saure Niederschläge selbst dann eine Wirkung zeigen können, wenn der pH-Wert des Wassers bereits dem der Niederschläge entspricht.

Die Isoetiden sind durch ihre Anpassung an Extremstandorte sehr konkurrenzschwach. Eutrophierung einerseits und insbesondere Gewässerversauerung andrerseits beeinträchtigen ihre Existenz in Skandinavien. Abb. 10 veranschaulicht mögliche Übergänge des *Isoetes-Lobelia*-Typs bei anthropogenen Einwirkungen.

Die Gewässerversauerung betrifft besonders Südnorwegen, damit werden vor allem die *Lobelia-Isoetes*-Seen geschädigt. Um gute Fischgewässer zurückzugewinnen, hat man damit begonnen, einzelne Seen zu kalken. Kjerrvallvatnet (ca. 25 ha) erhielt 1985 erstmals eine größere Zufuhr an Kalksteinmehl (48 t). Zwei Wochen danach war der pH-Wert von 4,8 auf 6,4 angestiegen. 1987 war das Wasser bemerkenswert klar, Algenüberzüge waren nicht mehr vorhanden. Neben deutlich geschädigten Isoetiden-Sprossen waren auch Sprosse mit erkennbar höherer Vitalität als in den versauerten Seen zu finden. Stellenweise konnten ausschließlich Jungpflanzen beobachtet werden; das deutet darauf hin, daß zwischenzeitlich dort die Isoetiden eingegangen waren. So bleibt zu hoffen, daß es nicht zur völligen Zerstörung des durch das Isoeto-Lobelietum charakterisierten Ökosystems kommt.

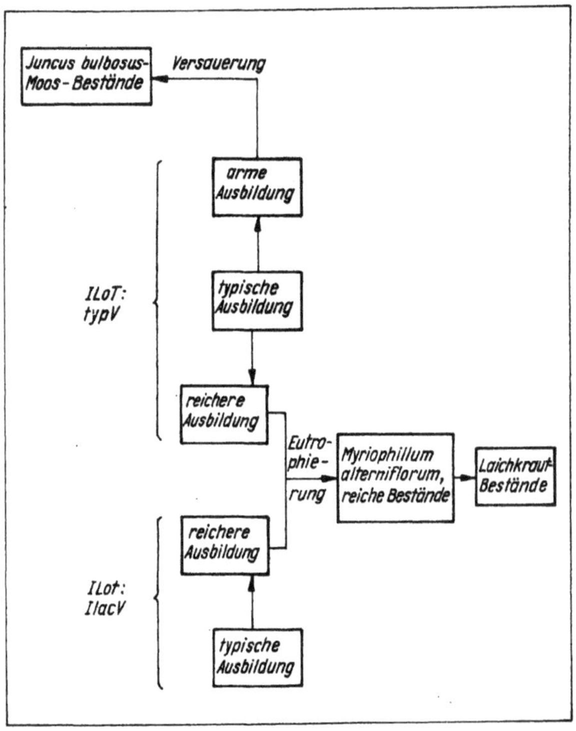

Abb. 10. Auswirkungen anthropogener Störungen auf die Isoetiden-Vegetation

8. Zusammenfassung

An 40 skandinavischen Seen wurde die submerse Vegetation untersucht und durch Arteninventar bzw. durch pflanzensoziologische Aufnahmen belegt. Die Gewässer wurden durch pH, Alkalität, Gesamthärte und Leitfähigkeit charakterisiert und dann den pH-Bereichen a—d zugeordnet. Die im südlichen Norwegen gewonnenen Aufnahmen konnten überwiegend dem Isoeto-Lobelietum dortmannae (W. Koch 1926) Tx. 1937 emend. zugeordnet werden (synthetische Tabelle). Die Einzelaufnahmen wurden nach dem Verfahren von Mäkirinta (1978b) ausgewertet. Danach gliedert sich die Isoetiden-Vegetation in LitLoT und ILoT mit typischer Variante, *Isoetes lacustris*- und *Lobelia*-Variante. In Mittel- und Nordnorwegen wurde auch die Elodeiden-Vegetation aufgenommen: *Myriophyllum alterniflorum* bildet 4 Vegetationstypen. Für alle Typen und Varianten in den jeweiligen pH-Bereichen wurde der Botanische Eutrophie-Index errechnet. Es wurde versucht, eine typische Ausbildung von ILoT:typV abzugrenzen und zu beschreiben. Auswirkungen saurer Niederschläge auf die Isoetiden-Vegetation im südlichen Norwegen (Florenverschiebung, Massenentwicklung von Algen) und Veränderungen durch Eutrophierung werden belegt. Die Gefährdung der Isoetiden-Vegetation wird diskutiert.

Literatur

Almquist, A. (1929): Upplands vegetation och flora. Acta Phytogeogr. Suecica 1, I—XII, 1—624.

Almer, B., Dickson, W., Ekström, C., & Hörnström, E. (1978): Sulfur pollution and the aquatic ecosystem. In: Nriagu, J. O. (ed.), Sulfur in the Environment. Part II — Ecological Impacts, S. 271—311. New York.

Braun-Blanquet, J. (1951): Pflanzensoziologie. 2. Aufl. Wien.

Casper, S. J., & Krausch, H.-D. (1981): Süßwasserflora von Mitteleuropa. Bd. 24. Jena.

Dierssen, K. (1975): Littorelletea uniflorae. In: Tüxen, R. (ed.), Prodromus der europäischen Pflanzengesellschaften. Lfg. 2. Vaduz.

Grahn, O. (1977): Macrophyte succession in Swedish lakes caused by deposition of airborne acid substances. Water Air Soil Pollut. 7, 295—305.

— Hultberg, H., & Lander, L. (1974): Oligotrophication — a self accelerating process in lakes subjected to excessive supply of acid substances. Ambio 3, 93—94.

Halvorsen, K. (1977): Makrofyttvegetasjonen i endel van på Agder. SNSF-projectet IN 36/77, Oslo — Ås, 1—154.

Iversen, J. (1929): Studien über die pH-Verhältnisse dänischer Gewässer und ihren Einfluß auf die Hydrophytenvegetation. Dansk Bot. Tidsskr. 40, 277—333.

Lazarek, S. (1980): Cyanophytan mat communities in acidified lakes. Naturwissenschaften 67, 97—98.

Lenhart, B., & Steinberg, C. (1984): Limnochemische und limnologische Auswirkungen der Versauerung von kalkarmen Oberflächengewässern — Eine Literaturstudie. Bayerisches Landesamt für Wasserwirtschaft.

LOHAMMAR, G. (1938): Wasserchemie und höhere Vegetation schwedischer Seen. Symb. Bot. Ups. **3**, 1—252.

LONDO, G. (1976): The decimal scale for releves of permanent quadrats. Vegetatio **33**, 61—64.

LÜBBEN, U. (1973): Zur Verbreitung und Ökologie der Wasserlobelie (*Lobelia dortmanna* L.) in der Bundesrepublik Deutschland. Mitt. flor. soz. Arb. Gem. N. F. **15/16**, 28—40.

MÄKIRINTA, U. (1978a): Ein neues ökomorphologisches Lebensformensystem der aquatischen Makrophyten. Phytocoenologia **4**, 446—470.

— (1978b): Die pflanzensoziologische Gliederung der Wasservegetation im See Kukkia, Südfinnland. Acta Univ. Ouluensis (Oulu), Ser. A, **75** (5), 157.

— (1978c): Spektrale Lichtmessungen im freien Wasser und in der Wasservegetation des Sees Kukkia, Südfinnland, unter besonderer Berücksichtigung der Zonation. Aquilo Ser. Bot. **16**, 39—53.

MELZER, A. (1976): Makrophytische Wasserpflanzen als Indikatoren des Gewässerzustandes oberbayerischer Seen. Diss. Botanicae **34**. Vaduz.

— & ROTHMEYER, E. (1983): Die Auswirkung der Versauerung der beiden Arberseen im Bayerischen Wald auf die Makrophytenvegetation. Ber. Bayer. Bot. Ges. **54**, 9—18.

— HELD, K., & HARLACHER, R. (1985): Die Makrophytenvegetation des Rachelsees im Bayerischen Wald. Ber. Bayer. Bot. Ges. **56**, 223—226.

NILSSEN, J. P. (1980): Acidification of a small watershed in Southern Norway and some characteristics of acidic aquatic environments. Int. Rev. ges. Hydrobiol. **65**, 177—207.

NAGAARD, G. (1949): Hydrobiological studies on some Danish ponds and lakes. Part II: The quotient hypothesis and some new or little known phytoplanctonorganisms. Kgl. danske Vid. Selsk. Biol. Skr. **7**, 1—291.

ÖKLAND, K. A. (1973): Fytoplankton og eutrofiering i noen vann i Vestfold. Blyttia **31**, 175—187.

PIETSCH, W. (1977): Beitrag zur Soziologie und Ökologie der europäischen Littorelletea- und *Utricularia*-Gesellschaften. Feddes Repert. **88**, 141—245.

— (1984): Zur Soziologie und Ökologie von *Myriophyllum alterniflorum* D. C. in Mitteleuropa. Mitt. Arbeitsgem. Geobot. Schleswig-Holst. u. Hamburg. **33**, 224—245.

ROBERTS, D. A., BOYLEN, C. W., & SINGER, R. (1985): The submerged macrophyte communities of Adirondack Lakes (New York, U.S.A.) of varying degrees of acidity. Aquat. Bot. **21**, 219—235.

ROELOFS, J. G. M. (1983): Impact of acidification and eutrophication on macrophyte communities in soft waters in the Netherlands. — I. Field observations. Aquat. Bot. **17**, 139—155. II. Experimental Studies Aquat. Bot. **18**, 389—411.

RÖRSLETT, B., & SKULBERG, O. (1968): Vern av naturlig naeringsrike innsjöer i Norge. Norsk Institutt for Vannforskning. Blindern.

SKULBERG, O. M. (1968): Studies on eutrophication of some Norwegian inland waters. Mitt. Int. Verein. Limnol. **14**, 187—200.

STOKES, P. M. (1981): Benthic algal communities in acidic lakes. In: SINGER, R. (ed.), Effects of acidic precipitation on benthos, pp. 119—138. Springfield, Illinois.

SUOMINEN, J. (1968): Changes in the aquatic macroflora of the polluted lake Rautavesi, sw Finland. Ann. Bot. Fennici **5**, 65—81.

THUNMARK, S. (1931): Der See Fiolen und seine Vegetation. Acta Phytogeogr. Suecica. **2**, 1—198.

TÜXEN, R., & PREISING, E. (1942): Grundbegriffe und Methoden zum Studium der Wasser- und Sumpfpflanzengesellschaften. Dtsch. Wasserwirtsch. **37**, 10—17 u. 57—69.

VANDAM, H., SUURMOND, G., & BRAAK TER, C. J. F. (1981): Impact of acidification on diatoms and chemistry of Dutch moorland pools. Hydrobiologia **83**, 425—459.

VÖGE, M. (1987): Technik und Ergebnisse der Hydrophyten-Vegetationsaufnahme unter Benutzung eines Tauchgerätes. Arch. Hydrobiol. **110**, 125—132.

YAN, N. D., MILLER, G. E., WILE, J., & HITCHIN, G. G. (1985): Richness of Aquatic Macrophyte Floras of Soft water Lakes of differing pH and trace metal content in Ontario, Canada. Aquat. Bot. **23**, 27—40.

Eingegangen am 18. 9. 87.

Anschrift des Verfassers:

Dr. MARGRIT VÖGE
Pergamentweg 44 B
D-2000 Hamburg 74

Limnologica (Berlin) **19** (2), 109—125, Dezember 1988

Universität Warschau, Abteilung Phytogeographie, Warschau, Polen

Ökologische Amplitude und Zeigerwert der häufigeren Röhrichtgesellschaften im nordöstlichen Teil Polens

Ecological Amplitude and Bioindicative Value of Common Swamp Associations of North-eastern Poland

Von STANISŁAW KŁOSOWSKI

Mit 6 Abbildungen und 3 Tabellen

Abstract

Habitat conditions of swamp associations, common in water bodies of north-eastern Poland, were investigated. On the grounds of comparison of phytosociological data, as well as physical and chemical properties of water and substrate in the phytocoenoses it was found that phytosociological differentiation of associations classified according to floristic dominance was confirmed in the habitat differentiation. Individual associations or their groups, as they showed distinct habitat individuality, had at least some indicative value.

1. Einleitung

Die fortschreitende Eutrophierung der Gewässer und die Tatsache, daß die meisten Nährstoffe, die in die Seen und in andere Wasserbecken gelangen, zuerst das Litoral durchdringen müssen, lassen das Interesse für diese Zone und für die dort wachsenden Röhrichtpflanzen und ihre Gesellschaften immer größer werden. Gerade diese von Vegetation besiedelte Gewässerzone kann eine natürliche Sperre bilden, die zumindest vorläufig den Zufluß verschiedenartiger Stoffe in die Gewässer verhindern kann (TOTH 1972; WETZEL 1975, 1979; KAJAK 1979 u. a.). Im Zusammenhang damit scheint das Erkennen der Standortsansprüche und der ökologischen Rolle von Röhrichtpflanzen und ihrer Gesellschaften, die in vielen Gewässern den dominierenden Bestandteil der Litoralvegetation bilden, eine aktuelle Aufgabe zu sein.

Die bisherigen Untersuchungen auf diesem Gebiet konzentrierten sich vor allem auf die Einzelarten und betrafen hauptsächlich das unter den Helophyten vorherrschende Schilf *Phragmites australis*. Es wurde sowohl unter natürlichen als auch unter experimentellen Bedingungen die Biologie und Autökologie des Schilfes untersucht. Dabei wurden u. a. der Wasser- und Bodenchemismus der Schilfbestände sowie Prozesse der Nährstoffaufnahme, der Biomasseproduktion und der Zersetzung des Schilfes berücksichtigt (BJÖRK 1967; HASLAM 1970, 1973; PLANTER 1970, 1973; BAYLY & O'NEILL 1972a; KLÖTZLI & ZÜST 1973; ÚLEHLOVÁ et al. 1973; RODEWALD-RUDESCU 1974; BANOUB 1975; MASON & BRYANT 1975; MOCHNACKA-ŁAWACZ 1975; DYKYJOVÁ & HRADECKÁ 1976; KUFEL & KUFEL 1977, 1980; SZCZEPAŃSKI 1979; RAGHI-ATRI & BORNKAMM 1979; REZK & EDANY 1980; ULRICH & BURTON 1985 u. a.). Eine interessante Studie über die Phosphorzirkulation im Schilfröhricht hat KUFEL (1982) erarbeitet. Zahlreiche Arbeiten behandeln die gegenseitige Beeinflussung des Schilfes und anderer Röhrichtpflanzen (BUTTERY & LAMBERT 1965; SZCZEPAŃSKA & SZCZEPAŃSKI 1973; 1982; SZCZEPAŃSKI 1977).

Untersucht wurde außer dem Schilf auch die Biologie und Autökologie von anderen allgemein verbreiteten Röhrichtpflanzen, z. B. von verschiedenen Vertretern der Gattung *Typha* (MCNAUGHTON 1966; FIALA 1971a, b; BAYLY & O'NEILL 1972b; KVĚT 1975; GRACE & WETZEL 1982; LIEFFERS 1983), *Schoenoplectus lacustris* (SEIDEL 1955; ONDOK 1972; ZIMMERMANN 1973), *Glyceria maxima* (WESTLAKE 1966; OZIMEK & KLEKOT 1979, RAGHI-ATRI 1980), *Acorus calamus* (BAYLY & FREEMAN 1977; PACKER & RINGIUS 1984) und *Heleocharis palustris* (REJEWSKI 1977). Angaben zur Biologie und zu ausgewählten Standorteigenschaften von manchen oben erwähnten und anderen Arten finden wir auch bei GORHAM (1953), HEJNÝ (1960), FELZINES (1977), DYKYJOVÁ (1978), DYKYJOVÁ & VÉBER (1978), REJEWSKI (1979), SOLANDER (1983) u. a.

Wie schon erwähnt wurde, beschäftigten sich die Verfasser in den meisten der genannten Arbeiten mit den Einzelarten. Es waren also typisch autökologische Untersuchungen. In den Studien über Gesellschaften der Röhrichtvegetation (synökologische Betrachtungsweise) wurde die Artenzusammensetzung und Struktur von Pflanzengesellschaften, ihre Klassifikation und Chorologie behandelt (z. B. BALÁTOVÁ-TULÁČKOVÁ 1963; KRAUSCH 1964, 1965; OLACZEK 1967; HILBIG 1971; 1975; DONSELAAR 1972, 1973; TOMASZEWICZ 1973, 1977, 1979; RUSIŃSKA 1974; OBERDORFER 1977). Die meisten der genannten Arbeiten enthalten einige Standortsangaben, die die einzelnen Röhrichtbestände betreffen (Wassertiefe, Bodenbeschaffenheit u. a.). Einige Arbeiten (z. B. DENISIUK 1980; KRASKA 1980) enthalten sogar Ergebnisse der chemischen Wasseranalyse oder auch Wasser- und Bodenanalysen in ausgewählten Pflanzenbeständen. Diese Angaben sind aber meist fragmentarisch und stellen eigentlich nur eine Erweiterung der floristisch-strukturellen Beschreibungen dar. Nur in einigen Arbeiten werden die Standortsverhältnisse der Röhrichtgesellschaften eingehender besprochen (NEUHÄUSL 1965; KOPECKÝ 1966; JASNOWSKI et al. 1972). Erst in den letzten Jahren erscheinen immer mehr Arbeiten mit synökologischer Betrachtungsweise, in denen die Verfasser die Beziehungen zwischen den physikalisch-chemischen Wassereigenschaften bzw. den Wasser- und Bodeneigenschaften und einigen Röhrichtgesellschaften untersuchen (z. B. BALÁTOVÁ-TULÁČKOVÁ 1978; DYKYJOVÁ & ÚLEHLOVÁ 1978; ÚLEHLOVÁ & PŘIBIL 1978; KRISCH 1985). In Anbetracht dessen, daß für die meisten Röhrichtgesellschaften keine genaueren Standortsangaben vorhanden waren, hat man am Lehrstuhl für Phytogeographie an der Warschauer Universität seit 1978 eingehende Untersuchungen über die ökologische Amplitude und den Zeigerwert von Röhrichtgesellschaften im nordöstlichen Teil Polens vorgenommen. Die ersten

Arbeiten, die ausgewählte Pflanzengesellschaften (KŁOSOWSKI & TOMASZEWICZ 1984; KŁOSOWSKI 1987) oder bestimmte von diesen Gesellschaften besiedelte Gewässertypen behandelten (NIECKULA & PODYMA 1985), haben bewiesen, daß deutliche Beziehungen zwischen der Röhrichtvegetation und dem Standort bestehen.

Die vorliegende Arbeit setzt dieses Thema fort und ist gleichzeitig eine Zusammenfassung der ersten Untersuchungsetappe. Ihr Ziel ist es, Standorte der allgemein verbreiteten Röhrichtgesellschaften in Nordost-Polen hinsichtlich physikalisch-chemischer Eigenschaften des Wassers und des Bodens zu analysieren, zu vergleichen und den Zeigerwert dieser Gesellschaften zu bestimmen.

2. Material und Methoden

Das Material für diese Arbeit wurde in Nordost-Polen in den Jahren 1978—1983 gesammelt. Von folgenden Röhricht-Assoziationen wurden die Standorte untersucht: Scirpetum lacustris (ALLORGE 1922) CHOUARD 1924 (27 Bestände), Typhetum angustifoliae (ALLORGE 1922) SOÓ 1927 (27), Typhetum latifoliae SOÓ 1927 (26), Cladietum marisci (ALLORGE 1922) ZOBRIST 1935 (30), Thelypteridi-Phragmitetum KUIPER 1947 (29), Eleocharitetum palustris SCHENNIKOW 1919 (28), Caricetum acutiformis SAUER 1937 (29), Carietum elatae W. KOCH 1926 (25).

Repräsentative Bestände der untersuchten Assoziationen wurden nach der Methode von BRAUN-BLANQUET aufgenommen. Aus diesen Beständen wurden auch Wasser- und Bodenproben für physikalisch-chemische Analysen entnommen. Bodenproben wurden in jedem Bestand aus der Rhizom-Wurzel-Schicht mit Hilfe eines Bodenstechers (nach MORDUCHAJ-BOŁTOWSKI) entnommen. Für jede Bodenprobe, die analysiert wurde, brauchte man durchschnittlich drei Bodenentnahmen. Wasserproben wurden direkt in Plastikbehälter geschöpft. Insgesamt wurden in den Beständen von acht Röhricht-Assoziationen 221 pflanzensoziologische Aufnahmen durchgeführt und ebenso viele Wasser- und Bodenproben entnommen (zusammen 442 Proben). Wegen der großen Variabilität der Standortbedingungen in der Litoralzone der Seen und in den astatischen Gewässern wurde das Material alljährlich nur zum Höhepunkt der Vegetationsperiode gewonnen, das heißt von Mitte Juni bis Mitte August, zu möglichst gleicher Tageszeit (am Vormittag).

An hydrochemischen Analysen wurden folgende Bestimmungen berücksichtigt: Sauerstoffsättigung und biochemischer Sauerstoffbedarf (BSB_5) — nach WINKLER, freies CO_2 — titrimetrisch mit Natriumhydroxid, pH-Wert — mit dem pH-Meter N-517, Ammonium — durch Destillation, Oxydierbarkeit im sauren Milieu, chemischer Sauerstoffverbrauch (CSV) — mit der Bichromatmethode, Gesamthärte und Karbonathärte — nach WARTHY-PFEIFER, Chlorid — nach MOHR, Nitrat — kolorimetrisch mit Phenoldisulfonsäure, Phosphat — kolorimetrisch mit Ammoniummolybdat und Zinnchlorid, Magnesium — kolorimetrisch mit Titangelb, gelöstes Silikat — kolorimetrisch nach WINKLER, Calcium, Natrium und Kalium — flammenfotometrisch, Sulfat — gravimetrisch, Farbe — mit Kaliumplatinchlorid, Eisen — kolorimetrisch.

Bei den Bodenproben wurden folgende Parameter direkt bestimmt: pH-Wert, freies CO_2, Wassergehalt und Gehalt an organischer Substanz. Natrium und Kalium wurden aus dem Glührückstand ermittelt, nachdem der Gehalt an Wasser und an organischer Substanz bestimmt worden war. Bevor die Bodenproben auf ihre übrigen Merkmale untersucht wurden, wurden sie durch Mineralisierung (Gesamtstickstoff) oder durch Vorbereitung von Wasserauszügen (Chlorid, Nitrat, gelöstes Silikat) oder von Auszügen mit HCl 1 + 1 (Eisen, Calcium, Magnesium, Sulfat, Phosphat) vorbehandelt. Die meisten Bestimmungen wurden nach den bei den hydrochemischen Analysen angegebenen Methoden durchgeführt. Der Wassergehalt wurde durch Trocknung der Bodenproben bei 105 °C bis zur Gewichtkonstanz bestimmt und der Gehalt an organischer Substanz wurde durch Glühen der ausgetrockneten Proben bei 550 °C für 1,5 h ermittelt; Gesamtstickstoff nach KJELDAHL, Magnesium mit dem Atomabsorptions-Spektrometer.

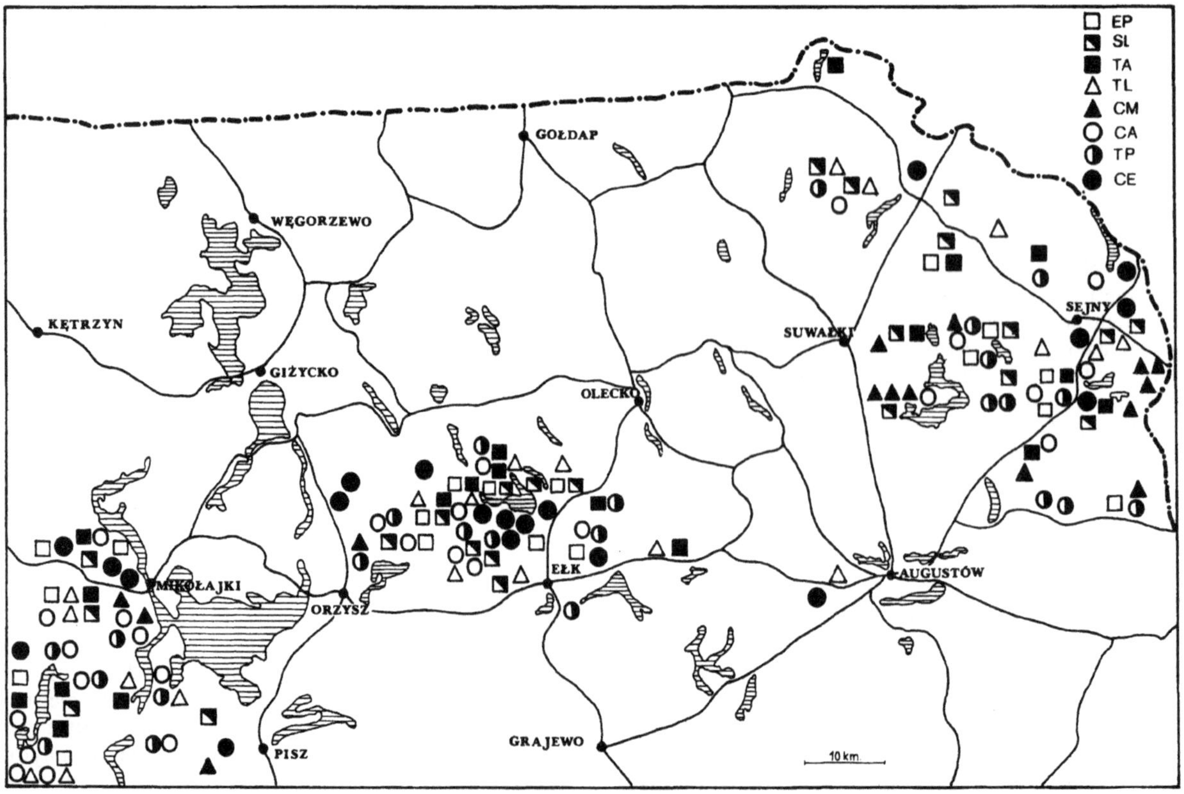

Abb. 1. Fundorte oder Fundortgruppen von Beständen der untersuchten Röhrichtgesellschaften (Stellen der Probenentnahme).
EP — Eleocharitetum palustris; SL — Scirpetum lacustris; TA — Typhetum angustifoliae; TL — Typhetum latifoliae; CM — Cladietum marisci; CA — Caricetum acutiformis; TP — Thelypteridi-Phragmitetum; CE — Caricetum elatae.

Die Zahlenangaben wurden statistisch bearbeitet. Für jeden Bestandteil und jeden Faktor im Wasser und im Sediment wurde der Mittelwert berechnet. Die Signifikanz der Unterschiede zwischen den Mittelwerten der einzelnen Standorteigenschaften von untersuchten Gesellschaften wurde aufgrund der Varianzanalyse und des DUNCAN-Testes bei einer Irrtumswahrscheinlichkeit von 5% bestimmt. Um die Standorte von einzelnen Gesellschaften hinsichtlich aller analysierten Wasser- und Bodeneigenschaften synthetisch vergleichen zu können, wurden die Merkmale standardisiert und die biometrische Methode der „Merkmals-Linien" (JENTYS-SZAFEROWA 1951; MATUSZKIEWICZ 1974) angewendet. Dieser Vergleich hatte eine Typisierung der Standorte der Röhrichtvegetation zum Ziel. Die Typisierung wurde sowohl für Wasserstandorte als auch für Substrate durchgeführt. In der endgültigen Klassifikation der Wasser- und Bodentypen wurden, wenn ein Typus Standorte von mehreren Gesellschaften erfaßte, für die Eigenschaften, die einen Typ kennzeichnen, gewogene Mittelwerte angegeben.

Die wichtigsten Angaben über die floristische Zusammensetzung und Struktur der untersuchten Pflanzengesellschaften sind in einer synthetischen Tabelle (Tab. 1) zusammengestellt. Die Verteilung der Fundorte oder Fundortgruppen der Bestände, die zu den untersuchten Röhrichtgesellschaften gehören, zeigt die beigefügte Karte (Abb. 1).

3. Ergebnisse

Pflanzensoziologischer Vergleich der untersuchten Gesellschaften

Die Bestände der Röhrichtgesellschaften, die hier verglichen werden, sind in den Gewässern Nordpolens allgemein verbreitet. Allen gemeinsam ist der faziesbildende Charakter (Tab. 1); sie unterscheiden sich dagegen durch ihre Struktur, ihre floristische Zusammensetzung und durch ihren Ort in der räumlichen Vegetationsanordnung.

Floristisch am ärmsten und am einfachsten hinsichtlich der Struktur sind Bestände des Scirpetum lacustris und des Typhetum angustifoliae. An ihrer floristischen Zusammensetzung haben die Röhrichtarten außer den gesellschaftsbildenden Charakterarten und dem Schilf nur einen geringen Anteil, einen großen Anteil haben dagegen Wasserpflanzen — besonders *Nuphar luteum*. Eine verhältnismäßig einfache, oft einschichtige Struktur und eine große Florenarmut zeigen auch die Be-

Tab. 1. Pflanzensoziologische Daten der untersuchten Röhrichtgesellschaften

Pflanzengesellschaft	Scirpetum lacustris		Typhetum angustifoliae		Typhetum latifoliae		Cladietum marisci		Thelypteridi-Phragmitetum		Eleocharitetum palustris		Caricetum acutiformis		Caricetum elatae	
Zahl der Aufnahmen	27		27		26		30		29		28		29		25	
Variationsbreite der Artenzahl	2—7		2—6		4—12		2—14		7—16		1—10		3—17		5—14	
Cl. Phragmitetea																
Schoenoplectus lacustris	V^{4-5}	**7176**	I^{+}	1		.	I^{+}	1	I^{+}	1	I^{+}	1	I^{+}	1		.
Typha angustifolia		.	V^{4-5}	**7731**	I^{+}	1	I^{+}	1	I^{1}	34		.	I^{+}	1		.
Typha latifolia		.	I^{+}	1	V^{4-5}	**7308**	I^{+}	1	V^{+-2}	307	I^{+}	1	II^{+}	3	I^{+-1}	21
Cladium mariscus		.		.		.	V^{4-5}	**8333**		.		.	I^{+}	1		.
Heleocharis palustris		.		.		.		.		.	V^{3-5}	**6161**	I^{+}	1		.
Carex acutiformis		.		.		.		.	I^{+-1}	19		.	V^{5}	**8750**	I^{+}	1
Carex elata		.		.		.		.		.		.		.	V^{4-5}	**7950**
Phragmites australis	II^{+-1}	21	III^{+-1}	77	II^{+-1}	21	III^{+-1}	22	III^{+-3}	803	II^{+}	3	II^{+-1}	22		.
Equisetum limosum	I^{+-1}	20	I^{+}	1		.		.		.		.		.		.
Acorus calamus	I^{+}	1	I^{+}	1	I^{+}	1		.		.	I^{+}	2	I^{+}	1		.
Carex rostrata	I^{+}	1		.	II^{+-1}	59	I^{+}	1	I^{+}	2	I^{+}	1	I^{+}	1	I^{+}	1
Sagittaria sagittifolia		.	I^{*}	1				.		.	I^{+}	1		.		.
Ranunculus lingua		.	I^{+}	1		.		.		.		.	I^{+}	1		.
Carex pseudocyperus		.		.	II^{+}	2	I^{+}	1	III^{+}	5		.	II^{+}	2		.
Alisma plantago-aquatica		.		.	II^{+}	2		.	I^{+}	1	I^{+}	1	I^{+}	1	I^{+}	2
Rumex hydrolapathum		.		.	II^{+}	2	I^{+}	1	II^{+}	3	I^{+}	1	III^{+}	6		.
Glyceria aquatica		.		.	I^{+-2}	68		.	I^{+}	1		.	I^{+}	1		.
Carex riparia		.		.	I^{1}	19		.		.		.	I^{+}	1		.
Lycopus europaeus		.		.	I^{+}	2	I^{+}	1	IV^{+}	6	I^{+}	1	III^{+-1}	21	I^{+}	2
Cicuta virosa		.		.	I^{+}	1		.	II^{+}	3	I^{+}	1	II^{+}	3		.
Lysimachia thyrsifora		.		.	I^{+}	1	I^{+}	1	II^{+}	2	I^{+}	1	I^{+}	1	I^{+}	2
Scutellaria galericulata		.		.	I^{+}	1		.	I^{+}	2		.	II^{+}	2	II^{+}	2
Rorippa amphibia		.		.	I^{+}	1		.	I^{+}	1		.	I^{+}	1	I^{+}	1
Iris pseudoacorus		.		.	I^{+}	1		.		.		.	I^{+}	1	I^{+}	2
Oenanthe aquatica		.		.	I^{+}	1		.		.		.		.	I^{+}	1
Sparganium simplex		.		.	I^{+}	1		.		.	I^{+}	1		.		.
Mentha aquatica		.		.	I^{+}	1		.	I^{+}	1	I^{+}	1		.		.
Sparganium ramosum		.		.	I^{+}	1		.	I^{+}	1		.	I^{+}	1		.
Galium palustre		.		.		.	I^{+}	1	II^{+}	3		.	II^{+-1}	19	II^{+}	3
Carex paniculata		.		.		.		.	I^{+}	1		.		.		.
Stellaria palustria		.		.		.		.	I^{+}	1		.	I^{+}	1	II^{+}	4
Peucedanum palustre		.		.		.		.	I^{+}	1		.		.	I^{+}	1
Phalaris arundinacea		.		.		.		.		.	I^{+}	1		.	I^{+}	1
Veronica anagallis		.		.		.		.	I^{+}	1	I^{+}	1		.		.
Hippuris vulgaris		.		.		.		.		.	I^{+}	1		.		.
Carex vesicaria		.		.		.		.		.		.		.	II^{+-1}	42
Begleiter																
Dryopteris thelypteris		.		.	I^{+}	1	IV^{+-2}	215	V^{5}	**8750**		.	I^{+}	1	I^{+}	1
Nuphar luteum	III^{+-1}	41	III^{+-2}	198	II^{+-1}	22	I^{+}	1		.	II^{+}	3	I^{+}	1		.
Potamogeton perfoliatus	II^{+}	3	I^{+}	1		.		.		.	II^{+}	3		.		.
Potamogeton natans	II^{+-1}	20	I^{+}	2	I^{+}	1	II^{+}	2	I^{+}	1	I^{+}	1	I^{+}	1	I^{+}	1
Lemna trisulca	I^{+}	2	III^{+-2}	133	II^{+-3}	204	I^{+}	1	I^{+-1}	19	I^{+-1}	18	II^{+-1}	19	III^{+-3}	534
Stratiotes aloides	I^{+}	1	I^{+}	1	I^{+}	1	I^{+}	1	I^{+}	1	I^{+}	1	I^{+}	1		.
Fontinalis antipyretica	I^{+}	1	I^{+}	1	I^{+-2}	68	I^{+}	1	I^{+}	1	I^{+}	1		.		.
Lemna minor	I^{+}	1	I^{+-1}	84	IV^{+-2}	217	I^{+}	1	III^{+-1}	21	I^{+}	1	IV^{+-3}	254	IV^{+-3}	534
Hydrocharis morsus-ranae	I^{+}	1		.	II^{+}	2	I^{+}	1	III^{+}	5	I^{+}	1	II^{+}	3	I^{+}	1

Tab. 1. (Fortsetzung)

Utricularia vulgaris	I^{+}	1	I^{+}	1	I^{+}	1	I^{+}	2	I^{+}	1	.		I^{+}	1	II^{+}	2
Spirodela polyrrhiza	.		I^{+}	1	I^{+-3}	145	.		I^{+}	1	I^{+}	1	II^{+}	2	I^{+}	2
Riccia fluitans	.		I^{+}	1	I^{+}	1	.		.		I^{+}	1	.		II^{+-2}	92
Ceratophyllum demersum	.		I^{+}	1	I^{+}	1	.		.		I^{+}	1	.		.	
Solanum dulcamara	.		.		I^{+}	1	.		II^{+-1}	20	I^{+}	1	I^{+}	2	I^{+}	1
Cardamine pratensis	.		.		I^{+}	1	I^{+}	1	III^{+}	4	.		.		I^{+}	1
Elodea canadensis	I^{+}	1	I^{+}	1	I^{+}	1	I^{+}	1	.		I^{+}	1	.		.	
Batrachium circinatum	I^{+}	1	I^{+}	1	I^{+}	1	.		.		.		.		.	
Chara tomentosa	I^{+}	2	.		I^{1}	23	.		.		.		.		.	
Potamogeton lucens	I^{+}	1	I^{+}	1	.		I^{+}	1	.		.		.		.	
Myriophyllum spicatum	I^{+}	1	I^{+}	1	.		I^{+}	1	.		.		.		.	
Myriophyllum verticillatum	.		.		I^{+-1}	20	.		.		.		.		.	
Calla palustris	.		.		I^{+-1}	39	.		I^{+}	1	.		II^{+}	3	.	
Hottonia palustris	.		.		I^{+}	1	.		.		.		.		II^{+-2}	142
Galium uliginosum	.		.		.		.		I^{+}	1	.		I^{+}	1	I^{+}	1
Utricularia minor	.		.		I^{+}	1	I^{+}	1	.		.		.		I^{+}	1
Comarum palustre	.		.		I^{+}	1	I^{+}	1	I^{+}	1	.		I^{+}	1	I^{+-1}	42
Alnus glutinosa	.		.		.		I^{+}	2	III^{+}	6	.		II^{+}	2	I^{+}	2
Salix cinerea	.		.		.		I^{+}	1	II^{+}	3	.		II^{+}	2	I^{+}	2
Carex lasiocarpa	.		.		.		I^{+}	1	I^{+}	1	.		I^{+}	1	I^{+-1}	41
Menyanthes trifoliata	.		.		.		I^{+}	1	I^{+}	1	.		I^{+}	1	I^{+}	1
Lythrum salicaria	.		.		.		I^{+}	1	I^{+}	1	I^{+}	1	II^{+}	3	III^{+}	5
Epilobium palustre	.		.		.		I^{+}	1	I^{+}	2	.		I^{+}	1	I^{+}	1
Plagiomnium affine	.		.		.		I^{+}	1	I^{1}	17	.		.		.	
Brachythecium salebrosum	.		.		.		I^{+}	1	I^{+-1}	18	.		.		.	
Marchantia polymorpha	.		.		.		.		I^{+}	1	.		I^{+}	1	.	
Calliergonella cuspidata	.		.		.		.		II^{+-2}	157	.		.		.	

Sporadische Arten: *Hippuris vulgaris* f. *sumersa*, *Nymphaea candida* — Scirpetum lacustris; *Nuphar pumilum*, *Nitellopsis obtusa*, *Callitriche autumnalis*, *Bidens tripartitus*, *B. cernuus* — Typhetum latifoliae; *Utricularia intermedia*, *Drepanocladus lycopodioides*, *Agrostis stolonifera*, *Eurhynchium pulchellum* — Cladietum marisci; *Bryum pseudotriquetrum*, *Plagiomnium rostratum*, *Leptodictyum riparium*, *Myosotis palustris*, *Impatiens noli-tangere*, *Carex diandra*, *Campylium stellatum*, *Cardamine amara*, *Plagiomnium elatum*, *Sphagnum teres* — Thelypteridi-Phragmitetum; *Heleocharis acicularis*, *Chara fragilis*, *Ranunculus flammula*, *Polygonum amphibium* f. *terrestre*, *Carex hirta*, *Chara contraria* — Eleocharitetum palustris; *Stachys palustris*, *Calamagrostis neglecta*, *Salix rosmarinifolia* — Caricetum acutiformis; *Myosotis palustris*, *Polygonum amphibium* f. *terrestre*, *Drepanocladus aduncus*, *Ricciocarpus natans*, *Carex limosa* — Caricetum elatae

stände des Eleocharitetum palustris. Sie sind jedoch etwas reicher an Arten. Die anderen Pflanzengesellschaften haben einen etwas komplizierteren Aufbau. Sie sind meist mehrschichtig und oft artenreicher. In dieser Hinsicht zeichnen sich das Typhetum latifoliae, das Caricetum acutiformis und besonders das Thelypteridi-Phragmitetum aus. Die letzte Gesellschaft ist floristisch am reichsten (durchschnittlich etwa 11 Arten in einer Aufnahme) und hat einen verhältnismäßig großen Anteil (sowohl in qualitativer als auch quantitativer Hinsicht) an Wiesen- und Sumpfpflanzen (*Cardamine pratensis*, *Alnus glutinosa*, *Solanum dulcamara*, *Salix cinerea*, *Calliergonella cuspidata*).

Außer den floristisch-strukturellen Unterschieden zwischen den untersuchten Pflanzengesellschaften bestehen auch Unterschiede hinsichtlich ihrer Stellung in der räumlichen Anordnung der Vegetation in den Gewässern.

Die Bestände des Scirpetum lacustris und des Typhetum angustifoliae bilden in den nicht verlandeten Gewässern mit mineralischen Ufern meistens den ersten Röhrichtgürtel vom Wasser aus und leiten die Entwicklung weiterer Pflanzengesellschaften ein. Sie steigen verhältnismäßig tief ins Wasser hinab und kommen dort direkt in Kontakt mit Schwimmblattpflanzengesellschaften (Nupharo-Nymphaeetum albae Tomaszewicz 1977 — Fazies mit *Nuphar luteum*, Potamogetonetum lucentis Hueck 1931, Potamogetonetum perfoliati W. Koch 1926 em. Pass. 1964), was sich in ihrer floristischen Zusammensetzung widerspiegelt.

Im zweiten wasserseitigen Röhrichtgürtel siedeln meistens Bestände des Typhetum latifoliae. Sie schließen sich landeinwärts an die Bestände des Phragmitetum (Gams 1927) Schmale 1939, des Acoretum calami Kobendza 1948 und manchmal des Thelypteridi-Phragmitetum an. In manchen verlandeten Teilen der Gewässer kann man sie auch im ersten Gürtel antreffen. Bestände des Typhetum latifoliae kommen außerdem ziemlich oft in den astatischen Gewässern vor.

Eine Sonderstellung in der Gürtelanordnung nehmen die Bestände des Thelypteridi-Phragmitetum und auch des Cladietum marisci ein. Sie entwickeln sich in den verlandeten Gewässern oder in den Gewässerpartien, die im großen Maße verlandet und mit organischen oder organisch-mineralischen Sedimenten gefüllt sind. In manchen, am stärksten verlandeten Gewässern können sie den letzten, am weitesten vom Wasser entfernten, dritten Röhrichtgürtel bilden. In den meisten Fällen aber weisen sie eine starke Tendenz zur Schwingrasenbildung auf und können bis an die offene Wasserfläche vordringen. Sie bilden dann, ähnlich wie das Scirpetum lacustris und das Typhetum angustifoliae, den ersten wasserseitigen Röhrichtgürtel. Im Unterschied aber zu diesen zwei Pflanzengesellschaften, die als Initialstadien angesehen werden können, stellen das Cladietum marisci und das Thelypteridi-Phragmitetum spätere oder letzte Stadien der Entwicklung von Großröhrichten dar. Sie schließen sich direkt an die Pflanzengesellschaften an, die Endstadien der Wasservegetation repräsentieren (z. B. Nupharo-Nymphaeetum albae Fazies mit *Nymphaea alba* und Hydrocharitetum morsus-ranae Langendonck 1935).

Die Endstadien der Entwicklung von Röhrichtgesellschaften vertreten auch Bestände des Caricetum acutiformis, die, ähnlich wie Bestände des Thelypteridi-Phragmitetum und des Cladietum marisci, einen Schwingrasen bilden können. Sie entwickeln sich aber meistens an weiter vom offenen Wasserspiegel entfernten Stellen, hinter den Beständen des Großröhrichts (z. B. des Phragmitetum) und kommen selten direkt in Kontakt mit den Gesellschaften der Wasserpflanzen.

Von den beiden übrigen Pflanzengesellschaften kommt das Eleocharitetum palustris oft in der seichten Uferzone vor, wo es die Verwachsung einleitet. Manchmal entwickelt es sich auch direkt an steilen Ufern, hinter einem schmalen Gürtel des Scirpetum lacustris, des Typhetum angustifoliae oder des Phragmitetum.

Bestände des Caricetum elatae sind dagegen im untersuchten Gebiet an einen besonderen Gewässertyp gebunden, die astatischen Gewässer. In den Seen werden sie nur an solchen Stellen angetroffen, die vom freien Wasserspiegel durch einen breiten Gürtel von Großröhrichten getrennt und im Verlandungsprozeß begriffen sind und wo die Wasserstände während der Vegetationszeit beträchtliche Schwankungen aufweisen.

Standortsvergleich der untersuchten Pflanzengesellschaften

1. Allgemeine Charakteristik der Standorte

Die meisten Bestände der untersuchten Röhrichtgesellschaften in Nordost-Polen kommen in den Seen und manchmal in den astatischen Gewässern vor (an die letzten sind vor allem das Caricetum elatae, seltener das Typhetum latifoliae gebunden). Die einzelnen Pflanzengesellschaften entwickeln sich auf sehr verschiedenen Böden in verschiedenen Tiefen und an Stellen mit unterschiedlich starker Wellenbewegung. Besonders deutliche Unterschiede zwischen den verglichenen Pflanzengesellschaften bestehen hinsichtlich der Bodenbeschaffenheit. An ausgesprochen mineralischen, meistens grobkörnigen Bodenuntergrund (grober Sand, Kies) sind die Bestände des Eleocharitetum palustris gebunden. Überwiegend mineralische, aber weniger grobkörnige Böden werden auch vom Scirpetum lacustris und vom Typhetum angustifoliae besiedelt. In manchen Gewässern entwickeln sie sich auch auf dem mit einer dünnen Schlammschicht bedeckten Untergrund oder auf Kalkgyttja. An Stellen mit großem Anteil an organischen Sedimenten kommen sie selten vor und dann meist nur in den letzten Entwicklungsstadien.

Völlig andere Böden besiedeln die Bestände des Thelypteridi-Phragmitetum. Das sind meistens stark wäßrige organische Sedimente, pelogen- und detritusartige Böden oder auch organisch-mineralische Substrate, die man als detritus-kalkhaltige Gyttja bezeichnen könnte.

An organische oder häufiger organisch-mineralische Böden, die dem Detritus-Kalk- oder Kalkgyttja-Typ zuzurechnen sind, sind zumeist die Bestände des Cladietum marisci gebunden.

Die Bestände des Typhetum latifoliae und des Caricetum acutiformis kommen meistens auf Böden vor, die eine Mittelstellung zwischen denen des Scirpetum lacustris und des Typhetum angustifoliae und denen des Thelypteridi-Phragmitetum einnehmen. Die Bestände des Caricetum elatae dagegen, die sich hauptsächlich in astatischen Gewässern entwickeln, siedeln auf organisch-mineralischen, torfreichen Böden, wo der Torf mehr oder weniger zersetzt wird, oder auf tonig-lehmigem Substrat.

Neben der Bodenbeschaffenheit ist die Wassertiefe ein wichtiger, die Vegetation differenzierender Faktor. Eine Sonderstellung nehmen hier vor allem diejenigen Pflanzengesellschaften ein, deren Bestände einen Schwingrasen bilden: Thelypteridi-Phragmitetum, Cladietum marisci und Caricetum acutiformis. Die Wassertiefe in ihren Beständen betrug durchschnittlich 0,0 bis 40—60 cm. An Schwingrasenkanten kann sie größer sein und 1 m überschreiten (besonders beim Cladietum marisci und beim Thelypteridi-Phragmitetum). Die übrigen Pflanzengesellschaften können in folgender Reihe angeordnet werden: in die größten Tiefen von 1,4 bis 1,5 m (manchmal bis ca. 2 m) steigen die Bestände des Scirpetum lacustris und des Typhetum angustifoliae hinab. Typhetum latifoliae- und Caricetum elatae-Bestände besiedeln Stellen, wo die Wassertiefe nicht mehr als 1 m beträgt, und in den seichten Partien der Gewässer, wo das Wasser höchstens 0,6—0,7 m tief ist, entwickeln sich die Bestände des Eleocharitetum palustris.

Die durchgeführten Untersuchungen zeigen, daß die untersuchten Pflanzengesellschaften in verschiedenem Maße gegen die Wellenbewegung widerstandsfähig sind. Die größte Widerstandsfähigkeit in dieser Hinsicht weisen zweifellos die Bestände des Eleocharitetum palustris auf, die in der Regel besonders exponierte Litoralabschnitte besiedeln. Verhältnismäßig gut ertragen den Wellengang Bestände des Scirpetum lacustris und des Typhetum angustifoliae, die am weitesten gegen das offene Wasser vorrücken. Die übrigen Pflanzengesellschaften scheinen die Wellenwirkung schlecht zu ertragen, was sich darin äußert, daß sie meistens in wind- und wellengeschützten Uferlagen oder auch in kleinen astatischen Gewässern anzutreffen sind. Besonders wenig widerstandsfähig gegen den Wellengang sind die Bestände des Cladietum marisci und auch des Thelypteridi-Phragmitetum und des Caricetum elatae. Die beiden letzten Pflanzengesellschaften ertragen dagegen sehr gut Wasserstandsschwankungen.

2. Wassereigenschaften

Von den Wasserstandorten der acht untersuchten Röhrichtgesellschaften wurden 20 Eigenschaften verglichen (Abb. 2).

Den größten differenzierenden Wert zeigten: CSV, Oxydierbarkeit, freies CO_2, Sauerstoffsättigung, Gehalt an PO_4—P und Chlorid. Hinsichtlich der genannten Merkmale kann man die untersuchten Wasserstandorte in drei bzw. in mindestens zwei voneinander deutlich abweichende Gruppen einteilen. Die Gliederung der Wasserstandorte in zwei Gruppen könnte man auch bei der Berücksichtigung solcher Eigenschaften wie Wasserfarbe, BSB_5, Gehalt an K, Fe, SO_4, NH_4—N und pH-Wert durchführen. Einen ordnenden Wert besaßen folgende Merkmale: Ca, Mg, Gesamthärte und gelöstes Silikat. Der Gehalt an Na, NO_3—N und die Karbonathärte wiesen keinen differenzierenden Wert auf.

Ein charakteristischer Zug der betrachteten Einteilung ist die Sonderstellung des Standortes des Caricetum elatae und auch der Wasserstandorte des Cladietum marisci und des Typhetum latifoliae.

Der Wasserstandort des Caricetum elatae zeichnet sich im Vergleich zu den Standorten der übrigen Pflanzengesellschaften durch signifikant höhere Mittelwerte von CO_2, NH_4—N, Fe, Wasserfarbe, BSB_5, Oxydierbarkeit, CSV, Chlorid und PO_4—P aus. Bezüglich der Sauerstoffsättigung zeigt dieser Standort den niedrigsten Mittelwert. Außerdem besitzt er den niedrigsten pH-Wert, ist reich an K und arm an SO_4, Mg, SiO_2 und weist die niedrigste Gesamthärte auf.

Im völligen Gegensatz zum Caricetum elatae steht der Wasserstandort des Cladietum marisci. Er ist verhältnismäßig reich an Mg und O_2, besitzt dagegen die niedrigsten Mittelwerte hinsichtlich des Gehaltes an K und Chlorid (signifikante Unterschiede gegenüber den meisten Standorten). Die niedrigsten Mittelwerte an

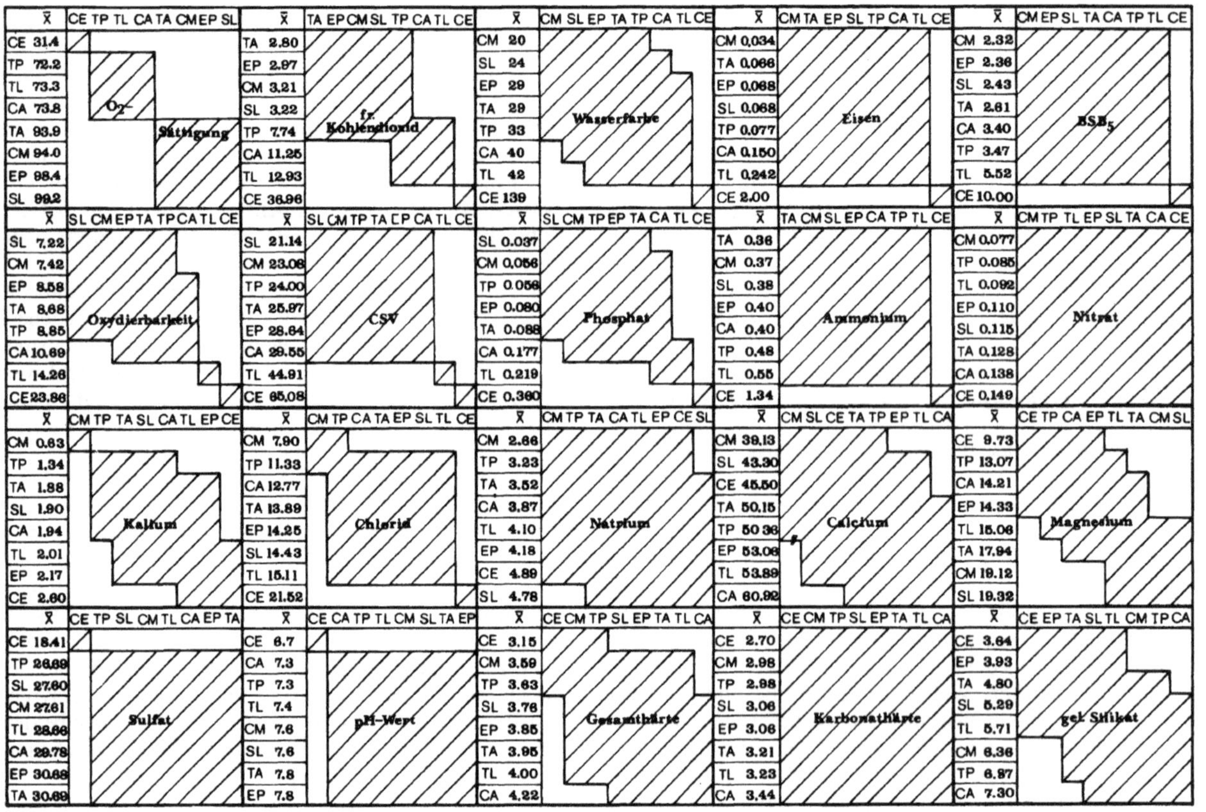

Abb. 2. Statistische Sicherung der Differenzen zwischen den Standorten der Röhrichtgesellschaften hinsichtlich der einzelnen Wassereigenschaften.

Schraffierte Felder — keine signifikanten Differenzen. Sauerstoffsättigung in %; BSB_5, Oxydierbarkeit und CSV in mg $O_2 \cdot l^{-1}$, Wasserfarbe in mg Pt $\cdot l^{-1}$; Wasserhärte in mval $\cdot l^{-1}$. Die übrigen Eigenschaften (mit Ausnahme von pH-Wert) in mg $\cdot l^{-1}$.

diesem Standort wurden in bezug auf Wasserfarbe, BSB_5 und Gehalt an Fe, Ca, Na und NO_3—N festgestellt, obwohl die statistische Analyse keine signifikanten Differenzen gegenüber den anderen Standorten ergab.

Der Wasserstandort des Typhetum latifoliae ist vor allem durch hohe Werte des CSV und der Oxydierbarkeit gekennzeichnet. Das zeugt davon, daß er viele verschiedene Formen an gelöster organischer Substanz enthält. Er unterscheidet sich auch wesentlich von den Wasserstandorten vieler Gesellschaften durch bedeutend höhere Mittelwerte solcher Merkmale wie Gehalt an PO_4—P und CO_2.

Unter den Wasserstandorten der übrigen Pflanzengesellschaften nimmt der Standort des Caricetum acutiformis eine gewisse Sonderstellung ein. Er weist den höchsten Gehalt an SiO_2 und Ca und den höchsten Mittelwert der Gesamthärte auf. Wasserstandorte, die vom Scirpetum lacustris, Eleocharitetum palustris und Typhetum angustifoliae besiedelt werden, sind ebenso wie der Standort des Cladietum marisci verhältnismäßig reich an O_2 und arm an CO_2. Der Standort des Thelypteridi-Phragmitetum nimmt hinsichtlich der Mittelwerte der analysierten Kenngrößen eine Mittelstellung ein zwischen den vom Caricetum elatae, Typhetum latifoliae und Caricetum acutiformis besiedelten Gewässern und den Wasserstandorten des Cladietum marisci, des Scirpetum lacustris, des Eleocharitetum palustris und des Typhetum angustifoliae.

Die durchgeführten Vergleiche weisen auf sichtbare Unterschiede einer Reihe von Pflanzengesellschaften hinsichtlich der einzelnen Eigenschaften der Wasserstandorte hin. Als nächster Arbeitsschritt wurde deshalb ein synthetischer Vergleich der untersuchten Wasserstandorte vorgenommen, um eine Typisierung durchführen zu können. Dieser Vergleich wurde hinsichtlich aller analysierten Merkmale insgesamt durchgeführt, ohne ihren differenzierenden Wert zu berücksichtigen. Ich hatte dabei die Tatsache im Auge, daß nach den Prinzipien der statistischen Folgerung das Fehlen von signifikanten Differenzen zwischen den verglichenen Objekten noch kein Beweis dafür ist, daß keine Differenzen zwischen ihnen bestehen (Matuszkiewicz 1974). Die Ergebnisse sind in Form von „Merkmals-Linien" dargestellt (Abb. 3).

Die normalisierten Mittelwerte der einzelnen Merkmale der Wasserstandorte von Röhrichtgesellschaften wurden hier als Punkte, durch eine gekrümmte Linie verbunden, dargestellt. Auf diese Weise erhielt man 8 Linien, von denen jede den Standort einer Gesellschaft kennzeichnet. Eine Senkrechte, die vom Nullpunkt der Skala ausgeht, trennt die Bereiche ab, die oberhalb und unterhalb des Mittelwertes für alle Standorte liegen. Der größeren Klarheit wegen wurde die graphische Darstellung in 3 Teile gegliedert, von denen jeder höchstens 3 Merkmals-Linien umfaßt.

Die Analyse des Verlaufs der Merkmals-Linien zeigt, daß die Linie für den Wasserstandort des Caricetum elatae einen ganz eigenartigen und deutlich abweichenden Verlauf aufweist. Das betrifft vor allem die Werte der ersten zwölf Merkmale (die oberen Merkmale auf dem Diagramm), die in hohem Maße für den Nährstoffreichtum des Wassers verantwortlich sind und auch die spezifische Azidität. Die numerischen Werte der meisten dieser Merkmale liegen wesentlich oberhalb des Mittelwertes für sämtliche verglichenen Standorte, nur die

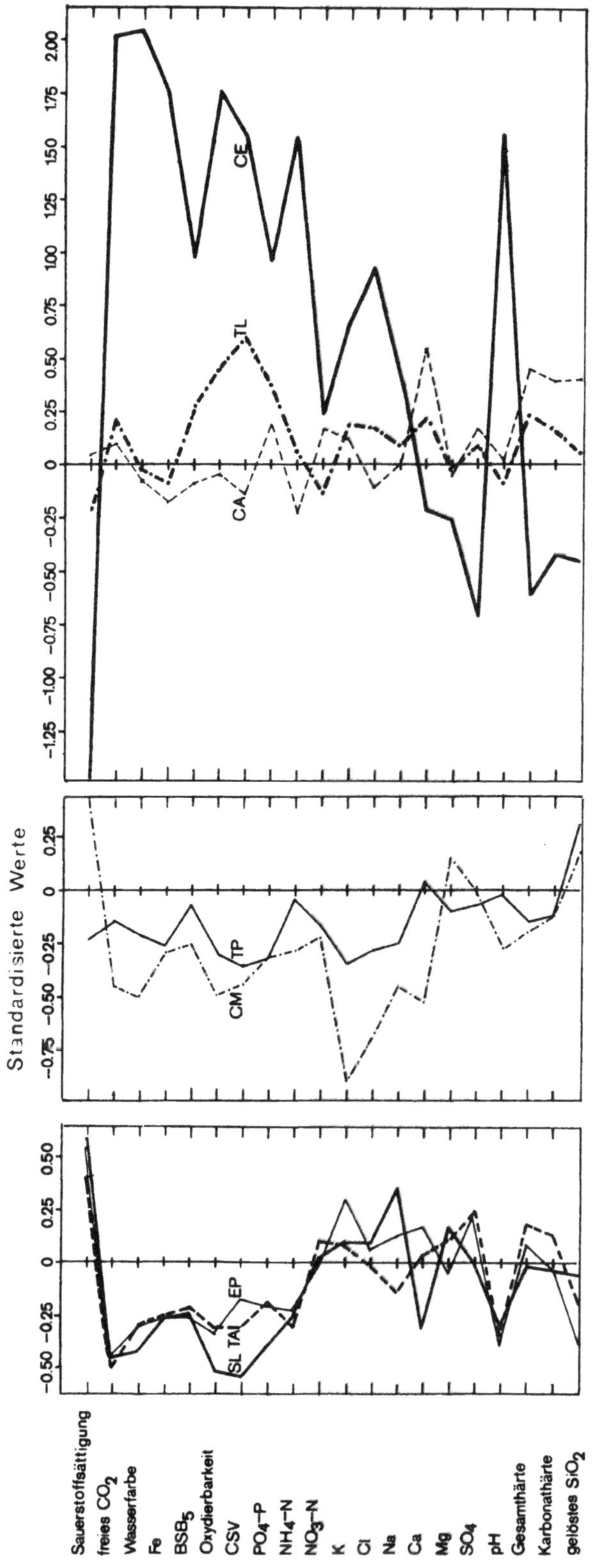

Abb. 3. Der Vergleich der Wasserstandorte der untersuchen Röhrichtgesellschaften mit der Methode der Merkmals-Linien. pH-Wert als spezifische Azidität (nach WHERRY 1922).

Sauerstoffsättigung liegt darunter. Diese Daten zeigen, daß hinsichtlich der genannten Gruppe von Merkmalen der Wasserstandort des Caricetum elatae ausgesprochen nährstoffreich ist. Aus dem Diagramm ist auch ersichtlich, daß mit den hohen (außer Sauerstoffsättigung) numerischen Werten der genannten Merkmale, ausgesprochen niedrige numerische Werte für SO_4, SiO_2, Mg und Ca und auch für die Gesamthärte kontrastieren. Solche Eigenschaften der Wasserstandorte des Caricetum elatae (im untersuchten Gebiet sind es hauptsächlich die astatischen Gewässer) sind wahrscheinlich mit der Natur dieses Gewässertypus verbunden und hängen vermutlich vom Substrat ab, das reich an organischer Substanz und arm an Ca und Mg ist (siehe Abb. 5). Im allgemeinen kann man feststellen, daß das Caricetum elatae stark eutrophe Wasserstandorte repräsentiert, die im Vergleich mit den Wasserstandorten der übrigen Gesellschaften in den meisten Fällen am sauersten und verhältnismäßig weich sind.

Einen besonderen Verlauf hat auch die Linie des Cladietum marisci. Die numerischen Werte eigentlich aller Merkmale, die für die Klarheit und den Nährstoffreichtum des Wassers von Bedeutung sind, liegen deutlich unterhalb des Mittelwertes für alle Standorte, während der Wert der Sauerstoffsättigung darüber liegt. Die größte Verschiebung nach links (unterhalb des Mittelwertes) zeigt die Linie des Cladietum marisci bezüglich der numerischen Werte für K, Chlorid, Ca, Na, Oxydierbarkeit, Wasserfarbe und CO_2. Der Wasserstandort des Cladietum marisci kann also als nährstoffarm (mesotroph) bezeichnet werden.

Als einen Typus kann man auch die Wasserstandorte des Eleocharitetum palustris, des Typhetum angustifoliae und des Scirpetum lacustris betrachten. Wie aus dem Diagramm ersichtlich wird, weisen die Merkmals-Linien für die Standorte die größte Ähnlichkeit auf, sowohl hinsichtlich des Linienverlaufs als auch der numerischen Werte für einzelne Wassereigenschaften. Es fällt dabei auf, daß bei solchen Merkmalen wie Sauerstoffsättigung, CO_2, Wasserfarbe, Fe, BSB_5, Oxydierbarkeit, CSV, PO_4—P und NH_4—N die Merkmals-Linien für die erwähnten 3 Standorte deutlich der des Cladietum marisci ähneln. Größere Unterschiede zu der Linie des Cladietum marisci bestehen nur hinsichtlich der numerischen Werte von Na, K, Chlorid und Ca. Die Werte dieser Merkmale sind deutlich niedriger als beim Cladietum marisci. Die Wasserstandorte des Scirpetum lacustris, des Typhetum angustifoliae und des Eleocharitetum palustris sind also verhältnismäßig rein, sauerstoffreich und wenig nährstoffreich (schwach eutroph).

Die Merkmals-Linien der Wasserstandorte der übrigen drei Pflanzengesellschaften zeigen einen unterschiedlichen Verlauf (zumindest auf bestimmten Abschnitten) und damit auch einen kleineren Ähnlichkeitsgrad. Besonders abweichend sind hier die Linien des Thelypteridi-Phragmitetum und des Typhetum latifoliae. Bei der Linie des Thelypteridi-Phragmitetum liegen die numerischen Werte der meisten Merkmale unterhalb oder in der Nähe des Mittelwertes für die ganze Gruppe der verglichenen Wasserstandorte. Es sind also wenig nährstoffreiche, den Wasserstandorten des Scirpetum lacustris, des Typhetum angustifoliae und des Eleocharitetum palustris ähnliche Gewässer, die sich von diesen durch einen geringeren Gehalt an O_2 und einen größeren Anteil an CO_2 unterscheiden. Man könnte sie als leicht eutrophe Standorte bezeichnen.

Der Linienverlauf des Typhetum latifoliae ist völlig abweichend. Die Werte der meisten Merkmale dieses Standortes liegen oberhalb oder in der Nähe des Mittelwertes für alle Standorte, die größte Verschiebung (nach links, unterhalb des Mittelwertes) weist nur die Sauerstoffsättigung auf. Ein solcher Linienverlauf zeugt davon, daß der Wasserstandort des Typhetum latifoliae ziemlich nährstoffreich ist. Er nimmt die zweite Stelle hinsichtlich der Sauerstoffsättigung (nach dem Caricetum elatae) in der ganzen Gruppe der verglichenen Standorte ein. Er kann als typisch eutroph bezeichnet werden.

Die Linie für den Wasserstandort des Caricetum acutiformis nimmt eine Mittelstellung zwischen den Linien des Thelypteridi-Phragmitetum und des Typhetum latifoliae ein. Wie aus dem Diagramm ersichtlich wird, liegen die numerischen Werte der meisten Merkmale dieses Standortes in der Nähe des Mittelwertes für alle Objekte, und nur solche Merkmale wie Ca, Gesamthärte und SiO_2 weisen viel höhere Werte als der Mittelwert auf. Es sind also eutrophe Wasserstandorte, die verhältnismäßig reich an Ca sind und im Vergleich zu anderen Standorten die größte Wasserhärte aufweisen.

Die oben durchgeführten Vergleiche erlauben die Wasserstandorte von 8 Röhrichtgesellschaften in 5 Typen einzuteilen:

1. **Cladietum marisci-Typ.**
   Reine, mesotrophe Wasserstandorte, sauerstoffreich (Mittelwerte der Sättigung: 94,0%), am ärmsten an Nährstoffen und besonders an Chlorid ($\bar{x}$: 7,90 mg $\cdot$ l^{-1}) und Kalium ($\bar{x}$: 0,63 mg $\cdot$ l^{-1}).
2. **Eleocharitetum palustris-Typhetum angustifoliae-Scirpetum lacustris-Typ,** der auch den Wasserstandort des Thelypteridi-Phragmitetum umfaßt.
   Verhältnismäßig reine, schwach eutrophe Wasserstandorte. Hinsichtlich der meisten Merkmale, die für Nährstoffreichtum und Wasserklarheit entscheidend sind, ähneln sie dem Cladietum marisci-Typ. Dafür sind sie reicher an Chlorid ($\bar{x}$: 13,44 mg $\cdot$ l^{-1}) und K ($\bar{x}$: 1,83 mg $\cdot$ l^{-1}).
3. **Caricetum acutiformis-Typ.**
   Verhältnismäßig reine, eutrophe Wasserstandorte, mit hohem Gehalt an Calcium ($\bar{x}$: 60,92 mg $\cdot$ l^{-1}) und gelöstem Silikat ($\bar{x}$: 7,30 mg $\cdot$ l^{-1}). Sie zeichnen sich durch die höchste Gesamthärte ($\bar{x}$: 4,22 mval $\cdot$ l^{-1}) aus. Gegenüber den oben genannten Typen sind sie reicher an CO_2 ($\bar{x}$: 11,25 mg $\cdot$ l^{-1}) und sauerstoffärmer (Mittelwerte der Sättigung: 73,8%).
4. **Typhetum latifoliae-Typ.**
   Nährstoffreiche, eutrophe Wasserstandorte mit hohem Anteil an CO_2 ($\bar{x}$: 12,93 mg $\cdot$ l^{-1}), reich an verschiedenen Formen der organischen Substanz (Mittelwerte der CSV: 44,91 mg O_2 $\cdot$ l^{-1}; Mittelwerte der Oxydierbarkeit: 14,26 mg O_2 $\cdot$ l^{-1}) und PO_4-P ($\bar{x}$: 0,219 mg $\cdot$ l^{-1}).
5. **Caricetum elatae-Typ.**
   Nährstoffreichste, stark eutrophe Wasserstandorte, mit höchstem Gehalt an CO_2 ($\bar{x}$: 36,96 mg $\cdot$ l^{-1}), Fe ($\bar{x}$: 2,00 mg $\cdot$ l^{-1}), PO_4-P ($\bar{x}$: 0,360 mg $\cdot$ l^{-1}), NH_4-N ($\bar{x}$: 1,34 mg $\cdot$ l^{-1}) und organischer Substanz (Mittelwerte der CSV: 65,08 mg O_2 $\cdot$ l^{-1}; Mittelwerte der Oxydierbarkeit: 23,86 mg O_2 $\cdot$ l^{-1}). Außerdem zeichnen sie sich durch den höchsten Grad der Wasserfarbe ($\bar{x}$: 139 mg Pt $\cdot$ l^{-1}) aus. Sie weisen den niedrigsten pH-Wert (6,7) und die niedrigste Gesamthärte auf und enthalten am wenigsten Sauerstoff (Mittelwerte der Sättigung: 31,6%).

3. Bodeneigenschaften

Die von den untersuchten Röhrichtgesellschaften besiedelten Substrate wurden hinsichtlich 15 physikalisch-chemischer Eigenschaften miteinander verglichen (Abb. 4).

Den größten differenzierenden Wert zeigte das Merkmal Wassergehalt, nach dem man die untersuchten Standorte in 5 verschiedene Gruppen einteilen kann. Drei Gruppen von Standorten der Röhrichtgesellschaften können bei Berücksichtigung der organischen Substanz und des Kalkgehaltes unterschieden werden. Auch hinsichtlich des Gehaltes an Kalium, freiem CO_2, Sulfat und Gesamtstickstoff können die untersuchten Standorte in 3 Gruppen eingeteilt werden. Solche Merkmale wie der Natrium- und Magnesium-Gehalt, der pH-Wert und eventuell der Gehalt an Fe, SiO_2 und NO_3-N

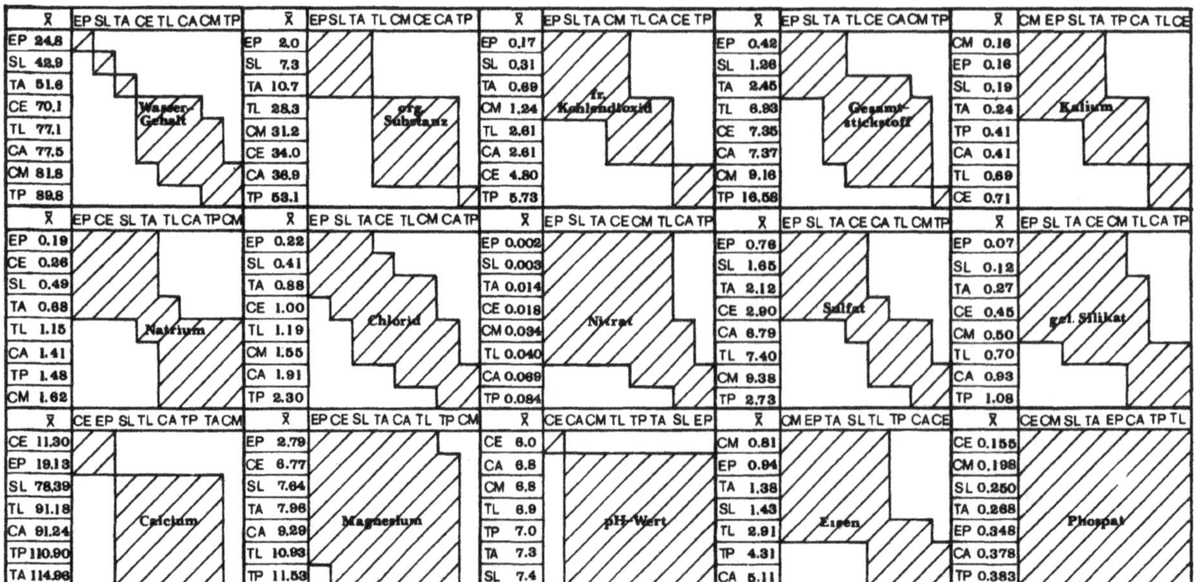

Abb. 4. Statistische Sicherung der Differenzen zwischen den Standorten der Röhrichtgesellschaften hinsichtlich der einzelnen Bodeneigenschaften.

Schraffierte Felder — keine signifikanten Differenzen. Wassergehalt und organische Substanz in %. Die übrigen Eigenschaften (mit der Ausnahme von pH-Wert) in g $\cdot$ kg^{-1} TS.

differenzieren die Bodensubstrate der untersuchten Pflanzengesellschaften in der Weise, daß man zwei Gruppen unterscheiden kann. Als Merkmal nach dem sich Substrate in eine Reihe ordnen lassen, erwies sich der Chloridgehalt. Nur der Anteil an PO_4-P wies keine signifikanten Unterschiede zwischen den Substraten auf.

Die dargestellten Daten lassen erkennen, daß die Eigenschaften des Bodensubstrats deutlicher als die Wassereigenschaften die Standorte der Röhrichtgesellschaften differenzieren.

Bei der Analyse dieser Differenzen kommt deutlich die Sonderstellung der Bodensubstrate des Thelypteridi-Phragmitetum und des Eleocharitetum palustris zum Vorschein. Das Bodensubstrat des Thelypteridi-Phragmitetum zeichnet sich durch die höchsten Mittelwerte der organischen Substanz und des Gesamtstickstoffs aus. Außerdem weist es die höchsten Mittelwerte und signifikante Unterschiede gegenüber den meisten untersuchten Standorten von Röhrichtgesellschaften hinsichtlich des Gehaltes an Wasser, Chlorid, Nitrat, Sulfat, CO_2, Kalium und SiO_2 auf. Es ist auch verhältnismäßig reich an Eisen. Im Gegensatz zum Thelypteridi-Phragmitetum weist das Bodensubstrat des Eleocharitetum palustris den niedrigsten Wert des Wassergehaltes auf (der signifikante Unterschied zu den übrigen Standorten), ist am ärmsten an organischer Substanz, CO_2, Na, Chlorid, NO_3-N, SiO_2 und enthält wenig Kalk. Hinsichtlich der genannten Merkmale weist es signifikante Unterschiede zu den meisten untersuchten Standorten auf.

Auch die Bodensubstrate des Cladietum marisci und des Caricetum elatae unterscheiden sich signifikant von den Standorten anderer Pflanzengesellschaften. Das vom Caricetum elatae besiedelte Bodensubstrat weist ähnlich dem Wasserstandort dieser Gesellschaft die sauerste Wasserreaktion auf und ist reich an CO_2, Fe und K, enthält aber nur kleine Mengen von Ca und SO_4. Hinsichtlich aller dieser Merkmale weist es signifikante Unterschiede zu den meisten untersuchten Standorten auf.

Das Bodensubstrat des Cladietum marisci zeichnet sich dagegen durch die größten Mittelwerte des Ca- und Mg-Gehaltes aus (signifikante Differenzen zu den übrigen Standorten). Außerdem ist es am ärmsten an K und Fe und verhältnismäßig reich an Na und SO_4.

Die Standorte der vier übrigen Pflanzengesellschaften gliedern sich deutlich in 2 gegensätzliche Gruppen. Zu der ersten gehören die Bodensubstrate des Scirpetum lacustris und des Typhetum angustifoliae, zu der anderen die Böden des Typhetum latifoliae und Caricetum acutiformis. Die Bodensubstrate des Scirpetum lacustris und des Typhetum angustifoliae unterscheiden sich signifikant von den übrigen und auch untereinander durch den Wassergehalt, der an beiden Standorten niedrige Mittelwerte aufweist. Außerdem besitzen die genannten Substrate verhältnismäßig niedrige Konzentrationen an organischer Substanz, Gesamtstickstoff, CO_2, SO_4, Na, K und SiO_2 (signifikante Differenzen zu der ganzen Reihe von untersuchten Standorten). Für die Bodensubstrate des Typhetum latifoliae und des Caricetum acutiformis sind dagegen verhältnismäßig hohe Mittelwerte von vielen analysierten Eigenschaften bezeichnend. Gegenüber den Bodensubstraten des Scirpetum lacustris und Typhetum angustifoliae, und auch denen mancher anderer Pflanzengesellschaften sind sie reicher an organischer Substanz, CO_2, SO_4, Na, K, Chlorid, SiO_2 und haben einen größeren Wassergehalt. Im allgemeinen nehmen sie in der Gruppe der verglichenen Standorte eine Mittelstellung zwischen den Bodensubstraten des Eleocharitetum palustris, des Scirpetum lacustris und des Typhetum angustifoliae und den Böden des Thelypteridi-Phragmitetum ein.

Die angedeuteten Unterschiede mancher Standorte der untersuchten Röhrichtgesellschaften hinsichtlich der phy-

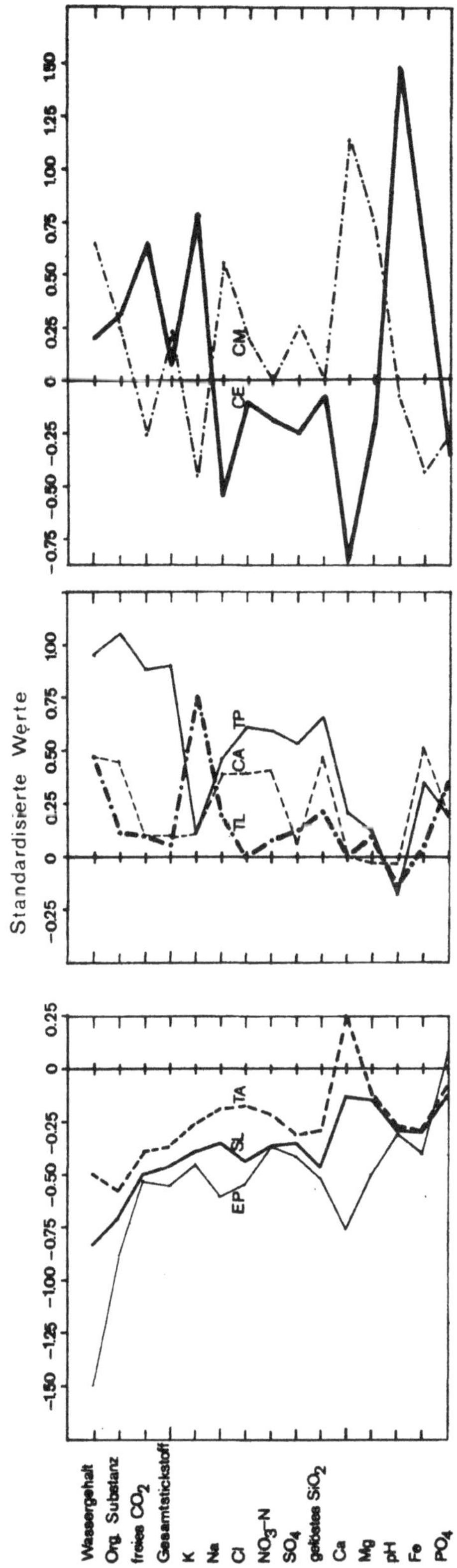

Abb. 5. Vergleich der Bodensubstrate der untersuchten Röhrichtgesellschaften mit Hilfe von Merkmals-Linien. pH-Wert als spezifische Azidität.

sikalisch-chemischen Bodeneigenschaften wurden deutlich bei der graphischen Darstellung der Merkmals-Linien (Abb. 5) hervorgehoben, die (wie auch bei Wassereigenschaften) ein synthetisches Bild der einzelnen Standorte geben.

Vor allem ist daraus ersichtlich, daß die Linien für die Standorte des Eleocharitetum palustris, des Scirpetum lacustris und des Typhetum angustifoliae sowohl hinsichtlich des Linienverlaufs als auch in bezug auf die numerischen Werte der einzelnen Merkmale große Ähnlichkeit aufweisen. Die numerischen Werte fast aller Bodeneigenschaften (mit der Ausnahme des Kalkgehaltes beim Typhetum angustifoliae und der Phosphatmenge beim Eleocharitetum palustris) liegen weit unter den für die gesamten verglichenen Standorte der Röhrichtgesellschaften berechneten Mittelwerten. Es sind also nährstoffarme Bodensubstrate. Am nährstoffärmsten ist das Substrat des Eleocharitetum palustris. Seine Merkmals-Linie ist bei den meisten Merkmalen vom Nullpunkt der Skala am weitesten nach links verschoben (unter dem Mittel liegende Werte).

Ein ganz anderes Bild ergibt sich bei den Linien für die Standorte des Caricetum acutiformis, des Typhetum latifoliae und des Thelypteridi-Phragmitetum. In diesem Fall erreichen die meisten Merkmale Werte, die über dem Mittelwert liegen. Ein solcher Linienverlauf weist darauf hin, daß die drei erwähnten Pflanzengesellschaften an Bodensubstrate gebunden sind, die viel nährstoffreicher als die Standorte des Eleocharitetum palustris, des Scirpetum lacustris und des Typhetum angustifoliae sind. Der nährstoffreichste Standort ist zweifellos der des Thelypteridi-Phragmitetum. Seine Merkmals-Linie zeigt bei einer ganzen Reihe von Merkmalen, die für den Nährstoffreichtum entscheidend sind, die größte Verschiebung nach rechts, den Werten zu, die über dem Mittelwert liegen.

Bei der synthetischen Darstellung der Merkmals-Linien wird auch besonders deutlich die Sonderstellung der Substrate des Cladietum marisci und des Caricetum elatae hervorgehoben. Die Linien für diese Standorte unterscheiden sich in ihrem Verlauf wesentlich, sowohl voneinander, als auch von den Linien der Standorte anderer Röhrichtgesellschaften. Zweifellos repräsentieren sie also völlig gegensätzliche und eigenartige Bodentypen.

Anhand der durchgeführten Vergleiche lassen sich folgende sechs Standortstypen des Bodensubstrates unterscheiden:

1. **Eleocharitetum palustris-Typ.**
   Ausgesprochen mineralische, sandig-kiesige Bodensubstrate mit geringstem Wassergehalt (durchschnittlich 24,8 % Wasser), arm an Ca ($\bar{x}$: 19,1 g · kg^{-1} Trockensubstanz des Bodensubstrats), organischer Substanz ($\bar{x}$: 2,0 % TS), SO_4 ($\bar{x}$: 0,76 g · kg^{-1} TS), Chlorid ($\bar{x}$: 0,22 g · kg^{-1} TS), Gesamtstickstoff ($\bar{x}$: 0,42 g · kg^{-1} TS), Na ($\bar{x}$: 0,19 g · kg^{-1} TS) und CO_2 ($\bar{x}$: 0,17 g · kg^{-1} TS).
2. **Scirpetum lacustris-Typhetum angustifoliae-Typ.**
   Hauptsächlich sandige oder tonige Mineralböden mit geringer Schlammbeimischung. Im Vergleich zum Eleocharitetum palustris haben sie einen höheren Wassergehalt ($\bar{x}$: 47,2 %) und sind reicher an Ca ($\bar{x}$: 96,7 g · kg^{-1} TS). Sie sind verhältnismäßig arm an organischer Substanz ($\bar{x}$: 9,0 % TS), CO_2 ($\bar{x}$: 0,50 g · kg^{-1} TS), Na ($\bar{x}$: 0,58 g · kg^{-1} TS) und SO_4 ($\bar{x}$: 1,89 g · kg^{-1} TS).
3. **Typhetum latifoliae-Caricetum acutiformis-Typ.**
   Mineralisch-organische oder organisch-mineralische nährstoffreiche Substrate. Gegenüber den oben genannten Typen haben sie einen höheren Wassergehalt ($\bar{x}$: 77,3 %), und enthalten wesentlich höhere Mengen an organischer Substanz ($\bar{x}$: 32,85 % TS), CO_2 ($\bar{x}$: 2,61 g · kg^{-1} TS), K (Caricetum acutiformis — $\bar{x}$: 0,41 g · kg^{-1} TS; Typhetum latofoliae — $\bar{x}$: 0,69 g · kg^{-1} TS), Na ($\bar{x}$: 1,29 g · kg^{-1} TS), SiO_2 ($\bar{x}$: 0,82 g · kg^{-1} TS).
4. **Thelypteridi-Phragmitetum-Typ.**
   Nährstoffreichste organische oder organisch-mineralische Substrate. Sie zeichnen sich durch den höchsten Gehalt an organischer Substanz ($\bar{x}$: 53,2 % TS), Gesamtstickstoff ($\bar{x}$: 16,58 g · kg^{-1} TS) und auch durch den höchsten Wassergehalt ($\bar{x}$: 89,8 %) aus. Sie weisen auch verhältnismäßig hohe Konzentrationen an Chlorid ($\bar{x}$: 2,30 g · kg^{-1} TS), CO_2 ($\bar{x}$: 5,73 g · kg^{-1} TS) und NO_3-N ($\bar{x}$: 1,09 g · kg^{-1} TS) auf.
5. **Cladietum marisci-Typ.**
   Mineralisch-organische Böden und Mineralböden organischer Herkunft (Kalkgyttja und Detritus-Kalkgyttja). Sie zeichnen sich durch den deutlich höchsten Gehalt an Ca ($\bar{x}$: 198,6 g · kg^{-1} TS) und Mg ($\bar{x}$: 20,25 g · kg^{-1} TS), verhältnismäßig hohen Wassergehalt ($\bar{x}$: 81,8 %) durch beträchtlichen Anteil an Na ($\bar{x}$: 1,62 g · kg^{-1} TS) und SO_4 ($\bar{x}$: 9,38 g · kg^{-1} TS) aus. Gleichzeitig sind sie verhältnismäßig arm an Fe ($\bar{x}$: 0,81 g · kg^{-1} TS) und K ($\bar{x}$: 0,16 g · kg^{-1} TS).
6. **Caricetum elatae-Typ.**
   Mineralisch-organische oder organisch-mineralische, tonig-lehmhaltige Substrate. Sie sind verhältnismäßig sauer (pH ca. 6,0), haben den niedrigsten Anteil an Ca ($\bar{x}$: 11,3 g · kg^{-1} TS), sind arm an Na ($\bar{x}$: 0,26 g · kg^{-1} TS) und reich an CO_2 ($\bar{x}$: 4,80 g · kg^{-1} TS) und Fe ($\bar{x}$: 5,41 g · kg^{-1} TS).

Zeigerwert der Röhrichtgesellschaften

Die bisherigen Vergleiche zeigen, daß sowohl die meisten analysierten Wasser- als auch Bodeneigenschaften ziemlich deutlich die Standorte der Röhrichtgesellschaften differenzieren. Gleichzeitig wird sichtbar, daß die Standortgliederung hinsichtlich der Wassereigenschaften nicht immer mit der Gliederung bezüglich der gleichen Bodeneigenschaften übereinstimmt, in manchen Fällen weichen sie völlig voneinander ab.

Zweifellos stellen Wasser und Bodensubstrat unabhängig von den zwischen ihnen bestehenden Wechselbeziehungen (z. B. Austauschprozesse) eigenständige, in hohem Maße abweichende Bestandteile des Standortes dar, die verschiedenen potentiellen Wert als Nährstoffvorrat haben. Diese Inhomogenität der Standorte in Gewässern hat einen deutlichen Einfluß auf die Entwicklung der Pflanzengesellschaften mit unterschiedlichen Standortsansprüchen. Wie aus Abb. 6 hervorgeht, zeigt der zusammenfassende Vergleich der Standorte mit gleichzeitiger Berücksichtigung des Wassers und des Bodensubstrats, daß sich jede Röhrichtgesellschaft von den anderen durch mindestens einen Komplex hydrochemischer oder edaphischer Merkmale unterscheidet. Man kann daraus schließen, daß die pflanzensoziologische Differenzierung der Gesellschaften in den meisten Fällen die Differenzierung des Standortes widerspiegelt. Daraus ergibt sich wiederum, daß die Pflanzengesellschaften wenigstens einen gewissen Zeigerwert haben. Gleichzeitig kann man angesichts ihrer oft abweichenden Differenzierung hinsichtlich Wasser- und Bodeneigenschaften den Zeigerwert der Röhrichtvegetation für den Wasserstandort unabhängig von dem Zeigerwert für das Bodensubstrat betrachten.

Bei dem Zeigerwert der einzelnen Pflanzengesellschaften sollte man die Tatsache im Auge behalten, daß sich die nachgewiesenen standörtlichen Unterschiede und die durchgeführte Standorttypisierung auf die Differenzen der Mittelwerte der untersuchten Eigenschaften zwischen den Wasserstandorten und zwischen den Bodensubstraten stützen. Die Mittelwerte weisen wahrscheinlich darauf hin, wo für jede Pflanzengesellschaft das Optimum bezüglich einer bestimmten Eigenschaft liegen kann, aber für die genauere Bestimmung des Zeigerwertes der Pflanzengesellschaften muß man neben den

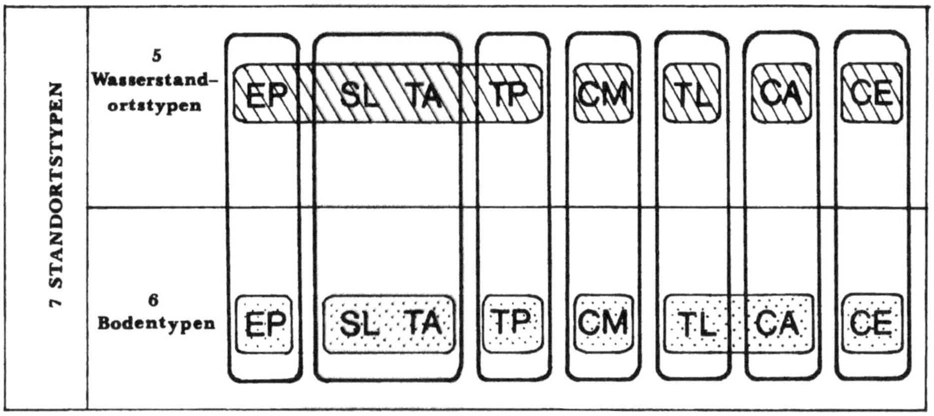

Abb. 6. Standortstypen der untersuchten Röhrichtgesellschaften (Erläuterung der Abkürzungen siehe Abb. 1).

Mittelwerten auch die Amplituden der einzelnen Wasser- und Bodeneigenschaften für jede untersuchte Pflanzengesellschaft berücksichtigen.

1. Zeigerwert für Wassereigenschaften

Beim Versuch, den Zeigerwert der beschriebenen Pflanzengesellschaften für die physikalisch-chemischen Wassereigenschaften zu bestimmen, kommt auch zum Ausdruck, daß den größten Wert als Bioindikator das Cladietum marisci besitzt. Der Wasserstandort dieser Pflanzengesellschaft weist, neben den niedrigsten Mittelwerten für viele analysierte Merkmale (K, Chlorid, NO_3-N, BSB_5, Fe, Wasserfarbe) auch die geringsten Amplituden dieser Eigenschaften auf (Tab. 2). Verhältnismäßig niedrige Mittelwerte und geringe Amplituden am Wasserstandort des Cladietum marisci wurden auch hinsichtlich der Oxydierbarkeit, des CSV, der Phosphatmenge und des O_2-Gehaltes festgestellt. Was die Sauerstoffsättigung betrifft, sind für diese Pflanzengesellschaft die geringe Amplitude und zugleich ein verhältnismäßig hoher Mittelwert bezeichnend. Das Cladietum marisci kann also als ein Zeiger für reine, sauerstoffreiche und verhältnismäßig nährstoffarme (mesotrophe) Wasserstandorte betrachtet werden.

Die übrigen Pflanzengesellschaften haben einen größeren Zeigerwert nur hinsichtlich einzelner Merkmale oder Merkmalsgruppen. So können z. B. das Scirpetum lacustris und das Eleocharitetum palustris neben dem Cladietum marisci als Zeiger für sauerstoffreiche, CO_2-arme Wasser angesehen werden. Das Scirpetum lacustris weist außerdem auf schwach gefärbte, an PO_4-P, Fe und gelöster organischer Substanz arme Gewässer hin (niedrige Mittelwerte und geringe Amplitude für BSB_5, Oxydierbarkeit und CSV — Tab. 2). Auf kalkreiche Wasserkörper weisen das Thelypteridi-Phragmitetum und das Caricetum acutiformis hin. Das Typhetum latifoliae und das Caricetum elatae haben eigentlich nur einen relativen Wert als Bioindikator. Ihr Entwicklungsoptimum finden sie in nährstoffreichen Gewässern, sie können aber sowohl an extrem armen, als auch an extrem nährstoffreichen Wasserstandorten gedeihen.

2. Zeigerwert für Bodeneigenschaften

Bei der Betrachtung des Zeigerwertes der Röhrichtgesellschaften im Hinblick auf die Bodeneigenschaften mit Berücksichtigung der Amplitude für einzelne Komponenten und Faktoren (Tab. 3) läßt sich eine Sonderstellung des Eleocharitetum palustris erkennen. Bei den meisten Bodeneigenschaften entsprechen den niedrigsten Mittelwerten auch die geringsten Amplituden (z. B. für den Wassergehalt und für den Anteil an organischer Substanz, CO_2, Gesamtstickstoff, Na, Chlorid, SO_4, SiO_2 und Mg). Die engsten Amplituden bei verhältnismäßig niedrigen Mittelwerten wurden auch beim Kalk- und Eisengehalt festgestellt (Tab. 3). Aus diesen Daten ergibt sich eindeutig, daß das Eleocharitetum palustris unter allen Röhrichtgesellschaften den größten Zeigerwert hat. Diese Pflanzengesellschaft weist auf nährstoffarme, ausgesprochen mineralische Substrate hin.

Die übrigen Pflanzengesellschaften haben, ähnlich wie bei den Wasserstandorten, einen größeren Wert als Bioindikatoren nur für einzelne Komponenten oder Faktoren (oder ihre Gruppen). Das Cladietum marisci zeigt z. B. Böden mit großem Wasseranteil (über 55%) an, die arm an K und Fe sind. Das Caricetum elatae weist auf wasserhaltige (Wassergehalt über 50%) und kalkarme Bodensubstrate hin (Tab. 3). Das Thelypteridi-Phragmitetum ist dagegen ein Zeiger für Böden mit größtem Wassergehalt (halbflüssige organische- und organisch-mineralische Sedimente, die über 70% Wasser enthalten).

4. Diskussion

In der vorliegenden Arbeit wurden die Standorte von acht Röhrichtgesellschaften verglichen. Es wurde nachgewiesen, daß zwischen diesen Standorten deutliche Unterschiede sowohl hinsichtlich der physikalisch-chemischen Wasser- als auch Bodeneigenschaften bestehen. Die festgestellten Unterschiede beweisen, daß die pflanzensoziologische Differenzierung der Gesellschaften aufgrund der floristisch-strukturellen Merkmale ihre Bestätigung in der Differenzierung der Standorte findet. Diese Unterschiede heben auch die Richtigkeit einer engen, aufgrund der floristischen Dominanz durchgeführten Klassifizierung der Großröhricht- und Großseggengesellschaften hervor (Tomaszewicz 1973, Donselaar 1973, Oberdorfer 1977, Hejný & Husák 1978). Von Bedeutung scheint auch die Feststellung zu sein, daß die zwei auf die Röhrichtvegetation wirkenden Standortskomponenten — das Wasser und das Bodensubstrat — unabhängig von den zueinander bestehenden Beziehungen, oft völlig abweichend die untersuchten Gesellschaften differenzieren. Diese Tatsache wurde schon früher für die Wasserpflanzengesellschaften nachgewiesen (Kłosowski 1985). Sie ist von Bedeutung bei der Betrachtung des Indikatorwertes für die einzelnen Pflanzengesellschaften und zeugt davon, daß man den informativen Wert der untersuchten Röhrichtgesellschaften

Tab. 2. Amplituden der physikalisch-chemischen Wassereigenschaften in den untersuchten Röhrichtgesellschaften

Eigenschaften		Scirpetum lacustris	Typhetum angustifoliae	Typhetum latifoliae	Cladietum marisci	Thelypteridi-Phragmitetum
Sauerstoffsättigung	(%)	64,0 —138,2	15,0 —144,6	3,1 —130,6	58,7 —121,2	10,0 —141,5
freies CO_2	$(mg \cdot l^{-1})$	0,00— 16,72	0,00— 13,20	0,00— 66,00	0,00— 9,20	0,00— 19,80
Farbe	$(mg\ Pt \cdot l^{-1})$	6 — 48	12 — 90	10 — 80	4 — 42	10 —140
Eisen	$(mg \cdot l^{-1})$	0,00— 0,29	0,00— 0,55	0,00— 3,00	0,00— 0,16	0,00— 0,50
BSB_5	$(mg\ O_2 \cdot l^{-1})$	0,80— 5,20	1,00— 9,40	1,20— 26,20	0,20— 4,10	0,60— 15,50
Oxydierbarkeit	$(mg\ O_2 \cdot l^{-1})$	2,30— 14,90	4,00— 25,40	5,20— 42,80	3,50— 13,90	3,80— 28,10
CSV	$(mg\ O_2 \cdot l^{-1})$	10,70— 38,00	8,80— 72,00	14,20—150,40	8,64— 50,40	9,50— 50,00
Phosphat	$(mg \cdot l^{-1})$	0,00— 0,30	0,00— 0,77	0,00— 1,80	0,00— 0,30	0,00— 0,93
Ammonium	$(mg \cdot l^{-1})$	0,00— 0,93	0,08— 0,65	0,10— 1,75	0,05— 1,90	0,07— 2,43
Nitrat	$(mg \cdot l^{-1}$	0,00— 0,81	0,00— 1,00	0,00— 0,22	0,00— 0,19	0,00— 0,36
Kalium	$(mg \cdot l^{-1})$	0,30— 4,15	0,10— 4,70	0,28— 6,00	0,00— 1,83	0,05— 6,30
Chlorid	$(mg \cdot l^{-1})$	4,60— 28,37	8,80— 23,40	5,70— 42,55	4,25— 12,05	4,96— 25,50
Natrium	$(mg \cdot l^{-1})$	1,30— 9,20	0,75— 6,43	0,44— 6,95	0,20— 6,80	0,20— 7,20
Calcium	$(mg \cdot l^{-1})$	7,45— 82,82	7,15— 75,68	11,78—109,24	9,49— 84,96	31,98— 72,82
Magnesium	$(mg \cdot l^{-1})$	5,77— 39,37	9,20— 43,73	6,20— 13,81	4,12— 39,80	3,72— 32,96
Sulfat	$(mg \cdot l^{-1})$	11,10— 46,76	11,00— 50,60	7,40— 46,08	9,60— 57,60	4,94— 71,58
pH-Wert	—	6,5 — 8,7	6,9 — 8,5	6,8 — 8,4	6,8 — 8,4	6,5 — 8,4
Gesamthärte	$(mval \cdot l^{-1})$	2,60— 5,60	2,80— 5,16	2,46— 7,85	2,80— 5,10	2,36— 4,80
Karbonathärte	$(mval \cdot l^{-1})$	1,90— 4,20	2,60— 3,85	1,60— 6,15	1,80— 3,95	2,10— 4,15
gelöstes SiO_2	$(mg \cdot l^{-1})$	0,00— 12,80	0,03— 10,90	0,00— 10,90	0,00— 15,20	0,30— 17,80

Tab. 3. Amplituden der physikalisch-chemischen Bodeneigenschaften in den untersuchten Röhrichtgesellschaften

Eigenschaften		Scirpetum lacustris	Typhetum angustifoliae	Typhetum latifoliae	Cladietum marisci	Thelypteridi-Phragmitetum
Wassergehalt	(%)	16,1 — 84,7	18,6 — 88,7	32,7 — 95,9	55,9 — 98,3	73,2 — 97,1
organische Substanz	(%)	0,18 — 85,17	0,08— 77,59	1,16— 68,13	3,04— 89,31	9,90— 93,20
freies CO_2	$(g \cdot kg^{-1}$ TS*)	0,00 — 3,00	0,00— 8,86	0,00— 12,56	0,00— 4,48	0,42— 36,40
Gesamtstickstoff	$(g \cdot kg^{-1}$ TS)	0,11 — 3,90	0,07— 12,27	0,13— 26,19	0,17— 42,57	0,27— 94,53
Kalium	$(g \cdot kg^{-1}$ TS)	0,04 — 1,52	0,05— 0,74	0,07— 2,18	0,00— 0,44	0,00— 1,14
Natrium	$(g \cdot kg^{-1}$ TS)	0,01 — 1,98	0,03— 2,01	0,00— 4,93	0,00— 4,50	0,10— 5,97
Chlorid	$(g \cdot kg^{-1}$ TS)	0,02 — 1,95	0,00— 5,16	0,00— 4,50	0,00— 9,76	0,00— 10,86
Nitrat	$(g \cdot kg^{-1}$ TS)	0,00 — 0,016	0,00— 0,16	0,00— 0,36	0,00— 0,20	0,00— 0,69
Sulfat	$(g \cdot kg^{-1}$ TS)	0,17 — 8,93	0,14— 9,29	0,19— 31,39	0,51— 68,98	0,10— 56,28
gelöstes SiO_2	$(g \cdot kg^{-1}$ TS)	0,02 — 0,53	0,02— 2,46	0,00— 2,96	0,00— 2,27	0,00— 5,37
Calcium	$(g \cdot kg^{-1}$ TS)	2,23 —362,78	1,69—359,36	3,48—236,6	21,27—636,38	12,60—337,72
Magnesium	$(g \cdot kg^{-1}$ TS)	0,00 — 47,41	0,00— 47,65	0,00— 39,50	0,00—102,37	0,00— 75,75
pH-Wert	—	6,5 — 8,8	6,6 — 8,7	6,3 — 7,9	5,6 — 8,9	6,3 — 8,0
Eisen	$(g \cdot kg^{-1}$ TS)	0,00 — 12,08	0,16— 7,40	0,60— 9,61	0,00— 4,98	0,30— 30,62
Phosphat	$(g \cdot kg^{-1}$ ZS)	0,016— 3,72	0,03— 1,15	0,08— 1,42	0,00— 0,79	0,00— 1,59

* — Trockensubstanz des Bodensubstrats

im Hinblick auf die Wasser- und Bodeneigenschaften unabhängig voneinander betrachten kann. Es stellt sich heraus, daß die an denselben Bodentyp gebundenen Pflanzengesellschaften verschiedenartige Wasserstandorte besiedeln können, selbst im Bereich eines Wasserbeckens, und daß umgekehrt Pflanzengesellschaften, die mit demselben Wasserstandortstyp verbunden sind, sich auf verschiedenen Substraten entwickeln können. Angesichts dessen scheinen die Versuche, eine bestimmte Vegetation mit der Trophiestufe des Gewässers zu verbinden, fragwürdig zu sein (besonders bei den Gewässern von höherer Trophiestufe als Oligotrophie), worauf schon REJEWSKI (1981) aufmerksam machte. In Wirklichkeit kann ein als eutroph bezeichnetes Gewässer in bestimmten Litoralpartien hinsichtlich der hydrochemischen Eigenschaften einen mesotrophen Charakter aufweisen, je nach dem Kontakt dieses Litoralabschnittes mit dem offenen Wasser, dem Grad seiner Verlandung und dem hier vorherrschenden Vegetationstyp. Diese These kann durch die 1986 im nord-östlichen Teil Polens durchgeführten Untersuchungen über Variabilität der Wasser- und Bodeneigenschaften in den räumlich aufeinander folgenden Röhricht- und Wassergesellschaften bestätigt werden (KŁOSOWSKI — nicht publizierte Daten). Die Untersuchungen weisen auf deutliche, von der Pflanzengesellschaft und ihrer räumlichen Anordnung abhängende Unterschiede im Wasser- und Bodenchemismus hin. Auf die abweichenden hydrochemischen Eigenschaften der von Pflanzen besiedelten Litoralzonen machten u. a. auch ZACHWIEJA (1965), BJÖRK (1967), PLANTER (1970, 1973), PIECZYŃSKA (1972), SUCCOW & REINHOLD (1978), ÚLEHLOVÁ & PŘIBIL (1978) und WETZEL (1979) aufmerksam. Die Beziehungen zwischen der Vegetation und der Trophiestufe eines Gewässers kann man z. B. in oligotrophen Seen (PIETSCH 1977; REJEWSKI 1981; POTT 1982, 1983 u. a.) in dystrophen Gewässern (SOBOTKA 1967; POTT 1983; OCHYRA 1985 u. a.) und vielleicht in verschiedenen Typen von kleinen Gewässern wie Torfstichen und astatischen Gewässern nachweisen (PODBIELKOWSKI 1960; NIECKUŁA & PODYMA 1985). Die Unterschiede zwischen der Vegetation von meso- und eutrophen Seen sind oft schwer zu erfassen (REJEWSKI 1981), aber örtlich und auch für größere Gebiete können sie durchaus von Bedeutung sein (POTT 1983).

Eleocharitetum palustris	Caricetum acutiformis	Caricetum elatae
63,7 —128,3	6,0 —111,0	0,0 — 96,3
0,00— 13,20	0,00— 39,60	1,76— 96,80
7 — 80	15 —210	12 —300
0,00— 0,70	0,00— 1,00	0,00— 8,00
0,50— 5,60	1,40— 6,80	1,20— 80,00
4,70— 16,50	5,00— 36,00	12,20— 45,00
9,76— 53,20	10,10— 68,80	39,80—128,40
0,00— 0,47	0,00— 0,80	0,00— 0,93
0,05— 0,85	0,05— 1,40	0,10— 4,75
0,00— 0,85	0,00— 0,50	0,00— 0,86
0,30— 4,76	0,15— 6,20	0,40— 6,00
5,67— 24,82	5,30— 21,27	3,54— 82,30
1,30— 7,35	0,50— 8,50	0,40— 31,0
4,99— 81,39	35,98— 99,96	8,48—113,90
6,84— 36,80	7,70— 26,10	0,00— 21,27
11,00— 73,60	4,81— 66,24	5,35— 44,00
6,8 — 8,5	6,6 — 8,3	6,2 — 7,8
2,20— 5,55	3,10— 6,25	0,70— 7,25
1,30— 4,60	2,25— 5,00	0,30— 6,60
0,04— 13,10	0,10— 27,00	0,00— 8,60

Eleocharitetum palustris	Caricetum acutiformis	Caricetum elatae
18,3 —36,5	20,3 — 95,80	51,07 —87,30
0,24 —15,18	1,89 — 74,50	8,70 —83,86
0,015— 1,27	0,00 — 10,30	1,52 —10,95
0,05 — 1,32	0,30 — 29,82	0,06 —28,29
0,01 — 1,04	0,00 — 1,84	0,00 — 3,80
0,00 — 0,56	0,00 — 7,65	0,00 — 1,67
0,04 — 0,64	0,16 — 8,23	0,07 — 4,25
0,00 — 0,001	0,00 — 0,51	0,00 — 0,27
0,05 — 5,02	0,26 —134,97	0,13 —18,65
0,00 — 0,70	0,00 — 6,16	0,07 — 4,98
0,77 —56,45	2,30 —328,00	0,59 — 75,31
0,00 —12,32	0,00 — 43,08	0,00 —31,90
6,7 — 8,1	5,7 — 8,2	5,4 — 7,7
0,02 — 3,32	0,07 — 41,76	0,03 —19,39
0,02 — 1,82	0,007— 2,75	0,013— 1,00

Der durchgeführte Vergleich der Standorte mit gleichzeitiger Berücksichtigung des Bodensubstrates und des Wassers gab die Möglichkeit 7 Standorttypen gegenüber den 8 Gesellschaftstypen zu unterscheiden, die als Grundlage des Vergleiches angenommen wurden. Nur beim Scirpetum lacustris und beim Typhetum angustifoliae erwiesen sich die Standortsdifferenzen als so gering, daß man sie vorläufig als einen Typ erfaßte. Im allgemeinen kann man aber aufgrund der ermittelten Ergebnisse annehmen, daß eigentlich jede eng gefaßte (nach dem Prinzip der floristischen Dominanz) Röhrichtgesellschaft einen bestimmten (relativen) Zeigerwert hat. Den größten Zeigerwert haben das Cladietum marisci für den Wasserstandort (mesotrophe Gewässer) und das Eleocharitetum palustris hinsichtlich des Bodensubstrats (nährstoffarme Mineralböden). Angesichts der großen Variabilität der ökologischen Faktoren, die die Wasser- und Röhrichtpflanzen und ihre Gesellschaften beeinflussen, ist es beachtenswert, daß für die meisten untersuchten Pflanzengesellschaften ziemlich deutliche standörtliche Differenzen und mindestens ein relativer Zeigerwert nachgewiesen werden konnten. Besondere Aufmerksamkeit verdient hier auch die Tatsache, daß große standörtliche Differenzen sowohl hinsichtlich der physikalischen Faktoren als auch der Wasser- und Bodeneigenschaften zwischen den Pflanzengesellschaften bestehen, die frühere Stadien (Eleocharitetum palustris, Scirpetum lacustris, Typhetum angustifoliae) und späte Stadien (Typhetum latifoliae, Caricetum acutiformis, Thelypteridi-Phragmitetum) der Verlandung vertreten. Wenn man diese Angaben mit den Ergebnissen der Differenzierung von Standorten der Wasserpflanzengesellschaften (Kłosowski 1985) vergleicht, kann man bemerken, daß standörtliche Ähnlichkeiten sowohl zwischen den Wasser- und Röhrichtgesellschaften der früheren Stadien (Potamogetonetum perfoliati, Scirpetum lacustris, Typhetum angustifoliae) als auch zwischen den Pflanzengesellschaften der späten Stadien der Verlandung (Hydrocharitetum morsus-ranae, Thelypteridi-Phragmitetum) bestehen. Diese Beobachtungen bestätigen das Vorhandensein der gegenseitigen Beziehungen zwischen der Wasser- und Röhrichtvegetation hinsichtlich der Sukzession. Wasser- und Röhrichtgesellschaften, die bestimmte Verwachsungsstadien repräsentieren, können von einer mehr oder weniger fortgeschrittenen „Alterungsetappe" eines Gewässers bzw. seiner Teilbereiche zeugen und werden auf diese Weise auch zu einzigartigen Bioindikatoren dieses Vorganges.

Die in der vorliegenden Arbeit dargestellten Untersuchungen sind die erste Etappe der Erforschung der Beziehungen zwischen den Röhrichtgesellschaften und ihren Standorten. Diese Etappe sollte vor allem die Frage beantworten, wie weit die pflanzensoziologische Differenzierung der Gesellschaften durch ihren Standort bedingt wird. Es ist also verständlich, daß nicht alle dabei entstehenden Fragen hier berücksichtigt werden konnten. Vor allem wurde bei den durchgeführten Untersuchungen auf das schon erwähnte Problem der Variabilität — der Veränderungen der Wasser- und Bodeneigenschaften während eines Tages, einer Vegetationsperiode und während mehrerer Jahre — nicht eingegangen. Vorerst wurde auch die Tatsache nicht berücksichtigt, daß wahrscheinlich nicht alle analysierten Eigenschaften dieselbe Bedeutung für verschiedene Pflanzengesellschaften haben, was im Zusammenhang mit den Unterschieden in der Biologie der vorherrschenden bestandsbildenden Arten stehen mag. Manche der untersuchten Merkmale können einen sehr unterschiedlichen Variabilitätsgrad aufweisen. Daraus ergibt sich die Notwendigkeit, bei ihrer Untersuchung unterschiedliche Methoden anzuwenden. Das betrifft vor allem solche Merkmale wie Sauerstoffsättigung, Gehalt an CO_2, NO_3-N und PO_4-P, deren Änderungen in besonders großem Maße die Vegetation selbst beeinflussen. Wie schon frühere Untersuchungen, die aber hauptsächlich autökologischen Charakter trugen, gezeigt haben, kann die Modifikation der Standorte durch verschiedene Helophytenarten beträchtlich sein (Banoub 1975; Mason & Bryant 1975; Mochnacka-Ławacz 1975; Szczepański 1979; Esteves 1979; Kufel 1982 u. a.). Diese Modifikation kann sich vollziehen, indem in den Wasserkörper und in das Bodensubstrat verschiedene Metaboliten ausgeschieden und andererseits daraus verschiedene Komponenten aufgefangen werden. Ein besonders wichtiger Faktor bei der Modifikation des Standortes sind die Akkumulations- und Zersetzungsprozesse der Pflanzenreste in den Röhrichtbeständen im Litoral. Es ist also interessant, diese Prozesse auch unter synökologischem Gesichtspunkt zu betrachten — in verschiedenen Röhrichtgesellschaften und in verschiedenen räumlichen Anordnungen dieser Gesellschaften. Die in der vorliegenden Arbeit festgestellten Differenzen in der räumlichen Anordnung der Röhrichtgesellschaften und hinsichtlich ihrer Standortseigenschaften liefern gleichzeitig bestimmte indirekte Angaben, die sich auf die erwähnten Prozesse beziehen. Sie weisen darauf hin, daß der Modifikationsgrad der Standorte in der Litoralzone je nach dem Pflanzengesellschaftstyp verschieden ist. Offensichtlich werden die Litoralstandorte im geringsten Grade von solchen Pflanzengesellschaften modifiziert (wenigstens hinsichtlich des Bodens) wie dem Eleocharitetum palustris, dem Scirpetum lacustris und dem Typhetum angustifoliae, die sich hauptsächlich auf Mineralböden in den durch Wellenschlag beeinflußten Uferlagen entwickeln. An diesen Stellen kommt es zu einem verhältnismäßig intensiven Wasseraustausch mit dem Pelagial, was (auch bei einem geringen Gefälle der Uferbank) ein stärkeres Ablagern von Pflanzendetritus verhindert. Andere Pflanzengesellschaften (z. B. das Typhetum latifoliae, das Thelypteridi-Phragmitetum oder das Caricetum acutiformis), die mehr isolierte Gewässerpartien bevorzugen, können litorale Standorte in größerem Maße differenzieren.

Diese Bemerkungen weisen darauf hin, daß die weiteren Untersuchungen der Standorte von Röhrichtgesellschaften einen vielseitigen Charakter haben sollten. Um den ganzen Komplex der Vorgänge, die sich im System Pflanzengesellschaft—Wasser—Bodensubstrat vollziehen, kennenzulernen, wird es unumgänglich sein, die Dynamik der Standortseigenschaften zu untersuchen, wobei die Austauschprozesse zwischen dem Wasser und dem Bodensubstrat und auch der modifizierende Einfluß der Vegetation auf diese Vorgänge berücksichtigt werden müssen. Außerdem müßte man neben eingehenderen Standortuntersuchungen auch die Vegetation gründlicher betrachten. Wie nämlich Wiegleb (1984) richtig bemerkte, werden die pflanzensoziologischen Untersuchungen oft nur auf der Grundlage der statistischen Beschreibung der Bestände geführt, wobei vor allem die Menge und der Deckungsgrad berücksichtigt werden. Wenn solche Faktoren wie Entwicklungsphase der Pflanzengesellschaft, Kondition der vorherrschenden, bestandsbildenden Arten oder Beziehungen zwischen den Komponenten eines Pflanzenbestandes nicht beachtet werden, wird es schwierig sein, die ökologische Rolle der Pflanzengesellschaften zu erkennen und ihre Beziehungen zum Standort zu ergründen. Bei weiteren Untersuchungen wird es auch notwendig sein, besondere Aufmerksamkeit auf das methodische Vorgehen zu lenken. Das betrifft vor allem die Entnahme von Bodenproben für physikalisch-chemische Analysen. Während aber die Wasserprobenentnahme nur mit kleinen methodischen Schwierigkeiten verbunden ist, da das Wasser wegen der Durchmischung ziemlich homogen ist, verhält es sich im Falle der Bodenproben ganz anders. Eine besondere Schwierigkeit bereitet die Schätzung des Schichtenumfangs, den man bei den Untersuchungen berücksichtigen sollte. In der vorliegenden Arbeit wurde versucht, in jedem Bestand die Proben aus der Rhizom-Wurzel-Schicht zu entnehmen, wobei man sich auf die Ergebnisse der Untersuchungen verschiedener Autoren stützte (Fiala 1971a, b; Rejewski 1977). Wegen der oft festgestellten großen vertikalen Ausdehnung dieser Schicht könnten hier Fehler begangen werden, die aber beseitigt werden müßten.

Trotz aller oben erwähnten Schwierigkeiten und Beschränkungen und auch trotz der Notwendigkeit, die Untersuchungen zu erweitern, weisen die Ergebnisse der vorliegenden Bearbeitung darauf hin, daß die Röhrichtgesellschaften als Exponent einer bestimmten Gruppe von Standorteigenschaften betrachtet werden können. Damit wird es auch möglich, zumindest einige von ihnen für die Bioindikation zu nutzen.

Die ermittelten Ergebnisse bestätigen auch die Zweckmäßigkeit der Untersuchungen in situ, da die Litoralzone edaphische und hydrochemische Inhomogenität aufweist.

5. Zusammenfassung

Die Standorte von acht in Nordost-Polen allgemein verbreiteten Röhricht-Assoziationen: Scirpetum lacustris, Eleocharitetum palustris, Typhetum angustifoliae, Typhetum latifoliae, Cladietum marisci, Thelypteridi-Phragmitetum, Caricetum acutiformis und Caricetum elatae wurden analysiert und verglichen.

In repräsentativen Beständen der genannten Assoziationen wurden pflanzensoziologische Aufnahmen durchgeführt, und die physikalisch-chemische Zusammensetzung des Wassers und des Bodensubstrats wurde bestimmt. Für jede Assoziation wurden über 20 Bestände (insgesamt 221) untersucht.

Die Analyse der ermittelten Daten ergab, daß sich die untersuchten Röhrichtgesellschaften hinsichtlich der Standortansprüche sowohl bezüglich der Wasser- als auch Bodeneigenschaften voneinander erheblich unterscheiden.

Die Wasserstandorte, die von den Beständen der acht genannten Assoziationen besiedelt werden, kann man in 5 Typen einteilen:

1. **Cladietum marisci-Typ** — mesotrophe Wasserstandorte.
2. **Eleocharitetum palustris-Scirpetum lacustris-Typhetum angustifoliae-Typ,** der auch die Wasserstandorte des Thelypteridi-Phragmitetum umfaßt — schwach eutrophe Wasserstandorte.
3. **Caricetum acutiformis-Typ** — eutrophe, an Calcium reiche Wasserstandorte mit höchster Gesamthärte.
4. **Typhetum latifoliae-Typ** — eutrophe, an gelöster organischer Substanz reiche Gewässer.
5. **Caricetum elatae-Typ** — stark eutrophe Wasserstandorte.

Die Bodensubstrate der untersuchten Assoziationen lassen sich in 6 Typen einteilen:

1. **Eleocharitetum palustris-Typ** — ausgesprochen mineralische, oft grobkörnige, nährstoffärmste Bodensubstrate.
2. **Scirpetum lacustris-Typhetum angustifoliae-Typ** — hauptsächlich Mineralböden, vorwiegend feinkörnige, nährstoffarme Bodensubstrate.
3. **Typhetum latifoliae-Caricetum acutiformis-Typ** — mineralisch-organische, nährstoffreiche Substrate mit hohem Gehalt an organischer Substanz.
4. **Thelypteridi-Phragmitetum-Typ** — organische und organisch-mineralische, ausgesprochen nährstoffreiche Substrate mit einem mittleren Gehalt an organischer Substanz über 50%.
5. **Cladietum marisci-Typ** — mineralisch-organische Böden und Mineralböden organischer Herkunft (Kalkgyttja und Detritus-Kalkgyttja), mit höchstem Gehalt an Calcium und Magnesium und arm an Kalium und Eisen.
6. **Caricetum elatae-Typ** — hauptsächlich mineralisch-organische, oft tonig-lehmhaltige Substrate, die im Gegensatz zum Cladietum marisci arm an Calcium und Magnesium und am reichsten an Kalium und Eisen sind. Außerdem weisen sie den niedrigsten pH-Wert und einen hohen CO_2-Gehalt auf.

Der Vergleich der untersuchten Standorte mit gleichzeitiger Berücksichtigung des Wassers und des Bodensubstrats (Abb. 6) führte zur Annahme, daß die pflanzensoziologische Differenzierung der Gesellschaften, die sich auf das Prinzip der floristischen Dominanz stützt, ihre Bestätigung im Standort findet. Eigentlich ist fast jede Röhrichtgesellschaft ein Exponent mindestens einer Gruppe von Standorteigenschaften, hat also einen bestimmten Zeigerwert. Den größten Zeigerwert haben diejenigen Röhrichtgesellschaften, deren Standorte sich von den anderen durch die Mittelwerte verschiedener Wasser- und Bodeneigenschaften unterscheiden und die sich gleichzeitig durch enge Amplituden dieser

Eigenschaften auszeichnen. Unter den betrachteten Pflanzengesellschaften haben den größten Zeigerwert das Cladietum marisci hinsichtlich des Wasserstandortes und das Eleocharitetum palustris hinsichtlich des Bodensubstrats.

Summary

A comparative analysis of habitats of eight swamp associations, common in north-eastern Poland, such as Scirpetum lacustris, Eleocharitetum palustris, Typhetum angustifoliae, Typhetum latifoliae, Cladietum marisci, Thelypteridi-Phragmitetum, Caricetum acutiformis and Caricetum elatae was carried out.

In representative phytocoenoses of the mentioned above associations phytosociological relevés were recorded, as well as physicochemical composition of water and substrate were analysed. More than 20 phytocoenoses (in total 221) were studied for each association.

The analysis of the data indicated that the associations studied differed considerably in respect of habitat requirements in relation both to water and substrate characteristics.

Waters inhabited by phytocoenoses of eight described associations can be divided into five types:

1. **Cladietum marisci type** — mesotrophic waters.
2. **Eleocharitetum palustris-Scirpetum lacustris-Typhetum angustifoliae type,** also water habitat of Thelypteridi-Phragmitetum — slightly eutrophic waters.
3. **Caricetum acutiformis type** — eutrophic waters rich in calcium, of the highest water hardness.
4. **Typhetum latifoliae type** — eutrophic waters rich in soluble organic matter.
5. **Caricetum elatae type** — highly eutrophic waters.

Substrates of the investigated associations comprise six types:

1. **Eleocharitetum palustris type** — profoundly mineral substrates, often coarse-grained, the poorest in nutrients.
2. **Scirpetum lacustris-Typhetum angustifoliae type** — mainly mineral substrates, mostly fine-grained, hardly fertile.
3. **Typhetum latifoliae-Caricetum acutiformis type** — mineral-organic substrates, rich in organic matter and biophilous elements.
4. **Thelypteridi Phragmitetum type** — organic and organic-mineral substrates containing in average more than 50% of organic matter, definitely the richest in nutrients.
5. **Cladietum marisci type** — mineral-organic and mineral of the organic origin substrates, calcareous and detritial calcareous gyttja, the richest in calcium and magnesium, whereas poor in ferrum and potassium.
6. **Caricetum elatae type** — mostly mineral-organic substrates, often loamy-silty, contrary to Cladietum marisci — poor in calcium and magnesium, whereas the richest in ferrum and potassium, moreover the most acid and rich in carbon dioxide.

The comparison of the analysed habitats, water and substrate taken together into account, enabled to conclude that phytosociological differentiation based on the criterion of floristic dominance is confirmed in the habitat differentiation. In practice each swamp vegetation association reflects at least some of its habitat properties therefore it has an indicative value. The associations whose habitats differ from the others in mean values of water and substrate properties and at the same time, are characterized by narrow amplitudes of these properties and possess the highest bioindicative value. Among the studied associations such a value characterizes the Cladietum marisci in relation to water habitat and the Eleocharitetum palustris in relation to substrate.

Literatur

BANOUB, M. W. (1975): The effects of reeds on the water chemistry of Gnadensee (Bodensee). Arch. Hydrobiol. **75**, 500—521.

BALÁTOVÁ-TULÁČKOVÁ, E. (1963): Zur Systematik der europäischen Phragmitetea. Preslia **33**, 118—122.

— (1978): Die Naß- und Feuchtwiesen Nordwest-Böhmens mit besonderer Berücksichtigung der Magnocaricetalia-Gesellschaften. Rozpr. ČSAV, Ser. Mat.-Nat. Praha **88**, 1—113.

BAYLY, J. L., & O'NEILL, T. A. (1972a): Seasonal ionic fluctuations in a *Phragmites communis* community. Can. J. Bot. **50**, 2103 bis 2109.

— (1972b): Seasonal ionic fluctuations in a *Typha glauca* community. Ecology **53**, 714—719.

— & FREEMAN, E. A. (1977): Seasonal variation of selected cations in *Acorus calamus* L. Aquat. Bot. **3**, 65—84.

BJÖRK, S. (1967): Ecologic investigations of *Phragmites* communis. Studies in theoretic and applied limnology. Folia Limnol. Scand. **14**, 1—248.

BUTTERY, B. R., & LAMBERT, J. M. (1965): Competition between *Glyceria maxima* und *Phragmites communis* in the region of Surlingham Broad. I. The competention mechanism. J. Ecol. **53**, 163—181.

DENISIUK, Z. (1980): Łaki turzycowe Wielkopolski (Klasa Phragmitetea). Studia Naturae, Ser. A **20**, 1—140.

DONSELAAR, J. VAN (1972): Phragmitetalia-gemeenschappen in de uiterwaarden. 1. Inleiding en Scirpetum lacustris. Gorteria **6** (4), 61—67.

— (1973): Phragmitetalia-gemeenschappen in de uiterwaarden. 2. Typhetum angustifoliae, Typhetum latifoliae, Rorippo-Oenanthetum en Sparganio-Sagittarietum. Gorteria **6** (4), 109 bis 117.

DYKYJOVÁ, D. (1978): Nutrient uptake by littoral communities of helophytes. In: DYKYJOVÁ, D., & KVĚT, J., (eds.), Pond Littoral Ecosystems. Berlin, Heidelberg, New York, 257—277.

— & HRADECKÁ, D. (1976): Production ecology of *Phragmites communis* TRIN. I. Relations of two ecotypes to microclimate and nutrient conditions of habitat. Folia Geobot. Phytotax. **11**, 23—61.

— & ÚLEHLOVÁ, B. (1978): Structure and chemistry of fishpond bottom. In: DYKYJOVÁ, D., & KVĚT, J., (eds.), Pond Littoral Ecosystems. Berlin, Heidelberg, New York, 141—152.

— & VÉBER, K. (1978): Experimental hydroponic cultivation of helophytes. In: DYKYJOVÁ, D., & KVĚT, J., (eds.), Pond Littoral Ecosystems. Berlin, Heidelberg, New York, 181—192.

ESTEVES, F. A. (1979): Die Bedeutung der aquatischen Makrophyten für den Stoffhaushalt des Schöhsees. II. Die organischen Hauptbestandteile und der Energiegehalt der aquatischen Makrophyten. Arch. Hydrobiol. Suppl. **57**, 144—187.

FELZINES, J. C. (1977): Analyse des relations entre la minerali-sation des eaux douces stagnantes et la distribution des végétaux qui les peuplent. Ann. Sci. Nat. Bot., Paris 12th Ser. **18**, 221—250.

FIALA, K. (1971a): Comparison of seasonal changes in the growth of underground organs of *Typha latifolia* L. and *T. angustifolia* L. Hidrobiologia **12**, 235—240.

— (1971b): Seasonal changes in the growth of clones of *Typha latifolia* L. in natural conditions. Folia Geobot. Phytotax. **6**, 255—270.

GORHAM, E. (1953): Chemical studies on the soils and vegetation of waterlogged habitats in the English Lake District. J. Ecol. **41**, 345—360.

GRACE, J. B., & WETZEL, R. G. (1982): Niche differentiation between two rhizomatous plant species: *Typha latifolia* and *Typha angustifolia*. Can. J. Bot. **60**, 46—57.

HASLAM, S. M. (1970): The performance of *Phragmites communis* TRIN. in relation to water supply. Ann. Bot. **34**, 866—877.

— (1973): Some aspects of the life history and autecology of *Phragmites communis* TRIN. A review. Pol. Arch. Hydrobiol. **20**, 79—100.

HEJNÝ, S. (1960): Ökologische Charakteristik der Wasser- und Sumpfpflanzen in den Slovakischen Tiefebenen (Donau- und Theissgebiet), Bratislava.

— & HUSÁK, S. (1978): Higher plant communities. In: DYKYJOVÁ, D., & KVĚT, J. (eds.), Pond Littoral Ecosystems. Berlin, Heidelberg, New York, 23—59.

HILBIG, W. (1971): Übersicht über die Pflanzengesellschaften des südlichen Teils der DDR. II. Die Röhrichtgesellschaften. Hercynia N.F. **8** (4), 256—285.

— (1975): Übersicht über die Pflanzengesellschaften des südlichen Teils der DDR. XII. Die Großseggenrieder. Hercynia N.F. **12** (3), 341—356.

JASNOWSKI, M., JASNOWSKA, J., KOWALSKI, W., MARKOWSKI, S., & RADOMSKI, J. (1972): Warunki siedliskowe i szata roślinna torfowiska nakredowego w rezerwacie Tchórzyno na Pojezierzu Myśliborskim. Ochrona Przyrody **37**, 157—323.

JENTYS-SZAFEROWA, J. (1951): Graficzna metoda porównywania kształtów roślinnych. Kosmos, Ser. A **66**, 346—377.

Kajak, Z. (1979): Eutrofizacja jezior. PWN, Warszawa.

Klötzli, F., & Züst, S. (1973): Nitrogen regime in reed-beds. Pol. Arch. Hydrobiol. **20**, 131—136.

Kłosowski, S. (1985): Habitat requirements and bioindicator value of the main communities of aquatic vegetation in north-east Poland. Pol. Arch. Hydrobiol. **32**, 7—29.

— (1987): Cladietum marisci (All. 1922) Zobrist 1935 w północno-wschodniej Polsce na tle warunków siedliskowych. Fragm. Flor. Geobot. **31/32** (1/2), 207—223.

— & Tomaszewicz, H. (1984): Typhetum angustifoliae and Typhetum latifoliae as indicators of various habitats. Pol. Arch. Hydrobiol. **31**, 245—255.

Kopecky, K. (1966): Ökologische Hauptunterschiede zwischen Röhrichtgesellschaften fließender und stehender Binnengewässer Mitteleuropas. Folia Geobot. Phytotax. **3**, 193—242.

Kraska, M. (1980): Zbiorowiska szuwarowe ze zwiazku Magnocaricion w Słowińskim Parku Narodowym. Bad. Fizjogr. nad Polska Zach., Ser. B **31**, 7—52.

Krausch, H. D. (1964): Die Pflanzengesellschaften des Stechlinsee-Gebietes. II. Röhrichte und Großseggengesellschaften. *Limnologica* (Berlin) **2** (4), 423—482.

— (1965): Zur Gliederung des Scirpo-Phragmitetum medioeuropaeum W. Koch 26. *Limnologica* (Berlin) **3** (1), 17—22.

Krisch, H. (1985): Biomasseproduktion und edaphische Verhältnisse von *Bolboschoenus maritimus*-Beständen des Greifswalder Boddens. *Limnologica* (Berlin) **16** (2), 277—295.

Kufel, I., & Kufel, L. (1977): Chemical composition of littoral sediments in vertical profiles. Bull. Acad. Pol. Sci. Ser. Sci. Biol. **25**, 499—505.

— (1980): Chemical composition of reed (*Phragmites australis* Trin. ex Steudel) in relation to the substratum. Bull. Acad. Pol. Sci. Ser. Sci. Biol. **28**, 563—568.

Kufel, L. (1982): The phosphorus turnover in reed beds. Pol. Ecol. Stud. **8**, 87—111.

Květ, J. (1975): Growth and mineral nutrients in schoots of *Typha latifolia* L. Symp. Biol. Hung. **15**, 113—123.

Lieffers, V. J. (1983): Growth of *Typha latifolia* in boreal forest habitats, as measured by double sampling. Aquat. Bot. **15**, 335—347.

Mason, C. F., & Bryant, R. J. (1975): Production, nutrient content and decomposition of *Phragmites communis* Trin. and *Typha angustifolia*. J. Ecol. **63**, 71—97.

Matuszkiewicz, W. (1974): Próba systematyzacji warunków środowiska glebowego w zbiorowiskach leśnych. Phytocenosis **3**, 113—170.

McNaughton, S. J. (1966): Ecotype function in *Typha* community type. Ecol. Monogr. **36**, 297—325.

Mochnacka-Ławacz, H. (1975): Description of the common reed *Phragmites communis* Trin. against habitat conditions, and its role in the overgrowing of lakes. Ekol. Pol. **23**, 545—571.

Neuhäusl, R. (1965): Vegetation der Röhrichte und der sublitoralen Magnocariceten im Wittingauer Becken. Vegetace ČSSR, Ser. **A 1**, 11—117.

Nieckuła, M., & Podyma, W. (1985): Habitat conditions of astatic pools and differentiation of vegetation connected with them. Acta Soc. Bot. Pol. **54**, 131—145.

Oberdorfer, E. (1977): Süddeutsche Pflanzengesellschaften. Teil I. Jena.

Ochyra, R. (1985): Roślinność lejków krasowych w okolicach Staszowa na Wyżynie Małopolskiej, Monogr. Bot. **66**, 1—136.

Olaczek, R. (1967): Zespoły szuwarowe i turzycowe doliny Bzury i Zianu. Zesz. Nauk. Uniw. Łódz. Ser. **2** (23), 75—99.

Ondok, J. P. (1972): Vegetative propagation in *Scirpus lacustris* L. Biol. Plant. **14**, 213—218.

Ozimek, T., & Klekot, L. (1979): *Glyceria maxima* (Hartm.) Holmb. in ponds supplied with post-sewage water. Aquat. Bot. **7**, 231—239.

Packer, J. G., & Ringius, G. S. (1984): The distribution and status of *Acorus* (Araceae) in Canada. Can. J. Bot. **62**, 2248 bis 2252.

Pieczyńska, E. (1972): Ecology of the eulittoral zone of lakes. Ekol. Pol. **20**, 637—732.

Planter, M. (1970): Physico-chemical properties of the water of reed-belts in Mikołajskie, Tałtowisko and Śniardwy lakes. Pol. Arch. Hydrobiol. **17**, 337—356.

— (1973): Physical and chemical conditions of the helophytes zone of the lake littoral. Pol. Arch. Hydrobiol. **20**, 1—7.

Pietsch, W. (1977): Europäische Litorelletea- und Utricularietea-Gesellschaften. Feddes Repert. **88** (3), 141—245.

Podbielkowski, Z. (1960): Zarastanie dołów potorfowych. Monogr. Bot. **10**, 1—144.

Pott, R. (1982): Littorelletea-Gesellschaften in der Westfälischen Bucht. Tuexenia **2**, 31—45.

— (1983): Die Vegetationsabfolgen unterschiedlicher Gewässertypen Nordwestdeutschlands und ihre Abhängigkeit vom Nährstoffgehalt des Wassers. Phytocoenologia **11** (3), 407—430.

Raghi-Atri, F. (1980): Untersuchungen an *Glyceria maxima* (Hartm.) Holmb. unter Berücksichtigung von Cadmiumgaben im Bodensubstrat. *Limnologica* (Berlin) **12** (2), 287—298.

— & Bornkamm, R. (1979): Wachstum und chemische Zusammensetzung von Schilf (*Phragmites australis*) in Abhängigkeit von der Gewässereutrophierung. Arch. Hydrobiol. **85**, 192—228.

Rejewski, M. (1977): Distribution, production and dynamics development of the *Heleocharis palustris* (L.) Roem. et Schult. in the Jeziorak lake. AUNC, Prace Limnol. **10**, 89—106.

— (1979): The structure and function of macrophytic communities in two eutrophic lakes in the Iława District. AUNC, Prace Limnol. **11**, 19—34.

— (1981): Roślinność jezior rejonu Laski w Borach Tucholskich. Rozpr. Uniw. Mikołaja Kopernika, Toruń.

Rezk, M. R., & Edany, T. Y. (1980): Ecology of *Phragmites australis* (Cav.) Trin. ex Steud. in Shatt Al Arab, Iraq. Part I. Seasonal and regional variations in the chemical constituents of water and soil in reed beds. Pol. Arch. Hydrobiol. **27**, 349—358.

Rodewald-Rudescu, L. (1974): Das Schilfrohr. In: Die Binnengewässer **27**, Stuttgart.

Rusińzka, A. (1974): Zespoly szuwarowe i oczeretowe poludniowej części Puszczy Bukowej pod Szczecinem. Bad. Fizjogr. nad Polska Zach. Ser. B **26**, 165—194.

Seidel, K. (1955): Die Flechtbinse (*Scirpus lacustris* L.). In: Die Binnengewässer **21**, Stuttgart.

Sobotka, D. (1967): Roślinność strefy zarastania bezodpływowych jezior Suwalszczyzny. Monogr. Bot. **23**, 175—258.

Solander, D. (1983): Biomass and shoot production of *Carex rostrata* and *Equisetum fluviatile* in unfertilized and fertilized subarctic lakes. Aquat. Bot. **15**, 349—366.

Succow, M., & Reinhold, A. (1978): Das Vegetationsgefüge eines jungpleistozänen Klarwassersees und seine Belastbarkeit — eine Studie mit Hilfe von Farbluftbildern. *Limnologica* (Berlin) **11** (2), 355—377.

Szczepańska, W., & Szczepański, A. (1973): Emergent macrophytes and their role in wetland ecosystems. Pol. Arch. Hydrobiol. **20**, 41—50.

— (1982): Interactions between *Phragmites australis* (Cav.) Trin. ex Steud. and *Typha latifolia* L. Ekol. Pol. **30**, 165—182.

Szczepański, A. (1977): Allelopathy as a means of biological control of water weeds. Aquat. Bot. **3**, 193—197.

— (1979): Ecology of macrophytes in wetlands. Pol. Ecol. Stud. **4**, 45—94.

Tomaszewicz, H. (1973): The position of Scirpo-Phragmitetum W. Koch 1926 in systematics. Acta Soc. Bot. Pol. **42**, 379—390.

— (1977): Dynamics and systematic position of Thelypteridi-Phragmitetum Kuiper 1947. Acta Soc. Bot. Pol. **46**, 331 to 338.

— (1979): Roślinność wodna i szuwarowa Polski klasy (Lemnetea, Charetea, Potamogetonetea, Phragmitetea) wg stanu zbadania na rok 1975. Rozpr. Uniw. Warsz. **160**, 1—325.

Toth, L. (1972): Reeds control eutrophication of Balaton Lake. Water Res. **6**, 1533—1539.

Úlehlová, B., Husák, S., & Dvořak, J. (1973): Mineral cycles in reed stands of the Nesyt fishpond in southern Moravia. Pol. Arch. Hydrobiol. **20**, 121—129.

Úlehlová, B., & Přibil, S. (1978): Water chemistry of fishpond littorals. In: Dykyjová, D., & Květ, J., (eds.), Pond Littoral Ecosystems. Berlin, Heidelberg, New York, 126—140.

Ulrich, K. E., & Burton, T. M. (1985): The effects of nitrate, phosphate and potassium fertilization on growth and nutrient uptake patterns of *Phragmites australis* (Cav.) Trin. ex Steudel. Aquat. Bot. **21**, 53—62.

WESTLAKE, D. F. (1966): The biomass and productivity of *Glyceria maxima*. I. Seasonal changes in biomass. J. Ecol. **54**, 745—753.
WETZEL, R. G. (1975): Limnology. Philadelphia.
– (1979): The role of the littoral zone and detritus in lake metabolism. Arch. Hydrobiol. Beih. **13**, 145—161.
WHERRY, E. T. (1922): Note on specific acidity. Ecology **3**, 346 bis 347.
WIEGLEB, G. (1984): A study of habitat conditions of the macrophytic vegetation in selected river systems in Western Lower Saxony (Federal Republic of Germany). Aquat. Bot. **18**, 313 bis 352.
ZACHWIEJA, J. (1965): Wahania dobowe temperatury, O_2, CO_2, pH i alkaliczności w litoralu jeziora Mamry. Pol. Arch. Hydrobiol. **13**, 5—27.
ZIMMERMANN, W. (1973): Verminderung der Eutrophierung von Oberflächengewässern durch Anpflanzung der Flechtbinse *Scirpus lacustris*. Naturwissenschaften **60**, 159.

Eingegangen am 4. 2. 87.

Anschrift des Verfassers:
Dr. STANISŁAW KŁOSOWSKI
University of Warsaw
Department of Phytogeography
Al. Ujazdowskie 4
00-478 Warszawa
Poland

Limnologica (Berlin) **19** (2), 127—130, Dezember 1988

Department of Botany, Bhagalpur University, Bhagalpur, Bihar, India

Variation in the Macrophytic Biomass Between a Lentic and a Lotic System in Relation to Abiotic Factors

By L. C. SAHA & B. PANDIT

With one Figure and 3 Tables

1. Introduction

Macrophytes constitute a significant biotype and occupy an important position in the trophic level of the aquatic system. Biological productivity of any habitat depends largely on its ability to support the growth of photoautotrophic organisms consisting mainly of higher plants and algae. During the assimilation pathway these communities oxygenate the water and serve as food for fishes either directly or indirectly. Apart from providing protection and breeding sites for aquatic fauna, their dynamic role is probably of great importance. These macrocommunities are also an important constituent for the regulation of cycling of minerals and organic compounds in natural aquatic systems. POND (1905) attributed to the role of aquatic plants for removing the nutrient materials from the substratum and their supply to the water on their decay. The dynamic role of macrophytic periodicity and biomass is necessary for the fish cultivation programme. Macrophytic distribution and production in a lentic as well as a lotic system of different parts of India have separately been studied by VYAS (1965), BELLAMY (1967), JHA (1968), DAS & GOPAL (1969), AMBASHT (1971), NASAR & MUNSHI (1971), GANAPATTI (1972), KAUL et al. (1978) and SAHA (1983) etc., but a exact comparative study between macrophytes of ponds and riverine macrophytes is still lacking. The aim of the present study was to compare the macrophytic periodicity and biomass between pond and riverine water.

The authors wish to extend their thanks to Professor K. S. BILGRAMI, Head, Department of Botany, University of Bhagalpur for providing necessary facilities and encouragement.

2. Area studied

The ponds selected for the present study (Tilha Kothi pond and Devi Babu pond) are squarish and rectangular in shape, respectively and are situated within the Bhagalpur University campus. The riverine sites are Kuppa ghat and Barari ghat of the river Ganga. All the four research stations are situated in different zones of Bhagalpur town which is in the north-eastern part of India at 87° 02′ E longitude and 25° 15′ N latitude.

3. Material and Methods

Water samples from all the sites were analysed at monthly intervals regularly from January 1984 to December 1985. For the analysis of the macrophytic biomass 5 samples were taken at random using a quadrat of 1 m^2. The plants were removed along with the soil and were thoroughly washed in running tap water. Subsequently the material was oven dried at 105 °C for 24 h and the weight was recorded as suggested by WESTLAKE (1965). The annual increment was calculated from the difference between the maximum and minimum dry weight according to DAHLMAN & KUCERA (1965). The turn over value has been obtained as the ratio of annual increment and maximum macrophytic biomass. The two way analysis of variance (ANOVA) and the correlation coefficient value (r) between macrophytic biomass and different abiotic factors were calculated by statistical methods.

4. Results and Discussion

4.1. Periodicity of macrophytes

During the entire period of investigation altogether 34 species of macrophytes were encountered. *Ceratophyllum demersum*, *Pistia stratiotes*, *Hydrilla verticillata*, *Ipomoea aquatica*, *I. carnea*, *I. fistulosa*, *Vallisneria spiralis*, *Eichhornia crassipes* and *Potamogeton* spp. were recorded during the maximum period of the year in the pond system. *Eichhornia crassipes* and *Hydrilla verticillata* were observed throughout the investigation period at Devi Babu pond and Tilha Kothi pond, respectively. *Polygonum glabrum*, *Nymphoides cristatium*, *Eclipta prostrata*, *Calotropis gigantea*, *Argemone mexicana*, *Potamogeton indicum* and *Euphorbia hirta* were restricted at riverine sites only whereas *Spirodela polyrrhiza*, *Nelumbo nucifera*, *Lemna minor*, *Potamogeton natans*, *Potamogeton crispus*, *Trapa bispinosa*, *Myriophyllum verticillatum*, *Nitella acuminata*, *N. hyalina*, *Enhydra fluctuans*, *Nymphaea stellata*, *Hydrilla verticillata*, *Najas major* and *Vallisneria spiralis* were observed in ponds only. The community structure of macrophytes and their productivity pattern is generally influenced by so many abiotic and biotic factors. Abiotic components mainly include physico-chemical variables of the water and the nature and composition of the sediment. It was observed that the majority of species preferred to grow during winter and the late monsoon period. Summer months were less suitable for the growth and reproduction of macrophytes. Higher temperature results in a rapid decay of plants during the late summer months (LYNCH et al. 1947; HICKLING 1961).

4.2. Macrophytic biomass

The average values of macrophytic biomass varied from 97.20—142.58 g/m^2 (Tilha Kothi pond), 115.47—169.58 g/m^2 (Devi Babu pond), 4.71—9.23 g/m^2 (Kuppa ghat) and 4.50—11.75 g/m^2 (Barari ghat), respectively (Fig. 1).

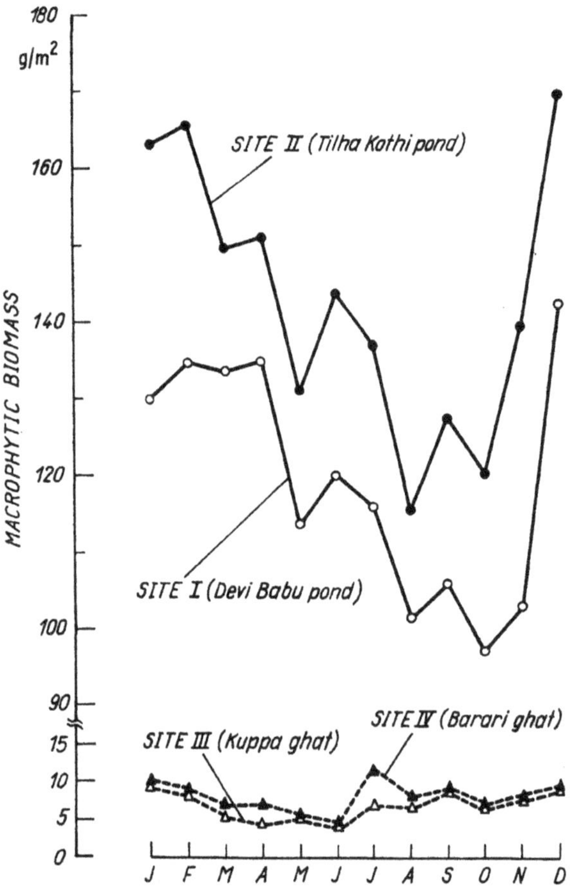

Fig. 1. Average values of macrophytic biomass

The pond system showed several times higher values of macrophytic biomass than river sites. The values were higher during winters and lower in monsoons at ponds. The lowest biomass value was recorded in June at both the riverine sites. In July the biomass showed the highest value at Barari ghat whereas Kuppa ghat site experienced a maximum value during January. Macrophytic biomass did not follow a uniform pattern of variation. At Kuppa ghat, however, there was more or less a definite pattern of variation where the maximum value was recorded during January, followed by a subsequent fall. The abiotic conditions of the waterbodies present during winter months were more suitable for growth and reproduction of macrophytic vegetation. It is also clear from the statistical result that there was always a negative correlationship between water temperature and the macrophytic biomass. At Tilha Kothi pond, the value of correlation coefficient was significant only (Table 3). Maximum growth of macrophytes during less turbid conditions in ponds suggests that transparency determines the colonisation of these higher plants. Macro-

Table 1. Two way ANOVA result of macrophytic biomass

Source of variation	D.F.	S.S.	M.S.S.	Variance ratio
Months	11	137539.260	12503.569	0.856
Sites	3	524632.571	174877.557	11.974*
Interaction	33	428527.049	12985.668	0.889
Error	48	701002.289	14694.214	
Total	95	1791701.269		

* Significant value at 5 %

phytic biomass varied with the variation of sites. It was confirmed with the result of the two way analysis of variance which showed significant values with the variation of sites (Table 1).

The pond system showed 17.38 times higher values of macrophytic biomass than that of riverine water. Higher biomass values in ponds were due to shallow nature, stagnant water and higher nutritional load in comparison to riverine systems. Lower biomass values at riverine sites may be due to constant turbulence by strong current, higher turbidity and higher depth. Annual increment was found to be maximum at Devi Babu pond (54.11 $g/m^2/y$). It was followed by the value of Tilha Kothi pond (45.38 $g/m^2/y$), Barari ghat (7.25 $g/m^2/y$) and Kuppa ghat (4.52 $g/m^2/y$). The average turnover value was higher at the riverine system (0.55) than at the pond system (0.32). Maximum value was recorded at Barari ghat (0.62) which was followed by Kuppa ghat (0.49). Both of the ponds showed the same turnover value (0.32), see Table 2.

Among the different hydrobiological factors, the water temperature played a significant role in the growth of macrophytic vegetation, there exists a negative correlationship (Table 3). SINGH & SAHAI (1979) have also observed higher biomass values of *Hydrilla verticillata* during winter. The value of turbidity showed a negative correlationship with the macrophytic biomass of the pond system, this was significant at Tilha Kothi pond. Dissolved oxygen was in positive correlationship with the macrophytic biomass at pond system whereas the riverine site showed a negative correlationship with the macrophytic biomass. Its value was 95% significant at Tilha Kothi pond. T.D.S. (Total Dissolved Substance), pH, free CO_2, total alkalinity, total hardness, calcium hardness, chloride, silicate, sodium, calcium, magnesium and B.O.D. did not show significant values with the macrophytic biomass during the present investigation. The phosphate values showed a significant positive correlationship with the macrophytic biomass at Devi Babu pond. There exists a highly significant negative correlationship between the nitrate nitrogen and the biomass of macrocommunities at Kuppa ghat. SINHA & SAHAI (1978) have reported on a negative correlationship between water hyacinth and nitrate nitrogen. The

Table 2. Maximum and minimum biomass, annual increment and turnover value

Parameters	Tilha Kothi Pond (TP)	Devi Babu Pond (DP)	Kuppa ghat of river Ganga (KR)	Barari ghat of river Ganga (BR)
Maximum biomass (g/m^2)	142.58	169.58	9.23	11.75
Minimum biomass (g/m^2)	97.20	115.47	4,71	4.50
Annual increment ($g/m^2/y$)	45.38	54.11	4.52	7.25
Turnover values	0.32	0.32	0.49	0.62

Table 3. Correlation coefficient of macophytic biomass with physico-chemical properties of water and bottom soil

Factors	Macrophytic biomass			
	Tilha Kothi Pond	Devi Babu Pond	Kuppa Ghat	Barari Ghat
Water				
Temperature	−0.439*	−0.383	−0.266	−0.025
Turbidity	−0.440*	−0.281	+0.157	+0.156
T.D.S. (Total Dissolved Substance)	+0.003	+0.331	+0.287	+0.073
pH	+0.393	−0.108	−0.061	−0.171
O_2	+0.434*	+0.212	−0.008	−0.090
Free CO_2	−0.194	+0.365	−0.146	−0.079
Total alkalinity	+0.158	+0.106	−0.069	−0.334
Total hardness	−0.242	+0.010	+0.060	−0.103
Ca-hardness	−0.245	−0.131	+0.378	+0.066
Chloride	+0.060	−0.396	−0.057	−0.192
Phosphate	+0.245	+0.407*	−0.238	−0.258
Silicate	−0.320	+0.026	−0.325	−0.169
NO_3^--N	−0.035	+0.275	−0.564**	−0.279
Na^+	−0.207	+0.202	−0.381	−0.335
K^+	−0.226	−0.381	−0.559**	−0.332
Ca^{2+}	−0.231	−0.130	+0.366	+0.063
Mg^{2+}	−0.076	+0.286	−0.246	−0.209
B.O.D.	−0.225	−0.192	+0.204	+0.090
C.O.D.	−0.133	−0.443*	−0.632**	−0.356
Soil				
pH	+0.315	−0.200	+0.201	+0.603**
Free $CaCO_3$	−0.253	+0.018	−0.015	−0.122
Phosphate	+0.190	+0.574**	−0.532**	−0.299
Total nitrogen	−0.272	−0.261	+0.032	+0.144
Organic matter	+0.204	+0.336	−0.233	−0.339

* = 95% significant
** = 99% significant

concentration of potassium showed negative correlations with the macrophytic biomass at all the research sites and this was highly significant (99%) at Kuppa ghat. Potassium is probably utilized by a luxuriant population of macrophytes during winter months and depicts ultimately a negative correlationship. C.O.D. was found to be negatively correlated with macrophytic biomass at all the stations showing 95% significant value at Devi Babu pond and 99% significant value at Kuppa ghat site of river.

Free $CaCO_3$, total nitrogen and organic matter of the bottom soil did not show a significant correlationship with the macrophytic biomass. However, soil pH of Barari ghat showed 99% significant positive correlationship. Sediment phosphate of Devi Babu pond depicted 99% significant positive correlationship and 99% significant inverse correlationship with macrophytic biomass at Kuppa ghat site.

5. Summary

Comparative composition and macrophytic biomass of lentic bodies (Tilha kothi pond and Devi Babu pond) and a lotic system (Kuppa ghat and Barari ghat of river Ganga) have been described in relation to certain abiotic factors of water and bottom soil.

A marked variation was obtained in the composition of the macrophytic community and the values of macrophytic biomass between pond and riverine system. The pond system showed 17.38 times higher biomass values than the riverine sites. Various physico-chemical properties of water (temperature, turbidity, O_2, phosphate, nitrate-nitrogen, potassium, C.O.D.) and of the bottom soil (pH, phosphate) significantly influenced the biomass values in different ways at different sites.

References

AMBASHT, R. S. (1971): Ecosystem study of a tropical pond in relation to primary production of different vegetational zones. Hydrobiologia **12**, 57—61.

BELLAMY, D. J. (1967): Succession and the depth-time scale in ephemeral swamp ecosystem. Trop. Ecol. **8**, 67—73.

DAHLMANN, R. C., & KUCERA, C. L. (1965): Root productivity and turnover in native prairie. Ecology **46**, 84—89.

DAS, R. R., & GOPAL, B. (1969): Vegetative reproduction in *Spirodela polyrrhiza*. Trop. Ecol. **10**, 270—277.

GANAPATI, S. V. (1972): Organic production in seven types of aquatic ecosystems in India. In: GOLLEY, P. M., & GOLLEY, E. B. (eds.), Tropical Ecology with an emphasis on organic productivity. Univ. Georgia, Athens, U.S.A., p. 313—350.

HICKLING, C. F. (1961): Tropical inland fisheries. London.

JHA, U. N. (1968): The pond ecosystem. Ph. D. Thesis, Banaras Hindu University, India.

KAUL, V., TRISAL, C. L., & HANDOO, J. K. (1978): Distribution and production of macrophytes in some waterbodies of Kashmir. In: SINGH & GOPAL (eds.), Glimpses of Ecology. Jaipur, p. 313—334.

LYNCH, J. J., KING, J. E., & CHAMBERLAIN, T. K., & SMITH, H. L. (1947): Effect of aquatic weed infestations on the fish and wild life on the gulf of states. Spec. Sci. Rap. U.S. Fish. Wildl. Serv. **39**, 171.

NASAR, S. A. K., & MUNSHI, J. S. (1971): Studies on the macrophytic biomass production and fish population in an abandoned pond of Bhagalpur, Bihar. J. Bhag. Uni. **5**, 8—16.

POND, R. H. (1905): The biological relation of aquatic plants to the substratum. U. S. Fish. Com. Rept. **19**, 483—526.

SAHA, L. C. (1983): Limnological studies of Bhagalpur ponds with an emphasis on algal flora. Ph. D. Thesis, Bhagalpur Univ. India.

SINHA, A. B., & SAHAI, R. (1978): Studies on the factors affecting growth and productivity of free floating macrophytes in Ram-

garh lake of Gorakhpur (India). In: SINGH & GOPAL (eds.), Glimpses of Ecology. Jaipur, 337—382.
SINGH, S. B., & SAHAI, R. (1979): Study of some limnological features of Jalwania pond of Gorakhpur. Proc. Nat. Acad. Sci. India **49**, 207—215.
VYAS, L. N. (1965): A study of the hydrophytes and marsh plants of the Alwar and environs. J. Indian bot. Soc. **43**, 17—30.
WESTLAKE, D. F. (1965): Comparision of plant productivity Biol. Rev. **23**, 385—425.

Received March 31, 1987.

Address of the authors:

Dr. L. C. SAHA
Dr. B. PANDIT
Department of Botany
Bhagalpur University
Bhagalpur — 812007
Bihar, India

Limnologica (Berlin) **19** (2), 131–145, Dezember 1988

AdW der DDR, Zentralinstitut für Mikrobiologie und Experimentelle Therapie, Abteilung Limnologie, Jena

Bakteriologische Parameter und Biomonitoring von Gewässern: Ein Standortvergleich*

Bacteriological Parameters and Biomonitoring of Waters: A Comparison of Sites

Von Hans-Dietrich Babenzien

Mit 14 Abbildungen und 6 Tabellen

Key words: Biomonitoring; Bacteria; Kinetic parameters; Bacterial number; Trophic level

Summary

The necessity to include bacteriological processes in the monitoring program has been deduced from their pivotal role in aquatic ecosystem. Methodological possibilities to quantify bacterial activities were demonstrated. Especially the advantages of kinetic parameters were discussed. Heterotrophic potential (uptake rates of ^{14}C-labelled glucose) was measured at several sites (river aestuar and freshwater lake) suggesting that V_{max} may function as an indicator of relative pollution. Alterations of natural mineralization activity due to various stressors were shown. Effects of thermal pollution by two nuclear power plants were analyzed in detail. The application of the heterotrophic activity method in the study of stressed lakes is discussed.

1. Einleitung

Die Notwendigkeit einer rationellen Bewirtschaftung der zunehmend anthropogen beeinflußten Wasserressourcen erfordert die Messung, Bewertung und Nutzung des mikrobiellen Leistungspotentials. Bei der Quantifizierung des autochthonen Stoffhaushaltes von Gewässern und der Analyse seiner internen Regulationsmechanismen sind Mikroorganismen als wesentliche Glieder der großen biogeochemischen Kreisläufe zu betrachten (Kusnezow 1959). Deutlich geworden ist heute auch ihre Rolle innerhalb der Nahrungskette, — die „microbial loop" (Azam et al. 1983) bezeichnet ein offensichtlich wichtiges Element des Stoff- und Energieflusses. Neben dieser traditionellen Bewertung der Mikroorganismen als Destruenten gewinnt gegenwärtig ein weiterer Aspekt an Bedeutung. Diffuser Eintrag von Fremdstoffen in aquatische Ökosysteme, ihre Persistenz und Bioakkumulation, atmosphärische Depositionen („saurer Regen") oder industrielle Abwärme („thermal pollution") sind Beispiele für Stressoren, die im Sinne einer „Umweltmikrobiologie" (Fritsche 1985) analysiert werden müssen. Es sind im Rahmen des internationalen GEMS-Programmes Parameter erforderlich, die eine Indikation des natürlichen Zustandes bzw. seiner anthropogenen Veränderungen ermöglichen. Ungeachtet ihrer zentralen Funktion im natürlichen und belasteten Stoffhaushalt sind bakterielle Prozesse bisher nur ungenügend in die Betrachtungen einbezogen worden.

Die strukturellen Eigenschaften der Bakterienzelle und ihre extreme Abhängigkeit vom extrazellulären Milieu unter ständig transienten Bedingungen haben zu einer hohen Flexibilität des Stoffwechsels geführt (Harder et al. 1984). Durch eine Vielzahl struktureller und funktioneller Adaptationsmöglichkeiten können Mikroorganismengesellschaften unterschiedliche Strategien zur Überwindung fluktuierender oder pessimaler Bedingungen realisieren (Doetsch & Cook 1973; Shilo 1979; Tempest et al. 1983; Pfennig 1984). Die Mikroflora eines Standortes — Bakterienzahl, Diversität und metabolische Aktivität — ist daher nicht nur als Widerspiegelung des trophischen Niveaus zu betrachten, sondern ihr funktioneller Status kann ebenfalls als Reaktion auf exogene Störfaktoren interpretiert werden (Atlas 1984). Mikroorganismen können damit als sensitive Bioindikatoren angesehen und als Bestandteil eines Umwelt-Monitoringsystems eingesetzt werden (Matthews et al. 1982). Der Nachweis von Intensität und Richtung eines an Mikroorganismen gebundenen Prozesses kann hierbei Auskunft über die Konsequenzen einer bestehenden Umweltbelastung geben. Zur Bewertung sind auch hier Vergleichsnormale erforderlich, die z. B. unbeeinflußte Objekte (Background-Stationen), definierte Standorte oder experimentell kontrollierbare Kultursysteme (Chemostatkulturen) sein können. Während die Bioindikation üblicherweise die akkumulativen Eigenschaften höherer Organismen nutzt, steht bei Mikroorganismen die unmittelbare Änderung einer Stoffwechselsequenz im Vordergrund. Ihre Einbeziehung in Monitoringprogramme ist heute mit der Entwicklung ausreichend praktikabler und präziser Methoden möglich geworden.

Für die Analyse des strukturellen Aspektes können Bestimmungen der Bakterienzahl, ihrer Biomasse oder wichtiger physiologischer Gruppen herangezogen werden. Auch der Nachweis qualitativer Veränderungen ist möglich geworden (Rosswall & Persson 1982; Holder-Franklin 1981; Witzel et al. 1982). Es ist offensichtlich, daß Aktivität und Prozeßverlauf nicht verstanden werden können, wenn Bakterien nur als eine mehr oder weniger einheitliche Gruppe von „decomposern" betrachtet werden. Im Sinne einer Funktionsanalyse hat sich die Bestimmung des heterotrophen Potentials (Wright & Hobbie 1966; Hobbie & Rublee 1977) als besonders interessantes und vielseitig einsetzbares methodisches Prinzip erwiesen (Albright & Wentworth 1973; Goulder et al. 1979; Gocke & Rheinheimer 1982; Bartholomew & Pfaender 1983; Ferroni et al. 1983; Kuparinen & Niemi 1984; Banoub 1984). Veränderungen in Gewässern durch Nährstoffbelastung/Eutrophierung, Versauerung oder Schwermetalleintrag sind damit indiziert worden. Auch Veränderungen der natürlichen Aktivität durch industrielle Abwärme lassen sich klar determinieren (Miller et al. 1976; Delattre et al. 1979; Witzel 1980; Babenzien et al. 1982).

Im folgenden werden Beispiele vorgestellt, mit denen die Brauchbarkeit bakteriologischer Parameter für die Kontrolle von aquatischen Ökosystemen gezeigt werden soll. Den Hintergrund der Aufgabenstellung bildete die Untersuchung der thermischen Belastung durch Kühlwassereinleitungen von 2 Kernkraftwerken (Ba-

* Herrn Dr. habil. S. J. Casper zum 60. Geburtstag gewidmet.

BENZIEN 1985; BABENZIEN & BABENZIEN 1985). Die Anwendung identischer Methoden in völlig unterschiedlichen Biotopen — dem oligotrophen Stechlinsee (CASPER 1985) und einem Fluß-Aestuar (Peene) am Greifswalder Bodden (SCHNESE 1973) — ermöglichte einen Vergleich ihrer Aussagefähigkeit.

2. Material und Methoden

2.1. Probenahme und Gewässercharakteristik

Die Wasserproben zur Beurteilung der thermisch bedingten Veränderungen wurden unmittelbar vor und nach Passage durch die Kraftwerke entnommen, in Kühltaschen in das Labor transportiert und innerhalb von 3 h aufgearbeitet. Am KKW Greifswald wurden die Proben (Einlaufkanal) in der Spandowerhagener Wiek entnommen. Die Vergleichsproben aus dem Greifswalder Bodden wurden überwiegend im Bereich der Dänischen Wiek (Mole) bei Greifswald bzw. dem Hauptbecken des Stechlinsees entnommen (0,5 m).

Ausführliche Beschreibungen des Küstengebietes und der Standardprobepunkte geben SCHNESE (1969, 1973) SCHOHKNECHT (1973) und CORRENS (1973). Der Greifswalder Bodden besitzt eine Größe von 514 km^2 bei einer mittleren Tiefe von 5,6 m. Seine ökologischen Eigenschaften sind geprägt durch Schwankungen des hydrographischen Regimes. Bei vorherrschend westlichen Winden dringt salzreiches und nährstoffarmes Wasser — im wesentlichen aus dem Strelasund kommend — in den Bodden ein. Andererseits fließt bei vorherrschend östlichen Winden ein hoher Anteil des Peenewassers bzw. aus der Oderbucht ein, woraus sich kurzfristige und tiefgreifende Veränderungen entscheidender Parameter wie Salzgehalt, Nährstoffkonzentration und Zusammensetzung der Organismengemeinschaften ableiten. Zur Charakteristik der aktuellen Bedingungen kann daher die Salinität herangezogen werden. Auf die Umrechnung der Chloridwerte (Titration nach MOHR-KNUDSEN, SCHLIEPER 1968) nach der Beziehung S ‰ = 1,806 Cl ‰ wurde teilweise verzichtet, da sie unter den wechselnden Bedingungen einer Flußmündung nicht gesichert ist.

Für den Stechlinsee liegt eine ausführliche Darstellung vor (CASPER 1985), die den oligotrophen Charakter des Gewässers (P-Limitation) belegt. Die Größe des Sees beträgt 4,16 km^2, die maximale Tiefe 68 m und die mittlere Tiefe 22,8 m. In den Kühlwasserkreislauf ist ein weiteres Gewässer, der mesotrophe Nehmitz-See, einbezogen.

Die Belastung der Gewässer mit um ca. 10 °C aufgewärmtem Kühlwasser beträgt im Greifswalder Bodden ca. 200000 $m^3 \cdot h^{-1}$ (FISCHER & GEISTHARDT 1974) und im Stechlinsee ca. 20000 $m^3 \cdot h^{-1}$.

2.2. Keimgehaltsbestimmungen

Zur routinemäßigen Bestimmung der Koloniezahl (Spateltechnik) wurden im Brackwasser das ZOBELL-Medium E-2216 mit gealtertem Seewasser, S = 4‰ (MACIEJOWSKA et al. 1981) bzw. Standardnähragar verwendet. Für die Bestimmung oligocarbophiler Bakterien im Stechlinsee diente das Pepton-Medium nach WOLTERS & SCHWARTZ (1956). Die Auswertung erfolgte nach 10 Tagen bei einer Bebrütungstemperatur von 25 °C.

2.3. Heterotrophes Potential

Die Bestimmung der Parameter V_{max} (maximale Aufnahmegeschwindigkeit), T_t (Turnover Zeit) und $K_t + S_n$ (Summe der „Transportkonstante" und natürlicher Substratkonzentration) erfolgte auf der Grundlage der von GOCKE (1974a) beschriebenen Methodik und ist im einzelnen bei BABENZIEN (1982) dargestellt. Es wurde ^{14}C(U)-Glucose (UVVVR, ČSSR), spez. Aktivität ca. 10280 MBq/mM, eingesetzt. Die Ansätze wurden mit 50 ml Standortwasser, in denen eine Endkonzentration von 0,5—10 µg C-Glucose vorlag, durchgeführt. Nach 2—3-stündiger Inkubation bei Standorttemperatur bzw. experimentell veränderten Werten wurde die Substrataufnahme durch Zugabe von 1 ml Formol gestoppt. Nach Membranfiltration (Filter Synpor 7, 0,3 µm Porenweite, ČSSR) erfolgte die Messung in Brayscher Lösung bzw. im Cellutol-Szintillator (Nettoaufnahme). Für Respirationsmessungen (HOBBIE & CRAWFORD 1969) wurde β-Phenetylamin als CO_2-Absorber eingesetzt. Die Szintillationsmessungen erfolgten mit dem Gerät LKB-Wallac 81000 oder Tricarb 3375 (Packard). Zur Auswertung wurden die Regressionsgeraden berechnet. Es wurden nur dann Werte verwendet, wenn der Korrelationskoeffizient unter der für eine Wahrscheinlichkeitsgrenze von 95% zulässigen Größe lag (WRIGHT 1973). Für die Bestimmung von Aufnahmeraten wurde auch der Ansatz nach GRIFFITH et al. (1977) herangezogen.

2.4. Desulfurikationsrate (DSR)

Die Durchführung dieser Methode erfolgte in Anlehnung an die von JOERGENSEN (1978) bzw. ROSSER & HAMILTON (1983) beschriebenen Verfahren. Es wurden 5—10 cm^3 des homogenisierten Materials mit 10 cm^3 sterilem Standortwasser unter Stickstoffbegasung gemischt. Nach Zugabe von 100 µl $^{35}S{-}Na_2SO_4$ (ca. 37 KBq, ZfK Dresden) wurde der verbleibende Gasraum in Blutkonservenflaschen mit Stickstoff gefüllt. Nach Ablauf der Inkubationszeit wurde mit 3 ml 1 n HCl angesäuert. Der dabei freiwerdende Schwefelwasserstoff wird mit sauerstofffreiem Stickstoff in eine Vorlage von 10 ml einer 2%igen Zinkazetatlösung übergetrieben. Die Radioaktivität der Zinksulfidsuspension (2 ml) wurde mit 8 ml Aquasol (NEN) im Szintillationsspektrometer gemessen (BABENZIEN & BABENZIEN 1986).

2.5. Methanbildungsrate

Die Bestimmung der Methanbildungsrate erfolgte nach den von HEYER & SUCKOW (1985) sowie HEYER & BABENZIEN (1985) gegebenen Empfehlungen. 100 ml einer unter Stickstoffbegasung hergestellten Sediment-Standortwasser-Aufschwemmung wurden in Blutkonservenflaschen 10 Tage im Dunkeln exponiert, nachdem der Kopfgasraum mit Stickstoff gefüllt war. Die Versuche wurden durch Zugabe von NaOH (1 ml 20%ige Lösung/100 ml) beendet. Die gaschromatographische Bestimmung des Methans erfolgte mit dem Gerät GCHF 18.3—4, VEB Chromatron Berlin, unter Verwendung eines Flammenionisationsdetektors mit N_2 als Trägergas und Porapak Q als Säulenfüllung.*)

3. Ergebnisse

3.1. Thermische Belastung

Die Bedingungen in der Spandowerhagener Wiek sind charakterisiert durch das Zusammentreffen des nährstoffreichen Peenewassers mit dem nährstoffärmeren Salzwasser aus dem Greifswalder Bodden. Im Untersuchungszeitraum 1974/78 ergaben die Analysen einen Mittelwert von S = 4,04‰ bei Extremwerten von 0,41 und 9,18‰. Wie SCHNESE (1969) darstellte, führen Windrichtung und Wasserführung des Flusses dazu, daß im Greifswalder Bodden in den Monaten April/Juni das Salzgehaltsminimum liegt. Im unmittelbaren Einzugsbereich des Kühlwassers ist diese Tendenz nicht so ausgeprägt, wie die für 2 Untersuchungsjahre dargestellten Werte (Tab. 1) zeigen. Entsprechend werden auch die Schwankungen des Keimgehaltes offensichtlich durch die Wassergüteparameter der Peene bestimmt. Abb. 1 zeigt, daß die Zahl der Saprophyten (Nähragar) überwiegend in der Größenordnung von 10^3/ml liegt. Es treten jedoch auch sprunghafte Erhöhungen bis auf

*) Herrn Dr. HEYER danke ich für die Durchführung der Bestimmungen.

Tab. 1. Standortcharakteristik, Spandowerhagener Wiek

Datum	Temperatur (°C)	Chlorid ($g\ Cl \cdot l^{-1}$)
13. 1. 76	1,0	4,26
27. 1.	1,0	4,21
11. 2.	0,0	4,31
4. 3.	1,0	4,22
12. 3.	0,0	1,84
17. 3.	0,0	2,25
1. 4.	4,0	4,12
7. 4.	5,0	3,36
9. 4.	5,0	5,16
14. 4.	7,0	2,13
21. 4.	10,0	1,95
5. 5.	9,0	1,88
12. 5.	14,0	2,31
19. 5.	14,5	2,76
26. 5.	14,0	1,19
7. 7.	22,0	2,36
14. 7.	20,0	4,22
21. 7.	23,0	2,74
28. 7.	20,0	4,42
4. 8.	16,0	4,69
11. 8.	19,5	3,60
1. 9.	18,5	2,72
8. 9.	14,5	3,17
22. 9.	14,0	2,56
29. 9.	13,5	1,53
5. 10.	11,0	1,17
19. 10.	8,5	1,31
27. 10.	6,0	3,40
3. 11.	4,5	1,88

Datum	Temperatur (°C)	Chlorid ($g\ Cl \cdot l^{-1}$)
12. 1. 77	0,5	2,04
26. 1.	0,0	1,01
16. 2.	0,0	0,99
2. 3.	0,0	1,77
16. 3.	4,5	0,85
30. 3.	2,0	2,96
13. 4.	3,0	1,56
27. 4.	7,0	2,77
1. 6.	16,0	0,82
15. 6.	20,0	0,91
28. 6.	17,0	2,55
27. 7.	15,5	2,76
3. 8.	18,5	3,33
10. 8.	19,0	1,14
17. 8.	17,5	0,57
24. 8.	16,0	0,37
31. 8.	18,5	0,43
7. 9.	17,5	0,23
14. 9.	13,0	3,0
21. 9.	11,0	0,88
20. 10.	8,5	1,13
26. 10.	10,0	1,96
2. 11.	9,0	2,16
9. 11.	7,0	0,71

10^5/ml auf, die mit einer Abnahme des Salzgehaltes korrespondieren (März, April 1976). Ähnliche Veränderungen wurden auch bei den Brackwasser-Saprophyten (ZoBELL-Medium) nachgewiesen, deren Zahl im allgemeinen in der gleichen Größenordnung liegt, auch wenn häufig höhere Einzelwerte auftreten. Die vergleichende Analyse der Bakterienzahl im Einlauf- und Auslaufkanal zeigt allgemein keine signifikanten Unterschiede. Zuweilen leicht erhöhte Werte im Auslaufkanal werden als Folge der Turbulenzen im Kondensatorbereich mit Ablösung von Aufwuchsmaterial oder Zerfallen von Detritusflocken interpretiert. Untersuchungen am Stechlinsee brachten völlig übereinstimmende Ergebnisse (Tab. 2). Hier vollziehen sich die Vorgänge entsprechend dem oligotrophen Charakter des Gewässers auf einem wesentlich niedrigeren Niveau. Die Zahl saprophytischer Bakterien (Nähragar) liegt, wie schon früher gezeigt wurde (BABENZIEN & BABENZIEN 1985), im Einlauf- und Auslaufbereich des Kraftwerkes in der Größenordnung von 10^2/ml. Erwartungsgemäß werden auf dem nährstoffärmeren Peptonagar höhere Zahlen ermittelt, die häufig im Bereich von 10^3/ml liegen.

Tab. 2. Vergleich des Keimgehaltes (Koloniezahl $\cdot m^{-1} \times 10^2$) im Einlauf- und Auslaufkanal des Kernkraftwerkes am Stechlinsee. Peptonagar (PAg) und Nähragar (NAg), 25 °C, 10 d.

Datum	Einlaufkanal		Auslaufkanal	
	PAg	NAg	PAg	NAg
2. 12. 80	12,0	0,6	10,0	0,6
19. 1. 81	3,5	2,0	9,0	3,5
10. 2.	26,0	13,0	18,0	3,0
25. 2.	3,3	0,2	3,3	0,2
25. 3.	5,0	6,0	9,0	0,8
14. 4.	15,0	9,6	16,0	7,0
28. 4.	37,0	1,1	17,0	2,3
26. 10. 82	3,9	2,7	1,7	0,9
11. 11.	2,0	2,5	0,9	0,9
20. 6. 85	1,9	1,9	1,5	2,3
4. 7.	1,6	0,7	2,5	2,4

Die kurzzeitige Einwirkung des Temperaturschockes reicht also nicht aus, um signifikante Veränderungen in der Größe der Bakterienpopulation („Struktur") zu induzieren. Zu einer ganz anderen Aussage gelangt man, wenn man den funktionellen Aspekt, Messungen der Stoffwechselleistung, heranzieht. Diese Veränderungen werden bei einer graphischen Darstellung der Parameter des heterotrophen Potentials deutlich (Abb. 2). In beiden Biotopen zeigen sich — wieder in den standortbedingten differierenden Größenordnungen — starke Unterschiede in allen Parametern. Die Aufwärmung führt zu einer Erhöhung der maximalen Aufnahmerate (V_{max}) und zu einer Verringerung der Turnover-Zeit (T_t), gleichzeitig sinkt die Substrataffinität ($K_t + S_n$). Da diese Veränderungen in den Gewässern außerordentliche Bedeutung für den gesamten Stoffumsatz haben können, wurden umfangreiche Experimente zur Bewertung der thermisch bedingten Aktivitätsveränderungen durchgeführt. Abb. 3 zeigt bei Proben aus dem Greifswalder Bodden zwar unterschiedliche Temperaturoptima, bei 30 °C fällt jedoch die heterotrophe Aktivität der nicht adaptierten natürlichen Bakterienpopulation zusammen. Dieser Grenzwert stimmt mit Ergebnissen von Untersuchungen am Stechlinsee völlig überein (BABENZIEN & BABENZIEN 1985). Vergleicht man die Aktivität bei Standorttemperatur mit der experimentell bestimmten Optimaltemperatur (Abb. 4), so werden die temperaturabhängigen Steigerungsmöglichkeiten ersichtlich. Bei systematischen Untersuchungen über diese Beziehungen wurde eine enge Korrelation gefunden ($p < 0,01$). Die Temperatur, bei der die maximale Glucoseaufnahmerate gefunden wurde, variiert im Jahresverlauf in einem Bereich von 21—30 °C, d. h. sie lag 7—20 °C über der Standorttemperatur. Bei einer willkürlich berechneten

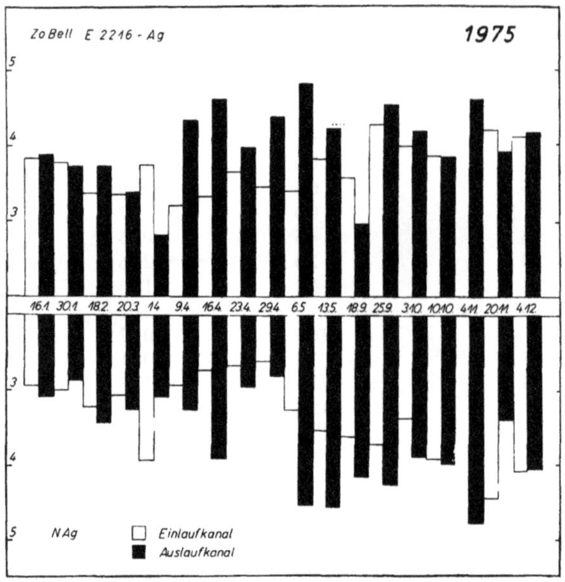

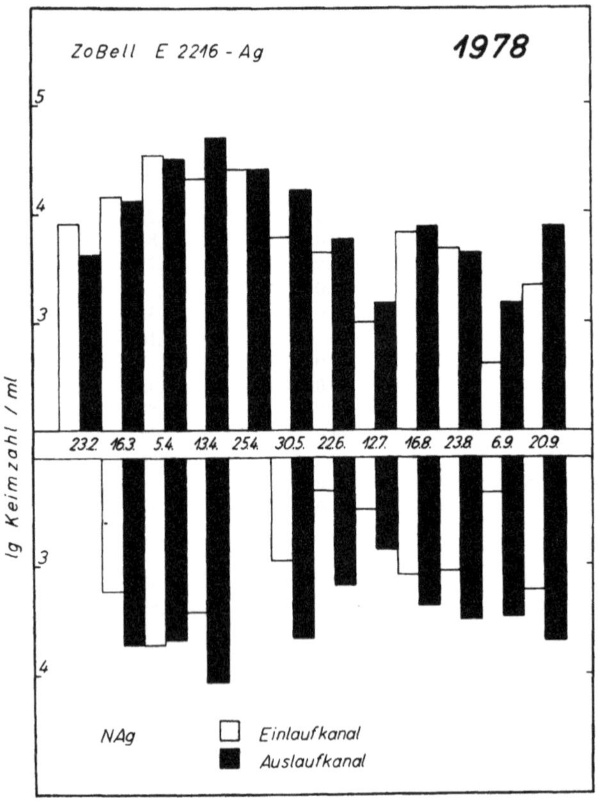

Abb. 1. Vergleichende Untersuchungen des Keimgehaltes im Greifswalder Bodden (Spandowerhagener Wiek, 1975–1978). Plattenmethode, ZOBELL-Medium E 2216 und Nähragar, 10 d, 25 °C.

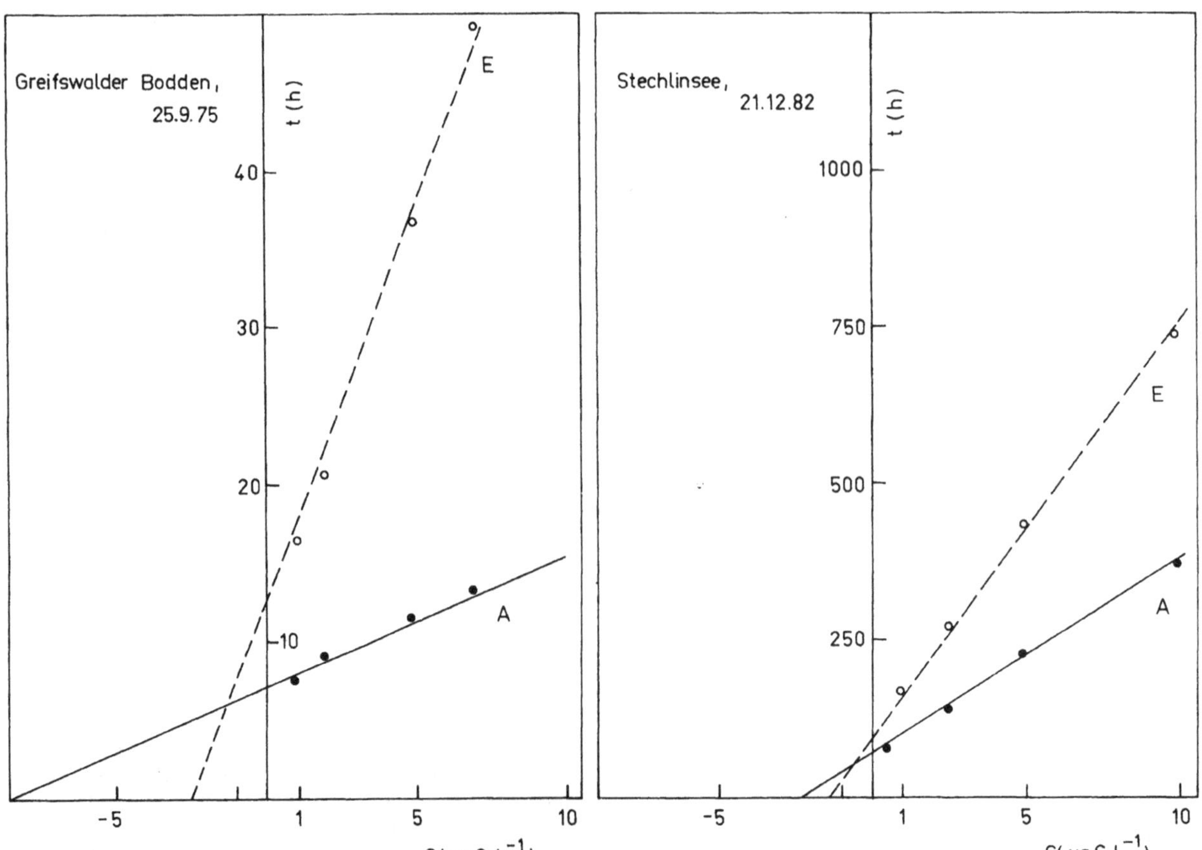

Abb. 2. Veränderung der Parameter des heterotrophen Potentials (^{14}C-Glucose) durch Temperaturschock. E: Einlaufkanal; A: Auslaufkanal.

KKW Greifswald (25. 9. 75):
E: 16 °C; V_{max} = 0,2; T_t = 12 h; $K_t + S_n$ = 2,4; r = 0,9
A: 26 °C; V_{max} = 1,2; T_t = 7 h; $K_t + S_n$ = 8,7; r = 0,9

KKW/Stechlinsee (21. 12. 82):
E: 4,5 °C; V_{max} = 0,016; T_t = 111 h; $K_t + S$ = 1,8; r = 0,9
A: 16,5 °C; V_{max} = 0,03; T_t = 62,8 h; $K_t + S_n$ = 2,0; r = 0,9

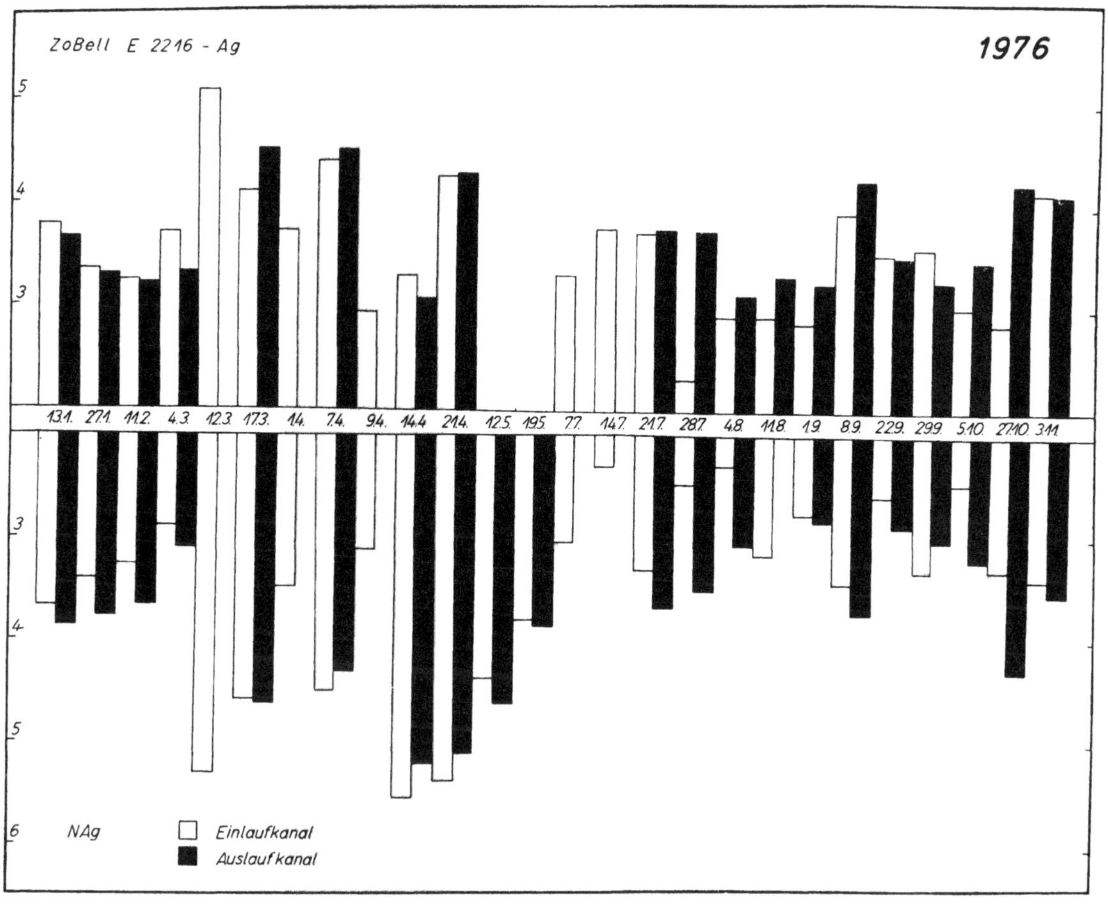
ZoBell E 2216 - Ag
1976
lg Keimzahl / ml
5
4
3
13.1. 27.1. 11.2. 4.3. 12.3. 17.3. 1.4. 7.4. 9.4. 14.4 21.4. 12.5. 19.5. 7.7. 14.7. 21.7. 28.7. 4.8. 11.8. 1.9. 8.9. 22.9. 29.9. 5.10. 27.10. 3.11.
3
4
5
6
NAg
Einlaufkanal
Auslaufkanal

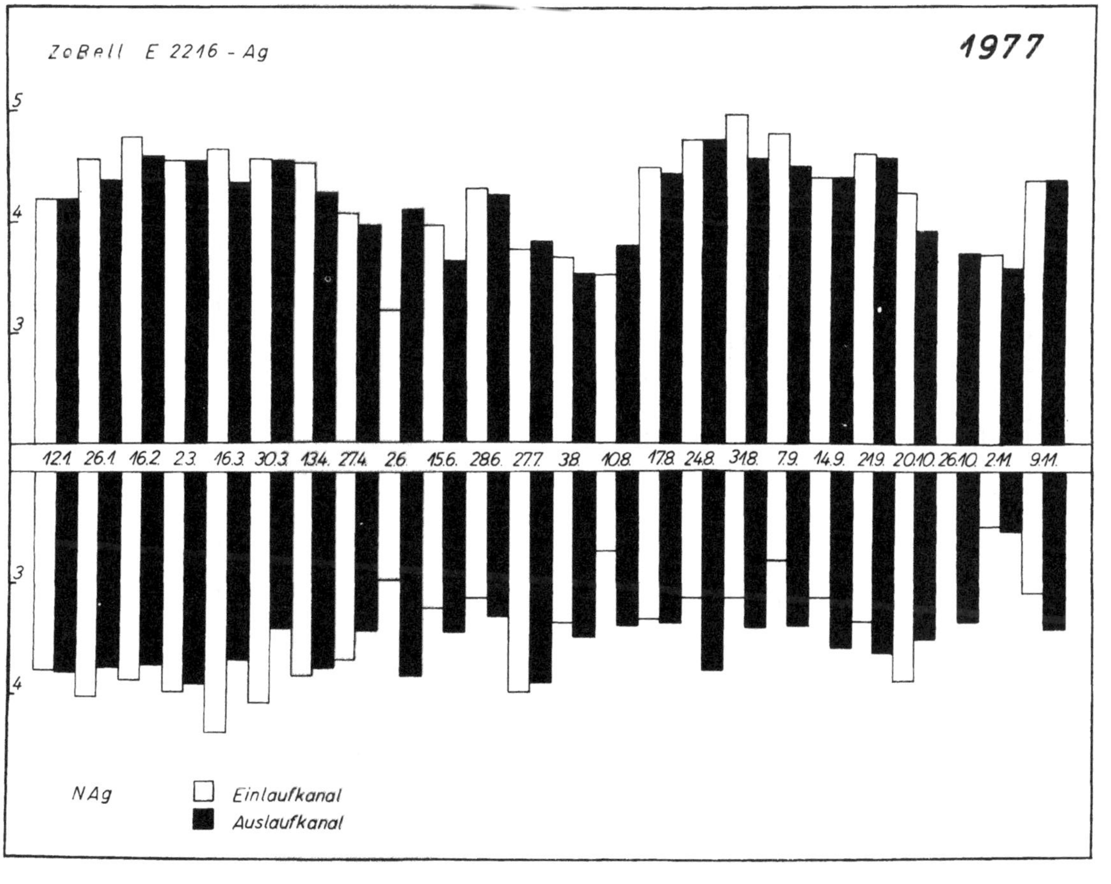
ZoBell E 2216 - Ag
1977
lg Keimzahl / ml
5
4
3
12.1. 26.1. 16.2. 2.3. 16.3. 30.3. 13.4. 27.4. 2.6. 15.6. 28.6. 27.7. 3.8. 10.8. 17.8. 24.8. 31.8. 7.9. 14.9. 21.9. 20.10. 26.10. 2.11. 9.11.
3
4
NAg
Einlaufkanal
Auslaufkanal

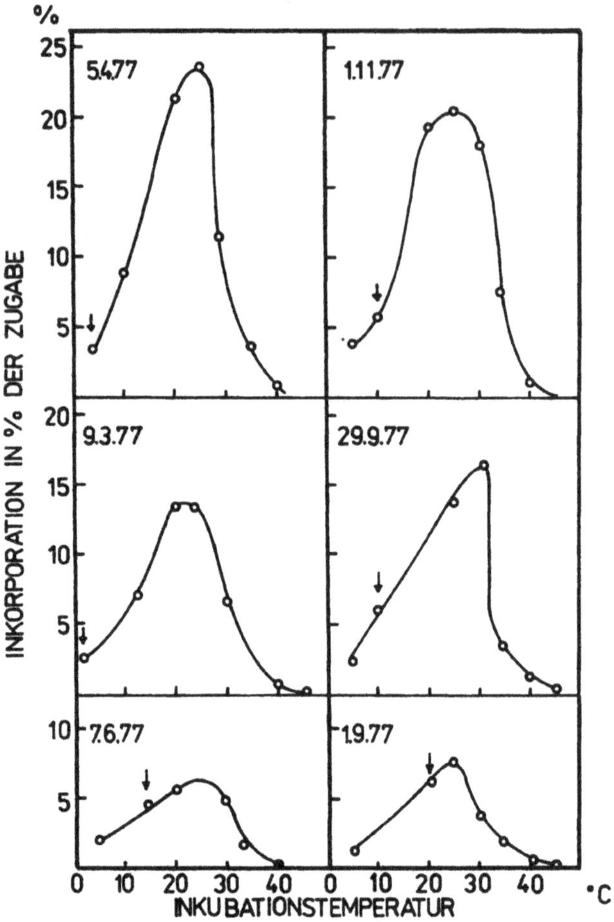

Abb. 3. Temperatur-shift Experimente. Aufnahmeraten von ^{14}C-Glucose. Proben: Greifswalder Bodden. Die Pfeile bezeichnen die Aktivität bei Standorttemperatur.

Spanne von 90% der maximalen Rate beträgt diese Amplitude sogar 16—34 °C. Aus diesen Beziehungen ließ sich eine Regressionsgerade ableiten, die eine Adaptation der Bakterienpopulationen an steigende Wassertemperaturen im Jahresgang durch veränderte Optima der Stoffwechselaktivität nahelegt (Abb. 5). Nach den gefundenen Beziehungen zwischen Aufnahmerate und Temperatur kann geschlußfolgert werden, daß die experimentell möglichen Maximalwerte im Ökosystem nicht erreicht werden. Wie aber schon aus Abb. 2 hervorgeht, verändern sich mit der Temperatur auch die anderen Parameter, die Substrataffinität und die Turnover-Zeit. Vergleicht man in entsprechenden Experimenten die Temperaturabhängigkeit der 3 Parameter des heterotrophen Potentials, so ergeben sich unterschiedliche

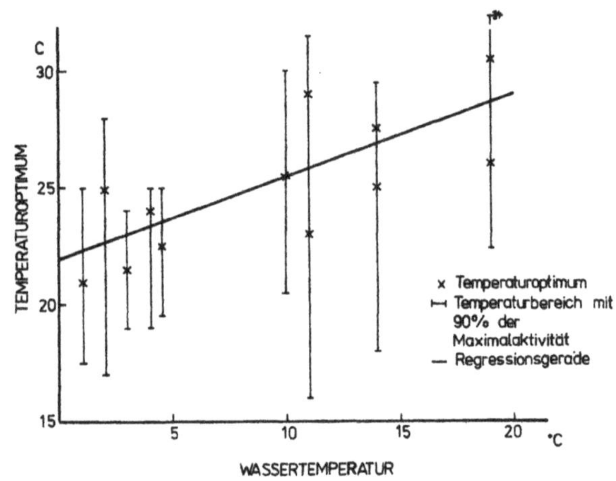

Abb. 5. Temperaturoptimum der heterotrophen Aktivität (^{14}C-Glucoseaufnahmerate) in Beziehung zur Standorttemperatur. Proben: Greifswalder Bodden. Regressionsgerade: $y = 0{,}334 \times +21{,}9$ ($r = 0{,}743$).

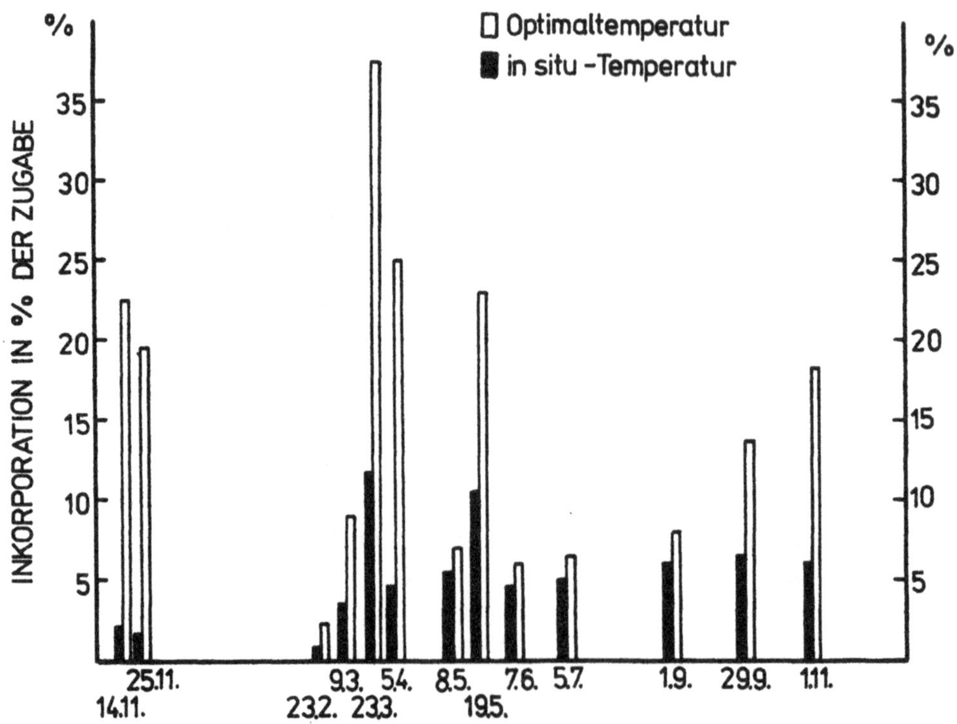

Abb. 4. Vergleich der heterotrophen Aktivität (^{14}C-Glucoseaufnahme) unter in situ-Bedingungen und bei Optimaltemperatur. Proben: Greifswalder Bodden.

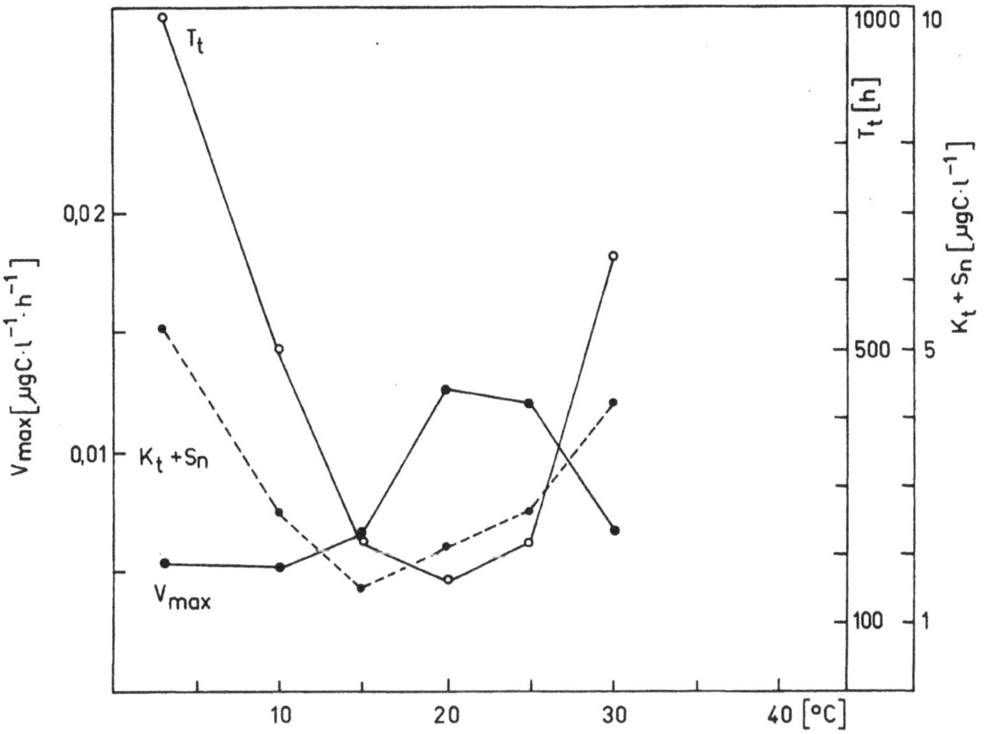

Abb. 6. Parameter des heterotrophen Potentials (^{14}C-Glucose) bei unterschiedlichen Inkubationstemperaturen, Stechlinsee.

Optima (Abb. 6). Die höchste Substrataffinität wurde im dargestellten Beispiel schon bei 15 °C gefunden, während höchste V_{max} und niedrigste T_t Werte im Bereich 20—25 °C lagen. Wesentlich für die Regulationsvorgänge der bakteriellen Aktivität am Standort ist auch, daß die ausgeprägten Temperaturoptima offensichtlich nur für Bedingungen mit Substratsättigung (10 µg C-Glucose) charakteristisch sind. Verringert man die Konzentration und analysiert unter Limitationsbedingungen (1 µg C-Glucose), fehlt die klare Temperaturbeziehung (Abb. 7). Im Monitoringprogramm der „thermal pollution" wurde die Erhöhung der bakteriellen Aktivität im erwärmten Kühlwasserstrom der Kernkraftwerke eindeutig nachgewiesen. Abb. 8 und Tab. 3 zeigen Ergebnisse dieser Kontrolluntersuchungen. Auch bei Einbeziehung weiterer Parameter (Heterotrophe CO_2-Fixierung und planktische Primärproduktion) kam es selten dazu, daß eine Überschreitung des Optimums auftrat (Abb. 9).

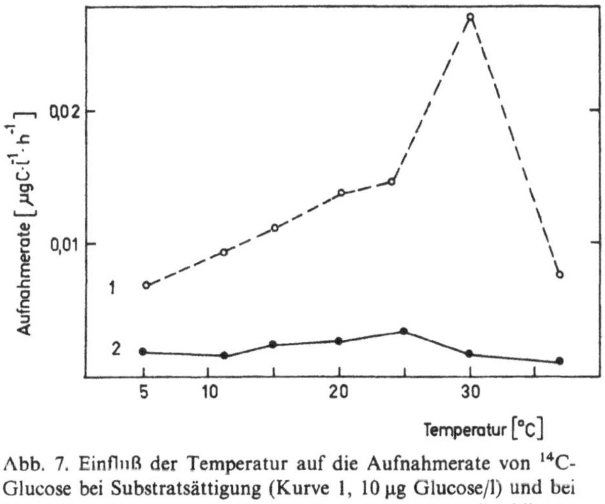

Abb. 7. Einfluß der Temperatur auf die Aufnahmerate von ^{14}C-Glucose bei Substratsättigung (Kurve 1, 10 µg Glucose/l) und bei Limitation (Kurve 2, 1 µg Glucose/l). Wasserproben: Stechlinsee.

Bei zusätzlichen Experimenten mit Exponierung von Wasserproben des Einlaufkanales im erwärmten Auslaufbereich ohne Kraftwerkspassage waren die Ergebnisse unterschiedlich (Abb. 8). Dafür sind verschiedene Ursachen möglich. Höhere Werte ohne die mechanische Belastung der Organismen durch Turbulenzen im Kondensatorsystem sind als reine Temperatureffekte zu betrachten und bestätigen im ganzen den stimulierenden Effekt. Da die Aktivitätswerte für das Kühlwasser jedoch überwiegend darunter liegen, kann auf eine deutliche mechanische Streßwirkung geschlossen werden. Verfolgt man die Aktivitätswerte in der Kühlwasserfahne selbst, so wird die mit der schnellen Normalisierung der Wassertemperatur einhergehende Abschwächung des Temperatureffektes ersichtlich (Tab. 4). Eine ökologisch relevante Veränderung der bakteriellen Aktivität ist im Stechlinsee entsprechend dem nachgewiesenen Temperaturregime (RICHTER et al. 1979) auf weniger als 5% der gesamten Seeoberfläche begrenzt. Durch den sich schnell abbauenden künstlichen Temperaturgradienten werden schon etwa 100 m nach Eintritt in das Seebecken nur epilimnische Wassermassen thermisch beeinflußt (Abb. 10). Auch bei dem etwa zehnfach höheren Wasserdurchsatz des Kraftwerkes am Greifswalder Bodden beträgt die Fläche mit $\Delta T \leq 1$ K nach Temperaturlotungen (BABENZIEN 1985) nur etwa 2 km² bei einer Boddenfläche von 514 km².

Diese Einschichtungsverhältnisse des erwärmten und spezifisch leichteren Kühlwassers ohne großflächige Erwärmung des Sedimentes sind für die möglichen Folgeerscheinungen von eminenter Bedeutung. Gerade die Schlüsselprozesse der Nährstoffrückführung aus den Sedimenten weisen hohe Q_{10}-Werte auf (ZEIKUS & WINFREY 1976; INGVORSEN et al. 1981). Wie sich in experimentellen Untersuchungen zeigt, wird die Intensität der

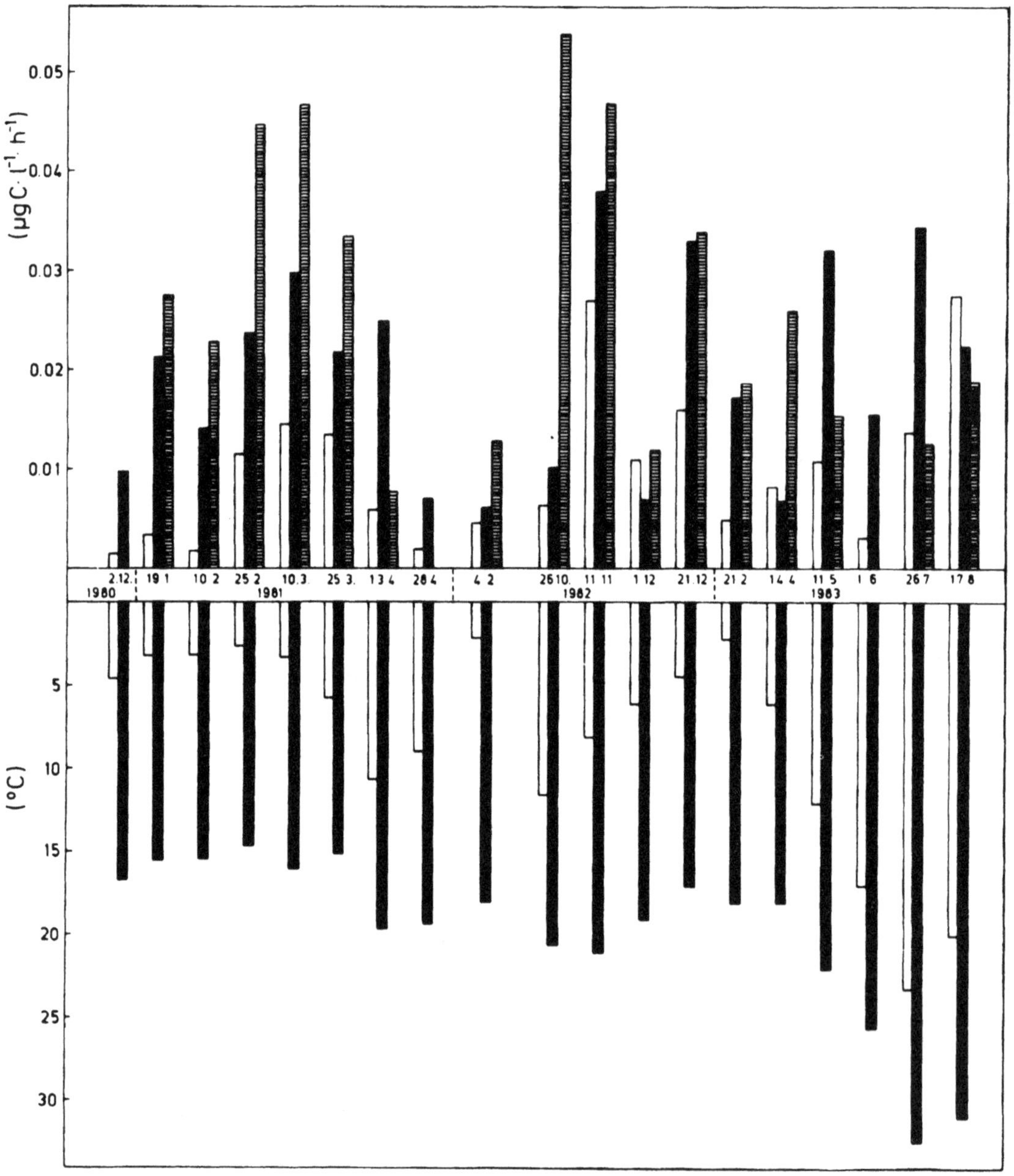

Abb. 8. Nachweis thermischer Belastung durch Messung der Aufnahmeraten (^{14}C-Glucose) Proben: Stechlinsee (nach BABENZIEN & BABENZIEN 1985).
□ Einlaufkanal ■ Auslaufkanal ▤ E/A-Experiment

Methanbildung (Abb. 11) und der Desulfurikation (Abb. 12) in exponentieller Weise durch Temperaturerhöhung gefördert. Die Temperaturoptima beider Prozesse liegen über 30 °C und damit weit über den natürlichen Höchstwerten. Im Bereich 15/20 °C ergaben sich daraus für die Desulfurikationsrate $Q_{10} = 3{,}3$ (Boddensediment) und $Q_{10} = 3{,}0$ (Stechlinseesediment) bzw. $Q_{10} = 3{,}7$ bei der Methanbildung (Stechlinsee). Mit ihrer Intensivierung verringert sich jedoch die Wirksamkeit der „Phosphatfalle", wie ein Modellversuch zeigt (Tab. 5). Die unter aeroben Bedingungen vorliegende Bindung von Orthophosphat an Eisen- und Kalziumionen wird mit steigendem Sauerstoffverbrauch durch Methanoxidation und Entstehung von H_2S aufgehoben, so daß eine Phosphatrückführung stattfindet. Neben der beschleunigten aeroben Mineralisierung bei Temperaturerhöhung (und entsprechender Steigerung des Sauerstoffverbrauches) ist aber in diesem Zusammenhang gerade in der beschleunigten Phosphatrückführung der wichtigste Eutrophierungsmechanismus zu sehen.

Veränderungen der Konkurrenzbeziehungen zwischen den Bakteriengruppen können damit weitreichende Änderungen nach sich ziehen (VELDKAMP et al. 1984).

3.2. Bakterielle Aktivität und Salzkonzentration

Bei der Beurteilung der bakteriellen Aktivität ist im Küstenbereich neben der Temperatur und der Substratkonzentration die aktuelle Salzkonzentration als weitere grundlegende Steuergröße zu betrachten. Im Mündungsgebiet der Flüsse treffen limnische und marine Lebensbereiche aufeinander und mit der kontinuierlichen Abwasserfracht gelangen gewaltige Bakterienmengen unter Brackwasserbedingungen. Mit dem Kühlwasserbetrieb des Kraftwerkes am Greifswalder Bodden kommt die Bakterienfacht (Süßwasser) in einen Bereich, für den

Tab. 3. V_{max}-Werte und ihre Veränderung durch den Kühlwasserbetrieb. Greifswalder Bodden (Spandowerhagener Wiek), E: Einlaufkanal, A: Auslaufkanal. Angaben in $\mu g\ C \cdot l^{-1} \cdot h^{-1}$ (Glucose)

Datum	V_{max}		Datum	V_{max}		Datum	V_{max}	
	E	A		E	A		E	A
17. 3. 76	0,08	—	12. 1. 77	0,1	0,1	16. 3. 78	0,17	0,53
21. 4.	0,62	1,8	26. 1.	0,1	0,1	5. 4.	0,53	1,07
5. 5.	0,11	4,9	16. 2.	0,3	0,3	13. 4.	0,31	0,79
12. 5.	3,1	1,5	2. 3.	0,1	0,2	15. 4.	0,32	0,92
19. 5.	0,01	0,5	16. 3.	0,23	0,48	25. 4.	0,25	0,87
1. 7.	0,1	0,1	30. 3.	0,17	0,31	30. 5.	2,0	4,33
27. 7.	0,2	0,3	13. 4.	0,21	0,58	9. 6.	0,77	7,0
4. 8.	0,5	0,5	27. 4.	0,33	1,45	23. 6.	1,25	—
11. 8.	0,6	1,6	1. 6.	0,29	0,44	12. 7.	0,83	0,55
1. 9.	0,7	0,5	15. 6.	0,42	0,67	10. 8.	0,88	0,90
8. 9.	0,3	0,2	28. 6.	0,89	2,0	23. 8.	4,0	2,38
22. 9.	0,4	0,3	27. 7.	0,28	0,6	6. 9.	0,14	0,15
29. 9.	0,5	0,5	3. 8.	0,47	0,66	20. 9.	0,17	0,41
5. 10.	0,3	0,6	10. 8.	0,3	0,97			
27. 10.	0,2	1,1	17. 8.	0,31	0,44			
3. 11.	0,1	0,1	24. 8.	0,14	0,5			
			31. 8.	0,19	0,87			
			7. 9.	0,84	2,92			
			14. 9.	0,63	2,14			
			20. 10.	0,14	0,38			
			26. 10.	0,27	0,51			
			2. 11.	0,15	0,38			
			9. 11.	0,16	1,06			

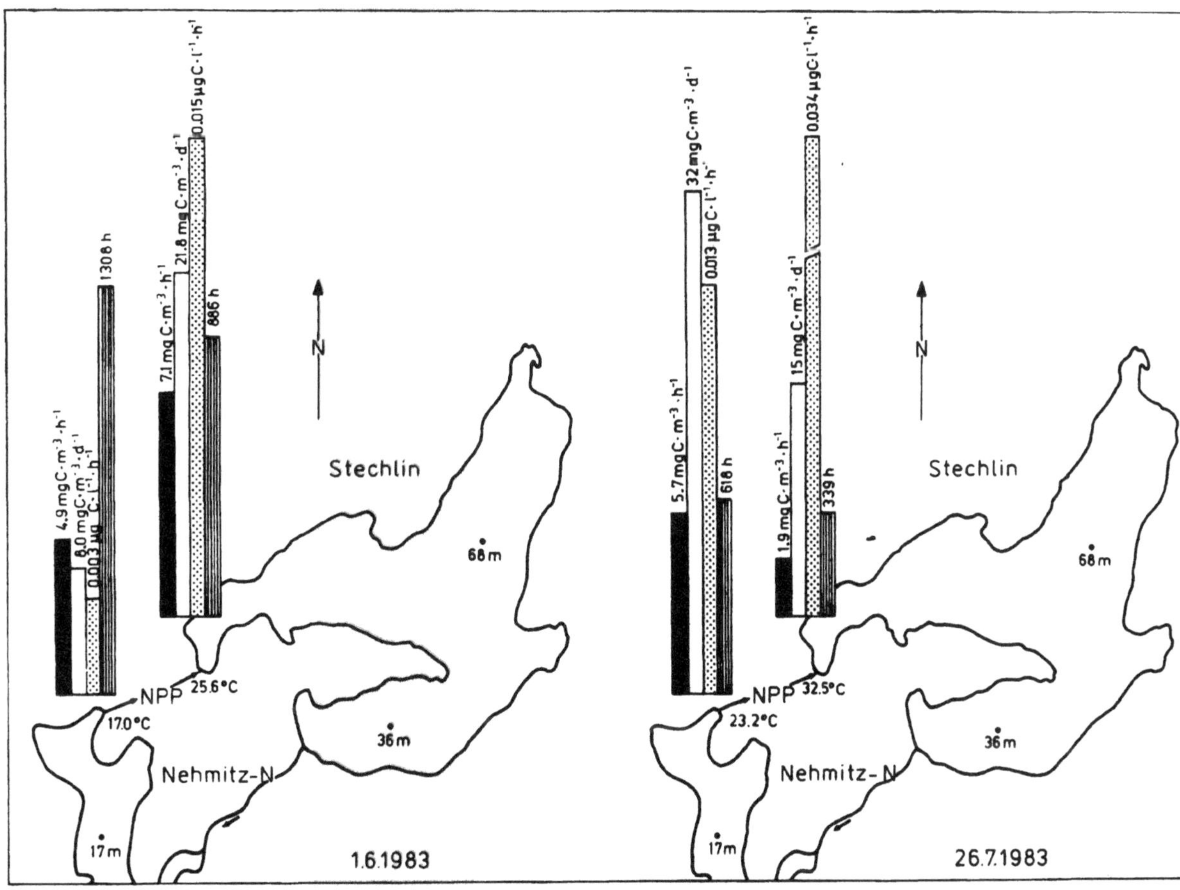

Abb. 9. Synoptische Analyse mikrobiologischer Parameter bei Betrieb des Kernkraftwerkes (NPP) am Stechlinsee (leicht verändert nach CASPER 1985).

■ Primärproduktion
□ Heterotrophe CO_2-Fixierung
▨ V_{max}
▥ Turnover-Zeit

Tab. 4. Aktivitätsparameter im Ausbreitungsbereich des Kühlwassers (Stechlinsee, 0,5 m). E: Einlaufkanal, P-1: 150 m, P-2: 375 m, P-3: 1000 m Entfernung von KKW, HB: Hauptboje, Nordbecken, Vergleichswert.

Datum	Standort	Temperatur (°C)	Aufnahmerate (^{14}C-Glucose) (µg C · l^{-1} · h^{-1})	Heterotrophe CO_2-Fix. (mg C · m^{-3} · h^{-1})	Primärproduktion (mg C · m^{-3} · h^{-1})
16. 2. 84	E	2,0	0,015	0,035	2,45
	P-1	18,7	0,036	0,062	5,29
	P-2	12,5	0,023	0,073	6,29
	P-3	10,0	0,029	0,064	5,55
	HB	3,2	0,003	0,041	0,960
21. 2. 84	E	3,0	0,007		
	P-1	18,0	0,033		
	P-2	13,5	0,042		
	P-3	11,0	0,028		
	HB	3,1	0,007		
18. 3. 85	E	4,0	0,009	0,024	1,06
	P-1	14,8	0,028	0,046	1,36
	P-2	13,5	0,041	0,050	0,94
	P-3	9,4	0,044	0,058	1,03
	HB	3,8	0,008	0,040	0,86
20. 6. 85	E	16,9	0,012		1,96
	P-1	26,0	0,021	0,184	3,08
	P-2	24,2	0,048	0,126	2,98
	P-3	22,0	0,046	0,117	3,86
	HB	17,0	0,003	0,158	1,31
4. 7. 85	E	17,0	0,047	0,135	2,72
	P-1	27,0	0,022	0,121	2,49
	P-2	24,6	0,042	0,275	2,44
	P-3	23,2	0,054	0,097	3,13
	HB	19,4	0,014	0,396	1,02

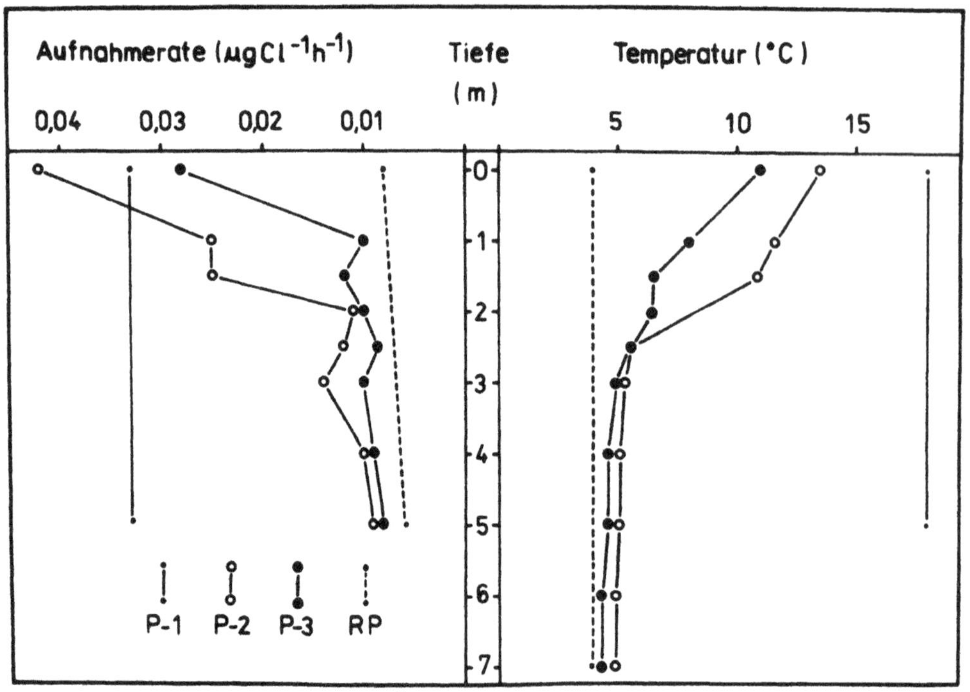

Abb. 10. Veränderungen der Aufnahmerate (^{14}C-Glucose) und der Temperatur durch Kühlwassereinleitung in den Stechlinsee. Vertikalprofile. P-1: 100 m, P-2: 375 m, P-3: 1000 m Entfernung vom KKW; RP: Vergleichspunkt, Nordbecken.

ein mittlerer Salzgehalt von S = 6,4‰ bestimmt wurde. Auch hier waren deshalb Untersuchungen über die auftretenden Änderungen der Zahl und Stoffwechselaktivität der Bakterien notwendig. Für den Nachweis der Aktivitätsveränderung bei experimentell erhöhten NaCl-Konzentrationen wurde wieder die Bestimmung der Aufnahmerate eines Substrates als Methode gewählt. Abb. 13 zeigt den starken Verlust an Aktivität bei erhöhtem Salzgehalt auch bei einer Brackwasserprobe mit einem Ausgangswert von S = 6,4‰. Zwischen dem Logarithmus der Restaktivität und der eingesetzten NaCl-Konzentration bestand eine lineare Beziehung ($p < 0,01$).

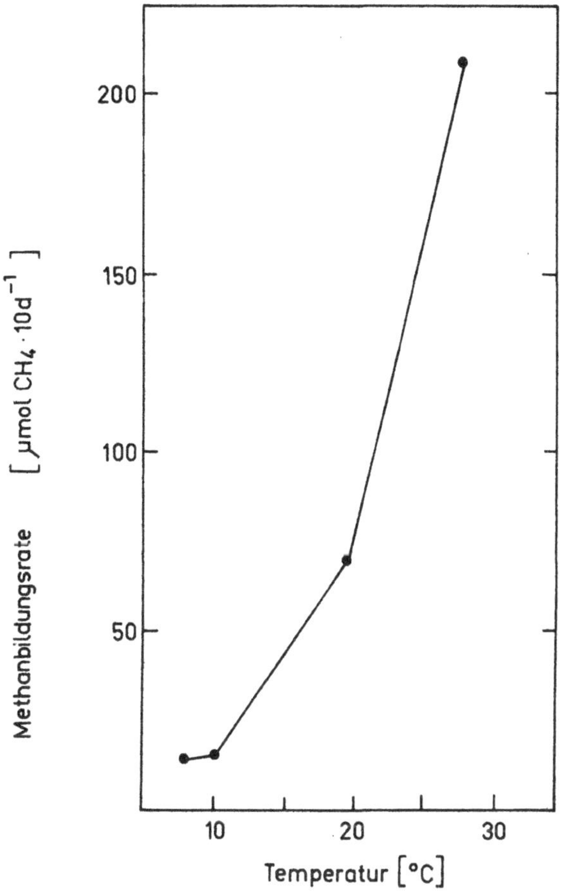

Abb. 11. Einfluß der Temperatur auf die Methanbildungsrate, 100 g Sediment (Stechlinsee, = 22,4 g TG), 11 m Tiefe, Standorttemperatur 10 °C.

Tab. 5. Phosphatmobilisierung aus dem Sediment (Greifswalder Bodden), Modellversuch. 1 kg Sediment (710 g TG) + 5 l Standortwasser (S 4,75 ‰). Angegeben ist die Orthophosphatkonzentration im Wasser (μg-at PO_4—P · 100 ml^{-1}).

Zeit (h)	Ansatz 1 (16 °C, belüftet)	Ansatz 2 (20 °C, unbelüftet)	Ansatz 3 (35 °C, unbelüftet)
0	0,29	0,35	0,33
12	0,24	0,36	0,64
24	0,14	0,58	1,04
48	0,13	0,78	1,23
60	0,22	0,58	1,20
72	0,23	1,40	3,90
84	0,34	0,85	2,31
96	0,47	2,25	2,84
108	0,21	1,53	2,10
120	0,22	2,50	3,41

3.3. Bakterielle Aktivität und Schadstoffwirkung

Während die bisher betrachteten Faktoren Teil natürlicher Wechselwirkungen sind, müssen gerade in Flüssen und Küstenbereichen mit industrieller Nutzung anthropogene Veränderungen des Selbstreinigungspotentials beachtet werden. Hierbei spielen Antifoulingmittel und Biozide bei der Behandlung von Rohrsystemen eine große Rolle. Die Bestimmung der Aufnahmerate eines Substrates bzw. seiner Respiration unter dem Einfluß steigender Konzentration von Bioziden erwies sich auch für diese Fragestellung als äußerst sensitive Methodik. Den rapiden Verlust an Stoffwechselaktivität bei Zugabe eines Organozinn-Biozides (Tributylzinnoxid) zeigt Abb. 14. Für die ökologische Bewertung ist entscheidend, daß bereits bei subletalen Dosen von wenigen ppm eine voll-

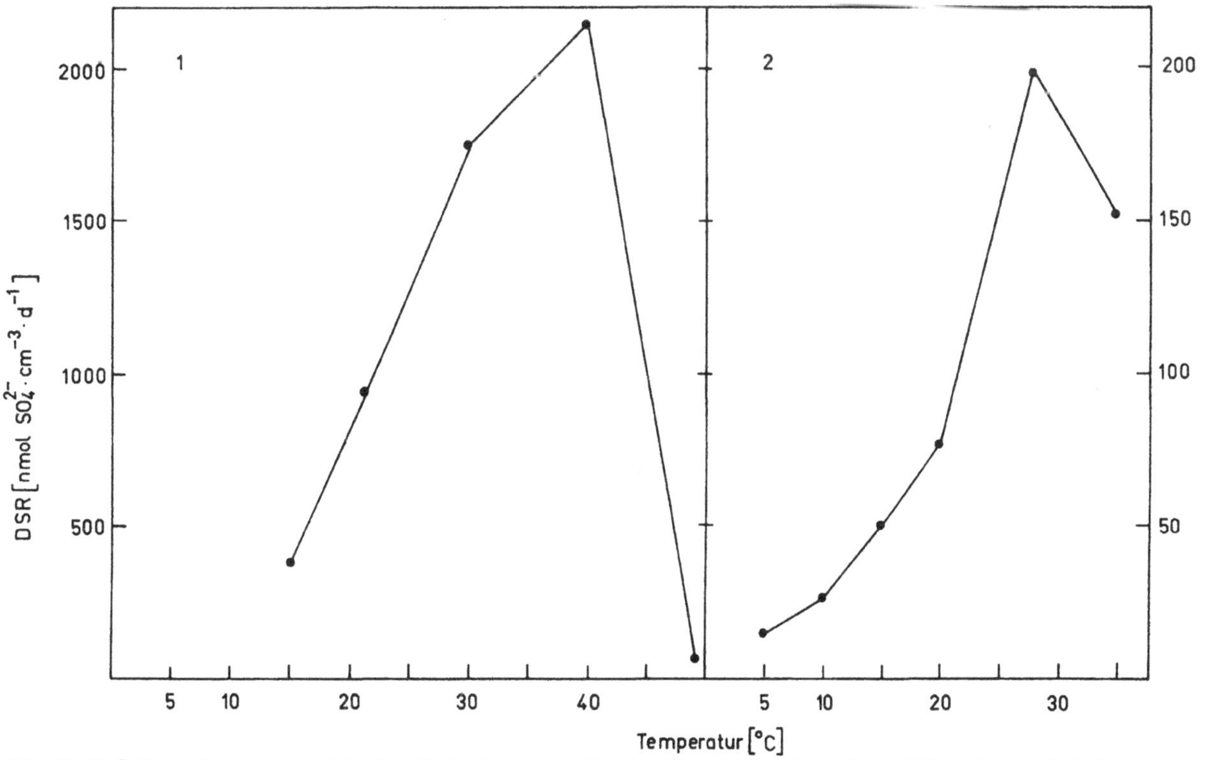

Abb. 12. Einfluß der Temperatur auf die Desulfurikationsrate (DSR). Standortvergleich: 1: Sediment Fährinsel, 1 m Tiefe, Standorttemperatur 21,2 °C, TG 40 ‰.
2: Sediment Stechlinsee, 36 m Tiefe, Standorttemperatur 5 °C, TG 4,3 ‰.

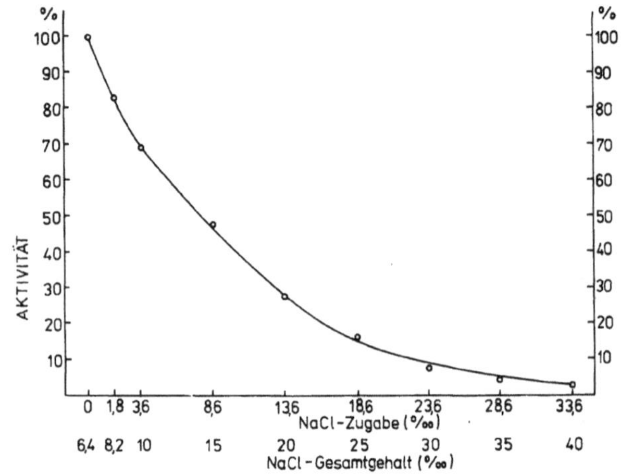

Abb. 13. Einfluß des Salzgehaltes auf die mikrobielle Aktivität (Abbau von ^{14}C-Glucose). Proben: Greifswalder Bodden.

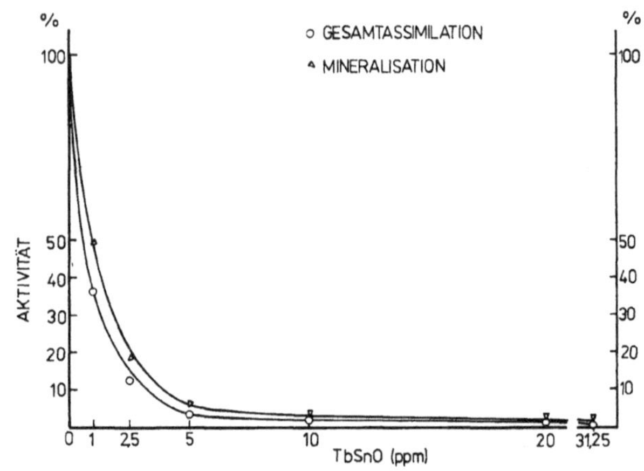

Abb. 14. Einfluß eines Organozinn-Biozides auf die mikrobielle Aktivität (Abbau von ^{14}C-Glucose). Proben: Greifswalder Bodden.

ständige Inaktivierung auftritt. Der Nachweis von vermehrungsfähigen Zellen genügt nicht zur Beurteilung der Umweltbelastung und muß durch Aktivitätskriterien ergänzt werden. Respirationsmessungen ($^{14}CO_2$-Bestimmung) mit standardisierten bewachsenen Aufwuchsplatten zeigten die hohe Empfindlichkeit auch der benthischen Mikroflora gegenüber dieser Substanz.

4. Diskussion

Wenn man die wesentlichste Aufgabe der Bioindikation als Bestandteil eines Umwelt-Monitoring im Nachweis biologischer Folgeerscheinungen auf anthropogene Einflüsse sieht (STÖCKER 1981), ergibt sich die Notwendigkeit der Einbeziehung bakteriologischer Parameter aus ihren grundlegenden Funktionen im Ökosystem. In seinen Untersuchungen über die Auswirkungen nährstoffreicher Abwässer hebt TAMMINEN (1984) hervor, daß sie auf der Stufe des trophischen Niveaus untersucht werden müssen, auf der sie im Ökosystem primär wirksam werden. Sensitivität und Reaktionsbreite der Größe V_{max} des heterotrophen Potentials ermöglichen seine Anwendung als direktes Kriterium für die Beschreibung des Zustandes und von Veränderungen/Belastungen des Systems. HOBBIE & CRAWFORD (1969) sowie ALBRIGHT & WENTWORTH (1973) konnten zeigen, daß die fortschreitende Eutrophierung bzw. stoßweise Belastung von Flüssen hiermit wesentlich differenzierter als mit herkömmlichen Standardtechniken nachgewiesen werden konnte. Werte für V_{max} als Indikator des „pollution stress" in Küstengewässern und Aesturarien veröffentlichten CARNEY & COLWELL (1976), GOCKE (1977a, b) und GOULDER et al. (1979). TIEFENBRUNNER et al. (1976) verwendeten diese Technik erfolgreich auch bei der Charakterisierung eines Vorfluters und konnten mit den kinetischen Para-

Tab. 6. V_{max}-Werte (Glucose) und Gewässertrophie. Binnenseen und Küstengewässer. Angaben in $\mu g\ C \cdot l^{-1} \cdot h^{-1}$. Epilimnion

Gewässer	V_{max} Min—Max	x̄	Autor
Stechlinsee	0,001—0,067	0,01	BABENZIEN, unveröffentl.
Nehmitzsee	0,003—0,045	0,01	BABENZIEN, unveröffentl.
Tollensesee	0,004—0,073	0,02	BABENZIEN, unveröffentl.
Schmaler Luzin	0,012—0,076	0,03	BABENZIEN, unveröffentl.
Breiter Luzin	0,014—0,139	0,06	BABENZIEN, unveröffentl.
Dagowsee	0,015—0,296	0,08	BABENZIEN, unveröffentl.
Haussee	0,063—0,243	0,15	BABENZIEN, unveröffentl.
Wentowsee	0,256—3,045	1,26	BABENZIEN, unveröffentl.
Lake Erken	0,01 —0,07		WRIGHT & HOBBIE (1966)
Plußsee	0,08 —0,48	0,18	OVERBECK (1975)
Greifswalder Bodden	0,145—0,300	0,233	BABENZIEN, unveröffentl.
Spandowerhagener Wiek	0,1 —4,0	0,562	BABENZIEN, unveröffentl.
Dänische Wiek	0,124—3,17	0,580	BABENZIEN, unveröffentl.
Kl. Jasmunder Bodden		0,745	BABENZIEN, unveröffentl.
Breeger Bodden		0,204	BABENZIEN, unveröffentl.
Zingster Strom	0,32 —4,0		JOST & BALLIN (1984)
Arkonasee	0,16 —0,28		JOST (1985)
Bornholmer Becken		0,01	GOCKE (1977a)
Danziger Tiefe		0,06	GOCKE (1977a)
Gotlandtief		0,01	GOCKE (1977a)
Kieler Förde	0,024—0,663	0,2	GOCKE (1977b)
Kieler Bucht	0,004—0,055	0,028	GOCKE (1977b)

metern die schnell ablaufenden qualitativen und quantitativen Veränderungen des Prozeßverlaufes erfassen. Auch für Seen gibt es umfangreiche Erfahrungen (OVERBECK 1973, 1975). Zieht man die zahlreichen publizierten Werte heran, ist auch eine gute Einordnung der hier näher untersuchten Gewässer möglich (Tab. 6). Diese Einstufung war Voraussetzung für den Nachweis des Einflusses verschiedener Streßfaktoren. Die für die Spandowerhagener bzw. Dänische Wiek bestimmten V_{max} Werte um 0,56 bzw. 0,58 $\mu g\, C \cdot l^{-1} \cdot h^{-1}$ entsprechen dem Bereich, der von GOCKE & RHEINHEIMER (1982) für die Kieler Förde nachgewiesen wurde. Von natürlichen zeitlichen und räumlichen Schwankungen abgesehen, zeigen sie die große Bedeutung der Abwasserfracht für die Aktivität der saprophytischen Brackwasserbakterien. Mit zunehmender Entfernung vom Küstenbereich geht die Aktivität auf Werte um 0,2 $\mu g\, C \cdot l^{-1} \cdot h^{-1}$ zurück. Die geringe organische Stoffproduktion bzw. externe Belastung des Stechlinsees zeigt sich in den extrem niedrigen und wenig schwankenden Zahlen im Bereich von 0,01 $\mu g\ C \cdot l^{-1} \cdot h^{-1}$. Trotz der prinzipiellen Unterschiede dieser Gewässertypen und der Niveauunterschiede in den Aktivitätsparametern sind die Auswirkungen der thermischen Belastung übereinstimmend. Man kann davon ausgehen, daß durch den Kühlwasserbetrieb der Kraftwerke die natürlichen sommerlichen Extremtemperaturen in 6 Monaten des Jahres überschritten werden. Die kinetische Analyse der temperaturabhängigen Effekte zeigt, in welchem Maße der Stoffumsatz dadurch verändert wird. Nach den von verschiedenen Autoren (MILLER et al. 1976; DELATTRE et al. 1979; SALTZMANN 1980; BABENZIEN & BABENZIEN 1985) mit ähnlichem methodischen Konzept erzielten Ergebnissen von Kontrolluntersuchungen kommt es daher in der Praxis — mit seltenen Abweichungen — zu einer starken Intensivierung des Kohlenstoffumsatzes. Die damit verbundene zusätzliche Belastung des Sauerstoffhaushaltes kann zwar in Fließgewässern zu einem kritischen Faktor werden (HOFFMANN 1974), sie ist bei den hier untersuchten Gewässern aber ohne ökologische Relevanz. Die beschleunigte Mineralisierung schafft jedoch die Voraussetzungen für die Zunahme der autotrophen Produktion (KOSCHEL & CASPER 1986) und ist damit ein Eutrophierungssignal. Bei einer mikrobiologischen Bearbeitung dieses Problems muß zusätzlich das Verhalten einzelner Bakteriengruppen beachtet werden. Trotz der annähernd gleichen Bakterienzahlen im Ein- und Auslaufbereich muß mit unterschiedlichen Überlebensraten hygienisch relevanter Taxa und einem höheren Infektionspotential im Warmwasserbereich gerechnet werden (BUCK 1973; GERHOLD 1978). Erst die Zusammenfassung mikrobenökologischer und hygienischer Erfahrungen führte hier zu den notwendigen Aussagen.

Neben der Kontrolle der in ihrer Thermik veränderten Gewässer sind mit dieser Methodik interessante Ergebnisse über mögliche Regulationsmechanismen gewonnen worden. Wie WITZEL (1980) zeigte, kann mit niedrigeren Temperaturen eine Erhöhung der Substrataffinität einhergehen. Hierfür werden allosterische Effekte auf Schlüsselenzyme oder Muster von Isoenzymen mit unterschiedlicher Temperaturcharakteristik angenommen. Diese Unterschiede können bei den am Standort herrschenden suboptimalen Bedingungen Selektionsvorteile bedeuten und auch zu den vielfach beschriebenen saisonalen Verschiebungen in der Struktur der Mikroflora führen (SIEBURTH 1967; TISON et al. 1980). Bei unseren Untersuchungen konnten diese Zusammenhänge in ähnlicher Weise gezeigt werden (Abb. 5 und 6).

Es gehört zu den spezifischen Besonderheiten des mikrobiologischen Monitoring, daß die Reaktionen nicht nur quantitativer Art sind, sondern daß alternative Prozesse zur Geltung kommen können. Das „Umkippen“ von Gewässern, d. h. der qualitative Umschlag von aeroben zu anaeroben Prozessen mit allen Folgeerscheinungen ist ein klassisches Beispiel für diese Situation. Zusammenhänge dieser Art und ihre Beeinflussung durch thermische Belastung wurden an einigen Experimenten gezeigt (Abb. 12 und Tab. 5). Bioassays unter Standardbedingungen zum Nachweis einzelner Noxen müssen daher durch Kontrolluntersuchungen auf Ökosystemebene ergänzt werden (CAIRNS 1982). Ein Beispiel für die Veränderungen der bakteriellen Aktivität unter dem Einfluß anderer Standortfaktoren wurde mit der Messung der Aufnahmerate bei steigendem Salzgehalt gegeben (Abb. 13). Erst die Bestimmung der metabolischen Aktivität erlaubt die aus den Bakterienzahlen allein nicht möglichen Rückschlüsse auf das Selbstreinigungspotential. Steigender Salzgehalt bewirkt eine unmittelbare Verringerung der Aufnahmeraten. Wie in einer Reihe von Untersuchungen in der Kieler Förde gezeigt wurde (GOCKE 1974b; WILDE & RHEINHEIMER 1981; GOCKE & RHEINHEIMER 1982), reduzieren sich die Umsatzraten der eingeschwemmten Bakterienfracht im Mündungsbereich sehr schnell, bevor sie von einer halotoleranten Mischpopulation verdrängt wird. VALDES & ALBRIGHT (1981) untersuchten ebenfalls mit gleicher Fragestellung und Methodik die Verhältnisse im Mündungsgebiet des Fraser-Rivers (Kanada).

In ihren ökologischen Studien über die Wirkungen von Schwermetallen und Detergentien betonen BANAUB (1984) und VIVES-REGO et al. (1986), daß die Bestimmung der metabolischen Aktivität der Mikroorganismen eine unmittelbare Indikation der Störungen im Ökosystem gibt. Dennoch werden Bakterien auch bei einem gezielten Einsatz von Bioziden nicht ausreichend in die toxikologische Bewertung einbezogen, für die Bestimmung der LD_{50} werden überwiegend Fische oder Algen in standardisierten Testsystemen verwendet (POLSTER & HALACKA 1974). Betrachtet man aber die Erhaltung des natürlichen Selbstreinigungspotentials als notwendige Zielgröße, muß bei der Bemessung von Grenzkonzentrationen auch die Reaktion der Bakterienflora geprüft werden. Die vorgelegten Ergebnisse (Abb. 14) von Versuchen mit einem Organozinnbiozid an planktischen und benthischen Mikroorganismen unterstreichen die Problematik der sublethalen Grenzkonzentrationen.

Gegenwärtig werden schwerwiegende Störungen in Gewässern auch durch pH-Wert-Veränderungen hervorgerufen. Für die Beurteilung der mikrobiellen Aktivität unter diesen Bedingungen konnten die kinetischen Parameter ebenfalls herangezogen werden. FERRONI et al. (1983) bestimmten das heterotrophe Potential in Experimentalgewässern mit simuliertem sauren Regen sowie in sauren Seen. Weitere Anwendungsbeispiele für die Methodik bei Schädigung durch Gewässerversauerung geben MILLS & HERLIHY (1985) und GAHNSTRÖM & FLEISCHER (1985).

Es liegt auf der Hand, daß selbst die Bestimmung eines so komplexen Parameters, als den wir die „heterotrophic capacity“ betrachten können, nur eine der erforderlichen Untersuchungsstrategien im Gewässer-Monitoring sein kann. Ohne Zweifel ermöglichen jedoch bakteriologische kinetische Kenngrößen einen wichtigen Einblick in das Reaktionsverhalten von Ökosystemen auf einer für den gesamten Stoffhaushalt entscheidenden Stufe.

5. Zusammenfassung

Aus der zentralen Funktion bakterieller Prozesse im Stoffhaushalt wird die Notwendigkeit ihrer Einbeziehung in ein biologisches Monitoring-Programm von Gewässern abgeleitet. Es werden methodische Möglichkeiten zur Quantifizierung bakterieller Leistungen dargestellt und die besondere Eignung kinetischer Parameter diskutiert. Das heterotrophe Potential (V_{max}) wird zur Charakterisierung unterschiedlicher Standorte (Küstengewässer und Binnensee) herangezogen. Es werden Veränderungen der natürlichen Aktivität unter dem Einfluß verschiedener Stressoren gezeigt. Insbesondere werden Auswirkungen thermischer Belastung durch 2 Kernkraftwerke untersucht. Auf weitere Anwendungsmöglichkeiten zur Bioindikation wird hingewiesen.

6. Danksagung

Herrn Dipl.-Biol. A. TEICHMANN und Herrn Dipl.-Biol. ST. GÜMPEL danke ich für ihre Mitarbeit bei den Untersuchungen am Greifswalder Bodden. Für die umsichtige technische Assistenz danke ich Frau CH. GRUBE, Frau R. SCHULZ und Frau M. DEGEBRODT.

Literatur

ALBRIGHT, L. J., & WENTWORTH, J. W. (1973): Use of the heterotrophic activity technique as a measure of eutrophication. Environ. Pollut. **5**, 59—72.

ATLAS, R. M. (1984): Use of microbial diversity measurements to assess environmental stress. In: KLUG, M. J., & REDDY, C. A., Current perspectives in microbial ecology. American Soc. Microbiol., Washington, 540—545.

AZAM, F., FENCHEL, T., FIELD, J. G., GRAY, J. S., MEYER-REIL, L.-A., & THINGSTAD, F. (1983): The ecological role of water-column microbes in the sea. Mar. Ecol. Progr. Ser. **10**, 257 bis 273.

BABENZIEN, H.-D. (1982): Heterotrophe Aktivität. In: BREITIG, G., & v. TÜMPLING, W. (Wiss. Red.), Ausgewählte Methoden der Wasseruntersuchung. Bd. II: Biologische, mikrobiologische und toxikologische Methoden, 245—252. Jena.

— (1985): Mikrobiologische Untersuchungen am Greifswalder Bodden. Arb. Plenum Kl. AdW DDR (Berlin) **17**, 1—14.

— & BABENZIEN, CH. (1985): Microbial activities at Lake Stechlin. In: CASPER, S. J. (ed.), Lake Stechlin. A temperate oligotrophic lake, S. 347—373. Dordrecht, Boston, Lancaster.

— (1986): Desulfurikation im Stoffhaushalt der Gewässer. *Limnologica* (Berlin) **17** (1), 149—153.

— HÜBEL, H., & WESTPHAL, H. (1982): Schwankungen der bakteriellen Aktivität in Küstengewässern der Ostsee. Wiss. Z. Univ. Greifswald, Math.-Nat. Reihe **31**, 66—67.

BANOUB, M. W. (1984): Effect of some heavy-metals on glucose assimilation in polluted waters. Arch. Hydrobiol. Beih. (Ergebn. Limnol.) **19**, 295—302.

BARTHOLOMEW, G. W., & PFAENDER, F. K. (1983): Influence of spatial and temporal variations on organic pollutant biodegradation rates in an estuarine environment. Appl. Environ. Microbiol. **45**, 103—109.

BUCK, J. D. (1973): Effect of thermal effluent on the microbiology and chemistry of the Connecticut River. In: STEVENSON, L. H., & COLWELL, R. R. (eds.), Estuarine microbial ecology, S. 283 bis 297. Columbia.

CAIRNS Jr., J. (1981): Biological monitoring. P. VI-Future needs. Wat. Res. **15**, 941—952.

— (1982): Biological monitoring in water pollution. Oxford.

CARNEY, J. F., & COLWELL, R. R. (1976): Heterotrophic utilization of glucose and glutamate in an estuary: effect of season and nutrient load. Appl. Environ. Microbiol. **31**, 227—233.

CASPER, S. J. (ed.) (1985): Lake Stechlin. A temperate oligotrophic lake. Dordrecht, Boston, Lancaster.

CORRENS, M. (1973): Über die Wasserstandsverhältnisse des Kleinen Haffs und des Peenestroms. Wiss. Z. Humboldt-Univ. Berlin **22**, 677—692.

DELATTRE, J. M., DELESMONT, R., CLABAUX, M., OGER, C., & LECLERC, H. (1979): Bacterial biomass, production and heterotrophic activity of the coastal seawater at Gravelines (France). Oceanol. Acta **2**, 317—324.

DOETSCH, R. M., & COOK, T. M. (1973): Introduction to bacteria and their ecobiology. Baltimore.

FERRONI, G. D., LEDUC, L. G., & CHOQUET, C. G. (1983): Preliminary studies on the use of the heterotrophic activity method to evaluate acid-stress effects in aquatic environments. Wat. Res. **17**, 1379—1384.

FISCHER, R., & GEISTHARDT, A. (1974): Strom aus dem Kernkraftwerk „Bruno Leuschner" Greifswald. Technik **5**, 293—297.

FRITSCHE, W. (1985): Umwelt-Mikrobiologie. Berlin.

GAHNSTRÖM, G., & FLEISCHER, S. (1985): Microbial glucose transformation in sediment from acid-lakes. Ecol. Bull. (Stockholm) **37**, 287—292.

GERHOLD, R. M. (ed.) (1978): Microbiology of power plant thermal effluents. Proc. Symp. Iowa State Univ., Iowa, 1—156.

GOCKE, K. (1974a): Methodische Probleme bei Untersuchungen zur mikrobiellen Stoffaufnahme in Gewässern. Kieler Meeresforsch. **30**, 12—23.

— (1974b): Untersuchungen über den Einfluß des Salzgehaltes auf die Aktivität von Bakterienpopulationen des Süß- und Abwassers. Kieler Meeresforsch. **30**, 99—106.

— (1977a): Untersuchungen über die heterotrophe Aktivität in der zentralen Ostsee. Mar. Biol. **40**, 87—94.

— (1977b): Heterotrophic activity. In: RHEINHEIMER, G. (ed.), Microbial ecology of a Brackish water environment, S. 198—222. Berlin, Heidelberg, New York.

— & RHEINHEIMER, G. (1982): Hydrographische Einflüsse auf Bakterienverteilung und bakterielle Aktivität in einer eutrophierten Ostseeförde. Bot. Mar. **30**, 7—17.

GOULDER, R., BLANCHARD, A. S., SANDERSON, P. L., & WRIGHT, B. (1979): A note on the recognition of pollution stress in populations of estuarine bacteria. J. Appl. Bact. **46**, 285—289.

GRIFFITH, R. P., HAYASAKA, ST. S., MCNAMARA, TH. M., & MORITA, R. Y. (1977): Comparison between two methods of assaying relative microbial activity in marine environments. Appl. Environ. Microbiol. **34**, 801—805.

HARDER, W., DIJKHUIZEN, L., & VELDKAMP, H. (1984): Environmental regulation of microbial metabolism. In: KELLY, D. P. & CARR, N. G. (eds.), The Microbe 1984. Part II, Prokaryotes and Eukaryotes S. 51—95. Cambridge, London, New York, New Rochelle, Melbourne, Sydney.

HOBBIE, J. E., & CRAWFORD, C. C. (1969): Bacterial uptake of organic substrate: new methods of study and application to eutrophication. Verh. Int. Verein. Limnol. **17**, 725—730.

— & RUBLEE, P. (1977): Radioisotope studies of heterotrophic bacteria in aquatic environments. In: CAIRNS Jr., J. (ed.), Aquatic microbial communities, S. 441—476. New York, London.

HEYER, J., & BABENZIEN, H. D. (1985): Untersuchungen des Methankreislaufes in einem oligotrophen See (Stechlinsee). *Limnologica* (Berlin) **16** (2), 267—276.

— & SUCKOW, R. (1985): Ökologische Untersuchungen der Methanoxydation in einem sauren Moorsee. *Limnologica* (Berlin) **16** (2), 247—266.

HOLDER-FRANKLIN, M. A. (1981): Methods of studying population shifts in aquatic bacteria in response to environmental change. Sci. Ser. (Ottawa) **124**, 1—107.

HOFFMANN, F. O. (1974): Wärmebelastbarkeit des Rheins abhängig von Wasserverschmutzung. Umschau **21**, 667—668.

INGVORSEN, K., ZEIKUS, J. G., & BROCK, T. D. (1981): Dynamics of bacterial sulfate reduction in a eutrophic lake. Appl. Environ. Microbiol. **42**, 1029—1036.

JOERGENSEN, B. B. (1978): A comparison of methods for the quantification of bacterial sulfate reduction in coastal marine sediments. Geomicrobiology **1**, 11—27.

JOST, G. (1985): Die Bakterien. Geod. Geoph. Veröff. R. IV, H. **41**, 46—48.

— & BALLIN, G. (1984): Seasonal changes in bacteriological parameters at a station in the chain of shallow waters (boddens) south of the Darss-Zingst Peninsula (South Baltic). *Limnologica* (Berlin) **15** (2), 597—603.

KOSCHEL, R., & CASPER, S. J. (1986): Die ökologische Bedeutung des Kernkraftwerkes I der DDR. Biol. Rundsch. **24**, 179—195.

KUPARINEN, J., & NIEMI, M. (1984): The effect of effluents from a sulphite cellulose factory on microbial heterotrophic activity in freshwater. Ecol. Bull. (Stockholm) **36**, 143—149.
KUSNEZOW, S. I. (1959): Die Rolle der Mikroorganismen im Stoffkreislauf der Seen. Berlin.
MACIEJOWSKA, M., BECKER-BIRK, J., HOPPE, H.-H., & SCHNEIDER, J. (1981): Recommendations on methods for marine microbiological studies in the Baltic Sea. BMB-Publ. No. **3**, 1—196 (Warsaw, Poland).
MATTHEWS, R. A., BUIKEMA Jr., A. L., CAIRNS Jr., J., & RODGERS Jr., J. H. (1982): Biological Monitoring. Part II A — Receiving system functional methods, relationships and indices. In: CAIRNS Jr., J., Biological Monitoring in water pollution, 129—139. Oxford.
MILLS, A. L., & HERLIHY, A. T. (1985): Microbial ecology and acidic pollution of impoundments. In: GUNNISON, D. (ed.), Microbial processes in reservoirs (Devel. Hydrobiol. **27**), 169—189. Dordrecht.
MILLER, M. C., HATER, G. R., FEDERLE, T. W., & REED, J. P. (1976): Effects of power plant operation on the biota of a thermal discharge channel. In: ESCH, G. W., & MCFARLANE, R. W. (eds.), Thermal ecology II. Proc. Symp. Augusta, Georgia, 251—258.
OVERBECK, J. (1973): Über die Kompartimentierung der stehenden Gewässer — ein Beitrag zur Struktur und Funktion des limnischen Ökosystems. Verh. Ges. Ökol., Saarbrücken, 211—223.
— (1975): Distribution pattern of uptake kinetic responses in a stratified eutrophic lake (Plußsee ecosystem study **IV**). Verh. Int. Verein. Limnol. **19**, 2600—2615.
PFENNIG, N. (1984): Microbial behaviour in natural environments. In: KELLY, D. P., & CARR, N. G. (eds.), The Microbe 1984. Part II, Prokaryotes and Eukaryotes. SGM Symp. **36**, 23—50. Cambridge.
POLSTER, M., & HALAĆKA, K. (1974): Einfluß von Triphenylzinnacetatrückständen auf einige Wasserorganismen. Tag. Ber. **126**, AdL der DDR, 117—122.
RICHTER, D., NEUBERT, W., & KLÄMT, A. (1979): Temperatur- und Wärmehaushalt des thermisch belasteten Stechlin- und Nehmitzsees. Abhdl. Meteorol. Dienst. DDR **123** (XVI), 1—40.
ROSSER, H. R., & HAMILTON, W. A. (1983): Simple assay for accurate determination of (^{35}S) sulfate reduction activity. Appl. Environ. Microbiol. **45**, 1956—1959.
ROSSWALL, T., & PERSSON, I.-B. (1982): Functional description of bacterial populations from seven Swedish lakes. *Limnologica* (Berlin) **14** (1), 1—16.
SALTZMANN, H. A. (1980): Untersuchungen über die Veränderungen der Mikroflora beim Durchgang von Brackwasser durch die Kühlanlagen von Kraftwerken. Thesis, Kiel, 1—124.
SCHLIEPER, C. (Hrsg.) (1968): Methoden der meeresbiologischen Forschung. Jena.
SCHNESE, W. (1969): Untersuchungen zur produktionsbiologischen Dynamik der Brackwässer um Rügen. *Limnologica* (Berlin) **7** (1), 171—180.
— (1973): Untersuchungen zur Produktionsbiologie des Greifswalder Boddens (südl. Ostsee). Teil I. Die Hydrographie: Salzgehalt, Sauerstoffgehalt, Temperatur und Sestongehalt. Wiss. Z. Univ. Rostock, Math-Nat. R. **22**, 629—639.
SCHOHKNECHT, G. (1973): Einige Untersuchungsergebnisse über die Wasserbeschaffenheit des Greifswalder Boddens. Acta hydrochim. hydrobiol. **1**, 387—395.
SHILO, M. (ed.) (1979): Strategies of microbial life in extreme environments. Dahlem Konf. Berlin, 1—372.
SIEBURTH, J. McN. (1967): Seasonal selection of estuary bacteria by water temperature. J. Exp. Mar. Biol. Ecol. **1**, 98—121.
STÖCKER, G. (1981): Zu einigen theoretischen und methodischen Aspekten der Bioindikation. Arch. Natursch. Landschaftsforsch. (Berlin) **21**, 187—209.
TAMMINEN, T. (1984): Ammonium effluent tests with phytoplankton and bacterioplankton communities and with a test alga. Ecol. Bull. (Stockholm) **36**, 120—124.
TEMPEST, D. W., NEIJSSEL, O. E., & ZEVENBOOM, W. (1983): Properties and performance of microorganisms in laboratory culture: their relevance to growth in natural ecosystem. In: SLATER, J. H., WHITTENBURRY, R., & WIMPENNY, J. W. T. (eds.), Microbes in their natural environments. SGM Sympos. **34**, 119—152. Cambridge.
TIEFENBRUNNER, F. DÜSING, F., KRAMBECK, H. J., & OVERBECK, J. (1976): Die Anwendung enzymkinetischer Methoden bei der bakteriologischen Untersuchung eines Vorfluters. Zbl. Bakt. Hyg., I Abt. Orig. B, **161**, 498—518.
TISON, D. L., POPE, D. H., & BOYLEN, CH. W. (1980): Influence of seasonal temperature on the temperature optima of bacteria in sediments of Lake George, New York. Appl. Environ. Microbiol. **39**, 675—677.
VALDÉS, M., & ALBRIGHT, L. J. (1981): Survival and heterotrophic activities of Fraser River and Strait of Georgia bacterioplankton within the Fraser River plume. Mar. Biol. **64**, 231—241.
VELDKAMP, H., GEMERDEN, H. VAN, HARDER, W., & LANBROEK, H. J. (1984): Competition among bacteria: an overview. In: KLUG, M. J., & REDDY, C. A., Current perspectives in microbial ecology, S. 279—290. American. Soc. Microbiol., Washington.
VIVES-REGO, J., VAQUE, D., & MARTINEZ, J. (1986): Effect of heavy metals and surfactants on glucose metabolism, thymidine incorporation and exoproteolytic activity in sea water. Wat. Res. **20**, 1411—1415.
WILDE, V., & RHEINHEIMER, G. (1981): Mikrobiologische Untersuchungen in Flüssen. IV. Der Einfluß von Salzgehaltsänderungen im Mündungsgebiet auf Zusammensetzung und Aktivität der Mikroflora. Arch. Hydrobiol. **93**, 21—31.
WITZEL, K.-P. (1980): Temperature compensation of (U-^{14}C)-Glucose incorporation by microbial communities in a river with a fluctuating thermal regime. Appl. Environ. Microbiol. **39**, 790—796.
— OVERBECK, J., & MOALEDJ, K. (1982): Microbial communities in lake Plußsee — an analysis with numerical taxonomy of isolates. Arch. Hydrobiol. **94**, 38—52.
WOLTERS, N., & SCHWARTZ, W. (1956): Untersuchungen über Vorkommen und Verhalten von Mikroorganismen in reinen Grundwässern. Arch. Hydrobiol. **51**, 500—541.
WRIGHT, R. T. (1973): Some difficulties in using ^{14}C-organic solutes to measure heterotrophic bacterial activity. In: STEVENSON, L. H., & COLWELL, R. R. (eds.), Estuarine microbial ecology, S. 199—217. Columbia.
— HOBBIE, J. E. (1966): The use of glucose and acetate by bacteria and algae in aquatic eco-systems. Ecology **47**, 447—464.
ZEIKUS, J. G. (1983): Metabolic communication between biodegradative populations in nature. In: SLATER, J. H., WHITTENBURRY, R., & WIMPENNY, J. W. T. (eds.), Microbes in their natural environments. SGM Sympos. **34**, 423—462. Cambridge.
— & WINFREY, M. R. (1976): Temperature limitation of methanogenesis in aquatic sediments. Appl. Environ. Microbiol. **31**, 99—107.

Eingegangen am 2. 9. 87.

Anschrift des Verfassers:

Dr. HANS-DIETRICH BABENZIEN
Akademie der Wissenschaften der DDR
Zentralinstitut für Mikrobiologie
und Experimentelle Therapie
Abteilung Limnologie
Beutenbergstr. 11
Jena
DDR-6900

Limnologica (Berlin) **19** (2), 147—159, Dezember 1988

AdW der DDR, Zentralinstitut für Mikrobiologie und Experimentelle Therapie, Abteilung Limnologie, Jena

Untersuchungen zum mikrobiellen Abbau von pflanzlichem Detritus in Seen*

Microbial Decomposition of Plant Detritus in Lakes

Von PETER CASPER, CHRISTINA BABENZIEN & GOTTFRIED PROFT

Mit 12 Abbildungen und 4 Tabellen

Key words: *Potamogeton lucens*; *Fagus sylvatica*; Decomposition; Bacterial numbers; Bacterial activity; Nutrients.

Summary

The decomposition of two types of plant litter (*Fagus sylvatica* and *Potamogeton lucens*) was examined under aerobic and anaerobic conditions in laboratory experiments during 120 days. Measurements of bacterial numbers and activities, of dissolved carbon and ortho-phosphate were carried out. Decomposition of both plant materials followed three different patterns with time: (1) rapid increase to a maximum after 10 days; (2) decrease during days 10—35; (3) a plateau, which was maintained. Different results were obtained between aerobic and anaerobic conditions. Especially the rate of ^{14}C-acetate-incorporation differed. The rate was characterized under anaerobic conditions by a peak after about 60 days.

Decomposition of an aquatic macrophyte (*Potamogeton lucens*) compared to terrestrial plant litter (*Fagus sylvatica*) showed that bacterial numbers and bacterial activities reached maxima some days earlier (*P. lucens* after 3 days; *F. sylvatica* after 10 days). *F. sylvatica* was decomposed more slowly than *P. lucens*.

1. Einleitung

Der allochthone Eintrag von Pflanzenmaterial in aquatische Ökosysteme stellt zusammen mit abgestorbenen Algen und Makrophyten eine wichtige Kohlenstoff- und Energiequelle dar (FISHER & LIKENS 1973; GOLTERMAN 1975; FENCHEL & HARRISON 1975). Durch den mikrobiellen Detritusabbau werden anorganische Nährstoffe für die autotrophe Assimilation regeneriert (BABENZIEN & BABENZIEN 1985; CARPENTER 1980; LINLEY & NEWELL 1984). Außerdem ermöglicht die Umwandlung des organischen Pflanzenmaterials in bakterielle Biomasse die Nutzung dieser Nährstoff- und Energiequelle in der Nahrungskette des Systems (MANN 1975; FENCHEL & JOERGENSEN 1977; PETERSEN & CUMMINS 1974). Die Prozesse der bakteriellen Remineralisierung unter Bildung von partikulärem organischem Material besitzen im pelagischen Kohlenstoffhaushalt große Bedeutung bei der Rückführung aus Exsudationsprodukten des Phytoplanktons, Exkretionsprodukten des Zooplanktons und Autolyseprodukten (WETZEL et al. 1972; BABENZIEN & BABENZIEN 1985). Der Abbau erfolgt in verschiedenen Phasen:

(1) leaching-Prozesse; (2) mikrobieller Abbau einer labilen Fraktion; (3) weiterer z. T. anaerober Abbau der refraktären Fraktion durch Mikroorganismen (FEDERLE & VESTAL 1980; MOLONGOSKI & KLUG 1976; JONES 1971; GODSHALK & WETZEL 1978). Innerhalb dieser drei Phasen werden äußere Einflüsse in unterschiedlichem Maße wirksam. Besondere Bedeutung erlangen die Zerkleinerung des Pflanzenmaterials durch Zooplanktonfraß, die Zerkleinerung durch windverursachte Bewegungen während der Laubansammlung im Uferbereich, die Besiedlung durch Hyphomyceten (S. J. CASPER 1963; S. J. CASPER et al. 1985b) u. a. Im Litoralbereich des oligotrophen Stechlinsees konnten ungewöhnlich hohe Methanbildungsraten ermittelt werden, 200 bis 800 μmol $CH_4 \cdot m^{-2} \cdot h^{-1}$ (HEYER & BABENZIEN 1985). Die Bereitstellung der dafür notwendigen organischen Substanz durch pflanzlichen Detritus wurde von HEYER & BABENZIEN (1985) diskutiert. Die Kalkulationen zum Kohlenstoffeintrag im Litoralbereich auf der Grundlage des jährlichen Laubeintrages, der Makrophytenbestände sowie der Abbauraten von terrestrischem und aquatischem Pflanzenmaterial (P. CASPER 1987) zeigen, daß diese Methanbildungsraten möglich sind.

In der vorliegenden Arbeit sollen mikrobielle Aktivitäten während des Abbaues von pflanzlichem Detritus untersucht werden. Mit *Potamogeton lucens* und *Fagus sylvatica* wurden zwei repräsentative Vertreter der Flora des Stechlinseegebietes ausgewählt. *F. sylvatica* ist mit 54% die dominierende Laubbaumart des Stechlinseeufers (96% Bewaldung mit einem Anteil von 84% Laubbäumen) und mit ca. 60% am jährlichen Laubeintrag beteiligt (S. J. CASPER et al. 1985b; P. CASPER 1987). *P. lucens* stellt jährlich 6% des Eintrages an organischem Kohlenstoff aus Makrophyten.

Die Materialien wurden im Laborexperiment dem aeroben und dem anaeroben Abbau unterworfen. Während der Versuche wurden verschiedene mikrobiologische Parameter (Gesamtbakterienzahl, Koloniezahl oligocarbophiler Mikroorganismen, Gehalt zellulolytischer Mikroorganismen, bakterielle Aktivitäten) sowie der DOC- und ortho-Phosphat-Gehalt ermittelt.

2. Material und Methoden

Pflanzenmaterial:

Fagus sylvatica: Im Herbst 1985 wurden frisch gefallene Blätter im Uferbereich des Stechlinsees gesammelt und bei 105 °C bis zur Gewichtskonstanz getrocknet.

Potamogeton lucens: Am Tage des Versuchsbeginns wurde *P. lucens* aus dem Stechlinsee entnommen. Der Faktor Frischgewicht (FG) zu Trockengewicht (TG) (7,0) wurde mittels Teilproben bestimmt.

Inkubation:

10 g TG *F. sylvatica* bzw. 35 g FG (5 g TG) *P. lucens* wurden mit 4,5 l filtriertem Stechlinseewasser (78 µm; Oberflächenprobe) in 5-l-Erlenmeyer-Kolben inkubiert. Je ein Kolben wurde mit O_2, die anderen beiden mit N_2 begast. Die Begasung sorgte für eine mäßige Durchmischung des Wasserkörpers. Die Inkubation erfolgte im Dunkeln bei einer standortnahen Temperatur von 3—9 °C.

Probenahme:

Aus den Kolben wurde in den ersten beiden Wochen zweimal wöchentlich, dann einmal pro Woche und nach 7 Wochen 14tägig

* Diese Arbeit widmen wir Herrn Dr. habil. S. J. CASPER zu seinem 60. Geburtstag.

Wasser entnommen. Dieses wurde durch Plankton-Netz-Gaze (42 µm) filtriert, in sterile Glasflaschen überführt und bis zur Untersuchung bei 4 °C aufbewahrt.
Koloniezahl:
Die Ermittlung der Zahl obligocarbophiler Bakterien erfolgte als Koloniezählung auf nährstoffarmen Medien, 1/10 Nähragar und PYE (0,2% Pepton, 0,1% Hefeextrakt, 0,02% $MgSO_4$), nach 10 Tagen Bebrütung bei 28 °C.
Gesamtbakterienzahl:
Die Gesamtbakterienzahl wurde mit der Auflichtfluoreszenstechnik (AODC) nach ZIMMERMANN & MEYER-REIL (1974) bestimmt.
Zellulolytische Mikroorganismen:
Es kam die MPN-Methodik mit 5 Parallelen je Verdünnungsstufe zur Anwendung. Zu 9 ml Medium (1,0 g K_2HPO_4; 0,1 g $CaCl_2 \times 6\,H_2O$; 0,3 g $MgSO_4 \times 7\,H_2O$; 0,01 g $FeCl_3 \times 6\,H_2O$; 2,5 g $NaNO_3$ ad 1,0 l Aqua dest.; pH 7,2—7,3) wurde 1 ml Probe gegeben. Die Inkubation erfolgte in Reagenzgläsern mit Filterpapierstreifen, die sich bis zur Hälfte im Medium befanden (ROMANENKO & KUSNETZOV 1974). Die Röhrchen wurden 21 Tage bei 28 °C bebrütet, als Auswertekriterium diente die Verfärbung bzw. Zersetzung des Papierstreifens. Die Auswertung erfolgte nach OBERZILL (1967).
Aufnahmeraten:
Die bakterielle Aktivität wurde als maximale Aufnahmerate nach der Einzelkonzentrationsmethode (GRIFFITH et al. 1977) bestimmt. Als Substrat dienten ^{14}C-Glukose und ^{14}C-Natriumacetat im Konzentrationsbereich 25 µg C · l^{-1} bzw. 30—36 µg C · l^{-1} mit einem Radioaktivitätsgehalt von 0,5 µCi. 10 ml der Probe wurden bei Versuchstemperatur (3—9 °C) inkubiert.
DOC:
Die Analyse des gelösten organischen Kohlenstoffs (DOC) erfolgte als Naßoxidation mit $K_2S_2O_8$ mit konduktometrischer CO_2-Analyse (PROFT 1980).
ortho-Phosphat:
Die ortho-Phosphat-Bestimmung erfolgte mit der Mo-blau-Methodik (VOGLER 1965).

Methan:
Die Ermittlung der Methankonzentration erfolgte gaschromatographisch (HEYER & SUCKOW 1985).
Statistische Grundlage:
Jede Versuchsvariante wurde in jeweils einem Erlenmeyer-Kolben durchgeführt. Die dargestellten Werte sind Mittelwerte von Doppel- bzw. Dreifachbestimmungen.

3. Ergebnisse

3.1. Keimgehalte

Die Dynamik der Keimgehalte ist unter allen getesteten Versuchsbedingungen durch eine sehr schnelle Erhöhung in den ersten Tagen, ein Maximum in der 1.—2. Woche und eine relativ konstante Zellzahl ab 2.—3. Woche charakterisiert (Abb. 1 und 2). In der frühen Phase ermöglicht die Erhöhung der Substratkonzentration, als Folge der leaching-Prozesse, eine exponentielle Zunahme der Zellzahl. Nach

$$\mu = \ln x_t - \ln x_0 (t - t_0)^{-1} \qquad (1) \qquad \text{und}$$

$$t_d = \ln 2\mu^{-1} \qquad (2) \qquad \text{mit}$$

x_t = Zellzahl zum Zeitpunkt t, x_0 = Zellzahl zum Zeitpunkt $t = 0$ (SCHLEGEL 1985),

errechnen sich die in Tab. 1 zusammengefaßten Verdopplungszeiten (t_d) für das Zeitintervall 0—72 h. Die durchschnittliche Verdopplungszeit beträgt 8,5 h. Die maximale Koloniezahl ist beim Abbau von *P. lucens* bereits nach 3 Tagen, bei *F. sylvatica* nach 10 Tagen erreicht. Die durchschnittliche Koloniezahl in der Plateau-Phase ist bei *F. sylvatica* um den Faktor 5 erhöht.

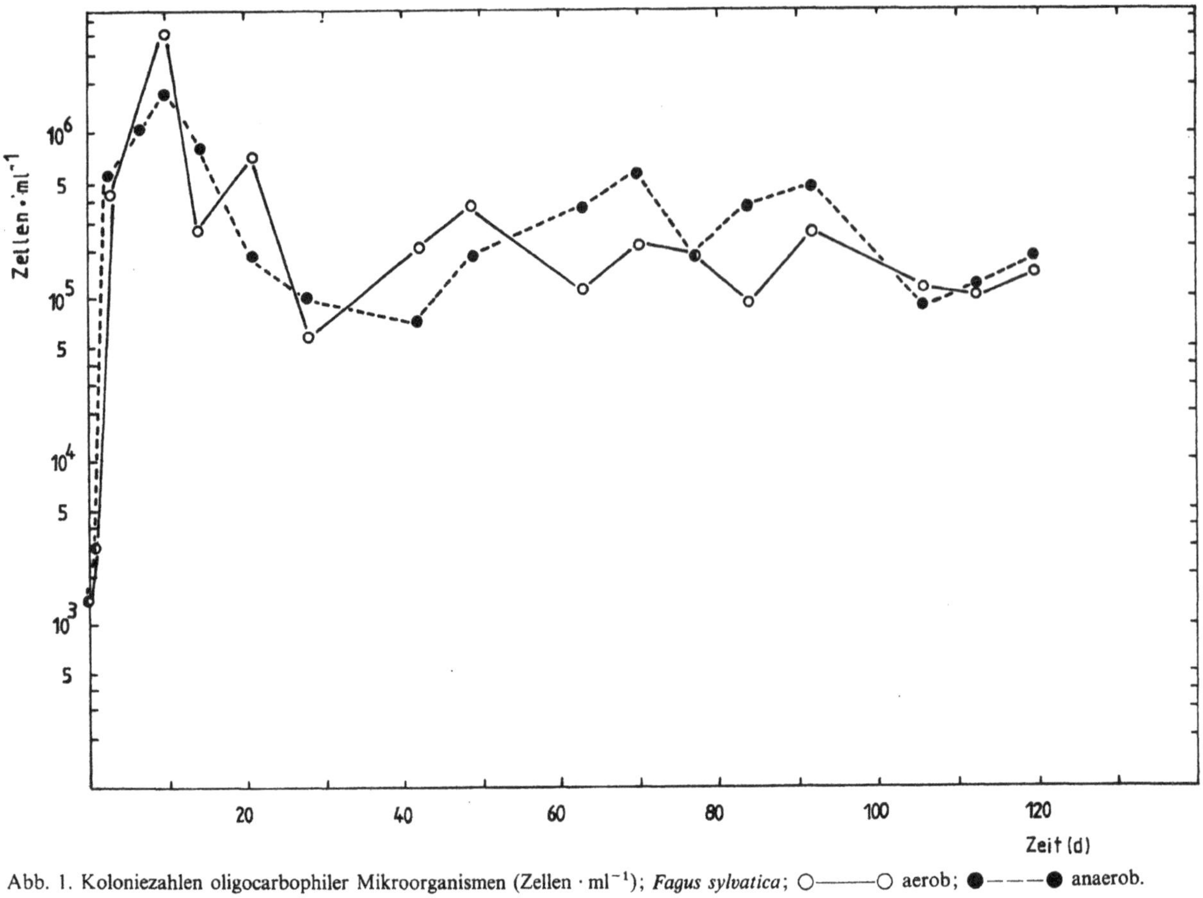

Abb. 1. Koloniezahlen oligocarbophiler Mikroorganismen (Zellen · ml^{-1}); *Fagus sylvatica*; ○——○ aerob; ●– – –● anaerob.

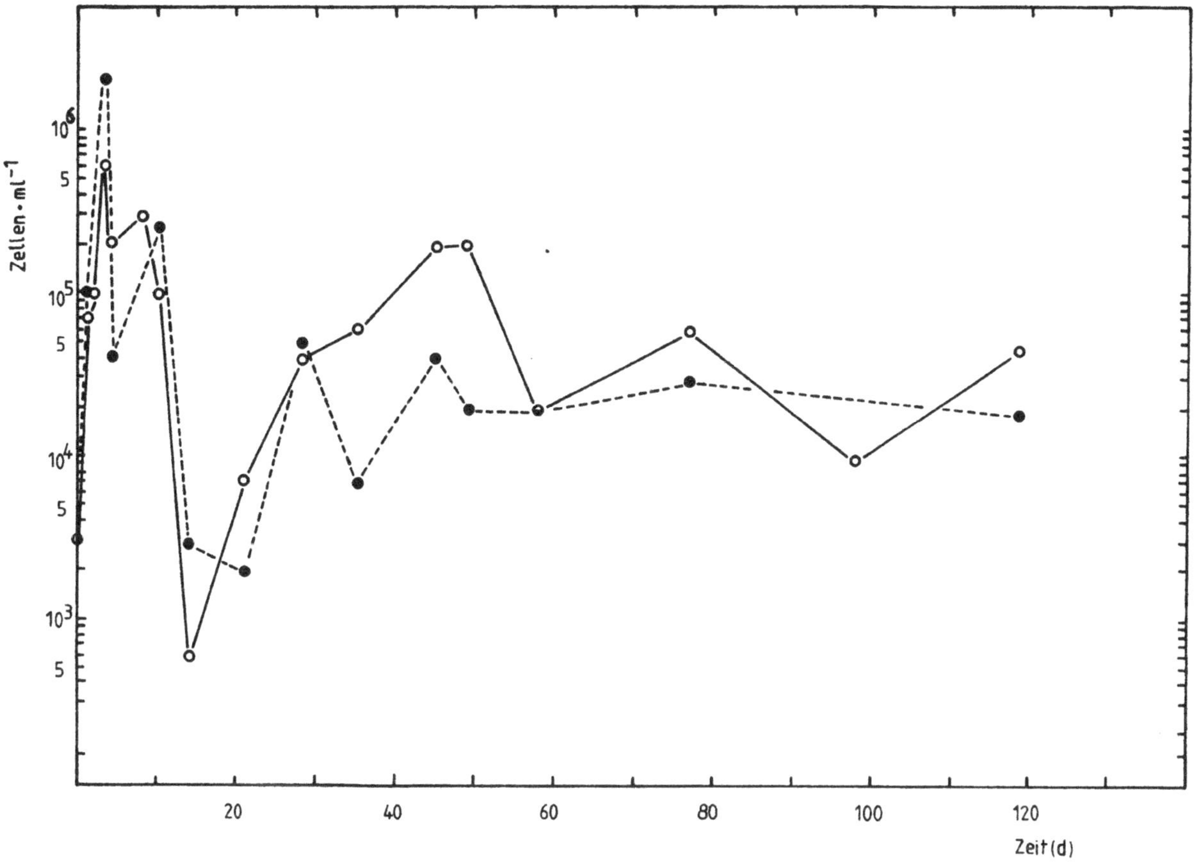

Abb. 2. Koloniezahlen oligocarbophiler Mikroorganismen (Zellen · ml^{-1}); *Potamogeton lucens*; ○——○ aerob; ●– – –● anaerob.

Tab. 1. Bakterielle Wachstumsparameter beim Abbau von pflanzlichem Detritus.
B_{max} — Zeit bis zum Erreichen der maximalen Koloniezahl (KZ); B_{max} — maximale KZ; t_d — Verdopplungszeit; Zeitintervall: 0—72 h

Material	Inkubation	B_{max} (d)	B_{max} (Z · ml^{-1})	t_d (h)
F. sylvatica	aerob	10	$1{,}8 \times 10^6$	8,3
F. sylvatica	anaerob	10	$4{,}3 \times 10^6$	8,7
P. lucens	aerob	3	$6{,}0 \times 10^5$	9,4
P. lucens	anaerob	3	$2{,}0 \times 10^6$	7,7
				∅ 8,5

Im Gegensatz zu den zellulolytischen Mikroorganismen wird die Koloniezahl bei beiden Pflanzen kaum durch die Sauerstoffverhältnisse beeinflußt.

Nach einem Maximum am 7. Tag (*F. sylvatica*) bzw. 11. Tag (*P. lucens*) kommt es unter anaeroben Verhältnissen zur Abnahme der Zellzahl zellulolytischer Mikroorganismen (Abb. 3 und 4). Der Gehalt an Zellulosezersetzern blieb beim *P. lucens*-Abbau um eine Zehnerpotenz niedriger als beim *F. sylvatica*-Abbau. Im Gegensatz zu den anaeroben Versuchen waren unter aeroben Verhältnissen relativ hohe Zellzahlen bis zum 120. Tag nachweisbar. Änderungen in der Dominanzstruktur der Gesamtpopulation werden am Beispiel der oligocarbophilen und der zellulosezersetzenden Bakterien deutlich. Die Maxima der Zellzahlen treten zu unterschiedlichen Zeiten auf und der Anteil an der Gesamtbakterienzahl variiert (Tab. 2). Die in Tab. 2 zusammengefaßten Werte zeigen, daß beim *F. sylvatica*-Abbau die Koloniezahlen einen Anteil von 3—15% an der Gesamtbakterienzahl haben.

3.2. Aufnahmeraten von ^{14}C-Glukose und ^{14}C—Na—Acetat

Die Aufnahmeraten der Metabolite Glukose und Acetat stellen ein Maß für die bakterielle Aktivität dar.

Die Aufnahmerate für ^{14}C-Glukose ist durch ein Maximum in den ersten Versuchsstunden und ein Absinken der Raten auf ein konstantes, gegenüber dem Anfangswert nur wenig erhöhtes Niveau gekennzeichnet. Zwischen aeroben und anaeroben Versuchsbedingungen bestanden in der Aufnahme von ^{14}C-Glukose kaum Unterschiede (Abb. 5 und 6). Beim *F. sylvatica*-Abbau konnte nach dem 3. Tag eine Erhöhung der Aufnahmerate um das 300—1000fache nachgewiesen werden. Das Maximum wurde mit 2,5 µg C · l^{-1} · h^{-1} bzw. 1,9 µg C · l^{-1} · h^{-1} am 10. Tag erreicht, ab 20. Tag blieb das Niveau der Aufnahmerate mit einem mittleren Wert von 0,09 µg C · l^{-1} · h^{-1} relativ konstant. Beim *P. lucens*-Abbau stieg die Rate bereits nach dem 1. Tag.

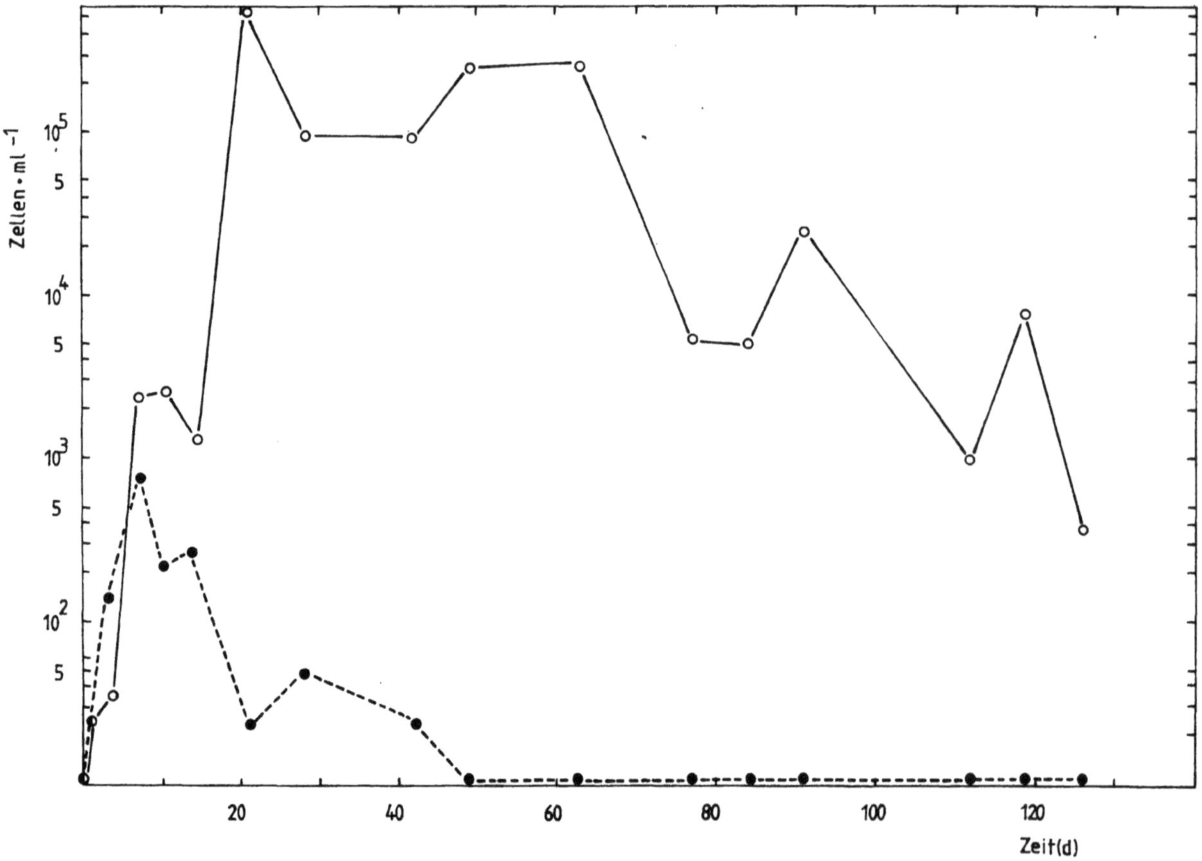

Abb. 3. Gehalt zellulolytischer Mikroorganismen (Zellen · ml^{-1}); *Fagus sylvatica*; ○——○ aerob; ●– – –● anaerob.

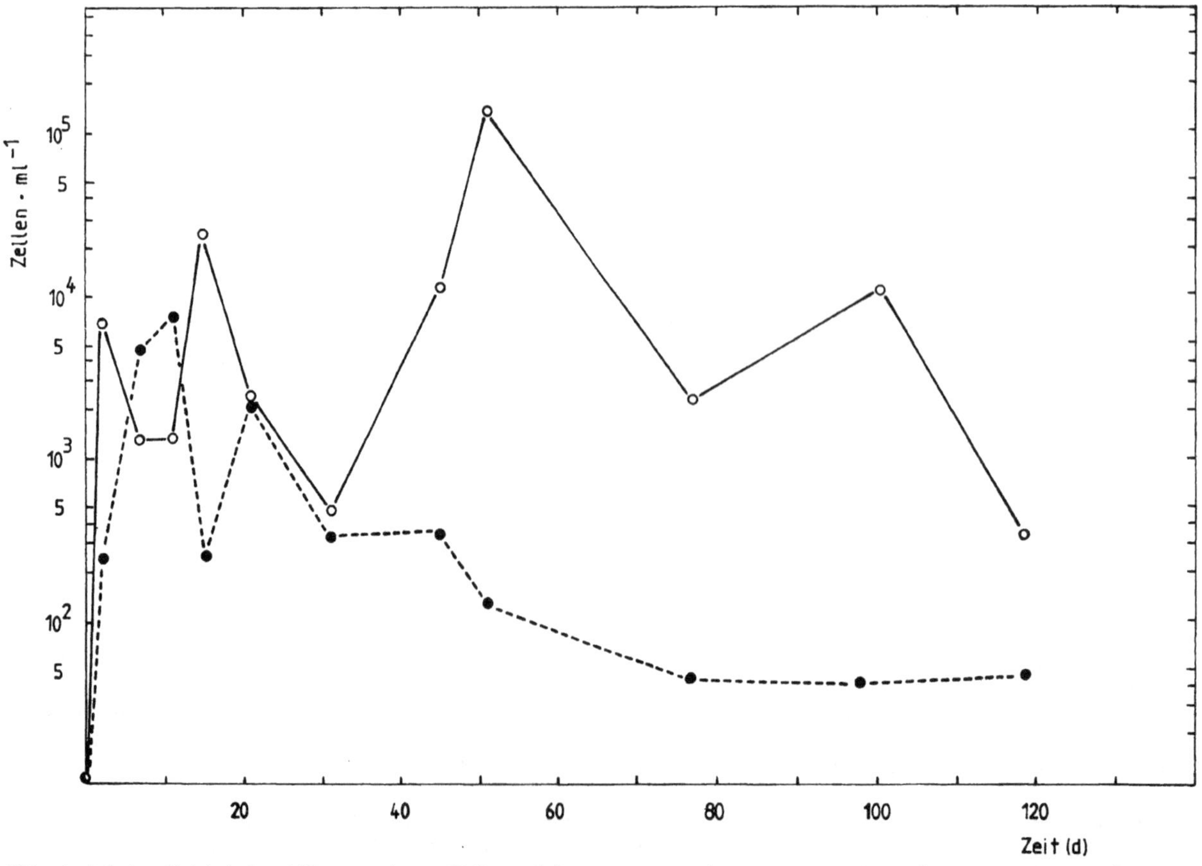

Abb. 4. Gehalt zellulolytischer Mikroorganismen (Zellen · ml^{-1}); *Potamogeton lucens*; ○——○ aerob; ●– – –● anaerob.

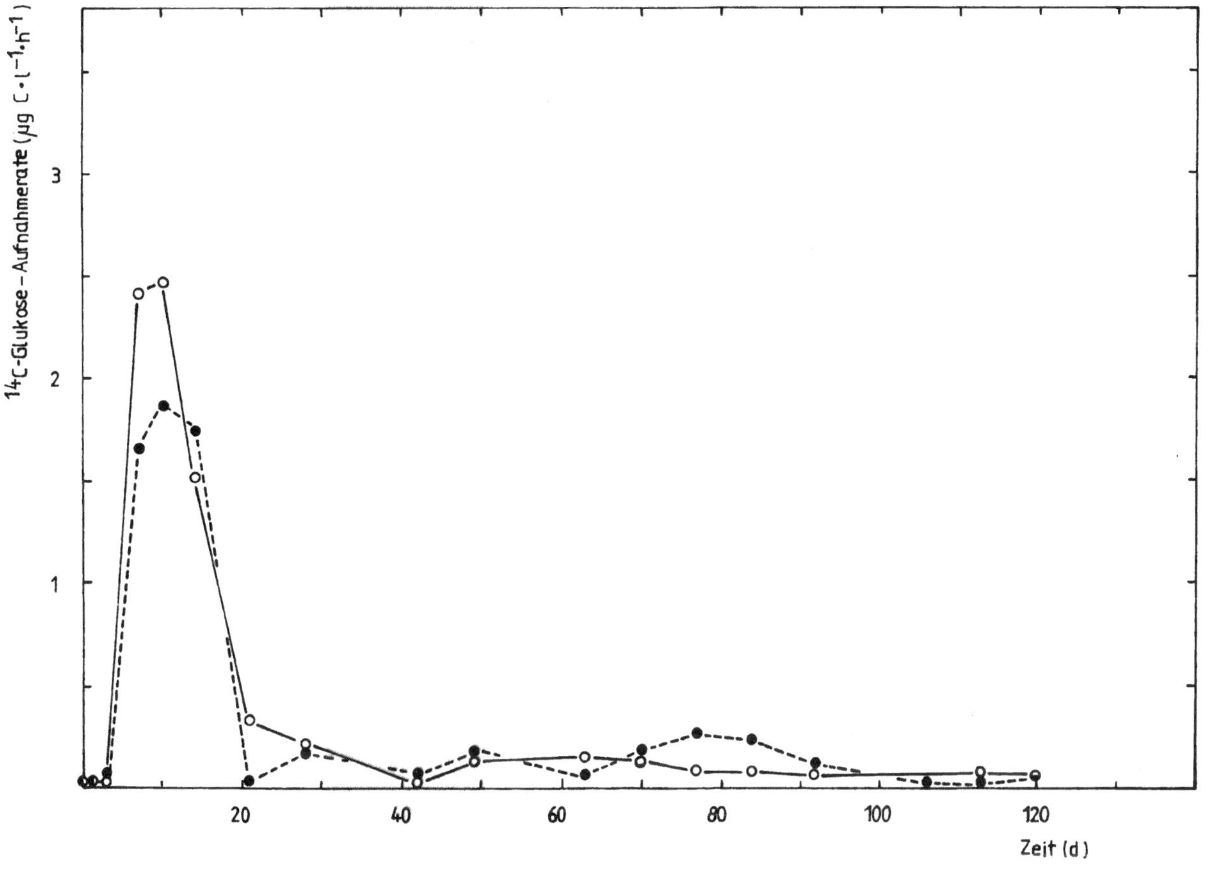

Abb. 5. ^{14}C-Glukoseaufnahmerate (µg C · l^{-1} · h^{-1}); *Fagus sylvatica*; ○——○ aerob; ●– – –● anaerob.

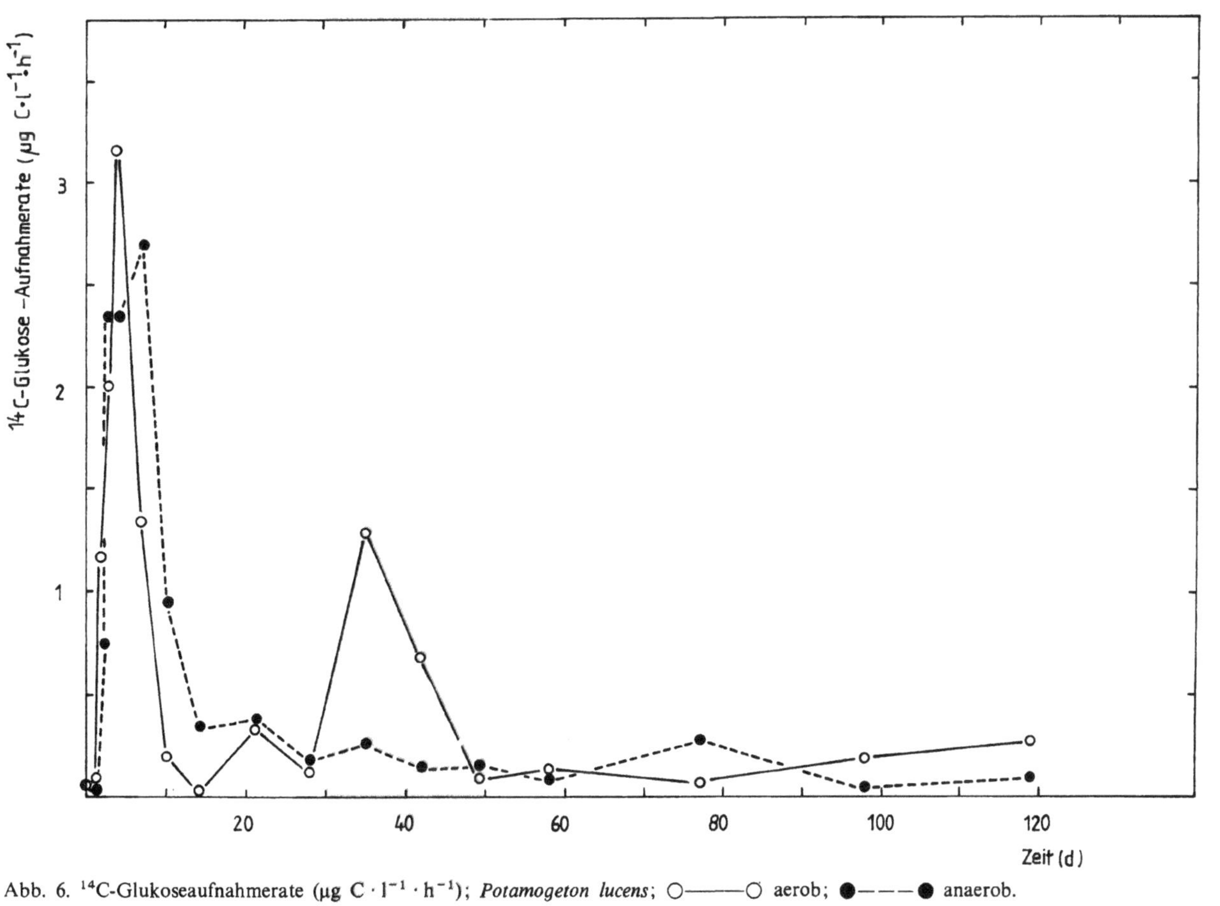

Abb. 6. ^{14}C-Glukoseaufnahmerate (µg C · l^{-1} · h^{-1}); *Potamogeton lucens*; ○——○ aerob; ●– – –● anaerob.

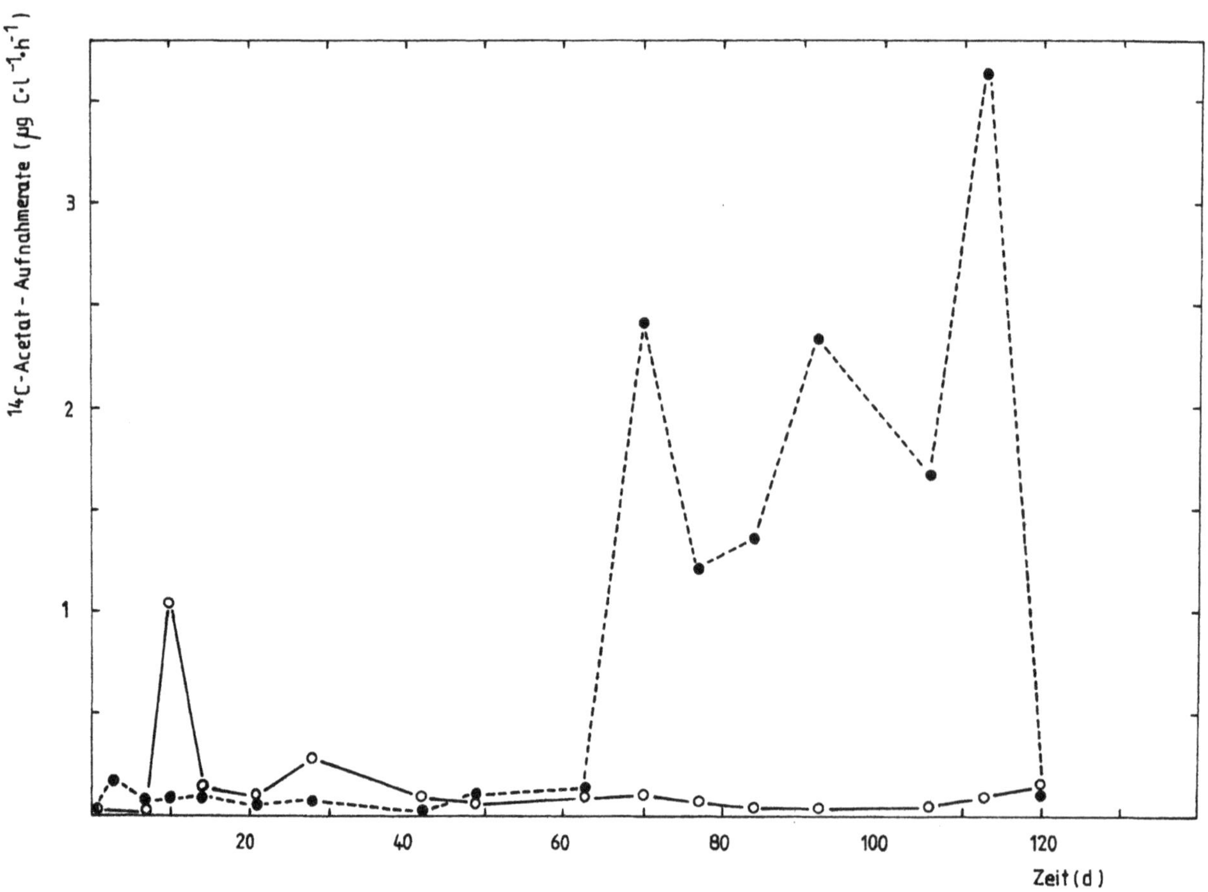

Abb. 7. ^{14}C-Natriumacetataufnahmerate (µg C · l^{-1} · h^{-1}); *Fagus sylvatica*; ○——○ aerob; ●– – –● anaerob.

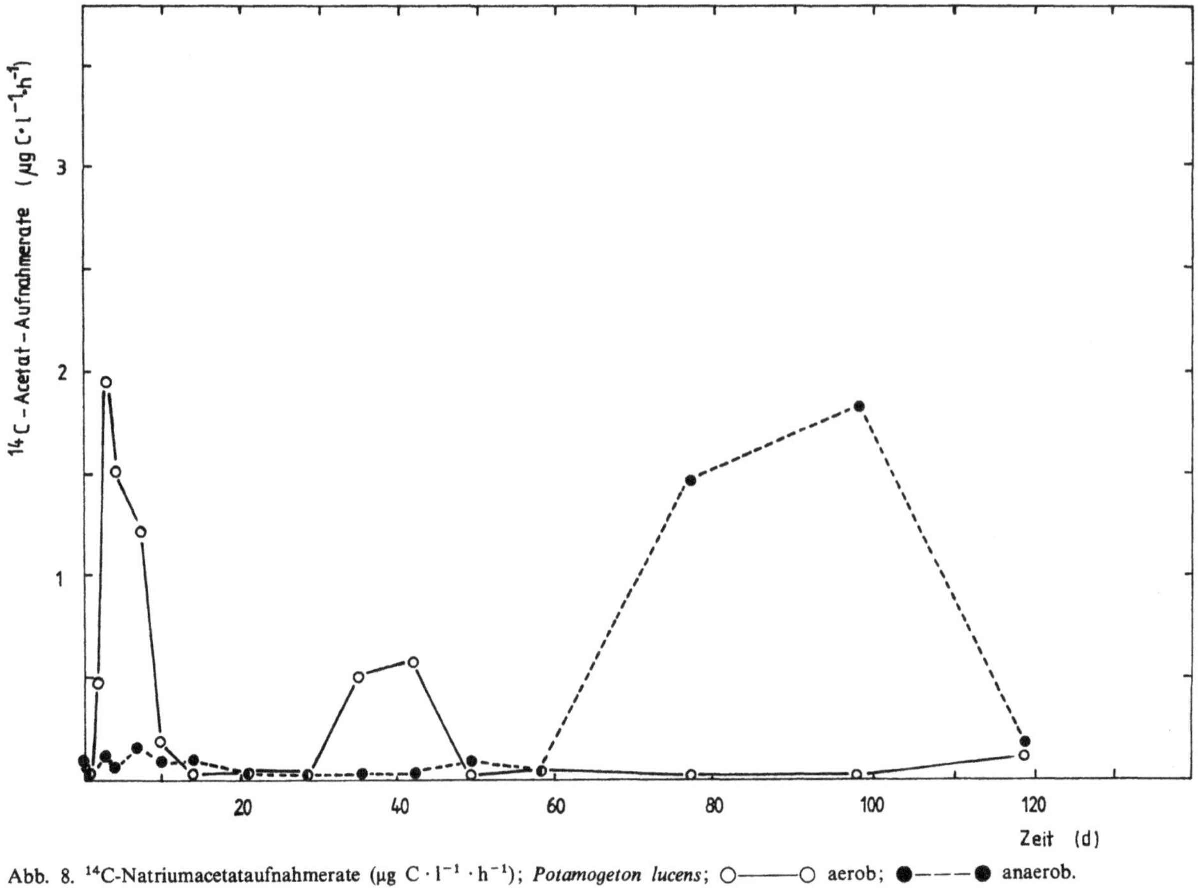

Abb. 8. ^{14}C-Natriumacetataufnahmerate (µg C · l^{-1} · h^{-1}); *Potamogeton lucens*; ○——○ aerob; ●– – –● anaerob.

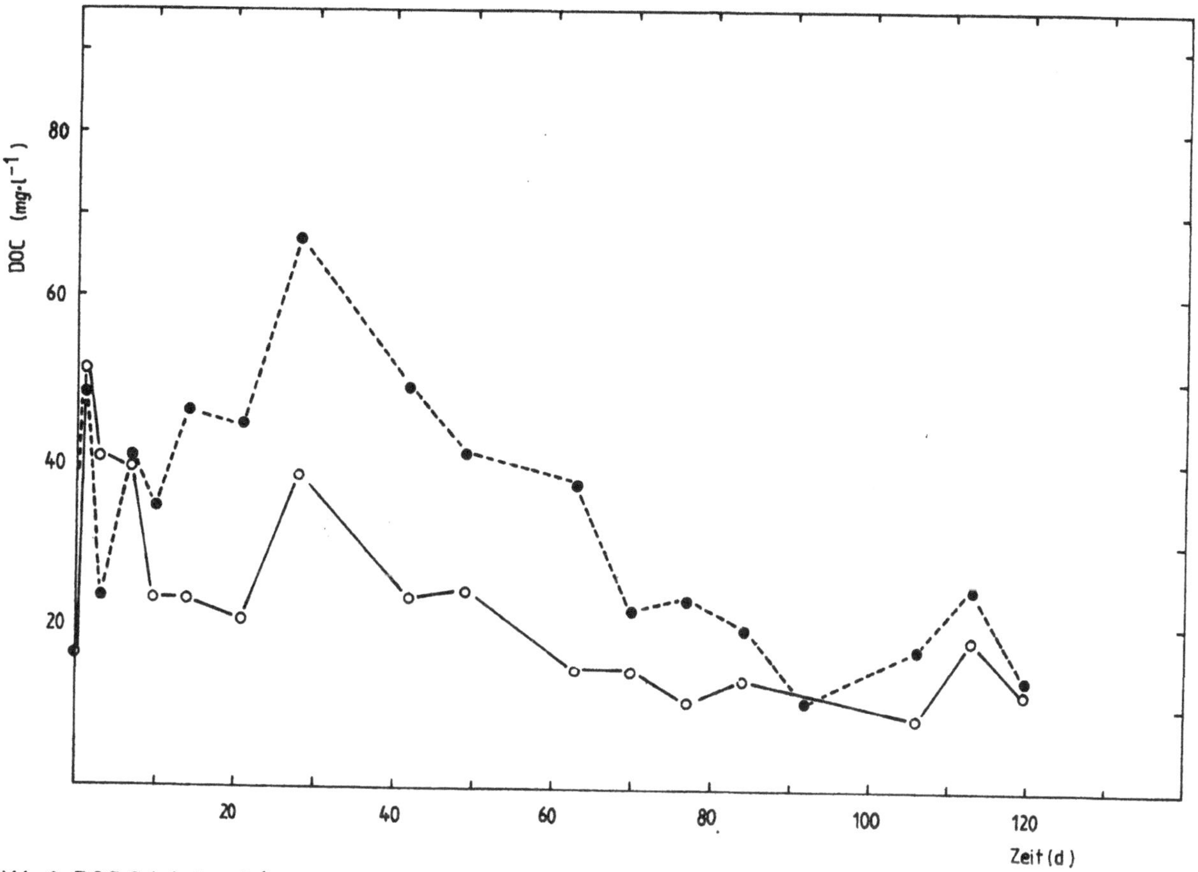

Abb. 9. DOC-Gehalt (mg · l^{-1}); *Fagus sylvatica*; ○——○ aerob; ●– – –● anaerob.

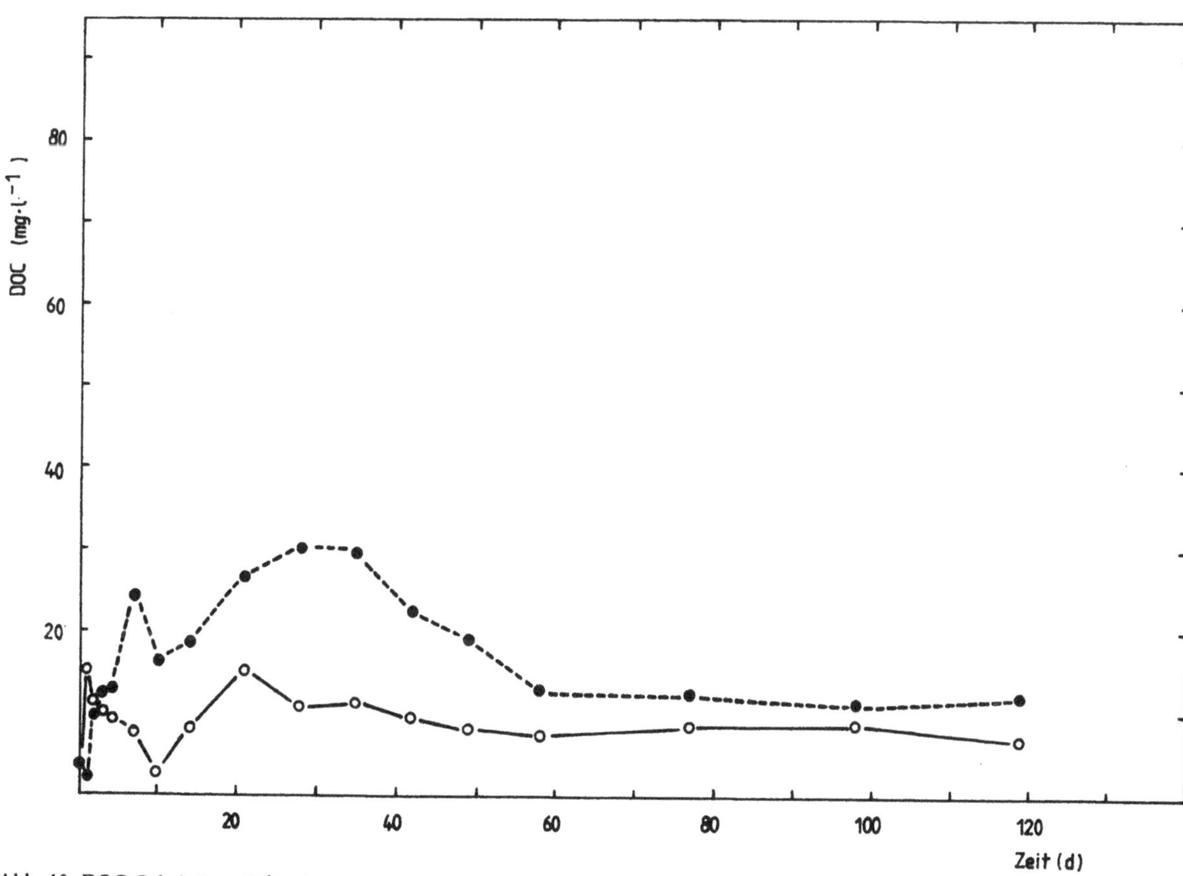

Abb. 10. DOC-Gehalt (mg · l^{-1}); *Potamogeton lucens*; ○——○ aerob; ●– – –● anaerob.

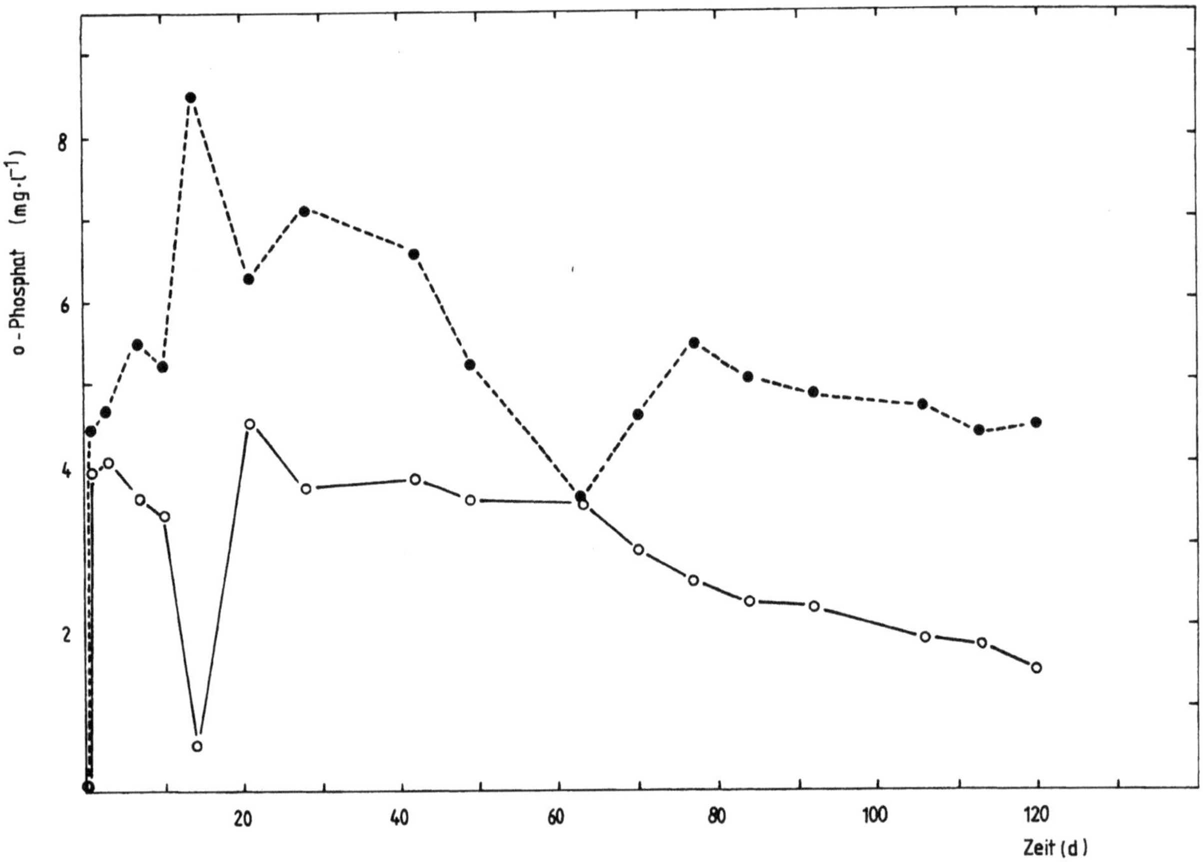

Abb. 11. o-Phosphat-Gehalt (mg $PO_4 \cdot l^{-1}$); *Fagus sylvatica*; ○——○ aerob; ●- - -● anaerob.

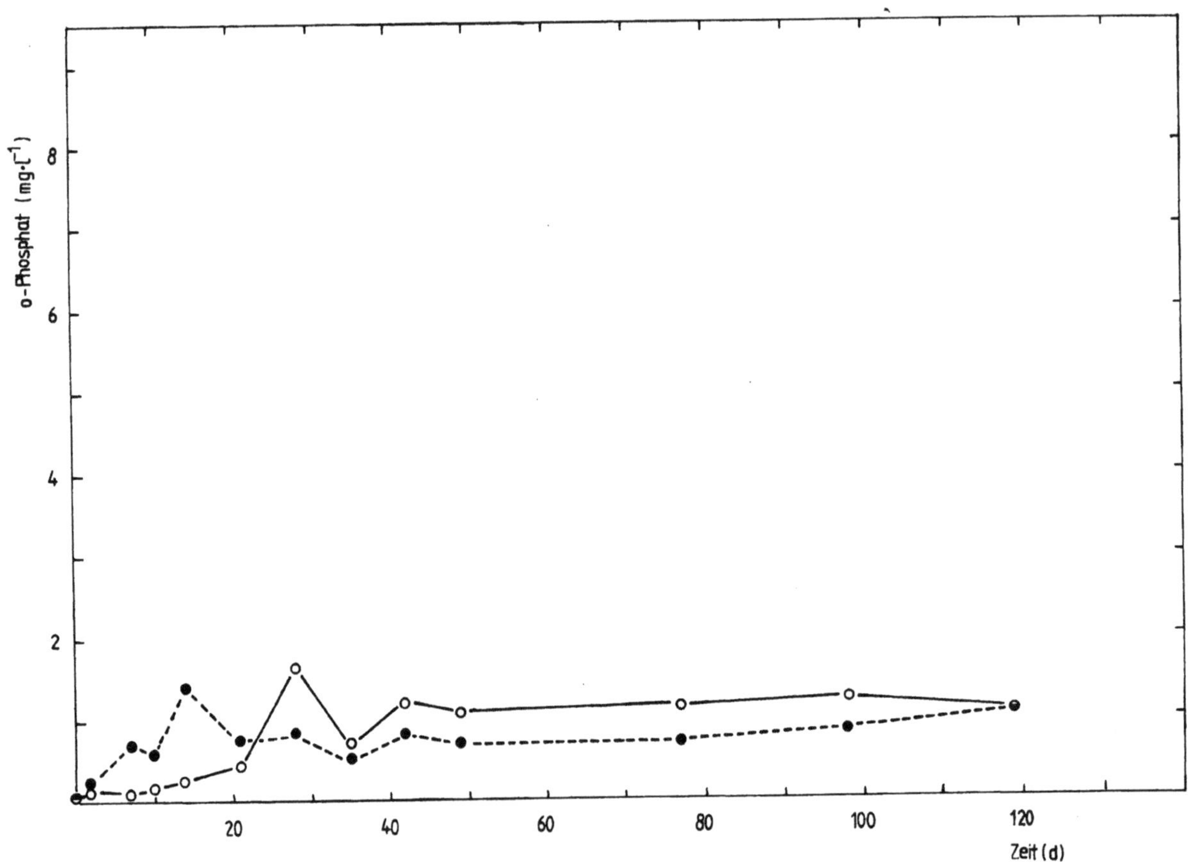

Abb. 12. o-Phosphat-Gehalt (mg $PO_4 \cdot l^{-1}$); *Potamogeton lucens*; ○——○ aerob; ●- - -● anaerob.

Tab. 2. Vergleich der Gesamtbakterienzahl (GBZ) mit der Koloniezahl oligocarbophiler Mikroorganismen (KZ) und der Anzahl zellulolytischer Mikroorganismen (zMO) beim Abbau von *F. sylvatica*

	Anaerob GBZ	KZ	zMO	Aerob GBZ	KZ	zMO
Anfangswert	$1{,}0 \times 10^6$	$1{,}4 \times 10^3$	0,6	$1{,}0 \times 10^6$	$1{,}4 \times 10^6$	0,6
Werte während des Maximums der GBZ (3.—14. Tag)	$7{,}2 \times 10^6$	$1{,}1 \times 10^6$	$3{,}6 \times 10^2$	$1{,}1 \times 10^7$	$1{,}7 \times 10^6$	$1{,}6 \times 10^3$
% der GBZ	100	15,3	<0,01	100	15,5	0,02
Werte während des Maximums der zMO (21.—28. Tag)	$4{,}6 \times 10^6$	$1{,}4 \times 10^5$	$3{,}0 \times 10$	$2{,}6 \times 10^6$	$3{,}2 \times 10^5$	$4{,}4 \times 10^5$
% der GBZ	100	3,0	<0,01	100	12,3	17,0
Werte im Plateaubereich (42.—120. Tag)	$4{,}5 \times 10^6$	$2{,}6 \times 10^5$	2,0	$1{,}8 \times 10^6$	$1{,}8 \times 10^5$	$7{,}1 \times 10^4$
% der GBZ	100	5,8	<0,01	100	10,0	4,0

Am 4. Tag (aerob) und am 7. Tag (anaerob) wurden die höchsten Werte ermittelt (3,2 bzw. 2,7 µg $C \cdot l^{-1} \cdot h^{-1}$). Mit Ausnahme einer zweiten Erhöhung der Glukoseaufnahme in der 7. Woche beim aeroben Abbau blieb die Rate nach dem 20. Tag etwas erhöht gegenüber dem Anfangswert.

Unter aeroben Versuchsbedingungen verläuft die ^{14}C-Acetataufnahme analog der ^{14}C-Glukoseaufnahme. Völlig anders verlief die Aufnahmerate in Abhängigkeit von der Zeit unter anaeroben Bedingungen. Die Acetataufnahmerate war bis zum 60. Tag nur geringfügig gegenüber dem Anfangswert erhöht. Von der 8.—15. Woche wurde mit 1,6 µg $C \cdot l^{-1} \cdot h^{-1}$ eine Steigerung der Aufnahmerate um mehr als das 300fache ermittelt (Abb. 7 und 8).

3.3. DOC

Mit der Freisetzung von DOC konnten Unterschiede zwischen dem *F. sylvatica*- und *P. lucens*-Abbau sowohl unter aeroben als auch unter anaeroben Bedingungen ermittelt werden (Abb. 9 und 10). Bei den anaeroben Versuchen war an fast allen Probetagen ein um den Faktor 2 erhöhter DOC-Gehalt nachweisbar. Beim *F. sylvatica*-Abbau war der DOC-Gehalt ebenfalls fast doppelt so groß wie beim *P. lucens*-Abbau. Bereits nach 24 Stunden konnten um das 3—5fache erhöhte DOC-Konzentrationen ermittelt werden. Danach nahmen diese Werte ab, in der 5. Woche (*F. sylvatica*) bzw. 4. Woche (*P. lucens*) nahm die DOC-Konzentration nochmals zu. Eine Ausnahme bildet die Dynamik des anaëroben *P. lucens*-Abbaues, hier nimmt die DOC-Konzentration bis zur 5. Woche zu, erst danach erfolgt eine Abnahme.

3.4. Ortho-Phosphat

Während des Abbaues von *P. lucens* und *F. sylvatica* konnte eine unterschiedliche Zeitabhängigkeit der Ortho-Phosphatkonzentrationen nachgewiesen werden (Abb. 11 und 12). Beim *P. lucens*-Abbau traten nur relativ geringe Veränderungen auf, die Konzentrationen schwankten um Mittelwerte von 0,712 (aerob) bzw. 0,723 mg $PO_4 \cdot l^{-1}$ (anaerob) bei einem Anfangswert von 0,006 mg $PO_4 \cdot l^{-1}$.

Beim aeroben *F. sylvatica*-Abbau ist nach 24 h mit 3,95 mg $PO_4 \cdot l^{-1}$ ein Vielfaches des Anfangswertes von 0,01 mg $PO_4 \cdot l^{-1}$ nachweisbar. Dieser Wert nimmt bis zum 120. Tag ab. Eine Ausnahme bildet ein Minimalwert in der 3. Woche. Unter anaeroben Bedingungen steigen die Ortho-Phosphatkonzentrationen bis zum 21. Tag auf das 1000fache. Nach 120 Tagen konnten noch Konzentrationen von 4,5 mg $PO_4 \cdot l^{-1}$ nachgewiesen werden.

3.5. Gewichtsverlust

Die in Tab. 3 dargestellten Ergebnisse zum Gewichtsverlust während der Laborexperimente beziehen sich auf unterschiedliche Inkubationszeiträume, 120 Tage für *P. lucens* und 590 Tage für *F. sylvatica*. Der Abbau von *P. lucens* erfolgt mit einer höheren Abbaurate als bei *F. sylvatica*, unter aeroben Bedingungen verbleibt ein Rest von 18,4% des TG (36% bei *F. sylvatica*) und unter anaeroben von 10,7% des TG (27,6% bei *F. sylvatica*). Der Abbau beider Materialien erfolgt unter anaeroben Bedingungen mit höherer Effektivität.

Tab. 3. Gewichtsverlust des partikulären Detritus während der Laborexperimente.
Ausgangsmenge: *P. lucens* — 5 g Trockengewicht (TG); *F. sylvatica* — 10 g TG

Material	Aerob		Anaerob	
	g TG Rest	% Verlust	g TG Rest	% Verlust
F. sylvatica[1])	3,60	64,0	2,76	72,4
P. lucens[2])	0,90	81,6	0,52	89,3

[1]) Inkubationszeit = 590 Tage
[2]) Inkubationszeit = 120 Tage

4. Diskussion

Am Ende der Vegetationszeit erreicht der Eintrag von pflanzlichem Detritus in die Gewässer ein Maximum (PIECZYNSKA et al. 1984; PIECZYNSKA 1986). Abgestorbene Wasserpflanzen und Laub aus dem umgebenden Wald unterliegen im See einem mikrobiellen Abbau und können den Stoffhaushalt in unterschiedlichem Ausmaß beeinflussen.

Ziel unserer Untersuchungen war es, durch Laborexperimente den Verlauf des Abbaues von Buchenlaub (*Fagus sylvatica*) und Laichkraut (*Potamogeton lucens*) zu verfolgen.

Der Abbau läßt sich in drei Phasen gliedern:

1. Initialphase mit Erhöhung des Nährstoffpools.
2. Abnahme der Nährstoffkonzentrationen bei gleichzeitiger Zunahme der Keimgehalte und der bakteriellen Aktivität.
3. Plateauphase mit geringen Schwankungen der Parameter.

In der Initialphase können 5—30% der pflanzlichen Trockenmasse durch leaching-Prozesse frei werden (SAUNDERS 1980). In Untersuchungen zum Abbau von natürlichem Phytoplankton des Stechlinsees ermittelten wir leaching-Raten von 26—34% des partikulären Materials innerhalb von 72 h (BABENZIEN 1987). Für *F. sylvatica* konnten wir einen leaching-Verlust von 9,5% nachweisen (P. CASPER 1987). Den Hauptanteil am Gewichtsverlust haben lösliche Kohlenhydrate (SUBERKROPP et al. 1976; vgl. Abb. 9 und 10). Die löslichen Komponenten erhöhen den Nährstoffpool unmittelbar. Beim mikrobiellen Abbau unterscheidet man auf Grund der Abbauraten labile und refraktäre Komponenten. Der Abbau der refraktären Fraktion erfolgt überwiegend im Sediment. Bei diesen Abbauvorgängen werden Polymere gespalten, es können Mono- oder Oligomere als Zwischen- oder Endprodukte in den Nährstoffkreislauf des Systems eingehen.

Unsere Experimente simulierten als batch-Kulturen diese natürlichen Bedingungen. Bereits wenige Stunden nach Versuchsbeginn konnten um den 2—5fachen Wert erhöhte DOC-Konzentrationen und eine Zunahme der ortho-Phosphatkonzentrationen um 1—2 Zehnerpotenzen erfaßt werden. Mit geringer Verzögerung folgte ein Anstieg der Gesamtbakterienzahl bzw. der Koloniezahl bis zu einem Maximum am 3.—10. Tag. Die ermittelten Nährstoffkonzentrationen (Abb. 9—12) resultieren aus den entgegengesetzt wirkenden Vorgängen Freisetzung aus Pflanzenmaterial und Verbrauch durch Vermehrung von Mikroorganismen. Zum Ende der zweiten Phase sind die leicht assimilierbaren Komponenten verbraucht und die beim mikrobiellen Abbau frei werdenden Nährstoffe werden mit geringer turn-over-Zeit aufgenommen. Die Steigerung der Glukoseaufnahmerate um ca. zwei Größenordnungen läßt darauf schließen, daß eine an leicht abbaubare Verbindungen angepaßte Mikroorganismenpopulation vorliegt.

Nach dem Abfall der Nährstoffkonzentrationen und der Bakterienzahlen kommt es in der dritten Abbauphase nach durchschnittlich 28 Tagen zur Ausbildung eines relativ konstanten Niveaus. Diese drei Phasen konnten bei allen von uns getesteten Versuchsvarianten ermittelt werden. Analoge Ergebnisse liegen auch von anderen aquatischen Ökosystemen vor (MORRISON et al. 1977; FEDERLE & VESTAL 1980). Von zahlreichen Autoren wird die Problematik diskutiert, ob es beim Abbau von pflanzlichem Detritus zur Stickstoff- oder Phosphorlimitation kommt, die zur Abnahme der Zellzahlen bzw. der bakteriellen Aktivität führen kann (PARK 1975; TWILLEY et al. 1986).

In entsprechenden Versuchen mit Stickstoff-(10 mg $N \cdot l^{-1}$) und/oder Phosphor-(11 mg $P \cdot l^{-1}$)Supplementation konnten wir keine signifikanten Differenzen zu den hier dargestellten Ergebnissen feststellen. Der zeitliche Verlauf der drei Abbauphasen konnte bei diesen Experimenten analog nachgewiesen werden.

Zellulolytische Mikroorganismen spalten unter aeroben und anaeroben Milieubedingungen Zellulosemoleküle hydrolytisch in Cellobiose und Glukose (LJUNGDAHL & ERIKSSON 1985; ROBB et al. 1979). Diese Mikroorganismen besitzen für den Abbau von pflanzlicher Biomasse besondere Bedeutung, da sich diese aus ca. 20—30% Hemizellulose, 28—50% Zellulose und 18 bis 30% Lignin zusammensetzt (THOMPSON 1983). Da es sich bei diesen Stoffen um teilweise sehr komplexe Verbindungen handelt, sind eine Vielzahl enzymatischer Reaktionen für deren Spaltung erforderlich. Dies kann durch das Enzymmuster einer Mikroorganismenart oder durch Enzyme verschiedener Arten im stufenweisen Abbau realisiert werden. Anaerobier besitzen häufig ein geringes Substratspektrum, wodurch das Zusammenwirken mehrerer Arten erforderlich wird (LJUNGDAHL & ERIKSSON 1985; EHRLICH 1985).

Die zeitliche Reihenfolge der Maxima der Bakterienzahlen und der Glukose- und Acetataufnahmeraten sind ein Zeichen dafür, daß die in der Initialphase freigesetzten Stoffe als Nährstoff- und Energiequelle heterotropher Mikroorganismen dienen. Erst nach ungefähr 10 Tagen treten höhere Gehalte zellulolytischer Keime auf. Diese setzen bei der Zellulosespaltung organische Stoffe frei, die von heterotrophen Mikroorganismen genutzt werden können (HUNGATE 1985).

Die Ergebnisse (zellulolytische Mikroorganismen, Abb. 3 und 4; Acetataufnahmerate, Abb. 7 und 8) zeigen, daß beim anaeroben Abbau von *F. sylvatica* und *P. lucens* andere Mechanismen als beim aeroben Abbau wirksam werden. Die Zunahme der Acetataufnahmerate nach dem 60. Tag weist darauf hin, daß unter anaeroben Bedingungen eine an dieses Substrat angepaßte Mikroorganismenpopulation vorliegt. Die beim Abbau organischer Substanzen auftretenden Populationen können in drei Gruppen eingeteilt werden:

1. Hydrolytische Mikroorganismen, die Polymere spalten und meist Fettsäuren, Alkohole u. ä. bilden.
2. Acetogene Mikroorganismen, die die Intermediate zu Acetat und H_2 sowie CO_2 abbauen.
3. Mikroorganismen der terminalen C-Oxidation (z. B. Methanogenese) (WOLFE & HIGGINS 1979, NEDWELL 1985).

Es konnten auch Populationen nachgewiesen werden, bei denen es nicht zur Akkumulation von Intermediaten kommt, sondern zur direkten Umwandlung von Kohlenhydraten zu Acetat und H_2 (WINTER & WOLFE 1980, u. a.). Bei den dargestellten Versuchen lag die Methankonzentration im Wasser im Bereich natürlicher sauerstoffgesättigter Wasserproben. Da dies auch bei den anaeroben Experimenten der Fall war, konnte man annehmen, daß der terminale C-Abbau nicht zu Methan führt. In einem Experiment untersuchten wir, welche Bedeutung dafür das Sediment hat. Wir inkubierten 200 ml Sediment, 2,0 g *F. sylvatica*-Laub und 900 ml Stechlinseewasser (Oberflächenprobe) unter anaeroben Bedingungen. In Varianten kam steriles Sediment bzw. steriles Wasser zum Einsatz (Tab. 4). Es zeigte sich, daß zur Methanbildung Sediment notwendig ist. Die anaeroben methanbildenden Mikroorganismen sind an sauerstofffreie Habitate gebunden. In sauerstoffgesättigten Wasserproben, wie in dem beim Experiment eingesetzten Oberflächenwasser, treten diese Organismen nicht auf und der Prozeß der Methanbildung kann nicht stattfinden. Die Methanbildung im Ansatz ohne Laubsupplementation (Tab. 4) kann auf die organische Substanz, die im Sediment vorhanden war, zurückgeführt werden.

Die Dynamik der erfaßten Parameter des Abbaues von *F. sylvatica*- und *P. lucens*-Blättern ist bis auf geringe Abweichungen ähnlich. Die Koloniezahlen und die bakterielle Aktivität erreichen beim *P. lucens*-Abbau zu einem früheren Zeitpunkt einen höheren Maximalwert. Bezieht man die Nährstoffgehalte der Abbauversuche

Tab. 4. Methankonzentration im Wasser (µmol · l^{-1}) bei Inkubation von 200 ml Sediment und 2 g *F. sylvatica*-Blätter in 900 ml Stechlinseewasser

Inkubationszeit (d)	Sediment Laub Wasser	Sediment — Wasser	Sediment (steril) Laub Wasser	Sediment (steril) Laub Wasser (steril)	Sediment Laub Wasser (steril)
18	105,6	83,9	0,2	0,2	8,7
28	94,2	119,1	1,7	0,6	125,5
39	203,2	55,9	0,3	0,2	114,5
43	165,2	169,6	0,9	0,2	165,2

beider Materialien auf die gleiche Ausgangsmenge von 10 g TG, so ist die DOC-Konzentration vergleichbar, wogegen die ortho-Phosphatkonzentrationen beim *F. sylvatica*-Abbau um eine Größenordnung höher sind. Der Abbau von terrestrischem und aquatischem Pflanzenmaterial ist durch mindestens zwei wesentliche Unterschiede gekennzeichnet. Erstens sind die Freisetzungen durch leaching-Prozesse differenziert (HEGEMAN 1985) und zweitens weisen die Materialien unterschiedliche chemische Strukturen auf. Aus terrestrischem Material lösen sich beim ersten Wasserkontakt die löslichen Komponenten, während für die Makrophyten eine Absterbephase angenommen werden muß. Das Ergebnis wäre eine höhere Nährstofffreisetzung zu Versuchsbeginn aus *F. sylvatica*-Blättern.

Die Nährstoffkonzentration wird durch die mikrobielle Aktivität kontrolliert. Diese Aktivität ist von der Struktur der gelösten organischen Komponenten abhängig. Der Pool gelöster organischer Substanzen unterliegt unter natürlichen Bedingungen Umwandlungen durch den Abbau komplexer Verbindungen bzw. durch die Bildung komplexer Substanzen. Es existiert ein unterschiedlich großer Anteil refraktärer Komponenten (Wasserhumus) (GELLER 1985).

Der Abbau von *Fagus* wurde bereits in verschiedenen Biotopen untersucht (PETERSEN & CUMMINS 1974; KUNZE & BONNERT 1982, u. a.). Die ermittelten Abbauraten waren immer sehr niedrig (0,001—0,002 d^{-1}). Es wurde der hohe Anteil refraktärer Bestandteile diskutiert (P. CASPER 1987).

Die niedrigen Nährstoffkonzentrationen und die Maxima der bakteriellen Aktivität sowie der Koloniezahl wenige Stunden nach Versuchsbeginn weisen darauf hin, daß der *P. lucens*-Abbau mit einer höheren Umsatzrate erfolgt. Diese kann durch die „Qualität" (chemische Struktur) der abbaubaren Verbindungen ermöglicht werden.

Anhand umfangreicher Untersuchungen im Lake Mikolajskie teilen PIECZYNSKA et al. (1984) submerse Makrophyten entsprechend der Stofffreisetzung im Jahresverlauf in drei Gruppen ein. Zu der Gruppe, die im Herbst vollständig abstirbt und dem Abbau unterliegt, gehört *Potamogeton lucens*.

Die von uns ermittelten Abbauraten im Stechlinsee entsprechen jährlichen Abbauleistungen von 92% für *P. lucens* und 40% für *F. sylvatica* (P. CASPER 1987). Die Bedeutung des Pflanzenmaterials wird vor allem für Stoffkreisläufe in Litoralbereichen diskutiert (OTSUKI & WETZEL 1974; BABENZIEN & BABENZIEN 1985; P. CASPER 1987). Es wird angenommen, daß die relativ hohen Methanbildungsraten, die im Litoral des Stechlinsees ermittelt wurden, auf die organische Substanz aus dem Abbau des Pflanzenmaterials zurückzuführen sind (HEYER & BABENZIEN 1985). Die refraktären Komponenten, d. h. schwer bzw. langsam abbaubares lösliches oder partikuläres Pflanzenmaterial beeinflussen auch pelagische Stoffkreisläufe und vor allem die profundale Sedimentgenese. Für den Stechlinsee wurde ein jährlicher Eintrag von 692 t Makrophyten (TG; 107 t organischer Kohlenstoff; S. J. CASPER et al. 1985b) sowie 38,3 t Laub (TG; 17,6 t organischer Kohlenstoff; P. CASPER 1987) kalkuliert. Die von *P. lucens* und *F. sylvatica* ermittelten Abbauraten entsprechen einer Freisetzung von 90% der Makrophytenbiomasse und 40% der Laubmasse eines Jahres. Von den insgesamt 124,6 t an organischem Kohlenstoff im Pflanzenmaterial können somit ca. 103 t Kohlenstoff in den Kreislauf des Stechlinsees eingehen. Dies entspricht ca. 25% der Primärproduktion des Phytoplanktons (336 t) und der periphytischen Primärproduktion (62 t) (KOSCHEL & SCHEFFLER 1985). Für den Stechlinsee ist dieser C-Eintrag einer Produktion von 24 g C · m^{-2} · a^{-1} gleichbedeutend.

Der aerobe und/oder anaerobe Abbau dieser Materialien im See führt zur Beeinflussung der mikrobiellen Aktivitäten und Abundanzen, sowie durch Bereitstellung von Nährstoffen zur Stimulierung autotropher Prozesse im aquatischen Ökosystem. Die Ergebnisse der anaeroben Experimente zeigen, daß der Abbau auch nach Verfrachtung des Materials in anaerobe Bereiche kontinuierlich fortschreiten kann. Die Ergebnisse des Gewichtsverlustes zeigen, daß die Effektivität des Abbaues unter anaeroben Bedingungen höher ist als unter aeroben.

6. Zusammenfassung

In Laborexperimenten wurde der Verlauf des Abbaus von Buchenlaub (*Fagus sylvatica*) und Laichkraut (*Potamogeton lucens*) verfolgt. Dabei erfolgte die Bestimmung einiger Nährstoffe, der Keimzahlen und der mikrobiellen Aktivität.

Wir kamen zu folgendem Ergebnis:

1. Die Dynamik der Keimzahlen und der mikrobiellen Aktivität ist durch drei Phasen charakterisiert:
   - schneller Anstieg in den ersten 10 Tagen
   - Abnahme der Parameter bis zum 30.—40. Tag
   - geringe Schwankungen um ein relativ konstantes Niveau nach ca. 40 Tagen
2. Zeitlich versetzt zur Keimzahl verlief die Dynamik der untersuchten Nährstoffparameter. Die Nährstoffkonzentrationen erhöhten sich durch leaching-Prozesse bereits wenige Stunden nach Versuchsbeginn. Durch Vermehrung der Mikroorganismen kam es zur Verringerung der Nährstoffkonzentrationen. Im Plateaubereich stellte sich zwischen nährstoffliefernden Prozessen (Abbau des Pflanzenmaterials, Lysis von Mikroorganismen) und nährstoffverbrauchenden Prozessen (Vermehrung von Mikroorganismen) ein Gleichgewicht ein.
3. Zwischen aeroben und anaeroben Versuchsbedingungen bestanden Unterschiede, die besonders bei der Acetataufnahmerate und bei der Zellzahl zellulolytischer Mikroorganismen deutlich wurden. Die Bedeutung des Sediments für die Methanbildung beim anaeroben Abbau konnte nachgewiesen werden. Die Effektivität des Abbaues scheint unter anaeroben Bedingungen höher zu sein.

4. Der Abbau der beiden Pflanzenmaterialien unterscheidet sich besonders dadurch, daß die Maxima der Koloniezahlen und der bakteriellen Aktivität beim *P. lucens*-Abbau zu einem früheren Zeitpunkt auftreten und höhere Werte erreichen. Für den Makrophytenabbau wird eine höhere Umsatzrate diskutiert.
5. Der Abbau von pflanzlichem Detritus bedeutet für den Stechlinsee eine Kohlenstoffzufuhr, die ca. 25% der Primärproduktion entspricht. Das Pflanzenmaterial ist ein wesentliches Element des Kohlenstoffkreislaufes des Sees. Bei der Bilanzierung des C-Kreislaufes ist daher die Berücksichtigung des pflanzlichen Detritus von größter Bedeutung.

7. Danksagung

Für die sorgfältige Durchführung der Analysen danken wir den Mitarbeiterinnen der Arbeitsgruppe Mikrobiologie Frau CAROLA ROLLE, Frau MONIKA DEGEBRODT und Frl. HEIKE RONNEBERGER.

Wir sind den Kollegen Herrn Dr. J. HEYER, Abt. Mikrobenökologie, für die Durchführung der Methananalysen und Herrn Dr. R. KOSCHEL, Abt. Limnologie, für die Phosphatbestimmungen zu Dank verpflichtet.

Literatur

BABENZIEN, CH. (1987): Bakterielle Nutzung von gelösten und partikulären Photosyntheseprodukten. *Limnologica* (Berlin) **18** (2), 409—422.

BABENZIEN, H.-D., & BABENZIEN, CH. (1985): Microbial activities at Lake Stechlin. In: S. J. CASPER (ed.), Lake Stechlin — A temperate oligotrophic lake, pp. 347—373. Dordrecht, Boston, Lancaster.

CARPENTER, S. R. (1980): Enrichment of Lake Wingra, Wisconsin, by submerged macrophyte decay. Ecology **61**, 1145—1155.

CASPER, S. J. (1965): Hyphomyceten-Studien. I. Die Süßwasser-Hyphomyceten des Stechlinsee-Gebietes. *Limnologica* (Berlin) **3**, 257—270.

— KRAUSCH, H.-D., & SCHEFFLER, W. (1985a): The plant communities. In: S. J. CASPER (ed.), Lake Stechlin — A temperate oligotrophic lake, pp. 129—195. Dordrecht, Boston, Lancaster.

— KREY, L., & PROFT, G. (1985b): Fallen leaves in Lake Stechlin. In: S. J. CASPER (ed.), Lake Stechlin — A temperate oligotrophic lake, pp. 401—409. Dordrecht, Boston, Lancaster.

CASPER, P. (1987): Eintrag und Abbau von terrestrischem Pflanzenmaterial in einem oligotrophen See (Stechlinsee). *Limnologica* (Berlin) **18** (2), 423—430.

EHRLICH, H. L. (1985): The position of bacteria and their products in food webs. In: LEADBETTER, E. R., & POINDEXTER, J. S. (eds.), Bacteria in nature, Vol. 1: Bacterial activities in perspective, pp. 199—219. New York.

FEDERLE, T. W., & VESTAL, J. R. (1980): Microbial colonization and decomposition of *Carex* litter in an arctic lake. Appl. Environ. Microbiol. **39** (4), 888—893.

FENCHEL, T., & HARRISON, P. (1975): The significance of bacterial grazing and mineral cycling for the decomposition of particulate detritus. In: ANDERSEN, J. M., & MACFAYDEN, A. (eds.), The role of terrestrial and aquatic organisms in decomposition processes, pp. 285—300. Oxford.

— & JOERGENSEN, B. B. (1977): Detritus food chains of aquatic ecosystem: The role of bacteria. Adv. Microbiol. Ecol. **1**, 1—58.

FISHER, S. G., & LIKENS, G. E. (1973): Energy flow in Bear Brook, New Hampshire: An integrative approach to stream ecosystem metabolism. Ecol. Monogr. **43**, 421—439.

GELLER, A. (1985): Degradation and formation of refractory DOM by bacteria during simultaneous growth on labile substrates and persistant lake water constituents. Schweiz. Z. Hydrol. **47** (1), 27—44.

GODSHALK, G. L., &. WETZEL, R. G. (1978): Decomposition of aquatic angiosperms, part I—III. Aquat. Bot. **5**, 281—354.

GOLTERMAN, H. L. (1975): Zonation of mineralization in stratifying lakes. In: ANDERSEN, J. M., & MACFAYDEN, A. (eds.), The role of terrestrial and aquatic organisms in decomposition processes, pp. 3—22. Oxford.

GRIFFITH, R. P., HAYASAKA, S. S., MACNAMARA, T. M., & MORITA, R. Y. (1977): Comparison between two methods of assaying relative microbial activity in marine environments. Appl. Environ. Microbiol. **34**, 801—805.

HEGEMAN, G. (1985): The mineralization of organic materials under aerobic conditions. In: LEADBETTER, E. R., & POINDEXTER, J. S. (eds.), Bacteria in nature, Vol. 1: Bacterial activities in perspective, pp. 97—112. New York.

HEYER, J., & BABENZIEN, H.-D. (1985): Untersuchungen des Methankreislaufes in einem oligotrophen See (Stechlinsee). *Limnologica* (Berlin) **16** (2), 267—276.

— & SUCKOW, R. (1985): Ökologische Untersuchungen der Methanoxydation in einem sauren Moorsee. *Limnologica* (Berlin) **16** (2), 247—266.

HUNGATE, R. E. (1985): Anaerobic biotransformations of organic matter. In: LEADBETTER, E. R., & POINDEXTER, J. S. (eds.), Bacteria in nature, Vol. 1: Bacterial activities in perspective, pp. 39—95. New York.

JONES, J. G. (1971): Studies on freshwater bacteria: Factors which influence the population and its activity. J. Ecol. **59**, 593—613.

KOSCHEL, R., & SCHEFFLER, W. (1985): The primary production. In: S. J. CASPER (ed.), Lake Stechlin — A temperate oligotrophic lake, pp. 287—322. Dordrecht, Boston, Lancaster.

KUNZE, C., & BONNERT, R. (1982): Blattabbau in Wasserproben aus einem belasteten Fließgewässer. Angew. Botanik **56**, 237 bis 242.

LINLEY, E. A. S., & NEWELL, R. C. (1984): Estimates of bacterial growth yields based on plant detritus. Bull. Mar. Sci. **35** (3), 409—425.

LJUNGDAHL, L. G., & ERIKSSON, K.-E. (1985): Ecology of microbial cellulose degradation. Adv. Microbial. Ecol. **8**, 237—299.

MANN, K. H. (1975): Decomposition of marine macrophytes. In: ANDERSEN, J. M., & MACFAYDEN, A. (eds.), The role of terrestrial and aquatic organisms in decomposition processes, pp. 247—267. Oxford.

MOLONGOSKI, J. J., & KLUG, M. J. (1976): Characterization of anaerobic heterotrophic bacteria isolated from freshwater lake sediments. Appl. Environ. Microbiol. **31**, 83—90.

MORRISON, S. J., KING, J. D., BOBBIE, R. J., BECHTOLD, R. E., & WHITE, D. C. (1977): Evidence for microfloral succession on allochthonous plant litter in Apalachicola Bay, Florida, USA. Mar. Biol. **41**, 229—240.

NEDWELL, D. B. (1984): The input and mineralization of organic carbon in anaerobic aquatic sediments. Adv. Microbiol. Ecol. **7**, 93—131.

OBERZILL, W. (1967): Mikrobiologische Analytik. Grundlagen der quantitativen Erfassung von Umwelteinwirkungen auf Mikroorganismen. Nürnberg.

OTSUKI, A., & WETZEL, R. G. (1974): Release of dissolved organic matter by autolysis of a submersed macrophyte, *Scirpus subterminalis*. Limnol. Oceanogr. **19** (5), 842—845.

PARK, D. (1975): Carbon and nitrogen levels as factors influencing fungal decomposers. In: ANDERSEN, J. M., & MACFAYDEN, A. (eds.), The role of terrestrial and aquatic organisms in decomposition processes, pp. 41—59. Oxford.

PETERSEN, R. C., & CUMMINS, K. W. (1974): Leaf litter processing in a woodland stream. Freshwater Biol. **4**, 343—368.

PIECZYNSKA, E. (1986): Sources and fate of detritus in the shore zone of lakes. Aquat. Bot. **25**, 153—166.

— BALCERZAK, D., KOTODZIEJCZYK, A., OLSZEWSKI, Z., & RYBAK, J. D. (1984): Detritus in the littoral of several Masurian Lakes (sources and fates). Ekol. Pol. **32**, 387—440.

PROFT, G. (1980): Der Kohlenstoffgehalt und die Kohlenstofffracht der mittleren Saale. *Limnologica* (Berlin) **12**, 195—206.

ROBB, F., DAVIES, B. R., CROSS, R., KENYON, C., & HOWARD-WILLIAMS, C. (1979): Cellulolytic bacteria as primary colonizers of *Potamogeton pectinatus* L. (Sago Pond Weed) from a brackish south-temperate coastal lake. Microb. Ecol. **5**, 167—177.

ROMANENKO, V. I., & KUSNETZOV, S. I. (1974): Ekologija mikroorganismov presnich vodojemov — Laboratornoje rukovodstvo (Ökologie der Süßwasser-Mikroorganismen — Ein Laboratoriums-Handbuch). Leningrad (in Russisch).

SAUNDERS, G. W. (1980): Organic matter and decomposers. In: LE CREN, E. D., & LOWE-MCCONELL, R. H. (eds.), The function of freshwater ecosystems, pp. 340—392. Cambridge.

SCHLEGEL, H. G. (1985): Allgemeine Mikrobiologie. 6., überarb. Aufl. Stuttgart, New York.

SUBERKROPP, K., GODSHALK, G. L., & KLUG, M. J. (1976): Changes in the chemical composition of leaves during processing in a woodland stream. Ecology **57**, 720—727.

THOMPSON, N. S. (1983): Hemicellulose as a biomass resource. In: SOLTES, E. J. (ed.), Wood and agricultural residues, pp. 101—119. New York.

TWILLEY, R. S., EJDUNG, G., ROMARE, P., & KEMP, W. M. (1986): A comparative study of decomposition, oxygen consumption and nutrient release for selected aquatic plants occurring in an estuarine environment. Oikos **47**, 190—198.

VOGLER, P. (1966): Zur Analytik der Phosphorverbindungen in Gewässern. Limnologica (Berlin) **4**, 437—444.

WETZEL, R. G., RICH, P. H., MILLER, M. C., & ALLEN, H. L. (1972): Metabolism of dissolved and particulate detrital carbon in a temperate hard-water lake. Mem. Ist. Ital. Idrobiol. Suppl. **29**, 185—243.

WINTER, J., & WOLFE, R. S. (1980): Methane formation from fructose by syntrophic association of *Acetobacterium woodii* and different strains of methanogens. Arch. Microbiol. **124**, 73—79.

WOLFE, R. S., & HIGGINS, I. J. (1979): Microbial biochemistry of methane — a study in contrasts: Microbial Biochemistry. Int. Rev. Biochem. **21**, 270—300.

ZIMMERMANN, R., & MEYER-REIL, L.-A. (1974): A new method for fluorescence staining of bacterial populations on membrane filters. Kieler Meeresforsch. **30**, 24—27.

Eingegangen am 27. Juli 1987.

Anschrift der Verfasser:

Dr. PETER CASPER
CHRISTINA BABENZIEN
Dr. GOTTFRIED PROFT
Akademie der Wissenschaften der DDR
Zentralinstitut für Mikrobiologie und
Experimentelle Therapie
Abteilung Limnologie
Beutenbergstr. 11
Jena
DDR-6900

Limnologica (Berlin) **19** (2), 161–165, Dezember 1988

AdW der DDR, Zentralinstitut für Mikrobiologie und Experimentelle Therapie, Abteilung Limnologie, Jena

"Enclosure" Experiments in Food-web Manipulation: First Step — Dividing the Experimental Lake*

By PETER KASPRZAK, RAINER KOSCHEL, ULRICH STEINER & KARL METZDORF

With 4 Figures and 2 Tables

Abstract

Lake Große Fuchskuhle is a naturally acidic bog lake which was selected for experiments in food-web manipulation because of its special suitability. The relatively simple structure of the cummunity of the pelagic zone consists of a small number of algal species (*Chlorella* spec., *Dinobryon pediforme*) and the crustaceans *Eudiaptomus gracilis* and *Diaphanosoma brachyurum*. Fish are rare and instead numerous waterbugs (Corixidae) and phantom midges (*Chaoborus*) inhabit the lake.

To compare experiments the water was subdivided into two basins of about 25000 m³ using a large plastic curtain. The properties and the installation are described. Considerations for the use in experiments of extreme biotopes with low pH to manipulate the food-web are included.

Introduction

As a rule the regeneration of eutrophic lakes and reservoirs demands much work, material and money (KLAPPER 1980) but, even in the case of a complete interruption of nutrient load from the catchment area, further strong developments of planktonic algae may yet observed because the nutrients are used in circulation (GÄCHTER 1976).

* The authors dedicate the paper to Dr. habil. S. J. CASPER on the occasion of his 60th birthday.

In conjunction with traditional techniques to lower the internal nutrient load, such as deep water aeration and chemical nutrient precipitation, ecotechnological methods, for some time, have become increasingly important. Principally they use competition and predator-prey-interactions to improve the situation in a given water. As far as possible the driving force of that kind of treatment should be the energy of the sun fixed by the algae (UHLMANN 1986).

Undesired blooms of phytoplankton were successfully lowered by experiments which changed the structure of the pelagic food-web (e.g. SHAPIRO et al. 1975; ANDERSSON et al. 1978; BENNDORF et al. 1984). BENNDORF & HORN (1985) have shown that it is possible to diminish the amount of planktivorous fish in a highly eutrophic reservoir by stocking with pike-perch. As a result it became possible for big planktonic filtrators (*Daphnia*, *Eudiaptomus*) to improve their development thus generating the so called „clearwater stages".

In the meantime, however, it had become clear that the processes involved in food-web manipulation are much more complicated than was originally expected (KASPRZAK et al. 1987; BENNDORF et al. 1987). Moreover there is still not enough known about the long-term effects of food-web manipulation upon the structure, biomass and activity of plankton. There is also a lack of comprehensive field studies on the interactions between

Fig. 1. Lake Große Fuchskuhle. View over the lake to the northern shore. Photo W. SCHEFFLER.

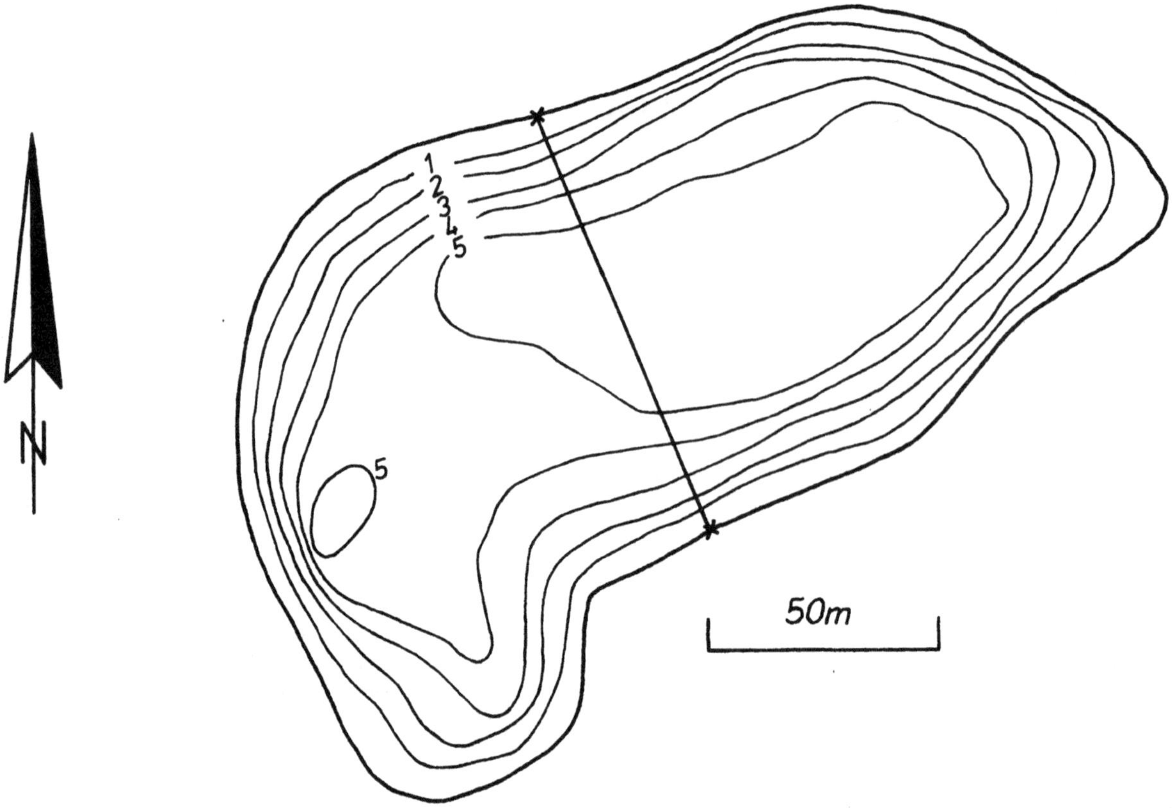

Fig. 2. Lake Große Fuchskuhle, bathymetric map and the position of the curtain. The volume of both basins is approximately 25000 m^3 (according to KREY 1985).

zooplankton, phytoplankton, fish and the nutrient budget. Subsequently we want to describe an enclosure concept which makes possible experiments concerning these problems. Basic demands were, on the one hand, that differences in the natural conditions prevailing in the lake selected (e.g. existence of all trophic levels, no interruption of allochthonous influences) should be minor and, on the other hand, that the diversity of the community should be limited by selection of an extreme-biotope having a low number of species. For that reason we used a naturally acidic bog lake.

Limnology of the experimental lake

Hydrography:

Lake Große Fuchskuhle is located in an uninhabited forest area south of Lake Stechlin and 5 km east of the town of Rheinsberg (KREY 1985). It is a small oval bog lake with a narrow strip of *Sphagnum* on the shores. The surface area is 0.015 km^2 and the maximum depth amounts to 5.5 m (Table 1, Figs. 1, 2). The thickness of the sediment in the centre of the lake is more than 10 m.

Table 1. Morphometric data of Lake Große Fuchskuhle (according to KREY 1985)

Surface	15000 m^2
Maximum depth	5.5 m
Mean depth	3.5 m
Volume	53000 m^3
Shore line	500 m
Catchment area	0.25 km^2

Lake Große Fuchskuhle is surrounded by low hills covered with pine trees. Due to its wind-protected position the lake is stratified from the end of April to August although its mean depth is only 3.5 m (Table 1). Nevertheless the thermocline reaches the bottom of the lake by the end of June or in the beginning of July. The renewal of the water takes place only by precipitation and ground water.

Trophic situation:

Lake Große Fuchskuhle is a naturally acidic water (Table 2). After ice break the pH amounts to 4.2 and reaches maximum values of 4.6 in autumn. The concentrations of inorganic plant nutrients are very low, especially those of phosphorus and CO_2 (Table 2). The atomic N/P-ratio moves between 25 and 400 indicating Lake Große Fuchskuhle as an extremly phosphorus-limited water. Chlorophyll-a concentration of phytoplankton reaches maximum values of 30 mg Chl-a $\cdot$ m^{-3} and the annual mean is 15 mg Chl-a $\cdot$ m^{-3}. The annual mean of particulate organic carbon amounts to 1.8 g C $\cdot$ m^{-3} and that of dissolved organic carbon to 2.7 g C $\cdot$ m^{-3} (Table 2). Secchi depth varies between 0.5 and 4.7 m.

The pelagic community of organisms is of relatively low diversity. Phytoplankton consists of a small number of species and is dominated by distinct developments of an ultraplanktonic species of the genus *Chlorella* (CASPER, pers. comm.) from March to June. This alga (3×1.5 µm) reaches abundances of 2.0 to $2.3 \cdot 10^6$ cells $\cdot$ ml^{-1} over several weeks. More than 55% of the primary production of phytoplankton is produced during that time. In July short developments of *Dinobryon pediforme* can be observed.

Table 2. Trophic features of Lake Große Fuchskuhle (according to KOSCHEL 1987, unpubl.)

Carbon concentration (annual mean)[1]	
DIC	0.3 g C · m^{-3}
DOC	2.7 g C · m^{-3}
POC	1.8 g C · m^{-3}
Phosphate and nitrogen concentration (spring maximum)[2]	
DIP	6.0 mg P · m^{-3}
TP	33.0 mg P · m^{-3}
Nitrate	100.0 mg N · m^{-3}
Ammonium	490.0 mg N · m^{-3}
pH (annual mean)[1]	4.4
Secchi depth (annual mean)	2.6
Chlorophyll-a-concentration of phytoplankton (annual mean)[1]	14.5 mg Chl-a · m^{-3}
Phytoplanktonic primary production (annual integral)	140.0 g C · m^{-2} · a^{-1}

[1]) 0 m—2,5 m depth
[2]) Mean value of the whole water column. Carbon concentrations are recalculated from original data of PROFT (unpubl.).

The community of planktonic crustaceans consists only of *Eudiaptomus gracilis* and *Diaphanosoma brachyurum*. The annual numbers of individuals amounted in 1982 to 23000 and 14000 Ind. · m^{-3}, respectively. The mean biomass concentration was 78 and 9 mg C · m^{-3}, respectively. Noticeable numbers of waterbugs (Corixidae) and phantom midges of the genus *Chaoborus* have been found. It is possible they play the role of top-predators of the pelagic zone because the number of fish is very low.

Summarizing it can be said that Lake Große Fuchskuhle is on the one hand an acidic extreme biotope, characterized by very low nutrient concentrations (PO_4—P, CO_2) and a small diversity of the community, but on the other hand it shows strong developments of planktonic algae and crustaceans and considerable productivity.

Subdivision of the experimental lake

The subdivision was carried out in June 1986. Location and the principle of installation are shown in Figs. 2 and 3.

The flexible curtain was made by VEB PLAKOTEX in Fehrbellin. It consists of very resistent polyethylene containing a web of textile fibers. The margin was especially strengthened and equipped with a plastic rope to stabilize it against tractive powers. At intervals of a metre the foil is perforated for the attachment of the stones used to hold it in the sediment. The installation of the whole equipment was simple. The foil was provisionally fixed on a steel rope stretched between two trees and drawn across the whole lake. Afterwards the vertical polypropylen ropes were tied to the steel rope. Then the foil was loaded with weights and slowly submerged (Fig. 4). Divers, who had previously removed logs from the bottom of the lake, pressed the weights and the foil into the sediment (Fig. 4). They checked the complete separation of basins. The volume of both is approximately 25000 m^3. During the first year of operation the expense of maintenance and servicing has been very low. Only occasional corrections in the tension of the steel rope were necessary due to annual temperature dynamics. The polypropylene ropes are not resistant to ultraviolet radiation. Therefore some of them had to be renewed. To test the mechanical power of resistance we allowed the foil to freeze inside the ice cover. The thickness of the ice layer was 40 cm and it was frozen for three months. Nevertheless, the material showed no visible injuries.

Discussion

One of the main goals of limnology is the realistic portrayal of ecosystem properties. From the beginning, however, the question exists as to what extent conclusions

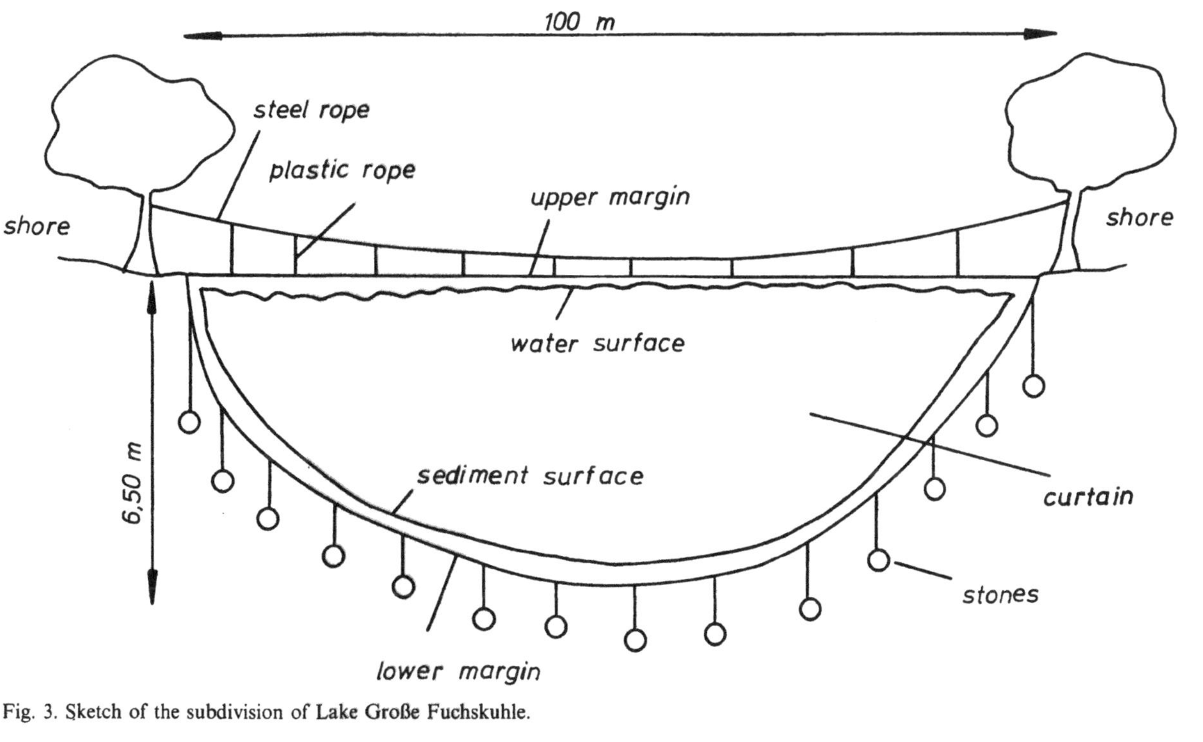

Fig. 3. Sketch of the subdivision of Lake Große Fuchskuhle.

Fig. 4. Lake Große Fuchskuhle with the completely installed curtain.

derived in a reductionistic way from investigations in laboratory and field are transferable to real ecosystems. The attempts at experimental solutions of that problem led to a continuous increase of the experimental scales beginning with laboratory models (e.g. Uhlmann 1971) over enclosures of different size (e.g. Lack & Lund 1974) on to the whole-lake-experiments (e.g. Schindler & Fee 1974).

As to the enclosures there is in the meantime a certain number of variants differing noticably in construction, size and purpose (Grice & Reeve 1982; Lundgren 1985). One of the most successful examples from lakes are the experimental enclosures in Blelham Tarn (English Lake District), commonly named Lund-tubes (Lund & Reynolds 1982). They were used first of all for investigations in phytoplankton ecology.

The developmental history has shown, that a minimum quantity of water (ca. 18500 m^3) must be enclosed before a plankton community is established which is similar to the plankton in the lake with regard to quality as well as quantity. In this way it became possible to investigate problems of plankton ecology on naturally occurring planktonic organisms over a long period (10 years). Difficulties arose from the natural nutrient supply of the tubes because the allochthonous load was almost interrupted resulting in a tendency to oligotrophication. Certain organisms developed badly because of special characteristics in their life cycles which were handicapped by the conditions of the enclosure (*Chaoborus*, *Ceratium*). We have therefore tried to find a possibility of uniting the advantages of the Lund-tubes with the basic ideas which led to the concept of „Experimental Lakes Area" (artificial management of whole lakes, Schindler & Fee 1974). In our opinion subdividing of a lake into two or more similar basins, as described above, offers a good possibility for controlled ecotechnological experiments of various kind (Uhlmann 1986). Questions concerning theoretical limnology and the functioning of complex environmental systems can be studied, as well as problems of applied limnology in the field of water quality management (Scheler 1985).

The selection of a small and stratified acidic bog lake has theoretical as well as practical reasons. There were no problems with our technique in overcoming the distance of 100 m during the subdivision. The same is valid for the depth of the lake. Experiences from Blelham Tarn have shown that simple maintenance, service and control of the equipment is an important prerequisite for the success of the whole project (Lund & Reynolds 1982). This was also taken into consideration in using the technique described here. In connection with later manipulations the lake corresponded to our wishes for an easily manageable size.

For comparing investigations it would be best to take lakes with similar characteristics as was the case with Lakes Peter & Paul. They are neighbouring and have a similar limnology. Therefore it was only necessary to subdivide them by an earth dam (STROSS et al. 1961). However, such lucky circumstances are exceptions. The subdividing of Lake Große Fuchskuhle offers the possibility of comparing experiments with similar starting conditions in both basins. Finally the water is located inside an uninhabited catchment area so that the risk of uncontrolled nutrient inputs is low.

Extreme-biotopes such as acidic bog lakes have a limited number of species and contemporaneous high individual numbers and productivity of the dominating forms if there is a sufficient nutrient supply (GEELEN & LEUVEN 1986; HAVENS & DE COSTA 1986). From that property consequences arise which can be very advantageous for the experiments and their interpretation. In these lakes the typical system of trophic levels exists connected by the usual exchange processes. Therefore the extreme biotope is basicly comparable to ecosystems with high diversity. On the other hand the low number of acid tolerating species restricts the possible reaction spectrum after manipulations of the food-web. In this kind of greater clarity lies the most important advantage of acidic lakes compared with those of circumneutral pH.

Originally the concept of food-web manipulation, among other things, was developed to get quickly an applicable result for water quality management using biological possibilities (SHAPIRO et al. 1975). The problems which have arosen originate from the varied and complicated mechanism of a lake ecosystem (e.g. number of species, succession pattern). Moreover there is often a lack of quantitative results concerning the reaction of participating organisms due to food-web manipulation. This is especially true for the higher trophic levels (MCQUEEN et al. 1986). Also here the extreme biotope offers the possibility of a compromise, because the important ecophysiological characteristics of the small number of dominating species can be investigated with relatively little expense.

References

ANDERSSON, G., BERGGREN, H., CRONBERG, G., & GELIN, C. (1978): Effects of planktivorous and benthivorous fish on organisms and water chemistry in a eutrophic lake. Hydrobiologia **59**, 9—15.

BENNDORF, J., & HORN, W. (1985): Theoretical considerations on the relative importance of food limitation and predation in structuring zooplankton communities. Arch. Hydrobiol., Beih. Ergebn. Limnol. **21**, 383—396.

— KNESCHKE, H., KOSSATZ, K., & PENZ, E. (1984): Manipulation of the pelagic food-web by stocking with predacious fish. Int. Rev. ges. Hydrobiol. **69**, 407—428.

— SCHULZ, H., BENNDORF, A., UNGER, R., PENZ, E., KNESCHKE, H., KOSSATZ, K., DUMKE, U., KRUSPE, R., & REICHEL, S. (1987): Food-web manipulation by enhancement of piscivorous fish stocks: long-term effects in the hypertrophic Bautzen reservoir. *Limnologica* (Berlin) **19** (1), 97—110.

GÄCHTER, R. (1976): Die Tiefenwasserableitung — ein Weg zur Sanierung von Seen. Schweiz. Z. Hydrol. **36**, 1—28.

GEELEN, J. M. F., & LEUWEN, R. S. E. W. (1986): Impacts of acidification on phytoplankton and zooplankton communities. Experientia **42**, 486—494.

GRICE, G. D., & REEVE, M. R. (1982): Introduction and description of experimental ecosystems. In: GRICE, G. D., & REEVE, M. R. (eds.), Marine Mesocosms, pp. 1—24. Berlin, Heidelberg, New York, Tokyo.

HAVENS, K. E., & DE COSTA, J. (1986): A comparision of phytoplankton reactions to nutrient additions in acidic and circumneutral lake-water. Hydrobiologia **137**, 211—222.

KASPRZAK, P., BENNDORF, J., KOSCHEL, R., & RECKNAGEL, F. (1987): Applicability of the food-web manipulation in the restoration programme of a hypertrophic stratified lake: model studies for Lake Haussee (Feldberg, G.D.R.). *Limnologica* (Berlin) **19** (1), 87—95.

KLAPPER, H. (1980): Experiences with lake and reservoir restoration techniques in the German Democratic Republic. Hydrobiologia **72**, 41—50.

KREY, L. (1985): The lakes of the Lake Stechlin area: aspects of their morphometry. In: CASPER, S. J. (ed.), Lake Stechlin — A temperate oligotrophic lake, pp. 29—40. Dordrecht, Boston, Lancaster.

LACK, T. J., & LUND, J. W. G. (1974): Observations and experiments on the phytoplankton of Blelham Tarn, English Lake District. Freshwat. Biol. **4**, 399—415.

LAMMENS, H. R. R. (1987): Trophic interactions in the hypertrophic Lake Tjeukemeer: top-down and bottom-up effects in relation to hydrology, predation and bioturbation during the period 1974—1985. *Limnologica* (Berlin) **19** (1), 81—85.

LUND, J. W. G., & REYNOLDS, C. S. (1982): The development and operation of large limnetic enclosures in Blelham Tarn, English Lake District, and their contribution to phytoplankton ecology. In: ROUND, F. E., & CHAPMAN, D. J. (eds.), Progress in phycological research. Vol. 1, pp. 1—65. Amsterdam.

LUNDGREN, A. (1985): Model ecosystems as a tool in freshwater and marine research. Arch. Hydrobiol., Suppl. **70**, 157—196.

MCQUEEN, D. J., POST, J. R., & MILLS, E. L. (1986): Trophic relationships in freshwater pelagic ecosystems. Can. J. Fish. Aquat. Sci. **43**, 1571—1581.

SCHELER, W. (1985): Zu einigen Aufgaben und Entwicklungstendenzen der Biowissenschaften. Biol. Rdsch. **23**, 73—85.

SCHINDLER, D. W., & FEE, E. J. (1974): Experimental lakes area: whole lake experiments in eutrophication. J. Fish. Res. Board Can. **31**, 937—953.

SHAPIRO, J., LAMARRA, V., & LYNCH, M. (1975): Biomanipulation, an ecosystem approach to lake restoration. In: BREZONIK, P. L., & FOX, J. L. (eds.), Proc. Symp. „Water quality management through biological control". Univ. Florida, Gainesville, pp. 85—96.

STENSON, J. A. E., BOHLIN, T., HENRIKSON, L., NILSSON, B., NYMAN, H. G., OSCARSON, H. G., & LARSSON, P. (1978): Effects of fish removal from a small lake. Verh. Int. Verein. Limnol. **20**, 794—801.

STROSS, R. G., NEES, J. C., & HASLER, A. D. (1961): Turnover time and production of planktonic crustacea in limed and reference portion of a bog lake. Ecology **42**, 237—245.

UHLMANN, D. (1971): Influence of dilution, sinking and grazing rate on phytoplankton populations of hyperfertilized ponds and micro-ecosystems. Mitt. Int. Verein. Limnol. **19**, 100—124.

— (1986): Ökotechnologie — Aufgaben und Lösungswege. Wiss. u. Fortschr. **36**, 108—111.

Received June 26, 1987.

Addresses of the authors:

Dr. PETER KASPRZAK
Dr. RAINER KOSCHEL
Akademie der Wissenschaften der DDR
Zentralinstitut für Mikrobiologie und
Experimentelle Therapie
Abteilung Limnologie
Beutenbergstraße 11
Jena
DDR-6900

ULRICH STEINER
KARL METZDORF
VEB PLAKOTEX Fehrbellin
Abteilung Forschung und Entwicklung
Fehrbellin
DDR-1953

Limnologica (Berlin) **19** (2), 167—175, Dezember 1988

Instituto de Limnologia „Dr. Raúl Ringuelet" ILPLA, Paseo del Bosque S/N, La Plata, Argentina

Monogononta Rotifers from Plankton and Periphyton of Pampasic Lotic Environments (Argentina)

By B. E. MODENUTTI & M. C. CLAPS

With 4 Figures and 4 Tables

Key words: Rotifers; Plankton; Periphyton; Lotic Environments; Argentina

Summary

During 1985—1986, 14 rivers belonging to the Delta sub-basin (Río de la Plata Estuary Basin, Argentina) have been sampled, in order to study the fauna of rotifers of the plankton and periphyton. A total of 256 samples were collected in spring, summer, fall and winter. A total of 76 species of Monogononta rotifers were determined, one of these is a new record for the Neotropical Region and three other are new for the argentine fauna. The high number of common species in the two communities makes it difficult to establish clear limits between lotic plankton and periphyton. However, differences in the dynamics have been observed. Typical for the plankton community was the changing of the dominant species and a high heterogeneity of fauna between the different sampling stations. On the other hand, the periphyton appears more homogeneous in time and space.

Introduction

Neotropical rotifers have been studied from the taxonomic and ecological point of view. However, all this information is still fragmentary and large areas have not been studied (KOSTE & JOSE DE PAGGI 1982). In the special case of Argentina, a good number of taxonomic papers can be mentioned (OLIVIER 1965; THOMASSON 1954; PAGGI & JOSE DE PAGGI 1973; PAGGI 1973, 1981; JOSE DE PAGGI 1978, 1979, 1982). Other papers deal with rotifers as forming a part of communities such as lotic plankton (PAGGI & JOSE DE PAGGI 1974; JOSE DE PAGGI 1980, 1981, 1983, 1984; KUCZYNSKI 1984; MODENUTTI 1987), periphyton (CLAPS 1984), plankton and pleuston (DIONI 1975), and phytotelmata (VUCETICH & ROSSI 1980).

In the present work, a number of lotic bodies from Northwestern Buenos Aires Province were sampled. Rivers and streams from this area were not studied previously from a biological point of view. As a result of this, four new rotifers are mentioned for Argentina. A discussion with a comparison of the plankton and periphyton faunas follows.

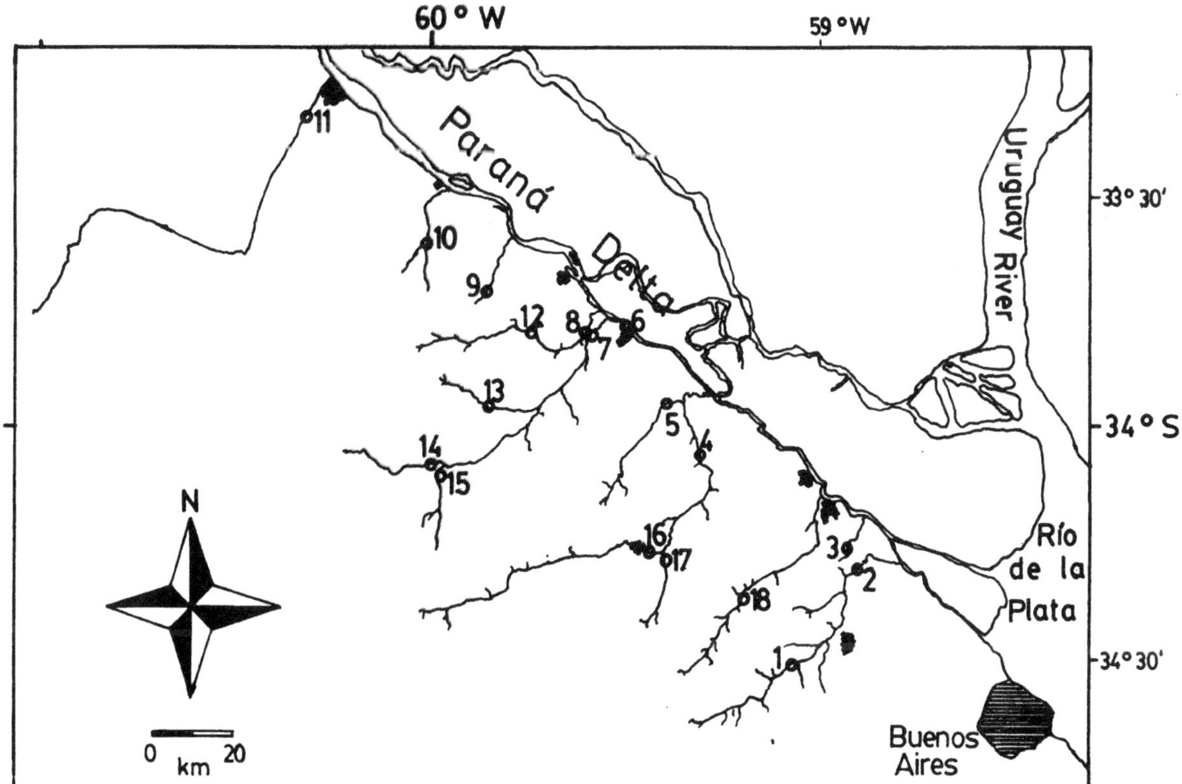

Fig. 1. Map of the studied area.
1 — Luján River; 2 — Luján River; 3 — Pescado Stream; 4 — Areco River; 5 — Cañada Honda; 6 — Baradero River; 7 — Arrecifes River; 8 — Tala River; 9 — Las Hermanas Stream; 10 — Ramallo River; 11 — Arroyo del Medio River; 12 — Tala River; 13 — Burgos Stream; 14 — Arrecifes River; 15 — Luna Stream; 16 — Areco River; 17 — Giles Stream; 18 — De la Cruz Stream.

Study Area

The study area is located between Luján River to the SE and Arroyo del Medio River to the NW (Fig. 1). The following bodies of water were studied: Luján River (2 sampling stations), Pescado Stream, Areco River (2 sampling stations), Cañada Honda, Baradero River, Arrecifes River (2 sampling stations), Tala River (2 sampling stations), Las Hermanas Stream, Ramallo River, Arroyo del Medio River, Burgos, Luna, Giles and De la Cruz streams. Margins are covered by vegetation except in the cases of the Areco and Arrecifes rivers. Most of them have beds composed of „tosca" or „caliche" ($CaCO_3$ concretions), but others, such as the Luján River present sapropelic mud as a product of human activities. According to FRENGUELLI (1950) the region belongs to the Pampa Baja and involves a series of rivers and streams which drain into the Paraná Delta. For this reason, this group of lotic bodies is defined as the Delta sub-basin belonging to the Rio de la Plata Estuary Basin (CFI 1962). Some of these rivers have been studied from the hydrogeological and geomorphological points of view (E.A.S.N.E. 1973). The region's climate is humid temperate (KOPPEN 1948). This area is dedicated to agricultural and cattle rearing activities. Human settlements are located at the margins of Luján, Arroyo del Medio, Baradero and Arrecifes rivers.

Material and Methods

Samples were taken during four seasons: September 23—25, 1985; December 16—18, 1985; April 9—11, 1986 and July 1—3, 1986. The rotifers were taken from 18 sites belonging to 14 lotic environments mentioned above (Fig. 1). Duplicate plankton samples were obtained with a 30 µm mesh net, and 100 litres were filtrated by means of a centrifugal pump in the middle of the course at 30—50 cm from the surface. Duplicate samples of aquatic macrophyta were also obtained. Samples were fixed with 4% formaline for plankton and 10% for periphyton. For each sample the following parameters were registered: water temperature, transparency by means of Secchi disc, pH and conductivity.

Countings of individuals for each species of both communities were performed in 1 ml (plankton) and 0,3 ml (periphyton) Sedgwick-Rafter chambers under microscope. The methodology proposed by SLÁDEČKOVÁ & PIECZYNSKA (1971) was employed for the rotifers associated with aquatic plants.

The JACCARD similarity coefficient was used for the analysis of individual countings and similarity matrices were built.

Results and Discussion

Taxonomic Section

Four new species findings were registered for Argentina. *Notholca squamula* (MÜLLER, 1786) is new for the Neotropical Region. The distribution of *Lophocaris salpina* (EHRENBERG, 1834), *Lecane (L.) hastata* (MURRAY, 1913) and *Dicranophorus forcipatus* (MÜLLER, 1786) has been noticeably extended.

Family Mytilinidae

Lophocaris salpina (EHRENBERG, 1834)
(Fig. 2a and b)

Body oblong. The lorica is strong and its surface shows folds and fine punctation. The triangular cross section of the body is due to the medium dorsal prominent keel, which is the most outstanding characteristic. The

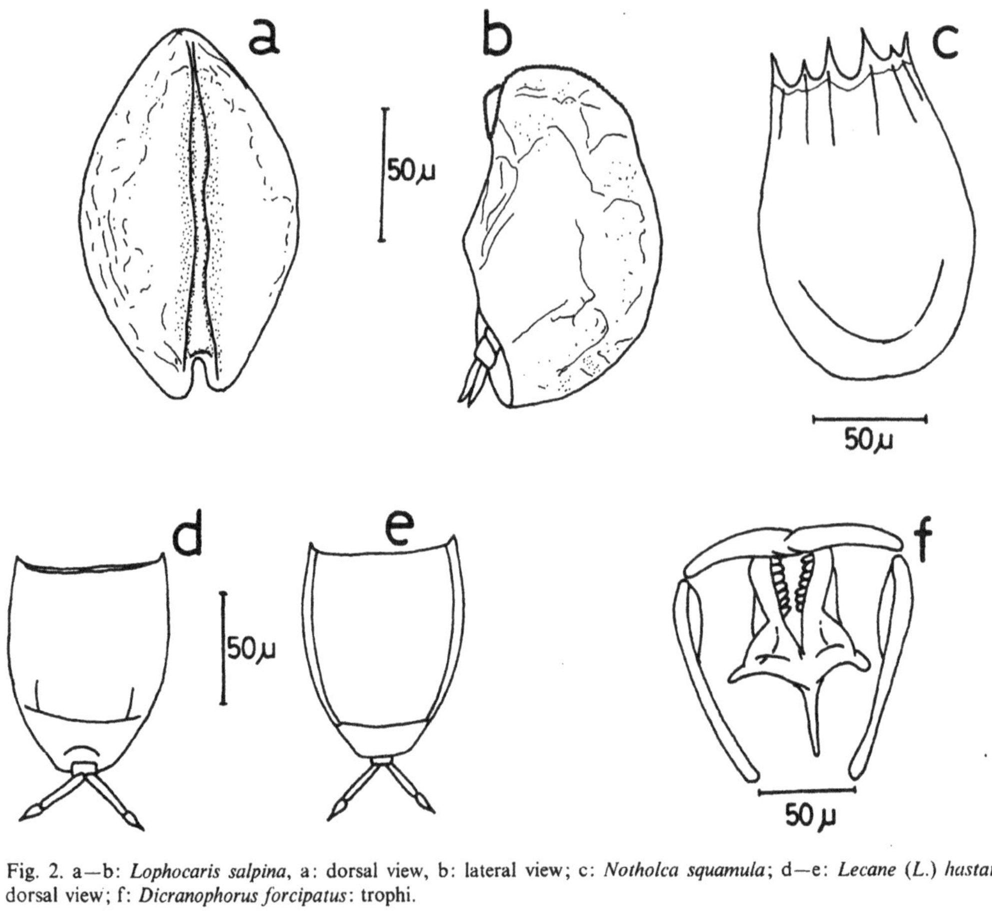

Fig. 2. a—b: *Lophocaris salpina*, a: dorsal view, b: lateral view; c: *Notholca squamula*; d—e: *Lecane (L.) hastata*, d: ventral view, e: dorsal view; f: *Dicranophorus forcipatus*: trophi.

keel presents a series of transversal folds which are more marked towards the posterior section. Two grooves can be seen on both sides of the keel. The ventral part of the lorica shows a central groove reaching the middle part of the body. The folds described by HARRING (1917) could not be clearly observed in our specimens. The lorica has two deep excavations or sinuses: the ventral sinus is deeper and more circular than the more angular dorsal one. The anterior borders of the lorica present very fine denticles. The opening of the foot is ovoidal although its posterior part is more pointed. The foot is divided in three segments with two pointed and slightly curved toes.

Dimensions: Length of the lorica: 132—144 µm; Width of lorica: 63—80 µm; Foot's opening: length 39—43 µm, width 12—14 µm.

This species was found in Luján River. According to KOSTE (1978) it was registered for sapropelic mud; a characteristic of this river's bed.

Family Brachionidae
Notholca squamula (MÜLLER, 1786)
(Fig. 2c)
Body round. Lorica composed by two plates. Caudal appendix absent. The dorsal plate shows six anterior spines, the central one is the longest. The intermediate spines are the shortest. The anterior border of the ventral plate has a small central sinus. The dorsal lorica shows very fine longitudinal folds. This species belongs to the „*Notholca squamula* group" composed by two species, *N. squamula* and *N. salina*. These species can be differentiated by means of the relative length of the anterior dorsal spines. Our specimens were studied by means of the numerical method used by BJORKLUND (1972) for *N. salina*. Table 1 shows that the intermediate spines are the shortest and the central one is the longest, these characteristics permit the differentiation of both species. Moreover, as mentioned by BJÖRKLUND (1972), both species dwell in different habitats; *N. salina* in marine water or inland saltwater while *N. squamula* is restricted to freshwater.
Dimensions: see Table 1.

Table 1. Measurements of *Notholca squamula* ($n = 30$)

	Mean	SD	Range
Length of lorica	156.8	6.33	144—168
Width of lorica	98.2	5.55	84—103
Median dorsal spines	21	2.53	17— 24
Intermediate dorsal spines	10.6	1.24	10— 12
Lateral dorsal spines	13.4	1.24	12— 14

This species was found in Las Hermanas Stream and Arroyo del Medio River.

Family Lecanidae
Lecane (Lecane) hastata (MURRAY, 1913)
(Fig. 2d and e)
Body cup-like. Straight anterior border. The dorsal plate is smaller than the ventral one. The latter shows very small and slightly curved spines on the corners of the anterior border. Both plates have very finely punctuated sectors. The second segment of the foot can be clearly seen. The toes are straight and with claws. The claws show a central thickening. The registered form agrees with that observed by SHARMA (1979) for West Bengal (India), although his specimens are noticeably smaller.

Dimensions: Ventral lorica: length 101—106 µm, width 77—93 µm; Dorsal lorica: length 75—91 µm, width 67—72 µm; Toes: length 36—38 µm, width 4—5 µm, length of the claw 12—14 µm.

This species was registered for the following streams: Pescado, Cañada Honda, Burgos and De la Cruz, and the Areco and Ramallo rivers.

Family Dicranophoridae
Dicranophorus forcipatus (MÜLLER, 1786)
(Fig. 2f)
Contracted specimens which could be determinated by means of the forcipate trophi. Large-size trophi. Ramus with two terminal teeth and seven clearly visible teeth. Well-visible alulas. Thin fulcrum. Manubrium widened in their extremes. The uncus is developed. Two frontal black spots could be seen.

Dimensions: Length of contracted body: 134—144 µm, width: 77—81 µm; Toes: length 48—49 µm; Trophi: length 60 µm, width 57 µm.

This species was registered for the following streams: Pescado, Cañada Honda, Las Hermanas, Burgos, Luna, Giles and De la Cruz and the Baradero, Ramallo and del Medio rivers.

The studied rotiferes faunula

Plankton:

The plankton samples presented 59 species of Monogononta rotifers (Table 2). Among these rotifers three well defined groups may be distinguished:

a) perennial rotifers: *Keratella cochlearis*, *K. tropica*, *K. americana*, *Filinia longiseta*, *Polyarthra vulgaris*, *Trichocerca rattus* and *Lecane (M.) pyriformis*;

b) seasonal rotifers: *Brachionus calyciflorus*, *Anuraeopsis fissa*, *Pompholyx sulcata* and *Lecane (L.) proiecta* (summer species); *Notholca acuminata*, *N. squamula* and *Gastropus* sp. (winter species);

c) occasional rotifers (unfrequent species): *Brachionus bidentata*, *Mytilina ventralis*, *Lecane (L.) ohioensis*, *L. (L) leontina*, *L. (M) quadridentata*, *Trichotria pocillum* and *Testudinella mucronata*. The latter group of species is mainly benthonic or littoral. These results confirm those of JOSE DE PAGGI (1984) for the Paraná River.

The family Brachionidae is well represented in the plankton, with 18 species. The genus *Brachionus* presented its maximum number of species and individuals in summer due to the thermophilic characteristic of the genus (KOSTE 1978). In this family, two genera have a well-marked seasonal distribution. *Anuraeopsis fissa* was sampled in December with a large number of individuals in all the studied bodies of water. RUTTNER-KOLISKO (1974) and NAIDENOW & WAWRIK (1984) agree in considering this genus as a high temperature stenotherm. Therefore, its presence during the maximum temperature samplings also agrees with the above mentioned observations. On the contrary, the genus *Notholca* showed preferences for lower temperatures, *N. acuminata* is registered in winter and spring samples, and *N. squamula* in the winter ones. The latter species was considered by KOSTE (1978) in littoral zones, although other authors consider this species as planktonic (PEJLER 1957a and b; RUTTNER-KOLISKO 1974; NAIDENOW & WAWRIK 1984).

The family Lecanidae is also represented by a high number of species (14). These rotifers, although mainly littoral, have been mentioned as forming a part of the potamoplankton (HYNES 1970). Some species, i.e. *Lecane (L.) ohioensis*, *L. (L.) leontina* and *L. (L.) quadridentata*, were found occasionally, thus indicating their

Table 2. List of species of rotifers present in the zooplankton and its occurrence in the sampling stations. (For the names of the sampling stations see Fig. 1.)

Taxa	Sampling Stations																	
	1	2	3	4	5	6	7	8	9	10	11	12	13	14	15	16	17	18
Anuraeopsis fissa (GOSSE)	0	1	1	1	1	1	1	0	0	1	0	0	0	0	0	1	0	0
Ascomorpha sp.	1	1	1	1	1	0	1	0	1	0	1	0	0	1	1	0	1	1
Brachionus angularis GOSSE	0	1	0	0	0	1	0	0	0	0	1	0	0	0	0	1	0	1
B. bidentata ANDERSON	0	0	0	0	0	0	0	0	0	0	0	0	0	0	0	1	0	0
B. budapestinensis DADAY	0	0	0	0	0	0	0	0	0	0	1	0	0	0	0	0	0	0
B. caudatus insuetus AHLSTROM	0	1	1	0	1	1	1	1	0	0	1	0	0	1	0	1	0	0
B. calyciflorus PALLAS	0	1	0	0	1	1	1	0	0	0	1	0	0	0	0	1	0	0
B. patulus (MÜLLER)	0	0	0	0	1	1	0	0	0	0	1	0	0	0	0	1	0	0
B. plicatilis (MÜLLER)	0	0	0	0	0	1	1	0	0	0	0	0	0	0	0	0	0	0
B. quadridentatus HERMANN	0	1	1	1	0	1	1	1	0	1	1	0	1	0	0	1	0	0
B. urceolaris MÜLLER	0	1	1	0	0	0	1	0	0	0	0	0	0	1	0	0	0	0
B. urceolaris nilsoni (AHLSTROM)	0	1	1	0	0	0	0	0	0	0	1	0	0	0	0	0	0	0
Cephalodella sp. 1	1	0	1	0	0	0	0	1	1	0	0	1	0	0	1	0	0	1
Cephalodella sp. 2	1	0	0	0	1	0	0	1	0	1	0	1	0	1	0	0	0	0
Cephalodella sp. 3	1	0	1	1	1	1	0	1	1	1	1	1	1	1	1	0	0	1
Colurella colurus (EHR.)	0	0	0	0	0	0	1	1	0	0	0	0	0	1	1	1	1	1
C. uncinata (MÜLLER)	0	1	1	1	1	1	1	1	1	1	1	1	1	1	1	1	1	1
Dicranophoridae	1	1	1	1	1	1	1	0	1	1	1	1	1	0	0	0	0	1
Euchlanis dilatata EHR.	0	1	1	0	1	0	0	1	0	1	1	1	1	0	1	0	0	1
Filinia longiseta (EHR.)	0	1	1	1	1	1	1	0	0	0	1	1	0	1	0	1	0	0
Gastropus sp.	0	0	0	1	0	1	0	0	0	0	0	0	0	0	0	0	0	0
Keratella americana CARLIN	0	1	0	0	0	1	0	0	0	0	1	0	0	0	0	0	0	0
K. cochlearis cochlearis (GOSSE)	0	1	1	1	0	1	0	0	0	0	0	0	0	0	0	0	0	0
K. lenzi (HAUER)	0	1	1	1	0	1	1	1	0	0	1	0	0	0	0	0	0	0
K. tropica (APSTEIN)	0	1	1	1	1	1	1	1	0	0	1	1	0	1	0	0	0	0
Lecane (*L.*) *leontina* (TURNER)	0	0	0	0	1	0	0	0	0	0	0	0	0	0	0	0	0	0
L. (*L.*) *ohioensis* (HERRICK)	0	0	0	0	0	1	0	0	1	0	0	0	0	0	0	0	0	0
L. (*L.*) *papuana* (MURRAY)	0	0	0	0	0	0	0	1	0	0	0	0	1	0	1	0	1	0
L. (*L.*) *proiecta* HAUER	0	0	0	0	0	1	0	0	0	0	0	0	0	0	0	0	0	0
L. (*L.*) *hastata* (MURRAY)	0	0	1	1	1	0	0	0	0	1	0	0	0	0	0	0	0	0
L. (*L.*) *aculeata* var. *arcula* HARRING	0	0	1	0	1	0	0	0	0	0	0	0	0	0	0	0	0	1
Lecane (*L.*) sp.	1	0	0	0	1	1	0	1	0	0	1	0	1	0	1	1	1	1
L. (*M.*) *arcuata* (BRYCE)	0	0	1	1	1	0	0	1	1	1	0	0	1	1	1	0	1	1
L. (*M.*) *bulla* GOSSE	0	0	1	0	1	0	1	1	0	1	0	1	1	0	0	1	0	1
L. (*M.*) *closterocerca* SCHMARDA	0	0	1	1	1	0	0	0	0	1	1	1	1	0	1	0	1	1
L. (*M.*) *cormuta* (MÜLLER)	0	0	1	1	1	0	1	0	0	1	0	1	1	0	0	0	0	0
L. (*M.*) *decipiens* (DADAY)	0	0	0	1	1	1	0	1	0	1	1	1	0	1	0	0	0	1
L. (*M.*) *hamata* (STOKES)	0	1	1	1	0	0	1	0	1	1	1	1	1	0	1	1	0	1
L. (*M.*) *pyriformis* (DADAY)	0	1	1	0	1	1	1	1	0	1	1	0	0	0	0	1	0	1
L. (*M.*) *quadridentata* EHR.	0	1	0	0	0		0	1	0	0	0	0	0	0	0	0	0	0
Lecane (M.) sp.	0	0	0	0	0	0	1	1	0	0	0	0	0	0	0	0	0	0
Lepadella ovalis (MÜLLER)	0	1	1	1	1	1	1	1	1	1	1	1	1	1	1	1	1	1
Lophocaris salpina (EHR.)	0	1	1	0	0	0	0	1	0	1	0	0	0	0	0	0	0	0
Mytilina ventralis (EHR.)	0	0	0	0	0	0	0	0	0	0	0	0	0	0	0	0	0	1
Notholca acuminata (EHR.)	0	1	1	1	1	1	1	1	1	1	1	1	0	1	0	1	0	1
N. squamula (MÜLLER)	0	0	0	0	0	0	0	0	1	0	1	0	0	0	0	0	0	0
Platyas quadricornis (EHR.)	0	0	0	0	0	0	0	1	0	0	0	0	0	0	0	0	0	0
Polyarthra vulgaris CARLIN	0	1	1	1	1	1	1	1	0	1	1	1	0	1	0	1	0	0
Pompholyx sulcata HUDSON	0	0	1	0	0	0	0	0	0	0	0	0	0	0	0	0	0	0
Synchaeta sp.	1	0	1	0	0	0	0	0	0	0	1	1	0	0	0	0	0	1
Testudinella mucronata (GOSSE)	0	0	0	0	0	0	0	0	0	0	0	0	0	0	1	0	0	0
T. patina (HERMANN)	0	1	1	1	1	0	1	1	0	0	1	0	0	1	1	1	0	1
Trichocerca (D.) *tigris* (MÜLLER)	0	0	1	1	1	1	0	1	1	1	1	1	1	1	0	1	1	1
T. (*D.*) *weberi* JENNINGS	0	0	0	0	0	0	0	0	0	0	0	0	1	0	1	0	0	0
T. (*T.*) *pusilla* (LAUTERNBORN)	0	1	1	1	1	1	1	1	0	1	0	0	0	0	0	1	1	1
T. (*T.*) *rattus* (MÜLLER)	0	0	1	1	0	1	1	1	1	0	1	0	0	0	0	1	0	1
Trichotria pocillum (MÜLLER)	0	0	1	1	0	0	0	0	0	0	0	0	0	0	0	0	0	0
T. tetractis (EHR.)	0	0	1	0	0	0	0	0	1	0	0	0	1	0	1	0	1	0
Wolga spinifera (WESTERN)	0	0	1	0	0	0	0	1	0	1	0	1	1	0	1	0	1	1

close relations with vegetated areas. On the other hand, in accordance with PAGGI's (1984) opinion, *L.* (*L.*) *proiecta* has been successful in its adaptation to potamoplankton because, although a high number of individuals has been observed in summer plankton, it has not been registered in the periphyton.

The number of individuals of planktonic rotifers varied in relation to hydrological conditions. In low waters (December sampling) the number of individuals was high, reaching 1,530 indiv./l in the case of the Luján River and 801 indiv./l in the case of Pescado Stream. On the contrary, high waters (July sampling) produce a dilution effect which explains the decrease in rotifers density (20 indiv./l in Luján River and 35 indiv./l in Pescado Stream). Arroyo del Medio River is an exception because a higher number of individuals (574 indiv./l) was registered in July with respect to December (125 indiv./l). In the latter river, *Notholca squamula* was dominant in July, a similar situation to the one mentioned by NAIDENOW & WAWRIK (1984) who found this species in winter plankton.

Periphyton:
Fifteen aquatic macrophyta were found, and their distribution can be observed in Table 3. A total of 56 species of Monogononta rotifers were found within the periphyton of these plants (Table 4). According to PENNACK's (1966) criterion, these periphytic species can be classified within the following groups:
a) more or less permanently sessile (*Limnias ceratophylli* and *Collotheca* sp.),
b) foragers occasionally leaving the vegetation (*Colurella colurus*),
c) other foragers frequently abandoning the substratum (*Lepadella ovalis*),
d) limnetic: *Polyarthra vulgaris* is included in this group but is found occasionally although its origin is planktonic.

The family Lecanidae has the highest number of species, constituting the most representative rotifers related to the aquatic vegetation. In this family, *Lecane* (*M.*) *closterocerca*, *L.* (*M.*) *pyriformis*, *L.* (*M.*) *bulla* are the most important both in the number of individuals and frequency in hydrophyta and lotic environments. The Brachionidae are represented by 9 species, only *Brachionus quadridentatus* is numerically important, being found in all samples, although a considerable increase in the number of individuals was registered in December and April. The family Colurellidae is the second in species number (5), *Lepadella ovalis* is the most ubiquitous because it is found associated with all substratum plants and in all the lotic environments.

With respect to sessile rotifers, *Limnias ceratophylli* and *Collotheca* sp. were more abundant on submerged plants (*Myriophyllum aquaticum* and *Ceratophyllum demersum*) in backwaters. These submerged macrophyta present finely divided leaves which attract the rotifers (EDMONSON 1944). *L. ceratophylli* was the most frequent and abundant species. This situation can be attributed to the preference shown by the Collothecidae to small and protected environments (EDMONSON 1944).

Periphytic rotifers did not show marked differences in the four samplings. The number of species was almost constant. However, an increase in the number of *Brachionus* spp. individuals was observed in summer and fall, particularly in Luján River. Both species of the genus *Notholca* were registered during winter and spring, thus showing their characteristic stenothermia to cold. Almost all species of Lecanidae were found in all samplings. *Lecane* (*L.*) *papuana* is an exception because it was found at higher temperatures. HAUER (1965) and KOSTE (1978) considered this species as tropical and subtropical. Its finding at lower latitudes can be attributed to the subtropical „tongue“ penetrating the temperate regions through the Paraná River and its gallery forest.

Periphytic rotifers, as well as other members of this community, are affected by the water level (WEITZEL 1979). In the environments studied the hydrological conditions of the high July waters produced a noticeable decrease on individual numbers: in the case of Pescado Stream, 8,890 indiv./g DW in December and 1,574 indiv./g DW in July, and in Cañada Honda 7,710 indiv./g DW in December and 512 indiv./g DW in July. No preference was observed for a certain substratum plant, except for *Limnias* and *Collotheca*, already mentioned. However, a decrease in the number of individuals was observed on emergent plants, especially in *Schoenoplectus*. ROS (1983) pointed out that these macrophyta are poorly colonized by the periphyton, i.e. algae and protozoans. This condition seems to limit the food resources of foraging organisms and thus to produce a low rotifer density.

As can be seen in Tables 2 and 4, there is a high number of species common to plankton and periphyton. These species of the families Lecanidae, Euchlanidae and Trichotridae are frequently found in the potamoplankton and may be classified as sirton according to MARGALEF (1982). On the other hand, GANNON & STEMBERGER (1978) indicate that these littoral rotifers become limnetic in eutrophic waters. These considerations and the data obtained by us show the difficulty in establishing a clear separation between the periphytic and planktonic

Table 3. List of species of aquatic macrophyta and its occurrence in the sampling stations.
(For the names of the sampling stations see Fig. 1.)

Taxa	Sampling Stations													
	1	2	3	5	6	8	9	10	11	12	13	15	17	18
Althernanthera philoxeroides (MARTIUS) GRISEBACH	1	1	0	0	1	0	1	1	0	1	1	1	0	1
Ceratophyllum demersum L.	0	0	0	1	1	0	1	0	0	0	1	1	1	1
Cyperus giganteus VAHL	0	0	0	0	0	0	0	0	0	0	0	0	0	0
Echinochloa polystachya (H.B.K.) HITCHC. var. *polystachya*	0	0	0	0	1	0	0	0	0	0	0	0	0	0
Egeria sp.	0	0	0	0	0	1	0	0	0	0	0	0	0	0
Hydrocotyle ranunculoides L.	0	0	0	1	0	0	1	0	0	0	1	1	1	0
Lilaeopsis carolinensis COULT et ROS	0	0	0	0	0	0	0	0	0	0	0	0	1	0
Ludwigia sp.	0	0	1	1	0	1	0	0	0	1	0	0	0	1
Myriophyllum aquaticum (VELLOZ) VERDCOURT (= *M. brasiliensis*)	0	0	1	0	0	1	0	0	0	0	0	0	0	0
Pistia stratiotes L.	0	0	1	1	0	0	0	0	1	0	0	0	0	0
Polygonum punctatum ELLIOT	1	1	1	1	1	0	0	0	0	1	0	0	0	1
Potamogeton berteroanus PHIL.	0	0	0	0	0	0	0	0	0	0	0	0	0	1
P. striatus RUIZ et PAVON	0	1	0	0	0	1	0	1	0	1	1	0	0	1
Sagittaria sp.	0	0	0	0	0	0	0	1	0	0	0	0	0	0
Schoenoplectus californicus (MEYER) SOJÁK (= *Scirpus californicus*)	0	1	0	1	0	0	0	0	0	0	0	0	0	0

Table 4. List of species of rotifers present in the periphyton and its occurrence in the sampling stations. (For the names of the sampling stations see Fig. 1.)

Taxa	Sampling Stations												
	1	2	3	5	6	8	9	10	11	12	13	15	17	18
Brachionus angularis GOSSE	0	0	0	0	0	0	0	0	0	0	0	0	0	1
B. bidentata ANDERSON	0	0	1	0	0	0	0	0	0	0	0	0	0	0
B. caudatus insuetus AHLSTROM	0	0	1	0	0	0	0	0	0	0	0	0	0	0
B. plicatilis (MÜLLER)	0	1	0	0	0	0	0	0	0	0	0	0	0	0
B. quadridentatus HERMANN	1	1	1	1	0	0	0	1	0	1	0	0	0	1
B. urceolaris MÜLLER	0	1	0	0	0	0	0	0	0	0	0	0	0	0
B. urceolaris nilsoni (AHLSTROM)	1	0	0	0	0	0	0	0	1	0	0	0	0	0
Collotheca sp.	0	0	1	0	0	0	1	1	0	0	1	0	0	0
Cephalodella sp. 1	1	1	0	1	1	1	1	1	1	0	1	1	1	1
Cephalodella sp. 2	0	0	0	1	0	0	1	1	0	1	1	1	1	1
Cephalodella sp. 3	0	1	1	1	0	1	0	1	0	1	1	0	0	1
Cephalodella sp. 4	1	0	0	0	0	0	1	0	0	0	1	1	0	1
Colurella colurus (EHR.)	0	0	1	1	1	0	1	0	1	1	1	1	1	1
C. uncinata (MÜLLER)	0	0	1	1	0	1	1	1	0	1	1	1	1	1
Dicranophorus sp.	0	0	1	1	1	0	1	1	1	0	1	1	1	1
D. forcipatus (MÜLLER)	1	1	1	1	1	0	0	1	1	1	1	1	1	1
Dipleuchlanis sp.	0	0	0	0	0	0	0	0	1	0	0	0	0	0
Euchlanis dilatata EHR.	1	0	1	1	1	1	1	1	0	1	1	1	1	1
Floscularidae	0	0	1	0	0	0	0	0	0	0	0	0	0	0
Gastropus sp.	0	0	0	0	1	0	0	0	0	1	1	0	0	0
Lecane (*L.*) *leontina* (TURNER)	0	0	0	0	0	0	0	0	0	0	1	1	0	0
L. (*L.*) *papuana* (MURRAY)	0	0	1	1	0	0	0	1	0	0	1	0	0	1
L. (*L.*) *proiecta* HAUER	0	0	0	0	0	0	0	1	0	0	0	1	0	0
L. (*L.*) *ohioensis* (HERRICK)	0	0	1	0	0	0	0	1	0	0	1	0	0	0
L. (*L.*) *hastata* (MURRAY)	0	0	1	1	0	0	0	1	0	0	1	0	0	1
L. (*L.*) *aculeata* var. *arcula* (HARRING)	0	0	0	0	0	0	0	0	0	0	1	0	0	1
L. (*L.*) *signifera* (JENNINGS)	0	1	1	1	0	0	1	1	1	1	1	1	1	1
Lecane (L.) sp.	0	0	1	1	0	0	1	1	0	0	1	0	0	1
Lecane (*H.*) sp.	0	0	1	0	0	0	0	0	1	0	0	0	1	0
L. (*M.*) *arcuata* (BRYCE)	0	0	0	0	0	0	0	0	0	0	1	1	0	1
Lecane (*M.*) *bulla* GOSSE	0	0	1	1	0	0	0	1	0	1	1	0	0	1
L. (*M.*) *closterocerca* SCHMARDA	1	1	1	1	1	1	1	1	1	1	1	1	1	1
L. (*M.*) *cornuta* (MÜLLER)	0	0	0	0	0	0	0	0	0	0	1	0	0	0
L. (*M.*) *decipiens* (DADAY)	0	0	1	1	0	0	0	1	0	0	1	1	0	1
L. (*M.*) *hamata* (STOKES)	0	0	1	1	0	0	0	0	1	1	1	1	1	1
L. (*M.*) *pyriformis* (DADAY)	0	1	1	1	0	0	0	1	1	0	1	1	0	1
L. (*M.*) *quadridentata* EHR.	0	0	1	0	0	0	0	1	0	0	0	1	0	1
Lecane (*M.*) sp.	0	0	0	0	0	0	0	0	0	0	0	0	1	0
Lepadella acuminata (EHR.)	0	0	0	0	0	0	0	0	1	0	0	0	1	1
L. ovalis (MÜLLER)	1	1	1	1	1	0	0	1	0	1	1	1	1	1
L. patella (MÜLLER)	1	1	1	1	0	0	1	1	1	1	1	1	1	1
Limnias ceratophylli SCHRANK	1	1	1	1	1	1	1	1	1	1	1	1	1	1
Monomata sp.	1	1	1	1	0	0	1	0	0	0	1	1	0	1
Mytilina ventralis (EHR.)	1	1	1	1	0	0	0	1	0	1	0	0	0	1
Notholca acuminata (EHR.)	0	0	0	0	0	1	0	0	1	0	0	0	0	0
N. squamula (MÜLLER)	0	0	0	0	0	0	0	0	1	0	0	0	0	0
Polyarthra vulgaris CARLIN	0	0	0	1	0	0	0	0	0	0	0	0	0	0
Testudinella mucronata (GOSSE)	0	0	0	0	0	0	0	0	0	0	0	0	0	1
T. patina (HERMANN)	1	1	1	1	0	0	0	1	0	1	1	1	0	1
Trichocerca (*D.*) *tigris* (MÜLLER)	0	0	1	1	0	0	1	1	1	1	1	1	1	1
T. (*D.*) *weberi* JENNINGS	0	0	1	1	0	0	1	0	0	0	1	0	0	1
T. (*T.*) *rattus* (MÜLLER)	0	0	1	1	0	0	0	0	0	1	1	0	1	1
Trichocerca sp. 1	0	0	0	1	0	0	0	0	0	0	0	0	0	0
Trichocerca sp. 2	0	0	0	1	0	0	0	0	0	0	0	0	0	0
Trichotria pocillum (MÜLLER)	0	0	1	0	0	0	0	0	0	0	1	0	0	0
T. tetractis (EHR.)	0	0	1	0	1	0	1	1	0	0	1	1	0	0

species in lotic environments. DONNER (1972) suggests that the limit between the fauna associated with the littoral macrophyta and plankton is not well-defined. This phenomenon was also observed by PEJLER (1962) for periphyton and benthic rotifers.

However, it is interesting to notice that strong differences exist in the dynamics of these two communities. The periphyton offers more stable conditions than plankton, a fact revealed by the constant number of periphytic species in the four samplings. Contrarywise, the plankton is characterized by pulses of dominant species which are replaced in the different seasons. DIONI (1975) mentioned similar results when comparing pleuston and plankton rotifers. Moreover, a greater homogeneity of periphytic rotifers can be observed in the rotifer fauna in all the water bodies. On the contrary, plankton shows clear differences in the taxocenosis composition. This appears in the similitude matrices calculated on the basis of JACCARD's association coefficient (Figs. 3 and 4). The resulting values indicate that the periphyton community shows more similarity between the stations than that of plankton. It must be pointed out that the highest associations correspond to streams richer in macrophyta both in species number and area covered. This is case of Ramallo, Pescado, Cañada Honda, Burgos and De la Crus streams.

In the case of the plankton community, this microfauna is more heterogenous in the lotic environments. Faunistic similarities of the different environments are lower (Fig. 3) than in the case of periphyton. No group can be clearly defined. The set of rivers and streams studied provides different possibilities for the formation of an autochthonous plankton. This situation can be observed through the analysis of similarities higher than

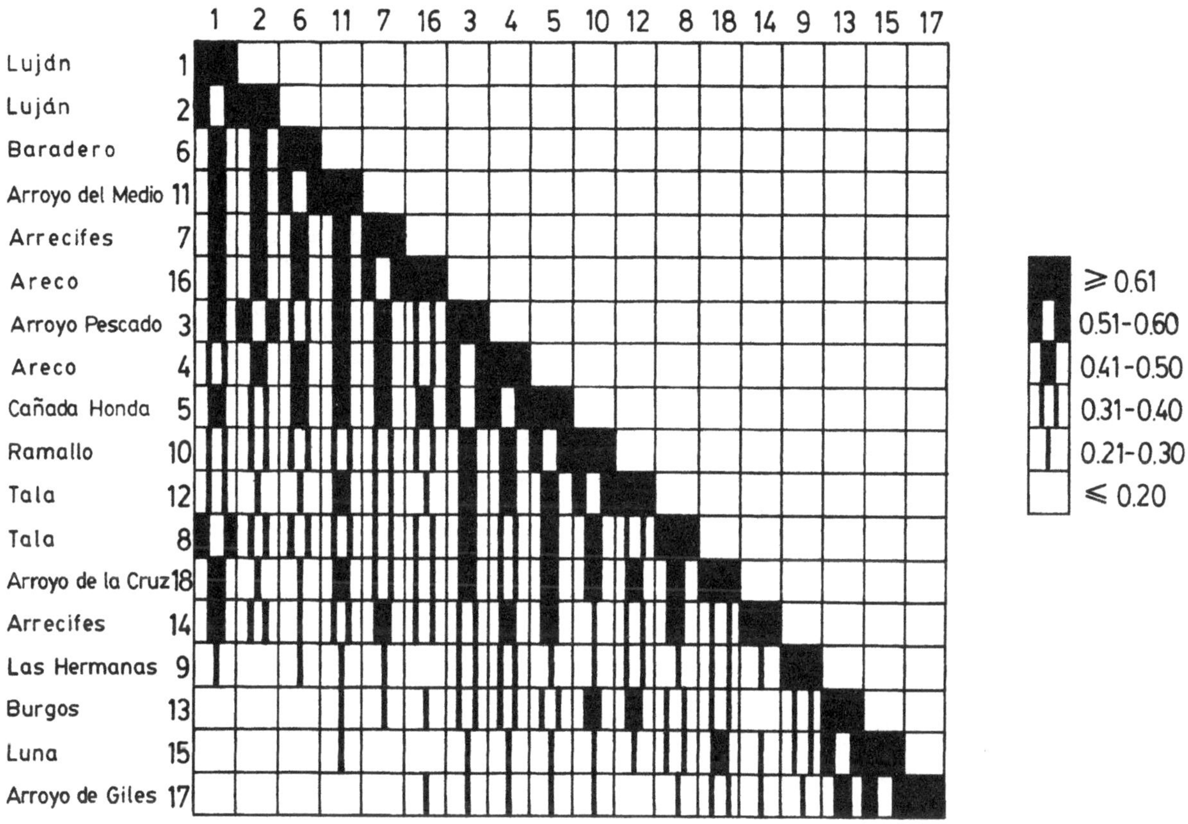

Fig. 3. Similarity Matrix based on the planktonic rotifers.

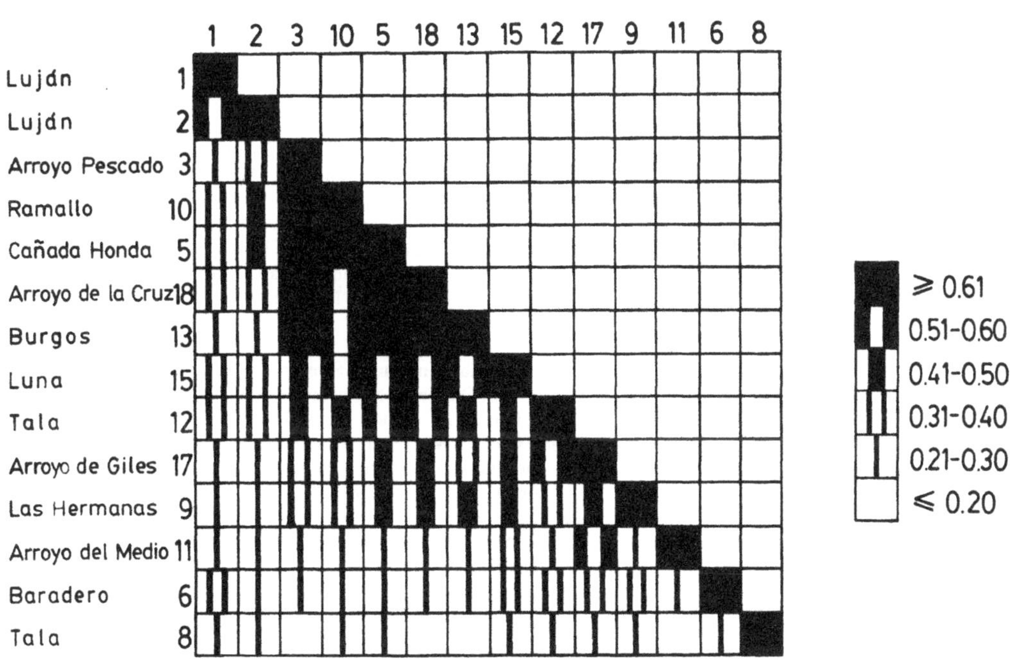

Fig. 4. Similarity Matrix based on the periphytic rotifers.

50 %, and each pair of these associations may be explained by different reasons. For example, the association Baradero-Arroyo del Medio is formed by the two largest rivers sampled, they are located in an area with poor slope (0.7 m/km) and these characteristics favour the formation of a real potamoplankton (Hynes 1970). Other pairs of associations such as Luján 2-Pescado, Cañada Honda-Ramallo, Pescado-Cañada Honda are explained by the presence of hydrophyta whose scour produces the appearance of rotifers shared by rivers and streams. Finally, other associations (Luna-Giles, Burgos-Luna) are formed by small streams with a poor rotifer fauna.

Zusammenfassung

Die vorliegende Arbeit enthält die Ergebnisse der Untersuchungen an planktischen und periphytischen Rotatorien aus 14 Bächen und Flüssen des Delta-Gebietes des Rio de la Plata. Insgesamt wurden im Frühjahr, Sommer, Herbst und Winter 256 Proben genommen und qualitativ und quantitativ ausgewertet.

Es konnten 76 Taxa bestimmt werden, von denen eine Art neu für die neotropikale Region und drei Arten neu für die argentinische Fauna sind. In der Artenliste finden sich viele Arten, die sowohl planktisch als auch periphytisch auftreten; deshalb ist es nicht leicht, eine scharfe Grenze festzustellen. Es gibt jedoch deutliche Unterschiede in der Populations-Dynamik beider Taxozönosen. Die planktischen Rotatorien zeigen starke jahreszeitliche Fluktuationen. Die verschiedenen Bäche und Flüsse zeigen eine größere planktische Heterogenität ihrer Rotatorien-Gemeinschaften.

Acknowledgements

We thank Prof. N. M. Tur for the identification of the aquatic macrophyta. This work was supported by the Comisión de Investigaciones Cientificas de la Provincia de Buenos Aires (Res. 7500-Bó).

References

Bjorklund, B. G. (1972): Taxonomic and ecological studies of species of *Notholca* (Rotatoria) found in sea and brackish water, with description of a new species. Sarcia **51**, 25—65.

C.F.I. (1962): Evaluación de los recursos naturales de la Argentina (Ira Etapa) Tomo 4. Recursos Hidráulicos superficiales. Vol 1. Consejo Federal de Inversiones, Buenos Aires.

Claps, M. C. (1984): Zooperifiton en *Scirpus* (*Schoenoplectus*) *californicus* (Meyer) Steud. (Río de la Plata, Punta Atalaya). Neotropica **30** (83), 79—87.

Dioni, W. (1975): Rotíferos del plancton y pleuston del Madrejón Don Felipe. Estructura de la taxocenosis. Physis (Sec. B) **34** (88), 51—61.

Donner, P. J. (1972): Die Rädertierbestände submerser Moose und weiterer Merotope im Bereich der Stauräume der Donau an der deutsch-österreichischen Landesgrenze. Arch. Hydrobiol./Suppl. **44** (1), 49—114.

E.A.S.N.E. (1973): Contribución al estudio geohidrológico del noreste de la provincia de Buenos Aires. 1. Consejo Federal de Inversiones. Buenos Aires.

Edmonson, W. T. (1944): Ecological studies of sessile Rotatoria, Part I. Ecol. Monographs **14**, 31—66.

Frenguelli, J. (1950): Rasgos generales de la morfologia y la geologia de la Provincia de Buenos Aires. MOPBA, La Plata.

Gannon, J. E., & Stemberger, R. S. (1978): Zooplankton (especially Crustacea and Rotifers) as Indicators of Water Quality. Trans. Amer. Micros. Soc. **97**, 16—35.

Harring, H. K. (1917): A revision of the rotatorian genera *Lepadella* and *Lophocaris* with description of five new species. Proc. U.S. Nat. Mus. **51**, 527—568.

Hauer, J. (1965): Zur Rotatorienfauna des Amazonasgebietes. Int. Rev. ges. Hydrobiol. **50** (3), 341—389.

Hynes, H. B. N. (1970): The ecology of running waters. Toronto.

Jose De Paggi, S. (1978): Observaciones sobre algunos rotiferos nuevos para la fauna Argentina. Neotropica **24** (72), 99—104.

— (1979): Contribución al conocimiento de la fauna argentina de rotiferos. II. Algunas especies de los géneros *Lecane* Nitzsch y *Lepadella* Bory St. Vincent. Neotropica **25** (73), 37—44.

— (1980) Campaña limnológica „*Keratella* I" en el río Paraná Medio. Zooplancton de ambientes lóticos. Ecologia **4**, 69—75.

— (1981): Variaciones temporales y distribución horizontal en algunos cauces secundarios del río Paraná Medio. Stud. Neotrop. Fauna Environ. **16**, 185—199.

— (1982): Contribución al conocimiento de la fauna argentina de rotiferos. III. Nuevos registros especificos en ambientes del río Paraná Medio. Neotropica **28** (80), 117—124.

— (1983): Estudio sinóptico del zooplancton de los principales cauces y tributarios del valle aluvial del río Paraná: Tramo Goya Diamante (I. Parte). Rev. Asoc. Cienc. Nat. Litoral **14** (2), 163—178.

— (1984): Estudios limnológicos en una sección transversal del tramo medio del río Paraná. X: Distribución estacional del zooplancton. Rev. Asoc. Cienc. Nat. Litoral **15** (2), 135—155.

Koppen, W. (1948): Climatologia, con un estudio de los climas de la tierra. Buenos Aires.

Koste, W. (1978): Rotatoria. Die Rädertiere Mitteleuropas. Ein Bestimmungswerk begr. von M. Voigt. Überordnung Monogononta. I, II u. III. Stuttgart.

— & Jose De Paggi, S. (1982): Rotifera from the Superorder Monogononta recorded from Neotropis. Gewässer u. Abwässer **68/69**, 71—102.

Kuczynski, D. (1984): Zooplancton (especialmente rotiferos) del río Reconquista (Provincia de Buenos Aires). Physis (Sec. B) **42** (102), 1—7.

Margalef, R. (1982): Limnologia. Barcelona.

Modenutti, B. E. (1987): Caracterización y variación espacial del zooplancton del arroyo Rodríguez (Prov. de Buenos Aires, Argentina). An. Inst. Cienc. Mar y Limnol. Univ. Nac. Auton. Mexico **14** (in press).

Naidenow, W., & Wawrik, F. (1984): Zur Kenntnis der Rotatorien der Teiche des niederösterreichischen Waldviertels. *Limnologica* (Berlin) **15** (1), 157—177.

Olivier, S. R. (1965): Rotiferos plantónicos de Argentina. Rev. Mus. La Plata **8** (63), 177—260.

Paggi, J. C. (1973): Contribución al conocimiento de rotíferos dulceacuícolas planctónicos de la Rep. Argentina. Physis (Sec. B) **32** (85), 321—330.

— (1981): Observaciones sobre el zooplancton de algunos lagos de la Patagonia extraandina. I Rotíferos. Stud. Neotrop. Fauna Environ. **16**, 23—33.

— & Jose De Paggi, S. (1973): Sobre algunos rotíferos nuevos para la fauna Argentina. Rev. Assoc. Cienc. Nat. Litoral **4**, 49—60.

— — (1974): Primeros estudios sobre el zooplancton de las aguas lóticas del Paraná Medio. Physis (Sec. B) **33** (86), 91—114.

Pejler, B. (1957a): Taxonomical and ecological studies on planktonic Rotatoria from Northern Swedish Lapland. K. V. A. Handl. **6** (5), 1—68.

— (1957b): Taxonomical and ecological studies on planktonic Rotatoria from central Sweden. K. V. A. Handl. **6** (7), 1—52.

— (1962): On the taxonomy and ecology of benthic and periphytic rotatoria. Zool. Bidr. Upps. **33**, 327—422.

Pennack, R. W. (1966): Structure of zooplankton populations in the littoral macrophyte zone of some Colorado lakes. Trans. Amer. Microsc. Soc. **85** (3), 329—349.

Ros, P. J. (1983): Dynamics of periphytic communities. In: R. G. Wetzel (ed.), Periphyton in freshwater ecosystems, pp. 5—10. The Hague.

Ruttner-Kolisko, A. (1974): Plankton Rotifers. Biology and Taxonomy. In: Die Binnengewässer **26**/1. Stuttgart.

Sharma, R. K. (1979): Further contributions to the lecanid fauna (Rotifera: Lecanidae) of West Bengal. Acta Hydrobiol. **2** (1), 53—59.

SLÁDEČKOVÁ, A., & PIECZYNSKA, E. (1971): Periphyton. In: EDMONSON, W. T., & WINBERG, G. G. (eds.), A Manual on Methods for the Assessment of Secondary productivity in Fresh Water, pp. 109—122. Oxford.

THOMASSON, K. (1954): Studien über das südamerikanische Süßwasserplankton. 2. Zur Kenntnis des südamerikanischen Zooplanktons. Ark. f. Zool. **6** (2), 189—194.

VUCETICH, M. C., & ROSSI, J. B. (1980): Estudio preliminar de la fauna fitotélmica de *Eryngium pandanifolium* CHAM et SCHLECHT. Limnobios **1** (10), 403—409.

WEITZEL, R. L. (1979): Periphyton measurements and applications. In: WEITZEL, R. L. (ed.), Methods and measurement of periphyton communities: a review, pp. 3—33. New York.

Received September 29, 1987.

Address of the authors:

Dr. B. E. MODENUTTI
Centro Regional Universitario Bariloche
U.N. Comahue c.c. 1336
8400 Bariloche
Argentina

Dr. M. C. CLAPS
Instituto de Limnologia ILPLA
Paseo del Bosque s/n
1900 La Plata
Argentina

Limnologica (Berlin) **19** (2), 177—180, Dezember 1988

AdW der DDR, Zentralinstitut für Mikrobiologie und Experimentelle Therapie, Jena

Probengröße — Partikelgröße — Fehlergröße: Zur Analyse partikulär gebundener Wasserinhaltsstoffe*

Sample Size — Particle Size — Error of Sampling: Contribution to the Analysis of Particulate Biomass

Von GOTTFRIED PROFT & WILFRIED RAUSCH

Mit 2 Abbildungen und 2 Tabellen

Summary

A normalized biomass-size spectrum for lakes was constructed by SHELDON's hypothesis to evaluate the error of sampling. The correlation sample size — particle size — number of particles was calculated by statistical analysis. The largest particles of the sample are decisive for the error of sampling. Additional errors of the procedure should be correlated with the sample size and the error of sampling.

1. Einleitung

Bei der Bestimmung partikulär gebundener Elemente treten häufig Schwierigkeiten bei der Entnahme repräsentativer und reproduzierbarer Proben auf. In Analysen mit Doppelbestimmungen werden oft „Ausreißer" beobachtet, die auf eine ungenügende Probenahme zurückgeführt werden können. Dieses Problem soll im vorliegenden Beitrag beleuchtet werden. Wir haben die Beziehungen Partikelgröße — Probengröße — Fehlergröße an Modellproben untersucht, die nach der Hypothese von SHELDON erstellt wurden.

2. Das Partikelspektrum von Seewasserproben

Der partikuläre Inhalt einer Wasserprobe besteht aus dem Plankton und dem Tripton. Der Triptonanteil wird besonders in stehenden Gewässern mit zunehmender Partikelgröße geringer, so daß im Netzplankton die lebende Biomasse dominiert, auf die wir die folgenden Untersuchungen beziehen.

Nach SHELDON's Hypothese korreliert die Biomasse der Gewässer mit dem Logarithmus der Größe der Individuen. Trägt man auf der Ordinate die Biomasse und auf der Abszisse die Größe der Plankter im logarithmischen Maßstab auf, so ergibt sich eine steigende Gerade (SHELDON et al. 1972; PETERS 1983; PROFT & RONNEBERGER 1987). Mit dieser Geraden ist es möglich, eine „normalisierte Biomasse" (SPRULES & MUNAWAR 1986; RODRIGUEZ & MULLIN 1986), d. h. ein über Raum und Zeit gemitteltes Partikelspektrum des Planktons, zu berechnen. Dieses Partikelspektrum soll als Grundlage unserer Fehlerbetrachtung dienen.

Teilt man das Partikelspektrum in Größenklassen, z. B. 800—400 µm, 400—200 µm, 200—100 µm, 100 bis 50 µm usw., so müßte nach SHELDON's Hypothese jede Größenklasse die gleiche Biomasse enthalten. Innerhalb der Klassen ist die Biomasse bei großen Planktern auf wenige, bei kleinen auf viele Individuen beschränkt. Ist die Biomasse der Größenklasse und des Einzelindividuums bekannt, läßt sich die Zahl der Organismen pro Liter bestimmen und das Spektrum der partikulären Biomasse nach Größe und Zahl berechnen.

Über Siebfraktionen und Kohlenstoffanalysen von Plankton haben wir im oligotrophen Stechlinsee und im eutrophen Dagowsee die SHELDON'schen Geraden bestimmt (PROFT & RONNEBERGER 1987).

Stechlin $y = 241 + 15{,}6 \log x$ (1)

Dagowsee $y = 547 + 538 \log x$ (2)

y = Biomasse in µg C/l;
x = Größe der Plankter in µm

Für die Größenklassen von 800—400 µm, 400—200 µm usw. errechnet sich nach den Gleichungen 1 und 2 ein Kohlenstoffgehalt von 4,7 µg im Stechlin und 161 µg im Dagowsee. In Tab. 1 sind mittlere C-Werte von dominierenden Planktern nach Größenklassen geordnet angegeben (vgl. PROFT & RONNEBERGER 1987). Mit diesen Kohlenstoffwerten der Plankter und den Kohlenstoffwerten aus den Gleichungen 1 und 2 können wir die mittlere Planktondichte und Größenverteilung für ein oligotrophes und ein eutrophes Gewässer berechnen.

3. Probengröße und Fehlergröße

Betrachten wir zunächst das Verhältnis zwischen Probengröße und Fehlergröße an einem einfach zu überschauenden Beispiel. In einem Liter Wasser mit einem POC-Gehalt von 185 µg C/l befinde sich z. B. ein Plank-

* Herrn Dr. habil. S. J. CASPER zum 60. Geburtstag gewidmet.

Tab. 1. Mittlerer C-Gehalt eines Individuums in µg C (nach PROFT & RONNEBERGER 1987)

Größenklasse (µm)	Copepoden	Nauplien	Cladoceren	Rotatorien	Algen	x̄
800—400	2,5	0,36	2,5	0,2	0,79	1,3
400—200	1,0	0,25	1,5	0,08	0,35	0,64
200—100	0,5	0,15	0,5	0,054	0,11	0,26
100— 50	—	—	—	0,035	0,035	0,035

ter mit einem C-Gehalt von 1,3 µg, die übrige Biomasse sei homogen verteilt. Teilen wir den Liter Wasser in 10 Proben von 100 ml, 20 Proben zu 50 ml, 40 Proben zu 25 ml, 100 Proben zu 10 ml, 1000 Proben zu 1 ml, so ergibt sich folgendes Bild. Für die Proben, in denen der Plankter fehlt, gibt es eine geringe Fehlbestimmung von Minus 0,5%; in der Probe, in die der Plankter durch Zufall gelangt, steigt dagegen der Fehler mit kleiner werdender Probengröße, so z. B. bei einer Probe von 100 ml auf +4,1% und bei einer Probe von 1 ml auf 456%(Tab. 2).

Diese einfache heuristische Betrachtungsweise des Problems ist für Proben mit wenigen Partikeln in der obersten Größenklasse anwendbar und gibt eine einfache Erklärung für „Ausreißer" in Analysenserien. Für die Betrachtung des kontinuierlichen Partikelspektrums von Wasserproben müssen jedoch statistische Methoden herangezogen werden.

Dazu werden folgende Bezeichnungen eingeführt:

a_i — Gesamtzahl von Partikeln in der i-ten Größenklasse
ES — Erwartungswert der Zufallsgröße S
EX — Erwartungswert der Zufallsgröße X
G — Kohlenstoffgehalt einer Größenklasse
n — Anzahl der Größenklassen
p — Bruchteil, $0 \leqq p \leqq 1$ (Untersuchungsprobe)
POC — Partikulärer organischer Kohlenstoff
S — Zufälliger Kohlenstoffgehalt der zu untersuchenden Probe < 1 l
SG_i — Zufälliger Kohlenstoffgehalt der i-ten Größenklasse
T — Mittlerer relativer Fehler
Var(.) — Varianz der entsprechenden Größe
X_i — Zufällig beobachtete Anzahl von Partikeln der i-ten Größenklasse in der Probe (p), $X_i < a_i$
RSD — Relative Standardabweichung in % ($T \cdot 100$)

4. Statistische Fehlerbetrachtung

Ausgangspunkt für die Fehlerbetrachtung sind folgende Annahmen:

Einem Liter zu untersuchenden Wassers wird ein bestimmter Bruchteil p entnommen, mit $0 < p \leqq 1$. Dabei wird angenommen, daß die Lösung homogen ist.

Der Kohlenstoffgehalt aller Partikel einer Größenklasse ist konstant, das heißt, der Kohlenstoff eines Partikels der k-ten Größenklasse mit a_k Partikeln beträgt G/a_k. Dabei ist G der gesamte C-Gehalt einer Größenklasse.

Bezeichnet X_i die zufällig beobachtete Anzahl von Partikeln der i-ten Größenklasse der zu untersuchenden Probe, dann ist X_i binominal verteilt mit dem Wahrscheinlichkeitsgesetz

$$P(X_i = k) = \binom{a_i}{k} p^k (1-p)^{a_i-k} \quad (3)$$

mit $k = 0, 1, \ldots, a_i$.

Wir wollen annehmen, daß $1 < a_1 \leqq a_2 \leqq \ldots \leqq a_n$.

Für den Erwartungswert EX_i und die Varianz Var (X_i) dieser Zufallsgröße ergibt sich

$$EX_i = a_i \cdot p \quad (4)$$

$$\mathrm{Var}(X_i) = a_i \cdot p(1-p) \quad (5)$$

Werden X_i-Teilchen in der Lösung gezählt, dann beträgt der Kohlenstoffgehalt SG_i der i-ten Größenklasse

$$SG_i = X_i \frac{G}{a_i}$$

Der gesamte partikuläre Kohlenstoffgehalt ist POC. Da n Größenklassen vorliegen, jede mit einem C-Gehalt von G, beträgt der restliche Kohlenstoffgehalt $POC - nG$.

Dies ist also der Kohlenstoff, der durch die Größenklassen nicht erfaßt wird. Somit ist der Kohlenstoff der zu untersuchenden Probe

$$S = (POC - nG)\,p + SG_1 + \ldots + SG_n \quad (6)$$

Für den Erwartungswert und die Varianz von S gilt

$$ES = p \cdot POC \quad (7)$$

$$\mathrm{Var}(S) = G^2 p(1-p) \left(\frac{1}{a_1} + \ldots + \frac{1}{a_n}\right) \quad (8)$$

Die Größe T mit

$$T = \frac{\sqrt{\mathrm{Var}(S)}}{ES}$$

ist dann der mittlere relative Fehler und somit eine Maßzahl für die Genauigkeit der Größe S. Für T ergibt sich aus (7) und (8)

$$T = \frac{G}{POC} \sqrt{\frac{1}{p} - 1} \sqrt{\frac{1}{a_1} + \ldots + \frac{1}{a_n}} \quad (9)$$

Aus dieser Gleichung folgt:

1. Für $p = 1$ ist der relative Fehler gleich Null. Mit kleiner werdendem Bruchteil p der zu untersuchenden Menge nimmt der relative Fehler zu, und zwar in der Größenordnung

$$\text{Constante} \cdot \frac{1}{\sqrt{p}} \quad (10)$$

Die Konstante hängt dabei ab von G, POC und den Werten $a_1, a_2, \ldots, a_n$.

2. Je kleiner die Teilchenzahl a_1 der ersten Größenklasse ist, um so größer wird der relative Fehler.

Tab. 2. Probengröße und Fehler bei einer Modellprobe mit 285 µg POC/l, darin ein Plankter von 1,3 µg C, die übrige Biomasse wird als homogen angenommen.

Probengröße (ml)	Ohne Copepode			Mit Copepode		
	Probenzahl	µg C/Probe	Fehlbestimmung (%)	Probenzahl	µg C/Probe	Fehlbestimmung (%)
100	9	28,37	99,54	1	29,67	104,1
50	10	14,18	99,54	1	15,48	108,7
25	39	7,09	99,54	1	8,39	117,8
10	99	2,84	99,54	1	4,14	145,2
1	999	0,28	99,54	1	1,58	555,7

Bei der Bestimmung des Partikelspektrums vom Stechlinsee und vom Dagowsee wurden 4 Größenklassen gewählt, $n = 4$.

Für $a_1, \dots, a_4$, G und POC ergaben sich folgende Werte:

Stechlinsee: $a_1 = 4, a_2 = 7, a_3 = 18, a_4 = 134$
$POC = 285\ \mu g/l, G = 4{,}7\ \mu g/l$.

Dagowsee: $a_1 = 124, a_2 = 251, a_3 = 619, a_4 = 4600$
$POC = 2120\ \mu g/l, G = 161\ \mu g/l$.

Der relative Fehler beträgt dann:

Stechlinsee: $T = 0{,}0111 \sqrt{\frac{1}{p} - 1}$

Dagowsee: $T = 0{,}0089 \sqrt{\frac{1}{p} - 1}$

Abb. 1 gibt die Abhängigkeit von p zu T wieder.

Betrachten wir nur eine Größenklasse, $POC = G$, dann ergibt sich für den Erwartungswert und die Varianz von SG_i, $i = 1, 2, \dots, n$,

$$E(SG_i) = G \cdot p$$

$$\mathrm{Var}(SG_i) = \frac{G^2}{a_i} \cdot p(1 - p) \qquad (11)$$

Der mittlere relative Fehler beträgt dann:

$$T_1 = \frac{1}{\sqrt{a_i}} \sqrt{\frac{1}{p} - 1} \qquad (12)$$

Für Stechlinsee und Dagowsee ergibt sich:

Stechlinsee: $T_i = 0{,}5 \sqrt{\frac{1}{p} - 1}$

Dagowsee: $T_i = 0{,}09 \sqrt{\frac{1}{p} - 1}$.

5. Ergebnisse

Die Beziehungen zwischen Probengröße und Fehlergröße für das normalisierte Partikelspektrum eines oligotrophen und eines eutrophen Sees zeigt Abb. 1. Eine Probengröße von 50 ml ergibt eine relative Standardabweichung von etwa 5 %. Die Fehlergröße wird von den größten Partikeln in der Probe bestimmt. Ist die Partikelzahl groß, wird der Probenahmefehler klein und kann gegenüber weiteren Fehlermöglichkeiten vernachlässigt werden.

Will man die Zahl an „Ausreißern" in Analysenserien klein halten, muß die Probengröße so gewählt werden, daß sie theoretisch einen Plankter der oberen Größenklasse enthält, und dieser Plankter sollte weniger als 10 % des C-Gehaltes der Untersuchungsprobe aufweisen.

Bei der Entnahme von Wasserproben mit den gebräuchlichen Schöpfern werden als größte Plankter Copepoden und Cladoceren mit einem mittleren C-Gehalt von 2,5 µg C/Individuum erfaßt. In Gewässern mit *POC*-Werten von 0,25 mg C/l ergibt einer dieser Plankter 10 % des C-Wertes einer 100-ml-Probe.

6. Diskussion

Die hier vorgestellte Fehleranalyse betrachtet nur das Problem der statistischen Möglichkeiten der Partikelverteilung, und es wird von einem normalisierten Partikelspektrum ausgegangen. Für die praktische Analyse kommen weitere Fehlermöglichkeiten hinzu, wie z. B. der Fehler bei der Bestimmungsmethode oder die Schwierigkeiten bei der Erfassung repräsentativer Proben, bedingt durch die ungleichmäßige Verteilung des Planktons im Gewässer, sogenannter „patches" (Wagersky

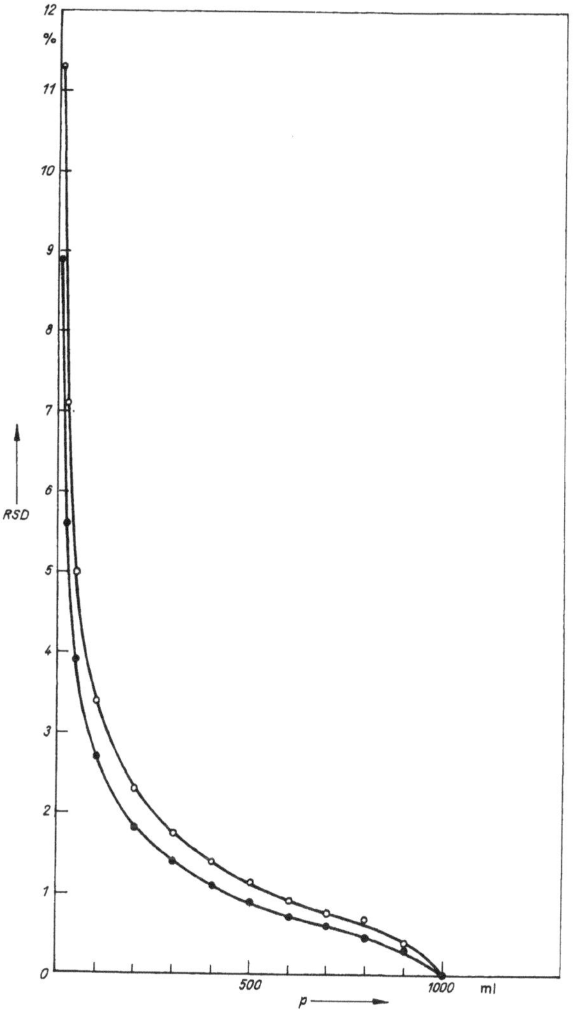

Abb. 1. Probengröße und Fehlergröße für einen eutrophen (—●—) und einen oligotrophen (—○—) See, berechnet nach Gleichung (9) und über ein normalisiertes Partikelspektrum.

1978; Rodriguez & Mullin 1986; Irish & Clarke 1984; Horn et al. 1987).

Bei der Planktonzählung rechnen Lund et al. (1958) und Javornicky (1958) mit einem Fehler von 50 %, der nicht durch die Zählung, sondern durch die inhomogene Verteilung des Planktons im Gewässer, die Probenahme und die Aufbereitung eingetragen wird. Der Zählfehler wird geringer, sobald große Individuenzahlen bearbeitet werden und beträgt bei 4 gezählten Individuen ±100 %, bei 100 Individuen ±20 %.

Es gilt die Gleichung

$$f_{max} = \pm 2 \frac{100}{\sqrt{n}}$$

Diese Berechnung ist bei $n = 1$ mit Gleichung (9) vergleichbar, wenn der Fehler nur für eine Größenklasse berechnet wird (Abb. 2; vgl. Ahlgren 1983).

Diese Ergebnisse weisen auf komplexe Schwierigkeiten bei der Bestimmung von Plankton und Schwebstoffen in Gewässern hin. Zur Charakterisierung eines Gewässers sollten Probengröße und Probenzahl mit den Fehlergrößen abgestimmt werden (Ottendorfer 1982), die eingetragen werden durch:

- Inhomogenität des Gewässers (patches)
- Partikelstreuung
- Analysenmethode.

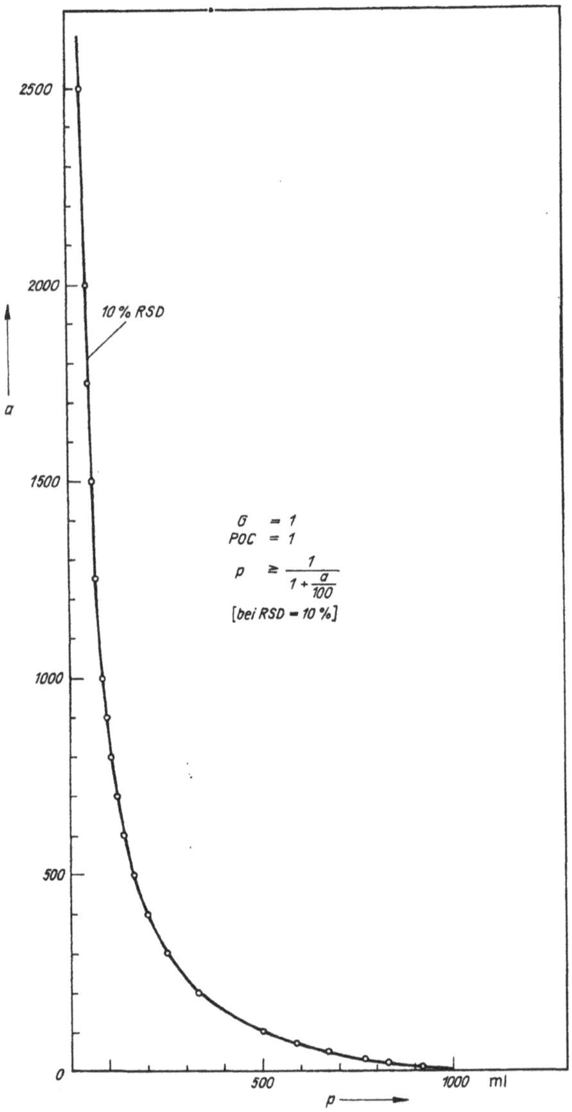

Abb. 2. Beziehung von Probengröße zu Partikelzahl a_1/l (eine Größenklasse); der Probenahmefehler soll 10% nicht überschreiten. Berechnet nach Gleichung (9).

Ist das Analysenmaterial für die oberste Größenklasse nicht repräsentativ, kann diese durch Vorfiltration abgetrennt und die Analyse nur auf die kleinen Planktongrößen beschränkt werden. Bestimmungen, bei denen weniger als 1 ml Probe bearbeitet wird (Automaten), sind für Netzplankton ungeeignet. Die am Beispiel des Kohlenstoffs dargelegten Fehlermöglichkeiten gelten analog auch für andere Elemente, z. B. Stickstoff, Phosphor oder Chlorophyll.

7. Zusammenfassung

Zur Abschätzung des Probenahmefehlers wurde nach der SHELDON-Hypothese ein normalisiertes Partikelspektrum für Seen berechnet und von diesem ausgehend die Beziehung Probengröße — Partikelgröße — Partikelzahl einer statistischen Fehleranalyse unterzogen.

Ausschlaggebend für den Probenahmefehler sind die größten Partikel der Probe. Probengröße und Probenahmefehler sollten mit weiteren Fehlermöglichkeiten der Analyse abgestimmt werden.

Literatur

AHLGREN, G. (1983): Comparison of methods for estimation of phytoplankton carbon. Arch. Hydrobiol. **98**, 489—508.

HORN, H., HORN, W., & KOHLSDORF, M. (1987): Theoretical and practical investigations on the heterogeneous distribution of plankton in the main basin of the Saidenbach Storage Reservoir. Acta hydrochim. et hydrobiol. **15** (4), 327—350.

IRISH, A. E., & CLARKE, R. T. (1984): Sampling designs for the estimation of phytoplankton abundance in limnetic environments. Br. phycol. J. **19**, 57—66.

JAVORNICKY, P. (1958): Die Revision einiger Methoden zum Feststellen der Quantität des Phytoplanktons. Sci. Pap. Inst. Chem. Technol. Prague, Fuel and Water **2**, 283—367 [Zit. nach SCHWOERBEL, J. (1966): Methoden der Hydrobiologie. Stuttgart].

LUND, J. W. G., KIPLING, G., & LE CREEN, E. D. (1958): The inverted microscop method of estimating algae numbers and the statistical basis of estimation by counting. Hydrobiologia **11**, 143—170.

OTTENDORFER, L. J. (1982): Zur Frage der Richtigkeit und Genauigkeit von Analysen im aquatischen Bereich. Fresenius Z. anal. Chem. **311**, 238—249.

PETERS, R. H. (1983): Size structure of the plankton community along the trophic gradient of Lake Memphremagog. Can. J. Fish. Aquat. Sci. **40**, 1770—1778.

PROFT, G. (1983): Ein Beitrag zur Bestimmung von partikulärem organischen Kohlenstoff in Wasserproben. Acta hydrochim. et hydrobiol. **11**, 631—636.

— & RONNEBERGER, D. (1987): Größenverteilung von pelagischen Partikeln und POC in Seen in ihrer Bedeutung für die Hypothese der „linearen Biomasse". *Limnologica* (Berlin) **18** (2), 365—379.

RODRIGUEZ, I., & MULLIN, M. M. (1986): Relation between biomass and body weight of plankton in a steady state oceanic ecosystem. Limnol. & Oceanogr. **31** (2), 361—370.

SHELDON, R. W., PRAKASH, A., & SUTCLIFFE, W. H. (1972): The size distribution of particles in the ocean. Limnol. & Oceanogr. **17**, 327—340.

SPRULES, W. G., & MUNAWAR, M. (1986): Plankton size spectra in relation to ecosystem productivity, size, and perturbation. Can. J. Fish. Aquat. Sci. **43**, 1789—1794.

WAGERSKY, P. I. (1978): The distribution of particulate organic carbon in the oceans: Ecological implications. Int. Rev. ges. Hydrobiol. **63**, 567—574.

Eingegangen am 29. 9. 1987.

Anschrift der Verfasser:

Dr. GOTTFRIED PROFT
Dr. WILFRIED RAUSCH
Akademie der Wissenschaften der DDR
Zentralinstitut für Mikrobiologie
und Experimentelle Therapie Jena
Beutenbergstraße 11
Jena
DDR-6900

Limnologica (Berlin) **19** (2), 181—199, Dezember 1988

Rezensionen

HUGO WEINITSCHKE (Hrsg.): **Naturschutz und Landnutzung.** Jena: VEB Gustav Fischer Verlag 1987. 293 S., 100 Abb., 48 Tab. Ln. M 35,—

Von dem Direktor des Instituts für Landschaftsforschung und Naturschutz der Akademie der Landwirtschaftswissenschaften der DDR Prof. Dr. HUGO WEINITSCHKE herausgegeben und von ihm und 4 weiteren Mitarbeitern dieses Institutes verfaßt, versucht dieses Buch die Beziehungen zwischen dem Naturschutz und der durch den Menschen und seine Wirtschaftsweisen veränderten Umwelt darzustellen. Nach einleitenden Worten behandelt es die Wechselwirkungen zwischen Gesellschaft und Natur (S. 10—14), die Naturressourcen in der Umwelt der menschlichen Gesellschaft in ökologischer Sicht (S. 15—88), Gestaltung, Nutzung und Schutz der natürlichen Umwelt durch den Menschen (S. 89—170), den speziellen Naturschutz als Teil sozialistischer Landeskultur (S. 171—274), Naturschutzrecht und -organisation in der DDR (S. 248—253) und den Internationalen Naturschutz (S. 254—255). Somit gibt es einen modernen Überblick über Stand und Probleme des Naturschutzes in der DDR und dürfte nicht nur als Lehrbuch an Ober-, Fach- und Hochschulen, sondern auch als Nachschlagewerk für alle diejenigen, die beruflich oder gesellschaftlich mit Umweltfragen in Berührung kommen, höchst willkommen sein.

Im Rahmen dieser Rezension soll lediglich auf diejenigen Abschnitte eingegangen werden, welche speziell die Limnologie berühren. Es sind dies vor allem die beiden von UWE WEGENER verfaßten Kapitel „Wasser und Wasserhaushalt" (S. 33—41) und „Wasserwirtschaft". Das erstere behandelt: 1. Wassermengenwirtschaft, Dargebot und Bedarf, 2. Oberflächen- und Grundwasser; 3. Zusammenspiel natürlicher und gesellschaftlicher Faktoren; 4. Verunreinigung und Reinhaltung, Wassergütewirtschaft; 5. Eutrophierung der Gewässer; 6. Thermische Beeinflussung der Gewässer. Das zweite Kapitel enthält: 1. Wassernutzung und ihre Entwicklung in Industrie, Landwirtschaft und für die Bevölkerung; 2. Wasserbewirtschaftung; 3. Eutrophierungsschutz und Nutzung eutrophierter Gewässer; 4. Speicherwirtschaft, Seenschutz, die Probleme der Talsperren und die Bewirtschaftung ihrer Einzugsgebiete; 5. Hochwasserschutz; 6. Probleme des Küstenschutzes; 7. Gewässer im Binnenland und ihr Schutz; 8. Wasserwirtschaft und Naturschutz. Wie diese Übersicht zeigt, kommen in dem Buch somit alle wichtigen Punkte des Natur- und Umweltschutzes an Binnengewässern zur Sprache, wobei diese Fragen jedoch mehr aus wasserwirtschaftlicher als aus limnologischer Sicht gesehen werden.

Die Darstellung ist klar und übersichtlich und wird durch gute Abbildungen instruktiv illustriert, muß sich aber auf das Allerwesentlichste beschränken, wodurch manche Einzelheiten und Ergebnisse übergangen werden. Wenig glücklich erscheint die Darstellung der Auswirkung der Eutrophierung auf aquatische Ökosteme, insonderheit hinsichtlich der als Beispiele genannten Makrophyten. So steht dem Rückgang der Characeen (und der Wassermoose!) meist eine Zunahme fädiger Algen und Algenwatten gegenüber, *Trapa natans* kann nicht als „nährstoff- und konkurrenzempfindlich" eingestuft werden, *Nymphaea alba* breitet sich bei Eutrophierung keinesfalls stärker aus und führt damit zur Verödung der Unterwasserflora, für deren Verschwinden hauptsächlich die verminderte Transparenz des Wassers verantwortlich ist; die als Schwimmblattpflanze dadurch nicht betroffene *Nymphaea alba* vermag sich auch noch in Gewässern mit sehr geringer Sichttiefe zu halten, u. a. m. Vielleicht wäre es günstig, vor einer weiteren Auflage die die Gewässer betreffenden Abschnitte noch einmal von Limnologen durchsehen, ergänzen und verbessern zu lassen.

H.-D. KRAUSCH, Potsdam

Gewässerregelung und Gewässerpflege. Naturnaher Ausbau und Unterhaltung von Fließgewässern. Hrsgeg. von GERD LANGE und KURT LECHER unter Mitarbeit von HERBERT GRUBINGER, GERD LANGE, KURT LECHER, UWE SCHLÜTER und JÜRGEN SCHWOERBEL. Hamburg, Berlin: Verlag Paul Parey 1986. 288 S., 368 Einzeldarst. in 196 Abb., 36 Tab. Karton. DM 68,—

Schon der Titel soll das neue Bewußtsein im heutigen Wasserbau demonstrieren. An Stelle der beiden technischen Begriffe „Flußbau" und „Gewässerunterhaltung" treten die auch ökologische Belange beinhaltenden Begriffe „Gewässerregelung" und „Gewässerpflege".

Das Buch, beginnend mit einer kurzen Einführung in die Fließgewässerlimnologie, bringt einen Überblick über den heutigen Stand des Fließgewässerausbaus und der Fließgewässerpflege. Es gibt technische Anleitungen zum Flußbau unter Berücksichtigung ökologischer Gesichtspunkte und versteht sich sowohl als Ratgeber als auch als Wegweiser. Dargestellt werden: Hydrologische Grundlagen, wichtige Regulierungsprinzipien, Sicherung der Gewässerprofile, Bauwerke, Hochwasserschutz, Gewässer als Vorfluter, Flußbau in Siedlungsgebieten und bei Straßenbaumaßnahmen, Wildbachverbauung, Gestaltung von Tallandschaften, Gewässerpflege (Unterhaltung), Rechtsfragen und Kosten. Das Ziel dieser Maßnahmen sind eine Stabilisierung des Flußbettes, eine schadlose Abfuhr von Hochwasser und Feststoffen, die Erhaltung und Verbesserung eines naturnahen Ökosystems und verschiedene Nutzungen des Gewässers. Behandelt werden sowohl Flachland- als auch Gebirgsfließgewässer.

Für den Limnologen interessante Schwerpunkte sind die Sicherung der Flußprofile durch biologisch orientierte Bauweisen, die nach ökologischen Gesichtspunkten erfolgenden Sohlenbauwerke und die Gestaltung der Ufervegetation (Bebuschung, Gehölze). Die oft bei der Fließgewässerregulierung zerstörten natürlichen Habitate wie Kolke, Schotterstrecken, unterspülte Böschungen, überhängende Zweige, Wurzelstöcke, Baumreste, Steinblöcke sollen durch an ökonomische Forderungen besser angepaßte künstliche Habitate ersetzt werden. Hierfür sind allerdings noch viele gezielte ökologische Untersuchungen notwendig.

Gleiches gilt allerdings auch für die anderen biologischen Flußbauweisen. Beim Lesen des Buches spürt man die Lücken, die noch bei der ökologischen Beurteilung der verschiedenen Flußbaumaßnahmen bestehen.

Man muß daraus die Notwendigkeit einer noch intensiveren Zusammenarbeit zwischen Biologen und Wasserbauingenieuren ableiten, wie dies ja auch im Buch gefordert wird. Vor allem sollten von Seiten der Limnologie noch mehr wasserbaulich zu realisierende Vorschläge über Flußbettgestaltungen kommen, die gleichzeitig den Erfordernissen des Flußbaus entsprechen. Der Flußbau wird so für den Limnologen zu einer Biomanipulation des Fließgewässer-Ökosystems. Nur wird hierbei nicht vom Organismus, sondern von der Biotopstruktur ausgegangen.

Das Buch versucht die Hydraulik und den technischen Flußausbau mit ökologischen Erkenntnissen zu vereinbaren. Es ist nicht nur den beruflich mit dem Flußbau Befaßten zu empfehlen, sondern auch Limnologen, Ökologen und Naturschutzbeauftragten zur weiteren Beschäftigung mit den mannigfaltigen Problemen der Flußregulierung.

W. SCHÖNBORN, Jena

HEINZ LÖFFLER (ed.): **Paleolimnology IV.** Proceedings of the Fourth International Symposium on Paleolimnology, held at Ossiach, Carinthia, Austria. With the assistance of BRIGITTA AMMANN, PATRICK DE DECKHER, ELIZABETH HAWORTH, FRANK OLDFIELD, JONATHAN RICHARDSON, JÜRGEN SCHNEIDER, MICHAEL STURM (Developm. in Hydrobiol. **37**). Dordrecht, Boston, Lancaster: Dr. W. Junk Publishers 1987. X, 431 S., 251 Abb., 12 Taf., 41 Tab. Kb. Dfl. 300.— (US $ 134.50; £ 106.50)

Unter der Schirmherrschaft der IVL trafen sich 125 Paläolimnologen am Ossiacher See, um die Ergebnisse ihrer Forschungen vorzustellen und über sie zu diskutieren. Hatte man sich vorher (1981) in Finnland getroffen (Hydrobiologia **133**), so beschloß man nun, im Jahre 1989 nach England zu gehen. Denn die Paläolimnologie hat sich einen festen Platz in der Wissenschaft von den Binnengewässern erobert, begünstigt durch die fatalen ökologischen und ökonomischen Auswirkungen, die der „saure Regen" für viele Seen in Nordamerika und Skandinavien gehabt hat und noch hat, aber auch per se durch die Entwicklung der Limnologie selbst, deren systemtheoretisches Konzept an einer intensiven Analyse der Sedimente und ihrer Wechselwirkung mit dem Wasserkörper nicht vorbeigehen kann. Biologie und Chemie leisten wichtige Beiträge zur Weiterentwicklung der Disziplin, die einen hohen Standard erreicht hat, wie der vorliegende, wie immer von Herausgebern und Verlag vorbildlich betreute Band ausweist. Er bringt 57 Einzelbeiträge von rund 120 Autoren (leider fehlt diesmal eine Teilnehmerliste), die sowohl für die Grundlagenforschung als auch für die wasserwirtschaftliche Praxis von Bedeutung sind. Diese werden auf 3 Kapitel aufgeteilt, von denen das erste D. E. FREY, dem verdienstvollen Erforscher der Phylogenie und Evolution der Chidoriden, Förderer der Paläolimnologie in den USA und Organisator der ersten beiden paläolimnologischen Kongresse in Ungarn und Polen, anläßlich seines 70. Geburtstages, und S. R. BROWN, dem erfolgreichen Vertreter der biochemischen Paläolimnologie (Chlorophyll- und Carotinoidanalysen), anläßlich seines Ausscheidens aus seiner Tätigkeit als Hochschullehrer an der Queen's University (Kingston, Canada), gewidmet ist. BAAS & BOUCHERLE bzw. SMOL präsentieren jeweils kurze Abrisse des Lebens und Wirkens der beiden Gelehrten (Verzeichnis der Publikationen von D. G. FREY!). Von daher ist leicht zu verstehen, daß sich die anschließenden 20 Artikel vor allem mit dem Chemismus der Sedimente in Raum und Zeit (^{210}Pb und ^{137}Cs Datierung, Nährstoffbelastung, Pigment- und Pollenanalysen) sowie mit dem biostratigraphischen und ökologischen Indikatorwert von fossilen Resten der Cladoceren, Ostracoden, Bryozoen und Chironomiden auseinandersetzen. Auch auf die Rolle der Chrysophyceen und Diatomeen für die Beurteilung der Versauerung der Gewässer wird eingegangen. Das zweite Kapitel mit 14 Artikeln wendet sich der regionalen Limnologie zu. Kenya, Saudi Arabien, Bolivien, Spanien, Israel, Canada, USA, Österreich, Skandinavien, Polen und Neuseeland sollen den weiten Raum kennzeichnen, den die Autoren überdeckt haben. Obwohl es untunlich ist, einzelne Beiträge hervorzuheben, sei doch auf die Untersuchungen an Traun- und Attersee besonders hingewiesen, weil die Problemlage und Wissenschaftsstrategie unserer eigenen ähnlich sind. Das dritte Kapitel befaßt sich mit den durch den Menschen hervorgerufenen Veränderungen in Seen, eine immer aktuelle Fragestellung, die die enge Verbindung von Theorie und Praxis belegt, die für die Arbeit der SIL kennzeichnend ist. Auch hier werden Ergebnisse vorgeführt, die ebensogut im Kapitel 1 oder 2 hätten untergebracht werden können. So fließend sind die Übergänge, so verwandt sind die Probleme, und so gleichartig sind die Untersuchungsmethoden. Änderungen des Gehaltes an Kieselsäure, Pigmenten, Schwermetallen, Karbonaten, Phosphor, Wechsel der Trophie, Bedeutung von fossilen Resten an Algen, Crustaceen, Ostracoden, Input von Kalk- und Magnesiumverbindungen aus Industrieanlagen sind nur einige der informativ vorgestellten Themen.

Der vierte Sammelband über Paläolimnologie innerhalb der Reihe „Developments in Hydrobiology" ist ein wohlgelungenes und ungemein anregendes Buch, das für alle Ökologen von hohem Wert ist.

S. J. CASPER, Jena

BRYAN R. DAVIES & KEITH F. WALKER (Hrsg.): **The ecology of river systems** (Monogr. Biol. **60**). Dordrecht, Boston, Lancaster: Dr. W. Junk Publishers 1986. XVIII, 793 S. Geb. Dfl. 350.00/US $ 148.00/£ 96.95

Die überwiegende Mehrzahl der Untersuchungen über Fließgewässerökologie befaßt sich mit kleinen Flüssen oder Bächen. Die großen Ströme mit ihren oft weiten Einzugsgebieten blieben meist unbearbeitet. Nur wenige Monographien sind ihnen gewidmet. Der vorliegende Band behandelt 13 große außereuropäische Ströme. Da auch ihre Einzugsgebiete besprochen werden, bezieht sich die Darstellung jedesmal auf das entsprechende Flußsystem. In der Einleitung zu den monographischen Bearbeitungen wird nicht nur der Fluß, sondern auch das Flußsystem als ökologische Einheit aufgefaßt. Diese Auffassung bestimmt die Grundhaltung des gesamten Bandes. Folgende Flußsysteme werden behandelt:

Afrika: Niger, Nil, Oranje-Vaal, Volta, Zaire, Sambesi.
Südamerika: Amazonas, Paraná, Uruguay.
Nordamerika: Colorado, Mackenzie.
Asien: Mekong.
Australien: Murray-Darling.

Die behandelten Themen lassen sich durch folgende Begriffe kennzeichnen: Geomorphologie, Einzugsgebiete, Geographie, Geschichte, Bevölkerung, Hydrobiologie, physikalische und chemische Parameter der Flüsse und ihrer Umgebung, Sedimentation, Belastung, Mikroorganismen, Phytoplankton, Primärproduktion, Zooplankton, Zoobenthos, Fische und Fischerei, Vertebraten, höhere Pflanzen, Seen, Talsperren, Flußregulierung, Ökologie und Biogeographie von Flora und Fauna, Wasser- und Landnutzung, medizinische Probleme, Überschwemmungsgebiete, Vegetation der Ufer und Feuchtgebiete.

Für die Beiträge zeichnen 31 Autoren verantwortlich.

Die genannten Themen sind allerdings für die einzelnen Flußsysteme mit unterschiedlicher Intensität bearbeitet worden. Doch erhält der Leser in jedem Fall einen ausreichenden Überblick über den bisherigen Forschungsstand und die Spezifik des Flusses. Ausführliche Literaturhinweise sind willkommene Hilfen zum weiteren Kennenlernen dieser Flußsysteme. Eine für die Kenntnis der großen Ströme der Erde wichtige Monographie, zu der A. B. N. HYNES das Vorwort schrieb.

W. SCHÖNBORN, Jena

JAMES A. GORE (ed.): **The restoration of rivers and streams.** Theories and experience. Boston, London, Sydney, Wellington, Durban, Toronto: Butterworth Publishers 1985. 280 S., 81 Fig., 31 Tab. Geb.

7 Kapitel behandeln Grundlagen und Anwendungsbeispiele für die naturnahe Gestaltung von solchen Fließgewässern, die durch menschliche Eingriffe stark gestört wurden. An erster Stelle stehen dabei Bergbau-Folgemaßnahmen (Flußverlegungen). Die klare Aussage, daß die Restaurierung darauf abzielen muß, den naturnahen Zustand gestörter Fließgewässer so rasch wie möglich wieder herzustellen, ist sehr zu begrüßen. Es ist unsinnig, ein Fließgewässer durch wasserbauliche Maßnahmen „besser" machen zu wollen, als es im natürlichen Zustand ohnehin ist; wo immer möglich, müssen natürliche Fließgewässer erhalten bleiben. Der Wasserbauer, der diese Prämisse nicht vergißt — was leider offensichtlich nicht nur in Europa sondern auch in Nordamerika durchaus noch nicht die Regel ist —, wird dem Buch viele nützliche Anregungen entnehmen können. Die Themen umfassen ein breites Spektrum: Mäander-Parameter, Gestaltung der fließgewässerbegleitenden Vegetation, Habitat-Verbesserung für das Makrozoobenthos und für

Fische, Bewertungsmethoden für den Erfolg von Restaurierungsmaßnahmen, Fallbeispiele.

Für den Limnologen von besonderem Interesse sind die Kapitel 4 (J. A. GORE: Mechanisms of colonization and habitat enhancement for benthic macroinvertebrates in restored river channels), 5 (T. A. WESCHE: Stream channel modifications and reclamation structures to enhance fish habitat) und 6 (R. N. WINGET: Methods for determining successful reclamation of stream ecosystems). In mancherlei Hinsicht ist Kap. 5 vorbildlich: Ausgehend von einer kurzen, aber informativen Darstellung der limnologischen Grundlagen werden die notwendigen Etappen jeder Restaurierungsmaßnahme im Detail diskutiert: Planung, Durchführung, Erfassung der Wirkung nach Abschluß der Maßnahme. Zahlreiche Möglichkeiten zur Minderung der Eintönigkeit ausgebauter Gewässer werden detailliert erläutert und illustriert. Der im Kap. 6 unternommene Versuch einer allgemeingültigen Methode zur quantitativen Bewertung des Erfolgs der durchgeführten Maßnahmen verdient Beachtung, obwohl die berücksichtigten Wassergüte-Kriterien (Alkalinität und Sulfat) nicht in jedem Fall die aussagefähigsten sein dürften.

Außer den erwähnten 7 Kapiteln enthält das Buch auch 2 Beiträge zur Wassergütebewirtschaftung. Obwohl diese Beiträge durchaus informativ sind, vermißt man hier sehr die Beziehung zur Hauptthematik des Buches, sie wirken „aufgepfropft". So wird z. B. die äußerst wichtige Beeinflussung des Selbstreinigungspotentials durch die Gewässermorphologie (und damit durch die in mehreren Kapiteln behandelten physikalischen Manipulationen) überhaupt nicht erwähnt.

Insgesamt ist das Buch ein lobenswerter Beitrag zur Entwicklung moderner Auffassungen im Sinne einer Integration von Ökologie und Wasserbau. Leider bleiben Erkenntnisse, die außerhalb der USA und Kanadas gewonnen wurden, so gut wie unberücksichtigt. Die Ausstattung des Buches ist vorbildlich.

J. BENNDORF, Dresden

J. P. SMOL, R. W. BATTARBEE, R. B. DAVIS & J. MERILÄINEN (Hrsg.): **Diatoms and lake acidity.** Reconstructing pH from siliceous algal remains in lake sediments (Developm. in Hydrobiol. **29**). Dordrecht, Boston, Lancaster: Dr. W. Junk Publishers 1986. VI, 307 S., 12 Taf., 132 Abb., 49 Tab. Kst. Dfl. 250.00 (US $ 105.00; £ 69.25)

In den vergangenen 30 bis 40 Jahren wurde in vielen Seen und Flüssen vor allem im südlichen Skandinavien und östlichen Nordamerika eine Versauerung, d. h. eine Senkung des pH-Wertes beobachtet. Insbesondere in den in kalkarmen Gebieten gelegenen Seen, die nur schwach gepuffert sind, sank die Wasserstoffionenkonzentration auf einen Wert unter pH 5 ab. Die Folgen dieser Veränderung waren z. T. beträchtlich: der Nährstoffkreislauf wurde gestört, die biologische Aktivität nahm ab, das Verteilungsspektrum von Bakterien, Algen, aquatischen Makrophyten, Zooplanktern und Bodentieren wurde stark verschoben, die Fischbestände und damit der Fischertrag gingen zurück. Es konnte gezeigt werden, daß der „saure Regen" an diesen Veränderungen schuld war, d. h. der an Schwefel-, Stickstoff-, Schwermetall- und organischen Verbindungen reiche Niederschlag, der ganz offenbar das Produkt unseres Industriezeitalters ist (1950 emittierten die industriellen Zentren 25×10^6, 1973 bereits 60×10^6 metrische Tonnen).

Nicht zuletzt vor diesem Hintergrund ist das gegenwärtig hohe Interesse zu sehen, daß die Paläolimnologie und die Limnologie überhaupt dem Problem der Seenversauerung schenken. Spätestens seit HUSTEDTS epochemachendem Werk über die Diatomeen von Java, Bali und Sumatra (1937—1939) ist bekannt, daß viele Kieselalgensippen sensible Indikatoren des pH-Wertes im Seewasser sind, und HUSTEDT war es auch, der zuerst die Kieselalgen gemäß ihrer Affinität zur Wasserstoffionenkonzentration klassifizierte. Für die hier behandelte Fragestellung aber ist NYGAARDS Rekonstruktion der Geschichte des Sees Gribsø (1956) von weitreichender Bedeutung, da er erkannte, daß Diatomeen und andere Organismen der Seesedimente, so z. B. die Chrysophyceen, ausgezeichnete Dokumente für die Beschreibung der Geschichte eines Gewässers und seines limnologischen Bedingungsgefüges seit seiner Entstehung darstellen. Es ist daher nur logisch, wenn sich der „XXII. Congress of the International Association of Limnology" (Lyon, 1983) auf einem workshop mit dem Thema „Reconstructing pH from sedimentary diatom remains — recent insights and update on methods" sowie ein Jahr später auf dem „VIII. International Symposium on Diatoms" (Paris; im Vorwort fälschlich als VII. Symposium bezeichnet), mit ähnlichen Fragen beschäftigte. Der vorliegende Band bringt 20 Beiträge zum Thema und ist Dr. GUNNAR NYGAARD aus Anlaß seines 80. Geburtstages und seiner Verdienste um die Paläolimnologie gewidmet. Nach einem kurzen Vorwort von J. P. SMOL würdigt J. KRISTIANSEN den Einfluß von NYGAARD auf die paläolimnologische Forschung und R. W. BATTARBEE, J. P. SMOL & J. MERILÄINEN stellen ausführlich die Klassifikationssysteme bzw. Indizes von HUSTEDT und NYGAARD vor.

Der Hauptteil des Sammelbandes gliedert sich in 4 Abschnitte, von denen der dritte die eigentlichen paläolimnologischen Fragestellungen mit 11 Beiträgen aktuell behandelt. Im ersten Abschnitt beschäftigen sich drei Arbeiten mit der Taxonomie von *Melosira*, *Fragilaria acidobiontica* und *Tabellaria binalis*, der zweite Teil befaßt sich mit Analysen der unterschiedlichen Vergesellschaftungen von Kieselalgen, während der vierte Teil in resümierender Weise Probleme, Möglichkeiten und Forschungsziele diskutiert, die sich auf die chemische Vergangenheit von Seen und deren Beschreibung mit Hilfe fossilierter, Kieselsäure enthaltender Algen bezieht. Verzeichnisse der Seen, Gattungen und Subjekte erleichtern den Zugang zum Text, der im Rahmen dieser Rezension im Hinblick auf die im dritten Abschnitt vorgestellten paläolimnologischen Ergebnisse nicht im einzelnen besprochen werden kann. Wie immer in dieser Reihe, hat der Verlag für vorzügliche Ausstattung und guten Druck (vor allem der zahlreichen Tabellen und Abbildungen) gesorgt. Hingewiesen sei auf die „Proceedings of the Seventh and Eighth (1986) International Diatom Symposium", die eine Reihe ergänzender Beiträge enthalten.

S. J. CASPER, Jena

MILES M. SMART, KENNETH S. LUBINSKI & ROSALIE A. SCHNICK (Hrsg.): **Ecological Perspectives of the Upper Mississippi River** (Developm. in Hydrobiol. **31**). Dordrecht, Boston, Lancaster: Dr. W. Junk Publishers 1986. IV, 156 S., Geb. Dfl. 140,00/US $ 59.50/£ 38.95

Der obere Mississippi reicht vom Itasca-See im nördlichen Minnesota bis zur Stadt Cairo (Illinois). Er ist schiffbar und wird vielseitig genutzt. Wehre, Talsperren und Schleusen gibt es zwischen Minneapolis und St. Louis. Im mittleren Teil bildeten sich zwischen den zahlreichen Nebenflüssen große Feuchtgebiete aus, und im unteren Teil grenzen große Seen an den Hauptfluß. Das Flußsystem hat eine reiche Flora und Fauna, allein 149 Fischarten leben hier.

Der Band enthält 12 Originalbeiträge eines Symposiums, das am 20. 04. 1984 in La Crosse, Wisconsin, über den genannten Flußabschnitt stattfand (unterstützt von der Mississippi-Forschungsgemeinschaft). Behandelt werden Hydrologie, Geomorphologie, Periphyton, Phytoplankton, Makrophyten des Flusses und die Vegetation der Feuchtgebiete, Makrozoobenthos im Fluß und in den Staugewässern, Verteilung, Frühstadien und Habitate der Fische. Ein besonderes Kapitel beschäftigt sich mit dem Karpfen (*Cyprinus carpio*) des Mississippi.

Die Artikel, die auch in der Hydrobiologia Bd. **136** (1986) abgedruckt sind, stellen einen interessanten Beitrag zur Biologie großer Flüsse dar.

W. SCHÖNBORN, Jena

SETH TYLER (ed.): **Advances in Biology of Turbellarians and Related Platyhelminthes.** Proceedings of the Fourth International Symposium on the Turbellaria held at Fredericton, New Brunswick, Canada, August 5—10, 1984 (Developm. in Hydrobiol. **32**). Dordrecht, Boston, Lancaster: Dr. W. Junk Publishers 1986. 357 S., 253 Abb., 29 Tab. Dfl. 265,00/US $ 112.00/£ 73.50

Der vorliegende Band vereint 45 Vorträge, die auf dem 4. Internationalen Symposium über Turbellarien in Fredericton, New Brunswick, Kanada gehalten wurden. Sie umfassen ein breites Spektrum gegenwärtiger Untersuchungen über diese zu den klassischen Forschungsobjekten der Zoologie zählende Tiergruppe. Die Beiträge gliedern sich in die Themenkomplexe Phylogenie,

Nervensystem, Ontogenie, Reproduktionssystem, Regeneration, Systematik und Zytologie, Ökologie und Symbiontische Beziehungen. Ein Anhang bringt die Bibliographie zur Elektronenmikroskopie der Turbellarien.

Breiten Raum nahmen in den Vorträgen und Diskussionen des Symposiums die umstrittenen phylogenetischen Beziehungen und Fragen der Evolution der Turbellarien ein. Unter Anwendung der Methoden und Prinzipien der phylogenetischen Systematik kommt U. EHLERS zu dem Schluß, daß keine Autapomorphien zur Aufstellung eines Monophylums „Turbellaria“ existieren und diese daher als paraphyletische Gruppe aufgefaßt werden müssen. J. P. S. SMITH, S. TYLER & R. M. RIEGER stellen in ihrem Beitrag ebenfalls fest, daß die Turbellarien polyphyletisch sind und aus drei gut begründeten, nicht näher verwandten monophyletischen Gruppen innerhalb der Platyhelminthes bestehen: den Catenulida, Nemertodermatida — Acoela und Haplopharyngida — Macrostomida — Polycladida — Neoophora. Fragen der phylogenetischen Beziehungen haben insbesondere Untersuchungen zur Ultrastruktur der Turbellarien angeregt, mit denen sich zahlreiche zytologische und embryologische Beiträge des vorliegenden Bandes befassen.

Für den Limnologen besonders wichtig sind die Abhandlungen von J. HERRMANN über die Fortpflanzungsökologie von *Dendrocoelum lacteum* in einem schnellfließenden Bach Südschwedens und von G. VAN DE VELDE, F. HEISKEN & L. VAN WELIE über die Salinitäts-Temperaturtoleranz von *Dugesia lugubris* und *D. polychroa* in den Niederlanden. In der Studie von J. HERRMANN wird die Produktion von Kokons und frischgeschlüpften Jungtieren einer Fließgewässer- und Seepopulation vergleichend untersucht; die festgestellten saisonalen und quantitativen Unterschiede werden auf das abweichende Temperaturregime in beiden Biotopen zurückgeführt. *Dendrocoelum lacteum* nimmt in Südschweden in Bezug auf räumliche Verteilung und Nahrungsbeziehungen offenbar die Nische von *Crenobia alpina* ein. Die Ergebnisse von Labortests zur Salinitäts- und Temperaturtoleranz von *Dugesia lugubris* und *D. polychroa* stimmen mit den Verbreitungsdaten in den Niederlanden überein, wo die beiden Arten außerhalb der Gebiete mit einer mittleren Chlorinität von $>2‰$ nur selten gefunden werden.

Die Vielseitigkeit und Gediegenheit der Beiträge vermitteln einen guten Einblick in den gegenwärtigen Stand der Turbellarienforschung. Der Band kann allen einschlägigen Fachleuten vorbehaltlos empfohlen werden.

D. FLÖSSNER, Jena

KARIN E. LIMBURG, MARY ANN MORAN & WILLIAM H. MCDOWELL (Hrsg.): **The Hudson River Ecosystem** (Springer Series on Environm. Management). Mit Beiträgen von I. M. BUCKLEY, E. H. BUCKLEY, D. S. KIEFER & P. S. WALCZAK. Vorwort S. A. LEVIN. New York, Berlin, Heidelberg, Tokyo: Springer-Verlag 1986. XIV, 331 S., 44 Abb., 43 Tab. Hard cover DM 178,—

Der Hudson entspringt im Adirondack-Gebirge im Osten der USA und mündet nach 521 km Flußverlauf bei New York in das Meer. Sein Unterlauf ist ein Ästuar und wird von den Gezeiten beeinflußt. Die Breite kann bis über 1 km betragen. Der Hudson gilt als einer der am intensivsten untersuchten Flüsse der Welt. Das Buch behandelt: Geographie, Morphometrie, Hydrologie, Salinität, Temperatur, Sauerstoff, pH, Alkalinität, Härte, Nährstoffe (P, N), Nahrungskonnexe („food web“, qualitativ), Primärproduktion (Phytoplankton, Makrophyten), organische Belastung, Fische und Fischerei (hierzu auch mathematische Modellierungen), Industrieanlagen am Fluß und Rechtsfragen. Nur ein geringer Teil der vorliegenden Ergebnisse der Hudson-Forschung wurde im Buch verarbeitet.

Der Hudson ist in neuerer Zeit starken Belastungen ausgesetzt. Drei dieser Belastungen bilden den Schwerpunkt der Erörterungen des Buches. 1. Wasserentnahme zu Kühlzwecken von Kraftwerken, 2. Belastung und Auswirkungen von polychlorierten Biphenylen (PCB_5) und 3. der Bau einer Schnellstraße auf Erdaufschüttungen entlang des Flusses. Es werden sowohl die Hintergründe dieser Eingriffe als auch die Auswirkungen auf das Ökosystem und besonders auf die Fischerei dargelegt. Hauptfischart ist der Zackenbarsch *Morone saxatilis*. Aus den Untersuchungen und den begangenen Fehlern werden konkrete Schlußfolgerungen für Forschung und Industrie abgeleitet. Ein umfangreicher Anhang enthält die Grundlagen der bisher bekannten Daten über den Hudson (Stationen, Nennung der bearbeiteten Themen und der benutzten Methoden zur Biologie, Ökologie, Wasserqualität und Fischerei, einschließlich der Literaturangaben). Eine Hudson-Bibliographie beschließt den Band.

Ein Buch, das dem wasserwirtschaftlichen Praktiker und der Flußfischerei viele Anregungen und Hinweise zu geben vermag.

W. SCHÖNBORN, Jena

S. HEJNÝ, J. KVĚT & I. M. RASPOPOV (eds.): **Studies on shallow lakes and ponds.** Prag: Publishing House of the Czechoslovak Academy of Sciences 1986. 260 S., 12 Karten, 103 Grafiken, 10 Zeichn., 84 Tab., 38 Fotos. Geb. Kčs 95,—

Neben den traditionellen Fischteichen prägen in zunehmendem Maße Flachlandspeicher das Bild unserer Landschaft. Besonders in gewässerarmen Gebieten sichern sie die für eine stabile landwirtschaftliche Produktion benötigte Bewässerung. Flachgewässer allgemein zeichnen sich durch einige Besonderheiten aus, wie z. B. schnelle Erwärmung des gesamten Wasserkörpers, eine geringe und wenig stabile thermische Schichtung, Zirkulation des gesamten Wasserkörpers bei Windeinfluß und dadurch verstärkte Trübung durch Sedimentaufwirbelung, einen großen Einfluß des Sediments auf den Nährstoffkreislauf in der Freiwasserregion und eine starke Makrophytenbesiedlung weiter Gewässerbereiche.

Der vorliegende Band ist das Ergebnis der Zusammenarbeit des Botanischen Instituts der ČSAV in Třeboň und Průhonice mit dem Institut für Seenforschung der Akademie der Wissenschaften der UdSSR in Leningrad. Er enthält 3 größere Arbeiten von 20 sowjetischen Wissenschaftlern und 9 kürzere Arbeiten von 14 tschechoslowakischen Wissenschaftlern.

In den sowjetischen Arbeiten werden folgende Flachseen vorgestellt: Kubenskoye-, Vozhe- und Lacha-See (alle im NW der RFSSR), Seen der Karelischen Landbrücke (zwischen Ostsee und Ladogasee, RFSSR) und Seen des Höhenrückens im Osten der Lettischen SSR. Die Arbeiten präsentieren zusammenfassend die Ergebnisse der bisherigen limnologischen Erforschung in den genannten Gebieten. So sind Angaben zur hydrochemischen Situation, zur mikrobiellen Aktivität, zum Phytoplankton und Zooplankton, zum Phytobenthos und Zoobenthos, zur Makrophytenbesiedlung und z. T. zum Fischbestand der Seen aufgeführt. Jedem der drei Beiträge ist ein ausführliches Verzeichnis der bisher erschienenen Publikationen (meist in Russisch) über die betreffenden Seen angefügt.

Die Artikel der tschechoslowakischen Autoren beschäftigen sich hauptsächlich mit den Makrophyten und ihrer Rolle in aquatischen Lebensräumen. Von der Darstellung der Lebensformen der Makrophyten (emers, submers) ausgehend, werden die unterschiedlichen Einflüsse der Vegetation analysiert, z. B. die Beeinflussung des Lichtklimas, der Wassertemperatur, der Verdunstung und des O_2- und CO_2-Gehaltes der Gewässer. Flache Seen und Feuchtgebiete sind immer wieder verstärkten Eingriffen durch den Menschen ausgesetzt. Dieser Tatsache tragen die letzten drei Artikel des Buches Rechnung. So wird über die Nutzung von Algen (*Scenedesmus obliguus*) zur Behandlung radioaktiver Verschmutzung sowie über die Reaktion von Pflanzengesellschaften der Überflutungsgebiete und Altwässer auf großflächige und langzeitliche Veränderungen des hydrologischen Regimes und der Vegetationsentwicklung in einem neuentstandenen Flachlandspeicher berichtet.

Zum Schluß wären noch die folgenden kritischen Anmerkungen zu machen: Durch unvollständige bzw. fehlende Legenden zu den Abbildungen auf den Seiten 16, 17, 22, 23, 85, 178, 228 und 240 wird der Informationsgewinn erschwert. Auf den Seiten 178 bzw. 182 ist den Autoren ein Irrtum unterlaufen. Unter der Überschrift „Planktische Algenformen“ wird die sessile fadenförmige Alge *Chladophora* abgebildet, und im Abschnitt „Benthische Algenformen“ erscheint eine Tafel mit planktischen Vertretern. Die drucktechnische Qualität der Fotos läßt z. T. einige Wünsche offen. Zur schnelleren geographischen Einordnung der Untersuchungsgebiete hätte sich der Rezensent besonders bei den sowjetischen Beiträgen informativere Karten gewünscht, z. B. die Darstellung eines Gebietes auf einer kleinen Landeskarte (vgl. Fig. 1 auf S. 252).

Insgesamt gesehen wird das Buch jedem Hydrobiologen, Limnologen oder Botaniker, der sich mit der gleichen oder einer ähnlichen Problematik beschäftigt, eine Fülle von Informationen und Anregungen liefern.

B. GIERING, Neuglobsow

L. SOMLYÓDY & G. VAN STRATEN (eds.): **Modelling and managing shallow lake eutrophication.** With application to Lake Balaton. Berlin, Heidelberg, New York, Tokyo: Springer-Verlag 1986. X, 386 S., 137 Abb., 39 Tab. Ln. DM 138,—

Der Balaton ist mit 596 km^2 einer der größten Flachseen der Erde. In den letzten Jahrzehnten wurde er wie viele Seen in Europa stark eutrophiert. Die Nutzung des Sees, besonders auch zu Erholungszwecken, ist beeinträchtigt. Zur Behebung der Eutrophierungsschäden wurde ein umfangreiches Sanierungsprogramm eingeleitet.

Der Balaton wurde im Rahmen eines internationalen Forschungsprogrammes zur Eutrophierung von Flachseen der IIASA (International Institute for Applied System Analysis) als Untersuchungsobjekt ausgewählt. Umfangreiche system-analytisch orientierte Forschungsarbeiten zum Zustand und zur Entwicklung der Wasserbeschaffenheit wurden durchgeführt. Die Arbeiten standen in der 1. Phase unter der Leitung des Holländers GERRIT VAN STRATEN und in der 2. Phase unter Leitung des Ungarn LASZLO SOMLYÓDY. Die Ergebnisse werden in dem vorliegenden Buch zusammengefaßt. Unter der Mitarbeit von 14 Autoren ist eine bemerkenswerte Ökosystemstudie entstanden, die wesentliche Aspekte zur Eutrophierung von Flachseen zu vermitteln weiß.

Die Einzelabschnitte des Buches stellen dabei eine ausgewogene Einheit analytischer und synthetischer Ergebnisse dar. Die Schwergewichte liegen einerseits auf der Darstellung von Einzelprozessen bzw. wichtigen Subsystemen des Balatons (u. a. Phosphor- und Stickstoffhaushalt, Nährstoffbelastung, Phytoplanktondynamik, Sedimente) und andererseits auf der verallgemeinernden modellmäßigen Betrachtung der Eutrophierung und der daraus für die Wassergütebewirtschaftung abzuleitenden Konsequenzen.

Das Buch gliedert sich in drei Teile. Der erste Teil beinhaltet Arbeiten zur Problematik und Methodologie sowie zum Management der Eutrophierung: Background to the Lake Balaton eutrophication problem (SOMLYÓDY & VAN STRATEN); The approach (VAN STRATEN & SOMLYÓDY); Lake eutrophication models (SOMLYÓDY); Eutrophication management models (SOMLYÓDY); Impact on policymaking: Background to a government decision (LÁNG).

Im zweiten Teil werden wichtige physikalische, chemische und biologische Prozesse und Systemglieder dargestellt: Nutrient loads (SOMLYÓDY & JOLÁNKAI); Sediments and its interaction with water (LIJKLEMA, GELENCSÉR, SZILÁGYI & SOMLYÓDY); Phytoplankton changes during eutrophication and P- and N-metabolism (HERODEK); Wind-induced water motion (SHANAHAN, HARLEMAN & SOMLYÓDY); Lake eutrophication model: A coupled hydrophysical-ecological model (SHANAHAN & HARLEMAN).

Der dritte Teil enthält 5 Beiträge ausgewählter Sachgebiete: Hypothesis testing and parameter uncertainity analysis in simple phytoplankton-P models (VAN STRATEN); A complex model for simulating the Lake Balaton ecosystem (KUTAS & HERODEK); A comparison of water quality models and load reduction predictions (LUETTICH & HARLEMAN); Role of Zala River in the eutrophication of Lake Balaton (JOB). The influence of watershed development on the long-term eutrophication of Lake Balaton (DÁVID & TELEGDI).

Ein Sachwortindex beschließt das insgesamt gut ausgestattete Buch. Ein Buch, das breite Aufmerksamkeit verdient und das sowohl eine reiche Informationsquelle zur Limnologie des Balatons als auch ein Beispiel für moderne systemtheoretisch orientierte ökologische Arbeit ist, die wissenschaftliche und wasserwirtschaftliche Akzente setzt.

R. KOSCHEL, Neuglobsow

GENE E. LIKENS (ed.): **An Ecosystem Approach to Aquatic Ecology.** Mirror Lake and its Environment. New York, Berlin, Heidelberg, Tokyo: Springer-Verlag. XIV, 516 S., 197 Abb., 109 Tab. DM 158,—

22 profilierte Wissenschaftler aus verschiedenen amerikanischen Einrichtungen haben unter der Federführung von GENE E. LIKENS, Direktor des Institutes für Ökosystemstudien, des New Yorker Botanischen Gartens und des Mary Flagler Cary Aboretums, am Beispiel des Mirror Lake und seines Einzugsgebietes eine Ökosystemstudie erarbeitet, die allergrößte Anerkennung verdient. In brillanter Art und Weise ist ein Stück moderner aquatischer Ökologie geschrieben worden.

Der Mirror Lake liegt in einer dünnbesiedelten bergigen Landschaft (Hubbard Brook Valley) in New Hampshire. Mit einer Fläche von 15 ha, einem Wasservolumen von $8{,}6 \times 10^5$ m^3 und einem Einzugsgebiet von 105 ha ist er ein relativ kleines und wirtschaftlich gesehen fast bedeutungsloses Ökosystem. Die ersten gelegentlichen limnologischen Beobachtungen und Messungen wurden Anfang der 60er Jahre unseres Jahrhunderts gemacht. Wenige Jahre später begannen BORMANN und LIKENS mit bescheidenen Mitteln aber großem persönlichem Engagement eine langfristig konzipierte Ökosystemanalyse, in die im Laufe der Jahre viele Studenten, Doktoranden und Wissenschaftler einbezogen werden konnten und durch die der Mirror Lake und das Hubbard Brook Valley zu weit über die Grenzen hinaus bekannten Forschungsobjekten wurden. Nachdem zwei Monographien zum Hubbard Brook Valley bearbeitet wurden („Biogeochemistry of a Forested Ecosystem" und „Pattern and Process in a Forested Ecosystem", Springer-Verlag, New York) wird nunmehr der Mirror Lake vorgestellt. Die Darstellung ist beeindruckend. Es ist ein Buch entstanden, daß die vielfältigen Wechselwirkungen zwischen einem See, dessen Einzugsgebiet und dem Luftraum darüber sowie die Integration zwischen der terrestrischen und aquatischen Ökologie aufzeigt.

Das Ökosystem und seine Umwelt wird in fast alle Einzelglieder zerlegt und analysiert, um anschließend wieder zusammengesetzt und einer umfassenden Synthese von Struktur und Funktion auf der Gesamtökosystemebene unterzogen zu werden. Die Darstellung der kulturgeschichtlichen Entwicklung des Sees und seines Einzugsgebietes spielt dabei eine ebenso wichtige Rolle wie die physiographische, geologische, physikalische, chemische und biologische Charakterisierung. Die Organismen werden von den Bakterien bis hin zu den Fischen in ihrer Qualität, Quantität, und Aktivität, vor allem aber in ihren ökologischen Wechselwirkungen (z. B. den Luft—Land—Wasser-Beziehungen) dargestellt. Paläolimnologische Analysen ermöglichen darüber hinaus die Betrachtung der postglacialen Entwicklung der biologischen und chemischen Wasserbeschaffenheit.

Das Buch gliedert sich in 9 Kapitel: I. An ecosystem approach (ecosystem analysis; 8 S.), II. The Hubbard Brook Valley (environmental parameters, biogeochemistry; 31 S.), III. Mirror Lake and its watershed (physiography, location, geology, glacial history, origin, topography, drainage basin, historical consideration; 44 S.), IV. Mirror Lake — physical and chemical characteristics (importance of perspective in limnology, physical and chemical environment, stability, circulation and energy flux, lake hydrology, flux and balance of water and chemicals; 70 S.), V. Mirror Lake — biological considerations (species composition, distribution, population, biomass and behaviour, production and limiting factors, organic carbon budget, decomposition; 55 S.), VI. Mirror Lake — ecological interactions (littoral region, profundal region, pelagic region, lake-ecosystem; 34 S.), VII. Paleolimnology (sedimentation, diatoms, animal microfossils, fossil pigments, chemistry, paleoecology of Mirror Lake; 86 S.), VIII. The aquatic ecosystem and air — land — water interactions (direct atmospheric input, fluvial input, effects of disturbance on the land—water linkage, atmospheric inputs to watersheds; 5 S.), IX. Air and watershed management and the aquatic ecosystem (developmental state of the forested watershed-ecosystem, forest harvesting, highway construction, air and water pollution, eutrophication trends; 9 S.).

Der Inhalt der einzelnen Kapitel weist trotz der Fülle von Originaldaten einen sehr großen Verallgemeinerungsgrad auf. Ein ausführliches Literaturverzeichnis, drei Indizes (Genera und Spezies, Seen und Flüsse, Sachworte), ein Vorwort und eine Autorenliste ergänzen das exzellent gedruckte und ausgestattete Buch. Es ist ein Werk entstanden, das nicht nur den gegenwärtigen Kenntnisstand der Ökologie und die große praktische Tragweite der Ökologie zu vermitteln weiß, sondern das auch eine überaus reiche Informationsquelle für vielfältige Sachverhalte in der Biologie, Ökologie, Limnologie, Paläolimnologie, Hydrologie, Geologie oder im Umweltschutz ist. Es ist richtungsweisend und ein Wertmaßstab für weitere Ökosystemanalysen.

R. KOSCHEL, Neuglobsow

THOMAS D. BROCK: **A eutrophic lake. Lake Mendota, Wisconsin** (Ecol. Stud. **53**). New York, Berlin, Heidelberg, Tokyo: Springer-Verlag 1985. XI, 308 S., 82 Abb., 46 Tab. Ln. DM 148,—

Der 39 km^2 große und 25 m tiefe im Staate Wisconsin liegende Lake Mendota gehört zu den klassischen Objekten der Limnologie. In den ersten Jahrzehnten unseres Jahrhunderts entstanden hier die fundamentalen Arbeiten von EDWARD A. BIRGE und CHANCEY JUDAY zum Sauerstoffhaushalt und zur Planktondynamik, die wesentlich zur Entwicklung einer trophisch-dynamisch orientierten Seentypenlehre beitrugen.

Ausgehend von einer bereits 1889 von W. TREALEASE publizierten Arbeit über Wasserblüten des Phytoplanktons wurden im Laufe eines Jahrhunderts vielfältige limnologische Daten gesammelt, die Ende der 70er Jahre durch komplexe Untersuchungen unter der Schirmherrschaft von THOMAS D. BROCK eine weitere Bereicherung erfuhren. Diese über 5 Jahre von 1976 bis 1981 durchgeführten Arbeiten bilden auch die Grundlage dieses Buches.

Schwergewichtig werden Stoffhaushalt und -produktion in der Freiwasserregion des Sees behandelt, wobei im wesentlichen die „klassischen" Pflanzennährstoffe und der Stofffluß vom Phytoplankton zum Zooplankton und zu den Bakterien dargestellt werden. Soweit es möglich ist, werden neuere mit älteren Untersuchungen verglichen (u. a. Nährstoffe, Struktur und Biomasse des Planktons, Sichttiefen). Darüber hinaus werden die Zusammensetzung, der Chemismus sowie die Sulfatreduktion und Methanogenese der Sedimente behandelt.

Im einzelnen gliedert sich die Monographie in 10 Kapitel: Einleitung (14 S.), physikalische Limnologie (24 S.), Chemie und Nährstoffbelastung (42 S.), Phytoplankton (30 S.), Phytoplankton, Photosynthese und Primärproduktion (22 S.), Zooplankton (12 S.), Bakterien, Kohlenstoffzyklus und biogeochemische Prozesse (42 S.), Bodenfauna und Fische (12 S.), Langzeit-Wechsel (14 S.) und Energiefluß (4 S.).

Sicherlich wird der Leser mit unterschiedlichen Erwartungen an das Studium des Buches herangehen. So hätte der Rezensent gern noch weiterführende Betrachtungen zum „lake management", zur komplexen Betrachtung von Stoffhaushalt und -produktion (Modellierung) und zur rezenten Beeinträchtigung des Sees durch „moderne" Schadstoffe, wie Schwermetalle, verschiedene Kohlenwasserstoffverbindungen oder hygienisch relevante Parameter gefunden.

Außerdem scheinen ausgeprägte Kalziumkarbonatfällungen (Kalzit) in der Freiwasserzone des Sees stattzufinden (vgl. Fig. 3.16; Verlauf Ca-Konzentration), die entscheidenden Einfluß auf den Stoffhaushalt nehmen können und einer ausführlichen Darstellung bedurft hätten.

Insgesamt wird dadurch der Wert des Buches, das sicher von Limnologen und Ökologen mit Gewinn zur Hand genommen wird und das eine weitere Bereicherung der monographisch orientierten See-Ökosystemstudien darstellt, nicht geschmälert. Zwei ausführliche Appendizies (88 S.) mit physikalischen und chemischen Daten sowie den Ergebnissen der Phytoplanktonuntersuchungen (u. a. Genus- und Spezieslisten, Biovolumen) von 1976 bis 1981 und ein Sachwortindex ergänzen das insgesamt solide ausgestattete Buch.

R. KOSCHEL, Neuglobsow

K. VAN CLEVE, F. S. CHAPIN III, P. W. FLANAGAN, L. A. VIERECK & C. T. DYRNESS: **Forest Ecosystems in the Alaskan Taiga.** A Synthesis of Structure and Function (Ecol. Stud. **57**). New York, Berlin, Heidelberg, Tokyo: Springer-Verlag 1986. X, 230 S., 81 Abb., 22 Tab. Ln. DM 128,—

Insgesamt 19 Wissenschaftler, davon 14 aus den USA, 2 aus Kanada und 3 aus Großbritannien, haben an diesem Sammelwerk mitgearbeitet, das einen umfassenden Einblick in die Ökosysteme der borealen Wälder Alaskas vermittelt. Es gliedert sich in 3 Teile. In dem ersten erfolgt die Darstellung der natürlichen Umweltverhältnisse (Klima, Waldtypen, natürliche Regeneration von Bäumen und höheren Sträuchern, Waldbrände). Im 2. Teil kommen verschiedene Auswirkungen von Umwelteinflüssen auf die Organismen-Aktivität zur Sprache. Behandelt werden die Einflüsse auf Wachstum und Nährstoffaufnahme von Taiga-Bäumen, die Stickstoff-Bindung in der Taiga Alaskas, die Rolle der Moose im Nährstoff-Kreislauf der Taiga und der Einfluß der Substratbeschaffenheit auf die mikrobielle Aktivität und die Mineralsalzverfügbarkeit auf den Standorten der Taiga-Wälder. Teil 3 beschäftigt sich mit den Auswirkungen von Umwelteinflüssen auf die Prozesse innerhalb von Ökosystemen. Zur Darstellung gelangen die Auswirkungen von Temperatur, Feuchtigkeit und Bodenchemismus auf Nährstoffkreisläufe und Ökosystementwicklungen, das Forstnutzungssystem auf Ökosystembasis FORCYTE, die Beziehungen zwischen Pflanzen und phytophagen Insekten in den Wald-Ökosystemen der Taiga und die Auswirkung der Äsung auf die Sukzession von Waldpflanzen. Das mit zahlreichen Abbildungen gut ausgestattete Werk ist ein wichtiger Beitrag zur Ökosystemforschung, insbesondere in subarktischen Waldgesellschaften.

H.-D. KRAUSCH, Potsdam

HAROLD A. MOONEY & JAMES A. DRAKE: **Ecology of Biological Invasions of North America and Hawaii** (Ecol. Stud., Analysis and Synthesis. Vol. **58**). New York, Berlin, Heidelberg, London, Paris, Tokyo: Springer-Verlag 1986. XVIII, 321 S., 25 Fig., 45 Tab. Kb. DM 148,—

Dieser Band fußt auf einem Symposium über „biologische Invasionen" in Nordamerika und Hawaii, daß vom 21.—25. 10. 1984 in Asilomar (Kalifornien) im Rahmen von SCOPE (Scientific Committee on Problems of the Environment) veranstaltet wurde. Das Eindringen von Tier- und Pflanzenarten in bisher von ihnen unberührte Lebensräume kann größere Auswirkungen auf das gesamte Ökosystem haben: Ökologische Fragen stehen daher im Vordergrund der Analysen, die sich sowohl mit Einflüssen derartiger Invasionen auf ökonomisch bedeutsame als auch auf natürliche Ökosysteme beziehen, die sich mit der Möglichkeit beschäftigen, welche Arten erfolgreiche Invasoren sein könnten und die Methoden der Kontrolle entwickeln helfen. Auf jeden Fall ist die Fähigkeit der Eindringlinge, Struktur und Funktion von Gesellschaften und Ökosystemen zu verändern, von großer wissenschaftlicher und wirtschaftlicher Bedeutung.

Alle 20 Autoren, die für die 16 Einzelbeiträge verantwortlich zeichnen, stammen aus den USA. Das ist insofern etwas befremdlich, als doch zumindest in Canada intensiv an ähnlichen Fragen gearbeitet wird (z. B. Invasion von *Myriophyllum spicatum* in aquatische Ökosysteme). Im einzelnen werden u. a. folgende Themen behandelt: Biogeographische und systematische Perspektive von eingeführten Insekten (D. SIMBERLOFF), Ökologische Auswirkungen der Einführung von Fischen (P. B. MOYLE), Invasionsmuster von Pflanzen in Nordamerika (z. B. *Pennisetum clandestinum, Eichhornia crassipes, Poa pratensis*; H. G. BAKER), Invasionsmuster von Pathogenen und Parasiten (A. P. DOBSON & R. M. MAY), Welche Tiere werden eindringen? (P. R. EHRLICH), Lebensgeschichte kolonisierender Pflanzen (z. B. *Lupinus succulentus, Trifolium hirtum, Bromus tectorum*; F. A. BAZZAZ), Standortsbedingungen, die Invasionen begünstigen (G. H. ORIANS), Biologische Invasionen von Pflanzen und Tieren in Land- und Forstwirtschaft (D. PIMENTEL), Fremdinvasion von Pflanzen in das trockene baumlose westliche Nordamerika (vor allem von Pflanzen europäischer Provenienz; R. N. MACK), Invasion von Pflanzen in Südflorida (J. J. EWEL), Einführung von Arten in Hawaii (M. P. MOULTON & S. L. PIMM) und Kontrolle der Invasoren (D. L. DAHLSTEN). Ein insgesamt informatives und interessantes Buch, dem allerdings ein wenig die große Linie fehlt.

S. J. CASPER, Jena

Wasser und Abwasser. Band 29 (1985). Beiträge zur Gewässerforschung **XV**. Bundesanstalt für Wassergüte in Wien-Kaisermühlen. Schriftl. Hofrat Univ.-Doz. Dr. WERNER KOHL. Wien: Selbstverlag der Bundesanstalt für Wassergüte im Bundesministerium für Land- und Forstwirtschaft. 146 S., 4 Abb., 17 Taf. Geb. öS. 129,—

Der vorliegende Band der bekannten österreichischen Schriftenreihe enthält eine Übersetzung des von E. SEDLÁK in dem Buch „Klič vodnich larev hymzu" („Bestimmungsbuch der wasserlebenden Insektenlarven") erschienenen Bestimmungsschlüssels für mitteleuropäische Köcherfliegenlarven (Insecta, Trichoptera). Die Übersetzung — von JOHANN WARINGER — lehnt sich zwar weitgehend an das Original an, stellt jedoch eine auf die österreichischen Verhältnisse bezogene Bearbeitung dar, in der insbesondere die Verbreitungsangaben durch die Artnachweise in den einzelnen österreichischen Bundesländern nach dem neuesten Erforschungsstand ersetzt wurden. Überdies wurden zur Kennzeichnung der ökologischen Ansprüche der einzelnen Arten die Angaben aus der „Limnofauna Europaea" verwendet und zu den Gattungen *Hydropsyche* und *Ceraclea* wesentliche Ergänzungen gebracht. Alle anderen Abweichungen vom Original sind als „Anmerkungen des Übersetzers" besonders gekennzeichnet.

In einer Einleitung werden kurz die morphologischen Merkmale der Trichopterenlarven und -puppen behandelt. Der weitaus größte Teil der Abhandlung enthält die Bestimmungsschlüssel der Familien und Arten, wobei die Determination durch zahlreiche klare Strichzeichnungen, hauptsächlich der Kopfkapseln und Köcher, erleichtert wird. Die ökologischen Angaben sind knapp aber treffend gefaßt. Ein Literaturverzeichnis bringt die wesentlichen einschlägigen Publikationen.

Der vorliegende Bestimmungsschlüssel wird von allen Limnologen, Hydrobiologen und Abwasserbiologen lebhaft begrüßt werden, da er eine verläßliche Determinationshilfe für die durch ihre Arten- und Individuendichte zu den wichtigsten Süßwassertieren zählenden und als Indikatororganismen für die praktische Gewässergütebeurteilung bedeutsamen Entwicklungsstadien der Köcherfliegen darstellt.

D. FLÖSSNER, Jena

Wasser und Abwasser, Band 30 (1986). Prof. Liepolt-Jubiläumsband. Wien: Hrsg. u. Verlag: Bundesanstalt für Wassergüte 1986. Schriftl. WERNER KOHL. 663 S., Ln. öS 367,—

Der Band 30 der Schriftenreihe „Wasser und Abwasser" ist dem 80. Geburtstag Prof. R. LIEPOLTS gewidmet, dem ehemaligen Direktor der Österreichischen Bundesanstalt für Wassergüte und dem Begründer dieser Schriftenreihe.

Neben einem Artikel über das Leben und Wirken des Jubilars und einer Arbeit über die Geschichte der Bundesanstalt sind 19 weitere Beiträge enthalten. Das Spektrum der behandelten Themen ist sehr breit, es berührt die Hydrologie, die Toxikologie, die Hygiene, die biologische Gewässergüteindikation, die Autökologie von Wasserorganismen sowie den biologischen Flußbau. Um einen Einblick in den Inhalt zu geben, sollen einige Arbeiten etwas näher vorgestellt werden.

DOBBERKAU et al. widmen sich der Erfassung von bakteriellen Antibiotikaresistenzen in Abwässern. Der Anteil resistenter Keime hängt vom Antibiotikadruck ab. Im speziellen Fall waren 1% der koliformen Keime resistent, am häufigsten gegen Tetramycin und Kanamycin. Die Übertragung der Resistenzfaktoren durch Plasmide wurde experimentell nachgewiesen.

KANN untersucht die Reaktion der lithoralen Algenflora im Traunsee unter dem Einfluß der Eutrophierung. Die typische Blaualgengemeinschaft wurde durch *Cladophora glomerata* verdrängt. Nach der Sanierung des Einzugsgebietes stellten sich die früheren Verhältnisse fast vollständig wieder ein.

MOOG befaßt sich mit der Bedeutung von Stillwasserzonen (Gumpen) für die biologische Güteindikation an Fließgewässern. Gumpen werden danach von einer typischen Organismengemeinschaft besiedelt, die zwar artenärmer ist als diejenige von flachen und stark durchflossenen Strecken, die aber ähnliche Individuenzahlen und Biomassedichten aufweist.

RUTTNER-KOLISKO berichtet über Versuche zur Nahrungsauswahl von Rotatorien. Sie fand, daß *Keratella cochlearis* Futterpartikel hinsichtlich ihres Nahrungswertes selektieren kann (lebende Algen Pollen, Plastikperlen). *Brachionus plicatilis* und *Hexarthra fennica* sind dazu offenbar nicht in der Lage. Entscheidend für die Fähigkeit zur Nahrungsauswahl sind Bau und Funktion des Apikalfeldes und/oder des Kauers.

JANAUER et al. behandeln schließlich die Vorbereitungen für die ökologische Gestaltung des Stauraumes Wien der Donau. Dabei hat eine interdisziplinäre Arbeitsgruppe versucht, wirtschaftliche Anforderungen, öffentliche Interessen sowie Natur- und Landschaftsschutz vor dem Beginn der Bauarbeiten zu koordinieren. Nach Aussagen der Autoren wurden ökologisch fundierte Grundlagen zur Errichtung eines Staus erarbeitet, wie sie bisher für kein Donaukraftwerk existierten.

Insgesamt unterstreicht der vorliegende Band die Absicht der Herausgeber, die Zusammenarbeit unterschiedlichster Fachdisziplinen am Problem Wasser zu fördern.

P. KASPRZAK, Neuglobsow

J. O. REUSS & D. W. JOHNSON: **Acid Deposition and the Acidification of Soils and Waters** (Ecol. Stud. **59**). New York, Berlin, Heidelberg, Tokyo: Springer-Verlag. VIII, 119 S., 31 Abb., 2 Tab. Ln. DM 94,—

Die Emission von Schwefeldioxid und Stickoxiden in die Atmosphäre und die sich daran anschließende Versauerung von Luft, Boden und Wasser stellen große Umweltprobleme unserer Zeit dar. Die schädliche Wirkung der Versauerung zeigt sich u. a. zunehmend in einer Verarmung der Bodenstruktur, einer Zerstörung und Schädigung der Vegetation und einer Verschlechterung der Wasserbeschaffenheit.

Viele besorgniserregende Fakten sind dazu in den letzten Jahren aufgezeigt und analysiert worden. Sie zwingen uns, umfassende Maßnahmen zu einer schnellen und weitreichenden Senkung der Schademission aus Industrie und Haushalten einzuleiten.

In der vorliegenden Studie wird diese aktuelle Problematik aufgegriffen. Das Buch führt in die naturwissenschaftlichen Grundlagen der „Versauerung" ein. Es wird ein klarer und konzentrierter Überblick der wesentlichen Zusammenhänge zwischen Emission, Versauerung von Luft, Boden und Wasser und die sich daran anschließenden Reaktionen gegeben. Schwergewichtig werden der Schwefel (u. a. Sulfatzyklus, Sulfatadsorption) und der Stickstoff (u. a. Stickstoffzyklus, Ökosystemeffekte) sowie die physiko-chemischen Prozesse der Versauerung (u. a. Anionen, Ionengleichgewichte, Kationenentzug, organische Anionen) dargestellt. Damit wird die Voraussetzung für das Verständnis der im weiteren behandelten chemischen Reaktionen im Ökosystem geschaffen (u. a. basischer Ionenfluß, pH-Wechsel, Aluminium-Mobilisation). Die biologischen bzw. ökologischen Reaktionen werden nur kurz angedeutet. Explizit werden die natürlichen Vorgänge der Boden- und Wasserversauerung von den zivilisatorisch ausgelösten getrennt. Ein besonderes Anliegen der Autoren besteht in der Darstellung weitgehend verallgemeinerter analytischer Zusammenhänge. Diese konzeptionellen Ansätze zur Versauerung werden in ein chemisches Reaktionsmodell der Versauerung umgesetzt. Die Modelldokumentation wird am Schluß des Buches gegeben.

Das Buch ist sehr gut gedruckt und zu empfehlen.

R. KOSCHEL, Neuglobsow

J. R. M. KELSO, C. K. MINNS, J. E. GRAY & M. L. JONES: **Acidification of surface waters in eastern Canada and its relationship to aquatic biota.** Canadian Special Publication of Fisheries and Aquatic Sciences **87**. Department of Fisheries and Oceans, Ottawa 1986. 42 S., 11 Abb., 35 Tab. Brosch. Kanada $ 6.00/ Ausland $ 7.20

Moorseen mit niedrigen pH-Werten zeigen oft eine typische Flora und Fauna. Phytoplankton, Zooplankton und Zoobenthos sind artenarm. Fische sind kaum vorhanden oder fehlen vollständig. Dafür entfalten sich bestimmte Gruppen von Wasserinsekten reichlich (Heteroptera, Odonata, Coleoptera). Die Ufer und z. T. auch der Seegrund sind von *Sphagnum* bewachsen. Im Verlaufe der siebziger Jahre bekamen mehr und mehr „normale" skandinavische Seen diesen Charakter. Es stellte sich bald heraus, daß die Ursache saure Niederschläge sind, die sich durch den Ferntransport von Industrieabgasen bildeten, vor allem Schwefeldioxid.

Offensichtlich spielt das Problem der Gewässerversauerung nicht nur in Europa sondern auch in Nordamerika eine zunehmend bedrohliche Rolle. Dies veranlaßte das kanadische Department of Fisheries and Oceans ingesamt 814 Seen im Osten Kanadas auf Anzeichen der Versauerung zu untersuchen. Erfaßt wurden die Gewässerchemie, das Phytoplankton, das Zooplankton, das Zoobenthos und die Fische. Letztere waren ein Schwerpunkt, denn die zahlreichen Arten von Lachsfischen bildeten bekanntlich einen einmaligen Wert der Seen und Flüsse im Osten Kanadas.

Der pH-Wert aller 814 Seen lag zwischen 6,1 und 4,9, wobei die Vermutung geäußert wird, daß die negativen Auswirkungen auf die Organismengemeinschaften etwa bei einem pH-Wert um 6,0 beginnen. Unterschiede in der Säurebelastung werden vor allem durch die Lage zu den großen industriellen Ballungszentren, die Pufferkapazität des Bodens und des Wassers und die Niederschlagsmenge hervorgerufen. Der Schwermetallgehalt war in allen versauerten Seen erhöht. Aluminium, so hat sich herausgestellt, wird von organischen Säuren komplex gebunden und dadurch entgiftet.

Grün- und Blaualgen scheinen negativ auf niedrige pH-Werte zu reagieren. Insgesamt jedoch ist der pH-Einfluß auf Menge und Zusammensetzung der Algengemeinschaft recht unklar.

Der Rückgang der Artenzahl des Zooplanktons beginnt bei einem pH-Wert um 6,0. Das Zoobenthos ist durch die Pufferkapazität des Substrates am besten vor negativen Auswirkungen geschützt.

Fischertrag und Individualgewicht sanken mit dem pH-Wert, aber es wird vermutet, daß noch weitere wesentliche Einflußfaktoren existieren. In 27—47% der Seen aller Untersuchungsgebiete fanden sich Fische, die mehr Quecksilber enthielten, als die Grenzwerte für die menschliche Ernährung zulassen. Ich habe in einem Buch über den Lachs in der Geschichte von Nordamerika folgendes Zitat gefunden: „If the Pigeons plaqued us by their abundance, the Salmon gave us even more trouble. So large a quantity of them enters into this river that at night one is unable to sleep, so great is the noise they make in falling upon the water having thrown or darted themselves into the air.“ (Pigeon ist die inzwischen ausgerottete Wandertaube.)

Der Reichtum an Lachsen der kanadischen Flüsse und Seen des Jahres 1668 ist Vergangenheit. Trotzdem bleibt zu hoffen, daß die Gewässerversauerung aufgehalten werden kann, ehe die Lachse und viele andere aquatische Arten ihren letzten Kampf ums Überleben führen, bei dem sie sich mit Sicherheit auf verlorenem Posten befinden werden.

P. Kasprzak, Neuglobsow

Flemming Bo Pedersen: **Environmental Hydraulics. Stratified Flows** (Lecture Notes on Coastal and Estuarine Studies Vol. **18**). Managing Eds.: M. J. Bowman, R. T. Barber, C. N. K. Mooers & J. A. R. Raven. Berlin, Heidelberg, New York, London, Paris, Tokyo: Springer-Verlag 1986. VII, 278 S. Soft Cover DM 58,—

In diesem Buch werden die grundlegenden Probleme der Hydraulik von Flüssigkeiten in der Umwelt behandelt, das heißt die Anregung von Strömungen in geschichteten Wasserkörpern durch kleine Dichteunterschiede.

Das Buch ist in drei Teile gegliedert. Im ersten Teil werden nichtmischbare Flüssigkeiten betrachtet. Der zweite Teil ist der Behandlung mischbarer Fluide gewidmet. Dazu werden zahlreiche Ansätze zum Eintrag turbulenter Prozesse (entrainment) wie etwa die Vermischung durch Windwellen oder Bodenreibung diskutiert, empirische Ansätze vorgeschlagen, und es wird auf offene Probleme hingewiesen.

Nicht gefallen hat dem Rezensenten der dritte Teil, der immerhin einhundert der 278 Seiten des Buches umfaßt und aus einer Auswahl von bereits in verschiedenen Zeitschriften veröffentlichten Arbeiten des Verfassers bzw. einiger seiner Schüler besteht. Es wäre sicher besser gewesen, wenn der Autor die wesentlichen Aussagen dieser Artikel in die beiden ersten Teile eingearbeitet hätte.

Das Stichwortverzeichnis am Ende des Buches weist einige Druckfehler auf. Das Buch ist didaktisch gut aufgebaut, mit ausgezeichneten Zeichnungen illustriert und weist den Autoren als einen in der Ausbildung erfahrenen Fachmann aus. Als wichtigste Anwendung diskutiert der Autor die Hydraulik von Fjorden und Ästuaren und legt dabei besonderes Gewicht auf Probleme des Wasseraustausches zwischen der Ostsee und dem Atlantik. Insbesondere wird untersucht, wie mit Hilfe hydraulischer Ansätze der Einfluß von Bauwerken auf Wasserbilanzen und auf die Qualität der Umweltbedingungen abgeschätzt werden kann.

Das Buch ist für Spezialisten, die sich mit der Dynamik von Ästuaren und Fjorden befassen, sicher von Nutzen. Es gibt dem Leser ein mathematisches Werkzeug in die Hand, mit dem auf der Basis relativ einfacher Beziehungen die hydraulischen Aspekte von Strömungen und Bilanzen geschichteter Wasserkörper in der Umwelt untersucht werden können.

W. Fennel, Rostock

Helmut Sigel (ed.): **Metal Ions in Biological Systems. Vol. 18.** Circulation of Metals in the Environment. New York, Basel: Marcel Dekker, Inc. 1984. 397 S., mit zahlr. Abb. u. Tab. Geb. US $ 95.50

Fragt man nach den Ursachen der Anreicherung und Mobilität der Spurenmetalle im Umweltgeschehen, so spielen häufig organische Metallkomplexe in biologischen Zyklen eine dominierende Rolle. Energielieferanten für die Kinetik der biochemischen Reaktionen und die Transportprozesse sind das Sonnenlicht oder chemische Energiequellen.

In diesem Buch werden getrennt von den anorganischen geochemischen Mechanismen die Beziehungen der biologischen Organisation und der organischen Verbindungen zur abiotischen Umwelt erarbeitet. Damit wird das weite Feld der biologischen Aufnahme von Metallen, der Komplexbildung und Stabilität der Komplexe, der Hydrolyse und Fällung, des Ionenaustausches, der Redoxprozesse und anderer Gebiete behandelt.

Für den Limnologen dürften von besonderem Interesse die Kapitel über die Beziehungen von Metallen und organischen Substanzen im Wasser, über Metalle in aquatischen Ökosystemen und über Metallzyklen in Böden sein, die Rückschlüsse auf die Sedimente erlauben.

Das umfangreiche, methodisch teilweise schwierig zu bearbeitende Gebiet befindet sich noch in einer rasch fortschreitenden Entwicklung. Den Autoren ist für die Bearbeitung der weitgestreuten Literatur und die systematische Zusammenfassung der erzielten Erkenntnisse zu danken.

G. Proft, Jena

Dieter Schlee: **Ökologische Biochemie.** Jena: VEB Gustav Fischer Verlag 1986. 355 S., 194 Abb., 62 Tab. Ln. DDR M 58,—/ Ausland DM 68,—

Die in dem Titel repräsentierte Entwicklung von Grenzdisziplinen ist gegenwärtig ein ausgeprägter Trend, der sich auch in der Gestaltung von Lehrbüchern widerspiegelt und für alle Teilgebiete gleichermaßen fruchtbar ist. Bei der Kausalanalyse von Funktionselementen, Prozessen, Faktorenwirkungen und -wechselwirkungen in Ökosystemen arbeiten im Prinzip alle biologischen bzw. sogar alle naturwissenschaftlichen Disziplinen fruchtbar zusammen. Das Verständnis von ökologischen Systemen wird durch diese Disziplinen zweifellos gefördert und dem Mosaik des Wissens mancher Stein hinzugefügt, auch an Nahtstellen und wichtigen Konturlinien. Das Bild dieser Wissenschaft selbst muß aber durch disziplinäre Forschung geprägt werden, denn je weiter die hauptsächliche Betrachtungsebene der „benachbarten“ biologischen Teildisziplinen vom Ökosystem entfernt liegt, je unschärfer wird sein Bild durch diese Wissenschaft gezeichnet bzw. je unsicherer ist die Bedeutung des betrachteten Details für das Gesamtbild. Von der Populations- zur Individualebene, von der physiologischen über die biochemische bis hin zur molekularen Betrachtungsebene muß sich diese Gefahr verstärken.

In dieser Klemme steckt ein Autor, wenn er sich anschickt eine Ökobiochemie zu entwerfen, und das wird auch in den einleitenden Kapiteln deutlich. D. Schlee hat es jedoch verstanden, die Brücke zwischen Biochemie und Ökologie erfolgreich zu schlagen, indem er zwei Schwerpunkte setzte: Biochemische Anpassungen von Organismen an abiotische Umweltfaktoren (85 Seiten) und Wechselwirkungen zwischen den Organismen in Ökosystemen (150 Seiten). In den erstgenannten Teil mußten aber naturgemäß auch soviel physikalische und physikochemische Sachverhalte einbezogen werden, daß die Ökobiochemie sich sehr stark einer Ökophysiologie nähert. Beide Teile sind aber so umfassend und so interessant geschrieben, daß sie für jeden ökologisch Interessierten eine wahre Fundgrube darstellen.

Man muß dem Autor auch für die große Mühe des Zusammentragens dieses weitgefächerten und weitgestreuten Spezialwissens uneingeschränkt Anerkennung zollen. Es wurden allein weit über 1000 Literaturzitate angegeben. Der Autor erweist sich dabei auf vielen Gebieten als ausgesprochen kompetent. Der kritische Leser wird auch auf jenen Teilgebieten, auf denen er über Spezialwissen verfügt, kaum wichtige Details vermissen oder Fehler entdecken. Letzteres gilt natürlich nicht ausnahmslos: Chlorophyll(id) c absorbiert vor allem im blauen (!) Spektralbereich und ist ein wichtiges akzessorisches Pigment, nicht nur vorwiegend für marine Phytoplankter. Blaugrünes Licht können grüne Pflanzen gut nutzen, auch ohne akzessorische Pigmente, allein durch einen höheren Chlorophyll-Gehalt (S. 47—49). Die *Nepenthes*-Kanne wird nicht aus der Blattspitze gebildet (S. 42) und die Drahtschmiele sollte man im Kapitel Hochmoorpflanzen auch als Beispiel nur dann zitieren, wenn man ihren andersgearteten Standort charakterisiert (S. 139). Auf den Kopf gestellt werden aber die Verhältnisse, wenn der Mutualismus als höchste Form der Symbiose bezeichnet wird (S. 16). Diese und sicher weitere kleine Unzulänglichkeiten, die in den ersten Auflagen solch detaillierter Bücher selten fehlen, können in folgenden Neuauflagen sicherlich auch unter Mitwirkung vieler interessierter Fachkollegen vermieden werden.

Man braucht kein Prophet zu sein, wenn man dem Buch noch weitere Auflagen voraussagt, eine weite Verbreitung und ein gutes Echo sind ihm ohnehin zu wünschen. Einem breiten Kreis von Studenten und Fachwissenschaftlern der Disziplinen, die der Ökologie nahestehen und allen ökologisch Interessierten ist es wärmstens zu empfehlen.

J.-G. Kohl, Berlin

Jürgen Schwoerbel: **Methoden der Hydrobiologie.** Süßwasserbiologie. 3., neubearb. Aufl. Stuttgart: Gustav Fischer Verlag 1986. XI, 301 S, 100 Abb. Brosch. DM 26,80

Es ist sehr erfreulich nun auch die 3. Auflage der „Methoden" von J. Schwoerbel vorstellen zu können. Der alte Text erfuhr in vielen Kapiteln Verbesserungen und Aktualisierungen. Neu hinzugekommen sind die Kapitel über die Ermittlung der elektrolytischen Leitfähigkeit, die Bestimmung von Silikat, Gesamt-Eisen und Gesamt-Mangan, die Direktbestimmung von Kohlehydrat, Protein und Lipid, sowie weitere methodische Hinweise über die Erfassung der Sekundärproduktion. Trotz dieser Veränderungen besitzt die 3. Auflage nur 40 Seiten mehr als die 2., ist also „handlich" geblieben.

In *Limnologica* sind bereits ausführliche Besprechungen der früheren Auflagen erschienen: vgl. dazu *Limnologica* (Berlin) **14** (1), 186—187. Das dort Gesagte gilt auch für die neue Auflage. Daß sie schon nach 6 Jahren wieder notwendig wurde zeigt, wie unentbehrlich das Buch geworden ist.

W. Schönborn, Jena

Leonhard A. Hütter: **Wasser und Wasseruntersuchung.** 2., neubearb. Aufl. Frankfurt, Berlin, München, Aarau, Salzburg: Verlag Diesterweg/Salle — Sauerländer 1984. 344 S., mit zahlr. Abb. und Tab. Brosch. DM 48,—

Das kleine Laborbuch bietet in Theorie und Praxis eine große Zahl von Analysenmethoden mit einer Bewertung und Einschätzung der Ergebnisse. Es wurde eine gelungene Verbindung von Analysenbuch und Lehrbuch geschaffen, wobei das Schwergewicht auf erprobten chemischen Standardmethoden liegt.

Teil 1 gibt eine Beschreibung der Laborausrüstung und der verschiedenen untersuchten Wasserarten (Fluß- und Seewasser, Grundwasser, Regenwasser, Wasser von Freibädern, Abwasser, Trinkwasser, Heilwasser). In knapper Form werden die Inhaltsstoffe dieser Wasserarten sowie ihre Herkunft, Bedeutung und Schadwirkung beschrieben. Auch auf die Hydrologie, Gewässerbiologie und Bakteriologie wird kurz eingegangen, so daß dem Wasserchemiker ein Grundwissen vermittelt wird.

Teil 2 widmet sich der Analytik von Elementen und Verbindungen. Ausgehend von der Probenahme, der Aufbewahrung, dem Transport und der Sinnenprüfung wird die manuelle Analyse der gebräuchlichen Komponenten beschrieben. Bemerkenswert ist der Einsatz einer modernen Laborkleintechnik, dazu gibt es viele interessante Hinweise und Kniffe. Trotz der kurzen und komprimierten Darstellung sind die Methoden theoretisch und praktisch nachvollziehbar. Die Bestimmung der organischen Inhaltsstoffe des Wassers ist relativ kurz ausgefallen. Neben Hinweisen auf die Gas- und Flüssigkeitschromatographie sind nur die Summenbestimmungen wie TOC, DOC oder CSV angeführt.

Das Buch enthält zahlreiche Angaben auf weiterführende Literatur und es gibt Hinweise auf Lehrbücher und Periodika sowie auf Normen, Gesetze und Verordnungen in Österreich, in der Schweiz, der BRD und der DDR. Ein Schlagwortverzeichnis zeigt, welche Fülle an Material bearbeitet wurde.

Bei Studenten und besonders in kleinen wasserchemischen Laboratorien, wo nicht routinemäßig große Analysenserien bearbeitet werden, wird dieses Buch eine gute Aufnahme finden.

G. Proft, Jena

Michael Succow & Lebrecht Jeschke: **Moore in der Landschaft.** Entstehung, Haushalt, Lebewelt, Verbreitung, Nutzung und Erhaltung der Moore. Leipzig, Jena, Berlin: Urania-Verlag 1986. 268 S., 152 Farbfotos auf Tafeln, 70 Abb. im Text. Ln. M 24,—

Dieses allgemeinverständlich angelegte, doch auch für den Experten wichtige neue Moorbuch basiert auf langjähriger intensiver Beschäftigung der beiden Verfasser mit den Mooren in der DDR und im östlichen Mitteleuropa. Es betrachtet zunächst die Beziehungen zwischen Mensch und Moor (S. 9—19) und die Rolle der Moore im Landschaftshaushalt (S. 20—28). Unter der Überschrift „Vielfalt der Moorbildungen" wird ein Überblick sowohl über die ökologischen Moortypen als auch über die hydrologischen Moortypen gegeben (S. 27—70). Hierbei kommen die von Succow entwickelten Moorgliederungen zur Anwendung, die wesentlich differenzierter sind als die bisherigen Einteilungen. In der folgenden Darstellung der Lebewelt der mitteleuropäischen Moore werden Flora und Vegetation, aber auch die wichtigsten Tierarten der einzelnen ökologischen Moortypen (Armmoore, Sauer-Zwischenmoore, Basen-Zwischenmoore, Kalk-Zwischenmoore, Reichmoore) beschrieben und die wichtigsten Pflanzen in Textabbildungen vorgestellt (S. 71—120). Hierbei verwenden die Verfasser mitunter recht eigenwillig gebildete und nicht den Empfehlungen des Internationalen Codes der pflanzensoziologischen Nomenklatur entsprechende Assoziationsnamen, wie z. B. Symphyto-Irido-Alnetum. Es folgen dann eine „Auswahl mitteleuropäischer Moorlandschaften" (S. 121—177) und ein „Überblick über die Moore der Erde" (S. 178—198), in den auch persönliche Kenntnisse der Verfasser von nord- und osteuropäischen sowie zentralasiatischen Mooren eingeflossen sind. Ein eigenes Kapitel ist der Nutzung der Moore gewidmet (S. 199—240), und das abschließende Kapitel ist ein mit großem persönlichen Engagement der Verfasser vorgetragenes Plädoyer für den Schutz unserer Moore (S. 241—255).

Die Ausstattung des Buches mit zahlreichen, meist von den Verfassern selbst aufgenommenen, überwiegend hervorragenden und informativen Farbfotos sowie zahlreichen gut gezeichneten Textabbildungen kann nur als vorzüglich bezeichnet werden. Lediglich bei der Karte der Moore zwischen Ems und Weser (S. 122) bereitet die Unterscheidung der sehr ähnlichen Grautöne einige Schwierigkeiten. Daß sich bei einem solch umfassenden Thema hier und da noch Möglichkeiten der Ergänzung und Verbesserung ergeben, liegt auf der Hand. Hierzu einige Hinweise: Die Rohrglanzgraswiese des Spreewaldes ist eine Ersatzgesellschaft des Erlen-Eschenwaldes (S. 136). Daß das Ranunculetum fluitantis „ausschließlich in unverschmutzten Gewässern gedeiht" trifft nicht zu, durch mäßige Verschmutzung wird diese Gesellschaft vielmehr noch gefördert. Übrigens handelt es sich bei den Fließgewässer und Gräben in Niedermooren besiedelnden Wasserhahnenfuß-Gesellschaften meistens um das Ranunculetum penicillati und um das Ranunculetum peltati. S. 202 könnte auch noch der bekannte Peitzer Eisenhammer genannt werden, dessen Produktionsgebäude erhalten und als Museum eingerichtet sind. Im Spreewald hat man noch bis etwa 1975 Raseneisenerz für Zwecke der Gasreinigung abgebaut. Beim Wiesenkalk sollte unterschieden werden zwischen den aus kalkreichen See-Sedimenten hervorgegangenen Ablagerungen und den aus kalkreichem Grundwasser ausgefällten $CaCO_3$-

Bänken in den Niederungsgebieten (z. B. Havelländisches Luch und Baruther Urstromtal). In Brandenburg begann die erste größere Hydromelioration von Niedermoorgebieten bereits 1650 mit der Anlage von Neuholland an der mittleren Havel.

Das gut geschriebene, inhaltsreiche und neue Ideen verarbeitende, hervorragend illustrierte Buch vermittelt einen umfassenden Überblick über die „Moore in der Landschaft". Einer besonderen Empfehlung dürfte es kaum bedürfen, war es doch im Handumdrehen vergriffen. Möge daher recht bald eine weitere Auflage folgen!

H.-D. KRAUSCH, Potsdam

Beiträge zur Meereskunde. Hrsg. von KLAUS VOIGT unter Mitwirkung von HANS-JÜRGEN BROSIN, LUTZ BRÜGMANN, DIETER LANGE, WOLFGANG MATTHÄUS, DIETWART NEHRING, KLAUS STRIGGOW und MANFRED STURM (Schriftl.). Berlin: Akademie-Verlag.
Heft 53 (1985), 75 S. Brosch. M 20,—
Heft 54 (1986), 74 S. Brosch. M 20,—
Heft 55 (1986), 93 S. Brosch. M 30,—
Heft 56 (1987), 84 S. Brosch. M 24,—

Heft 53 behandelt überwiegend hydrophysikalische und hydrobiologische Themen aus der Ostsee, so FRANCK (Thermohalines Geschehen im Bornholmbecken) und MATTHÄUS (Veränderlichkeit des Salzgehaltes im Arkonabecken). Die von MÜLLER vorgestellten experimentellen Driftuntersuchungen stellen ein hochaktuelles Arbeitsfeld dar. SCHULZ et al. führen ökologische Ergebnisse vor, die auf einer Dauerstation im Zentralteil der Arkonasee gewonnen wurden. Der vollständige Gang der Frühjahrsblüte des Phytoplanktons und seine Stickstofflimitierung konnten dargestellt werden. RAABE & BENILOV bearbeiten wassernahe Luftschichten im tropischen Atlantik mit einem Sondenmeßsystem mit relativ guter Meßgenauigkeit.

Heft 54 beschäftigt sich fast durchweg mit meeresphysikalischen Themen, wobei sowohl Modelle (FENNEL: Trägheitsreaktion von Kanalmodellen; REITER: Isolinien) als auch praxisnahe Auswertungen ozeanographischer Meßfahrten (HAGEN et al.: Wasserauftrieb vor Mauretanien; MATTHÄUS et al.: Strömungsmuster im Arkonabecken; SCHEMAINDA & HAGEN: Strömungen im Zentralatlantik) behandelt werden. Nur der Artikel „Garnelenwachstum" von SAGER beschäftigt sich mit der mathematischen Darstellung fischereibiologischer Probleme nach Daten anderer Autoren.

Heft 55 enthält mehrere grundsätzliche Artikel zur Hydrochemie der Ostsee (BRÜGMANN: Spurenmetalle; IRMISCH: Harnstoff; MATTHÄUS: Stagnationsperioden), ferner meeresphysikalische Abhandlungen (HAGEN & SCHEMAINDA: Vertikalstrukturen vor den Kapverdischen Inseln; SCHEMAINDA & HAGEN: Dichtefeld vor Nordwestafrika; SIEGEL & BROSIN: Spektrale Remissionskoeffizienten) sowie wiederum eine mathematische Aufarbeitung hydrobiologischer Daten anderer Autoren durch SAGER. Ferner enthält dieser umfangreiche Band eine ganze Reihe wissenschaftlicher Kurzmitteilungen zu wichtigen hydrochemischen, -physikalischen und -meteorologischen Themen.

Heft 56 bringt von FENNEL, HALPERN & LASS „Strömungsspektren aus dem Ostpazifik" sowie von NEHRING et al. „Ozeanologische Untersuchungen im Mocambique-Kanal" und von SIEGEL „Optische Untersuchungen aus dem Atlantik". Aus dem Ostseebereich publizieren LASS et al. über „Wasseraustausch zwischen Ost- und Nordsee" sowie IRMISCH über „Kohlenhydrate". Die Kohlenhydratkonzentrationen unterliegen einer jahreszeitlichen Veränderlichkeit, die dem Gang der Phytoplanktonentwicklung ähnelt, jedoch mit etwa achtfachem Energiegehalt. Der Einbeziehung in den biologisch-chemischen Stoffkreislauf gilt das besondere Interesse.

L. KREY, Jena

EMILIA STELLA: **Crustacea, Copepoda: Calanoida** (d'aqua dolce). Fauna d'Italia. Vol. **XXI**. Bologna: Edizioni Calderini 1984. 101 S., 35 Fig. Ln. L. 20000

Die Süßwasser-Calanoiden umfassen zahlreiche, geographisch begrenzt verbreitete Bewohner des Planktons aller Typen von Binnengewässern, so daß die vorliegende Bearbeitung in der Reihe Fauna d'Italia für die Kenntnis der Gruppe im Mittelmeerraum von großem Wert ist.

Ein allgemeiner Teil unterrichtet kurz aber informativ über die Erforschungsgeschichte, Morphologie, Anatomie, Physiologie, Fortpflanzung und Entwicklung, Variabilität, Ökologie und Biologie, die Paläontologie und Phylogenie, die geographische Verbreitung sowie über die Untersuchungstechnik der Tiergruppe. Im systematischen Teil werden die in Italien nachgewiesenen 21 Arten ausführlich beschrieben, die geographische Verbreitung und das Vorkommen in Italien in den Einzelheiten aufgeführt sowie eingehende Angaben zur Ökologie und Biologie gebracht. Klar abgefaßte dichotome Bestimmungsschlüssel für die Familien, Gattungen und Arten, bei letzteren teilweise getrennt nach Geschlechtern, ermöglichen eine sichere Determination. Die Bestimmungsarbeit wird wirkungsvoll unterstützt durch zahlreiche klare Originalzeichnungen. Ein Literaturverzeichnis enthält alle auf das Gebiet bezogenen Publikationen. Die Ausstattung des Buches ist, wie gewohnt in dieser Reihe, hervorragend. Es kann allen Limnologen und Hydrobiologen, die sich mit der Calanoidenfauna des Mittelmeergebietes zu befassen haben, uneingeschränkt empfohlen werden.

D. FLÖSSNER, Jena

The Freshwater Fishes of Europe. Vol. I. Part I. JURAJ HOLČIK (ed.): **Petrozontiformes.** Wiesbaden: Aula-Verlag 1986. 313 S., 48 Fig., 49 Tab. Ln. DM 236,— (Subskriptionspreis DM 198,—)

Dieses mit 9 Bänden konzipierte Handbuch der Süßwasserfische Europas verspricht nach dem vorliegenden 1. Teil des 1. Bandes eine umfangreiche, allen Ansprüchen gerecht werdende Darstellung des Themas. Band 1, Teil 1 umfaßt neben dem systematischen Teil eine ausführliche Einführung in die innere und äußere Morphologie, in Bestimmungskriterien, Zoogeographie, Evolution, Ökologie, Ontogenie, Futteraufnahme, Wanderung, Populationsstrukturen und in die wirtschaftliche Bedeutung der Neunaugen.

Die Darstellung des systematischen Teils, die Petromyzontidae beinhaltend, umfaßt neben den Bestimmungsschlüsseln und der Kurzcharakteristik der Gattung die ausführliche Darstellung jeder europäischen Art. Nach den Angaben zu Synonymen und volkstümlichen Namen in Englisch, Französisch, Deutsch und Russisch erfolgen kurze Angaben zu Typen und zur Ethymologie.

Die Beschreibung jeder Art gliedert sich dann in Morphologie, Karyotyp, Proteinspezifität, Sexualdimorphismus, Variationen, Alter und Größenvariabilität, Unterarten, Hybridisierung, Vorkommen, Ökologie, Wanderungen, Verträglichkeit auf Umwelteinflüsse (Temperatur, chemische Wasserinhaltsstoffe, Salzgehalte), Lebensdauer, Wachstum, Populationsdynamik, Reproduktionsbiologie, Parasiten und Krankheiten sowie wirtschaftliche Bedeutung. Ein spezielles Literaturverzeichnis beschließt die Artenbeschreibung.

In jeder Artbeschreibung ist eine enorme Fülle von Daten zusammengetragen, die kaum noch Wünsche offenläßt. Dadurch wird das Handbuch nicht nur für den Taxonomen, sondern auch für viele andere biologische Disziplinen als Nachschlagewerk interessant. Die Abbildungen sind klar und sauber gedruckt. Wenn die Breite und Klarheit in der Darstellung in allen Bänden beibehalten wird, kann dieses Handbuch einem breiten Leserkreis wärmstens empfohlen werden.

D. RONNEBERGER, Neuglobsow

C. A. SIMENSTAD & G. M. CAILLIET (eds.): **Contemporary Studies on Fish Feeding.** The Proceedings of GUTSHOP' 84 (Developm. in Environm. Biol. of Fishes 7). Dordrecht, Boston, Lancaster: Dr. W. Junk Publ. 1986. 334 S., Geb. Dfl. 250.00/US $ 122.00/ 79.50

GUTSHOP' 84 war die vierte einer Reihe von Tagungen über die verschiedenen Aspekte der Fischernährung. Die Vorträge wurden im Band 7 der „Developments in environmental biology of fishes" zusammengefaßt. Thematische Schwerpunkte sind:

- Methodik, Probengewinnung und Statistik
- Bioenergetik und Physiologie der Nahrungsaufnahme und Verdauung

— verhaltensbiologische Aspekte der Nahrungsaufnahme von Fischen und die Reaktion der Beutetiere
— Konkurrenz, Nischentrennung und Struktur der Fisch- und Beutetiergemeinschaften
— ontogenetische Veränderungen der Nahrungsbiologie
— der Einfluß des Fischfraßes auf die Struktur der Beutetiergemeinschaften.

Die Beispiele (27 Vorträge, Vor- und Nachwort der Herausgeber) stammen sowohl aus dem marinen als auch aus dem limnischen Bereich. Um das Spektrum der Themen zu verdeutlichen, sollen einige Arbeiten etwas näher vorgestellt werden.

BALON befaßt sich mit den Änderungen der Ernährungsgewohnheiten eines Fisches im Laufe seiner Entwicklung. Dabei ist die Qualität und Quantität der Nahrung während der frühen Ontogenese (Larvenstadium) von entscheidender Bedeutung für die Überlebensfähigkeit des Fisches.

MARGOTTE & BROWMAN behandeln das Nahrungswahlverhalten von Fischen bei veränderlicher Zusammensetzung der Beutetiergemeinschaft. Besonders für die Jungfische ist der Nahrungserwerb unter diesen Bedingungen ein kritischer Punkt der Entwicklung. Einerseits müssen sie Gestalt und Verhalten ihrer Nahrungsorganismen kennen und sich daran erinnern. Andererseits dürfen diese Muster nicht zu starr sein, um sich kurzfristig auf die jeweilige Nahrungssituation umstellen zu können.

Sehr eindrucksvoll sind die Ergebnisse von KITCHEL & CROWDER über die Sukzessionen in der Fischpopulation des Michigan-Sees. Sie zeigen, daß das Vordringen einer fremden Art (*Petromyzon marinus*) in den See bestandsbedrohend für eine andere Art (*Salvenius namaycush*) werden kann. Ähnliches gilt für *Alosa pseudocharengus* und *Coregonus hoyi*. Gezielte und ausdauernde Besatzmaßnahmen mit verschiedenen Salmoniden-Arten führten inzwischen zu einer erstaunlichen Verbesserung der Situation.

MITTELBACH zeigt in seiner Arbeit, daß die Raubfische einen starken Einfluß auf die Nahrungs- und Habitatwahl ihrer Beute ausüben können. So ist zum Beispiel die Strategie von *Lepomis macrochirus* bei der Nahrungsaufnahme darauf gerichtet, einen Kompromiß zwischen dem Risiko zur Beute zu werden und dem Energiegewinn einzugehen. Junge Exemplare bevorzugen bei der Anwesenheit von Raubfischen geschützte Makrophytenhabitate, wachsen dort aber infolge der schlechten Nahrungsversorgung langsamer. Größere Fische besiedeln das Freiwasser, wo sie von Räubern bedroht werden, aber auf Grund der besseren Nahrungsversorgung schneller wachsen.

HIXON untersucht schließlich den Einfluß des Fischfraßes auf die Diversität der Beuteorganismen. Wenn ein Räuber auf ein Beutetier trifft, das den anderen Beutetier-Arten überlegen ist, so resultiert daraus eine Erhöhung der Diversität, im umgekehrten Fall verringert sich die Diversität.

Die hier genannten und eine Reihe weiterer Arbeiten zeigen, daß die Motive für eine Beschäftigung mit der Ernährungsbiologie von Fischen sehr verschieden sein können. Dabei spielen rein biologisch-ökologische Beweggründe ebenso eine Rolle wie wirtschaftliche. Die Berücksichtigung beider Gesichtspunkte scheint mir der einzig sinnvolle Weg zu sein, um gleichzeitig eine wissenschaftliche Erforschung und eine Bewirtschaftung natürlicher Fischpopulationen betreiben zu können.

P. KASPRZAK, Neuglobsow

M. M. SMITH & P. C. HEEMSTRA (Hrsg.): **Smith's Sea Fishes.** 6. Aufl. Berlin, Heidelberg, New York, London, Paris, Tokyo: Springer-Verlag 1986. 1047 S., ca. 1800 Abb. DM 198,—

Das erstmals 1949 von J. L. B. SMITH, der durch die Erstbeschreibung des lebenden Fossils *Latimeria chalumnae* weltweit bekannt wurde, unter dem Titel „The Sea Fishes of Southern Africa" herausgegebene Buch liegt jetzt in der 6. Auflage als „Smiths' Sea Fishes" vor. Schon der Umfang mit mehr als 1000 Seiten und ca. 1800 Abbildungen macht deutlich, welchen Erkenntniszuwachs die Ichthyologie in wenigen Jahrzehnten zu verzeichnen hatte. So hat sich die Zahl der im bearbeiteten Gebiet (20° S—40 °S, 10° E—40° E) nachgewiesenen Arten seit der 1. Auflage mehr als verdoppelt. Nicht zu Unrecht wird in der Einleitung darauf hingewiesen, daß wir trotzdem immer noch viel zu wenig über die sehr heterogene Gruppe der Fische wissen, obwohl sie die häufigsten heute lebenden Wirbeltiere sind. Das betrifft nicht nur die Artenvielfalt, sondern viele ungelöste Fragen der Verbreitung und der Biologie.

Den Hauptteil des Buches bilden die Beschreibungen von 2150 Arten, das sind immerhin ca. 15% aller bisher bekannten marinen Fischarten. Die Mitwirkung von 72 Fischereibiologen aus aller Welt, die für die verschiedenen Fischfamilien verantwortlich zeichnen, garantiert eine wissenschaftliche Bearbeitung auf dem neuesten Stand. Außerordentlich reichhaltig ist auch der Abbildungsteil; neben vielen Umriß- und Schwarz-Weiß-Zeichnungen sind 1500 Arten farbig dargestellt.

Als besonders verdienstvoll ist das Bemühen zu bezeichnen, durch die Erarbeitung von dichotomen Bestimmungsschlüsseln, angefangen von höheren taxonomischen Kategorien bis hin zur Art, eine sichere Determinierung zu ermöglichen. Ein weiterer Schlüssel führt über die Flossenformeln zur Art.

Vorangestellt sind dem systematischen Abschnitt sehr kurze, aber durchaus inhaltsreiche Kapitel über die Biologie der Fische im weitesten Sinne (Lebensräume, Reproduktion, Form, Größe, Physiologie u. a.), über Gefahrenquellen im Meer und über die Ozeanographie des Untersuchungsraumes.

Den Abschluß bilden ein Register von Fachtermini, die alle erläutert werden, ein ausführliches Literaturverzeichnis und ein Index der wissenschaftlichen Namen und der Artbezeichnungen in Englisch und Afrikaans.

„Smiths' Sea Fishes" sind nicht nur für den Wissenschaftler, sondern auch für den Angler und Sporttaucher geschrieben. Eine sehr erfreuliche Neuerscheinung, die für alle Interessierten ein unentbehrliches Nachschlagewerk und Arbeitsmittel darstellt.

U. BRENNING, Rostock

K. DABROWSKI & A. CHAMPIGNEULLE (eds.): **Advances in Fishery Biology: Biology, Exploitation, Rearing and Propagation of Coregonid Fishes.** Proceedings of a symposium on coregonid fishes held 2 to 4 October 1984 at Thonon, France (Arch. Hydrobiol., Beih. Ergebn. Limnol. **22**). Stuttgart: E. Schweizerbart'sche Verlagsbuchhandlung (Nägele & Obermiller) 1986. 386 S., 136 Abb., 109 Tab. Brosch. DM 156,—/US $ 84.50

Die Coregonen sind über die gesamte Holarktis verbreitete beliebte Speisefische. Mit der beginnenden Eutrophierung vieler Seen zeigten die Coregonen jedoch Veränderungen, die zunächst begrüßt wurden, letztendlich aber negativ waren. Anfangs stiegen die Erträge infolge des vermehrten Nahrungsangebotes. Bald jedoch nahmen die Fänge wieder ab, waren von geringerem kommerziellen Wert und die Artenzusammensetzung änderte sich. Die Tiere, so stellte sich heraus, waren vor allem an oligotrophe Verhältnisse angepaßt.

Das vorliegende Heft 22 der „Ergebnisse der Limnologie" befaßt sich hauptsächlich mit der Biologie der europäischen Coregonen-Arten, sowohl aus fischereilicher als auch aus ökologischer Sicht. In vier Hauptabschnitten (Review; Physiology and Biochemistry; Rearing and Biology; Exploition) werden insgesamt 29 Arbeiten gebracht, von denen einige etwas näher vorgestellt werden sollen.

Besonders in Finnland und in Polen, so scheint es, sind die Coregonen-Erträge auch heute noch von größerer wirtschaftlicher Bedeutung. Arbeiten von HAMRIN und LUCZINSKI befassen sich daher mit der bisherigen Entwicklung der Maränenwirtschaft in ihren Ländern und versuchen Perspektiven für die Zukunft zu zeigen. Da die Standortbedingungen in vielen Seen ein natürliches Überleben der Arten nicht mehr garantieren, wird der Ausweg in der künstlichen Erbrütung und dem anschließenden Aussetzen der Tiere gesehen. Mit dieser Technik konnten vor allem dann beachtliche Ertragssteigerungen erzielt werden, wenn es gelang, die Fische bis zur „Fingerlingslänge" (8—12 cm) zu kultivieren. Die Mortalitätsrate von ausgesetzten Eiern und Larven beträgt dagegen oft 100%. HOFER & BÜRKLE befassen sich mit der Nahrungsaufnahme, der Assimilationseffektivität von Protein und dem Wachstum von Coregonen-Larven. Die Aufnahmerate (Futter: *Moina*) folgt dem „saturation type". Die täglich benötigte Nahrungsmenge 8—16 Tage alter Larven beträgt etwa 33% des jeweiligen Körpergewichtes. Die Assimilationseffektivität von Protein schwankt vom 2. bis zum 60. Lebenstag um 70%.

Bei der künstlichen Aufzucht von Coregonen werden hinsichtlich der Fütterung zwei Wege beschritten: einerseits die Anreicherung natürlichen Futters und andererseits die Verwendung von Kunstfutter. ZAUGG & PEDROLI stellen ermutigende Ergebnisse aus einem Schweizer See vor. Sie konnten *Coregonus fera* durch Lichtanlokkung des Zooplanktons im Verlaufe von 4 Monaten immerhin bis zu einer Länge von 6 cm kultivieren.
RÖSCH & DABROWSKI zeigten, daß Bodensee-Felchen auch künstliches Futter annehmen. Allerdings reagieren die Arten sehr verschieden, es werden bestenfalls 50% der maximalen Wachstumsrate erreicht, die bei Angebot von Zooplankton gefunden wurde. Besonders auf diesem Gebiet ist noch eine Menge Forschungsarbeit zu leisten, die im Falle des Erfolgs das Problem des „Vorstreckens" wesentlich erleichtern könnte.

Schließlich widmen sich LANG & LANG einem ausgesprochen limnologischen Aspekt, dem Coregonen-Besatz eutropher Seen. Sie stellten fest, daß zu hohe Abundanzen eine fast vollständige Vernichtung der großen und leistungsfähigen planktischen Filtrierer (Daphnien) bewirken. Infolgedessen kann sich das Phytoplankton besonders gut entfalten. Man muß also darauf achten, den ohnehin vorhandenen „Teufel" Eutrophierung durch den „Belzebub" negative Biomanipulation nicht noch zu verstärken.

P. KASPRZAK, Neuglobsow

MAGDOLNA CS. BERECZKY (Hrsg.): **Advances in Protozoological Research** (Symp. Biol. Hungarica Vol. 33). Budapest: Akadémiae Kiado 1986. 549 S. Geb. Ft. 670,—

Dieser Band enthält 69 Vorträge, die auf der 1. Internationalen Konferenz Ungarns über Protozoologie gehalten wurden, die in der Zeit vom 3.—6. 9. 1985 in Budapest stattfand. Organisiert wurde die Konferenz von der Biologischen Sektion der Ungarischen Akademie der Wissenschaften und der Sektion Protozoologie der Ungarischen Biologischen Gesellschaft. Wissenschaftler aus 19 Staaten nahmen teil.

Der Kongreß war dem Andenken J. GELEI's (1885—1952) gewidmet. Gleichzeitig wurde aber auch der bedeutenden protozoologischen Tradition Ungarns gedacht. Sechs wissenschaftlich sehr aufschlußreiche Artikel beziehen sich auf diese Tradition. M. SUDZUKI schloß sich diesem Teil der Vorträge mit einem kurzen Überblick über die Geschichte der Protozoologie in Japan an.

Die Präsidentin des Kongresses, M. CS. BERECZKY, sprach zur Geschichte der ungarischen Forschungen über die freilebenden Protozoen. In ihrem Vortrag finden sich Namen wie ENTZ (sen., jr.), DADAY, FRANCE, SEBESTYEN, STILLER, VARGA und BICZOK, die für Ökologen und Limnologen einen guten Klang haben.

Die weiteren Vorträge des Kongresses waren zu den Themenkomplexen Taxonomie, Methodologie, Physiologie, Ökologie (Wasser, Boden), sowie Parasiten in der Veterinär- und Humanmedizin (Amoebiasis, Toxoplasmose, Malaria) zusammengefaßt.

Elf Vorträge beschäftigten sich mit der Rolle und Bedeutung von Protozoen in aquatischen Ökosystemen: Indikation, räumliche und zeitliche Gliederung von Protozoengemeinschaften in Flüssen und Seen, Ziliation in Salzseen, Räuber-Beute-Beziehungen, Produktion und Rolle in marinen Nahrungsketten.

Der Kongreß war ein großer Erfolg, und seine gedruckten Vorträge sind eine interessante Bereicherung der modernen protozoologischen Literatur. Dem Band ist eine weite Verbreitung zu wünschen.

W. SCHÖNBORN, Jena

R. W. DUNFIELD: **The Atlantic Salmon in the History of North America** (Canadian Special Publication of Fisheries and Aquatic Sciences **80**). Ottawa: Canadian Government Publishing Centre 1985. 181 S., 21 Abb., 11 Tab. Brosch. $ 14.35

„It has been said that anyone who has not seen a salmon has not seen what a fish should be ...". Mit diesen Worten beginnt R. W. DUNFIELD seine Schilderung des traurigen Schicksals des atlantischen Lachses (*Salmo salar*) in der Geschichte von Nordamerika.

Zunächst geht er auf die Biologie und das Verbreitungsgebiet ein. Ursprünglich kam die Art nördlich der Linie New York—Portugal, auf den britischen Inseln, im gesamten Ostseeraum bis hin zum Petschora-Fluß im damaligen Rußland vor. Rhein, Weser, Elbe und Oder waren Lachsflüsse. An der Ostküste Nordamerikas reichte das Vorkommen nördlich bis zur Ungava Bay und im Süden bis zum Long Island Sound. Die Beschreibungen der ersten europäischen Entdecker lassen ahnen, daß die Bestände unglaublich groß gewesen sein müssen. Das ist nicht verwunderlich, denn die indianischen Ureinwohner lebten als Glied der Natur, in die sie sich völlig harmonisch einfügten. Sie entnahmen nur die Menge von Fischen, die sie für ihre eigene Ernährung benötigten. Für die Entdecker der vorkolonialen Periode diente der Lachs ebenfalls nur zu unmittelbaren Ernährungszwecken. Eine Beeinträchtigung der Bestände gab es dadurch nicht.

Aber schon in der frühen Kolonisationsphase von 1604—1713 wurde der Lachsexport zu einem bedeutenden Geschäft der neuenglischen Provinzen. Jeder konnte fischen, so viel er wollte. Deshalb mußten in der Zeit von 1713—1760 bereits Regelungen getroffen werden, die wenigstens den Aufstieg der Fische zu ihren Laichplätzen garantierten, denn die Befischung war an manchen Orten inzwischen so intensiv geworden, daß es z. B. im Merrimack-River (Boston) nur noch wenig Lachse gab. Trotzdem nahm in den folgenden zweieinhalb Jahrzehnten die Lachsfischerei erheblich zu. Zeitweise wurden pro Jahr etwa 1500—4000 t Lachs (ca. 1 Million Fische) nach Europa exportiert.

Nach der Erlangung der Unabhängigkeit änderte sich in Nordamerika auch die fischereiliche Situation. Der Subkontinent wurde weiter im Inneren erschlossen, so daß auch die verbleibenden Reste des betreffenden Verbreitungsgebietes des Lachses besiedelt wurden. Zu dieser Zeit war die Art lediglich in der maritimen Lebensphase noch relativ ungestört. Die Bestände in vielen Flüssen gingen jedoch zurück, manche erloschen fast gänzlich. In der Zeit von 1815—1845 kamen etwa acht Millionen Europäer nach Nordamerika. Damit begann die großräumige Urbanisierung des Ostens, die z. T. vernichtende Effekte auf die Art hatte. Die Flüsse wurden wegen des Holzhandels stark ausgebaut, überall wurden Mühlendämme errichtet, so daß die Tiere einerseits nicht mehr aufsteigen konnten und andererseits durch die Konzentration vor den Flußbauten dem menschlichen Zugriff besonders ausgesetzt waren. Der weitere Raubbau an der Art und die Vernichtung ihrer Lebensräume, so befürchtete man damals, würden den Lachs binnen Kürze aus vielen Gebieten gänzlich verdrängen. Von 1850—1860 kam es deswegen zu ersten Schutzbestimmungen, die durchaus einen ökonomischen Hintergrund hatten: „... to save from complete distruction the silver fish that laid the golden eggs."

Jetzt war es unabdingbar geworden, die Lachswirtschaft durch Gesetze und Verträge zu regeln, weil die Bestände selbst in den ehemals produktivsten Flüssen zurückgingen. So erließ Kanada schon im ersten Jahr nach der Staatsgründung 1867 ein Fischereigesetz, dessen Einhaltung durch umfangreiche Maßnahmen überprüft wurde. Es kam zu vielfältigen Beschränkungen der Fischerei, wodurch sich die Bestände erholen sollten. Manche Gewässer wurden sogar vollständig für jegliche kommerzielle und sportliche Nutzung gesperrt. Kurzzeitig stellten sich auch Erfolge ein, aber die „modernen" Probleme der Fischereiwirtschaft wie Gewässerverschmutzung, saure Niederschläge und Hydroelektrik, um nur einige zu nennen, führten im 20. Jahrhundert zu einer weiteren Verschlechterung der Situation.

Inzwischen existieren jedoch alle notwendigen Mittel und Kenntnisse, um sowohl die alten als auch die neuen Probleme zu lösen, so daß die Zukunft der Art besser gesichert werden könnte als jemals zuvor. Das setzt allerdings voraus, die Forderung des Autors Wirklichkeit werden zu lassen, die er im letzten Satz seines Buches ausspricht: „We must act on this promise, for we cannot afford to lose the salmon."

P. KASPRZAK, Neuglobsow

ACHIM BRÜHLMEYER: **Buntbarsche aus dem Tanganjika-See.** Leipzig, Jena, Berlin: Urania-Verlag 1987. 80 S., 12 Abb., 10 Farbfotos, 1 Tab. M 9,80.

Der Autor hat nach seinem Heftchen über die Malawi-Buntbarsche nun auch eine Zusammenstellung der Tanganjika-Cichliden herausgebracht. Der bewährte Aufbau (Lebensräume im See; Wasserverhältnisse; Ernährungsbiologie; Aquariengestaltung; Gesellschaften; Beschreibung der Arten) ist beibehalten worden.

Sehr gewonnen hat die Reihe durch die ausgezeichneten Farbfotos, die wesentlich zur Gestaltung des Heftes beitragen. Mit der Darstellung der Tanganjika-Cichliden ist ein weiterer Beitrag zur Kenntnis und Verbreitung dieser farblich sehr ansprechenden Aquarienfische Afrikas gegeben und eine Lücke in der aquaristischen Literatur ausgefüllt.

D. Ronneberger, Neuglobsow

Achim Brühlmeyer: **Buntbarsche aus dem Malawi-See.** Leipzig, Jena, Berlin: Urania-Verlag 1980. 48 S., 4 Abb., 26 Schwarzweiß Fotos. M 3,—

Der Autor, einer der erfahrensten Cichliden-Züchter der DDR, stellt in dem kleinen Heft die häufigsten Buntbarsche des Malawi-Sees vor, die für den Aquarianer von Bedeutung sind. Er geht dabei nicht nur auf einzelnen Arten ein, sondern gibt auch einen Überblick über die natürlichen Verhältnisse im See und die unterschiedlichen Freßtypen. Ausgehend von diesen natürlichen Gegebenheiten werden dann Einrichtungs- und Ernährungsvorschläge unterbreitet, und es wird auf technische und natürliche Bedingungen der Zucht und Entwicklung eingegangen.

Den Abschluß bildet die Kurzbeschreibung von 35 für die Aquariumhaltung geeigneten Arten, sie wird durch Schwarz-weiß-Fotos ergänzt. Dieses Heftchen ist eine wertvolle Bereicherung der aquaristischen Literatur.

D. Ronneberger, Neuglobsow

Michael J. Roberts: **The Spiders of Great Britain and Ireland.** Leiden: E. J. Brill Publishers 1985. Vol. 1: Atypidae to Theridiosomatidae. 229 S., 100 Fig., 3 Farbtaf.; Vol. 3: Colour Plates — Atypidae to Linyphiidae. 256 S., 237 Farbtaf. Ln. Gld. 380,—

Mehr als hundert Jahre lang galten die 29 Farbtafeln in John Blackwalls zweibändigem Klassiker „A History of the Spiders of Great Britain and Ireland" (1861—64) als unübertroffen. Das vorliegende große dreibändige Werk setzt in der Spinnenliteratur Europas neue Maßstäbe. Sein Autor, der Arzt Michael J. Roberts, hat in jahrelanger begeisterter Freizeitforschung ein Bestimmungsbuch der Spinnen Großbritanniens und Irlands geschaffen, dessen 237 ganzseitige Farbtafeln wissenschaftliche Genauigkeit mit künstlerischer Meisterschaft in sich vereinigen. Die zwei Textbände teilen die britische Spinnenfauna in zwei Gruppen ein. Band 1 enthält eine allgemeine Einführung in die Spinnenkunde mit kurzen Angaben über Morphologie, Verhalten, Sammeln, Konservieren, Klassifikation und Nomenklatur sowie einen Bestimmungsschlüssel für die Familien. Der Hauptteil bringt die Beschreibung aller im behandelten Gebiet nachgewiesenen Arten der Familien Atypidae bis Theridiosomatidae einschließlich der Bestimmungsschlüssel für die Gattungen von 12 der umfangreicheren Familien. Der Text enthält keine umfassenden morphologischen Beschreibungen, sondern ist allein auf die sichere Bestimmung der einzelnen Arten ausgerichtet. Zu diesem Zweck werden in konzentrierter Form besonders die trennenden Merkmale der Arten innerhalb der einzelnen Gattungen sorgfältig und zuverlässig herausgearbeitet. Eingestreut sind äußerst wertvolle Bemerkungen zur Variabilität und zu Problemen der taxonomischen Gliederung kritischer Gruppen, die vom Nichtspezialisten bei der Bestimmungsarbeit unbedingt beachtet werden sollten. Sie vermögen das kritische Urteil zu schärfen und vor übereilten Fehlbestimmungen zu schützen. Für alle Arten ist außerdem die Verbreitung, verbunden mit kurzen ökologischen Hinweisen, angegeben. Von besonderem Wert sind die zahlreichen sehr guten Strichzeichnungen, die die kritischen Merkmale der Epigyne, Palpen und Spinndrüsen klar und übersichtlich darstellen.

Der Band 3 enthält ganzseitige Farbtafeln von geradezu einmaliger künstlerischer Vollendung, auf denen alle bisher auf den Britischen Inseln nachgewiesenen 307 Arten, teilweise in beiden Geschlechtern, in Dorsalansicht mit ausgestreckten Beinen stark vergrößert abgebildet sind. In allen Fällen ist zum Vergleich eine Skizze der dargestellten Arten in natürlicher Größe beigefügt worden. Der für 1986 angekündigte Band 2 wird die artenreiche Familie der Linyphiidae behandeln.

Das vorliegende, vom Verlag hervorragend ausgestattete Werk ist von großer Bedeutung für alle Wissenschaftler und Naturfreunde, die als Spezialisten wie als Anfänger, als Arachnologen wie als Ökologen mit der sicheren Bestimmung von Spinnen sich zu befassen haben. Roberts Spinnenfauna gehört zum Besten, was der Rezensent an zoologischen Bestimmungsbüchern kennt, ein Werk, das keine Wünsche offenläßt und von allen Arachnologen Großbritanniens und des Kontinents mit Begeisterung begrüßt werden wird.

D. Flössner, Jena

Verhandlungen der Deutschen Zoologischen Gesellschaft. 79. Jahresversammlung 1986 in München. Hrsg.: F. G. Barth & E.-A. Seyfarth. Stuttgart, New York: Gustav Fischer Verlag 1986. VI, 425 S., zahlr. Abb. u. Tab. Kt. DM 186,—

Das umfangreiche Programm der 79. Jahresversammlung der DZG (9 Plenarvorträge, über 300 Kurzvorträge) umfaßt die Themen: Evolution, Rezeptorphysiologie und Orientierung, Neuroanatomie, Limnologie und ein Symposium über „Karyotypkonservierung und -diversifikation, Mechanismen der DNA-Umorientierung". In den freien Posterdemonstrationen werden Entwicklung und Reproduktion, Kreislauf und Exkretion, Muskeln, Nerven und Sinne, Stoffwechsel, Umweltphysiologie (aquatisch und terrestrisch, Indikatoren) und Verhalten behandelt. Eine kurze „Geschichte der Zoologie in München" leitet den Band ein (U. Smola).

Der an klassische und ungelöste Grundprobleme der Zoologie interessierte Leser sei auf den Vortrag von R. M. Rieger über den Ursprung der Bilateria, neu interpretiert aufgrund der Ultrastrukturforschung, hingewiesen.

Die Limnologie ist mit 2 Plenarvorträgen „Kaskadeneffekte in See-Ökosystemen: die Bedeutung der tagesperiodischen Vertikalwanderungen des Zooplanktons" (W. Lampert) und „Energiefluß und ökologische Plastizität in Populationen von Fließwassertieren. Untersuchungen mit *Ancylus fluviatilis* (Gastropoda: Basommatophora)" (B. Streit), sowie 21 Kurzvorträgen zum Thema „Funktionelle Beziehungen in Ökosystemen" vertreten. Im Vordergrund stehen autökologisch-physiologische Untersuchungen an einzelnen limnischen Arten und Probleme der Populationsdynamik des Zooplanktons. Den Abschluß des inhaltsreichen und vielseitigen Bandes, der wiederum die intensive zoologische Forschung in der BRD demonstriert, bildet ein Nachruf auf Rolf Siewing (1925 bis 1985).

W. Schönborn, Jena

Gustav Hegi (Begr.), Hans Joachim Conert (Hrsg.): **Illustrierte Flora von Mitteleuropa. Bd. VI.** Angiospermae: Dicotyledones 4. Teil 4. Compositae II: Matricaria — Hieracium. 2., überarb. u. erw. Aufl. (um einen Nachtrag, Berichtigungen, Ergänzungen und neue Literaturangaben erw. Nachdruck der 1. Aufl. von Band VI/2), hrsg. u. bearb. von Gerhard Wagenitz. Berlin, Hamburg: Verlag Paul Parey 1987. 912 S., 665 Abb., 16 Taf. in Farbe. Geb. DM 248,—

Die Geschichte des Hegi, des unbestritten führenden botanischen Werkes über die Flora von Mitteleuropa, ist kompliziert. Seit seiner Entstehung im Jahre 1906 hat er vielerlei Veränderungen über sich ergehen lassen müssen, Veränderungen, die sowohl das Autorenkollektiv als auch die Verleger betreffen. Der hier referierte Band schließt an den ersten Teil der Kompositen an, der als Band VI, Teil 3 in einer 2., völlig neubearbeiteten Auflage von G. Wagenitz 1979 herausgegeben worden war. Der umfangreichere zweite Teil dieser Familie ist in 1. Auflage als Band VI, Teil 2, 1928—29 (Nachdruck) erschienen. Es hat sich herausgestellt, daß die an sich wünschenswerte Neubearbeitung in absehbarer Zeit nicht zu realisieren ist — was umso bedauerlicher ist, als ja schon für einige Bände eine 3. Auflage im Entstehen ist! Gerhard Wagenitz erklärt im Vorwort, daß ihm eine solche Neubearbeitung jetzt und in den nächsten Jahren nicht möglich sein werde. Er legt hier einen revidierten und mit einem ausführlichen Nachtrag versehenen Nachdruck der 1. Auflage vor, wohl wissend, daß dieser eine Neubearbeitung nicht ersetzen kann. Herausgeber und Verleger kam es vordringlich darauf an, den Band überhaupt wieder zur Verfügung zu stellen. Ganz allgemein ist zunächst zu sagen, daß Ausstattung und Druck wieder hervorragend sind. Die Tafeln und die Strichzeichnungen aus der 1. Auflage wurden übernommen, die Photos (meist sehr gut gelungen) mußten ersetzt werden. Neue Arealkarten lieferte E. JÄGER. Die Gattung *Achillea*, die früher teilweise im Band VI, 2 enthalten war, ist in Band VI, 3 der 2. Auflage bereits vollständig neu bearbeitet. Dort ist auch der Bestimmungsschlüssel der Gattungen zu finden. Die im Band VI, 1 der 1. Auflage behandelte Gattung *Adenostyles* wurde in den vorliegenden Band überführt und im Nachtrag behandelt. Die Seitenzahlen wurden beibehalten, sie schließen sich allerdings nicht an die von Band VI, 3 der 2. Auflage an. Diese vom Herausgeber offen gekennzeichneten Mängel beeinträchtigen die reibungslose Benutzung der neuen Kompositenbände. Bleibt nur zu hoffen, daß irgendwie und irgendwann in absehbarer Zeit eine in sich geschlossene 3. Auflage realisiert werden kann, damit der HEGI seine führende Stellung behaupten kann. Es ist zu begrüßen, daß der Verlag auf den Seiten 1468 bis 1471 eine Übersicht über das Gesamtwerk und auf den Seiten 1472 bis 1483 ein alphabetisches Familien- und Gattungsverzeichnis seit Erscheinen des Gesamtwerkes vorlegt. Das Register der Taxa nimmt die Seiten 1453 bis 1467 ein. Wichtigster Teil dieser Neuauflage sind die „Nachträge, Berichtigungen und Ergänzungen zum Nachdruck der 1. Auflage von Band VI, 2 (1928—29)", die G. WAGENITZ auf den Seiten 1353 bis 1452 zusammengestellt hat. Hier finden sich zahlreiche Literaturhinweise sowie taxonomische, nomenklatorische, ökologische zytologische, pflanzengeographische und soziologische Angaben über die Gattungen *Matricaria*, *Tripleurospermum* (mit Bestimmungsschlüssel), *Chrysanthemum*, *Leucanthemum* (mit Bestimmungsschlüssel), *Tanacetum*, *Cotula*, *Artemisia* (mit Bestimmungsschlüssel der „Edelrauten"), *Tussilago*, *Petasites*, *Homogyne*, *Erechtites*, *Arnica*, *Doronicum*, *Senecio* (mit Abbildung von *Senecio inaequidens* sowie mit einem Bestimmungsschlüssel der *Senecionemorensis*-Gruppe), *Tephroseris*, *Ligularia*, *Adenostylis* (Neubearbeitung mit Arealkarten von E. JÄGER), *Calendula*, *Echinops*, *Xeranthemum*, *Carlina* (mit Aufgliederung von *Carlina vulgaris*), *Arcteum*, *Saussurea*, *Jurinea*, *Carduus*, *Cirsium*, *Silybum*, *Onopordum*, *Serratula*, *Crupina*, *Stemmacantha* (mit Abbildung der Hüllblätter), *Acroptilon*, *Centaurea* (mit photographischen Abbildungen der wichtigsten Pollentypen), *Carthamus*, *Cichorium*, *Lapsana*, *Aposeris*, *Arnoseris*, *Hypochoeris*, *Leontodon* (mit einer Gliederung der Gattung nach WIDDER), *Picris*, *Tragopogon*, *Scorzonera*, *Chondrilla*, *Calycocorsus*, *Taraxacum*, *Cicerbita*, *Sonchus*, *Myelis*, *Lactuca*, *Crepis* (mit Gliederung der Gattung nach BABCOCK), *Prenanthes* und *Hieracium* (ausführliche Diskussion der aktuellen Problemlage). Wir haben diese ermüdende Auflistung für notwendig gehalten, weil wir den Leser nicht nur über den Inhalt des Nachtrages informieren wollen, sondern auch verdeutlichen wollen, welche immense Aufgabe zu bewältigen ist, wenn diese Gattungen vollständig neu bearbeitet werden sollen. Wir werben damit auch für Verständnis für die Haltung von G. WAGENITZ, der wahrlich nicht zu beneiden war, als er sich an diesen Nachtrag machte. Trotz aller objektiven und subjektiven Einwände eine begrüßenswerte Tat von Autor und Verlag!

S. J. CASPER, Jena

HANNS KREISEL (Hrsg.): **Pilzflora der Deutschen Demokratischen Republik.** Basidiomycetes (Gallert-, Hut- und Bauchpilze). Jena: VEB Gustav Fischer Verlag 1987. 432 S. Ln. M 48,—

Die vorliegende „Pilzflora der Deutschen Demokratischen Republik" gibt einen zusammenfassenden Überblick über die nach dem 2. Weltkrieg auf dem Territorium der DDR registrierten Gallert-, Hut- und Bauchpilze (Ständerpilze im engeren Sinn). Das Buch beschreibt insgesamt 2577 Arten aus 399 Gattungen. Neben der Benennung mit dem korrekten wissenschaftlichen Namen (nach dem Sydney Code), dem gebräuchlichsten deutschen Namen und den wichtigsten Synonymen, werden Angaben zum Habitat und zur Verbreitungshäufigkeit sowie zum Vorkommen in den einzelnen Bezirken der Republik und in den Höhenlagen gemacht. Im Falle seltener Arten sind die Fundorte einzeln aufgeführt. Außerdem werden Hinweise auf eventuell vorhandene Herbarbelege und auf publizierte Verbreitungskarten gegeben. Die 399 im Buch erfaßten Gattungen sind, ebenso wie die Spezies innerhalb der Gattungen, alphabetisch nach ihren wissenschaftlichen Namen geordnet. Dieses Ordnungsprinzip ermöglicht ein rasches Auffinden der gesuchten Art. Erschwerend könnten sich hierbei eventuell die in den letzten Jahren notwendig gewordenen, zahlreichen Namensänderungen auswirken. Diese Erschwernis wird jedoch weitgehend durch ein im Anhang befindliches Register der wichtigsten Synonyme beseitigt. Eine weitere wichtige Orientierungshilfe stellt das Verzeichnis der deutschen Gattungsnamen dar. Es wird vor allem von denen begrüßt werden, denen die wissenschaftlichen Namen ungeläufig sind. Da die Pilzflora weder illustriert ist noch einen Bestimmungsschlüssel aufweist und auch keine Artbeschreibung gibt, wird, soweit vorhanden, auf Abbildungen anderer mykologischer Werke verwiesen. Diese sind in einem gesonderten bibliographischen Verzeichnis aufgeführt.

Das Buch vermittelt, gemessen an seinem Umfang, eine Fülle von Wissen. Außer den rein pilzfloristischen Informationen enthält es Angaben zur Ökologie der einzelnen Arten, wobei vor allem die Wirtsspektren und die Vegetations-Substratbeziehungen berücksichtigt werden. Damit wird gleichzeitig ein begrüßenswertes Anliegen von Herausgeber und Verfassern, mit diesem Werk „eine Grundlage für künftige ökologische Forschungen" zu geben, erfüllt. Zu begrüßen ist auch das Bemühen „die Bedeutung unter Naturschutz gestellter Areale als Fundorte seltener Arten" herauszustellen.

Dabei muß jedoch berücksichtigt werden, daß die unter Schutz gestellten Gebiete vom Standpunkt der Pilzfloristik aus gesehen oft nicht die besten Voraussetzungen bieten, und zwar sowohl bezüglich des Artenreichtums als auch hinsichtlich der Verbreitungshäufigkeit seltener Arten. Langfristig gesehen wird sich daher der erstrebenswerte Schutz von Pilzen, insbesondere der von seltenen Arten, nur dann wirkungsvoll realisieren lassen, wenn speziell für Pilze bestimmte, entsprechend bewirtschaftete Schutzgebiete ausgewiesen werden, wobei sich gerade hier die Einrichtung spezieller Flächennaturdenkmale anbieten würde.

Das Buch dürfe allen, die mit der Pilzfloristik befaßt oder an dieser interessiert sind, wertvolle Dienste leisten und Impulse für weitere Untersuchungen auf diesem Fachgebiet geben. Den Anfänger wird es zur Mitarbeit inspirieren und dem Fortgeschrittenen Möglichkeiten für künftige Untersuchungen aufzeigen. Auf diese Weise wird das vorliegende Werk mit dazu beitragen, Lücken zu schließen, die sich hauptsächlich aus der fehlenden Erforschung bestimmter Gebiete ergeben. Sein Wert wird noch dadurch beträchtlich erhöht, daß es die Ergebnisse aller nach dem 2. Weltkrieg auf dem Territorium der DDR gemachten pilzfloristischen und taxonomischen Untersuchungen zusammenfassend darstellt, teilweise auch älterer Untersuchungen. Es berücksichtigt auch solche Veröffentlichungen, die in schwer zugänglichen Publikationsschriften wie Museumszeitschriften, Vereinsschriften usw. erschienen sind. Alle diese Publikationen sind in einem umfangreichen bibliographischen Verzeichnis aufgeführt.

A. ZURECK, Jena

KLAUS BACH & BERTHOLD BURKHARDT (Hrsg.): **Diatomeen I. Schalen in Natur und Technik** (Mitteilungen des Instituts für leichte Flächentragwerke (IL) Universität Stuttgart, Nr. 28). Stuttgart, Braunschweig, Stuttgart: Karl Krämer Verlag, Cramer Verlag, Freunde und Förderer der Leichtbauforschung e. V. 1985. 328 S., ca. 850 Abb. DM 80,—

Der vorliegende Band hat ein derart eigenes Gesicht, daß es dem Rezensenten schwerfällt, dem Leser auch nur annähernd eine Vorstellung von dem zu geben, was ihn erwartet. JOHANN-GERHARD HELMCKE, bekannt als Biologe und Anthropologe und allen Diatomeenkennern vertraut durch seinen mit KRIEGER und GERLOFF herausgegebenen Diatomeenatlas, hat im ersten Teil [Diatomeen — Morphogenetische Analyse und Merkmalssynthese an Diatomeenschalen (ein Versuch), S. 10—207] seine Ansicht ausführlich dargelegt, daß die Formen vieler Objekte der Natur nicht allein durch die Erbsubstanz, sondern auch durch physiko-chemische Prozesse bestimmt werden. HELMCKE hat sich insbesondere der Frage gestellt, inwiefern die strukturellen und physikalischen Entstehungsprozesse von Objekten in der lebenden Natur Biologen und Ingenieure gemeinsam berühren. Im Grunde genommen ist hier zunächst ein intensives Bild der Feinstruktur der Diatomeenzelle auf elektronenmikroskopischer Basis entstanden, das in der Literatur ohne Beispiel ist. Der ständige Vergleich mit Objekten aus der Architektur ist frappierend und anregend, und es ist durchaus zu verstehen, daß sich gerade Architekten von den vieldimensionalen Mustern, symmetrischen Flächen, aber auch von der Unvollkommenheit der Netze und Gitter der lebendigen Objekte angezogen fühlen. Im zweiten Teil (Theoretische und experimentelle Grundlagen) beschäftigen sich WERNER ENGEL mit den molekularen Silikatstrukturen und der Schalensubstanz der Diatomeen, MARGRIT und HEINRICH FIEDLER mit der freien Konvektionsströmung als Modellmechanismus für die Entstehung von Diatomeenschalen, EBERHARD KERNCHEN mit der Simulation biologischer Strukturen sowie HELMUT EMDE mit der Geometrie räumlicher Strukturen. TOBIAS NOSER stellt Modelle zur Formbildung von einigen Diatomeenschalen vor (z. B. das Bauprinzip des Pneus), und JOHANNES FLEISCHER berechnet den Innendruck bei der Entstehung der Kammern in Diatomeenschalen. Mit den Prozessen der Formentstehung beschäftigt sich Teil 3, wobei FREI OTTO, KLAUS BACH und EDA SCHAUR die Fragen nach dem „Warum" der Diatomeenschale zu beantworten suchen. Aspekte der modernen biologisch-chemischen Analyse der Schalenmorphogenese stellt ANNA-MARIA M. SCHMID im 4. Teil überzeugend vor. Ein Anhang über Biologie und Bauen, Autoren- und Literaturindex sowie Angaben zu den Bildquellen machen den technischen Teil aus. Wenn FREI OTTO in seinem Vorwort schreibt, daß „es uns Architekten manchmal ... unmöglich ist, ... allen Details (der HELMCKEschen Analyse) zu folgen", so gilt das auch umgekehrt für die Biologen. Manche der technisch-physikalischen Ausführungen bedürfen des intensiven Studiums und vor allem Nachdenkens, was übrigens für das ganze Buch gilt. Vielleicht mag manchem manches zu mechanistisch scheinen; er wird trotzdem großen Gewinn von dieser kompetenten Darstellung haben. Fast alle der elektronenmikroskopischen und graphischen Abbildungen sind hervorragend, viele sind wirklich schön, andere ungemein informativ. Die Publikation entstand in Zusammenarbeit mit der Forschungsgruppe für Mikromorphologie im Fritz-Haber-Institut der Max-Planck-Gesellschaft sowie dem Institut und Lehrstuhl für Biologie und Anthropologie der Technischen Universität Berlin am Institut für leichte Flächentragwerke, Leitung FREI OTTO, Universität Stuttgart, im Sonderforschungsbereich 64 „Weitgespannte Flächentragwerke" der Deutschen Forschungsgemeinschaft an der Universität Stuttgart. Wenn heute vielfach von interdisziplinärer Zusammenarbeit gesprochen wird, so ist dieser Band ein lebendiges Beispiel dafür, wie man das machen kann. Die meisten elektronenmikroskopischen Aufnahmen stammen von RICHARD RAU. Die photogrammetrischen Vermessungen der Stereobildpaare sowie die perspektivischen Rekonstruktionszeichnungen hat KURT BOGEN angefertigt. Ein besonderer Vorzug der Darstellung ist es, daß dem deutschen Text eine englische Übersetzung an die Seite gestellt worden ist, vielleicht auch ein Anzeichen dafür, daß der „Schwerpunkt der Diatomeenforschung aus Deutschland herausgewandert ist". Wenn HELMCKE sich dafür bedankt, daß er es gelernt habe, die Diatomeen mit den Augen der Architekten und Bauingenieure zu sehen, so bleibt für den Biologen zu hoffen, daß umgekehrt auch die Architekten gelernt haben, die besondere Sicht des Biologen zumindest zu verstehen.

Ein ungewöhnliches, informationsreiches Buch, aber auch eine Augenweide!

S. J. CASPER, Jena

Veröffentlichungen des Geobotanischens Institutes der ETH, Stiftung Rübel, Zürich (Heft 88a/88b). Vegetationskartierung und Untersuchungen zum landwirtschaftlichen Ertrag im MaB 6-Gebiet Davos. Zürich 1986. Textband (88a): 152 S., 19 Abb., 32 Tab.; Kartenband (88b): 2 Karten 1:25000. Brosch. SFr. 45,—

Die vorliegenden Untersuchungen wurden im Rahmen des Man and Biosphere-Programmes 6 („Man's impact on mountain ecosystems") durchgeführt. Testgebiet war die Umgebung des bekannten Kur- und Erholungsortes Davos in den östlichen Schweizer Alpen in einer Höhenlage von 1530 bis 3147 m.

Den Schwerpunkt der Untersuchung bildet die von G. ZUMBUEHL durchgeführte Vegetationskartierung (S. 13—113). Insgesamt wurden 62 Vegetationseinheiten unterschieden und im Maßstab 1:10000 kartiert. Die kartierten Einheiten gestatten Aussagen über ökologische Bedingungen, landwirtschaftliche Verbesserungsmöglichkeiten, Naturschutzwürdigkeit und Empfindlichkeit gegenüber Eingriffen und Bewirtschaftungsveränderungen. Ertragsleistung und Ertragspotential der Grünlandgesellschaften bearbeitete R. PETERER (S. 114—130). Die ermittelten Werte der jährlichen oberirdischen Biomasseproduktion sind auch für Vergleiche mit anderen Gebieten und anderen Vegetationseinheiten von Bedeutung. Die Auswirkungen des Skibetriebes auf die im Raum Davos vorkommenden subalpinen Fettwiesen untersuchten H. MEISTER-HANS-KRONENBERG und B. O. KRUESI (S. 131—152). Auf Skipisten ergaben sich Verzögerungen in der phänologischen Entwicklung und geringere Trockensubstanzerträge, jedoch keine Minderungen der Futterqualität und keine Veränderungen in der Artenzusammensetzung. Auf den in einem gesonderten Kartenband untergebrachten 3 Karten 1:25000 werden Vegetation, landwirtschaftliche Erträge und Naturschutzwert des Testgebietes flächenhaft anschaulich vor Augen geführt.

Insgesamt eine gründliche Darstellung, die auch durch ihre hervorragende drucktechnische Ausstattung (Karten !) besticht und die über ihre regionalen Aussagen hinaus als Anregung und Vorbild für ähnliche Untersuchungen in anderen Gebieten dienen kann.

H.-D. KRAUSCH, Potsdam

Veröffentlichungen des Geobotanischen Institutes der ETH, Stiftung Rübel, Zürich (Heft 91). U. ESKUCHE & E. LANDOLT (eds.): Contributions to the knowledge of flora and vegetation of northern Argentina (Beiträge zur Kenntnis der Flora und Vegetation Nordargentiniens). Ergebnisse der 17. Internationalen Pflanzengeographischen Exkursion (IPE) 1983 durch Nordargentinien. Zürich 1986. 332 S., SFr. 51,—

Die 17. IPE, die gemeinsam mit der Internationalen Vereinigung für Vegetationskunde im Oktober 1983 erstmalig in Südamerika durchgeführt wurde, führte von den Iguazú-Wasserfällen über Corrientes und Salta nach Córdoba. Nachexkursionen wurden in der Provinz Mendoza, im nordpatagonischen Waldgebiet und in der Provinz Buenos Aires durchgeführt. In 11 Beiträgen berichten Exkursionsteilnehmer im vorliegenden Heft über die Flora und Vegetation der bereisten Gebiete. Dabei werden klimatische, vegetationskundliche, ökologische, morphologische und taxonomische Aspekte behandelt. In der von U. ESKUCHE gegebenen Übersicht über den Reiseweg wird eine ausführliche Beschreibung der dort vorkommenden Pflanzengesellschaften gegeben (mit 31 Vegetationstabellen und Artenlisten). Neben den Wäldern und anthropogenen Ersatzgesellschaften erfolgt auch eine Darstellung der Sumpf- und Wasserpflanzengesellschaften Nordargentiniens, z. B. der Wasserfälle und Stromschnellen des Iguazú, der Altwässer und Seen der Paraná-Aue und der oligotrophen Gewässer der Sandrückenlandschaft nordwestlich des Ibera. Als Gesellschaften werden u. a. anhand von Vegetationsaufnahmen ausgewiesen: die *Reussia rotundifolia-Eichhornia crassipes*-Gesellschaft vom Rio Paraná, *Lemna minuscula-Salvinia minima*-Gesellschaften und *Scirpus cubensis-Pistia stratiotes*-Decken verschiedenartiger Altwässer, Teiche und Wasserlöcher, das *Fuirena robusta*-Ried, das *Rhynchospora tenuisconfinis*-Anmoor und die *Bacopa salzmannii-Mayaca fluviatilis*-Gesellschaft als Verlandungsgesellschaften. In dem Beitrag von L. KUTSCHERA-MITTER & E. LICHTENEGGER über „Wurzeltypen von Klimaräumen in Argentinien" wird die Bewurzelung von *Eichhornia* als Beispiel für eine schwimmende Wasserpflanze behandelt.

G. MÜLLER, Leipzig

Veröffentlichungen des Geobotanischen Institutes der ETH, Stiftung Rübel, Zürich (Heft 92). I. BRUNNER: Pilzökologische Untersuchungen in Wiesen und Brachland in der Nordschweiz (Schaffhauser Jura). Zürich 1987. 241 S., 50 Abb., 2 Fototafeln. SFr 48,—

Der von E. HORAK angeleitete Autor hat in 3 Vegetationsperioden auf 15 Probeflächen (10 in Trespen-Halbtrockenrasen, eine in einer gedüngten Mähwiese, 2 im Kalk-Buchenwald, 2 im Kiefernforst) in Höhenlagen von 565—720 m s.m. Untersuchungen zur Autökologie und Soziologie der vorgefundenen Pilze durchgeführt. 195 Arten wurden registriert, zumeist Großpilze, doch sind einige Phyto- und Insektenparasiten sowie 6 Myxomyzeten in der Zahl inbegriffen. Die höchste Artenzahl fand BRUNNER in verschiedenartigen Mesobrometen (114 Pilzarten), weniger im Carici-Fagetum (72) und Brachypodio-Pinetum (45), während in der organisch und mineralisch gedüngten Mähwiese nur 5 Arten (davon 1 Phytoparasit) auftraten, was mit Erfahrungen in anderen Gebieten, z. B. in der DDR, übereinstimmt.

Zahlreiche Daten wurden zur Charakterisierung der Boden- und Klimaverhältnisse und zur Phänologie der Pilzvegetation zusammengetragen und graphisch dargestellt. Dem Einfluß der wöchentlichen Niederschlagsmenge, der Temperaturmaxima und -minima auf die Fruktifikation der häufigsten Pilzarten (*Camarophyllus niveus, Mycena pseudopicta, Strobilurus stephanocystis, St. tenacellus, Hebeloma crustuliniforme, Hygrophorus cossus*) wurde besondere Aufmerksamkeit gewidmet. Die Ektomykorrhizabildung an *Pinus sylvestris*-Keimlingen wurde quantitativ bestimmt und nach dem Schlüssel von DOMINIK Mykorrhizatypen zugeordnet; auch wurden einige in-vitro-Synthesen durchgeführt. Der Autor zeigt sich so als vielseitiger und gewissenhafter Analytiker.

Abschließend diskutiert BRUNNER prinzipielle und (sattsam bekannte) methodische Probleme der Pilzsoziologie, ohne neuartige Lösungswege vorzuschlagen. Er läßt offen, ob die Makro-Mykozönosen Bestandteile von Phytozönosen oder von diesen unabhängig sind; die von BRUNNER konstatierte geringe Gesellschaftstreue hätte ihn eigentlich zu der zweiten, u. a. von DARIMONT (1973) und dem Rezensenten vertretenen Alternative führen müssen. Angesichts dieser Unentschiedenheit nimmt es nicht wunder, daß aus der Fülle vorbildlich dokumentierter Einzeldaten recht wenig verallgemeinerungswürdige Schlüsse gezogen werden. Das Fehlen synthetischer Tendenzen ist nun schon seit Jahrzehnten ein Grundproblem der Pilzsoziologie, welches nach revolutionären Lösungen verlangt!

K. KREISEL, Greifswald

Veröffentlichungen des Geobotanischen Institutes der ETH, Stiftung Rübel, Zürich (Heft 93). RUTH SCHAFFNER: Vegetation of stabilizing and eroding slopes in eastern Nepal. Zürich 1987. 98 S., 52 Abb., 18 Tab. im Text und im Anhang. SFr. 45,—

Heft 93 dieser Züricher Schriftenreihe führt weit weg von der Schweiz in das östliche Nepal, wo in zweijähriger Geländearbeit entlang einer Fernstraße Regeneration und Sukzession von Pflanzen an unstabilen Rutschhängen und deren mögliche Stabilisierung untersucht wurden. Gleichzeitig wurden auch die Erosionsprobleme dieser Gegend studiert. Die in dem vorliegenden Heft in allen Einzelheiten vorgelegten Untersuchungen kommen zu dem Ergebnis, daß die Erosion in diesem Gebiet durch die Vegetation signifikant verringert wird, und daß daher jeder mögliche Schritt unternommen werden muß, um die Pflanzendecke an den Hängen zu schützen, zu erhalten und zu fördern. Hierfür werden detaillierte Vorschläge unterbreitet. Von diesen praktischen Ergebnissen abgesehen, ist die Arbeit auch von großem Wert für die Pflanzengeographie, handelt es sich hierbei doch um bisher kaum bekannte Vegetationseinheiten, von deren Arten nur ganz wenige auch in Mitteleuropa vorkommen.

H.-D. KRAUSCH, Potsdam

B. M. JOHRI (ed.): **Embryology of Angiospermes.** Berlin, Heidelberg, New York, Tokyo: Springer-Verlag 1984. XXVI, 830 S., 278 Abb. Kb. DM 290,—

Als P. MAHESHWARI im Jahre 1950 das Vorwort für seine „Introduction to the embryology of angiosperms" schrieb, fühlte er sich K. SCHNARF besonders verpflichtet, der zwischen 1929 und 1941 seine den damaligen Stand der Kenntnisse repräsentierenden Handbücher über die Embryologie und den Geschlechtsapparat der Angiospermen bzw. Kormophyten publiziert hatte. In ähnlicher Weise erinnert J. HESLOP-HARRISON in seiner einfühlsamen Einleitung zum vorliegenden Band seinerseits an P. MAHESHWARI, der in den 50er und 60er Jahren eine Art Leitfigur für alle Embryologen war und dessen „Introduction . . ." ein unvergleichlicher, auch didaktisch wohlgelungener Führer für Studenten und eine reich fließende Quelle für die Embryologen war. Seither sind außer den „Recent advances in the embryology of angiosperms" (MAHESHWARI 1963), der „Embryologie und Fortpflanzungsbiologie der Angiospermen" (RUTISHAUSER 1969) und der „Cyto-embryology of angiosperms" (PODDUBNAYA-ARNOLDI 1976) keine wirklich repräsentativen Darstellungen des Forschungsgebietes erschienen, obwohl in den letzten 20 bis 30 Jahren eine kaum überschaubare Zahl von Beiträgen publiziert worden ist. B. M. JOHRI, Mitstreiter und Kollege von P. MAHESHWARI, setzt mit dem vorliegenden Werk nicht nur dort an, wo RUTISHAUSER aufgehört hatte, seine Darstellung ist also nicht einfach eine Fortschreibung dieses bewährten deutschsprachigen Sachbuches, sondern geht eigene, neue Wege. Es ist ihm gelungen, 19 Wissenschaftler aus 7 Ländern zusammenzuführen, um den gegenwärtigen Stand der embryologischen Forschung resümierend und wertend zusammenzufassen. Wenn unter diesen Autoren allein 9 aus Indien stammen, so spricht das für die nun immerhin ein halbes Jahrhundert währende reiche Tradition der indischen Embryologie. Die Darstellung macht deutlich, daß es vor allem neue Untersuchungsmethoden, etwa die in Licht- (Fluoreszenz, Phasenkontrast, DIC) und Elektronenmikroskopie (TEM, REM), und die interdisziplinäre Zusammenarbeit mit Physiologen und Chemikern auf den Gebieten der Zytochemie, Histochemie, Physiologie, Biochemie und Zellkulturforschung waren, die zu dem unglaublichen Anwachsen unserer Kenntnisse auf dem Gebiete der sexuellen Reproduktion der Blütenpflanzen geführt haben. Es zeigt sich, daß diese Fortschritte in fast allen Bereichen substantiell sind. Noch MAHESHWARI (1950) konnte die Auffassung von der Uniformität der Entwicklung des Pollenkorns vertreten. Heute zeigt es sich, daß es nur oberflächliche Ähnlichkeiten sind, die zu diesem Urteil geführt haben. Pollenkornentwicklung und Bau der Zellwand sind in den einzelnen taxonomischen Gruppen sehr verschieden, offenbar in Anpassung an die Art und Weise der Pollenverbreitung. Ähnlich ist die Entwicklung auf dem Gebiete der Analyse der Entwicklung des Endosperms verlaufen. Allerdings sind die tatsächlichen Fortschritte hier etwas mager. Zwar ist klar, daß die sogenannte Endospermmutterzelle ein sehr kompliziertes Gebilde ist, doch sind die Grenzen zwischen nukleärem, zellulärem und helobialem Typ des Endosperms offenbar nicht so scharf wie früher angenommen, was natürlich Auswirkungen auf die taxonomische Signifikanz der angesprochenen Merkmalskomplexe haben muß. Im Vergleich zum „alten" MAHESHWARI vermißt man das so instruktive Kapitel „The male gametophyte". Es ist in dem Kapitel über „The pollen grain" aufgegangen. Intensiv dargestellt werden die Beziehungen zwischen Embryologie, Taxonomie und Phylogenie. Seit jeher hat es Versuche gegeben, die Ergebnisse der embryologischen Forschung zur Aufhellung der Systematik der Blütenpflanzen heranzuziehen. Daß da manches spekulativ ist und immer bleiben wird, ist nur natürlich, und so interessant und wichtig auch die Fragen nach dem Ursprung der Blütenpflanzen, nach Monophylie oder Polyphylie, nach dem möglichen Ursprungsort etwa im Bereich der Grünalgen sind, so erlauben die neuen Fakten eigentlich nur alternative Standorte, aber keine definitiven Antworten. Auf jeden Fall sind die von J. M. HERR, Jr., und M. FAVRE-DUCHARTRE geführten Diskussionen erhellend und anregend. Das vorzüglich ausgestattete und gut gedruckte Buch umfaßt 830 engbedruckte Seiten; zum Vergleich: MAHESHWARIS klassische „Introduction . . ." zählte nur 453. Allein hier zeigt sich nicht nur eine neue Quantität, sondern auch eine neue Qualität, und es ist leicht einzusehen, daß eine Rezension der damit verbundenen Fülle von Fakten und Meinungen nicht entsprechen kann. Daher seien im folgenden nur die 16 Kapitel und ihre Autoren angeführt: Embryology: then and now (M. B. JOHRI & K. B. AMBEGAOKAR), The microsporangium (N. N. BHANDARI), The ovule (F. BOUMAN), The female gametophyte (M. T. M. WILLEMSE & J. L. VAN WENT), The pollen grain (R. B. KNOX), Fertilization (J. L. VAN WENT & M. T. M. WILLEMSE), The endosperm (M. R. VIJAYARAGHAVAN & K. PRABHAKAR), The embryo (S. NATESH & M. A. RAU), Polyembryony (K. K. LAKSHMANAN & K. B. AMBEGAOKAR), Gametophytic apomixis (G. A. NOGLER), Role of polyploidy in reproductive organs and tissues (F. D'AMATO), The seed: structure (F. D. BOESEWINKEL & F. BOUMAN), The seed: germination (J. V. JACOBSEN), Embryology and taxonomy (J. M.

HERR, Jr.), Homologies and phylogeny (M. FAVRE-DUCHARTRE) und Experimental embryology (B. M. JOHRI & P. S. RAO). Jedem Kapitel ist ein Literaturverzeichnis angefügt. Der im allgemeinen leicht lesbare Text wird durch viele Abbildungen (Zeichnungen, Schemata und Mikrophotographien) sowie Tabellen unterstützt. Ein unentbehrliches Handbuch bzw. Nachschlagewerk für Hochschullehrer und fortgeschrittene Studenten: ein Standardwerk.

S. J. CASPER, Jena

Summary Report on the Post-accident Review Meeting on the Chernobyl Accident. Report by the International Nuclear Safety Advisory Group. Safety Series No. 75-INSAG-1. Wien: International Atomic Energy Agency 1986. Brosch. ÖS 260,—

Auf einem Meeting der IAEA im August 1986 in Wien berichteten sowjetische Experten offen und freimütig über den Unfall im Kernkraftwerk Chernobyl. Der vorliegende Report wurde auf der Grundlage dieser Berichte zusammengestellt. Er enthält detaillierte Informationen über Ursache und Verlauf des Unfalls, über Entstehung und Dauer des Brandes der Graphitstäbe und über die folgenden schwierigen Löscharbeiten. Auch quantitative Angaben über die entwichene Radioaktivität sind angeführt. An Hand von Skizzen wird der Aufbau des Reaktortyps erläutert, es werden Mängel und Fehlleistungen festgestellt, aus dem Unfallgeschehen Schlußfolgerungen gezogen und Empfehlungen zur Verbesserung der Technik und der Bedienung gegeben.

Nicht Gegenstand des Reports ist die Erfassung des radioaktiven Niederschlages und seine Verteilung in der Umwelt. Den Limnologen ist zur Altersbestimmung in Sedimenten der nördlichen Halbkugel eine Anreicherungszone von Cs^{137} und Sr^{90} bekannt, verursacht durch die Atombombenversuche in der Atmosphäre während der sechziger Jahre. Für einige Regionen Europas kann der Unfall von Chernobyl eine weitere Altersmarke liefern.

G. PROFT, Jena

EDMUND RENNER: **Statistikprogramme in BASIC** (Pareys Studientexte 56). Berlin, Hamburg: Verlag Paul Parey 1986. 185 S., 55 Programmausdrucke, 2 Tab., Programmdiskette als Beilage auf Anforderung. Karton. DM 49,— (mit Diskette); DM 29,— (ohne Diskette)

Auf Grund der weiten Verbreitung von Personal- und Home-Computern bietet sich ihre Nutzung für die mathematisch-statistische Auswertung von Datenmaterial an.

E. RENNER's Buch „Statistikprogramme für BASIC" enthält insgesamt 7 Programme besonders häufig angewandter statistischer Verfahren (t-Test, Korrelationsrechnung, Normalverteilung, chi^2-Test, Varianzanalyse, Meßfehler, Ausreißernachweis), ein Programm für Matrix-Eingabe, einen Programmblock für großes Datenmaterial und ein Programm für die Farbsteuerung des Monitors. Die Programme sind durch die genaue Wiedergabe transparent, ihre mathematischen Grundlagen sind auch für Nicht-Mathematiker verständlich und für eventuelle Ergänzungen offen. Der bekannte Programmaufbau ermöglicht eine sachgerechte Bewertung der Ergebnisse.

Grundkenntnisse in mathematisch-statistischen Verfahren sind allerdings notwendig. Hier bietet sich ein Statistik-Buch des gleichen Autors an, auf das im Text an geeigneten Stellen verwiesen wird. Obwohl vom Autor nicht ausdrücklich gefordert, erscheint mir die Lektüre einer Einführung in BASIC ebenso unerläßlich, denn die Programme werden alle in dieser Sprache wiedergegeben, und zwar in der Version des COMODORE 64.

Als Minimalausrüstung werden ein Microcomputer, ein Farbmonitor, ein Diskettenlaufwerk und ein Printer vorgeschlagen.

Ein kleiner Mangel des Buches besteht vielleicht darin, daß einige Computerzeichen beim Druck stark „verkleckst" wurden, wodurch sie nur schwer zu entziffern sind.

P. KASPRZAK, Neuglobsow

ULRICH SEDLAG & ERICH WEINERT: **Biogeographie, Artbildung, Evolution** (Wörterbücher der Biologie). Jena: VEB Gustav Fischer Verlag 1987. 333 S., 120 Abb., 11 Tab. Brosch. M 17,60

Im vorliegenden Wörterbuch werden etwa 2200 Stichworte behandelt. Das im Titel umrissene Gebiet will die Disziplinen umfassen, „die sich mit der Entfaltung des Lebens in Raum und Zeit beschäftigen". Die Grenzziehungen sowohl zur Genetik als auch zur Ökologie hin werden großzügig vorgenommen, so daß man entsprechende Grenzbegriffe ebenfalls erläutert findet. Die Paläontologie selbst bleibt ausgeschlossen.

Die Autoren bringen nicht nur Definitionen der ausgewählten Begriffe, sondern auch Erläuterungen und teilweise Bewertungen. Besonders in der Biogeographie sind diese Erläuterungen recht umfangreich. Ältere, heute weniger gebräuchliche Begriffe, werden vom Standpunkt ihrer historischen Bedeutung erklärt. Fast jedem Stichwort ist auch der englische Terminus beigefügt.

Eine lexikalische Zusammenstellung der Begriffe aus Biogeographie und Evolution ist ein Novum in der biologischen Literatur. Darin liegt die besondere Bedeutung des Wörterbuches.

Fast jeder biologisch arbeitende Wissenschaftler wird irgendwann mit Begriffen der Evolutionsforschung konfrontiert. Hierbei ein zuverlässiges Nachschlagewerk zur Hand zu haben, wird daher allgemein begrüßt werden.

Gleichzeitig kann das Buch auch zur Stabilität und Eindeutigkeit der Begriffe beitragen. Verbesserungen und Ergänzungen werden sich sicherlich aus dem Gebrauch des Wörterbuches ergeben. So sind beispielsweise die Stichworte Abundanz und Dominanz zu einseitig gefaßt.

Ein für alle Biologen empfehlenswertes Werk.

W. SCHÖNBORN, Jena

ULRICH SEDLAG: **Zwerge und Giganten.** Leipzig, Jena, Berlin: Urania Verlag 1986. 155 S., 24 Zeichn., 102 farbige Abb., 52 Farbfotos. Ln. M 48,—

Der Autor wendet sich in seinem neuen Buch den Extremen im Tierreich zu und versucht die Hintergründe und Ursachen von „Groß" und „Klein" näher zu beleuchten. In den verschiedenen Kapiteln dieses Buches werden vom Autor die Gründe für die Größenunterschiede dargelegt.

Beginnend mit Ausführungen zu Schwierigkeiten beim Messen und beim Größenvergleich der Tiergruppen mit- und untereinander, wird als erstes der Geschlechtsdimorphismus, der zu Größenreduzierungen bis zur reinen Geschlechtsfunktion führen kann, behandelt. Den oft erstaunlichen Extremen innerhalb der verschiedenen Tiergruppen ist das nächste Kapitel gewidmet.

Die Energieprobleme sind bei Tieren von extremer Größe oft recht schwierig. Das Verhältnis von Volumen zur Oberfläche bestimmt die Temperaturregelung und den Stoffwechsel. Die Darstellung der Zusammenhänge von Größe und Leistung und die Geometrie der Kräfte verdeutlicht die oft erstaunlichen Leistungsmöglichkeiten kleiner Arten im Verhältnis zur Körpergröße. Auch die Abhängigkeit der Nahrungsaufnahme von der Größe und der Zusammenhang zwischen Reviergröße und Ernährungstypen werden in überzeugender Weise dargestellt. Neben der sekundären Oberflächenvergrößerung für Imponier- oder Drohgebärden, werden auch die besonders kleinen Organismen mit ihren oft speziellen Anpassungen an Lückenbiotope angesprochen. Besonderheiten der Verbreitung extremer Größen und der Zusammenhang der ALLENschen Klimaregel mit Wachstum und Wärmehaushalt, Probleme der Arterhaltung der Tiere unterschiedlicher Extremgrößen, z. B. durch Wurfgrößen von Säugern in Abhängigkeit von der Lebenserwartung, sowie Beeinflussungen des Wachstums sind weitere Schwerpunkte. Auch die Größenschwankungen beim Menschen sind in die Betrachtungen eingebaut.

Sowohl durch die Breite der Darstellung als auch durch die spannende Darstellungsweise und gute Bebilderung ist es dem Autor gelungen, breite Kreise anzusprechen. Dabei ist die Darstellung bei aller Anschaulichkeit und Popularität wissenschaftlich einwandfrei.

D. RONNEBERGER, Neuglobsow

Helmut Plattner & Horst-Peter Zingsheim: **Elektronenmikroskopische Methodik in der Zell- und Molekularbiologie.** Ein kritischer Leitfaden zur biologischen Ultrastrukturforschung für Biologen und Mediziner. Mit einem Geleitwort von Peter Sitte. Stuttgart, New York: Gustav Fischer Verlag 1987. XII, 335 S., 90 Abb., 23 Tab. Kart. DM 68,—

Es gibt im deutschen Sprachraum bereits einige „Kochbücher" der Elektronenmikroskopie — hier seien nur an die von Reimer-Pfefferkorn (1973) und Nagl (1981) erinnert —, und es mag die Frage nicht unbegründet sein, ob denn das neue Buch tatsächlich, wie man zu formulieren pflegt, „eine Lücke schließt". Nun, Peter Sitte hat ein kluges Geleitwort geschrieben, daß deutlich macht, was es mit der Elektronenmikroskopie auf sich hat: Das EM ist heute ein Routineinstrument der Forschung, aber das Präparieren ist eine Kunst geblieben! So sollte vielleicht das Wort „kritisch" im Untertitel das beleuchten, was diesen Leitfaden von ähnlich gearteten unterscheidet: Das Bewußtsein, daß wir „mit der Elektronenmikroskopie ... in einen Bereich vorgedrungen" sind, „in welchem der Realitätsbezug einer Abbildung prinzipiell in Frage zu stellen ist" (S. 218). Andererseits sind wichtige Konzepte der modernen Zell- und Molekularbiologie ohne das Instrumentarium der Elektronenmikroskopie nicht denkbar. Es geht also um „den sinnvollen Einsatz präparativer und analytischer Methoden in der Ultrastrukturforschung" (S. VI). Eine Besonderheit der Darstellung ist die Beschränkung auf ein Objekt, d. h. die Anwendungen der verschiedenen EM-Techniken werden am Beispiel der neuromuskulären Verbindung (Endplatte) illustriert. Ein Abschnitt mit ausgewählten Rezepten bzw. Verfahrensvorschriften ermöglicht die praktische Anwendung der beschriebenen Präparations- und Analysemethoden. Standardmethoden sowie Verfahren bis hin zu immuncytochemischen Analysen werden berücksichtigt. Zahlreiche Querverweise auf Kapitel mit zusammenhängender Thematik erleichtern den Einstieg an beliebiger Stelle. Zahlreiche Mikrophotographien, Strichzeichnungen und Tabellen unterstützen den Text. Das Literaturverzeichnis nimmt über 50 (!) Seiten ein. Ein Verzeichnis und Bezugsquellen sowie Autoren- und Sachregister erweisen sich für den Benutzer als sehr nützlich. Obwohl die REM-Technik etwas zu kurz geraten ist (eine Folge der auf ein Objekt bezogenen Konzeption), liegt hier eine eigenwillige, aber gelungene Darstellung vor, die geeignet sein sollte, der Elektronenmikroskopie neue Freunde zu gewinnen und sie vom gelegentlich geäußerten Odium der Produktion von „schönen" Bildern zu befreien.

S. J. Casper, Jena

Heinrich Dathe (Hrsg.), Joachim Haensel & Hans-Joachim Michaelis: **Handbuch des Vogelliebhabers, 2. Band.** Berlin: VEB Deutscher Landwirtschaftsverlag 1986. 343 S., 81 Farbfotos, 121 Schwarz-weiß-Fotos, Ln. M 49,50

Der lange erwartete 2. Band dieses auf 3 Bände konzipierten Handbuches liegt nun vor. Hierin werden rund 900 Arten aus 9 Familien in bewährter, fast lexikalischer Form vorgestellt. Der Band enthält vor allem die körnerfressenden Prachtfinken mit den Witwen, Webern, Prachtfinken, Finkenartigen und Ammern. Die Beschreibung jeder Art umfaßt Erscheinungsform, Heimat und Lebensweise, Stimme und Balz, Haltung und Zucht. Trotz der populären Darstellung, das Buch wendet sich ja vor allem an Hobby-Ornithologen, ist die Fülle wissenschaftlichen Materials gut aufbereitet und dargestellt worden. Die von vielen Arten angefertigten Fotos waren oftmals nur mit Hilfe der Züchter möglich. So ist ein Buch für und mit dem Leser entstanden, wenn auch manche der dargestellten Arten nur selten gezüchtet werden dürften.

Die Farbabbildungen, auf 32 Tafeln zusammengefaßt, sind überwiegend von guter Druckqualität. Die von Rezensenten schon beim 1. Band bemängelte schlechte Zuordnung zum Text ist beim 2. Band leider ebenfalls zu vermerken. Kleine Verweise im Text auf entsprechende Abbildungsseiten würden die Brauchbarkeit des Buches noch erhöhen. Auch im Register, sonst sehr gründlich bearbeitet, wird leider nicht auf die Farbabbildungen verwiesen. Trotz dieser technischen Unzulänglichkeiten, die in einer Neuauflage sicher leicht zu beheben sind, stellt das Buch für jeden Züchter und Halter von Stubenvögeln ein fast unerschöpfliches Nachschlagewerk dar. Man darf auf den dritten Band gespannt sein, der die Weichfresser behandeln wird. Damit würde dann ein Handbuch vorliegen, das allen Ansprüchen genügt.

D. Ronneberger, Neuglobsow

Franz Fabian: **An der Havel und im märkischen Land.** Leipzig: VEB F. A. Brockhaus Verlag 1986. 228 S., 33 Farbfotos und 41 Schwarz-weiß-Fotos auf Tafeln, 5 Farbfotos auf dem Schutzumschlag, 1 Übersichtskarte auf der Innenseite des Schutzumschlages, 28 Abb. im Text. Ln. M 11,80

„Die Havel ist ein aparter Fluß" schrieb Fontane, und so nimmt es nicht wunder, wenn ihr Gebiet immer wieder Schriftsteller und Landschafts-Journalisten zu Veröffentlichungen reizt. Der vorliegende Band ist eine völlige Neubearbeitung des Buches „Land an der Havel" des in Neufahrland bei Potsdam lebenden Schriftstellers Franz Fabian. Auch er läßt sich auf seiner Reise entlang der Havel von Fontane leiten. Diese beginnt in Fürstenberg, „wo die Havel ein Fluß wird", und endet in Nennhausen bei Rathenow, wo „Undine" geschrieben wurde. Nicht nur Stätten unmittelbar am Wasserlauf werden betrachtet, auch abseits der Havel, jedoch in ihrem Flußgebiet gelegene Plätze wie z. B. Lychen, Rheinsberg, der Stechlin, Neuruppin, Ribbeck und Nennhausen finden Beachtung. Schade, daß der historisch und kulturgeschichtlich ebenfalls interessante untere Teil des Havel-Oberlaufes mit Zehdenick, Liebenwalde, Neuholland, Oranienburg und Hennigsdorf übergangen wurde. Das letzte der 18 Kapitel freilich fällt ganz aus dem Rahmen, es behandelt das nicht mehr im Einzugsgebiet der Havel gelegene (und auch nicht mehr auf der Übersichtskarte erscheinende) Wiepersdorf auf der Südabdachung des Fläming. So interessant dieser Achim und Bettina von Arnim gewidmete Abschnitt auch ist, ein Kapitel über das leider fehlende Havelberg hätte besser hineingepaßt.

Der Schwerpunkt des Buches liegt auf der Kulturgeschichte. Pflanzen- und Tierwelt erscheinen meist nur als bloße Staffage, lediglich einige Vogelarten finden hier und da eine etwas ausführlichere Erwähnung. Probleme des Gewässer- und Umweltschutzes kommen kaum zur Sprache, nur der Schilfrückgang wird einmal kurz erwähnt, aber unzutreffend allein den Motorbooten angelastet. Die Forschungseinrichtungen am Stechlin und ihre Arbeitsergebnisse werden bewußt oder unbewußt übergangen. Indessen vermittelt der märkisch-nüchterne Text eine Fülle solider Informationen zur Geschichte und Kulturgeschichte des Havelgebietes und bringt selbst dem Landeskenner noch manches Neue. Erfreulicherweise stößt man nur selten auf kleinere Ungenauigkeiten und Fehler. So bestand das Kloster Lindow bis 1542 (nicht 1242), und die Angaben zur Frühgeschichte von Werder entsprechen nicht dem heutigen Forschungsstand. Der Band wird sehr gut illustriert durch zahlreiche farbige (leider z. T. etwas grünstichige) und schwarzweiße Fotos auf Kunstdrucktafeln, die auch wenig bekannte Motive zeigen, und in den Text eingestreute Reproduktionen historischer Abbildungen. Wenn auch in naturwissenschaftlicher Hinsicht wenig ergiebig, so stellt das vorliegende Buch dennoch eine durchaus begrüßenswerte Neuerscheinung zur Landeskunde des Havelgebietes dar.

H.-D. Krausch, Potsdam

Rainer Flindt: **Biologe in Zahlen.** Eine Datensammlung in Tabellen mit über 9000 Einzelwerten. Stuttgart, New York: Gustav Fischer Verlag 1986. 2., durchges. Aufl. 280 S. Kt. DM 39,—

Innerhalb eines Jahres ist bereits die 2. Auflage dieser überaus nützlichen Datensammlung erscheinen, ein Beweis dafür, daß dem Autor mit seiner informativen Zusammenstellung von Zahlen aus dem Gesamtbereich der Biologie die Befriedigung eines weit verbreiteten Bedürfnisses gelungen ist. Die 2. Auflage ist auf Mängel und Fehler durchgesehen, im übrigen gilt das in der Besprechung der 1. Auflage in dieser Zeitschrift Gesagte (*Limnologica* **18**, S. 249). Bei der vielseitigen Nutzbarkeit der hier vorgelegten Datensammlung dürfte die Nachfrage nach diesem Buch weiterhin groß bleiben.

D. Flössner, Jena

ULRICH BRAUKMANN: **Zoozönologische und saprobiologische Beiträge zu einer allgemeinen regionalen Bachtypologie** (Arch. Hydrobiol., Beih. Ergebn. Limnol. 26). Stuttgart: E. Schweizerbart'sche Verlagsbuchhandlung (Nägele und Obermiller) 1987. IV, 355 S., 113 Abb., 78 Tab. Brosch. DM 128,—/US $ 76.—

Als Bäche werden Fließgewässer 1.—3. Ordnung (= 1.—3. Bachformation nach OTTO und BRAUKMANN 1983) bezeichnet. Typisiert werden naturnahe Bäche verschiedener Landschaften. Die drei regionalen Grundtypen mit ihren höhenzonalen Subtypen sind: Gebirgsbäche (Hochgebirgs- und subalpine Bäche), Bergbäche (montane und submontane Bergbäche) und Flachlandbäche (Hochland- und Tieflandbäche). Sie lassen sich ferner in Silikat- und Karbonatbäche untergliedern, woraus sich dann die geochemischen Subtypen kombinieren.

Diese Typen und Grundtypen werden ausführlich physiographisch, biologisch und in ihren Beziehungen zu Klima, Geologie und Geographie beschrieben. Aus 120 Bächen wurden insgesamt 686 quantitative Makrozoobenthosproben entnommen. Ihre Auswertung und Interpretation ist der Schwerpunkt dieser Arbeit. Ausführlich werden die lotischen und lenitischen Zoozönosen charakterisiert. Der Verfasser entwickelt eine hierarchische Klassifikation dieser Gemeinschaften, indem er Klassen-, Ordnungs- und Familiencharakterformen unterscheidet. Auch werden die entsprechenden Tiergruppen und wichtige Arten der Bäche vorgestellt und mit Hilfe vieler Einzelbeobachtungen besprochen.

Als einflußreiche chemische Parameter sind erfaßt: pH, Leitfähigkeit, Härte, Nitrat, NH_4^+, PO_4^{3-}, O_2, BSB. Ferner werden Längszonierung und die Habitatstruktur (hier als Choriotope bezeichnet) in die Typisierung einbezogen. Das Buch unterscheidet 9 Habitate, einschließlich „Schnellen" und „Stillen" des Bachbettes.

Ein besonderes Kapitel behandelt „Bachtypen und Saprobität", wobei zunächst die saprobiologischen Grundstrukturen der unterschiedlichen Bachtypen beschrieben werden und die zusätzliche anthropogene Belastung nur gestreift wird. Auch der heute als grundlegend für den Stoffhaushalt der Bäche erkannte Beschattungsgrad wird als Typusvariante berücksichtigt. Die vorliegende Arbeit ist als Dissertation eine ganz besondere Leistung. Sie behandelt ihren Gegenstand sowohl zusammenfassend als auch richtungsgebend.

Hervorzuheben sind die vielen Daten und Einzelbeobachtungen, die diese Arbeit zu einem kleinen Handbuch der Bachforschung machen.

W. SCHÖNBORN, Jena

ROLF SIEWING (Hrsg.): **Evolution. Bedingungen — Resultate — Konsequenzen** (UTB Nr. 748). Unter Mitwirkung zahlreicher Fachgelehrter. 3., völlig neubearb. Aufl. Stuttgart, New York: Gustav Fischer Verlag 1987. XXVI, 596 S., 189 Abb. Kt. DM 39,80

Die 3. Auflage wird eingeleitet mit einem Gedenkartikel von G. OSCHE über ROLF SIEWING, der am 11. 8. 1985, kaum 60jährig, verstarb. SIEWING war einer der bedeutenden klassischen Zoologen der Gegenwart, der, wie einst durch HAECKEL begründet, die gesamte Spannweite der Evolutionstheorie in seine wissenschaftliche Tätigkeit integrierte.

Von diesem Geist ist auch das vorliegende Taschenbuch über die Evolution durchdrungen. Zwanzig kompetente Autoren stellen in 24 Übersichtsartikeln die Evolution von der Entstehung des Kosmos bis zu den menschlichen Hochkulturen und der Technik dar. Die Übersichten sind in jedem Falle wissenschaftlich ausgefeilt, aktuell und auch dem Nichtfachmann verständlich. Der Leser wird auf einer breiten Basis über den aktuellen Stand der gesamten Evolutionsforschung zuverlässig informiert. Es werden alle klassischen und modernen Aspekte der biologischen Evolution vorgestellt. Dies betrifft sowohl die Paläontologie als auch die Rezentbiologie.

Speziell für diese Zeitschrift sei auf den Artikel von HASENFUSS über „Evolution und Umwelt" hingewiesen, in dem die Ökosysteme unter evolutorischen Gesichtspunkten besprochen werden, wobei allerdings fundamentale neue Erkenntnisse noch nicht zu erwarten waren.

Ökologische Probleme finden sich auch in den Kapiteln „Tiergeographie und Evolution" (HASENFUSS), „Die Selektionstheorie" (HASENFUSS), „Verhalten und Evolution" (IMMELMANN) und „Populationsgenetische Aspekte der Evolution" (SPERLICH).

Diese komprimierte und doch so umfassende Darstellung spricht nicht nur Biologen, sondern auch Anthropologen, Chemiker, Geowissenschaftler, Ingenieurwissenschaftler, Mathematiker, Physiker, Philosophen, Theologen, Geschichtler und Sozialwissenschaftler an. Es ist ein Taschenbuch, das man als kleines Handbuch der Evolution allen Bibliotheken und Interessierten wärmstens empfehlen kann.

W. SCHÖNBORN, Jena

international conference
BIOMANIPULATION TOOL FOR WATER MANAGEMENT

Artis Zoo
Amsterdam
The Netherlands
August 8—11, 1989

From 8 to 11 August 1989, the Royal Netherlands Academy of Arts and Sciences and the Institute for Inland Water Management and Waste water Treatment will organize an international conference entitled 'Biomanipulation, tool for watermanagement' (Artis, Amsterdam).
Biomanipulation defined as 'the deliberate exploitation of the interactions between the components of the aquatic ecosystem in order to reduce the algal biomass' receives more and more attention as a tool to study and management ecosystems.
The aim of the conference is to enhance the discussion between aquatic ecologists studying trophic interactions and people working in the field of water and fish management.
The conference will focus on the possibilities of biomanipulation. The programm covers biomanipulation research in laboratory, enclosure systems and lakes as well as modelling studies. Requests for further information should be addressed to:
Convention Bureau van Namen en Westerlaken
P.O.-Box 1558
6501 BN NIJMEGEN
The Netherlands
tel. 31 80 234471

ISBN 3-05-500430-2
ISSN 0075-9511

Erschienen im Akademie-Verlag Berlin, Leipziger Straße 3—4, Berlin, DDR-1086

Lizenznummer: 202 · 100/524/89
Printed in the German Democratic Republic
Gesamtherstellung: VEB Druckerei „Thomas Müntzer",
5820 Bad Langensalza
Umschlaggestaltung: Wolfgang Janisch
LSV 1305
Bestellnummer: 763 778 9 (2111/19/2)
07500

Inhalt/Contents

Band 20 der LIMNOLOGICA umfaßt zwei Hefte (Volume 20 of LIMNOLOGICA contains two numbers).
Band 20, Heft 1, wird folgende Arbeiten enthalten (Volume 20, number 1 will contain the following contributions):

Proceedings of the Estuary Symposium, Kühlungsborn, G.D.R.:

KHLEBOVICH, V. V.: Some Physico-chemical and Biological Phenomena in the Salinity Gradient. — NIEDERMEYER, R.-O., & LANGE, D.: An Actualistic Model of Mud Deposition and Diagenesis for the Western Baltic Sea. — BRÜGMANN, L., & LANGE, D.: Metal Distribution in Sediments of the Baltic Sea. — BACHOR, A.: On the Variations of Some Chemical Criteria in the Unterwarnow — an Eastuary of the Western Baltic Sea. — KAISER, W., IRMISCH, A., NEHRING, D., GEORGI, F., & BREUEL, G.: Ecological Investigations in the Onshore Pelagic Zone Near Warnemünde from March 1985 to March 1986. — HÜBEL, H., & HÜBEL, M.: Cyanobacterial Blooms and Nitrogen Fixation in Coastal Waters of the Arkona Sea, 1974—1986. — PLINSKI, M.: Important Ecological Features of the Polish Coastal Zone of the Baltic Sea. — WASMUND, N.: Characteristics of Phytoplankton in Brackish Waters of Different Trophic Levels. — NIXDORF, B., BEHRENDT, H., & STELLMACHER, R.: Comparison of Methods for Estimation of Integral Primary Production in Shallow Aquatic Ecosystems with Special Regard to Turbulent Mixing. — ERDMANN, N., HAGEMANN, M., BERG, C., & FULDA, S.: Basis of Salt Adaptation in Cyanobacteria. — ARNDT, E. A.: Ecological, Physiological and Historical Aspects of the Brackish Water Fauna Distribution. — VON OERTZEN, J.-A., & SCHARF, E.-M.: Energy Requirement of Some Brackish Water Invertebrates. — HEERKLOSS, R., BRENNING, U., & RING, M.: Secondary Production of Calanoids (Copepoda, Crustacea) in Brackish Waters of the Southern Baltic. — ADAMKIEWICZ-CHOJNACKA, B., & ROZANSKA, Z.: Seasonal Variations of the Biomass of Copepoda and Rotatoria: Permanent Components of the Zooplankton in the Vistula Lagoon. — WIKTOR, K.: Biomass and Abundance of the Zooplankton from the Gulf of Gdańsk. — BEHRENDT, H., & KROCKER. M.: Method for the Separation of Zooplankton in High Eutrophic Water Bodies. — RADZIEJEWSKA, T., & DRZYCIMSKI, I.: Dynamics of Meiobenthic Communities in a Eutrophic and Polluted Estuary. — SCHULZ, S., BREUEL, G., & IRMISCH, A.: Results of Ecological Enclosure Experiments with Pelagic Communities of the Arkona Sea (Baltic Sea). — SCHIEWER, U., ARNDT, H., JOST, G., HEERKLOSS, R., & WASMUND, N.: Carbon Flux Dynamics in a Shallow Eutrophic Estuary. — ARNDT, H., SCHIEWER, U., JOST, G., WASMUND, N., WALTER, T., HEERKLOSS, R., ARLT, G., & ARNDT, E. A.: The Importance of Pelagic and Benthic Microfauna in a Shallow-Water Community of the Darss Zingst Estuary, Southern Baltic, During Mesocosm Experiments. — KRÜGER, B., MIKKAT, S., & FULDA, S.: Mischkulturen und die Analyse biotischer Wechselwirkungen. Mixed Cultures: Their Use for Analysing Interspecific Relationships. — ABARZUA, S., & SCHIEWER, U.: NH_4 rhythm of Cyanobacteria in Eutrophic Shallow Waters and in Laboratory Cultures. — BOIKOVA, E.: Protozoans as a Component of Biological Monitoring of the Baltic Sea. — SAAVA, A., & KÜNNIS, K.: Some Aspects of Microbiology of the Gulf of Finland. — MUDRYK, Z.: Bacteriological Studies of Lake Lebsko. — HEYER, J., BERGER, U., & SUCKOW, R.: Methanogenesis in Different Parts of a Brackish Water Ecosystem. — BERGER, U., & HEYER, J.: Distribution and Activity of Methanotrophic Bacteria in a Brackish Water Ecosystem. — DAHLKE, S.: Denitrification in Sediments of North Rugian Estuaries, Preliminary Communication. — KLINKENBERG, G., SCHLUNGBAUM, G., & BRÜGMANN, L.: Der Einfluß von Schadstoffen auf den Denitrifikationsprozeß in flachen Küstengewässern — Untersuchungen zur Mikrobiologie und Stoffbilanz. Influence of Pollution Factors on the Denitrification process in Shallow Coastal Waters — Experiments to Microbiology and Nutrient Balance. — WOLFF, W. J.: Anthropogenic Influences and Management of Estuaries. — VIETINGHOFF, H., PUTA, H., KLAPPER, H., STENDER, M., HUBERT, M. L., & KUNTZE, B.: Ecosystem Management in Estuaries: Costs and Benefits. — SCHMIDT, I.: Untersuchungen über das Phytoplankton der Unterwarnow 1979/1980. Investigations on the Phytoplankton of the Unterwarnow in 1979/1980. — MESSNER, U., & VON OERTZEN, J.-A.: Recent Changes in the Phytal Zone of Greifswald Bay. — WIKTOR, K.: The Role of Common Mussel *Mytilus edulis* L. in the Biocoenosis of the Gulf of Gdańsk. — CISZEWSKI, P., & STYCZYNSKA-JUREWICZ, E.: Degradation and Restoration of Puck Bay (A Project). — WINKLER, H. M.: Fishery in Shallow Estuaries of the GDR, Possibilities and Limitations. — Round Table Discussion on "Perspectives in Estuary Research and Management".

ISBN 3-05-500430-2
ISSN 0075-9511

Bei Fragen zur Produktsicherheit wenden Sie sich bitte an:
If you have any questions regarding product safety,
please contact:

Walter de Gruyter GmbH
Genthiner Straße 13
10785 Berlin
productsafety@degruyterbrill.com